U0118937

微特电机应用手册

中国电器工业协会微电机分会
西 安 微 电 机 研 究 所 编著

福建科学技术出版社
FUJIAN SCIENCE & TECHNOLOGY PUBLISHING HOUSE

前　言

国民经济建设和国防现代化建设的迅速发展，促进了国内微特电机技术进步和产量提高。目前国内微特电机的年产量已超过60亿台，占世界电机总量的60%以上。微特电机应用涉及国民经济和日常生活各个领域，品种规格繁多。因此了解各类微特电机的基本原理结构、性能特点和技术数据，是广大微特电机用户的迫切需要。

本手册从实用原则出发，比较系统地介绍了我国生产的各类微特电机的基本原理、结构、性能、选型及使用、常见故障维修、技术数据和外形尺寸，并介绍了部分国外产品及技术数据。手册注意贯彻国际标准、国家军用标准和国家标准及相关专业企业标准。

本手册第一章由黄大绪、于方编写，第二章由常力彬、高云峰等编写，第三章由任捷、谭建成、黄大绪、唐裕荣、牒正文、贾钰等编写，第四章由王祖奇、姜全荣、周建忠、牒正文、黄伟生、郭巧彬等编写。本手册由莫会成审定，牒正文负责全书的总校订。

在手册编写过程中，我们得到中国电器工业协会微电机分会、西安微电机研究所领导、兄弟厂家和有关院校的大力支持，在此表示衷心感谢。本手册的编写参考了有关书籍、手册、期刊、资料和标准，在此对原作者表示感谢。对手册中出现的错误和问题，敬请广大读者和同行批评指正。

编　者

2007年9月

目　录

第一章　微特电机基础

第二章　一般驱动微特电机

第三章 精密传动微特电机

第四章 控制微特电机

第一章　微特电机基础

第一节　概　述

一、微特电机技术发展

随着工业的进步和科学技术的飞速发展，社会生产力水平有了极大提高，人类社会已进入信息化和智能化时代；与此同时，作为工业传动、运输机械（主要是汽车工业）、家用电器及国防领域等使用的电机技术，也因能量转换的高效化和运动控制的智能化要求而发生着深刻变化。电机技术的发展和应用已成为现代社会文明最基本的技术支撑之一。

微特电机并非过去概念中的大、中、小电机的自然延伸，而是已逐渐形成具有独立的技术体系、产业体系和技术标准并且应用日益广泛的电机门类，已经成为电机技术领域中最具发展潜力和最活跃的分支。本手册把与传统感应电机、同步电机、直流电机相比，在工作原理上相同、制造工艺相近，但是在技术性能或功能以及在结构上有较大特点的电机统称为微特电机。与传统电机相比较，微特电机所具有的独立性和特殊性主要表现在以下三方面。

1. 功能多样性

功能多样性是微特电机区别于传统电机的重要标志之一，特别是伺服控制类电机，随着新型控制理论和电力电子技术的发展、新材料的应用以及运动控制的需要，其功能在不断增强。它不仅是提供更高转换效率的动力源，而且能提供伺服控制所需的加、减速运行和定位控制、自动调节、自适应等各种强大的控制功能。例如数控机床的主轴传动，若用矢量控制的感应式伺服电机代替三相感应电机，则直接把主轴电机与主轴连接成一体后装入主轴部件，即可将主轴转速大大提高。目前高速加工中心主轴最高转速达80000r/min。数控机床进给系统采用正弦波永磁交流伺服电动机后，不但使运动速度由原来的每分钟几米提高到240m/min，而且定位精度可达到0.1μm，电机的速度调节范围扩大10000倍以上，大大提高了加工精度和生产效率。如在装有高精度伺服电动机的立式加工中心上用陶瓷刀具加工一个NAC55钢模具只需13min，而在普通机床上需9h。而永磁交流伺服电动机由原来的电机本体发展成带有速度传感器、位置传感器和制动器的机组，其位置传感器每转最高可产生100万个脉冲，具有鲜明技术特征。

2. 环境要求特殊

应用在航空航天、舰船、野外作业、矿山等工业领域的特种电机，不仅在功能上有特殊要求，还要求满足一些特殊环境条件要求，如高低温、高冲击、强振动、超高速、低气压等。例如，超高速数控铣床要求主轴电机的转速高达100000r/min，有些则要求电机几小时甚至几天转一转；有些要求电机耐受高温达200℃，低温－55℃，绝缘等级H级以上；有些场合要求电机耐冲击振动达30000g；有些航天产品要求电机具有十分高的密封性能；有的电子设备则要求电机具有防辐射、防漏磁和较严格的电磁兼容功能等等。这些特殊要求使电机设计的难度加大，而制造工艺的难度更是普通电机所不及的。

3. 新理论、新技术和新材料不断应用

从20世纪30年代开始，直流伺服调速系统就逐步得到了应用，无换向器电机控制系统的研究几乎同时也开始。20世纪末，迅速发展的电力电子技术、微电子技术、计算机技术和现代控制理论赋予电机以新的生命，不仅使交流传动的控制性能可与直流传动相媲美，而且产生了诸如永磁无刷直流电动机、交流伺服电动机、开关磁阻电动机、无刷双馈电动机等一系列有别于传统电机的新型特种电机。

20世纪20年代Park提出电机坐标变换理论，1969年Hasse提出矢量控制概念，1971年Blaschke完善交流电机矢量控制理论，引起了交流电机调速控制的划时代变革，为高性能的交流传动控制奠定了理论基础。1985年Depenbrock提出了直接转矩控制。接着针对矢量变换控制中转子参数随温度变化和转差率变化难以准确测量而影响电机控制性能的问题，产生了基于参数辨识的模型参考自适应控制和滑模变结构控制，提高了系统对参数和模型的鲁棒性。

新材料的不断开发和应用，特别是稀土永磁材料的迅速发展，促进了高性能钕铁硼永磁电机不断涌现。纳米晶复合永磁的出现，将稀土永磁电机的研究和发展推向一个新的阶段。为了满足各种应用的要求，不断开发新型结构、采用新型材料、改进加工工艺仍是微特电机发展的重点，如轴向盘式结构、拼块组合结构、片状绕组等，而高性能稀土永磁、陶瓷合金、实心导磁体、高强度工程塑料等新型材料的广泛应用将对微特电机的技术发展产生深远的影响。

微特电机所涉及的学科和技术领域包括了电机技术、材料技术、微电子技术、电力电子技术、计算机技术和网络技术等，属多学科、多技术领域交叉的综合技术。其未来向机电一体化、高性能化、小型化和微型化、大功率化和非电磁化方向发展。

二、微特电机分类

电机包括电动机和发电机两大类：电动机是指将电能转化为机械能（直线和旋转形式）的装置；发电机则相反，是指将机械能转换为电能的装置。微电机一般指功率在 750W 及以下，直径在 160mm 以下的电机，具有特殊用途、特定用途和规定用途的电机。微特电机除微电机外，还包括具有特殊性能、特殊用途的电机，如步进电动机等。本书所涉及的电机均属于微特电机范畴，因此除分类中叫微特电机外，在后面具体电机的介绍中就简称做微电机或电机。

（一）按功用分类

1. 驱动微特电机

驱动微特电机作为小型、微型动力，用来驱动各种机械负载。它的功率一般从数百毫瓦到数百瓦不等，高速情况下可达数千瓦；外壳外径一般不大于 160mm 或轴中心高不大于 90mm。

一般驱动微特电机有：交流异步电动机，直流电动机，交、直流两用电动机，同步电动机以及无刷直流电动机等；而精密传动微特电机有：直流伺服电动机、直流力矩电动机、两相交流伺服电动机、交流力矩电动机、步进电动机、永磁交流伺服电动机、直线电动机、低速电动机、开关磁阻电动机等。

2. 控制微特电机

控制微特电机在自动控制系统中作为检测、放大、执行和解算元件，用来对运动物体位置或速度进行快速和精确的控制。其功率一般从数百毫瓦到数百瓦，机壳外径一般是 12.5～130mm，质量从数十克到数千克。但是，在地面用设备和舰船用设备中的大功率自动控制系统中，控制微特电机功率有的大到 18.5kW，甚至更大；外径达 1000mm，甚至更大；质量达数十千克甚至几百千克。

控制微特电机按其特性可分为两类：信号元件类和功率(或机械能)元件类。凡是将运动物体的速度或位置(角位移、直线位移)等物理信号转换成电信号的都属于信号元件类控制微特电机，如自整角机、旋转变压器、感应移相器、感应同步器、旋转编码器、测速发电机等；凡是将电信号转换为电功率的或将电能转换为机械能的都属于功率(或机械能)元件类控制微特电机，如伺服电动机、步进电动机、力矩电动机、磁滞同步电动机、低速电动机等。

3. 电源微特电机

电源微特电机作为独立的小型能量转换装置，用来将机械能转换成电能或将一种能量转换成另一种能量。它的功率一般从数百瓦到数十千瓦。电源微特电机在本书中仅介绍电机扩大机一种，而电机扩大机是自动控制系统中的旋转式功率放大元件，又称功率放大机，因此将其归入第四章中介绍。

（二）按原理分类

上述分类是按功用或者特性进行的。为了体现微特电机产品体系，下面再按微特电机的运行原理统一进行分类，共分7大类，37小类，见图1-1-1。

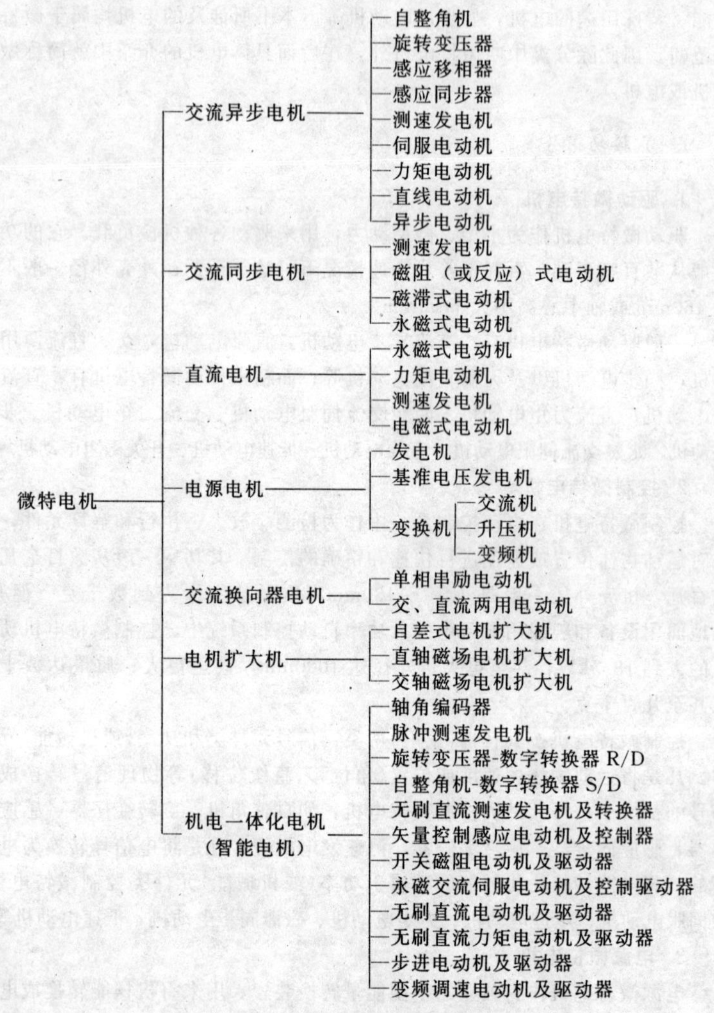

图1-1-1　微特电机按运行原理分类

三、微特电机主要用途

微特电机的应用面广、涉及领域宽。家用电器、电子器械、汽车、工业产品、航空、航天、舰船是其主要应用领域。此外，在金融、交通、公用事业、医疗保健器械、健身器械，以及农、林、牧、渔等领域，各类微电机应用也非常多。

控制微特电机作为测量、放大、执行及解算元件，主要用于自动控制系统中，图 1-1-2 所示就是一个使用微特电机的简单控制系统。当信号侧给了一个转角或位置信号，通过齿轮自整角发送机转子就转过一相应的转角。这时，自整角变压器输出一个电压，该电压经放大器放大后作用于伺服电动机，伺服电动机得到信号后开始转动，经过减速齿轮带动自整角变压器转子转过与自整角发送机相同的转角，同时将这个转角或位置作用于其他的机械。例如，在夹取具有放射性的物体时，就可以利用它做成远距离或隔墙的机械手，只要在信号侧给予一个夹取物体的动作信号（位置或转角），则操作侧就可跟随信号侧将物体夹取。

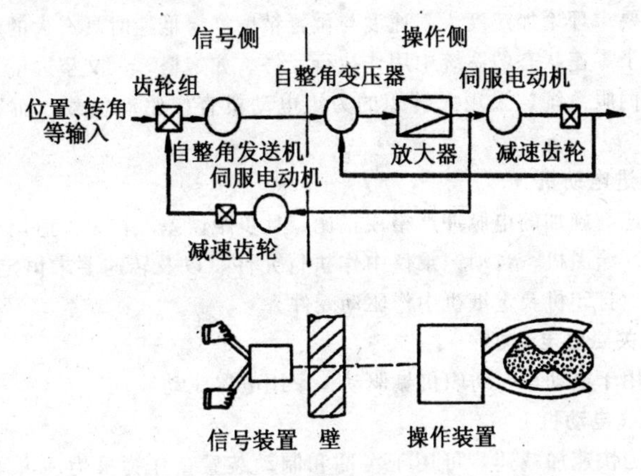

图 1-1-2　使用微特电机的控制系统

现将精密传动用微电机的基本用途介绍如下。

1. 交流伺服电动机

（1）两相交流伺服电动机用于小功率伺服系统。

（2）同步型（永磁）交流伺服电动机及异步型交流伺服电动机是新型机电一体化产品。其结构可靠，伺服性能优良。前者用于中高档数控机床的速度进给伺服系统及工业机器人关节驱动伺服系统；后者主要用于中高档数控机床的主轴驱动伺服系统。

2. 直流伺服电动机

（1）电磁式直流伺服电动机用于早期的伺服系统，作执行元件。

（2）永磁式直流伺服电动机比电磁式的体积小、效率高、结构简单，广泛用于要求具有良好伺服性能的速度及位置伺服系统，如数控机床、火炮、机载雷达等伺服系统。

（3）印制绕组、线绕盘式及空心杯电枢等直流伺服电动机均为无槽电枢永磁电机，具有时间常数小、理论加速度大、功率变化率大等优良的快速响应性能，特别适用于作录像机、盒式录音机、电唱机、计算机外围设备及物镜变焦等驱动的执行元件。印制绕组、线绕盘式直流伺服电动机还可作雷达及数控机床的执行元件。

3. 无刷直流伺服电动机

其既具有直流伺服电动机的伺服特性，又具有交流伺服电动机的运行可靠、维护方便的优点，适用于伺服性能及可靠性要求高的伺服系统。

4. 力矩电动机

其在要求理论加速度大、速度与位置精度高、低速时具有大的转矩，且长期运行于零速状态的系统中用作执行元件。如炮塔、天文望远镜、卫星发射火箭等伺服系统，采用大转矩的力矩电动机直接驱动负载，而不用齿轮减速。

5. 步进电动机

其转速与施加的电脉冲严格成正比，且步距误差不积累。适用于经济型数控机床、绘图机、自动记录仪中作执行元件，以及转速要求恒定的装置，如在手表、打印机及走纸机中作驱动元件。

6. 开关磁阻电动机

其适用于电动车、纺织机械驱动、家用电器驱动等。

7. 直线电动机

其作为快速加减速，可用于缓冲和制动装置；作为推力，可用于升降机、传送带等；作为伺服性能，可用于门的开闭、送料装置及往复运动装置等。

微特电机较为典型的应用实例之一是车床。传统车床是采用普通电机为动力，经机械传动后使带工件的主轴旋转或带刀具的刀架移动（进给），进行车削加工。当今车床大多是采用微特电机作为动力，应用计算机控制工件和刀具做不同形式的运动，进行多切削加工，达到精密、多功能、全自动等的要求。以瑞士 Kummer 公司 K150 数控机床为例，该机床是精密、多功能、全自动的切削机床，切削零部件的精度达到磨削加工的精度。该机床为三轴式，主轴由交流同步式伺服电动机直接驱动，电动机驱动功率 8kW，最高转速 6300r/min；另外两个轴即 X、Z 轴也是由交流同步式伺服电动机直接驱动主轴沿 X、Z 方向运动，电动机输出功率 940W，转速为 2000r/min。

上述电气传动较复杂，所用微特电机中除了电动机外，还有交流测速发电机和编码器两种信号电机、电机驱动器、控制器以及计算机控制单元等。图 1-1-3 为数控三轴精密车床的电气传动框图。此外，该机床配有的刀具伺服机构、主轴温控装置以及机床温控部分等的冷却泵需用几百瓦输出功率的交流伺服电动机和交流异步电动机也属于微特电机范畴。

除传统应用领域外，微特电机也广泛地应用在计算机外围设备、办公设备、AV 设备、家用电器等领域。

（一）用于计算机外围设备的电动机

表 1-1-1 列出了用于计算机外围设备的电动机的主要种类。

表 1-1-1　用于计算机外围设备的电动机

用途		电动机种类
冷却风扇		无刷直流电动机
FDD8.89cm	主轴	无刷直流电动机
	磁头驱动	步进电动机
CD-ROM	主轴	无刷直流电动机
	激光头驱动	有刷直流电动机
	光盘输入/弹出	有刷直流电动机
HDD	主轴	无刷直流电动机
	磁头驱动	直线直流电动机

（二）用于办公设备的电动机

表 1-1-2 列出了用于办公设备的电动机的主要种类。

（三）用于 AV 设备的电动机

表 1-1-3 列出了用于 AV 设备中的电动机的主要种类。

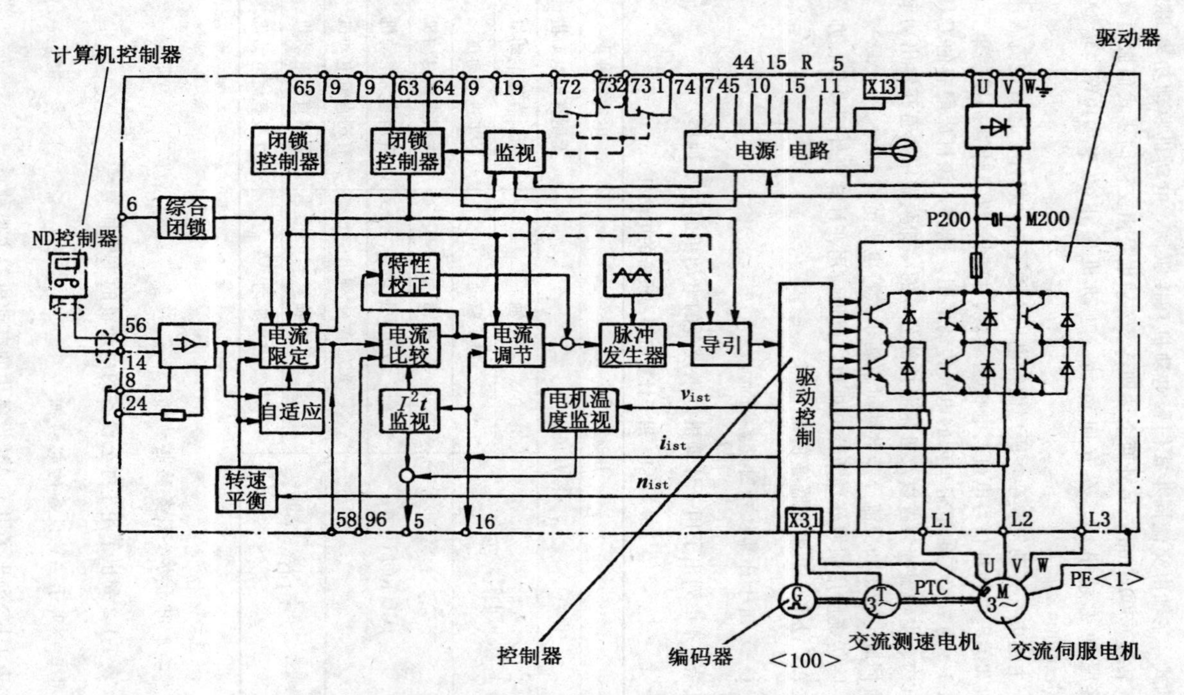

图 1-1-3 数控三轴精密车床的电气传动框图

表 1-1-2 用于办公设备的电动机

用途		电动机种类
传真机	进纸	步进电动机
	切纸	有刷直流电动机
打印机	激光扫描	无刷直流电动机
	输送驱动	步进电动机、有刷直流电动机
	进纸	步进电动机、有刷直流电动机、无刷直流电动机
复印机	激光扫描	无刷直流电动机
	原移读取驱动、轨道驱动	步进电动机、有刷直流电动机、无刷直流电动机
	磁头驱动	有刷直流电动机

表 1-1-3 用于 AV 设备的电动机

用途		电动机种类
录音机随身听	主动轮、磁带盘	有刷直流电动机，无刷直流电动机
CD LD	主轴	有刷直流电动机，无刷直流电动机
	激光头驱动	有刷直流电动机
	输入/弹出	有刷直流电动机
CD-ROM	主动轮、磁带盘	无刷直流电动机
	旋转磁头	无刷直流电动机
	输入/弹出	有刷直流电动机

（四）用于家电产品的电动机

表 1-1-4 列出了主要家电产品使用的电动机的种类和驱动对象。

表 1-1-4 主要家电产品使用的电动机

家电名称	驱动对象	电动机种类
电风扇	风扇	感应电动机
室内空调	制冷机、风扇	感应电动机、无刷直流电机
	风向控制板	同步电动机

续表

家电名称	驱动对象	电动机种类
除尘器	鼓风机	交流整流子电动机
钟	时钟、数字板	同步电动机，步进电动机
音箱	旋转录音头	交流整流子电动机
电冰箱	制冷机、风扇	感应电动机
洗衣机	波轮、泵、滚筒	感应电动机
电吹干燥机	风扇	交流整流子电动机、直流电动机
温水洗净坐便器	泵、风扇	同步电动机、无刷直流电动机

四、微特电机结构特点

微电机性能和功用的特殊性以及使用要求的特点，使其在结构上很多地方有别于普通电机。主要特点有：

(1) 体积小、质量轻。在很多情况下，体积小、质量轻是对微电机的主要技术要求之一。例如：飞行器高速飞行中，每1kg的设备质量大约需要20kg的辅助质量来支持，这就要求飞行器中的微电机体积小、质量轻。

(2) 结构精密，加工精度要求较高。外径为36mm的交流测速发电机的关键部件——空心杯转子是一种薄壁杯形结构，壁厚为0.15mm，公差为±0.01mm,空心杯的外圆同内圆之间的同轴度、圆柱度均要求不大于0.005mm；信号类控制微电机对其定子、转子冲片的齿槽分度误差为2′～3′；1台外径为100mm的双通道多极旋转变压器要求布置128对极的多极绕组，在结构上的要求是相当精密的。所以大多数微特电机要求精密加工，加工精度一般为1～2极，对不同轴度、不圆度、电磁对称性也有严格要求，一般要求不同轴度在0.005～0.01mm以内。

(3) 零部件较多，较复杂。举例说明，1台外径为36mm的空心杯转子交流测速发电机，有7种部件、19种零件；1台外径为22mm的稳速永磁直流伺服电动机（含齿轮减速）有7种组件、9种部件、170种零件。

(4) 稳定可靠。大多数情况下，微特电机要在恶劣和严酷的环境条件下稳定可靠地工作运转，要求高温低温变化引起结构热胀冷缩的变形以及振动、冲击、潮湿等引起的零部件变形、蠕变和绝缘材料、导磁材料的性能下降等等一定要在允许的范围内。

(5) 结构多样性。微电机产品因其功能、运动形式、电流种类、励磁方式、传动方式等的不同，有上万个规格，且应用范围很广，因此，使得微电机结构具有多样性。

五、微特电机产品名称代号

微特电机单机产品名称代号由2～4个大写汉语拼音字母组成，各类微特电机产品名称代号见表1-1-5～表1-1-12。

表 1-1-5　旋转变压器产品名称代号

产品名称	代号	含义	旧代号
正余弦旋转变压器	XZ	旋、正	
带补偿绕组的正余弦旋转变压器	XZB	旋、正、补	
线性旋转变压器	XX	旋、线	
单绕组线性旋转变压器	XDX	旋、单、线	
比例式旋转变压器	XL	旋、例	
磁阻式旋转变压器	XU	旋、阻	
特种函数旋转变压器	XT	旋、特	
旋变发送机	XF	旋、发	
无接触旋变发送机	XFW	旋、发、无	
旋变差动发送机	XC	旋、差	
旋变变压器	XB	旋、变	
无接触旋变变压器	XBW	旋、变、无	XB
无接触正余弦旋转变压器	XZW	旋、正、无	
无接触线性旋转变压器	XXW	旋、线、无	
无接触比例式旋转变压器	XLW	旋、例、无	
多极旋变发送机	XFD	旋、发、多	
无接触多极旋变发送机	XFDW	旋、发、多、无	
多极旋变变压器	XBD	旋、变、多	
磁阻式多极旋转变压器	XUD	旋、阻、多	
无接触多极旋转变压器	XBDW	旋、变、多、无	
双通道旋变发送机	XFS	旋、发、双	
无接触双通道旋变发送机	XFSW	旋、变、双、无	
双通道旋变变压器	XBS	旋、变、双	
无接触双通道旋变变压器	XBSW	旋、变、双、无	
传输解算器	XS	旋、输	

表 1-1-6　自整角机产品名称代号

产品名称	代号	含义	旧代号
控制式自整角发送机	ZKF	自、控、发	KF
控制式自整角变压器	ZKB	自、控、变	KB
控制式差动自整角发送机	ZKC	自、控、差	KCF
控制式无接触自整角发送机	ZKW	自、控、无	
控制式无接触自整角变压器	ZBW	自、变、无	
力矩式自整角发送机	ZLF	自、力、发	LF
力矩式差动自整角发送机	ZCF	自、差、发	LCF
力矩式差动自整角接收机	ZCJ	自、差、接	
力矩式自整角接收机	ZLJ	自、力、接	LJ
力矩式自整角接收机发送机	ZJF	自、接、发	
力矩式无接触自整角发送机	ZFW	自、发、无	
力矩式无接触自整角接收机	ZJW	自、接、无	
控制力矩式自整角机	ZKL	自、控、力	LK
多极自整角发送机	ZFD	自、发、多	
多极差动自整角发送机	ZCD	自、差、多	
多极自整角变压器	ZBD	自、变、多	
双通道自整角发送机	ZFS	自、发、双	
双通道差动自整角发送机	ZCS	自、差、双	
双通道自整角变压器	ZBS	自、变、双	

表 1-1-7　步进电动机产品名称代号

产品名称	代号	含义	旧代号
电磁式步进电动机	BD	步、电	
永磁式步进电动机	BY	步、永	
感应子式步进电动机(混合式步进电动机)	BYG	步、永、感	BH、BD
磁阻式步进电动机（反应式步进电动机）	BC	步、磁	BF
印制绕组步进电动机	BN	步、印	
直线步进电动机	BX	步、线	
滚切步进电动机	BG	步、滚	
开关磁阻步进电动机	BK	步、开	
平面步进电动机	BM	步、面	

表 1-1-8 测速发电机产品名称代号

产品名称	代号	含义	旧代号
电磁式直流测速发电机	CD	测、电	
脉冲测速发电机	CM	测、脉	CYM
永磁式直流测速发电机	CY	测、永	
永磁式直流双测速发电机	CYS	测、永、双	
永磁式低速直流测速发电机	CYD	测、永、低	
鼠笼转子异步测速发电机（鼠笼转子交流测速发电机）	CL	测、笼	
空心杯转子异步测速发电机（空心杯转子交流测速发电机）	CK	测、空	
空心杯转子低速异步测速发电机（空心杯转子低速交流测速发电机）	CKD	测、空、低	
比率型空心杯转子测速发电机	CKB	测、空、比	
积分型空心杯转子测速发电机	CKJ	测、空、积	
阻尼型空心杯转子测速发电机	CKZ	测、空、阻	
感应子式测速发电机	CG	测、感	
直线测速发电机	CX	测、线	
无刷直流测速发电机	CW	测、无	CZW

表 1-1-9 伺服电动机产品名称代号

产品名称	代号	含义	旧代号
电磁式直流伺服电动机	SZ	伺、直	SD、SZD
宽调速直流伺服电动机	SZK	伺、直、宽	ZS
永磁式直流伺服电动机	SY	伺、永	
空心杯电枢永磁式直流伺服电动机	SYK	伺、永、空	
无槽电枢直流伺服电动机	SWC	伺、无、槽	
线绕盘式直流伺服电动机	SXP	伺、线、盘	SG
印制绕组直流伺服电动机	SN	伺、印	
无刷直流伺服电动机	SW	伺、无	
鼠笼转子两相伺服电动机	SL	伺、笼	
空心杯转子两相伺服电动机	SK	伺、空	
线绕转子两相伺服电动机	SX	伺、线	
直线伺服电动机（音圈电机）	SZX	伺、直、线	
永磁同步伺服电动机	ST	伺、同	

表 1-1-10　力矩电动机产品名称代号

产品名称	代号	含义	旧代号
电磁式直流力矩电动机	LD	力、电	
永磁式直流力矩电动机（铝镍钴）	LY	力、永	LZ
永磁式直流力矩电动机（铁氧体）	LYT	力、永、铁	
永磁式直流力矩电动机（稀土永磁）	LYX	力、永、稀	
无刷直流力矩电动机	LW	力、无	
鼠笼转子交流力矩电动机	LL	力、笼	
空心杯转子交流力矩电动机	LK	力、空	
有限转角力矩电动机	LXJ	力、限、角	

表 1-1-11　磁滞同步电动机产品名称代号

产品名称	代号	含义
内转子式磁滞同步电动机	TZ	同、滞
外转子式磁滞同步电动机	TZW	同、滞、外
双速磁滞同步电动机	TZS	同、滞、双
多速磁滞同步电动机	TZD	同、滞、多
磁阻式磁滞同步电动机	TZC	同、滞、磁
永磁式磁滞同步电动机	TZY	同、滞、永

表 1-1-12　直流电动机产品名称代号

产品名称	代号	含义	旧代号
并激直流电动机	ZB	直、并	ZJ、Z、DP、ZD、DHZ
串激直流电动机	ZC	直、串	DZ
他激直流电动机	ZT	直、他	ZLC、SK、ZZD
永磁直流电动机	ZY	直、永	ZD
永磁直流电动机(铁氧体)	ZYT	直、永、铁	M、SYT、SHD、ZYW
无刷直流电动机	ZWS	直、无、刷	ZYR
无槽直流电动机	ZWC	直、无、槽	
空心杯电枢直流电动机	ZK	直、空	ZW、ZWH、ZWG
印制绕组直流电动机	ZN	直、印	
稳速直流电动机	ZW	直、稳	
稳速永磁直流电动机	ZYW	直、永、稳	BFG、DSY、SYWT、SYA
高速无刷直流电动机	ZWSG	直、无、刷、高	ZWG
稳速无刷直流电动机	ZWSW	直、无、刷、稳	ZWH
高速永磁直流电动机	ZYG	直、永、高	XD

第二节　微特电机的安装、使用与维护

一、微特电机的正确安装

微特电机安装包括 3 个主要方面，即：

（1）将电机机座装于支架或安装板中（对凸缘安装方式）或将底脚安装在安装板上（对底脚安装方式）。

（2）将电机转轴与连接机构（驱动或被驱动）的转轴作机械连接。

（3）将电机的定子绕组、转子绕组分别与电源或连接机构作电气连接。

安装一般应注意以下各点：

（1）自动化装置、伺服机构或仪器仪表中使用的微特电机在安装时除要求牢固，便于调整、拆卸、更换、确保安全等以外，应特别注意任何安装方式均不应使电机发生变形、损伤及定、转子相擦或卡死，以致降低电机的精度和性能，对于外径较小（例如 45mm 以下）的信号类微电机尤应注意。

（2）电机的机座要固紧于安装板上，配合精度应符合规定的要求，不松动，无间隙。如果是底脚安装则要把底脚与安装板校平，卡紧时必须使各部分受力均匀，保证定子与转子间原有的气隙和同轴度不受影响，转轴应灵活，不应由于夹紧力不当或过大而使电机机座和定子铁心发生变形，导致定、转子气隙不匀。

（3）要确保电机转子的轴伸与连接机构的驱动轴或被驱动轴保持严格的同轴度。必须经过精细的安装调整，使电机的转子既不受附加轴向力又不受附加径向力的影响，转动应灵活，连接应牢固。但是，由于技术、经济等因素的限制，加工制造和安装调整中的误差总是难以避免的。因此，除了某些转子带轴孔的电机与连接机构的转轴可同轴安装以外，两者是不易保证绝对同轴的，故一般应避免刚性连接，常采用带一定柔性的轴的连接方式。但对于小机座号的信号类微电机，安装后轴向的跳动应适度，不同轴度应越小越好，特别是圆周方向（切向）的间隙或位移应尽量避免。

二、微特电机常用安装方法

（一）微特电机外形及安装基本方式

按照国家标准 GB7346-87 的规定，微特电机外形及安装的基本方式可分为以下 9 种。

（1）K1 型——端部止口及凹槽安装方式，适用于 12～45 号机座。其安

装方式见图 1-2-1，尺寸应符合表 1-2-1。

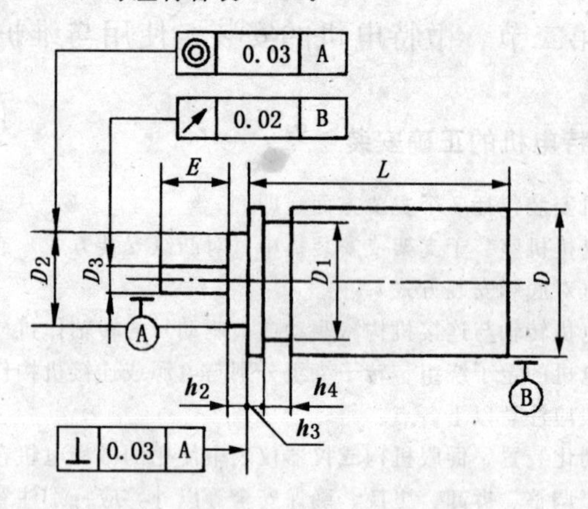

图 1-2-1　K1 型——端部止口及凹槽安装方式

表 1-2-1　K1 型——端部止口及凹槽安装尺寸　　单位：mm

代号		D	D_2	D_1	E	h_2	h_3	h_4	D_3		L
公差		h_{10}	h_6	h_{11}		±0.1	±0.1	$^{+0.2}_{0}$	f_7		
机座号	12	12.5	10	11	7	1	1	1	2	2.5	在各类电机标准中规定
	16	16	13	14.5	7	1.2	1.2	1.2	2	2.5	
	20	20	13	18.5	9	1.2	1.2	1.2	2.5	3	
	24	24	15	22.5	10	1.5	1.5	1.5	3	3	
	28	28	26	26.5	10	3	1.5	1.5	3	4	
	32	32	30	29	10	3	1.5	1.5	3	4	
	36	36	32	34	12	4	2	2	4	5	
	40	40	36	37	12	4	2	2	4	5	
	45	45	41	42	12	4	2	2	4	5	

（2）K2 型——端部止口及螺孔安装方式，适用于 20～55 号机座。其安装方式见图 1-2-2，尺寸应符合表 1-2-2 规定。

（3）K3 型——端面大止口及凹槽安装（端面小止口及螺孔仅供安装刻度盘或其他部件用）方式，适用于 28～45 号机座。其安装方式见图 1-2-3，尺寸应符合表 1-2-3 规定。

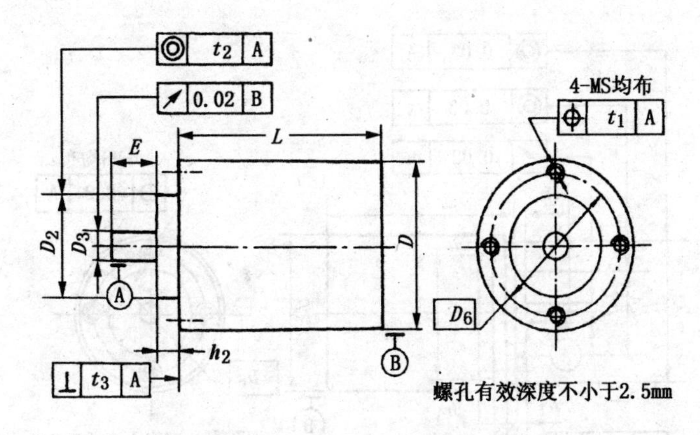

图 1-2-2　K2 型——端部止口及螺孔安装方式

表 1-2-2　K2 型——端部止口及螺孔安装尺寸　　单位：mm

代号		D	D_2	E	h_2	D_6	MS	D_3		t_1	t_2	t_3	L
公差		h_{10}	h_6		±0.1		$8H$	f_7					
机座号	20	20	10	8	1.5	14	M1.6	2.5	3	0.2	0.02	0.02	在各类电机标准中规定
	24	24	14	10	1.5	18	M2	3	3	0.2	0.02	0.02	
	28	28	18	10	1.5	22	M2.5	3	4	0.2	0.02	0.02	
	32	32	22	10	2	26	M2.5	3	4	0.2	0.02	0.02	
	36	36	22	12	2.5	27	M3	4	5	0.4	0.02	0.02	
	40	40	25	12	2.5	30	M3	4	5	0.4	0.03	0.04	
	45	45	25	12	2.5	33	M3	4	5	0.4	0.03	0.04	
	55	55	32	16	3	38	M4	6	7	0.4	0.03	0.04	

表 1-2-3　K3 型——端面大止口及凹槽安装尺寸　　单位：mm

代号		D	D_2	D_4	D_1	E	h_1	h_2	h_3	h_4	D_6	MS	D_3		L
公差		h_{10}	h_6	h_8	h_{11}		±0.1	±0.1	±0.1	±0.2 0		h_8	f_7		
机座号	28	28	26	18	26.5	10	1.5	1.5	1.5	1.5	22	M2.5	3	4	在各类电机标准中规定
	32	32	30	22	29	10	1.5	1.5	2	2	26	M2.5	3	4	
	36	36	32	22	34	12	1.5	2.5	2	2	27	M3	4	5	
	40	40	36	25	37	12	1.5	2.5	2	2	30	M3	4	5	
	45	45	41	25	42	12	1.5	2.5	2	2	33	M3	4	5	

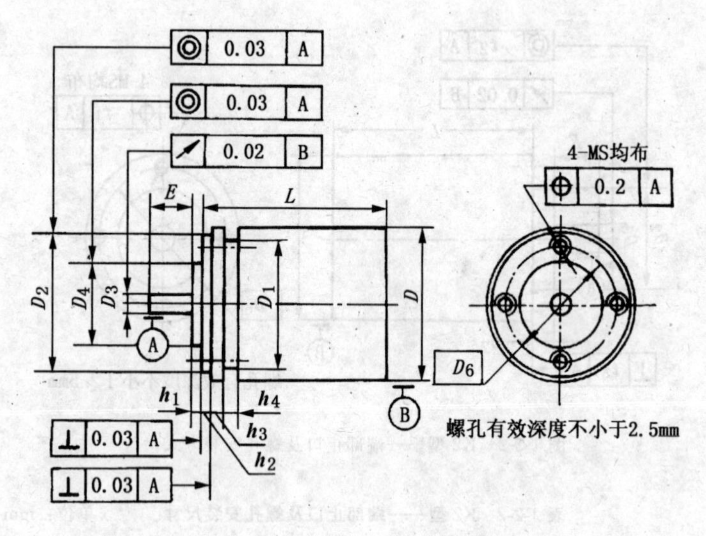

图 1-2-3　K3 型——端面大止口及凹槽安装方式

(4) K4 型——端部外圆及凸缘安装或外圆套筒安装方式，适用于 55～130 号机座。其安装方式见图 1-2-4，尺寸应符合表 1-2-4 规定。如电机需要双轴伸时，推荐采用附加光轴伸，其尺寸见表 1-2-5。

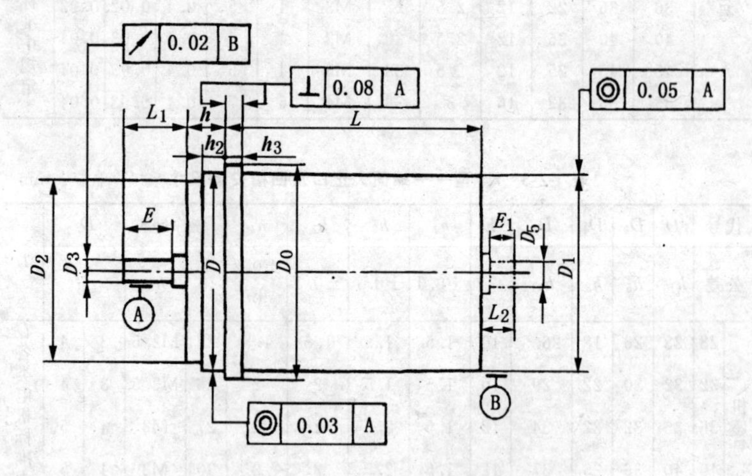

图 1-2-4　K4 型——端部外圆及凸缘安装方式

表 1-2-4　K4 型——端部外圆及凸缘安装尺寸　　　　单位：mm

代号		D	D_0	D_1	D_2	E	L_1	h_3	h_2	h	D_3		L
公差		h_7	h_{10}	f_9	h_{10}			±0.1	h_{12}		f_7		
机座号	55	55	60	55	54	16	18	5	8	12	6	7	在各类电机标准中规定
	70	70	76	70	69	20	22	6	12	19	8	9	
	90	90	98	90	89	20	22	6	14	24	9	11	
	110	110	118	110	109	23	25	6	16	29	11	14	
	130	130	140	130	129	30	32	6	16	30	14	16	

表 1-2-5　K4 型——采用附加光轴伸的尺寸　　　　单位：mm

代号		D_5	E_1	L_2
公差		f_7		
机座号	55	4	6	7
	70	6	12	13
	90	7	12	13
	110	8	12	13
	130	8	15	16
	160①	16	15	16
	200①	20	18	19
	250①	25	18	19
	320①	30	20	21

①机座号的电机安装尺寸为推荐尺寸。

（5）K5 型——方形凸缘安装方式，适用于 36～130 号机座。其安装方式见图 1-2-5，尺寸应符合表 1-2-6 规定。

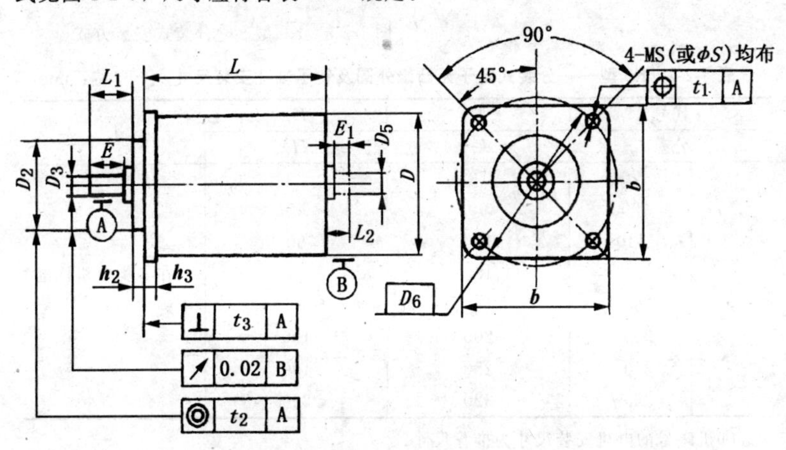

图 1-2-5　K5 型——方形凸缘安装方式

表 1-2-6 K5 型——方形凸缘安装尺寸 单位：mm

代号		D	D_2		E	L_1	h_2	h_3	b	D_6	ϕS	D_3		t_1	t_2	t_3	L
公差		h_{10}	h_6	h_7			h_{12}	±0.1				f_7					
机座号	36	36	22		12	12	2	3	38	44	3.4	4	5	0.2	0.03	0.06	在各类电机标准中规定
	40	40	25		12	12	2.5	3	42	48	3.4	4	5	0.2	0.03	0.06	
	45	45	25		12	12	2.5	4	48	55	4.5	4	5	0.2	0.03	0.06	
	55	55		42	16	18	2.5	4	58	66	4.5	6	7	0.2	0.03	0.06	
	70	70		54	20	22	3	5	72	84	5.5	8	9	0.4	0.03	0.06	
	90	90		70	20	22	3	6	92	107	6.6	9	11	0.4	0.05	0.1	
	110	110		85	23	25	4	8	112	132	9	11	14	0.6	0.05	0.1	
	130	130		100	30	32	5	10	134	155	11	14	16	0.6	0.05	0.1	
	160①	160		130	40	42	6	10	164	180	11	16		0.8	0.05	0.1	
	200①	200		160	50	52	7	15	204	220	12	20		0.8	0.05	0.1	
	250①	250		200	60	60	7	15	256	280	12	25		1.2	0.05	0.1	
	320①	320		270	80	80	8	20	328	350	16	30		1.2	0.05	0.1	

①55 号及以上机座电机需要双轴伸时，同 K4 规定。

(6) K6 型——分装式定子无凸缘外圆及转子轴孔安装方式，适用于 70～130 号机座。其安装方式见图 1-2-6，尺寸应符合表 1-2-7 规定。

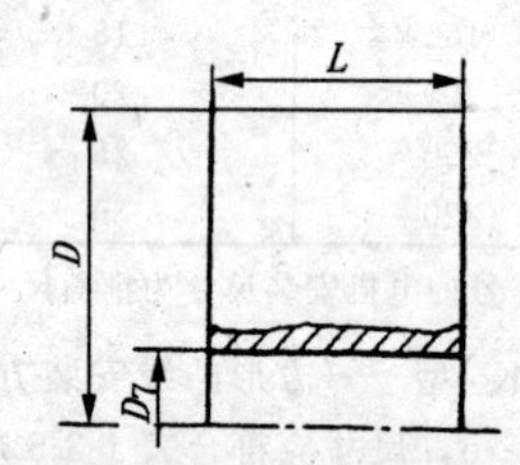

图 1-2-6 K6 型——分装式安装方式

表 1-2-7 K6 型——分装式定子无凸缘外圆及转子轴孔安装尺寸 单位：mm

代号		D	D_7	L
公差		h_7	H_7	
机座号	70	70	20	在各类电机标准中规定
	90	90	40	
	110	110	50	
	130	130	70	
	160①	160	80	
	200①	200	100	
	250①	250	150	
	320①	320	200	

①机座号的电机安装尺寸为推荐尺寸。

（7）K7 型——分装式定子凸缘外圆及转子轴孔安装方式，适用于 70～130 号机座。其安装方式见图 1-2-7，尺寸应符合表 1-2-8 规定。

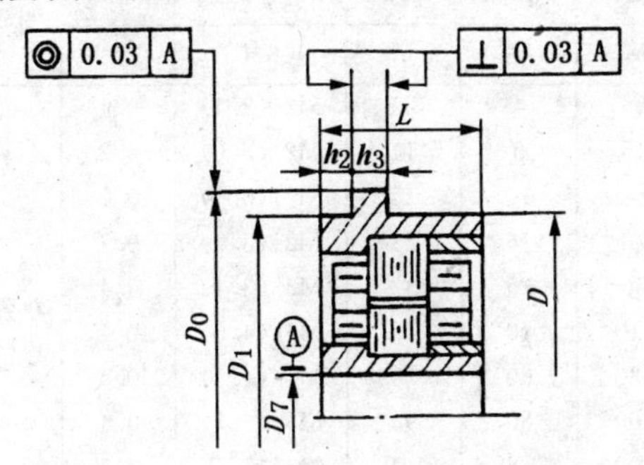

图 1-2-7　K7 型——分装式安装方式

表 1-2-8　K7 型——分装式定子凸缘外圆及转子轴孔安装尺寸　　单位：mm

代号		D	D_1	D_0	D_7	h_2	h_3	L
公差		h_{10}	h_7	h_{10}	H_7	±0.1	±0.1	
机座号	70	70	70	76	20	6	6	在各类电机标准中规定
	90	90	90	98	40	6	6	
	110	100	100	118	50	6	6	
	130	130	130	140	70	6	6	

（8）K8 型——分装式定子无凸缘外圆方式，转子轴孔及螺孔安装，适用于 36～130 号机座。其安装方式见图 1-2-8，尺寸应符合表 1-2-9 规定。

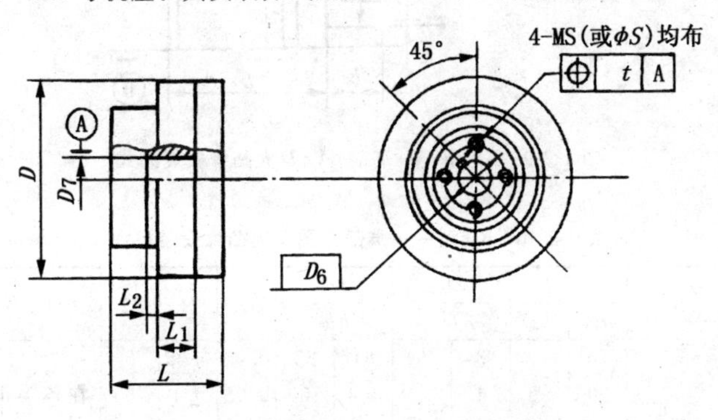

图 1-2-8　K8 型——分装式安装方式

表 1-2-9　K8 型——分装式定子无凸缘外圆，转子轴孔及螺孔安装尺寸　　单位：mm

	代号	D	D_7	D_6	ϕS	t	L	L_1	L_2
	公差	h_7	H_7		$8H$				
机座号	36	36	4	8.5	M2 (2.4)	0.1	在各类电机标准中规定		
	45	45	6	11	M2 (3.0)	0.2			
	55	55	10	15	M2 (3.0)	0.2			
	70	70	16	22	M2 (3.0)	0.4			
	90	90	25	32	M3 (3.4)	0.4			
	110	110	40	48	M4 (4.5)	0.4			
	130	130	60	70	M4 (4.5)	0.4			
	160[①]	160	80	90	M5 (5.5)	0.4			
	200[①]	200	100	110	M5 (5.5)	0.6			
	250[①]	250	140	152	M6 (6.6)	0.6			
	320[①]	320	180	195	M8 (9.0)	0.8			

(9) K9 型——端部外圆及大凸缘安装方式，适用于 70～130 号机座。其安装方式见图 1-2-9，尺寸应符合表 1-2-10 规定。

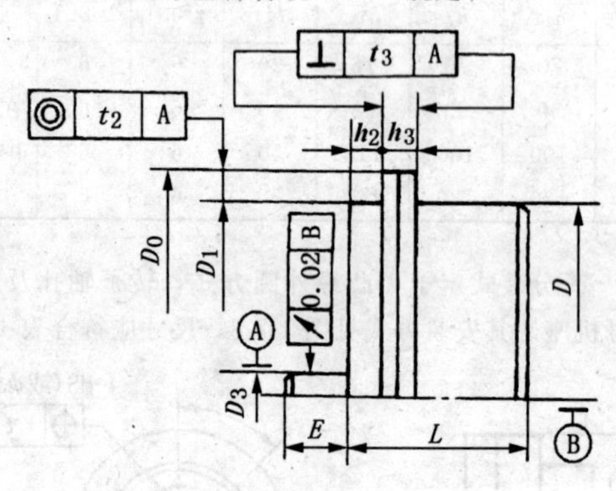

图 1-2-9　K9 型——端部外圆及大凸缘安装方式

表 1-2-10　K9 型——端部外圆及大凸缘安装尺寸　　单位：mm

	代号	D	D_1	D_3		D_0		t_2	t_3	h_2	h_3	E	L
	公差	h_{10}	h_7	f_7		h_{10}							
机座号	70	70	70	3	6	84	82	0.03	0.06	6	在各类电机标准中规定		
	90	90	90	4	6	104	100	0.05	0.1	6			
	110	110	110	4	8	128	122	0.05	0.1	8			
	130	130	130	5	8	148	142	0.05	0.1	8			

（二）安装所需夹具与附件

为便于电机的安装和固定齿轮，或将试验用圆盘固定在电机的转轴上，需要使用一些夹具或附件。下面介绍一些常用的夹具与附件。

（1）装夹组件见图 1-2-10。装夹组件由不可拆卸螺钉、锁紧垫圈和压块组成。用彼此间隔 120°的 3 个装夹组件可以固定一台微电机，也可用它们来与后面所述的转接装置或调零环等连接使用。

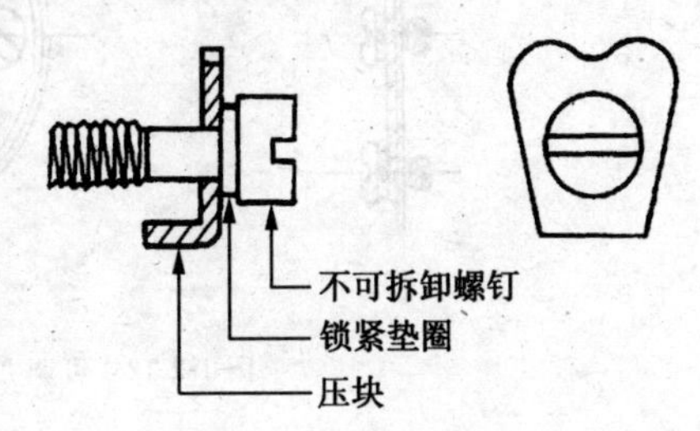

图 1-2-10　装夹组件

（2）带齿配接组件见图 1-2-11。带齿配接组件由转接盘、4 个不可拆卸螺钉和 4 个锁紧垫圈组成。配接组件可与装夹组件配合安装电机。

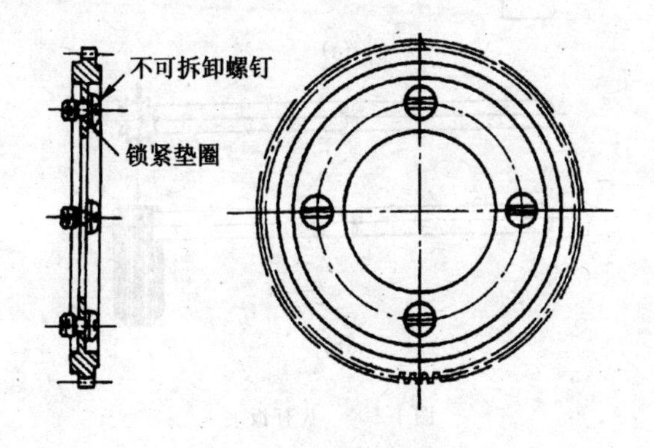

图 1-2-11　带齿配接组件

（3）可调夹盘组件见图 1-2-12。可调夹盘组件由夹盘、4 个不可拆卸螺钉和 4 个锁紧垫圈组成。将 4 个螺钉放入微电机前端的螺孔中，靠夹盘与面板或底板之间的压力把电机固定。当 4 个螺钉松动时，电机可在面板内适当转动，调整角度而正确定位。

（4）齿杆扳手。图 1-2-13（a）所示为直扳手，图 1-2-13（b）所示为 90°扳手。当电机用转接装置、夹盘组件或调零环安装时，齿杆扳手用来调整电机的电气零位。

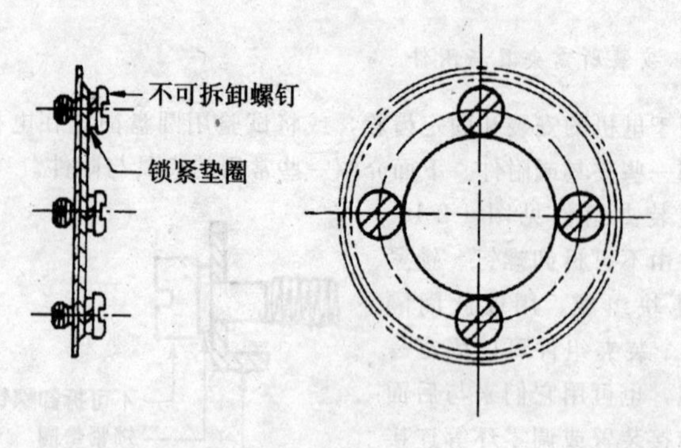

图 1-2-12　可调夹盘组件

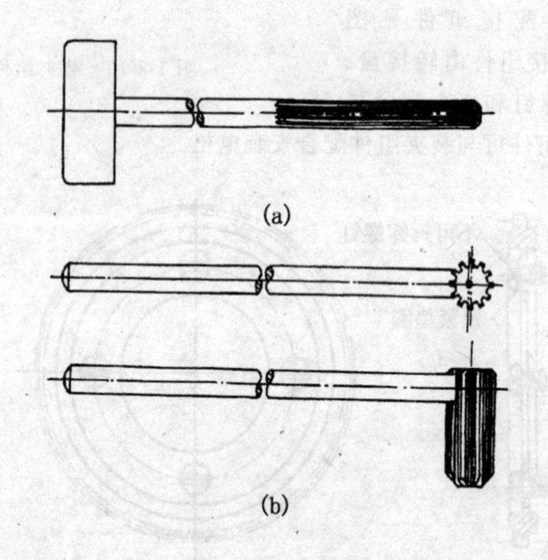

图 1-2-13　齿杆扳手

（5）套筒扳手见图 1-2-14。它包括固定螺纹花键轴伸用的内螺纹花键套筒和拧紧转轴螺母用的套筒，主要用于螺纹花键转轴的安装。

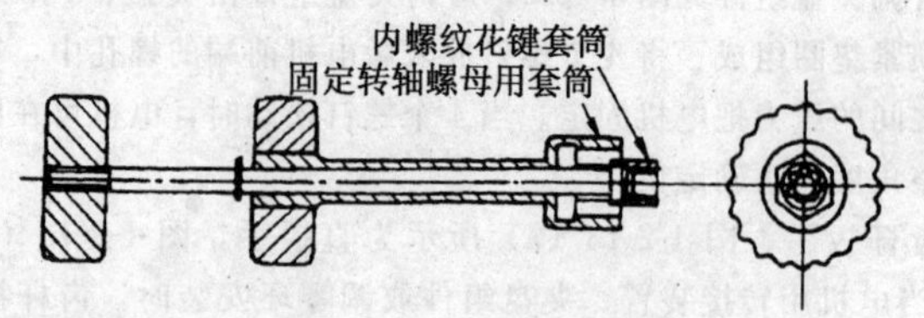

图 1-2-14　套筒扳手

(6) 转轴附件见图 1-2-15。转轴附件包括传动垫圈和转轴螺母，主要用于将齿轮或圆盘安装，固定在电机转轴上。

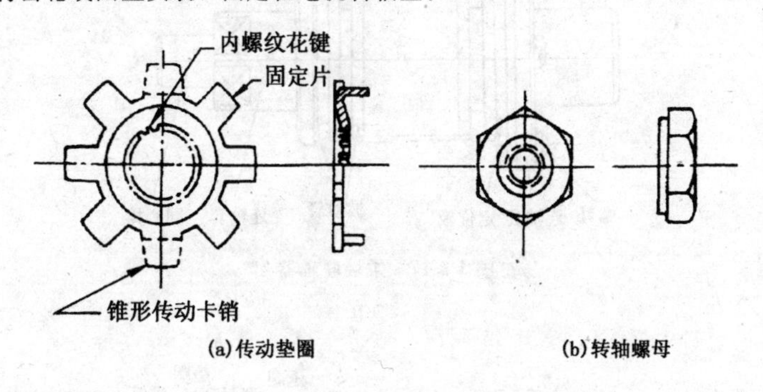

图 1-2-15　转轴附件

(7) 半联轴节见图 1-2-16。这种简单的联轴器只适用于一般电机传递转矩、带动旋转。

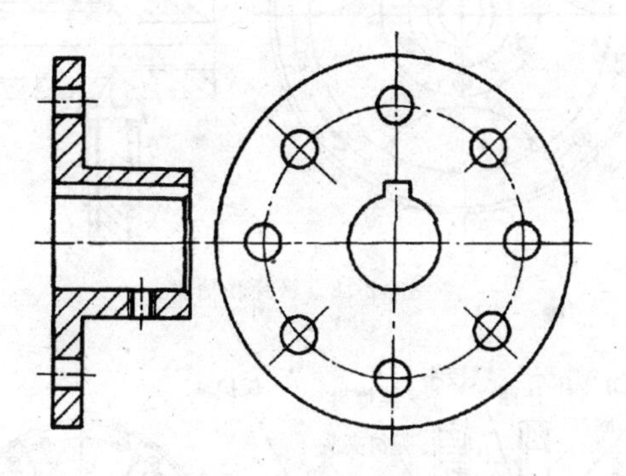

图 1-2-16　半联轴节

(8) 柔性联轴器见图 1-2-17。其两端为与两根轴径配合的联轴套，中间部分为波纹管，与两端的联轴套焊接或胶牢。

(9) 簧片联轴器见图 1-2-18。其两端为两个联轴套，其内孔分别与两根轴径配合，中间部分为两片铍青铜制成的联轴簧片，通过压板、压圈、螺钉等将簧片与两个联轴套连成一体。

(10) 弹簧夹头见图 1-2-19。弹簧夹头可分为前端和后端两部分并通过螺纹联接在一起。

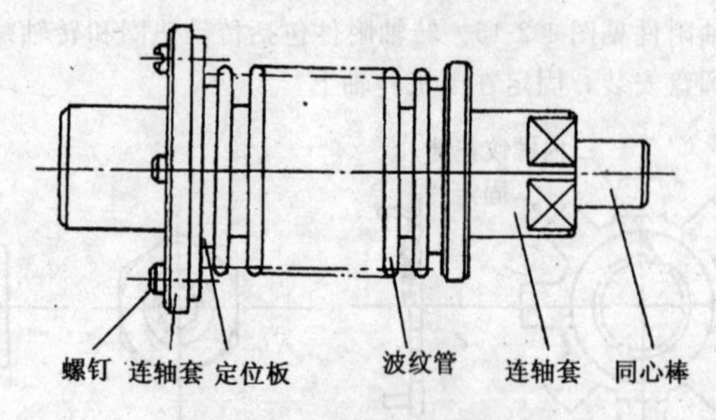

图 1-2-17　柔性联轴器

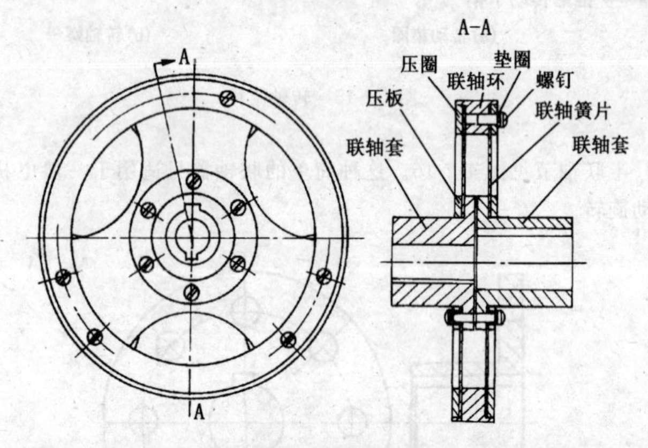

图 1-2-18　簧片联轴器

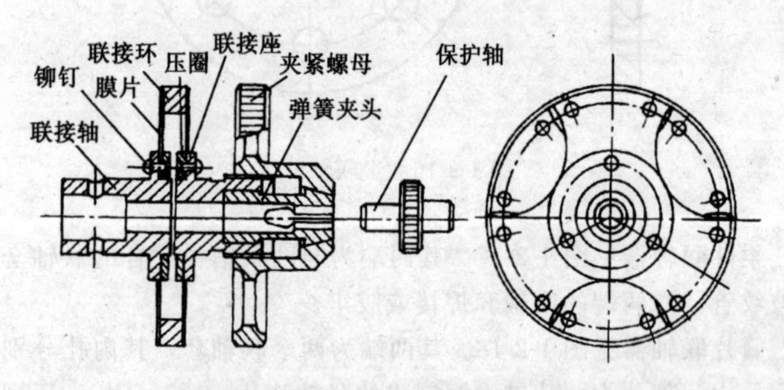

图 1-2-19　弹簧夹头

(11) 精密联轴器见图 1-2-20。这是一种比较精密的联轴器，两端为联轴套，其内圆尺寸分别与两根轴的外径相配合，中间有一段波纹管，且有夹板、压板和用不锈钢薄片（厚 0.1mm）制成的 4 片联接薄膜，分别在相差 90°方位上，用螺钉与夹板等紧固。

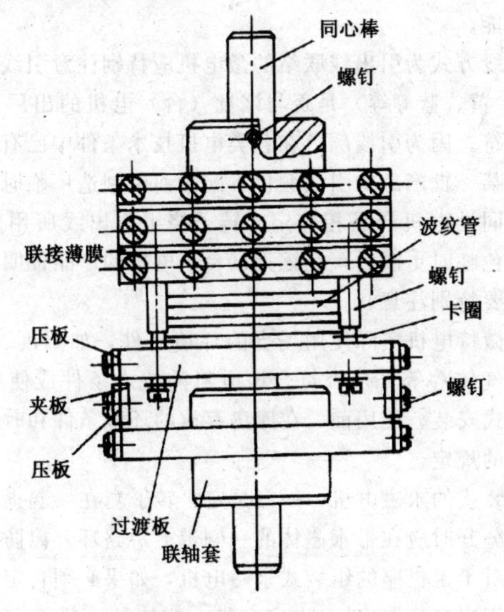

图 1-2-20 精密联轴器

三、微特电机使用与维护

微特电机在合理选型、妥善安装完毕后，在使用与维护方面应注意以下几点：

（1）电机在出厂前已调试合格，紧固螺钉已用红磁漆点封，信号类微特电机还标有零位标记，在使用时不要任意拆卸和松动零部件以免影响电机性能或损坏电机。

（2）严禁在电机机座或轴伸上临时做附加的机械加工，例如：钻销钉孔、铣扁、铣槽或攻丝等。

（3）电机安装完毕后，正式通电运行前，应尽可能先用手试着转动电机，观察转动是否灵活，有无卡死、扫膛（定、转子相擦）等异常现象。然后按照铭牌或使用说明书的要求检查接线是否正确，有无交叉、重叠、虚焊或短路的可能；凡有接地要求的，应仔细检查接地是否可靠；凡由用户选配电阻、电容等元件的电路中，应仔细核对元件的型号、规格、参数等是否符合规定；在确认机械安装和电气联结均正确无误之后，方能按技术条件或使用说明书的要求接通电源试运转。

（4）由于控制微特电机本身是一种以电磁感应原理为基础的精密机电元件，故在安装、使用微特电机的场所附近不应有强的外磁场，否则将会影响微电机的正常性能。

（5）对于出线方式为引出线联结的微电机应特别注意引线的颜色和标记（例如：红、白、黄、蓝等等）是否与该批（台）电机的出厂证明书或使用说明书的规定相符。因为引线颜色在各类电机技术条件中已有规定，理应遵守。但有时由于某一批产品的引线颜色不配套而由制造厂临时决定用其他颜色代替，导致不同批电机产品相应定、转子绕组引出线所用的颜色不尽相同。在引出线颜色临时更改后，在该批（台）电机的产品证明书上应有明显的记载，使用时要特别注意。

（6）应注意微特电机实际使用场合的环境条件，如温度、湿度、冲击、振动以及腐蚀性气体等等，是否符合该电机的技术条件或使用说明书的规定。微电机在正式安装、使用前，在库房存放的环境条件和时间也应符合技术条件或说明书的规定。

（7）对于分装式的永磁电机，一般是定、转子套在一起提交用户的，当必须将定、转子分开时应在带永磁体的一侧带上短路环，以防止磁钢去磁而影响电机性能。对于带机座的组装式永磁电机，如果必须自定子内取出转子时（一般不希望用户自行取出），也应在带永磁体的一侧带上短路环。虽然对于高矫顽力的永磁材料，如铁氧体磁钢或稀土类磁钢等，不易去磁，可不带短路环。但使用者不一定知道所用磁钢的性能，故仍应预防为好。

（8）对于带整流子的电机，应注意观察火花，如火花过大或有环火现象，应检查整流子和电刷表面，根据具体情况，清理整流子或更换电刷。对于分装式的直流电机，用户在安装调试和使用过程中，还应特别注意调整刷架，使电刷处于中性面上，此时火花最小，正、反转的转速差最小。在必须更换电刷时，应注意电刷的牌号（该电机使用说明书一般均载明）且应事先空转磨合，使电刷与换向器的接触面积达 75%以上。电刷与刷握的配合，不宜过松，过松会使电刷在刷握中产生晃动，影响电刷与整流子的接触角度和面积；但也不宜过紧，过紧会使电刷卡在刷握中，影响电刷压力，甚至可能不按触。

四、微特电机使用条件

微特电机的应用面非常广泛，其使用环境十分复杂。通常将其使用环境分为一般环境条件和特殊环境条件。一般环境条件是指电机周围环境的温度、湿度、气压处于正常要求的条件。特殊环境条件是指电机使用于特殊要求的条件下。

对于普通电机，一般都应在下述条件下正常运行：

(1) 海拔高度不超过1000m；

(2) 运行地点的最高环境空气温度随季节而变，但不超过+40℃；

(3) 运行地点的最低环境空气温度为-15℃，此时电机已安装就位，并投入运行或处于断电停转的状态；

(4) 运行地点最湿月份的月平均最高相对湿度为90%，同时该月平均最低温度不高于25℃，在该环境空气相对湿度下，电机经长时间停机后，应能安全地投入运行。

特殊环境涉及面广，目前微特电机的特殊环境有：盐雾、湿热、砂尘、霉菌、各种射线辐射、电磁干扰、声光电磁波冲击、雷电、温度冲击、低气压、振动、冲击、恒加速度、跌落、摇摆、爆炸、有害气体与物质等。特殊环境条件要求高，电机需要很大改进才能适应，且并非一切电机均能满足的。从工程实践角度来看，电机的特殊环境条件的规定，要根据客观的需要和可行两者结合起来加以考虑。

环境条件是影响电机的性能、可靠性、寿命以及运行的重要因素。大多数电机是运用于一般环境条件下，但还有一部分微特电机运行在特殊环境条件下，电机的性能、温升、可靠性、寿命等指标不应按常用标准考核，而要针对不同使用条件加以调整。

第三节 微特电机可靠性和安全性

一、微特电机可靠性

产品的可靠性由固有可靠性和使用可靠性两方面组成。微特电机固有可靠性水平由其设计、材料、工艺过程以及最后测试予以保证；使用可靠性从其包装、运输、贮存、安装、正确使用、维护保养等环节提高。

对可靠性有较高要求的场合，在选择和使用微特电机中应考虑下列几个问题：

(1) 选用适当可靠性水平的微特电机。某一系统中的功能可由不同种类微特电机来完成，同一种类微特电机，高档次与低档次，在固有可靠性方面有很大差别。因此，用户必须根据系统的要求，综合考虑所需要的功能、特性、使用环境条件、可靠性要求、维护性和可接受的价格诸方面，作出选择。

(2) 降额使用以延长工作寿命。在正常使用条件下，按照微特电机额定数据工作，可保证有允许的温升和规定的工作寿命。在条件许可情况下，低于微特电机额定数据工作，既有利于延长工作寿命，又可降低电机各部分的温升，从而减缓绝缘物老化的过程。

(3) 注意在规定环境条件下使用微特电机。微特电机绝缘可靠性在很大程度上由环境温度、湿度以及自身的温升所决定。当温度和湿度提高时，绕组绝缘强度下降，绝缘的击穿和匝间短路等失效率增加，同时也增加了轴承、换向器和电刷的失效率。改善微特电机及其关键部件的冷却条件和避免靠近主机及其他热源部分，有利于提高微特电机的可靠性。

(4) 采取必要的保护措施。随着机电一体化技术的应用，微特电机在使用时，它的电子控制系统应对其关键部位的温度，以及对转速、电流、频率、电压、I^2t 等进行检测、监视和报警。这有利于提高微特电机的使用可靠性。在小功率交直流电机，特别是小型家用电器用微电机常采用“热保护器”对电机由于过载、机械故障、堵转等引起的过热实施简单而有效的保护。

二、微特电机安全性

国家标准 GB18211-2000《微电机安全通用要求》，对微电机的安全性从定义、标志、泄漏电流、绝缘介电强度、绝缘电阻、结构、机械强度、保护接地装置、防护、防锈、湿热、耐热变形性、阻燃性、非正常工作、检验规则等 18 项作了严格的规定。该标准是根据微电机科研、设计、生产、应用的经验，参考有关国际、国内标准编写而成的，由国家机械工业局提出、西安微电机研究所编写。

第二章　一般驱动微特电机

一般驱动微特电机主要包括交流异步电动机、交流同步电动机、直流电动机、串励通用电动机和无刷直流电动机。交流异步电动机主要用于工业和农业的驱动，使用可靠、简单。交流同步电动机主要应用在要求转速恒定的领域，近年来，齿轮减速和电子调速异步电机的应用越来越广。串励通用电动机可用于交流或直流电源，电机启动转矩大，在电动工具和家用电器等需要软特性的场合应用较多。无刷直流电机具有和直流电动机相同的外特性，在小功率应用场合使用量较大。

第一节　交流异步电动机

一、概述

交流异步电动机（简称异步电动机）结构简单、制造容易、价格低廉、维护方便、寿命长、噪声低、受无线电干扰小，可直接与三相或单相交流电源联接。因此，在各类驱动微电机中，异步电动机的产量最大，应用面最广。

异步电动机按相数可分为三相异步电动机和单相异步电动机两种，前者主要用于工业。单相异步电动机与容量和极数相同的三相异步电动机相比，体积大、运行性能差，因此，一般功率较小。但因单相异步电动机价格便宜，且只需单相电源，因此在家用电器、办公用具和仪表工业等领域中得到极其广泛的应用。按其启动或运转方式不同，单相异步电动机可分为单相电阻启动异步电动机（以下简称电阻启动电动机）、单相电容启动异步电动机（以下简称电容启动电动机）、单相电容运转异步电动机（以下简称电容运转电动机）、单相电容启动和运转异步电动机（以下简称电容启动和运转电动机）和罩极电动机等5类。

（一）三相异步电动机系列

三相异步电动机可分为基本系列、派生系列和专用系列三种。

(1) 基本系列是具有一般性能和一般用途的电动机，通用性强，适用范围广，生产量大。微型小功率三相异步电动机，是指折算至1500r/min时连续额定功率不超过1.1kW的电动机，也称为驱动微电机或分马力电动机。基本系列为YS系列，以替代AO_2系列，其功率范围为10～2200W，机座中心高为：H45～H90mm。

(2) 派生系列是指对基本系列部分改动而产生的电气派生、结构派生和特殊环境派生系列的电动机，其零部件与基本系列有较高的通用性。

小功率三相异步电动机派生系列有 ADO_2 系列三相多速异步电动机、BAO_2 系列防爆型三相异步电动机、YSF 系列轴流风机用三相异步电动机等。

(3) 专用系列是为了满足某些电气性能，如防护或特殊用途而专门设计制造的电动机。

小型专用三相异步电动机有 YM 系列木工用异步电动机、YZ_2 系列、YZR_2 系列起重冶金用三相异步电动机等。民用小功率三相异步电动机是各电机制造企业针对需求量大的配套电动机进行专门设计而形成本企业的专用系列电动机。例如 AO_2、JWD 系列三相建材设备专用电动机、LS 系列低噪声冷风机冷凝器专用电动机等。

(二) 单相异步电动机系列

单相异步电动机也可分为基本系列和专用系列。

(1) 基本系列是 BO_2 系列、YU 系列单相电阻启动异步电动机，CO_2 系列、YC 系列单相电容启动异步电动机，DO_2 系列、YY 系列单相电容运转异步电动机，YL 系列单相双值电容异步电动机，单相罩极异步电动机系列。功率范围为 10～3000W，机座中心高为 H45～H100mm。罩极电动机的功率范围为 0.4～60W。

(2) 专用系列是各电机制造企业根据用户配套要求而专门设计制造的电动机。例如 YDK 系列高效节能塑封空调风扇电动机，YYK、YLK 系列单相空压机专用电动机等。

(三) 齿轮减速异步电动机系列

将齿轮减速器与三相或单相异步电动机组合成一体的齿轮减速电动机，适用于在低速传动装置中作驱动元件，能实现低速大转矩的功能，起到简化机械结构和降低能耗的作用。

二、三相异步电动机结构、原理和特性

(一) 结构

1. 定子

定子主要由定子铁心、定子绕组、机座和端盖等组成。

（1）定子铁心。由表面涂有绝缘漆或经过氧化膜处理的带齿槽的硅钢片叠成，以减少铁心损耗和增强抗腐蚀及防锈性能，一般采用厚 0.5mm 的热轧硅钢片，也有采用低损耗的冷轧硅钢片的，这样可以获得更高效率。定子绕组安放在由定子冲片叠压而成的定子铁心槽内。定子铁心是电动机的主要磁路部分，是电机的关键部件之一。

（2）定子绕组。由空间互差 120°电角度的三相绕组组成。小型和小功率三相异步电动机的绕组常采用单层链式、单层同心式和单层交叉式三种绕组形式。

当三相电源电压加到三相对称定子绕组上后，在电机内部形成一个圆形旋转磁场，所以定子绕组是关键部件之一。

（3）机座。机座的作用是固定定子铁心，其防护类型、冷却方式和安装形式应满足用户的要求。因为机座不作为磁路的组成，通常用铸铁、铸铝和钢板材料制成，其中铸铁机座多用于中小型异步电机，铸铝和钢板机座常用于小功率异步电机。

（4）端盖。端盖是支撑轴承并承受径向、轴向负荷的重要结构件，其结构应符合外壳防护等级要求。端盖与机座、端盖和轴承室配合面的加工和装配，是保证电动机性能的关键之一。

2. 转子

转子主要由转子铁心、转子绕组和转轴组成。

转子铁心与定子铁心一样，一般采用冲有齿槽的 0.5mm 的热轧或冷轧硅钢片叠成，是组成电动机的磁路主要部分。

小型三相异步电动机的转子绕组除 YR 系列异步电动机是线绕式转子绕组，YLJ 系列交流力矩异步电动机是实心钢转子结构等外，其他系列和中小功率异步电动机一般多采用笼型转子绕组。这是把熔化的铝液铸入转子铁心槽内，铸成导条和端环的铝笼，组成转子绕组，同时在端环两侧也铸有风叶片和平衡柱。转子与端环构成的短路绕组在定子的旋转磁场作用下产生感应电流。转子导条中的电流和旋转磁场相互作用产生电磁力和电磁转矩，驱动电动机旋转。所以铸铝转子是关键部件之一。

3. 气隙

异步电动机的气隙一般是很小的，小功率异步电动机为 0.2～0.3mm。气隙小，利于提高电动机的功率因数。这是因为磁场通过气隙时，气隙越大，得到同样磁通密度所需的磁感应电动势也越大，则要求励磁电流也越大，而励磁电流是无功电流，导致功率因数降低。但是气隙也不能太小，否则安装有困难，而且在运转时容易因定转子偏心而发生摩擦。

（二）原理和特性

1. 基本原理

三相电压加到定子三相对称绕组后，其三相对称的电流产生一个圆形旋转磁场。该旋转磁场切割转子绕组，在转子绕组中感应电动势和电流，转子电流和旋转磁场相互作用产生电磁力和转矩，使电动机转轴旋转并带动负载一起旋转。

2. 基本公式

电动机轴上输出的机械转矩：

$$T_2 = 9.55\frac{P_2}{n}\ (\mathrm{N \cdot m})$$

电源输入电动机的电功率：

$$P_1 = 3U_1 I_1 \cos\varphi_1\quad (\mathrm{W})$$

电动机的效率：

$$\eta = \frac{P_2}{P_1} = 1 - \frac{\Sigma P}{P_1}$$

转差率：

$$s = \frac{n_s - n}{n_s}$$

转矩实用公式：

$$T = \frac{2T_m}{\frac{s}{s_m} + \frac{s_m}{s}}$$

同步转速：

$$n_s = \frac{60 f_1}{p}$$

式中：P_2 为输出功率（W）；n 为转速（r/min）；U_1 为定子相电压（V）；I_1 为定子相电流（A）；$\cos\varphi$ 为功率因数；$\sum P = P_1 - P_2$ 为总损耗（W）；f_1 为电源频率（Hz）；p 为极对数；T_m 为最大电磁转矩（N·m）；s_m 为临界转差率（即最大电磁转矩对应的转差率）；T 为电磁转矩（N·m）。

3. 工作特性

三相异步电动机的工作特性是指在额定电压和额定频率条件下，电动机的输入功率 P_1、定子电流 I_1、效率 η、功率因数 $\cos\varphi$、转差率 s、输出转矩 T_2 与输出功率 P_2 之间的关系曲线，包括 $P_1=f(P_2)$、$I_1=f(P_2)$、$\eta=f(P_2)$、$\cos\varphi=f(P_2)$、$s=f(P_2)$、$T_2=f(P_2)$ 曲线。如图 2-1-1 所示。

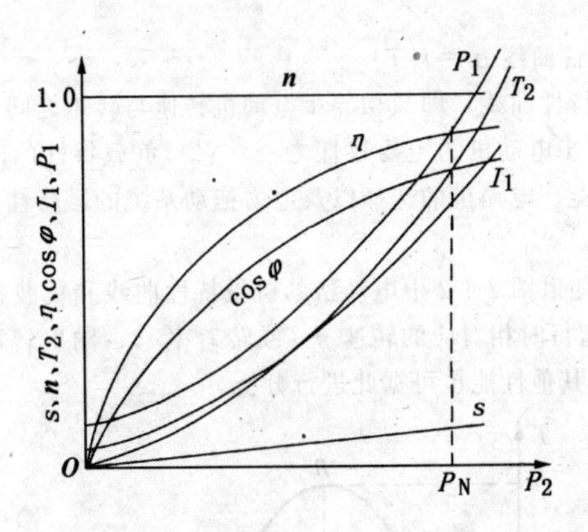

图 2-1-1 异步电动机工作特性曲线

(1) 转速特性即 $s=f(P_2)$ 或 $n=f(P_2)$ 的关系曲线。随着 P_2 增大，转速 n 降低很少，即转差率 s 增大很小。这种当输出功率增大，而转速变化不大，即转差率变化不大的转速特性称为“硬特性”。一般额定负载时转差率 s_N 为 0.015～0.06。

(2) 转矩特性即 $T_2=f(P_2)$ 的关系曲线。由于 $T_2=9.55\dfrac{P_2}{n}$，如果空载到满载之间转速 n 不变，则曲线 $T_2=f(P_2)$ 是一条通过原点的直线，但随着 P_2 的增大，转速 n 会略有下降，故 $T_2=f(P_2)$ 曲线略呈上翘。

(3) 效率特性即 $\eta=f(P_2)$ 的关系曲线。当异步电动机的可变铜耗（定子铜耗和转子损耗）与不变损耗（定子铁耗和机械损耗）相等时，电动机效率最高。一般在（0.7～1.0）P_N 之间，效率最高 P_N 为额定功率，是电动机在额定电压、额定频率及额定转速下输出的机械功率。

(4) 功率因数特性 $\cos\varphi=f(P_2)$。空载时，定子电流基本上是励磁电流，功率因数很低，通常不超过 0.2。负载增加后，电流中有功分量增大，功率因数逐渐提高，在额定功率 P_N 点附近，功率因数达到最大值。

(5) $I_1=f(P_2)$ 的关系曲线。空载时，转子电流 $I_2=0$，定子电流 I_1 基本上是励磁电流。负载增加时，转子电流增大，定子电流中有功分量增大，所以 I_1 随输出功率（负载）P_2 的增加而增大，为一条不过零点的曲线，如图 2-1-1 所示。

(6) $P_1=f(P_2)$ 的关系曲线。空载时，即 $P_2=0$ 时，定子电流基本上是励磁电流；但有输入功率 P_1，当输出功率（负载）P_2 增大时，定子电流的有功分量增大，相应地 P_1 也增大，这是一条不过零的曲线，如图 2-1-1 所示。

4. 机械特性曲线 $n = f(T)$

(1) 机械特性曲线，即三相异步电动机转速与转矩之间的关系曲线，见图 2-1-2，是异步电动机的主要特性之一。它与负载特性的交点，决定了电动机运行的性能、电动机的选择以及电力拖动系统的运行性能、运行费用和设备投资等。

例如，若知道图 2-1-2 中电动机的机械特性曲线和负载特性曲线交点为 A，则电动机运行时相对应的转速 n（或转差率 s）、输出转矩 T、输出功率 P_2 就可求出，其他性能也可据此进行分析。

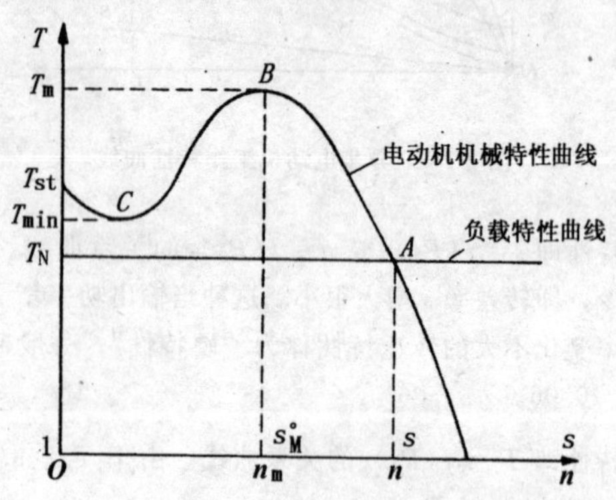

图 2-1-2　异步电动机的机械特性曲线

异步电动机机械特性曲线的绘制，可按转矩实用公式进行。在产品样本或手册中查出电动机的额定功率 P_N、额定转速 n_N 和最大转矩与额定转矩的倍数 $\lambda_m = \frac{T_m}{T_N}$ 值，求得额定转矩 T_N 和额定转差率 s_N。

s_m 可通过下式求得

$$s_m = s_N \left(\lambda_m + \sqrt{\lambda_m{}^2 - 1}\right)$$

通过计算任何转差率时的转矩，得到该电动机的机械特性曲线。

例如，一台 AO_2-7112 异步电动机，查得 $P_N = 370W$，$n_N = 2800r/min$，$\lambda_m = 2.4$。要画出该电动机机械特性曲线可先进行下列计算：

解：

$$T_N = 9.55 \frac{P_N}{n_N} = 9.55 \times \frac{3700}{2800} = 1.26 \text{ (N·m)}$$

$$s_N = \frac{n_S - n_N}{N_S} = \frac{3000 - 2800}{3000} = 0.0667 \text{ (N·m)}$$

$$T_m = \lambda_m \cdot T_N = 2.4 \times 1.26 = 3.03$$

$$s_m = s_N(\lambda_m + \sqrt{\lambda_m^2 - 1}) = 0.306\ (\mathrm{N \cdot m})$$

$$T = \frac{2T_m}{\frac{s_m}{s} + \frac{s}{s_m}} = \frac{6.06}{\frac{0.306}{s} + \frac{s}{0.306}}$$

把不同的 s 值代入上式，可求出相应的电磁转矩 T，如表 2-1-1 所示。

表 2-1-1　AO₂-7112 电动机机械特性曲线

s	1	0.8	0.6	0.4	0.2	0.1	0.05	0
T (N·m)	1.7	2.02	2.45	2.92	2.78	1.79	0.96	0

根据上述数据可画出 $T=f(s)$ 曲线［或 $T=f(n)$］。

(2) 启动转矩 T_{st}。启动转矩是指电机启动时，在转速为零时的转矩。如果电动机的启动转矩 T_{st} 在整个启动阶段都大于负载转矩 T，如图 2-1-2 所示，则电动机就可启动直至稳定运行。一般 Y 系列笼型电动机的启动转矩（堵转转矩）与额定转矩倍数为 1.6～2.2，Y2 系列为 1.3～2.2，AO_2 系列为 2.2，YS 系列为 2～2.4。

启动转矩有以下性质：

①在频率和电动机内部参数给定的条件下，T_{st} 与电压 U 平方成正比。

②在频率和电压给定的条件下，定转子绕组电抗越大，T_{st} 越小。

③T_{st} 大小与转子电阻折算值 R_2' 有关，通常在一定范围内 R_2 增加，T_{st} 也随着增大，当 R_2' 等于定转子绕组电抗时，$T_{st} \approx T_m$，如图 2-1-3 所示。

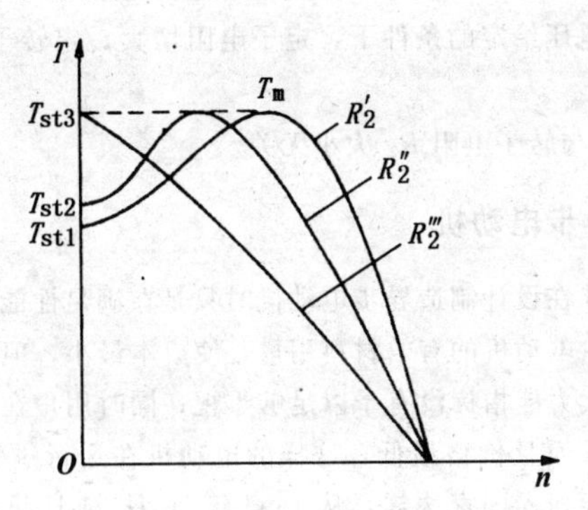

图 2-1-3　机械特性与转子电阻 R_2 的关系

在设计电动机时，采用不同电阻率的转子导条材料和端环尺寸，就可得到不同机械特性的电动机。

另外，电动机启动电流 I_{st} 很大，一般为 $(5\sim7)I_N$，甚至更大。T_{st} 越大，启动时间越短。但启动电流太大，将使电动机损耗发热增加，定子绕组受电磁力冲击，供电线路电压下降，影响其他电动机和电气设备的正常工作。

$$R_2''' \geqslant R_2'' \geqslant R_2'$$

Y 系列笼型电动机启动电流（堵转电流）与额定电流的倍数为 5.5～7，Y2 系列为 3.3～7.5，AO_2 系为 6，YS 系列为 4.5～7。

(3) 最小转矩 T_{min}。最小转矩是指在电机启动过程中的转矩最小的一点所对应的转矩。图 2-1-2 中的 C 点对应转矩 T_{min} 为最小值，是电动机的启动性能指标之一。Y 系列电动机的最小转矩 T_{min} 不低于 0.5 倍堵转转矩的保证值，并且不低于额定转矩。Y2 系列最小转矩 T_{min} 不低于额定转矩的 0.8～1.6 倍。

(4) 最大电磁转矩 T_m。T_m 表示电动机的过载能力大小。一般 Y 系列笼型异步电动机的最大电磁转矩与额定转矩的倍数为 2.0～2.2，Y2 系列为 1.9～2.3，AO_2 系列为 2.4，YS 系列为 1.9～2.4。相应的转差率 s_m 为 0.2 左右。

最大转矩有以下性质：

①在频率和电机内部参数给定的条件下，T_m 与电压 U 平方成正比。

②T_m 的位置和转子电阻折算值 R_2' 有关，R_2' 增加，s_m 也相应增加，s_m 与 R_2' 与正比。

③在频率和电压给定的条件下，定子电阻增大，定转子绕组电抗增大，T_m 减小。

④T_m 的大小与转子电阻 R_2' 大小无关。

三、高效异步电动机

多年来国内外在设计制造异步电动机时只是在满足性能、温升和效率的条件下，尽量减少电动机的有效材料用量，使成本最小，但对提高电动机效率和功率因数两大力能指标没有予以足够重视；同时用户在选购电动机时只要求满足使用要求而且价格最低，这样的电动机在运行过程中电能损耗很大。美国已把节能列入国家法规，从 1997 年 10 月 24 日起，禁止低于标准效率的电动机及装有电动机的装置在美国生产和销售，只允许生产高效率、超高效率的 NEMA 标准的三相异步电动机，欧盟也有自己的高效率电动机标准。日本从 1997 年起开始推广高效率电动机。我国也相继开发了 YX 系列和纺织专用 FX 系列高效率三相异步电动机。

（一）高效率电动机的节能效果

高效率异步电动机主要采取增加有效材料和选用低损耗硅钢片（通常用冷轧硅钢片），合理调整磁路结构等措施，降低电动机电磁负荷和损耗，使效率得到提高。这样电动机的制造成本一般增加30%左右。但对于运行时间较长、负载率较高的工况，采用高效率电动机可取得较大的节电效果，一般可在1～2年内回收购置电动机多增加的费用。表2-1-2为YX系列电动机相对于Y系列电动机的年节电量。

表2-1-2　YX系列电动机相对于Y系列电动机的年节电量

同步转速(r/min)	3000				1500				1000			
负载率β(%)	75	50	75	50	75	50	75	50	75	50	75	50
年运行小时(h)	5000		2500		5000		2500		5000		2500	
电动机功率(kW)	年节电量(kW·h)											
1.5									483	453	242	227
2.2					615	465	308	233	570	433	285	217
3	725	626	363	313	735	645	368	323	552	352	276	176
4	471	333	236	167	752	535	376	267	678	377	339	189
5.5	900	325	450	163	923	496	462	248	563	214	282	107
7.5	963	407	482	204	878	447	439	224	1253	750	627	375
11	2021	1593	1011	797	1932	1052	966	526	1706	1013	853	507
15	2971	2464	1486	1232	1981	1193	991	597	1700	1293	850	647
18.5	2781	1530	1395	765	1466	1154	733	577	1668	7129	834	3564
22	3926	3500	1963	1750	1536	1035	768	518	1670	860	835	430
30	4590	4418	2295	2209	1685	1308	843	654	3449	2238	1725	1119
37	4930	4470	2465	2235	3195	2043	1697	1522	4050	2400	2025	1200
45	4905	4126	2453	2063	3467	2204	1734	1102	3307	1966	1654	983
55	7202	6387	3601	3197	4450	2843	2225	1422	3783	4587	1892	794

注：表中，年节电量$=\beta \cdot P_N \left(\frac{1}{\eta_1}-\frac{1}{\eta_2}\right) H$。

式中，η_1为Y系列电动机效率；η_2为YX系列电动机效率。

（二）高效率异步电动机的优点

(1) 具有较低的运行工作温度，即电动机的温升裕度较大。例如，我国某企业按美国NEMA标准生产的10HP、4极、220V、60Hz、F级绝缘异步电动机，在1.15倍额定功率考核下的温升试验值为46.5K。

（2）噪声、振动较小：以美国 NEMA 标准为例，其噪声 A 声级为 74.7dB，振动值为 0.4mm/s，而我国电动机噪声标准是：一级 A 声级为 78dB，二级 A 声级为 83dB，振动值为 1.8mm/s。

（3）具有较平坦的效率特性，即在较大的负载变化范围内有较高的效率和节电效果。

上述电动机在不同负载率（β）时效率试验值如表 2-1-3 所列。

表 2-1-3　不同负载率 β 时的效率

β（%）	25	50	75	100	125
η（%）	85.6	90.1	90.7	90.0	88.7

表 2-1-4、表 2-1-5 分别是我国 YX（IP44）、Y2（IP54）、Y（IP44）系列和美国 NEMA 标准系列异步电动机的效率值。

表 2-1-4　YX 系列、Y2 系列、Y 系列异步电动机效率（%）

功率（kW）	YX			Y2			Y		
	同步转速（r/min）								
	3000	1500	1000	3000	1500	1000	3000	1500	1000
1.5			82.4	79.0	78.0	76.0	78.0	79.0	77.5
2.2		86.3	85.3	81.0	80.0	79.0	80.5	81.0	80.5
3	86.5	86.5	87.2	83.0	82.0	81.0	82.0	82.5	83.0
4	88.3	88.3	88.0	85.0	84.0	82.0	85.5	84.5	84.0
5.5	88.6	89.5	88.5	86.0	85.0	84.0	85.5	85.5	85.3
7.5	89.7	90.3	90.0	87.0	87.0	86.0	86.2	87.0	86.0
11	90.8	91.8	90.4	88.0	88.0	87.5	87.2	88.0	87.0
15	92.0	91.8	91.7	89.0	89.0	89.0	88.2	88.5	89.5
18.5	92.0	93.0	91.7	90.0	90.5	90.0	89.0	91.0	89.8
22	92.5	93.2	92.1	90.5	91.0	90.0	89.0	91.5	90.2
30	93.0	93.5	93.0	91.2	92.0	91.5	90.2	92.2	90.2
37	93.2	93.8	93.4	92.0	92.5	92.0	90.5	91.8	90.8
45	94.0	94.1	93.6	92.3	92.8	92.5	91.5	92.3	92.0
55	94.2	94.5	93.8	92.5	93.0	92.8	91.5	92.5	92.0
75	94.2	94.7		93.2	93.8	93.5	92.0	92.7	92.8
90	94.5	95.0		93.8	94.2	93.8	92.5	93.5	93.2

表 2-1-5 美国 NEMA 标准电动机效率（%）（封闭式扇冷）

功率（kW）	同步转速（r/min）			功率（kW）	同步转速（r/min）		
	3600	1800	1200		3600	1800	1200
1	75.5	82.5	80.0	25	91.0	92.4	91.7
1.5	82.5	84.0	85.5	30	91.0	92.4	91.7
2	84.0	84.0	86.5	40	91.7	93.0	93.0
3	85.5	87.5	87.5	50	92.4	93.0	93.0
5	87.5	87.5	87.5	60	93.0	93.6	93.6
7.5	88.5	89.5	89.5	75	93.0	94.1	93.6
10	89.5	89.5	89.5	100	93.6	94.5	94.1
15	90.2	91.0	90.2	125	94.5	94.5	94.1
20	90.2	91.0	90.2				

四、单相异步电动机的结构、原理和特性

（一）结构

单相异步电动机定转子铁心采用热（或冷）轧硅钢片冲成齿槽后叠成，机座采用铸铁、铸铝或钢板材料制成，转子为笼型。

1. 主、副绕组

单相异步电动机定子铁心槽内置主绕组和副绕组，它们在空间相差 90°电角度。当接入单相电源时，在主、副绕组中产生不同相的电流，两相电流产生旋转磁场。绕组形式除了采用与三相异步电动机相同的单层链式、单层同心式和单层交叉式外，一般多采用正弦分布绕组。正弦分布绕组是定子槽中的导体数在空间按余弦规律分布。这些导体所产生的磁通势在空间形成一个近似的正弦波，以减少磁通势高次谐波，从而改善了电动机性能，如提高效率、降低噪声和振动等。从绕组结构形式上看，正弦绕组都为同心式绕组，DO_2-6322 电动机的主、副绕组节距与匝数以及展开图如图 2-1-4、图 2-1-5所示。

2. 特殊零部件

（1）启动开关。单相电阻启动、电容启动、双值电容异步电动机都装有启动开关，与副绕组、启动电容组成启动电路。启动时，副绕组和启动电容通过启动开关的触点与主绕组并联接至电源，当转速上升到 70%～85%同步转速时，启动开关断开启动电路，电动机正常运行。双值电容电动机断开启动电容器即可。

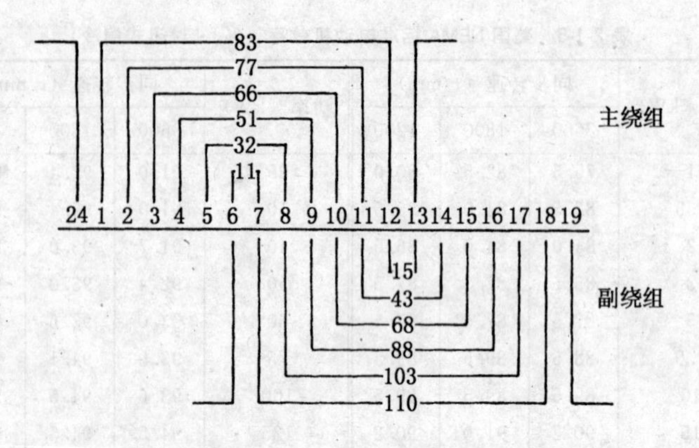

图 2-1-4　DO_2-6322 主、副绕组节距与匝数

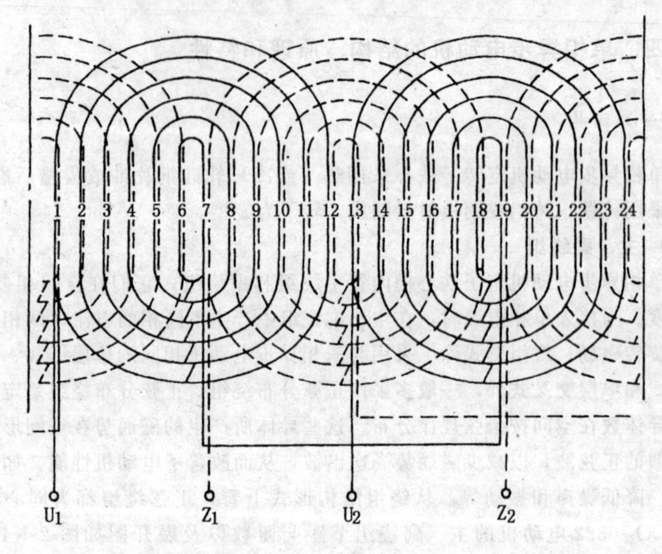

图 2-1-5　24 槽 2 极单相异步电动机定子绕组展开图

实线——主绕组；虚线——副绕组

启动开关有离心开关、电磁式启动继电器、固态启动器开关等多种。如果启动后不及时断开启动电路，电动机可能会烧毁，所以启动开关的可靠性十分重要。

(2) 电容器。

①启动电容器。启动电容器采用电解电容器，其额定电压为250V，允许最高电压约为额定电压的1.25倍，即313V。在启动过程中电容器的端电压不得超过该允许最高电压值。一般用途电容启动异步电动机不同额定功率选配的启动电容器容量如表2-1-6所示。

表2-1-6　电动机额定功率与启动电容器容量选配表

额定功率（W）	120	180	250	370	550	750	1100	1500	2200
启动电容器（μF）	75	75	100	100	150	200	300	400	500

②运转电容器。运转电容器采用油浸式金属铂金属化薄膜电容器。其额定电压为250、400（450）、500、600（630）V。所选配的电容器额定电压必须大于副绕组电路中电容器端电压 U_C 值，这样可保证电动机从空载到满载运行时电容器的端电压都不超过其额定电压。U_C 值由下式计算：

$$U_C^2=U_m^2+(aU_m)^2=U_m^2(1+a^2)$$

式中，U_m 为主绕组电压（V）；aU_m 为副绕组电压（V）；a 为副绕组有效匝数与主绕组有效匝数比值。

运转电容器电容量选配应力求电动机获得圆形旋转磁场，使电动机具有良好的运行性能，并使电动机的堵转转矩、堵转电流和最大转矩等指标都能符合要求。一般用途的电容运转电动机选配的电容器容量如表2-1-7所示。

③双值电容异步电动机的电容器。该电动机的启动电容器和运转电容器的选配如表2-1-8所示。

表2-1-7　电动机额定功率与运转电容器容量选配表

额定功率（W）	4	8	15	25	40	60	90	120	180	250	370
运转电容器（μF）	1	1	2	2	2	4	4	4	6	8	12

表2-1-8　双值电容异步电动机电容器容量选配表

额定功率（W）	250	370	550	750	1100	1500	2200	3000
启动电容器（μF）	75	100	100	150	150	250	350	500
运转电容器（μF）	12	16	16	20	30	35	50	70

（3）热保护器。在许多单相异步电动机中，都装有热保护器。当电动机温度达到或超过热保护器预定的温度时，就会切断电源而保护电动机。常用的热保护器有双金属片型、热断型和PTC热敏电阻型三种。家用电器用电

动机较多的是采用双金属片型热保护器，其中额定电流 10A 及以下的电动机一般用自动恢复型，10A 以上的用手动恢复型，还有一种为一次性热保护器，即熔断器，当电流或温度一旦超过熔断器限值时就熔断。

（二）基本原理

单相异步电动机的启动方法主要有两种：一是分相启动法，二是罩极启动法。

1. 分相启动电动机基本原理

当单相电源电压加到单相绕组时，仅产生一个脉振磁场，不产生启动转矩，电动机无法启动。而当单相电源电压加到电动机的两相绕组时，由电工原理知，主绕组电流 I_m 和副绕组电流 I_n 的相位是不同的。图 2-1-6、图 2-1-7、图 2-1-8、图 2-1-9 分别是电阻启动、电容启动、电容运转和双值电容单相异步电动机分相电流原理图。

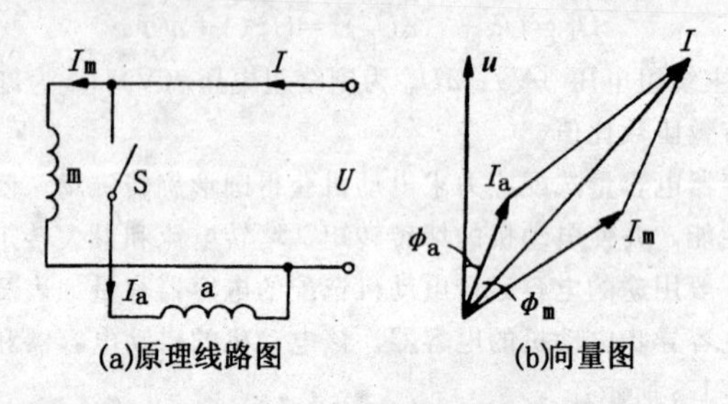

图 2-1-6　单相电阻启动异步电动机分相电流原理图

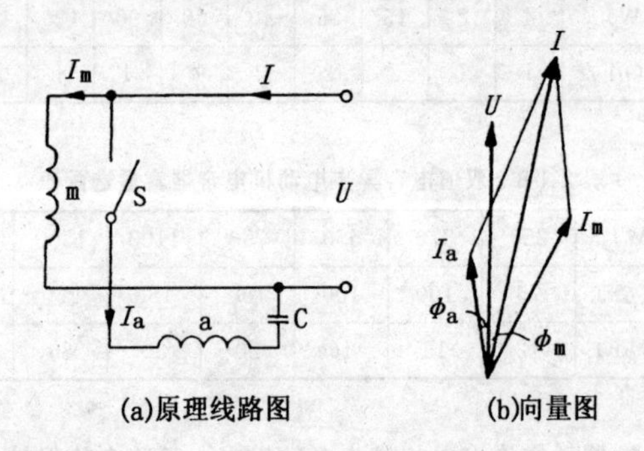

图 2-1-7　单相电容启动异步电动机分相电流原理图

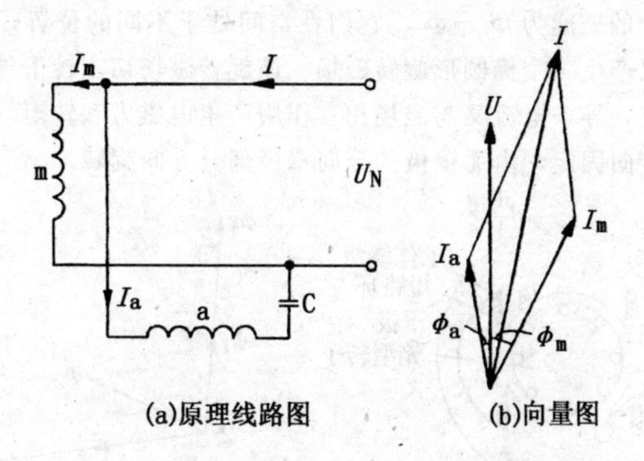

图 2-1-8 单相电容运转异步电动机分相电流原理图

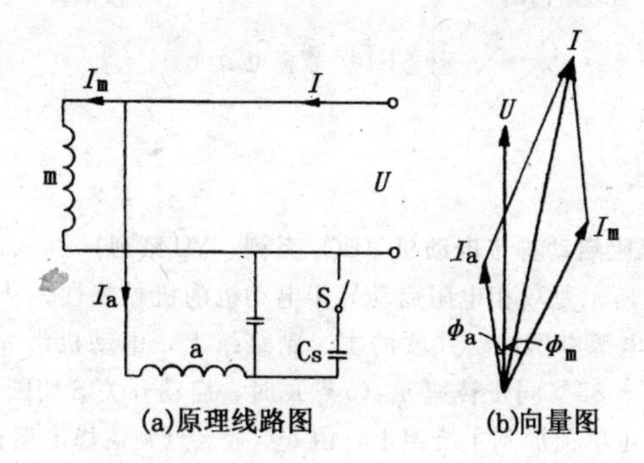

图 2-1-9 单相双值电容异步电动机分相电流原理图

从图 2-1-6 至图 2-1-9 可知，当单相电源电压加到主绕组 m（又称工作绕组）和副绕组 a（又称启动绕组）时，其分相的两相绕组电流产生旋转磁场（椭圆形磁场或接近圆形磁场），该磁场切割转子的笼型导条，产生感应电动势和电流，该电流和旋转磁场相互作用，产生电磁力和转矩，使电动机转轴旋转，从而带动负载一起旋转。

2. 罩极启动电动机基本原理

罩极电动机的定子铁心制成凸极形状，极上绕有集中式工作绕组，在每个极掌的约三分之一处，开有一个小槽，在小槽内放置 一个短路环，被短路环包围的部分称为罩极。转子为笼型，其结构如图 2-1-10 所示。集中绕组和短路环作用相当于主绕组和副绕组，当集中绕组接到单相电源时，产生脉振磁通，设 Φ_1 为无短路环时的每极磁通，其中一部分磁通 Φ_1 通过罩极，该磁通在短路环中感应电流 I_K，I_K 产生磁通 Φ_K、Φ_K 与 Φ_1 合成 Φ_2，在磁极的其他部分的磁通为 $\Phi_1-\Phi_2$，它们在空间处于不同的位置，在时间上又不同相，所以产生一个椭圆形旋转磁场。该旋转磁场切割转子导条产生感应电动势和电流，导条电流又与磁场相互作用产生电磁力和转矩，使电动机转轴旋转。其转向固定，由无罩极部分向罩极部分方向旋转。

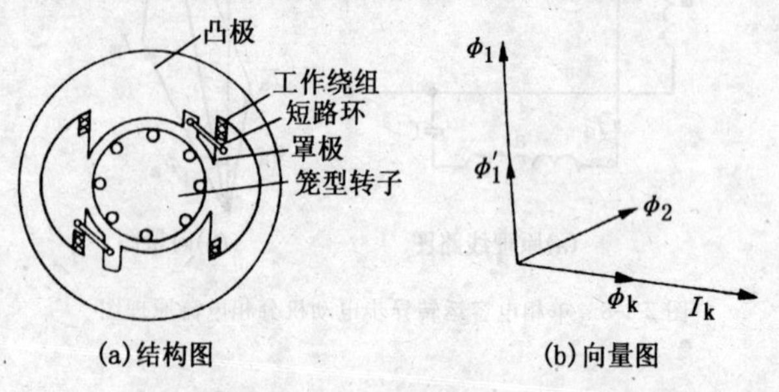

图 2-1-10 罩极电动机

（三）特性

1. 单相电阻启动异步电动机（BO_2 系列、YU 系列）

图 2-1-11 所示是单相电阻启动异步电动机的机械特性。从图 2-1-6 和图 2-1-11 知，当电源电压加到并联的主、副绕组上，电动机沿 *ab* 段启动，当转速达到 70％～85％同步转速 n_s（*b* 点）时，启动开关 S 切断启动电路，这时单相电源电压单独加到主绕组上，由 *b* 点经 *c* 点到达稳定运行点 *d* 时，以单绕组运行。该类电动机有以下特点：

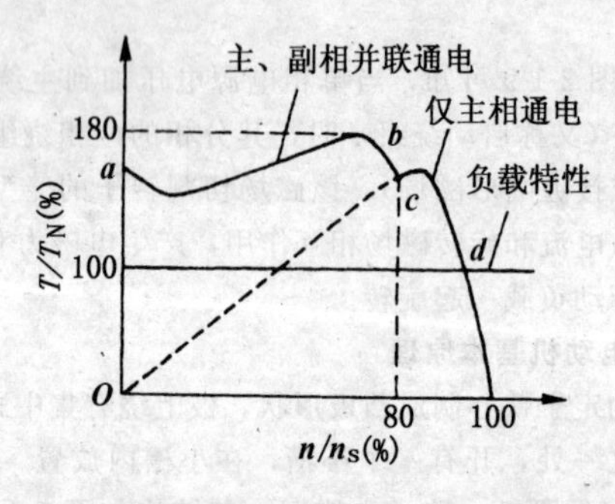

图 2-1-11 单相电阻启动异步电动机机械特性

(1) 为了增加启动转矩，一般采用截面积小的副绕组导线或是增加匝数而又将它的部分线圈反绕，通过增加电阻值减少电抗，改变副绕组电流的大小和相位。缺点是启动转矩仍较小，副绕组工作时间很短，电流密度可达到80～90A/mm^2。

(2) 为了增加输出功率，通常使主绕组占2/3定子槽，副绕组占1/3定子槽。谐波磁场和负序磁场较大，会使电动机性能指标变差。又因为受到太大的启动电流的限制，输出功率不宜过大，一般的产品功率范围为60～370W。

(3) 多应用于对启动转矩要求不高的负载，如小型机床、鼓风机、医疗器械等。

BO_2 系列电动机技术数据见表2-1-9。

表2-1-9 单相异步电动机基本系列技术数据（220V、50Hz）

系列	功率（W）	电流（A）	效率（%）	功率因数 $\cos\varphi$	$\frac{堵转转矩}{额定转矩}$	$\frac{最大转矩}{额定转矩}$	堵转电流（A）
BO_2	60～370	1.09～4.24	39～65	0.57～0.77	1.1～1.7	1.8	9～30
CO_2	120～750	1.88～6.77	50～70	0.58～0.82	2.5～30	1.8	9～37
DO_2	6～250	0.2～2.04	17～69	0.8～0.95	0.35～1.0	1.8	0.8～10
YL	250～3000	1.99～18.4	62～79	0.92～0.95	1.7～1.8	1.7～1.8	12～110

2. 单相电容启动异步电动机（CO_2 系列、YC系列）

图2-1-12是该类电动机的机械特性。其启动过程与单相电阻启动异步电动机相同。该系列电动机有以下特点：

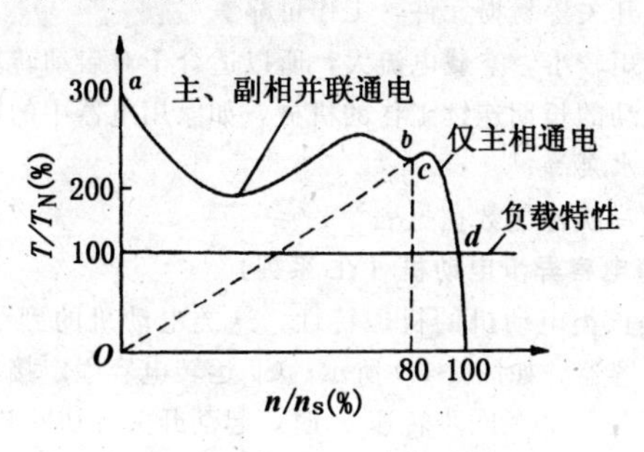

图2-1-12 单相电容启动异步电动机机械特性

(1) 启动性能好。选取合适的起动电容器容量，使起动点a处的旋转磁场接近圆形，能获得较大的启动转矩（堵转转短与额定转矩倍数可达2.5～3倍），而启动电流较小。

(2) 应用于需要较大启动转矩的机械，如空气压缩机、制冷压缩机、磨粉机、医疗器械及农业机械等。

CO_2 系列电动机性能数据见表 2-1-9。

3. 单相电容运转异步电动机（DO_2 系列）

图 2-1-13 是该类电动机的机械特性。当电源电压加到并联的主、副绕组上，电动机在轻负载状况下启动，从 a 点直至稳定运行点 b，以两绕组的单相异步电动机运行。该类电动机有以下特点：

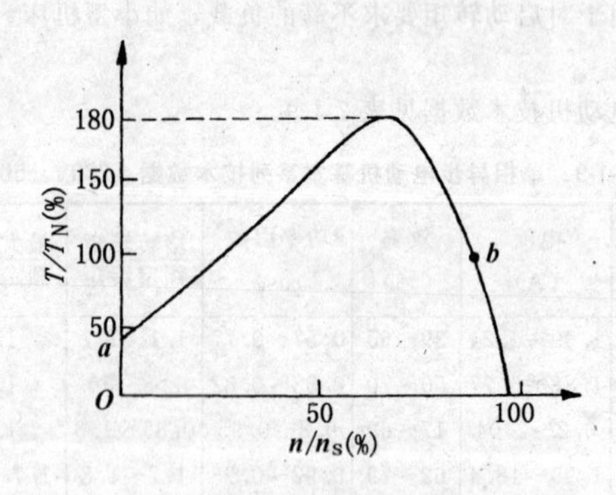

图 2-1-13 单相电容运转异步电动机机械特性

(1) 额定运行时性能良好，即效率和功率因数较高，因为主、副绕组和电容器容量选取接近圆形旋转磁场的额定运行点 b。

(2) 无启动开关等易损元件，工作可靠。

(3) 启动转矩较小，空载电流大，所以适合于对启动转矩要求较低的各种空载或轻载起动的长期连续工作的机械，如家用电器中的电风扇、排油烟机、换风扇和清水泵等。

DO_2 系列电动机性能数据见表 2-1-9。

4. 单相双值电容异步电动机（YL 系列）

图 2-1-14 是该类电动机的机械特性。这类电动机的副绕组电路中串接有两个并联的电容器，如图 2-1-9 所示。C_R 运转电容固定接入副绕组，在电动机转速升至 70%～80%同步转速 n_s 时，起动开关 S 切断 C_S 电容电路，电动机为电容运转状态，直至到稳定运行点 d 处。所以这类电动机是电容启动和电容运转异步电动机的结合。该类电动机有以下特点：

(1) 良好的启动性能和额定运行性能，即启动转矩较大，额定运行时效率和功率因数较高，这是因为在电动机的启动点和额定运行点都接近圆形旋转磁场状态。

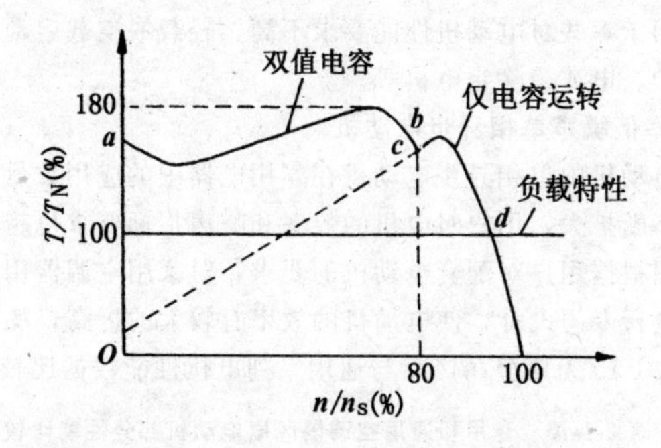

图 2-1-14　单相双值电容异步电动机机械特性

(2) 技术经济指标较好，运行可靠，输出功率比其他单相异步电动机有较大的提高，可达到 3000W。

(3) 应用于机床、农副产品加工机器、空气压缩机、泵和建筑机械等。

YL 系列电动机性能数据见表 2-1-9。

5. 单相罩极异步电动机

图 2-1-15 是该类电动机的机械特性。该类电动机有以下特点：

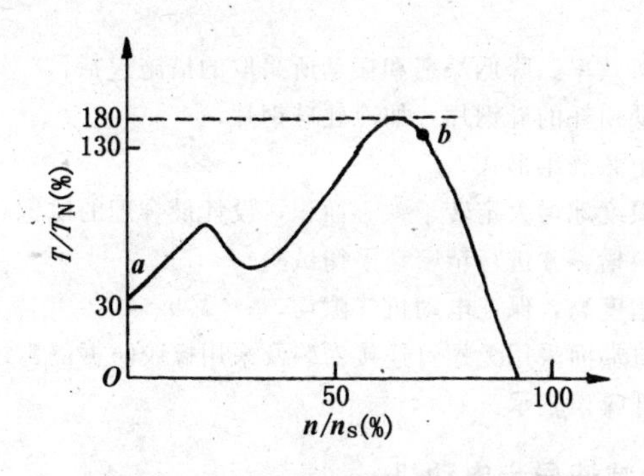

图 2-1-15　单相罩极异步电动机机械特性

(1) 功率较小，一般为 0.4～60W。其电压为 220V，频率 50Hz，同步转速 1500r/min 和 3000r/min，效率 4%～30%，功率因数 0.35～0.63，堵转转矩与额定转矩倍数为 0.3，噪声和无线电干扰较小。

(2) 负序磁场和谐波磁场分量都较大，所以启动性能和额定运行性能都较差，且只能单方向旋转。

（3）应用于一些对电动机性能要求不高、轻载或空载启动的小家电电器中，如微波炉、电冰箱除霜电机等。

6. 高效率低噪声单相异步电动机

小功率电动机中单相异步电动机在家用电器中的应用数量非常大，其应用范围还在不断扩大，用户对电机的效率和噪声指标要求也越来越严格。浙江某电机公司根据用户对配套电动机的要求，对家用空调器用单相电容运转电动机系列进行专门设计，使电动机的效率有较大的提高，噪声也有较明显的降低。表 2-1-10 为该公司产品与通用系列电机性能数据比较表。

表 2-1-10　专用和通用空调器风扇电动机部分性能比较

型　号	功率(W)	效率(%)	功率因数 cosφ	噪声A声级(dB)	振动(mm/s)	备　注
YFK118-30/8	30	33	0.96	37	0.81	专用系列
	30	30	0.90	43	1.80	通用系列
YFEK35-6P	35	42	0.95	41	0.71	专用系列
	35	36	0.90	43	1.80	通用系列
YDK30-4	30	58	0.98	40	—	专用系列
	30	48.2	0.98	55	—	通用系列

提高电动机效率、降低噪声和振动所采取的措施包括：

（1）采用低损耗的硅钢片，如冷轧硅钢片；

（2）采用正弦绕组形式；

（3）最大限度地增大定转子铁心面积，设计最合理的磁饱和程度；

（4）转子斜槽，并进行精密动平衡试验；

（5）加工精度高，保证电动机气隙均匀；

（6）电动机端面采用无螺钉连接安装及采用橡胶防振隔声结构；

（7）采用低噪声轴承。

五、齿轮减速异步电动机

一般异步电动机的转速介于 500～3000r/min 之间，而许多负载需要低速、大转矩，但制造多极低速异步电动机在技术上是较困难的，成本也较高。目前，实现低速大转矩的方法中最实用、经济的是齿轮减速。这类齿轮减速电动机广泛用于轻工机械、印刷机械、包装机械、医疗器械和自动化生产线中，功率为 4～140W。

（一）齿轮减速单相电容运转异步电动机

齿轮减速单相电容运转异步电动机，功率通常为4～140W，减速器为多级（或一级）圆柱齿轮。按其功能分为YY型异步电动机和YN型可逆电动机两种，每种还可以增加无级变速的速度控制功能和制动功能。YY型异步单相电容运转感应电动机用于按一个方向连续运转的工作机械，如生产流水线、自动机床、印刷机械等。YN型单相电容运转可逆电动机适用于频繁启动或换向运转的场合，如自动售货机、包装机、电压调整器、电动升降机等。不同功率和不同性能的电机，都可以选配到一种合适的减速器，以某种需要的转速输出，适用于在低速传动装置中作驱动元件，能起到简化机械结构和降低能耗的作用。齿轮减速单相电容运转电动机技术数据见表2-1-11，带减速器后允许负载（部分）。

电机型号说明：

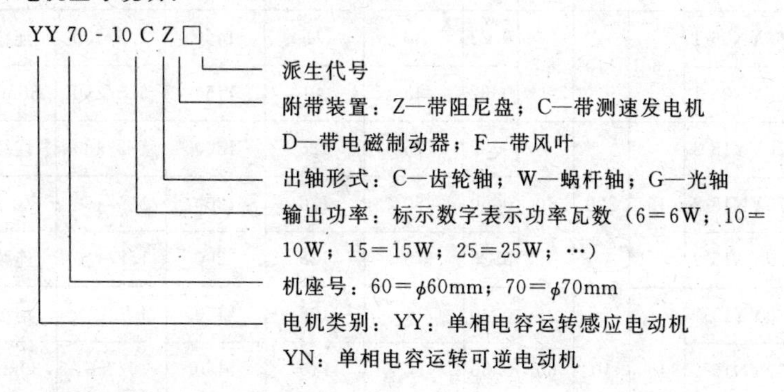

减速器型号说明：

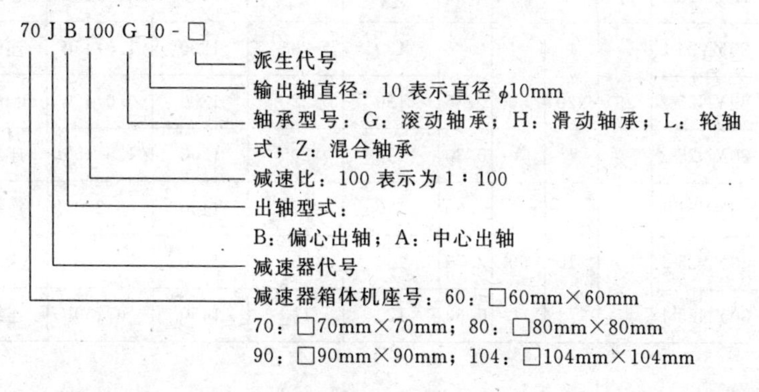

电动机与减速器组成的减速电动机，其组合命名型号中，电动机与减速器用“/”分开，如：

表 2-1-11 为齿轮减速单相电容运转电动机技术数据，表 2-1-12 为该电动机带减速器后的允许负载。

表 2-1-11　齿轮减速单相电容运转电动机技术数据

型　号	功率 (W)	电压 (V)	频率 (Hz)	电流 (A)	起动转矩 (mN·m)	额定转矩 (mN·m)	额定转速 (r/min)	电容 ($\mu F/V_{AC}$)	工作状态
60YN06-2	6	220	50	0.14	40	41	1200	0.55/450	连续
60YN06-2				0.16	45	49	1200	0.8/450	30min
60YN06-1	6	110	60	0.28	40	41	1450	2.5/250	连续
60YN06-1				0.32	45	49	1450	3.5/250	30min
70YY15-2	15	220	50	0.22	75	125	1200	1.2/450	连续
70YN15-2				0.50	80	130	1200	1.5/450	30min
70YN15-2				0.23	75	125	1200	1.2/450	连续
70YY15-1	15	10	60	0.40	75	105	1450	4.7/250	连续
70YN15-1				0.50	80	110	1450	6/250	30min
70YN15-1				0.40	75	105	1450	4.7/250	连续
80YY25-2	25	220	50	0.30	120	205	1200	1.5/450	连续
80YN25-2				0.35	130	220	1200	2.0/450	30min
80YN25-2				0.30	120	205	1200	1.5/450	连续
80YY25-1	25	110	60	0.60	120	170	1450	6/250	连续
80YN25-1				0.70	130	180	1450	8/250	30min
80YN25-1				0.60	120	170	1450	6/250	连续

续表

型号	功率(W)	电压(V)	频率(Hz)	电流(A)	起动转矩(mN·m)	额定转矩(mN·m)	额定转速(r/min)	电容($\mu F/V_{AC}$)	工作状态
90YY40-2	40	220	50	0.45	220	300	1300	2.5/450	连续
90YN40-2				0.50	300	350	1300	3.5/450	30min
90YN40-2				0.45	220	300	1300	2.5/450	连续
90YY40-1	40	110	60	0.9	220	260	1500	10/250	连续
90YN40-1				1.0	260	270	1500	15/250	30min
90YN40-1				0.9	220	260	1500	10/250	连续
90YY60-2	60	220	50	0.55	350	450	1300	3.5/450	连续
90YN60-2				0.65	450	450	1300	5.0/450	30min
90YN60-2	48	220	50	0.55	350	350	1300	3.5/450	连续
90YY60-1	60	110	60	1.1	300	380	1550	15/250	连续
90YN60-1				1.3	380	380	1550	25/250	30min
90YN60-1	48	110	60	1.1	300	305	1550	15/250	连续
90YY90-2	90	220	50	1.0	500	675	1300	5.5/450	连续
90YN90-2				1.2	500	675	1300	7/450	30min
90YN90-2	80	220	50	1.0	500	600	1300	5.5/450	连续
90YY90-1	90	110	60	2.0	500	570	1550	25/250	连续
90YN90-1				2.4	675	570	1550	30/250	30min
90YN90-1	80	110	60	2.0	500	500	1550	25/250	连续

（二）齿轮减速电子调速异步电动机

YY（YN）型齿轮减速电子调速电动机加上测速发电机，并配以电子调速控制器后可组成无级调速系统。该系统具有负载特性硬、稳速性能好、软启动、可带数字显示功能、结构紧凑、使用方便的特性。表 2-1-13 所示的是齿轮减速器电子调速电动机技术数据。

表 2-1-12 带减速器后允许负载(部分)

型号		转速(r/min)/速比																			
		500	416	300	250	200	166	120	100	83	60	50	41	30	25	20	16	15	12.5	10	8.3
		3	3.6	5	6	7.5	9	12.5	15	18	25	30	36	50	60	75	90	100	120	150	180
60YY06-2	/60JB	0.1	0.12	0.17	0.2	0.25	0.3	0.42	0.45	0.54	0.75	0.9	1.1	1.4	1.6	2	2.2	2.4	2.5	2.5	2.5
60YN06-2	/60JB	1	1.2	1.7	2	2.5	3	4.2	4.5	5.4	7.5	9	11	14	16	2	22	24	25	25	25
70YY15-2	/70JB	0.3	0.36	0.51	0.61	0.76	0.91	1.27	1.52	1.64	2.28	2.74	3.29	4.13	4.95	5	5	5	5	5	5
70YN15-2	/70JB	3	3.6	5.1	6.1	7.6	9.1	12.7	15.2	16.4	22.8	27.4	32.9	41.3	49.5	50	50	50	50	50	50
80YY25-2	/80JB	0.5	0.6	0.83	1	1.25	1.49	2.08	2.49	2.69	3.74	4.49	5.39	6.77	8	8	8	8	8	8	8
80YN25-2	/80JB	5	6	8.3	10	12.5	14.9	20.8	24.9	26.9	37.4	44.9	53.9	67.7	80	80	80	80	80	80	80
90YY40-2	/90JB A	0.73	0.87	1.22	1.46	1.82	2.19	3.04	3.65	4.37	5.48	6.57	7.88	10	10	10	10	10	10	10	10
90YN40-2	/90JB A	7.3	8.7	12.2	14.6	18.2	21.9	30.4	36.5	43.7	54.8	65.7	78.8	100	100	100	100	100	100	100	100
90YY60-2	/90JB B	1.1	1.3	1.8	2.2	2.7	3.3	4.6	5.5	6.6	8.2	9.9	11.8	14.9	17.8	20	20	20	20	20	20
		11	13	18	22	27	33	46	55	66	82	99	118	149	178	200	200	200	200	200	200
90YN60-2	/90JB B	0.9	1	1.4	1.7	2.1	2.6	3.5	4.3	5.1	6.4	7.7	9.2	11.6	13.7	17.3	20	20	20	20	20
		9	10	14	17	21	26	35	43	51	64	77	92	116	137	173	200	200	200	200	200
90YY90-2	/90JB C	1.64	1.97	2.73	3.28	4.10	4.9	6.2	7.39	8.87	11.1	13.4	16	20	20	20	20	20	20	20	20
		16.4	19.7	27.3	32.8	41.0	49.0	62	73.9	88.7	111	134	160	200	200	200	200	200	200	200	200
90YN90-2	/90JB C	1.5	1.7	2.4	2.9	3.6	4.4	5.5	6.6	7.9	9.9	11.9	14.3	19.8	20	20	20	20	20	20	20
		15	17	24	29	36	44	55	66	79	99	119	143	198	200	200	200	200	200	200	200

表 2-1-13　齿轮减速器电子调速电动机技术数据

类型	极数 (p)	型　号	功率 (W)	电压 (V)	频率 (Hz)	调速范围 (r/min)	速度稳定率 (%)	额定转矩 (mN·m)		启动转矩 (mN·m)	电容 (μF)/(V)
								90r/min	1200r/min		
异步电机	4	YY70-10	10	220	50	90～1400	5 (参考值)	30	80	64.7	1/450
		YY70-15	15					35	90	98	1.5/450
		YY80-25	25					45	150	108	1.5/450
		YY90-40	40					60	250	294	2.2/450
		YY90-60	60					100	420	441	3.5/450
可逆电机	4	YN60-4	4					25	45	27.4	0.8/450
		YN60-6	6					28	75	47	0.8/450
		YN70-10	10					30	80	64.7	1/450
		YN70-15	15					35	90	98	1.5/450
		YN80-25	25					45	150	108	2.0/450
		YN90-40	40					60	250	215	2.5/450
		YN90-60	60					100	420	343	4/450
		YN90-90	90					120	600	490	6/450
		YN100-120	120					150	850	686	8/450
		YN100-140	140					160	1000	784	8/450

（三）选用原则

（1）减速器类型的选用。根据使用要求，例如输出转矩（或功率）、转速（单速、多速或无级变速）等来确定齿轮减速器电动机的类型。

（2）电动机功率的确定。根据类型和使用要求（例如输出转矩、转速、传动比等）来确定电动机的功率、转矩和转速等参数。

（3）齿轮减速器的选用。一般情况，齿轮减速器出轴允许负载转矩为：

$$T_d = T_m \cdot i \cdot \eta_d \frac{1}{K_L}$$

式中：T_m 为额定转矩；i 为减速器传动比；η_d 为减速器效率；K_L 为负载系数，见表 2-1-14。

表 2-1-14　负载系数（K_L）

日运行时间（h）	不频繁启动			频繁启动		
	均匀负载	中等冲击负载	重冲击负载	均匀负载	中等冲击负载	重冲击负载
间歇 1/2	0.5	0.8	1.25	0.9	1.0	1.25
断续 2	0.8	1.0	1.5	1.0	1.25	1.5
连续 10	1.0	1.25	1.7	1.25	1.5	1.75
连续 24	1.25	1.5	2.0	1.5	1.75	2.0

注：均匀负载为均匀负载的输送机（如皮带机、链板机等）、卷筒、打包机、装并机等；中等冲击负载为不均匀负载的输送机、搅拌机、拉线机、挤压机、纺织机等；重冲击负载为重载冲击的输送机、粉碎机、球磨机等。

由计算的 T_d 值与表 2-1-12 中的最大允许负载相比较，可选择确定齿轮减速电动机的型号规格。

六、异步电动机的调节

（一）启动和反转

三相异步电动机、单相电容运转电动机和单相罩极电动机只要接上电源，电机就自行启动。单相电阻启动电动机和单相电容启动电动机需设置启动装置，使电机在启动时副绕组与电源接通；当转速达到额定转速的70%～80%时，则用离心开关、电流或电压继电器等元件将副绕组与电源切断，其中离心开关应用最广泛。

离心开关等启动装置在出厂的电动机上已安装好，用户使用时，只要接上电源，电动机即可自行启动并断开副绕组的电源进入运行状态。

三相异步电动机只要将3个出线头中的任意两个对调就可实现电动机的反转。单相异步电动机的反转有两种方法，当主绕组和副绕组参数一样时，可参照图2-1-16（a）和（b），用主副绕组互换的方法实现反转，当主、副组的参数不一样时，可采用图2-1-16（c）的方法，对换任一绕组的出线头来实现反转。

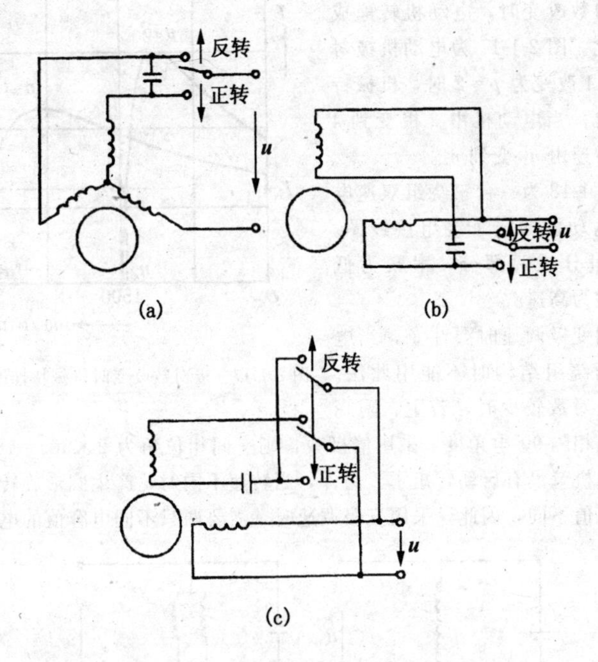

图 2-1-16　单相异步电动机的反转接线

（二）调速

异步电动机可通过改变励磁频率 f_1、电机的转差率 s、电动机的极对数 p 和气隙磁通来调速。变频调速虽可做到无级调速，但需专门的调频电源，价格昂贵。改变转差率 s 调速是在转子绕组中串入变阻器，改变转子回路的电阻，使电动机产生最大转矩时的转差率发生变化，从而使电动机的机械特性向左移动，致使额定负载时对应的转速发生变化达到调速的目的，此法只适用于线绕式转子的电机。微型三相异步电动机和单相异步电动机基本上都采用铸铝转子，故不能用此法调速。因此常用的调速方法是用改变极对数和气隙磁通的方法来调速。

1. 改变极对数调速

异步电动机的转速为：

$$n=n_1(1-s)=\frac{60f_1}{p}(1-s)$$

改变极对数 p 可达到调速的目的。极对数改变时，电动机转速成倍地变化。图 2-1-17 为电动机极对数由 $p=1$ 改变为 $p=2$ 时，机械特性的变化。当电动机由 2 极变到 4 极时，转速由 n_1 变到 n_2。

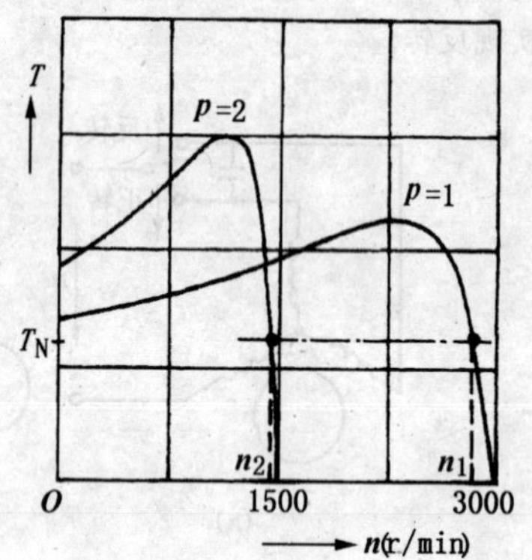

图 2-1-17 极对数改变时机械特性的变化

图 2-1-18 为一台三绕组双速电容运转电动机的定子绕组接线图。每个绕组分成两部分，串联为低速，并联为高速。

采用变极调速时要注意，当电动机为两绕组结构时不能用此法。因为在极对数较少时，若主、副绕组的轴线相隔 90°电角度，采用倍极数，则空间相位角为 2×90°＝180°电角度，电动机就没有启动转矩了。另外，当转速不同时，产生圆形旋转磁场所需的电容值不同，因此，采用变极调速时，需要两只不同电容值的电容器。

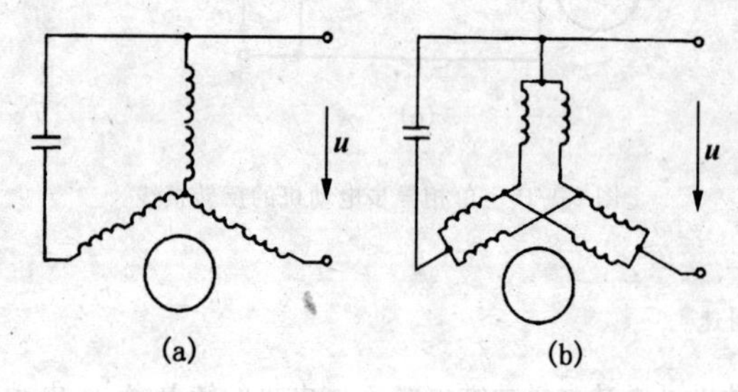

图 2-1-18 三绕组双速电容运转电动机定子绕组接线图

2. 改变气隙磁通调速

改变气隙磁通调速是微型异步电动机最广泛使用的调速方法。电机的转差率 s 一定时，电机产生的转矩 T 正比于气隙磁通的平方，气隙磁通降低时，输出转矩也降低。图 2-1-19 为气隙磁通变化时机械特性的变化情况。由图可知，当气隙磁通由 Φ_{10} 变到 Φ_{12} 时，额定转速从 n_{10} 变到 n_{12}。

改变气隙磁通调速的方法有如下几种：

(1) 串接电抗器调速。在电动机回路串接电抗器，便可降低电动机两端的电压，达到调速的目的。图 2-1-20 为电风扇采用电抗器调速的接线图。当旋钮处于Ⅲ档时串入两个电抗线圈，此时电动机两端的电压最低，电动机的速度也因之最低。旋钮转到Ⅱ挡时，只串入一个电抗线圈，为中速挡。旋钮转到Ⅰ挡时，无电抗线圈串入，为高速挡。

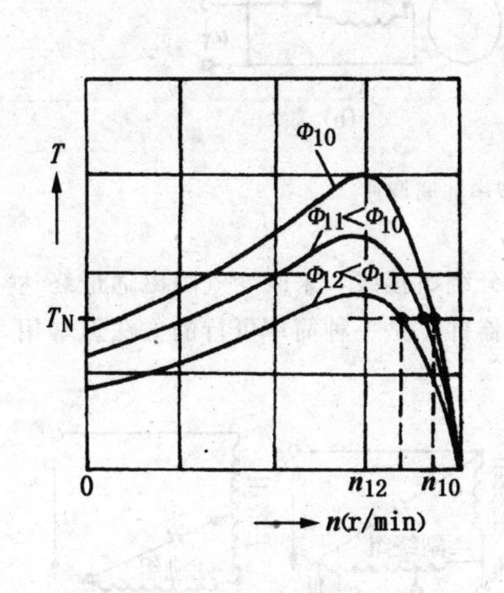

图 2-1-19　改变气隙磁通调速

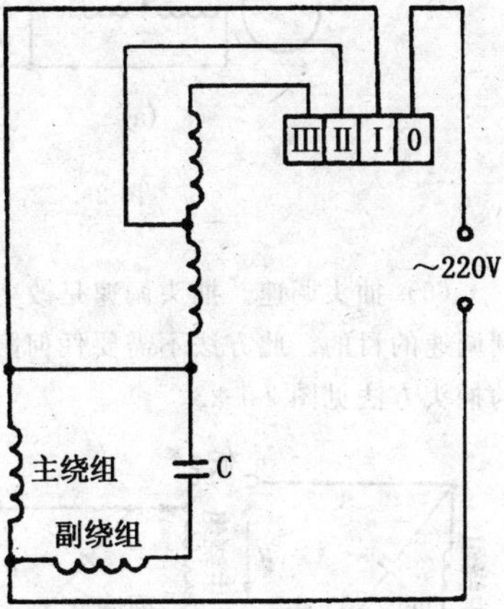

图 2-1-20　电风扇的串接电抗器调速

(2) 串接电容器调速。在电动机回路中串入电容器调速，从原理上说与串接电抗器的效果是一样的。串接电容器调速有许多优点，首先是在同转速下输入功率小，这是因为电容器的介质损耗很小，远小于电抗器的铜耗和铁耗；其次是串接电容器输入容性电流，有利于改善电网的功率因数；其三是电容器调速时电动机的启动转矩大。

(3) 自耦变压器调速。电动机通过自耦变压器变压后接电源可实现无级调速，但需一台自耦变压器，费用较大，故很少采用。

(4) 可控硅调速。电动机回路中接入反极性并联的可控硅，见图 2-1-21，利用相位截止改变气隙磁通，也可达到调速的目的。

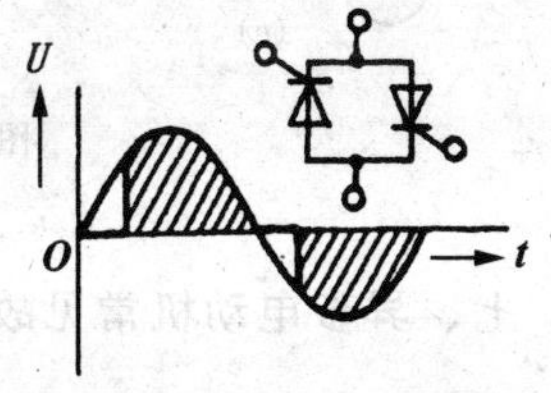

图 2-1-21　可控硅调速

(5) 串、并联调速。将主、副绕组分成两部分，这两部分绕组并联时电动机为高速，串联时为低速。实际上采用图 2-1-22 所示的 T 型串并联接法。低速时主绕组两部分串联，见图 2-1-22（a），副绕组接在主绕组的中点，高速时主绕组两部分并联，见图 2-1-22（b），故可通用 1 个电容器。

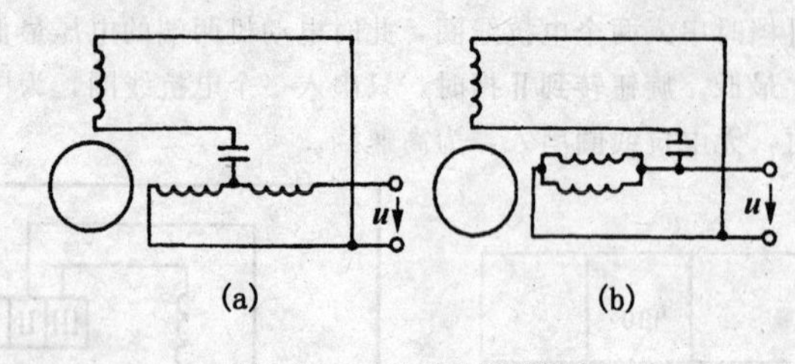

(a)　　(b)

图 2-1-22　T 型串并联调速

（6）抽头调速。抽头调速是改变部分绕组接线，来改变气隙磁通最终达到调速的目的。此方法不需要任何附加器件，是一种简单可行的方法。常用的抽头方法见图 2-1-23。

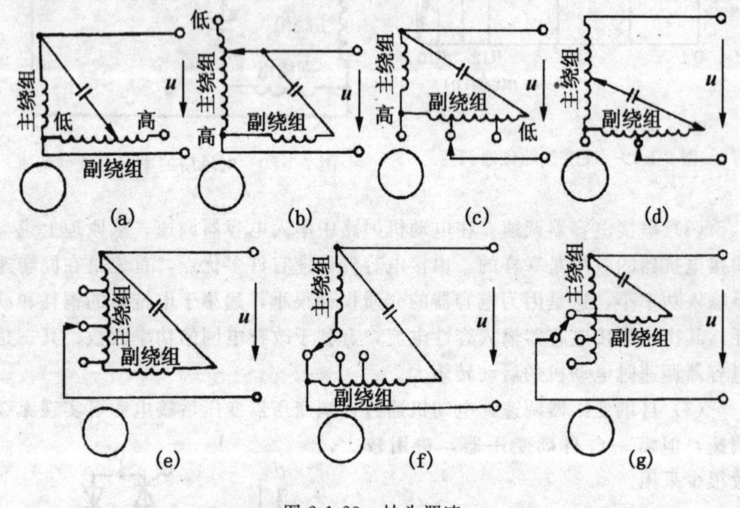

(a)　(b)　(c)　(d)

(e)　(f)　(g)

图 2-1-23　抽头调速

七、异步电动机常见故障

微型单相异步电动机常见故障及产生原因见表 2-1-15。

表 2-1-15　微型单相异步电动机常见故障现象及产生原因

故障现象	产生原因
电源正常，通电后不能启动	①引线断路或绕组断路 ②离心开关接触不良 ③电容器断路 ④轴承卡住：轴承质量不好；或装配不良；润滑脂固结；轴承磨损使定转子相擦 ⑤轴弯曲使定转子相擦 ⑥过载
空载能启动，或在外力帮助下能启动，但启动困难且转向不定	副绕组回路不通或断路 离心开关接触不良或电容器开路
运转转速低于正常速度	①轴承损坏或轴有弯曲或润滑不良 ②主相绕组短路或接错 ③离心开关始终闭合
启动后，很快发热，甚至烧毁绕组	①主绕组短路或接地或主副绕组短路 ②主、副绕组互相接错 ③离心开关长期闭合
启动后，发热严重，输入功率也太大	①过载 ②绕组短路或接地 ③轴弯曲或轴承损坏 ④定转子相擦
通电后，保险丝断了，不能启动	①绕组短路或接地 ②引出线接地 ③电容器短路
噪声过大	①绕组短路或接地 ②离心开关损坏 ③轴承损坏或油脂固结或油脂不足 ④轴弯曲 ⑤轴向间隙过大 ⑥杂物进入电机内 ⑦旋转件与定子相擦

八、异步电动机的应用

(一) 在电冰箱中的应用

1. 冰箱压缩机

冰箱压缩机电动机通常采用单相异步电动机，电动机与压缩机安装在密封筒形壳体内，电动机驱动压缩机的活塞往复运动，其输出功率一般为65～250W，二极。电动机和压缩机大多成为一体化结构，这样可以大大地减少压缩机质量和体积。从图 2-1-24 可知交流电动机直接处在制冷剂、润滑油的混合物中，普通电动机不能用于此。其特点有：

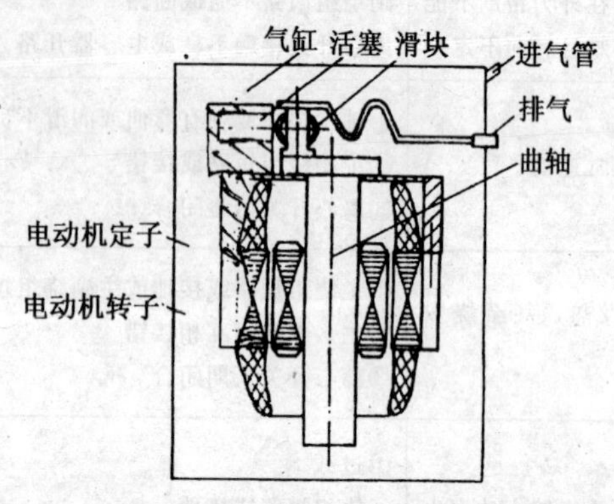

图 2-1-24　电冰箱中的润滑管式制冷压缩机

(1) 较大的启动转矩。为了使压缩机在满载或超载时能频繁启动，电动机的启动转矩应大于额定转矩的 1.6～2 倍。同时，还需考虑到恶劣的使用条件，例如压缩机的运行温度为 70～80℃，绕组电阻增加，或者有些地区电网电压可能降到 160V 等，均使电动机启动转矩有较大的减少，所以有的要求启动转矩达到 3 倍额定转矩。

(2) 化学稳定性好。电动机直接处于制冷剂、润滑油的混合物中，对其零部件的耐化学性能要求较高，例如需采用特殊耐氟电磁线。在此环境中要求绝缘材料不软化、不膨胀、不溶解、不发泡，性能不降低，以保证压缩机正常工作。

(3) 耐热性好。压缩机长期在高温条件下工作，电动机的零部件应有耐高温要求。我国常采用 B 级以上绝缘。

(4) 耐振动和冲击。电动机在运行中经常受到起动电流的电磁力、制冷剂急剧蒸发的热冲击力，以及启动与停转时的机械冲击力等的作用，所以零部件应能承受较大的振动和冲击能力。

(5) 较高的效率和功率因数。

(6) 低噪声。家用电器要求低噪声，因此压缩机电动机应设计成低噪音。

2. 冰箱蒸发器风机

该风扇及其驱动电动机，强迫空气流过蒸发器，沿着一定路线进入箱内，从而形成箱内冷空气的强制循环。该风扇电动机为单相罩极异步电动机或单相电容运转异步电动机，输出功率一般仅几瓦，要求不高，一般应保证连续使用 3×10^4 h 以上，噪声低于 35dB。

(二) 在空调器中的应用

空调器按结构分为窗式、分体式和柜式，空调器制冷（热）系统的工作原理同电冰箱制冷系统相同。系统的主要部件有压缩机、冷凝器、过滤器、毛细管、蒸发器和风扇电机等。图 2-1-25 为冷风型空调器的工作原理图。

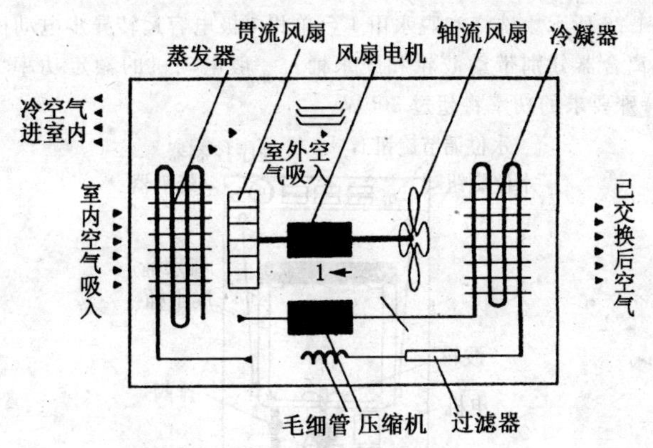

图 2-1-25 空调器结构和工作原理

1. 压缩机驱动

压缩机用电动机额定功率一般为 750～2250W。对该电动机的要求与电冰箱压缩机用电动机相同。近几年，空调器新技术发展迅速，变频调速的交流异步电动机和直流调速的直流无刷电动机是常用产品。

2. 风扇驱动

通风系统分别在室内部分和室外部分装有贯流风扇和轴流风扇，送冷

（热）风都由该风扇电机完成，一般采用单相电容运转电动机，输出功率为6～370W。在窗式空调器中使用1台风扇电动机；在分体式空调器中，室内机和室外机各使用1台风扇电动机；柜式空调器用电动机与窗式空调器用电动机相同，仅功率不同。该类电动机有以下要求：

（1）低噪声。要求电动机采用相应措施，例如塑封结构、较高的转子平衡精度等。

（2）高效率和高功率因数。采用低损耗冷轧硅钢片和合理的磁路结构获得较高的效率和功率因数。

（3）调速。风扇电动机采用变换定子绕组匝数进行抽头调速。近来，已发展到采用霍尔元件测速闭环控制方法来使电动机转速稳定且可调，避免电源电压波动而发生变化。

（三）在洗衣机中的应用

1. 全自动波轮洗衣机

这是一种将洗涤桶（内桶）和脱水桶（外桶）合二为一的洗衣机，其结构如图2-1-26所示。洗涤和脱水由1台单相4极电容运转异步电动机驱动完成，通过离合器分别带动波轮和脱水桶。一般电动机的额定功率为120～250W，特殊要求的功率将超过300W。

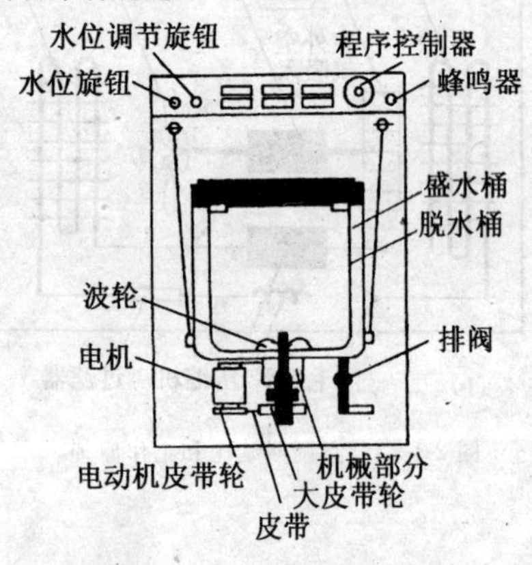

图2-1-26　全自动套桶式洗衣机结构

洗衣机工作方式是波轮交替正反转，要求电动机带负载正反转频繁启动，所以启动转矩和最大转矩都较大，启动转矩与额定转矩倍数为1.1～1.3倍，最大转矩与额定转矩倍数为1.8倍左右。

2. 滚筒式洗衣机

这是一种由电动机带动滚筒旋转进行洗涤和脱水的洗衣机。图 2-1-27 为滚筒式洗衣机的结构。电动机多采用变极双速单相异步电动机，2/12 极。洗涤时用 12 极定子绕组低速运行；脱水时用 2 极定子绕组高速运行。2 极时电动机额定功率为 180W，12 极时额定功率为 60W。相应的启动转矩与额定转矩之比为 1.1 和 0.9，最大转矩与额定转矩之比均为 1.7。

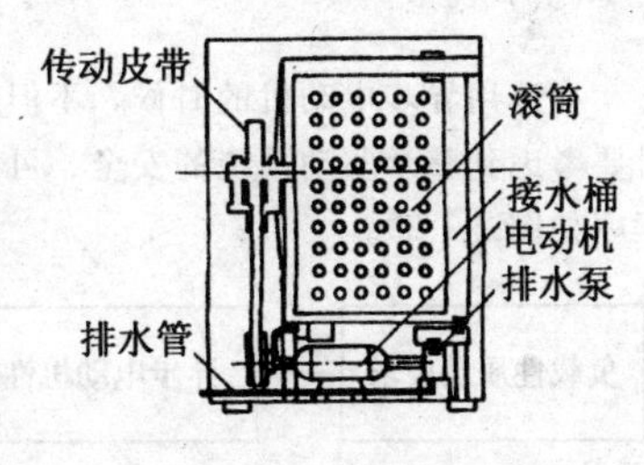

图 2-1-27　滚筒式洗衣机结构

（四）在电风扇中的应用

电风扇一般采用单相电容运转异步电动机或罩极异步电动机，以前者较为普遍。电动机的额定功率为 32～100W。

从图 2-1-28 电动机与风扇特性曲线可知，电风扇用电动机要求不高，风扇 2 与电动机机械特性匹配较好，效率高。另外，也可以降低启动转矩来提高效率。

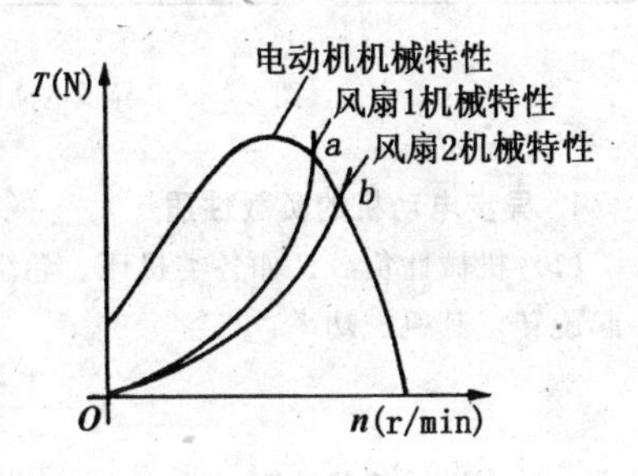

图 2-1-28　电动机与风扇机械特性匹配

通常，为了适应多速的应用，可采用电抗器、绕组抽头和电子线路等调速方法。

（五）在排油烟机中的应用

排油烟机分为普通型和深型，多采用单相电容运转异步电动机，前者额定功率为 65～80W，后者额定功率为 120～160W，电动机多为 4 极，也有 2 极。该电动机有以下要求：

（1）密封性能好。电机的密封性能要好，能防油雾和防湿热。

（2）噪声低。对 4 极电动机噪声要求在 40dB 以下，带风道时为 50dB 以下。有的排油烟机生产厂对电动机的起动瞬时噪声也有相当严格的要求。

（3）温升考核特殊。排油烟机电动机的温升考核：对 4 极电机，运行在 750～800r/min 时考核；对 2 极电机，运行在 1600～1700r/min 时考核。这对电机设计、制造带来相当高的要求。

（六）选型

在选用异步电动机的时候，不但要满足机械负载和环境使用的要求，同时要考虑到整个驱动系统的安全、可靠、节能和经济性。异步电动机的选用程序如图 2-1-29。

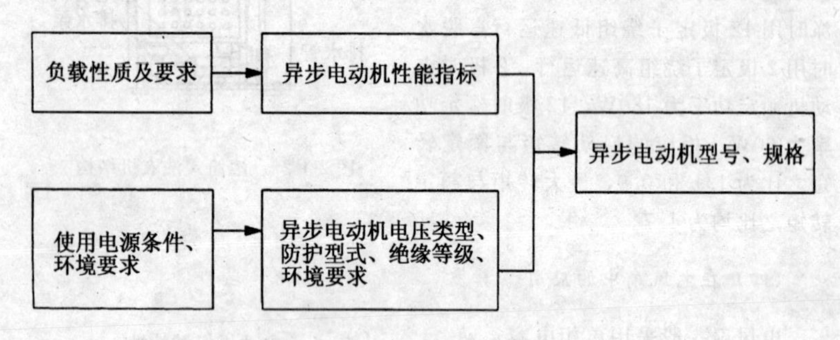

图 2-1-29　异步电动机选用程序框图

1. 异步电动机的负载性质

（1）机械性负载。如各类机床、卷绕机等机械负载，需异步电动机带动一起旋转，其机械功率：

$$P=\frac{T\cdot n}{9.55}$$

式中，T 为机械负载转矩（N·m）；n 为机械负载转速（r/min）。

典型机械的转矩-转速特性及性质如表 2-1-16 中的序号 1、2 所示。

（2）摩擦性机械。即电动机旋转过程中，靠摩擦力带动负载一起旋转或运动。这类摩擦力是不随物体运动的速度而变化，是恒值。所以摩擦负载可近似为恒转矩性质的机械负载，例如洗衣机的机械功率大部分是用来克服摩擦力所需的功率。典型摩擦机械的转矩-转速特性及性质如表 2-1-16 序号 3 所示。

（3）流体运动性负载。即电动机产生的动力，用于促使流体（如水、空气、液体等）物质的加速运动，这类负载称为流体运动的负载。

如不计流体运动的摩擦，电动机的转矩-转速近似平方关系变化，负载功率随转速三次方变化，其功率、转矩与转速特性如表 2-1-16 中的序号 4 所示。流体特性曲线、流体的压力（扬程）与风量（流量）特性如图 2-1-30 所示。

表 2-1-16　典型负载转矩（功率）-转速特性

序号	负载特性		转矩（功率）-转速特性	应用实例
1	恒功率	输出功率恒定或近似恒定，转矩与转速近似成反比		卷绕机、牵引机等
2	递减功率	输出功率随转速的减少而减小，转矩随转速的减少而增加		各类机床主轴电动机等
3	恒转矩	负载转矩恒定或近似恒定，输出功率与转速成正比		轧钢机、压缩机、洗衣机、搅拌机等
4	变转矩（风机、泵类负载）	转矩与转速的平方成正比，输出功率与转速立方成正比		风机、泵类流体负载

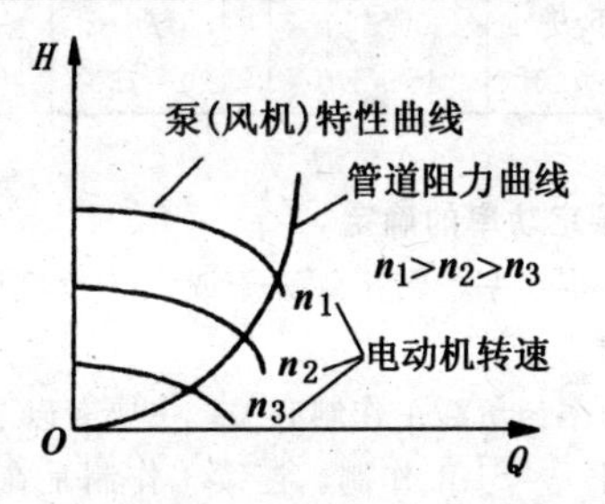

图 2-1-30　流体压力（扬程）与风量（流量）特性

流体的吸入功率 P_1：

$$P_1=\frac{K\rho QH}{102\eta}$$

式中，Q 为流体的流量（m^3/s）；H 为流体的位能变化（常用压差、扬程或真空度表示）（mm，Pa）；ρ 为流体的密度（水：$10kg/m^3$，空气 1.29kg/m^3）；η 为泵（风机）效率（%），一般为 0.55～0.85；. K 为修正系数，功率 2kW 以下取 1.7，2～5kW 取 1.5～1.3，5～50kW 取 1.15～1.1。

流体的输出功率：

$$P_2=\frac{K\rho QH}{102\eta_m}=\frac{P_1}{\eta_m}$$

式中，η_m 为电动机传动效率。注意，在计算风耗及其电动机功率时，公式中分母数值 102 可去掉。

除了上述负载的转矩、转速、机械功率和转矩-转速特性外，还需了解以下几方面的要求：

(1) 负载对电动机转速变化要求及其精度。

(2) 负载的启动和制动。

(3) 对噪声、振动的要求：一般电动机应符合有关规定，对家用电器电动机该指标更为重要。

(4) 负载与电动机的传动方式和安装方式。各类微型异步电动机的主要参数和功率范围见表 2-1-17。

表 2-1-17 各类微型异步电动机的主要参数和功率范围

主要参数	三相异步电动机	单相异步电动机			
		电阻启动	电容启动	电容运转	罩极电动机
最大转矩倍数	>2.4	≥1.8	≥1.8	≥1.8	
启动转矩倍数	>2.2	1.1～1.7	2.5～3.0	0.35～0.6	<0.5
启动电流倍数	<6.0	6～9	4.5～6.5	5～7	
功率范围（W）	15～750	40～370	120～750	8～180	5～90

2. 异步电动机额定功率的确定

异步电动机的额定功率、转矩要等于或大于负载所需要的功率和转矩，一般选取 1.1 倍负载功率。

电动机的额定功率与负载工作制有关，主要有以下 3 种：

(1) 连续工作制——S1 工作制。连续工作制是在恒定负载下电动机长期连续运行的工作方式，此时电动机的温升达到热稳定状态，如图 2-1-31 所示。

注：图 2-1-31 中，N 表示在恒定负载下运行；Q_{max} 为达到的最高温度。下同。

（2）短时工作制——S2 工作制。短时工作制是恒定负载下电动机短时运行的工作方式，该时间内温升没有达到热稳定状态，随之即断电停转足够时间，使电动机温度冷却到与冷却介质温度之差在 2K 以内。如图 2-1-32 所示。

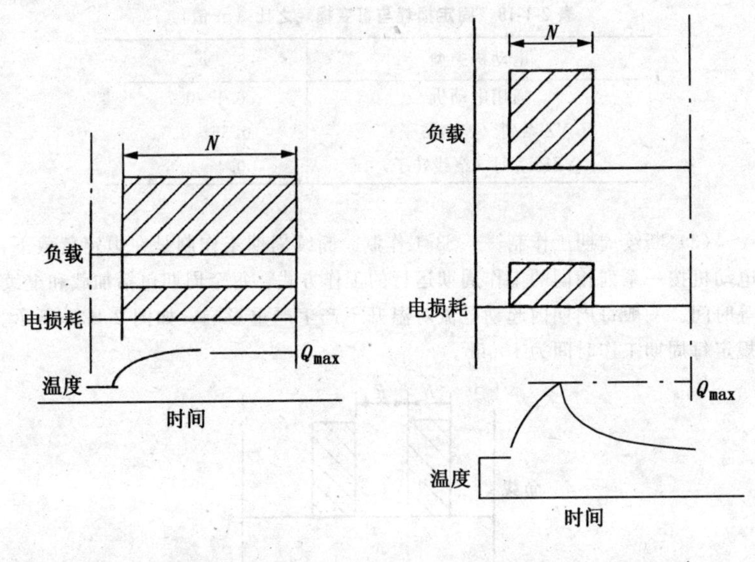

图 2-1-31　连续工作制 S1　　图 2-1-32　短时工作制 S2

短时工作制电动机规定的标准工作时间为 10、30、60、90min 四种，铭牌上标注的电动机额定功率 P_N 与标准时间是相对应的。S2 工作制的三相异步电动机有 YZ、YZR 系列冶金及起重用三相异步电动机，YDF 系列电动阀门用三相异步电动机等。

这类工作机械负载选择电动机额定功率分为以下几种：

（1）实际工作时间与标准工作时间一致时，选一台短时工作制电动机，其额定功率 $P_N \geqslant$ 负载功率 P_L 即可。

（2）实际工作时间与标准工作时间不一致时，设实际工作时间为 t_R，标准工作时间为 t_{RN}，实际工作时间需要的功率为 P_R：

如 t_R 与 t_{RN} 相差不大时，其额定功率：

$$P_{RN}=\sqrt{P_R\ \frac{t_R}{t_{RN}}}$$

如 t_R 与 t_{RN} 相差较大时，其额定功率：

$$P_{RN}=\frac{P_R}{\sqrt{(1+m)\ \frac{t_{RN}}{t_R}-m}}$$

式中，m 为电动机的固定损耗与可变损耗之比，也可查表 2-1-18，再按 $P_N \geqslant P_{RN}$ 确定短时工作制。

表 2-1-18　固定损耗与可变损耗之比（m 值）

电动机类型	m
通用电动机	0.4～0.7
YZ 系列（笼型转子）	0.35～0.5
YZR 系列（绕线转子）	0.4～0.6

（3）断续周期工作制——S3 工作制。断续周期工作制是在恒定负载下，电动机按一系列相同的工作周期运行的工作方式。每个周期包括加载和继续等时间。一般每周期内起动电流对温升不产生严重影响，如图 2-1-33 所示。规定每周期工作时间为 10min。

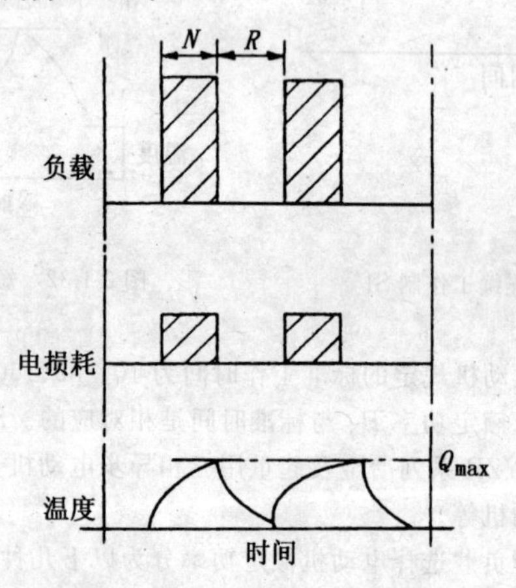

图 2-1-33　断续周期工作制 S3

注：图 2-1-33 中，R 表示断电停转；T 为工作周期（min），$T=t_N+t_{st}+t_b+t_c$；t_c 为断电停转时间。

负载持续率 F_c 是负载持续时间 t_N 与整个工作周期 T 之比：

$$F_C=\frac{t_N+t_{st}+t_b}{T}\times 100\%\approx\frac{t_N}{T}\times 100\%$$

式中，t_N 为负载持续时间（min）；t_{st} 为启动时间（min）；t_b 为制动时间（min）。

电动机的标准负载持续率 F_{CN} 是：15%、25%、40%或 60%。对 S3 工作制，应在代号后加负载持续率，如 S3 为 25%，S3 为 40%等。

断续周期工作制电动机额定功率选择方法有如下两种。

(1) 负载机械实际使用情况与标准负载持续率相同或相近时，则按负载机械轴功率选取相应的电动机功率作为额定功率。

(2) 负载机械实际使用时间与标准负载持续率不相近时，则按下列公式计算后，选取电动机的额定功率：

两者相差不大时，其额定功率为：

$$P_N=P\sqrt{\frac{F_C}{F_{CN}}}$$

式中，P 为断续周期工作制所需机械功率（W）；F_C 为负载实际持续率（%）；F_{CN} 为制动时间（min）。

两者相差较大时，其额定功率为：

$$P_N\geqslant\frac{P_L}{\sqrt{(1+m)\ \frac{F_{CN}}{F_C}-m}}$$

目前，我国生产的用于 S3 工作制的有 YZ、YZR 系列冶金及起重用三相异步电动机，JG2 系列辊道用三相异步电动机，YH 系列高启动转矩三相异步电动机等。

3. 异步电动机性能选择

对所选用的异步电动机性能必须满足负载要求，例如功率、转矩、转速等参数，还要求能顺利起动，具有一定的过载能力，电动机与负载能稳定运行而且是最佳匹配等。

(1) 常规性能选择。

①最小转矩校验。为了保证电动机把负载从静止状态加速到稳定运行状态，必须校验电动机的最小转矩。图 2-1-34 是异步电动机起动过程中转矩与负载阻转矩的关系图。

从图中可以看出，在 0～n 范围内机械特性和负载特性有 3 个交点：A、B、C、A 和 C 点电动机均可稳定运行。在启动过程中，对 T_L 负载工况，电动机首先在 C 点稳定运行，即低速运行，造成电动机过热而烧毁。所以必须校验电动机的最小转矩 T_{min}，确保在启动过程中，在转速 $n=0$～n_m 的范

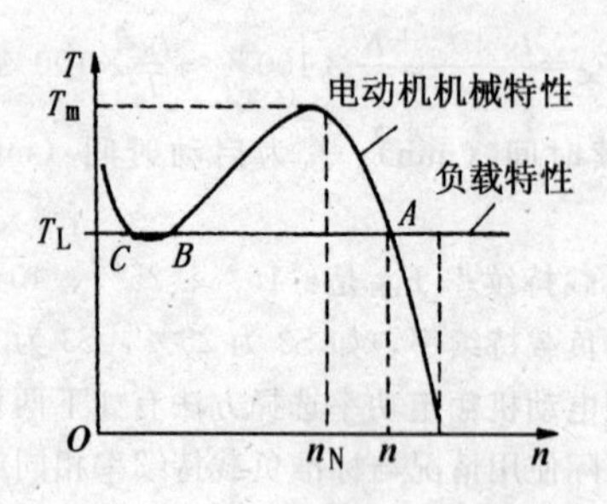

图 2-1-34　异步电动机启动过程

围内，T_L 和电动机的机械特性无交点。其校验条件为：

$$T_{min}=T_{Lmax}\cdot\frac{K_S}{K_V^2}$$

式中，T_{min}为启动过程最小转矩与额定转矩之比。由电动机技术条件中查取。Y 系列电动机规定值不低于 0.5 倍堵转转矩的保证值，此值应不低于额定转矩。Y2 系列电动机规定值不低于 0.8～1.6 倍额定转矩；K_S 为保证启动时有足够的加速转矩所采用的系数，取 1.15～1.25；T_{Lmax} 为电动机短时最大负载阻转矩与额定转矩之比；K_V 为电压波动系数，取 K_V^2＝0.85～0.95。

②过载能力的校验。有些负载机械，如球磨机等，常会出现冲击负载，此时需进行过载能力的校验，即：

$$\frac{T_{Lmax}}{0.9K_V^2\cdot T_{max}}\leqslant 1$$

式中，T_{Lmax}为电动机最大转矩与额定转矩之比，由电动机技术条件查取。Y 系列电动机为 2.0～2.2，Y2 系列电动机为 1.9～2.3；0.9 为余量系数。

③稳定运行和最佳运行。要使电动机带动负载能稳定运行，必须使电动机和负载的两条机械特性曲线交点即运行点，在电动机和负载运行条件变化时，电动机总能稳定在工作点运行，如图 2-1-35（a）所示。在不稳定状态下，运行条件稍有变化，电动机就不能稳定在工作点甚至导致停转，如图 2-1-35(b)所示。一般当电动机运行点的转差率 $s\geqslant s_m$ 时为稳定运行，$s<s_m$ 为不稳定运行。

电动机与负载的机械特性不但要匹配而且交点要在稳定运行区内。从图 2-2-36 可知，风扇 2 和电动机匹配在额定工作点运行，其效率和功率因数都较高，也能长期运行，而风扇 1 与电动机的匹配较差，虽然能稳定运行，但运行点转速较低，处于过载状态，使电动机发热大，不能长期运行，其效率、功率因数都较低。

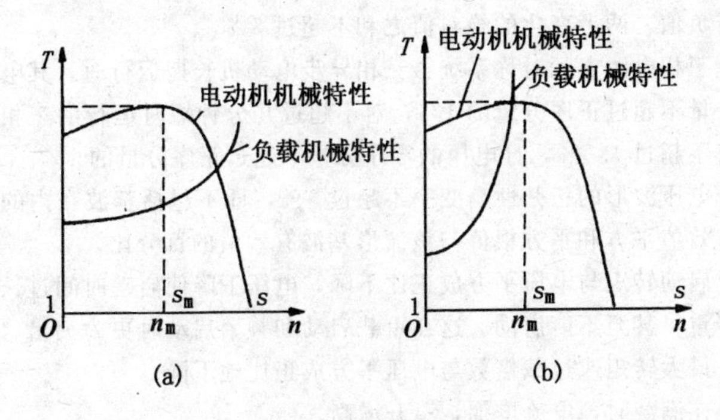

图 2-1-35　运行稳定分析

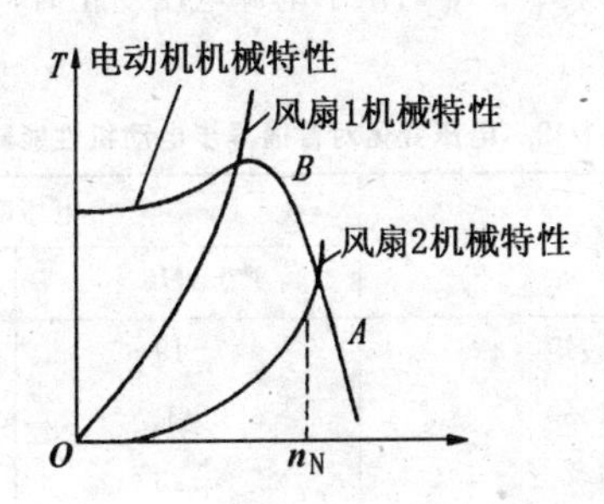

图 2-1-36　电动机和风扇机械特性匹配

④高效率电动机的选用。对于长期连续运行的电动机，例如 1 年工作时间在 2500h 以上，且负载率 β 大于 50％的异步电动机，宜选用高效率电动机。我国生产的有 YX 系列高效率异步电动机、FX 系列纺织专用高效率三相异步电动机以及微型高效率异步电动机等。对于长期运行、使用量大的异步电动机也设计成高效率的专用系列电动机，以满足配套使用时获得较显著的节能效果。购置高效率异步电动机时高出普通电动机的差价可在 1～2 年的运行节电费用中回收。

4. 异步电动机的使用电源条件

工频交流电源。

（1）当电源频率为额定值时，电压对额定值的偏差不超过±5％。

（2）当电源电压为额定值时，电源频率对额定值的偏差不超过±1％。

（3）当电源电压在±5％和电源频率在±1％范围内同时变化时，若两者的变化都为正值，则两者变化之和不超过 6％；若两者变化都为负值或分别为正值与负值，两者变化的绝对值之和不超过 5%。

(4) 三相电源实际对称系统：三相异步电动机长期运行时，其电源电压的负序分量不超过正序分量的 1%，对不超过几分钟短时运行的三相异步电动机而言不超过 1.5%，且电压的零序分量不超过正序分量的 1%。

(5) 电压波形的正弦性畸变率不超过 5%，即不包括基波在内的所有各次谐波有效值平方和平方根值与该波形基波有效值的百分比。

(6) 启动转矩与电压平方成正比下降，电压下降使启动时间过长，电动机发热严重，甚至不能启动。这在重载启动和频繁启动时更为突出。

(7) 最大转矩或过载倍数与电压平方成正比地下降。

(8) 在满载时，电流增加，温升增高。

电源电压上升会使电动机磁路饱和，引起电流增加，功率因数下降和温度增加。表 2-1-19 和表 2-1-20 列出了电源电压变化时，普通异步电动机性能变化。

表 2-1-19 电压变化对普通异步电动机性能影响

性能名称	电压变化	
	$0.9U_N$	$1.1U_N$
启动转矩和最大转矩 (%)	−19	+21
满载转速 (%)	−1	+1
转差率百分值 (%)	+23	−17
起动电流 (%)	−10～−12	+10～+12
满载温升 (%)	+6～+12	+4～+11
满载效率 (%)	+05～+1	−1～−4
满载功率因数 (%)	+8～+10	−10～−15
噪声（在任何负载下）	稍小	稍大

表 2-1-20 电源频率变化对异步电动机性能影响

频率变化	T_{st}、T_m	T_{st}	n_s	满载 n	满载 η	满载 $\cos\varphi$	满载 I	满载温升
+5%	−10%	+5%～−6%	+5%	稍增	微增	微增	微减	微减
−5%	+11%	+5%～+6%	−5%	稍减	微减	微减	微增	微增

5. 异步电动机类型、防护型式和绝缘等级的选择

(1) 类型选择。首先根据电源条件可选取三相异步电动机或单相异步电

动机，再依据负载性能和要求可选取基本系列、派生系列或专用系列异步电动机。

（2）防护型式的选择。一般负载的环境使用条件均有明确表示，电动机防护型式按照环境对电动机的要求进行选取。异步电动机的外壳防护结构型式主要有 IP23、IP44、IP54 和 IP55 等。

IP23 电动机。外壳防护能防止手指或长度不超过 80mm 的类似物体触及或接近壳内带电或转动部件，又能防止直径大于 12mm 的固体异物进入壳内，而且对垂直线或 60°角度范围内的淋水应无有害影响。这种防护型式不能防止潮气和灰尘进入电机内部，因此适用于比较干燥、无腐蚀和爆炸性气体的工作环境。

IP44 电动机。外壳防护能防止直径或厚度大于 1mm 的导线或片条触及或接近壳内带电或转动部件，又能防止直径大于 1mm 的固体异物进入壳内，而且对任何方向的溅水应无有害影响。这种防护型式为封闭式，可防止灰尘、潮气等不易进入电动机内部，因此适用于灰尘多、潮湿或经受风雨的工作环境。

IP54 电动机。外壳能防止触及或接近外壳内带电或转动部件进尘量，使其不足以影响电动机正常工作，而且承受任何方向的溅水应无有害影响，即为防尘防水电动机。这种防护型式密封性更好，更严密地防止灰尘、潮气、水等进入电动机内部，可用于较恶劣的工作环境。

IP55 防护功能与 IP54 基本相同，只是密封性能比 IP54 更好，能承受任何方向的喷水而无有害影响。

（3）绝缘等级的选择。电动机的使用限度，一般受到电动机绕组、导电部分的温升极值的限制。温升是电动机上某点的温度与周围空气温之差，以 K 为单位。电动机绝缘等级和温升限值可查阅有关标准。

上述温度是在环境最高温度为＋40℃、海拔高度不超过 1000m 的环境条件下的限值，如环境条件超过规定，限值要作修正，其方法可查有关标准。

九、异步电动机产品技术数据

（一）YS 系列三相异步电动机

YS 系列三相异步电动机有优良的启动和运行性能，结构简单，使用和维护方便；取代了 AO_2 系列；适用于使用三相电源的各类小型机械。

该系列电动机有 45～90 共 7 个机座号，40 个规格。56 及以下机座为全封闭自冷式（IC0041）；63 及以上机座为全封闭扇冷式（IC0141）；外壳防护等级为 IP44。技术标准符合 JB1009-91《YS 系列三相异步电动机技术条件》。

型号说明：

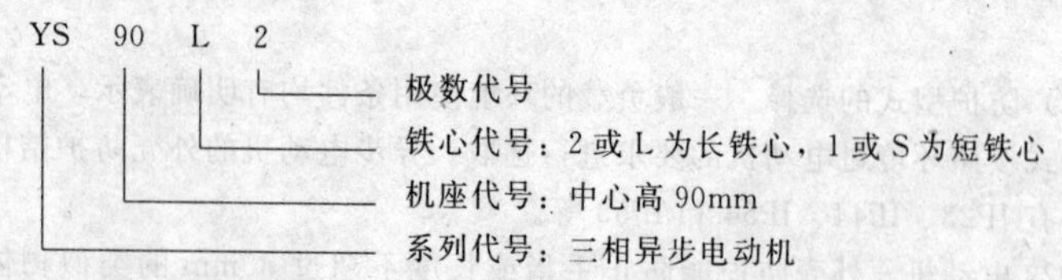

电动机安装方式有 5 种：IMB3——机座有底脚，端盖无凸缘；IMB5——机座无底脚，端盖有大凸缘；IMB14——机座无底脚，端盖有小凸缘；IMB34——机座有底脚，端盖有小凸缘；IMB35——机座有底脚，端盖有大凸缘。

电动机采用 E 级或 B 级绝缘。当海拔高度不超过 1000m，环境温度不超过 40℃时，电动机定子绕组温升（电阻法）：E 级绝缘为 75K，B 级绝缘为 80K。其电气接线见图 2-1-37。

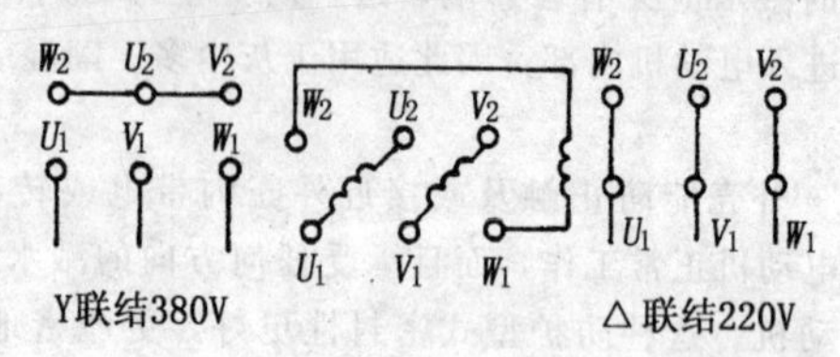

图 2-1-37 YS 系列三相异步电动机电气接线

YS 系列三相异步电动机技术数据见表 2-1-21。各安装方式外形见图 2-1-38～图 2-1-42，安装尺寸见表 2-1-22～表 2-1-26。

注：出线盒的位置在电动机顶部，根据用户要求，也可以放在侧面。图 2-1-41 中虚线表示侧面出线盒，下同。

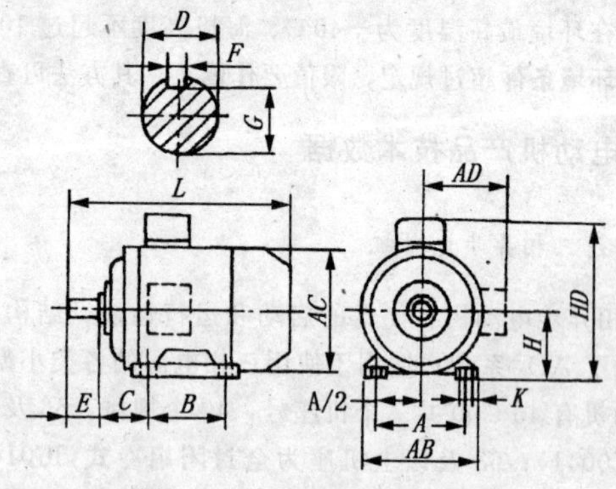

图 2-1-38 IMB3 方式安装外形

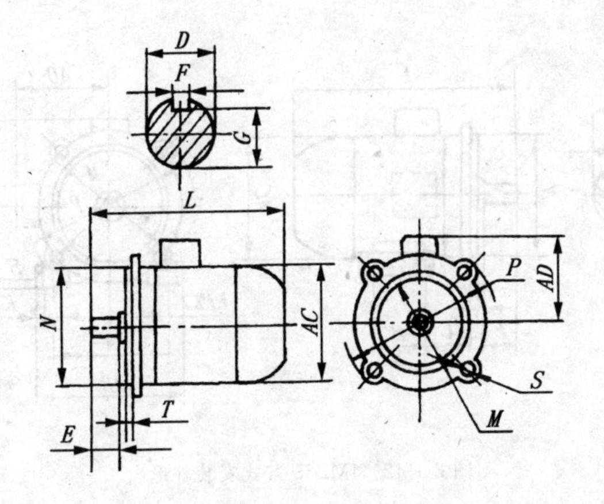

图 2-1-39　IMB5 方式安装外形

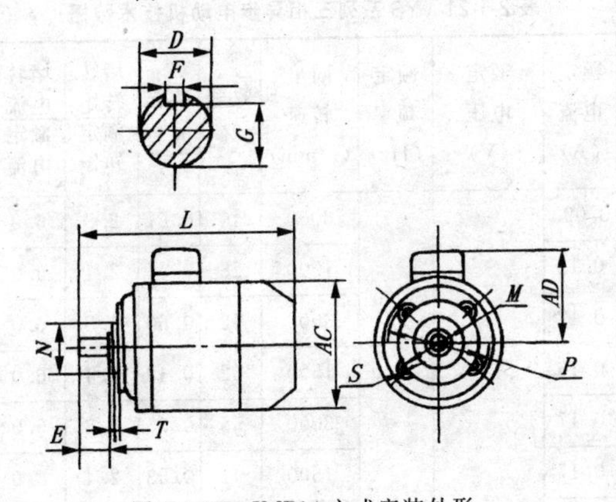

图 2-1-40　IMB14 方式安装外形

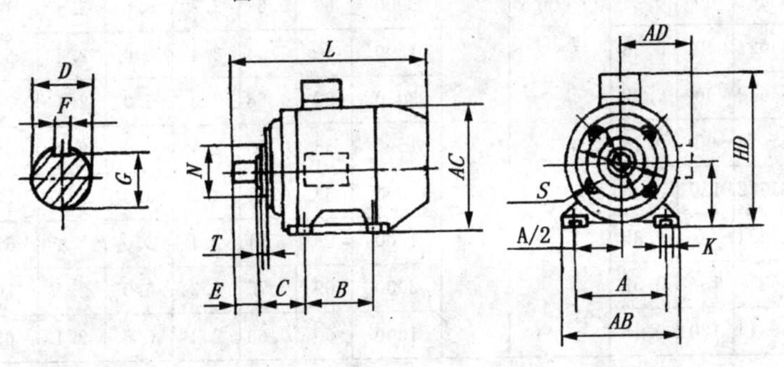

图 2-1-41　IMB34 方式安装外形

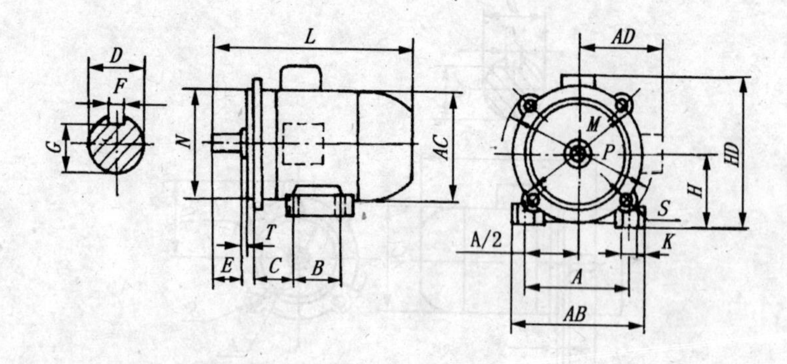

图 2-1-42　IMB35 方式安装外形

表 2-1-21　YS 系列三相异步电动机技术数据

型号	额定功率（W）	额定电流（A）	额定电压（V）	额定频率（Hz）	同步转速（r/min）	效率（%）	功率因数	堵转转矩/额定转矩	堵转电流/额定电流	最大转矩/额定转矩	声功率级 dB(A)
YS4512	16	0.093	220/380 或 380	50	3000	46	0.57	2.3	6.0	2.4	65
YS4514	10	0.12			1500	28	0.45	2.4	6.0	2.4	60
YS4522	25	0.12			3000	52	0.60	2.3	6.0	2.4	65
YS4524	16	0.16			1500	32	0.49	2.4	6.0	2.4	60
YS5012	40	0.17			3000	55	0.65	2.3	6.0	2.4	65
YS5014	25	0.17			1500	42	0.53	2.4	6.0	2.4	60
YS5022	60	0.23			3000	60	0.66	2.3	6.0	2.4	70
YS5024	40	0.23			1500	50	0.54	2.4	6.0	2.4	60
YS5612	90	0.32			3000	62	0.68	2.3	6.0	2.4	70
YS5614	60	0.28			1500	56	0.58	2.4	6.0	2.4	65
YS5622	120	0.38			3000	67	0.71	2.3	6.0	2.4	70
YS5624	90	0.39			1500	58	0.61	2.4	6.0	2.4	65
YS6312	180	0.53			3000	69	0.75	2.3	6.0	2.4	70
YS6314	120	0.48			1500	60	0.63	2.4	6.0	2.4	65

续表

型号	额定功率(W)	额定电流(A)	额定电压(V)	额定频率(Hz)	同步转速(r/min)	效率(%)	功率因数	堵转转矩/额定转矩	堵转电流/额定电流	最大转矩/额定转矩	声功率级dB(A)
YS6322	250	0.67	220/380或380	50	3000	72	0.78	2.3	6.0	2.4	70
YS6324	180	0.65			1500	64	0.66	2.4	6.0	2.4	65
YS7112	370	0.95			3000	73.5	0.80	2.3	6.0	2.4	70
YS7114	250	0.83			1500	67	0.68	2.4	6.0	2.4	65
YS7116	180	0.74			1000	59	0.63	2.0	5.5	2.0	60
YS7118	90	0.51			750	49	0.55	1.8	4.5	1.9	55
YS7122	550	1.35			3000	75.5	0.82	2.3	6.0	2.4	75
YS7124	370	1.12			1500	69.5	0.72	2.4	6.0	2.4	70
YS7126	250	0.94			1000	63	0.64	2.0	5.5	2.0	60
YS7128	120	0.64			750	52	0.55	1.8	4.5	1.9	55
YS8012	750	1.75	220/380		3000	76.5	0.85	2.2	6.0	2.4	75
YS8014	550	1.55			1500	73.5	0.73	2.4	6.0	2.4	70
YS8016	370	1.29			1000	68	0.64	2.0	5.5	2.0	65
YS8018	180	0.86			750	58	0.55	1.8	4.5	1.9	55
YS8022	1100	2.51			3000	77	0.85	2.2	7.0	2.4	78
YS8024	750	2.01			1500	75.5	0.75	2.3	6.0	2.4	70
YS8026	550	1.81			1000	71	0.65	2.0	5.5	2.0	65
YS8028	250	1.09			750	62	0.56	1.8	4.5	1.9	55
YS90S2	1500	3.38			3000	78	0.85	2.2	7.0	2.4	83
YS90S4	1100	2.84			1500	78	0.78	2.3	6.5	2.4	73
YS90S6	750	2.26			1000	73	0.69	2.0	5.5	2.1	65
YS90S8	370	1.38			750	68	0.60	1.8	4.5	1.9	60
YS90L2	2200	4.83			3000	80.5	0.86	2.0	7.0	2.4	83
YS90L4	1500	3.65			1500	79	0.79	2.3	6.5	2.4	78
YS90L6	1100	3.18			1000	74	0.71	2.0	6.0	2.1	68
YS90L8	550	1.95			750	69	0.62	1.8	4.5	1.9	60

注：额定电流是按额定电压 380V 给出的。

表 2-1-22　IMB35 方式安装尺寸

单位：mm

机座号	安装尺寸及公差											外形尺寸（不大于）				
	M	N		P	R		S			T		AB	AC	AD	HD	L
	基本尺寸	基本尺寸	极限偏差	基本尺寸	基本尺寸	极限偏差	基本尺寸	极限偏差	位置公差	基本尺寸	极限偏差					
90S 90L	165	130	±0.014 −0.011	200	0	±1.5	12	+0.430 0	$\phi1.0$	3.5	0 −0.120	160	185	160	220	335 360

机座号	凸缘号	安装尺寸及公差																	
		A	A/2		B	C		D		E		F		G		H		K	
		基本尺寸	基本尺寸	极限偏差	基本尺寸	基本尺寸	极限偏差	基本尺寸	极限偏差	基本尺寸	极限偏差	基本尺寸	极限偏差	基本尺寸	极限偏差	基本尺寸	极限偏差	基本尺寸	极限偏差	位置度公差
90S 90L	FF165	140	70	±0.5	100 125	56	±1.5	24	+0.009 −0.004	50	±0.31	8	0 −0.036	20	0 −0.20	90	0 −0.5	10	+0.360 0	$\phi1.0$

注：当底脚孔 K 为长圆孔或位置合格时，可不考核 A/2；P 尺寸为最大极限值；R 为凸缘配合面至轴伸端的距离。下同。

表 2-1-23　IMB34 方式安装尺寸

单位：mm

机座号	凸缘号	安装尺寸及公差															
		A	*A*/2		*B*	*C*		*D*		*E*		*F*		*G*		*H*	
		基本尺寸	基本尺寸	极限偏差	基本尺寸	基本尺寸	极限偏差	基本尺寸	极限偏差	基本尺寸	极限偏差	基本尺寸	极限偏差	基本尺寸	极限偏差	基本尺寸	极限偏差
45	FT45	71	35.5	±0.20	56	28	±1.0	9	+0.007 −0.002	20	±0.26	3	−0.004 −0.029	7.2	0 −0.10	45	0 −0.4
50	FT55	80	40		63	32										50	
56	FT65	90	45		71	36	±1.5									56	0 −0.5
63	FT75	100	50	±0.25	80	40		11	+0.008 −0.003	23		4	0 −0.030	8.5		63	
71	FT85	112	56		90	45		14		30		5		11		71	
80	FT100	125	62.5	±0.50	100	50		19	+0.009 −0.004	40	±0.31	6		15.5		80	
90S	FT115	140	70			56		24		50		8	0 −0.036	20	0 −0.20	90	
90L					125												

机座号	安装尺寸及公差													外形尺寸(不大于)				
	K			*M*	*N*		*P*	*R*		*S*		*T*		*AB*	*AC*	*AD*	*HD*	*L*
	基本尺寸	极限偏差	位置度公差	基本尺寸	基本尺寸	极限偏差	基本尺寸	基本尺寸	极限偏差	基本尺寸	极限偏差	基本尺寸	极限偏差					
45	4.8	+0.300 0	ϕ0.4	45	32	+0.011 −0.005	60	0	±1.0	M5	ϕ0.4	2.5	0 −0.120	90	100	90	115	150
50	5.8			55	40		70							100	110	100	125	155
56				65	50		80							115	120	110	135	170
63	7	+0.360 0	ϕ0.5	75	60	+0.012 −0.007	90							130	130	125	165	230
71				85	70		105			M6	ϕ0.5			145	145	140	180	255
80	10		ϕ1.0	100	80		120		±1.5					160	165	150	200	295
90S				115	95	+0.013 −0.009	140			M8	ϕ1.0	3.0		180	185	160	220	310
90L																		335

表 2-1-24　IMB14 方式安装尺寸　　单位：mm

机座号	凸缘号	安装尺寸及公差									
		D		*E*.		*F*		*G*		*M*	
		基本尺寸	基本尺寸	极限偏差	基本尺寸	基本尺寸	极限偏差	基本尺寸	极限偏差	基本尺寸
45	FT45	9	+0.007 −0.002	20	±0.260	3	−0.004 −0.029	7.2	0 −0.10	45
50	FT55									55
56	FT65									65
63	FT75	11	+0.008 −0.003	23		4	0 −0.030	8.5		75
71	FT85	14		30		5		11		85
80	FT100	19	+0.009 −0.004	40	±0.310	6		15.5		100
90S	FT115	24		50		8	0 −0.036	20	0 −0.20	115
90L										

机座号	安装尺寸及公差									外形尺寸(不大于)		
	N		*P*	*R*		*S*		*T*				
	基本尺寸	极限偏差	基本尺寸	极限偏差	极限偏差	基本尺寸	极限偏差	基本尺寸	极限偏差	*AC*	*AD*	*L*
45	32	+0.011 −0.005	60	0	±1.0	M5	ϕ0.4	2.5	0 −0.120	100	90	150
50	40		70							110	100	155
56	50		80							120	110	170
63	60	+0.012 −0.007	90							130	125	230
71	70		105			M6	ϕ0.5			145	140	255
80	80		120		±1.5			3.0		165	150	295
90S	95	+0.013 −0.009	140			M8	ϕ1.0			185	160	310
90L												335

表 2-1-25 IMB3 方式安装尺寸　　单位：mm

机座号	安装尺寸及公差											
	A	A/2		B	C		D		E		F	
	基本尺寸	基本尺寸	极限偏差	基本尺寸	基本尺寸	极限偏差	基本尺寸	极限偏差	基本尺寸	极限偏差	基本尺寸	极限偏差
45	71	35.5	±0.20	56	28	±1.0	9	+0.007 −0.002	20	±0.260	3	−0.004 −0.029
50	80	40		63	32							
56	90	45		71	36	±1.5						
63	100	58	±0.25	80	40		11	+0.008 −0.003	23		4	0 −0.030
71	112	56		90	45		14		30		5	
80	125	62.5	±0.50	100	50		19	+0.007 −0.004	40	±0.310	6	
90S	140	70			56		24		50		8	0 −0.036
90L				125								

机座号	安装尺寸及公差							外形尺寸（不大于）				
	G		H		K			AB	AC	AD	HD	L
	基本尺寸	极限偏差	基本尺寸	极限偏差	基本尺寸	极限偏差	位置度公差					
45	7.2	0 −0.10	45	0 −0.4	4.8	+0.300 0	ϕ0.4	90	100	90	115	150
50			50		5.8			100	110	100	125	155
56			56					115	120	110	135	170
63	8.5		63	0 −0.5	7	+0.360 0	ϕ0.5	130	130	125	165	230
71	11		71					145	145	140	180	255
80	15.5		80		10			160	165	150	200	295
90S	20	0 −0.20	90				ϕ1.0	180	185	160	220	310
90L												335

①当底脚孔 K 为长圆孔或位置合格时，可不考核 A/2。

注：出线盒的位置在电动机顶部，根据用户要求，也可以放在侧面。图中虚线表示侧面出线盒。

表 2-1-26 IMB5 方式安装尺寸　　单位：mm

机座号	凸缘号	安装尺寸及公差								
		D		E		F		G		M
		基本尺寸	极限偏差	基本尺寸	极限偏差	基本尺寸	极限偏差	基本尺寸	极限偏差	基本尺寸
63	FF115	11	+0.008 −0.003	23	±0.260	4	0 −0.030	8.5	0 −0.10	115
71	FF130	14		30		5		11		130
80	FF165	19	+0.009 −0.004	40	±0.310	6		15.5		165
90S		24		50		8	0 −0.036	20	0 −0.20	
90L										

机座号	安装尺寸及公差										外形尺寸(不大于)		
	N		P	R		S			T		AC	AD	L
	基本尺寸	极限偏差	基本尺寸	基本尺寸	极限偏差	基本尺寸	极限偏差	位置度公差	基本尺寸	极限偏差			
63	95	+0.013 −0.009	140	0	±1.5	10	+0.360 0	ϕ1.0	3.0	0 −0.120	130	125	250
71	110		160						3.5		145	140	275
80	130	+0.014 −0.011	200			12	+0.430 0				165	150	300
90S											185	160	335
90L													360

国内目前主要的生产厂家有：北京敬业电工集团北微微电机厂、广州微型电机厂有限公司、天津市微电机公司、沈阳市第三微电机厂、闽东电机股份有限公司、江苏海门县微型电机厂、浙江省嵊县微型电机厂、上海金陵雷戈勃劳伊特电机有限公司、东风电机厂、广东省肇庆电机有限公司、杭州分马力电机厂、黑龙江微电机厂、上海革新电机厂、西安西电微电机有限责任公司、河北电机股份有限公司、山西省阳泉市微型电机厂、长沙市微型电机厂、浙江奉化市特种电机厂、广东开平三埠微型电机厂、湖北微型电机厂、武汉微型电机厂、许昌市微型电机厂、柳州市第二微型电机厂、浙江温岭微型电机总厂、九江微型电机厂、浙江省江山市微特电机制造有限公司、南京华凯微电机有限公司、湖南省津市市朝宏油泵电机有限公司、江西微分电机厂、安徽朝阳微电机厂、山西省榆次市微电机厂、浙江省绍兴市嵊州市特种电机厂、文登市电机厂、天津市第二微电机厂、山东省荣成市微电机厂、天

津市茂达微特电机公司、广东省肇庆市力佳电机有限公司、山东临清电机厂、广东四会电机厂。

（二）AO_2 系列三相异步电动机

本系列符合国际电工委员会推荐标准中的有关规定，其机座号与容量等级的对应关系与德国工业标准 DIN42673 一致。本系列电机广泛应用于各种小型机床、医疗器械、电子仪器及家用电器上。

型号说明：

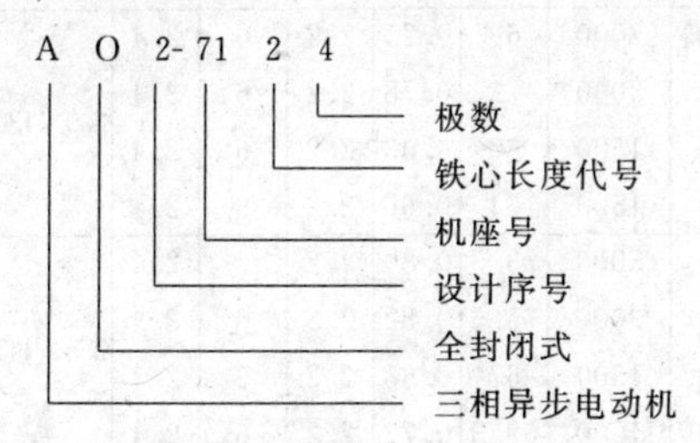

AO_2 系列电动机有以下 4 种安装方式：

B3 型——机座有底脚，端盖上无凸缘。

B34 型——机座有底脚，端盖上有小凸缘，轴伸在凸缘端。

B14 型——机座无底脚，端盖上有小凸缘，轴伸在凸缘端。

B5 型——机座无底脚，端盖上有大凸缘，轴伸在凸缘端。

AO_2 系列三相异步电动机技术标准参见部标产品 JB1009-81。技术数据见表 2-1-27。

表 2-1-27 AO_2 系列三相异步电动机技术数据

机座号	型号	功率 (W)	电流 (A)	电压 (V)	频率 (Hz)	同步转速 (r/min)	效率 (%)	功率因数	启动转矩/额定转矩	启动电流/额定电流	最大转矩/额定转矩	外形尺寸[①] 长×宽×高 (mm)
45	AO_2-4512	16	0.09	380	50	3000	46	0.57	2.2	6	2.4	150×100×115
	AO_2-4522	25	0.12	380	50	3000	52	0.60	2.2	6	2.4	
	AO_2-4514	10	0.12	380	50	1500	28	0.45	2.2	6	2.2	
	AO_2-4524	16	0.17	380	50	1500	32	0.49	2.2	6	2.4	
50	AO_2-5012	40	0.18	380	50	3000	55	0.65	2.2	6	2.4	155×115×125
	AO_2-5022	60	0.24	380	50	3000	60	0.66	2.2	6	2.4	
	AO_2-5014	25	0.22	380	50	1500	42	0.53	2.2	6	2.4	
	AO_2-5024	40	0.26	380	50	1500	50	0.54	2.2	6	2.4	

续表

机座号	型 号	功率 (W)	电流 (A)	电压 (V)	频率 (Hz)	同步转速 (r/min)	效率 (%)	功率因数	启动转矩/额定转矩	启动电流/额定电流	最大转矩/额定转矩	外形尺寸①长×宽×高 (mm)
56	AO_2-5612	90	0.32	380	50	3000	62	0.68	2.2	6	2.4	170×120×135
	AO_2-5622	120	0.37	380	50	3000	67	0.71	2.2	6	2.4	
	AO_2-5614	60	0.33	380	50	1500	56	0.58	2.2	6	2.4	
	AO_2-5624	90	0.39	380	50	1500	58	0.61	2.2	6	2.4	
63	AO_2-6312	180	0.52	380	50	3000	69	0.75	2.2	6	2.4	230×130×165
	AO_2-6322	250	0.69	380	50	3000	72	0.78	2.2	6	2.4	
	AO_2-6314	120	0.47	380	50	1500	60	0.63	2.2	6	2.4	
	AO_2-6324	180	0.65	380	50	1500	64	0.66	2.2	6	2.4	
71	AO_2-7112	370	0.97	380	50	3000	73.5	0.80	2.2	6	2.4	255×145×180
	AO_2-7122	550	1.38	380	50	3000	75.5	0.82	2.2	6	2.4	
	AO_2-7114	250	0.83	380	50	1500	67	0.68	2.2	6	2.4	
	AO_2-7124	370	1.16	380	50	1500	69.5	0.72	2.2	6	2.4	
80	AO_2-8012	750	1.83	380	50	3000	76.5	0.85	2.2	6	2.4	295×165×200
	AO_2-8014	550	1.61	380	50	1500	73.5	0.73	2.2	6	2.4	
	AO_2-8024	750	2.08	380	50	1500	75.5	0.75	2.2	6	2.4	

注：①为 B3 型、B34 型外形尺寸（4 种安装方式的最大尺寸）。

国内目前主要的生产厂家有：北京敬业电工集团北微微电机厂、广州微型电机厂有限公司、天津市微电机公司、沈阳市第三微电机厂、闽东电机股份有限公司、江苏海门县微型电机厂、浙江省嵊县微型电机厂、上海金陵雷戈勃劳伊特电机有限公司、东风电机厂、广东省肇庆电机有限公司、青岛红旗电机厂、杭州分马力电机厂、黑龙江微电机厂、昆明市电机电器工业总公司微电机厂、上海革新电机厂、西安西电微电机有限责任公司、河北电机股份有限公司、山西省阳泉市微型电机厂、长沙市微型电机厂、浙江奉化市特种电机厂、广东开平三埠微型电机厂、湖北微型电机厂、武汉微型电机厂、许昌市微型电机厂、威海工友集团公司电机厂、柳州市第二微型电机厂、浙江温岭微型电机总厂、九江微型电机厂、南京华凯微电机有限公司、湖南省津市市朝宏油泵电机有限公司、江西微分电机厂、安徽朝阳微电机厂、山西省榆次市微电机厂、浙江省绍兴市嵊州市特种电机厂、文登市电机厂、浙江卧龙集团公司。

（三）90A、90Z、90R、90Y 系列单、三相异步电动机

该系列电动机中，90A 为三相异步电动机，90Z 为单相电阻启动异步电

动机，90R为单相电容启动异步电动机，90Y为单相电容运转异步电动机。该系列电动机具有振动小、噪声低等特点，适用于家用电器、医疗器械、小型机床及要求低振动、低噪声的环境中。

该系列电动机为防滴自冷式，钢板机壳，铸铝端盖，滑动轴承，摇架式减振底脚。

该系列电动机为E级绝缘，在海拔不超过1000m，环境温度不超过40℃条件下可按额定功率连续运行。

型号说明：

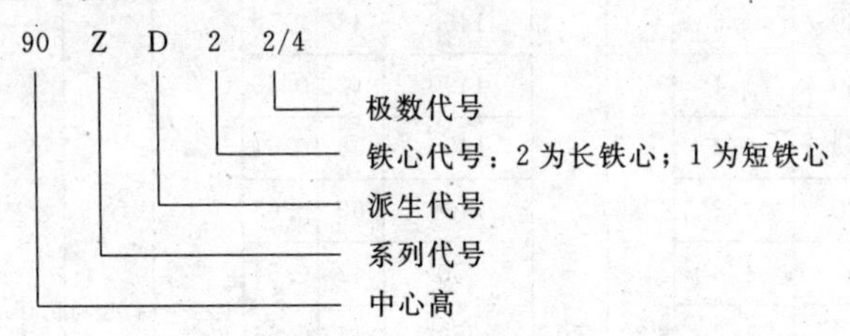

本系列电动机技术数据见表2-1-28。

表2-1-28 90A、90Z、90R、90Y系列单、三相异步电动机技术数据

型号	输出功率		额定电压(V)	额定频率(Hz)	额定转速(r/min)	效率(%)	功率因数	启动转矩倍数	最大转矩倍数	质量(kg)	生产厂家
	(W)	(HP)									
90A12	370	1/2			2800	72	0.8				
90A14	250	1/3			1400	67	0.68				
90A24	370	1/2			1400	69	0.70				
90A16	180	1/4			950	57	0.60				
90A26	250	1/3			950	61	0.63				
90A36	370	1/2			950	63	0.66				
90AD1 2/4	250/180	1/3,1/4	380	50	2800/1400	71	0.78	2.2～3.5	2.4～4	9.0～10	西安西电微电机有限责任公司
90AD2 2/4	370/250	1/2,1/3			2800/1400	72	0.80				
90AD2 4/6	250/180	1/3,1/4			1400/950	67	0.68				
90AD3 4/6	370/250	1/2,1/6			1400/950	69	0.70				
90AD2 4/8	250/120	1/3,1/6			1400/700	67	0.68				
90AD3 4/8	370/180	1/2,1/4			1400/700	69	0.70				

续表

型　号	输出功率		额定电压（V）	额定频率（Hz）	额定转速（r/min）	效率（%）	功率因数	启动转矩倍数	最大转矩倍数	质量（kg）	生产厂家
	（W）	（HP）									
90Z12	180	1/4	220	50	2800	52	0.78	1.2～2.5	1.8～2.5	9.0～10	西安西电微电机有限责任公司
90Z22	250	1/3			2800	56	0.80				
90Z32	370	1/2			2800	60	0.81				
90Z14	120	1/6			1400	48	0.58				
90Z24	180	1/4			1400	52	0.59				
90Z34	250	1/3			1400	56	0.61				
90Z44	370	1/2			1400	60	0.63				
90Z16	90	1/8			950	42	0.54				
90Z26	120	1/6			950	46	0.56				
90Z36	180	1/4			950	50	0.58				
90Z46	250	1/3			950	56	0.60				
90ZD2 2/4	250/90	1/3,1/8			2800/1400	56	0.80				
90ZD3 2/4	370/120	1/2,1/6			2800/1400	60	0.81				
90ZD3 4/6	250/90	1/3,1/8			1400/950	56	0.61				
90ZD4 4/6	370/120	1/2,1/6			1400/950	60	0.63				
90ZD3 4/8	250/60	1/3,1/12			1400/700	56	0.61				
90ZD4 4/8	370/90	1/2,1/8			1400/700	60	0.63				
90Y12	250	1/3	220	50	2800	66	0.88	0.3～0.8	1.6～2	9	
90Y22	370	1/2			2800	70	0.90				
90Y14	180	1/4			1400	57	0.88				
90Y24	250	1/3			1400	60	0.88				
90Y34	370	1/2			1400	63	0.89				
90Y16	120	1/6			950	47	0.85				
90Y26	180	1/4			950	50	0.85				
90Y36	250	1/3			950	54	0.88				
90Y46	370	1/2			950	58	0.88				

续表

型号	输出功率		额定电压(V)	额定频率(Hz)	额定转速(r/min)	效率(%)	功率因数	启动转矩倍数	最大转矩倍数	质量(kg)	生产厂家
	(W)	(HP)									
90R12	180	1/4			2800	52	0.78				
90R22	250	1/3			2800	56	0.80				
90R32	370	1/2			2800	60	0.81				
90R14	120	1/6			1400	48	0.58				
90R24	180	1/4			1400	52	0.59				
90R34	250	1/3			1400	56	0.61				
90R44	370	1/2			1400	60	0.63				
90R16	90	1/8			950	42	0.54				
90R26	120	1/6	220	50	950	46	0.56	2.5～4	1.8～2.5	9.0～10	西安西电微电机有限责任公司
90R36	180	1/4			950	50	0.58				
90R46	250	1/3			950	56	0.60				
90RD2 2/4	250/90	1/3,1/8			2800/1400	56	0.80				
90RD3 2/4	370/120	1/2,1/6			2800/1400	60	0.81				
90RD3 4/6	250/90	1/3,1/8			1400/950	56	0.61				
90RD4 4/6	370/120	1/2,1/6			1400/950	60	0.63				
90RD3 4/8	250/60	1/3,1/12			1400/700	56	0.61				
90RD4 4/8	370/90	1/2,1/8			1400/700	60	0.63				

注：如用户需要，电动机亦可按 420V、240V、220V、200V、110V、100V；50Hz 或 60Hz 电源设计。

（四）YASO 系列小功率三相异步电动机

本系列电动机是天津市第二微电机厂与南阳防爆集团合作开发的小功率增安型三相异步电动机，机座号为 56～90。

本系列电动机安装尺寸符合 IEC 及德国 DIN42673 标准。本系列电机通用性强，广泛用于石油、化工、化纤、化肥、制药、轻纺等部门中，温度组分别为 T1、T2、T3 的 2 区爆炸性混合物的危险场所，作为主要动力设备，广泛用于各类减速机、风机等设备的配套。

本系列电机符合 GB3836.3《爆炸性环境用防爆电气设备增安型电气设备“e”》国家标准。

(1) 型号说明：

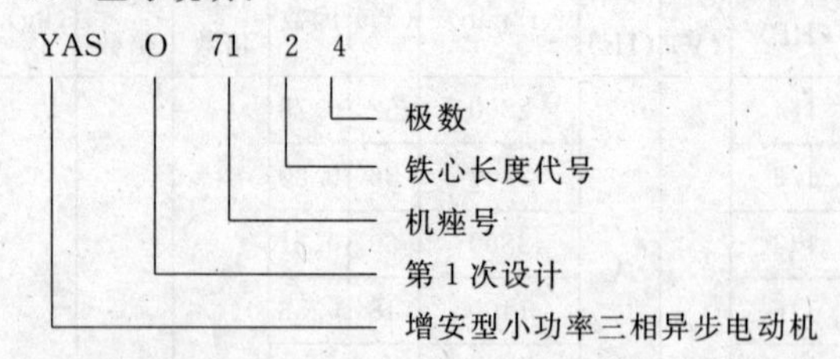

(2) 使用条件。环境空气温度：－15～＋40℃。相对湿度：最湿月月平均最高相对湿度为 90%，同时该月月平均最低温度不高于 25℃。海拔高度：不超过 1000m。额定电压：380V。额定频率：50Hz。额定工作方式：S1。

(3) 结构简介。绝缘与温升：B 级 80K。联结方式：Y。冷却方式：IC0141（56 机座 IC0041）。防护等级：机壳为 IP54、接线盒为 IP55。

(4) 结构与安装方式。电动机安装方式有 4 种：

IMB3——机座有底脚，端盖上无凸缘（可派生 V5、V6、B6、B7、B8）。

IMB5——机座无底脚，端盖上有大凸缘，轴伸在凸缘端（可派生 V1、V3）。

IMB14——机座无底脚，端盖上有小凸缘，轴伸在凸缘端（可派生 V18、V19）。

IMB34——机座有底脚，端盖上有小凸缘，轴伸在凸缘端。

本系列电动机的功率转速与机座号的对应关系见表 2-1-29。

表 2-1-29　YASO 系列电动机功率转速与机座号的对应关系

机座号	铁心代号	同步转速（r/min）		机座号	铁心代号	同步转速（r/min）	
		3000	1500			3000	1500
		功率（W）				功率（W）	
56	1	90	60	71	2	550	370
	2	120	90	80	1	750	550
63	1	180	120		2	1100	750
	2	250	180	90	1	1500	1100
71	1	370	250		2	2200	1500

（5）YASO系列电动机技术数据见表2-1-30。

表2-1-30　YASO系列电动机技术数据

规格	额定功率（W）	额定转速（r/min）	额定电流（A）	效率（%）	功率因数	堵转转矩/额定转矩	堵转电流/额定电流	最大转矩/额定转矩	生产厂家
5612	90	2800	0.32	62	0.68	2.2	6.0	2.4	
5622	120	2800	0.38	67	0.71	2.2	6.0	2.4	
6312	180	2800	0.53	69	0.75	2.2	6.0	2.4	
6322	250	2800	0.68	72	0.78	2.2	6.0	2.4	
7112	370	2800	0.96	73.5	0.80	2.2	6.0	2.4	
7122	550	2800	1.35	75.5	0.82	2.2	6.0	2.4	
8012	750	2800	1.75	76.5	0.85	2.2	6.0	2.4	
8022	1100	2800	2.50	77	0.86	2.2	7	2.3	
90S2 90L2	1500	2800	3.50	78	0.84	2.2	7	2.3	
5614	2200	2800	4.80	80.5	0.86	2.2	7	2.3	天津市第二微电机厂
5624	60	1400	0.28	56	0.58	2.2	6	2.4	
6314	90	1400	0.39	58	0.61	2.2	6	2.4	
6324	120	1400	0.48	60	0.63	2.2	6	2.4	
7114	180	1400	0.65	64	0.66	2.2	6	2.4	
7124	250	1400	0.83	67	0.68	2.2	6	2.4	
8014	370	1400	1.12	69.5	0.72	2.2	6	2.4	
8024	550	1400	1.55	73.5	0.73	2.2	6	2.4	
90S4	750	1400	2.00	75.5	0.75	2.2	6	2.4	
90L4	1100	1400	2.73	77.5	0.76	2.2	6.5	2.3	
	1500	1400	3.45	78.5	0.78	2.2	6.5	2.3	

（五）交流力矩电动机

交流力矩电动机适用于塑料、电线电缆、纺织、印刷、橡胶以及金属材料加工等作为卷绕、放线、堵转和调速等设备的动力。

型号说明：

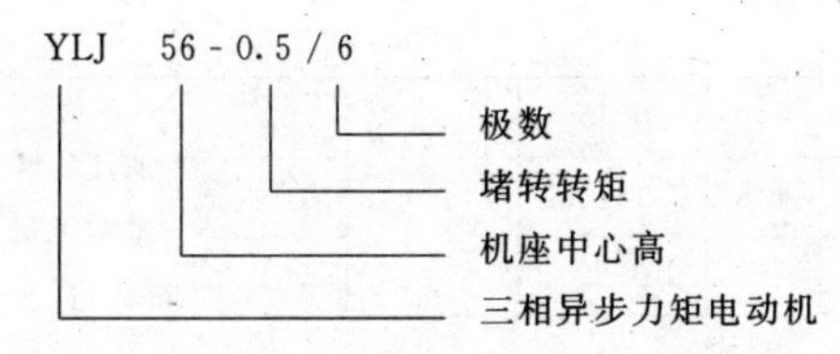

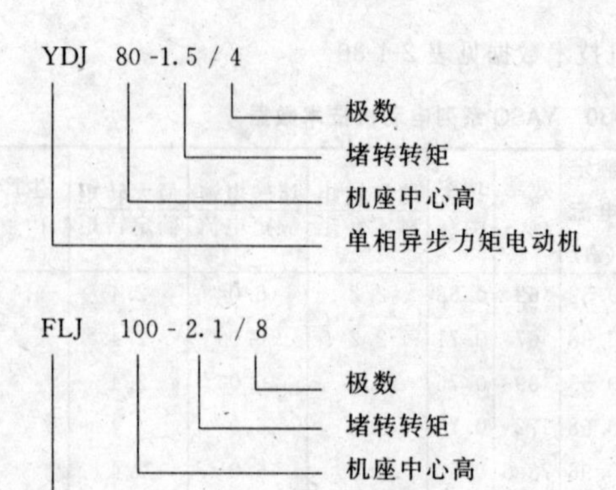

交流力矩电动机技术数据见表 2-1-31～表 2-1-34。

表 2-1-31　YDJ 系列单相异步力矩电动机技术数据

型号	机座	堵转转矩（N·m）	极数	堵转电流（A）	电压（V）	电容（μF）	生产厂家
71-1.2/8	71	1.2	8	0.9		4	
80-1.2/4	80	1.2	4	1.2	220	4	浙江省嵊县微型电机厂
80-1.5/4		1.2	4	1.3		6	

表 2-1-32　FLJ 系列单相力矩电动机技术数据

型号	机座	堵转转矩（N·m）	极数	堵转电流（A）	电压（V）	电容（μF）	生产厂家
80-1.0/8	80	1	8	1.5	220	16	
90-1.5/8	90	1.5	8	2.1		20	浙江省嵊县微型电机厂
100-2.1/8	100	2.1	8	2.5	175	22	

表 2-1-33　YLJ 系列三相力矩电动机技术数据

型号	机座	堵转转矩（N·m）	极数	堵转电流（A）	电压（V）	联结方式	生产厂家
50-0.06-4	50	0.06	4	0.15		Y	
56-0.1-4/8	56	0.1	4/8	0.18/0.2	380	YY/△	浙江省嵊县微型电机厂
56-0.2-4		0.2	4	0.22		Y	

续表

型号	机座	堵转转矩(N·m)	极数	堵转电流(A)	电压(V)	联结方式	生产厂家
56-0.2-4/8	56	0.2	4/8	0.23/0.25	380	YY/△	浙江省嵊县微型电机厂
56-0.3-2		0.3	2	0.33		Y	
56-0.3-4		0.3	4	0.32		Y	
56-0.3-8		0.3	8	0.3		Y	
56-0.5-6		0.5	6	0.5		Y	
63-0.1-4/8	63	0.1	4/8	0.25/0.3	380	YY/△	
63-0.5-8		0.5	8	0.7		Y	
63-0.7-4		0.7	4	0.4		Y	
70-0.7-4	70	0.7	4	0.9	220	Y	
71-0.7-8	71	0.7	8	0.4	380	Y	
71-1-4		1	4	0.7		Y	
71-1-8		1	8	0.5		Y	
71-1-4/6		1	4/6	0.4/0.5		YY/△	
71-1-4/8		1	4/8	0.7/0.8		YY/△	
71-1.2-8		1.2	8	0.95		Y	
71-1/2.6-4/12		1/2.6	4/12	0.58/2.65	280/300	YY/△	
71-1.5-4		1.5	4	0.95	380	Y	
71-1.5-2.5-4/8		1.5/2.5	4/8	0.9/1.5		YY/△	
71-2-8		2	8	1.3		Y	
80-2.0-4	80	2.0	4	1.35		Y	
80-2.5-4		2.5	4	1.7		Y	
80-3-4		3.0	4	2.0		Y	
80-4-4		4.0	4	2.35		Y	
80-5.5-4		5.5	4	2.5		Y	
90-6-4	90	6.0	4	2.7		Y	
90-6-12		6	12	1.7		Y	
90-7.5-12		7.5	12	1.8		Y	
100-10-4	100	10	4	3.5		Y	
112-3.0-4/8	112	3.0	4/8	2.1		YY/△	
112-4.0-6-12		4.0	6/12	2.0		Y/Y	

表 2-1-34　部分三相异步力矩电动机技术数据

型号	电容(μF)	极数	电流(A)	电压(V)	堵转时间(min)	联结方式	外形尺寸 长×宽×高(mm)	生产厂家
YLJ56-2	2	2	—		—		—	
YLJ56-2	2	4	0.14		2		170×120×135	
YLJ56-5	5	4	0.16		2		230×130×165	
YLJ63-7	7	4	0.35		3		—	
YLJ71-1	1	4	0.39		0.5		—	
YLJ71-2	2	4	0.65		1		—	
YLJ71-7.5	7.5	4	0.28		1		—	
YLJ71-10	10	4	0.40		2		—	
YLJ71-1	1	6	0.35	380	1	Y	—	安徽朝阳微电机厂
YLJ71-7	7	6	0.75		1		—	
YLJ71-1	1	8	0.35		1		255×145×180	
YDJ71-2	2	8	0.50		1		—	
YDJ71-7	7	8	0.74		1		—	
YDJ71-3	3	4/8	—		1		—	
YDJ71-5	5	4/8	—		1		—	
YDJ71-7	7	4/8	—		1		—	
YDJ71-10	10	4/8	—		1		—	

（六）YU 系列电阻启动异步电动机

YU 系列电阻启动异步电动机具有中等启动转矩和过载能力，结构简单，使用和维护方便。它取代了 BO_2 系列电动机，适用于使用单相电源的各类小型机械。

该系列电动机有 63～90 共 4 个机座号，16 个规格。4 个机座号均为全封闭扇冷式（ICO141）；外壳防护等级为 IP44。

该系列电动机安装方式有 5 种：IMB3；IMB5 型；IMB11 型；IMB34 型；IMB35——机座有底脚，端盖有大凸缘。

YU 系列电阻启动异步电动机技术数据见表 2-1-35。安装方式外形见图 2-1-43～图 2-1-46，安装尺寸见表 2-1-36～表 2-1-39。

表 2-1-35　YU 系列电阻启动异步技术数据

型号	额定功率(W)	额定电流(A)	额定电压(V)	额定频率(Hz)	同步转速(r/min)	效率(%)	功率因数	堵转转矩/额定转矩	堵转电流/额定电流	最大转矩/额定转矩	声功率级dB(A)
YU6312	90	1.09	220	50	3000	56	0.67	1.5	11.01	1.8	70
YU6314	60	1.23			1500	39	0.57	1.7	7.32		65
YU6322	120	1.36			3000	58	0.69	1.4	10.29		70
YU6324	90	1.64			1500	43	0.58	1.5	7.32		65
YU7112	180	1.89			3000	60	0.72	1.3	9.0		70
YU7114	120	1.88			1500	50	0.58	1.5	7.45		65
YU7122	250	2.40			3000	64	0.74	1.1	9.17		70
YU7124	180	2.49			1500	53	0.62	1.4	6.83		65
YU8012	370	3.36			3000	65	0.77	1.1	8.93		75
YU8014	250	3.11			1500	58	0.63	1.2	7.07		65
YU8022	550	4.65			3000	68	0.79	1.0	9.03		75
YU8024	370	4.24			1500	62	0.64	1.2	7.08		70
YU90S2	750	6.09			3000	70	0.80	0.8	9.03		75
YU90S4	550	5.49			1500	66	0.69	1.0	7.65		70
YU90L2	1100	8.68			3000	72	0.80	0.8	10.37		78
YU90L4	750	6.87			1500	68	0.73	1.0	8.01		70

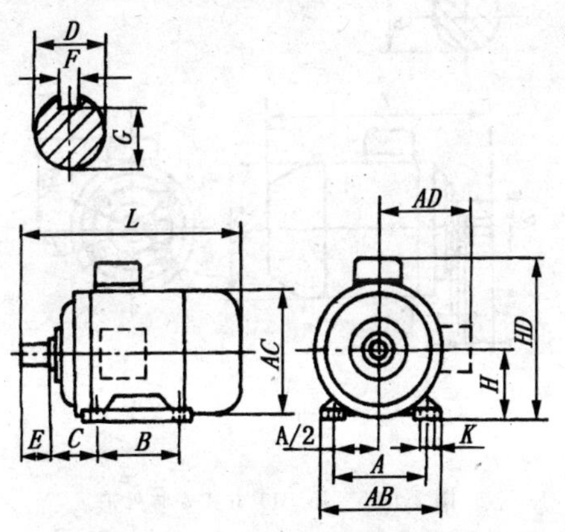

图 2-1-43　IMB3 方式安装外形

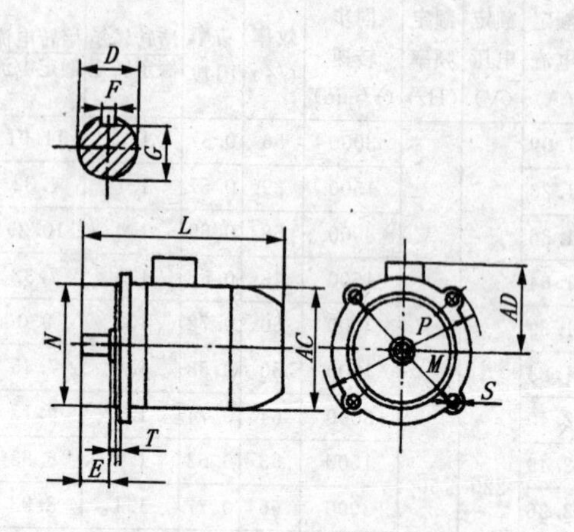

图 2-1-44　IMB5 方式安装外形

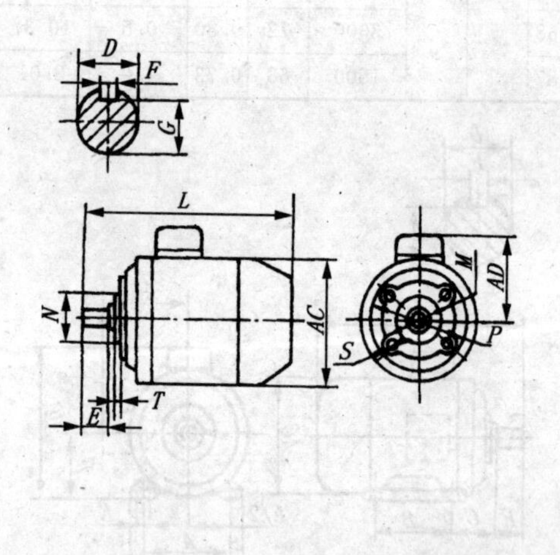

图 2-1-45　IMB11 方式安装外形

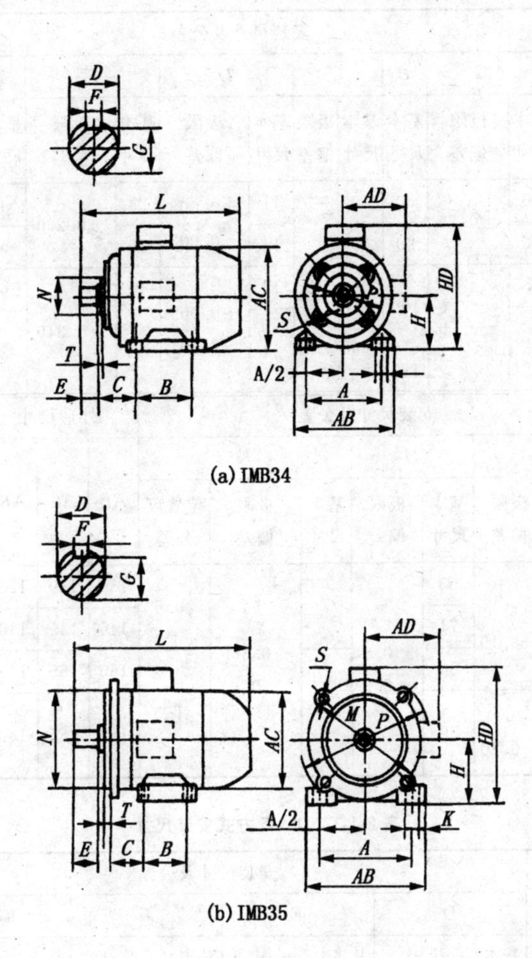

图 2-1-46　IMB34、IMB35 方式安装外形

表 2-1-36　IMB3 方式安装尺寸　　单位：mm

机座号	安装尺寸及公差											
	A	A/2		B	C		D		E		F	
	基本尺寸	基本尺寸	极限偏差	基本尺寸	基本尺寸	极限偏差	基本尺寸	极限偏差	基本尺寸	极限偏差	基本尺寸	极限偏差
63	100	50	±0.25	80	40	±1.5	11	+0.008 −0.003	23	±0.260	4	0 −0.030
71	112	56		90	45		14		30		5	
80	125	62.5	±0.50	100	50		19	+0.009 −0.004	40	±0.310	6	
90S	140	78			56		24		50		8	0 −0.036
90L				125								

机座号	安装尺寸及公差							外形尺寸（不大于）				
	G		H		K							
	基本尺寸	极限偏差	基本尺寸	极限偏差	基本尺寸	极限偏差	位置度公差	AB	AC	AD	BD	L
63	8.5	0 −0.10	63	0 −0.5	7	+0.360 0	ϕ0.5	130	130	125	165	230
71	11		71					145	145	140	180	255
80	15.5		80		10		ϕ1.0	160	165	150	200	295
90S	20	0 −0.20	90					180	185	160	220	310
90L												335

表 2-1-37　IMB5 方式安装尺寸　　单位：mm

机座号	凸缘号	安装尺寸及公差								
		D		E		F		G		M
		基本尺寸	极限偏差	基本尺寸	极限偏差	基本尺寸	极限偏差	基本尺寸	极限偏差	基本尺寸
63	FF115	11	+0.008 −0.003	23	±0.260	4	0 −0.030	8.5	0 −0.10	115
71	FF130	14		30		5		11		130
80	FF165	19	+0.009 −0.004	40	±0.310	6		15.5		165
90S		24		50		8	0 −0.036	20	0 −0.20	
90L										

续表

机座号	安装尺寸及公差										外形尺寸(不大于)		
	N		*P*	*R*		*S*			*T*		*AC*	*AD*	*L*
	基本尺寸	极限偏差	基本尺寸	基本尺寸	极限偏差	基本尺寸	极限偏差	位置度公差	基本尺寸	极限偏差			
63	95	+0.013 −0.009	140	0	±1.5	10	+0.360 0	ϕ1.0	3.0	0 −0.120	130	125	250
71	110		160						3.5		145	140	275
80	130	+0.014 −0.011	200			12	+0.430 0				165	150	300
90S											185	160	335
90L													360

表 2-1-38　IMB11 方式安装尺寸　　单位：mm

机座号	凸缘号	安装尺寸及公差								
		D		*E*		*F*		*G*		*M*
		基本尺寸	极限偏差	基本尺寸	极限偏差	基本尺寸	极限偏差	基本尺寸	极限偏差	基本尺寸
63	FF75	11	+0.008 −0.003	23	±0.260	4	0 −0.030	8.5	0 −0.10	75
71	FT85	14		30		5		11		85
80	FT100	19	+0.009 −0.004	40	±0.310	6		15.5		100
90S 90L	FT115	24		50		8	0 −0.036	20	0 −0.20	115

机座号	安装尺寸及公差									外形尺寸(不大于)		
	N		*P*	*R*		*S*		*T*		*AC*	*AD*	*L*
	基本尺寸	极限偏差	基本尺寸	基本尺寸	极限偏差	基本尺寸	位置度公差	基本尺寸	极限偏差			
63	60	+0.012 −0.007	90	0	±1.0	M5	ϕ1.0	2.5	0 −0.120	130	125	230
71	70		105			M6	ϕ1.0			145	140	255
80	80		120		±1.5			3.0		165	150	295
90S	95	+0.013 −0.009	140			M8	ϕ1.0			185	160	310
90L												335

表 2-1-39 IMB34、IMB35 方式安装尺寸

安装方式	机座号	凸缘号	安装尺寸及公差															
			A	$A/2$		B	C		D		E		F		G		H	
			基本尺寸	基本尺寸	极限偏差	基本尺寸	基本尺寸	极限偏差	基本尺寸	极限偏差	基本尺寸	极限偏差	基本尺寸	极限偏差	基本尺寸	极限偏差	基本尺寸	极限偏差
IMB34	63	FT75	100	50	±0.25	80	40	±1.5	11	+0.008 −0.003	23	±0.26	4	0 −0.030	8.5	0 −0.10	63	0 −0.5
	71	FT85	112	56		90	45		14		30		5		11		71	
	80	FT100	125	62.5	±0.50	100	50		19	+0.009 −0.004	40		6		15.5		80	
	90S	FT115	140	70			56		24		50	±0.31	8	0 −0.036	20	0 −0.20	90	
	90L					125												
IMB35	90S	FT165				100												
	90L					125												

安装方式	机座号	凸缘号	安装尺寸及公差												外形尺寸(不大于)				
			K			M	N		P		S		T		AB		AC		AD
			基本尺寸	极限偏差	位置度公差	基本尺寸	基本尺寸	极限偏差	基本尺寸	极限偏差	基本尺寸	位置度公差	基本尺寸	极限偏差					
IMB34	63	FT75	7	+0.360 0	ϕ0.5	75	60	+0.012 −0.007	90	±1.0	M5	ϕ0.4	2.5	0 −0.12	130	130	125	165	230
	71	FT85				85	70		105		M6	ϕ0.5			145	145	140	180	255
	80	FT100	10		ϕ1.0	100	80		120						160	165	150	200	295
	90S	FT115				115	95	+0.013 −0.009	140	±1.5	M8	ϕ1.0	3.0		180	185	160	220	310
	90L																		335
IMB35	90S	FT165				165	130	+0.014 −0.011	200		12		3.5						335
	90L																		360

国内目前主要生产厂家：北京敬业电工集团北微微电机厂、广州微型电机厂有限公司、沈阳市第三微电机厂、闽东电机股份有限公司、江苏海门县微型电机厂、浙江省嵊县微型电机厂、上海金陵雷戈勃劳伊特电机有限公司、广东省肇庆电机有限公司、杭州分马力电机厂、黑龙江微电机厂、昆明市电机电器工业总公司微电机厂、上海革新电机厂、西安西电微电机有限责任公司、山西省阳泉市微型电机厂、长沙市微型电机厂、浙江奉化市特种电机厂、广东开平三埠微型电机厂、湖北微型电机厂、武汉微型电机厂、许昌市微型电机厂、浙江温岭微型电机总厂、九江微型电机厂、浙江省江山市微特电机制造有限公司、南京华凯微电机有限公司、安徽朝阳微电机厂、山西省榆次市微电机厂、文登市电机厂、天津市第二微电机厂、天津市茂达微特电机公司、广东省肇庆市力佳电机有限公司、山东临清电机厂、浙江卧龙集团公司。

（七）YC 系列电容启动异步电动机

YC 系列电容启动异步电动机启动转矩大、结构简单、使用和维护方便，取代了 CO_2 系列电动机，适用于满载启动的机械。

该系列电动机有 71～132 共 6 个机座号，28 个规格。6 个机座号均为全封闭扇冷式（ICO141），外壳防护等级为 IP44。

该系列电动机安装方式有 5 种：IMB3；IMB5 型；IMB14 型；IMB34 型；IMB35。

该系列电动机技术数据见表 2-1-40。安装外形见图 2-1-47～图 2-1-51，安装尺寸见表 2-1-41～表 2-1-45。

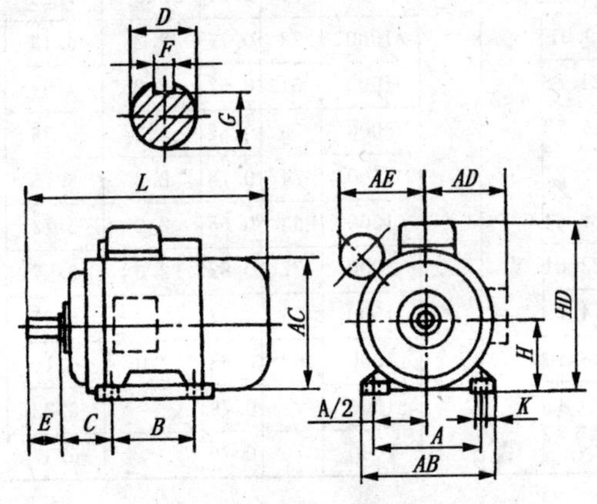

图 2-1-47　IMB3 方式安装外形

表 2-1-40　YC 系列电容启动异步电动机技术数据

型号	功率 (W)	电流 (A)	电压 (V)	频率 (Hz)	转速 (r/min)	效率 (%)	功率因数	堵转转矩/额定转矩	堵转电流/额定电流	最大转矩/额定转矩	声功率级 dB(A)
YC7112	180	1.89	220	50	3000	60	0.72	3.0	6.35	1.8	70
YC7114	120	2.40			1500	50	0.58	3.0	4.79		65
YC7122	250	2.49			3000	64	0.74	3.0	6.25		70
YC7124	180	3.36			1500	53	0.62	2.8	4.82		65
YC8012	370	3.11			3000	65	0.77	2.8	6.25		75
YC8014	250	4.65			1500	58	0.63	2.8	4.82		65
YC8022	550	4.24			3000	68	0.79	2.8	6.24		75
YC8024	370	6.09			1500	62	0.64	2.5	4.95		70
YC90S2	750	5.49			3000	70	0.80	2.5	6.08		75
YC90S4	550	4.21			1500	66	0.69	2.5	5.28		70
YC90S6	250	8.68			1000	54	0.50	2.5	4.75		60
YC90L2	110	6.87			3000	72	0.80	2.5	6.91		78
YC90L4	750	5.27			1500	68	0.73	2.5	5.39		70
YC90L6	370	11.38			1000	58	0.55	2.5	4.74		65
YC100L2	1500	9.52			3000	74	0.81	2.5	7.03		83
YC100L4	1100	6.94			1500	71	0.74	2.2	6.30		73
YC100L6	550	16.46			1000	60	0.60	2.5	5.04		65
YC112M2	2200	12.45			3000	75	0.81	2.2	7.29		83
YC112M4	1500	9.01			1500	73	0.75	2.2	6.43		78
YC112M6	750	21.88			1000	61	0.62	2.2	4.99		65
YC132S2	3000	17.78			3000	76	0.82	2.2	6.86		87
YC132S4	2200	12.21			1500	74	0.76	2.2	6.75		78
YC132S6	1100	26.64			1000	63	0.65	2.2	5.73		68
YC132M4	3700	23.61			3000	77	0.82	2.0	6.57		87
YC132M6	3000	14.75			1500	75	0.77	2.2	6.35		82
	1500	28.10			1000	68	0.68	2.0	6.10		73
	3700	20.41			1500	76	0.79		6.23		82
	2200				1000	70	0.70		6.37		73

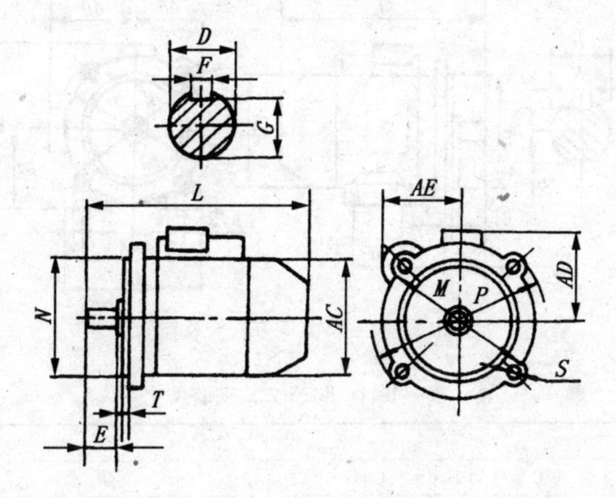

图 2-1-48　IMB5 方式安装外形

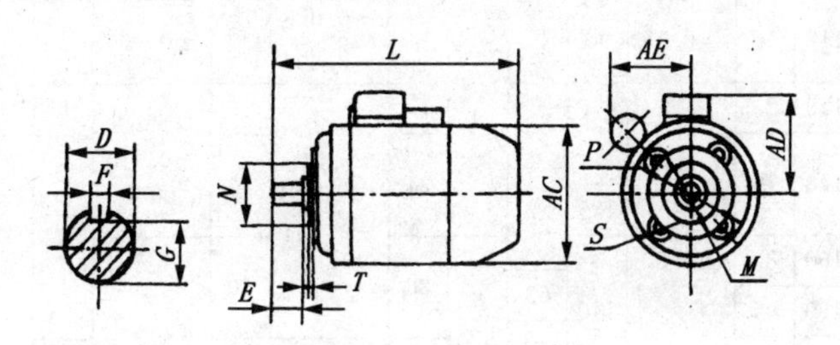

图 2-1-49　IMB14 方式安装外形

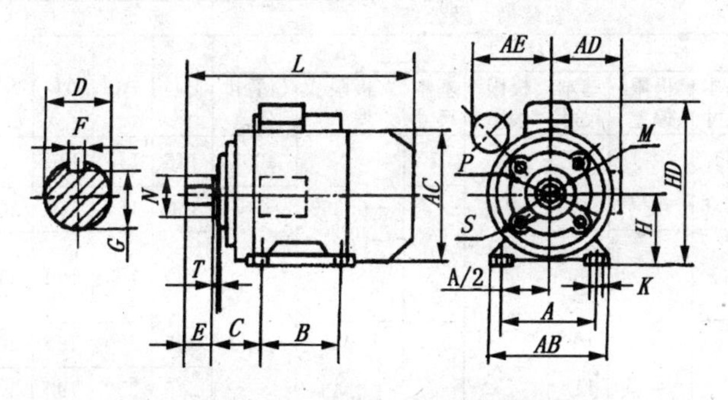

图 2-1-50　IMB34 方式安装外形

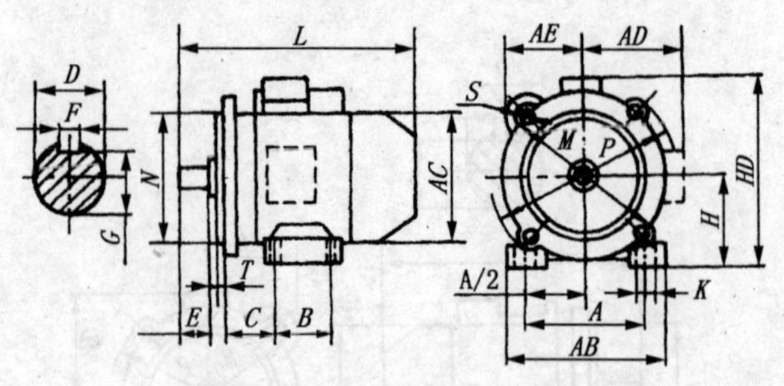

图 2-1-51 IMB35 方式安装外形

表 2-1-41 IMB3 方式安装尺寸 单位：mm

机座号	安装尺寸及公差											
	A	A/2		B	C		D		E		F	
	基本尺寸	基本尺寸	极限偏差	基本尺寸	基本尺寸	极限偏差	基本尺寸	极限偏差	基本尺寸	极限偏差	基本尺寸	极限偏差
71	112	56	±0.25	90	45		14	+0.008 −0.003	30	±0.026	5	0 −0.030
80	125	62.5		100	50	±1.5	19		40		6	
90S	140	70					24	+0.009 −0.004	50	±0.310		
90L				125	56							
100L	160	80	±0.50	140			28		60		8	0 −0.036
112M	190	95			63	±2.0						
132S	216	100			70		38	+0.018 +0.002	80	±0.370	10	
132M				170	89							

机座号	安装尺寸及公差							外形尺寸（不大于）				
	G		H		K			AB	AC	AD	BD	L
	基本尺寸	极限偏差	基本尺寸	极限偏差	基本尺寸	极限偏差	位置度公差					
71	11	0 −0.10	71		7	+0.360 0	ϕ0.5	145	145	140	180	255
80	15.5		80		10			160	165	150	200	295
90S	20		90	0 −0.5				180	185	160	240	370
90L												400
100L	24	0 −0.20	100		12	+0.430 0	ϕ1.0	205	200	180	260	430
112M			112					245	250	190	300	455
132S	33		132					280	290	210	350	525
132M												565

表 2-1-42　IMB5 方式安装尺寸　　　　单位：mm

<table>
<tr><th rowspan="3">机座号</th><th rowspan="3">凸缘号</th><th colspan="11">安装尺寸及公差</th></tr>
<tr><th colspan="2">D</th><th colspan="2">E</th><th colspan="2">F</th><th colspan="2">G</th><th>M</th><th colspan="2">N</th></tr>
<tr><th>基本尺寸</th><th>极限偏差</th><th>基本尺寸</th><th>极限偏差</th><th>基本尺寸</th><th>极限偏差</th><th>基本尺寸</th><th>极限偏差</th><th>基本尺寸</th><th>基本尺寸</th><th>极限偏差</th></tr>
<tr><td>71</td><td>FF130</td><td>14</td><td>+0.008
−0.003</td><td>30</td><td>±0.260</td><td>5</td><td rowspan="2">0
−0.030</td><td>11</td><td rowspan="2">0
−0.10</td><td>130</td><td>110</td><td>+0.013
−0.009</td></tr>
<tr><td>80</td><td rowspan="3">FF165</td><td>19</td><td rowspan="5">+0.009
−0.004</td><td>40</td><td rowspan="3">±0.310</td><td>6</td><td>15.5</td><td rowspan="3">165</td><td rowspan="3">130</td><td rowspan="5">+0.014
−0.011</td></tr>
<tr><td>90S</td><td rowspan="2">24</td><td rowspan="2">50</td><td rowspan="4">8</td><td rowspan="6">0
−0.036</td><td rowspan="2">20</td><td rowspan="6">0
−0.20</td></tr>
<tr><td>90L</td></tr>
<tr><td>100L</td><td rowspan="2">FF215</td><td rowspan="2">28</td><td rowspan="2">60</td><td rowspan="4">±0.370</td><td rowspan="2">2411</td><td rowspan="2">215</td><td rowspan="2">180</td></tr>
<tr><td>112M</td></tr>
<tr><td>132S</td><td rowspan="2">FF265</td><td rowspan="2">38</td><td rowspan="2">+0.018
+0.002</td><td rowspan="2">80</td><td rowspan="2">10</td><td rowspan="2">33</td><td rowspan="2">265</td><td rowspan="2">230</td><td rowspan="2">+0.016
−0.013</td></tr>
<tr><td>132M</td></tr>
</table>

<table>
<tr><th rowspan="3">机座号</th><th colspan="9">安装尺寸及公差</th><th colspan="4">外形尺寸（不大于）</th></tr>
<tr><th>P</th><th colspan="2">R</th><th colspan="3">S</th><th colspan="3">T</th><th rowspan="2">AC</th><th rowspan="2">AD</th><th rowspan="2">AE</th><th rowspan="2">L</th></tr>
<tr><th>基本尺寸</th><th>基本尺寸</th><th>极限偏差</th><th>基本尺寸</th><th>极限偏差</th><th>位置度公差</th><th>基本尺寸</th><th>极限偏差</th></tr>
<tr><td>71</td><td>160</td><td rowspan="8">0</td><td>±1.5</td><td>10</td><td>+0.360
0</td><td rowspan="4">ϕ1.0</td><td rowspan="4">3.5</td><td rowspan="8">0
−0.120</td><td>145</td><td>140</td><td>95</td><td>375</td></tr>
<tr><td>80</td><td rowspan="3">200</td><td rowspan="3"></td><td rowspan="3">12</td><td rowspan="7">+0.430
0</td><td>165</td><td>150</td><td>110</td><td>300</td></tr>
<tr><td>90S</td><td rowspan="2">185</td><td rowspan="2">160</td><td rowspan="2">120</td><td>370</td></tr>
<tr><td>90L</td><td>400</td></tr>
<tr><td>100L</td><td rowspan="2">250</td><td rowspan="4">±2.0</td><td rowspan="4">15</td><td rowspan="4">ϕ1.5</td><td rowspan="4">4.0</td><td>220</td><td>180</td><td>130</td><td>430</td></tr>
<tr><td>112M</td><td>250</td><td>190</td><td>140</td><td>455</td></tr>
<tr><td>132S</td><td rowspan="2">300</td><td rowspan="2">290</td><td rowspan="2">210</td><td rowspan="2">155</td><td>525</td></tr>
<tr><td>132L</td><td>565</td></tr>
</table>

表 2-1-43　IMB34 方式安装尺寸　　单位：mm

机座号	凸缘号	安装尺寸及公差									
		A	$A/2$		B	C		D		E	
		基本尺寸	基本尺寸	极限偏差	基本尺寸	基本尺寸	极限偏差	基本尺寸	极限偏差	基本尺寸	极限偏差
71	FT85	112	56	±0.25	90	45	±1.5	14	+0.009 −0.004	30	±0.26
80	FT100	125	62.5	±0.50	100	50		19		40	±0.31
90S	FT115	140	70			56		24		50	
90L					125						

机座号	安装尺寸及公差											
	F		G		H		K			M	N	
	基本尺寸	极限偏差	基本尺寸	极限偏差	基本尺寸	极限偏差	基本尺寸	极限偏差	位置度公差	基本尺寸	基本尺寸	极限偏差
71	5	0 −0.030	11	0 −0.10	71	0 −0.5	7	+0.360 0	ϕ0.5	85	70	+0.012 −0.007
80	6		15.5		80		10		ϕ1.0	100	80	
90S	8	0 −0.036	20	0 −0.20	90					115	95	+0.013 −0.009
90L												

机座号	安装尺寸及公差							外形尺寸（不大于）					
	P	R		S		T		AB	AC	AD	AE	HE	L
	基本尺寸	基本尺寸	极限偏差	基本尺寸	位置度公差	基本尺寸	极限偏差						
71	105	0	±1.0	M6	ϕ0.5	2.5	0 −0.120	145	145	140	95	100	255
80	120		±1.5					160	165	150	110	200	295
90S	140			M8	ϕ1.0	3.0		180	185	160	120	240	370
90L													400

表 2-1-44　IMB35 方式安装尺寸

单位：mm

机座号	凸缘号	安装尺寸及公差															
		A	$A/2$		B	C		D		E		F		G		H	
		基本尺寸	基本尺寸	极限偏差	基本尺寸	基本尺寸	极限偏差	基本尺寸	极限偏差	基本尺寸	极限偏差	基本尺寸	极限偏差	基本尺寸	极限偏差	基本尺寸	极限偏差
90S	FF165	140	70	±0.5 0	100	56	±1.5	24	+0.009 −0.004	50	±0.310	8	0 −0.036	20	0 −0.20	90	0 −0.5
90L					125												
100L	FF215	160	80		140	63	±2.0	28		60	±0.370			24		100	
112M		190	95			70			+0.018 −0.002							112	
132S	FF265	216	108		178	89		38		80		10		33		132	
132M																	

机座号	安装尺寸及公差														外形尺寸（不大于）					
	K			M	N		P	R		S			T		AB	AC	AD	AE	HE	L
	基本尺寸	极限偏差	位置度公差	基本尺寸	基本尺寸	极限偏差	基本尺寸	基本尺寸	极限偏差	基本尺寸	极限偏差	位置度公差	基本尺寸	极限偏差						
90S	10	+0.360 0	ϕ1.0	165	130	+0.014 −0.011	200	0	±1.5	12	+0.430 0	ϕ1.0	3.5	0 −0.120	180	185	160	120	240	370
90L																				400
100L	12	+0.430 0		215	180		250		±2.0	15		ϕ1.5	4.0		205	220	180	130	260	430
112M															245	250	190	140	300	455
132S				265	230	+0.016 −0.013	300								280	290	210	155	350	525
132M																				565

表 2-1-45　IMB14 方式安装尺寸　　单位：mm

机座号	凸缘号	安装尺寸及公差										
		D		E		F		G		M	N	
		基本尺寸	极限偏差	基本尺寸	极限偏差	基本尺寸	极限偏差	基本尺寸	极限偏差	基本尺寸	基本尺寸	极限偏差
71	FT85	14	+0.008 −0.003	30	±0.260	5	0 −0.030	11	0 −0.10	85	70	+0.013 −0.009
80	FT100	19	+0.009 −0.004	40	±0.310	6		15.5		100	80	
90S 90L	FT115	24		50		8	0 −0.036	20	0 −0.20	115	95	+0.013 −0.009

机座号	安装尺寸及公差							外形尺寸（不大于）			
	P	R		S		T		AC	AD	AE	L
	基本尺寸	基本尺寸	极限偏差	基本尺寸	位置度公差	基本尺寸	极限偏差				
71	105		±1.0	M6	ϕ1.0	2.5		145	140	95	255
80	120	0	±1.5			3.0	0 −0.120	165	150	110	395
90S	140			M8	ϕ1.0			185	160	120	370
90L											400

（八）YY 系列单相电容运转异步电动机

YY 系列单相电容运转异步电动机具有较高的功率因数、效率和过载能力，结构简单，使用和维护方便；取代了 DO_2 系列电动机，适用于各种空载或轻载启动的小型机械。

该系列电动机有 45～90 共 8 个机座号，28 个规格。56 及以下机座号为全封闭自冷式（ICO042）；63 及以上机座号为全封闭扇冷式（ICO141），外壳防护等级为 IP44。

该系列电动机安装方式有 5 种：IMB3——机座有底脚，端盖无凸缘；IMB5 型——机座无底脚，端盖有大凸缘；IMB14 型——机座无底脚，端盖有小凸缘；IMB34 型——机座有底脚，端盖有小凸缘；IMB35——机座有底脚，端盖有大凸缘。

其技术数据见表 2-1-46。安装方式见图 2-1-52～图 2-1-56，安装尺寸见表 2-1-47～表 2-1-51。

表 2-1-46　YY 系列单相双值电容运转异步电动机技术数据

型号	功率 (W)	电流 (A)	电压 (V)	频率 (Hz)	转速 (r/min)	效率 (%)	功率因数	堵转转矩/额定转矩	堵转电流/额定电流	最大转矩/额定转矩	声功率级 dB(A)
YY4512	16	0.23	220	50	3000	35	0.90	0.60	4.34	1.7	65
YY4514	10	0.22			1500	24	0.85	0.55	3.46		60
YY4522	25	0.32			3000	40	0.90	0.60	3.75		65
YY4524	16	0.26			1500	33	0.85	0.55	3.85		60
YY5012	40	0.43			3000	47	0.90	0.50	3.49		65
YY5014	25	0.35			1500	38	0.85	0.55	3.43		60
YY5022	60	0.57			3000	53	0.90	0.50	3.51		70
YY5612	40	0.48			1500	45	0.85	0.55	3.13		60
YY5614	90	0.79			3000	56	0.92	0.50	3.16		70
YY5622	60	0.61			1500	50	0.90	0.45	3.28		65
YY5624	120	0.99			3000	60	0.92	0.50	3.54		70
YY6312	90	0.87			1500	52	0.90	0.45	2.87		65
YY6314	180	1.37			3000	65	0.92	0.40	3.65		70
YY6322	120	1.06			1500	57	0.90	0.40	3.30		65
YY6324	250	1.87			3000	66	0.92	0.40	3.74		70
YY7112	180	1.54			1500	59	0.90	0.40	3.25		65
YY7114	370	2.73			3000	67	0.92	0.35	3.66		75
YY7122	250	2.03			1500	61	0.92	0.35	3.45		65
YY7124	550	3.88			3000	70	0.92	0.35	3.87		75
YY8012	370	2.95			1500	62	0.92	0.35	3.39		70
YY8014	750	5.15			3000	72	0.92	0.33	3.88		75
YY8022	550	4.25			1500	64	0.92	0.35	3.53		70
YY8024	1100	7.02			3000	75	0.95	0.33	4.27		75
YY90S2	750	5.45			1500	68	0.92	0.32	3.67		70
YY90S4	1500	9.44			3000	76	0.95	0.30	4.77		83
YY90S6	1100	7.41			1500	71	0.95	0.32	4.05		73
YY90L2	2200	13.67			3000	77	0.95	0.30	4.75		83
YY90L4	1500	9.83			1500	73	0.95	0.30	4.59		78

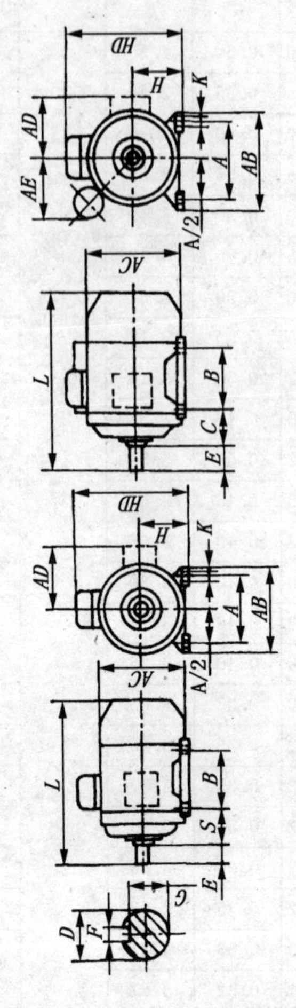

图 2-1-52　IMB3 方式安装外形

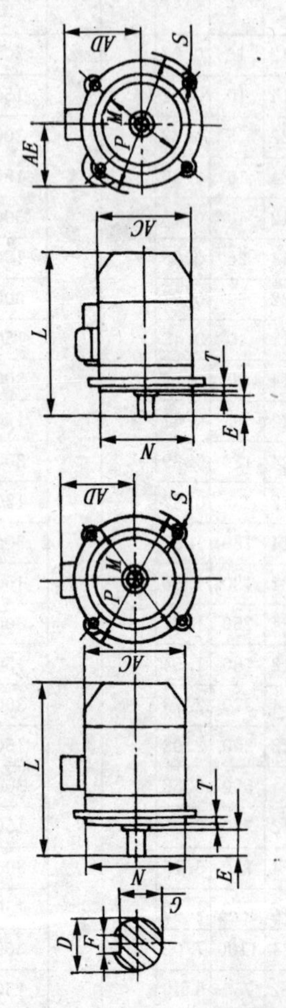

图 2-1-53　IMB5 方式安装外形

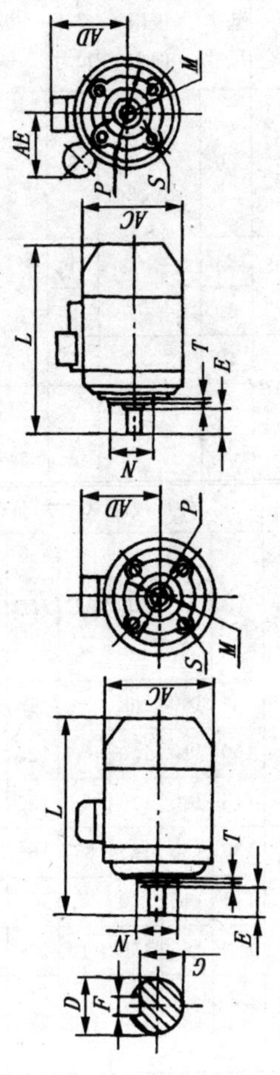

图 2-1-54　IMB14 方式安装外形

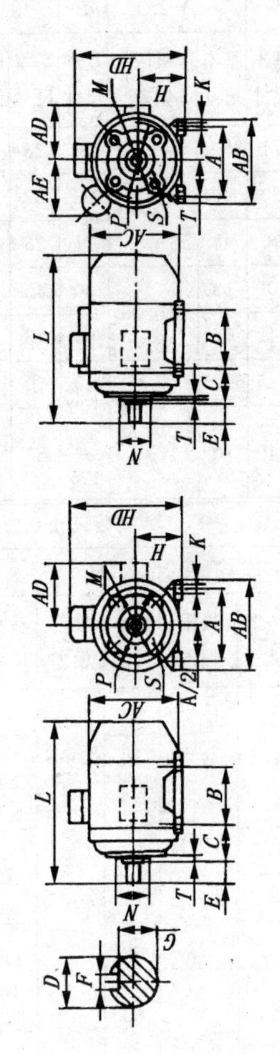

图 2-1-55　IMB34 方式安装外形

表 2-1-47 IMB3 方式安装尺寸　　单位：mm

<table>
<tr><th rowspan="3">机座号</th><th colspan="12">安装尺寸及公差</th></tr>
<tr><th>A</th><th colspan="2">A/2</th><th>B</th><th colspan="2">C</th><th colspan="2">D</th><th colspan="2">E</th><th colspan="2">F</th></tr>
<tr><th>基本尺寸</th><th>基本尺寸</th><th>极限偏差</th><th>基本尺寸</th><th>基本尺寸</th><th>极限偏差</th><th>基本尺寸</th><th>极限偏差</th><th>基本尺寸</th><th>极限偏差</th><th>基本尺寸</th><th>极限偏差</th></tr>
<tr><td>45</td><td>71</td><td>35.5</td><td rowspan="3">±0.20</td><td>56</td><td>28</td><td rowspan="2">±1.0</td><td rowspan="3">9</td><td rowspan="3">+0.007
−0.002</td><td rowspan="3">20</td><td rowspan="5">±0.26
0</td><td rowspan="3">3</td><td rowspan="3">−0.004
−0.029</td></tr>
<tr><td>50</td><td>80</td><td>40</td><td>63</td><td>32</td></tr>
<tr><td>56</td><td>90</td><td>45</td><td>71</td><td>36</td><td rowspan="6">±1.5</td></tr>
<tr><td>63</td><td>100</td><td>58</td><td rowspan="3">±0.25</td><td>80</td><td>40</td><td>11</td><td rowspan="2">+0.008
−0.003</td><td>23</td><td>4</td><td rowspan="3">0
−0.030</td></tr>
<tr><td>71</td><td>112</td><td>56</td><td>90</td><td>45</td><td>14</td><td>30</td><td>5</td></tr>
<tr><td>80</td><td>125</td><td>62.5</td><td rowspan="2">100</td><td>50</td><td>19</td><td rowspan="3">+0.007
−0.004</td><td>40</td><td rowspan="3">±0.31
0</td><td>6</td></tr>
<tr><td>90S</td><td rowspan="2">140</td><td rowspan="2">70</td><td rowspan="2">±0.50</td><td rowspan="2">56</td><td rowspan="2">24</td><td rowspan="2">50</td><td rowspan="2">8</td><td rowspan="2">0
−0.036</td></tr>
<tr><td>90L</td><td>125</td></tr>
</table>

<table>
<tr><th rowspan="3">机座号</th><th colspan="7">安装尺寸及公差</th><th colspan="6">外形尺寸（不大于）</th></tr>
<tr><th colspan="2">G</th><th colspan="2">H</th><th colspan="3">K</th><th rowspan="2">AB</th><th rowspan="2">AC</th><th rowspan="2">AD</th><th rowspan="2">AE</th><th rowspan="2">HD</th><th rowspan="2">L</th></tr>
<tr><th>基本尺寸</th><th>极限偏差</th><th>基本尺寸</th><th>极限偏差</th><th>基本尺寸</th><th>极限偏差</th><th>位置度公差</th></tr>
<tr><td>45</td><td rowspan="3">7.2</td><td rowspan="6">0
−0.10</td><td>45</td><td rowspan="3">0
−0.4</td><td>4.8</td><td rowspan="3">+0.30
0
0</td><td rowspan="3">ϕ0.4</td><td>90</td><td>100</td><td>90</td><td>—</td><td>115</td><td>150</td></tr>
<tr><td>50</td><td>50</td><td rowspan="2">5.8</td><td>100</td><td>110</td><td>100</td><td>—</td><td>125</td><td>155</td></tr>
<tr><td>56</td><td>56</td><td>115</td><td>120</td><td>110</td><td>—</td><td>135</td><td>170</td></tr>
<tr><td>63</td><td>8.5</td><td>63</td><td rowspan="5">0
−0.5</td><td rowspan="2">7</td><td rowspan="5">+0.36
0
0</td><td rowspan="3">ϕ0.5</td><td>130</td><td>130</td><td>125</td><td>85</td><td>165</td><td>230</td></tr>
<tr><td>71</td><td>11</td><td>71</td><td>145</td><td>145</td><td>140</td><td>95</td><td>180</td><td>255</td></tr>
<tr><td>80</td><td>15.5</td><td>80</td><td rowspan="3">10</td><td>160</td><td>165</td><td>150</td><td>110</td><td>200</td><td>295</td></tr>
<tr><td>90S</td><td rowspan="2">20</td><td rowspan="2">0
−0.20</td><td rowspan="2">90</td><td rowspan="2">ϕ1.0</td><td rowspan="2">180</td><td rowspan="2">185</td><td rowspan="2">160</td><td rowspan="2">120</td><td rowspan="2">220</td><td>310</td></tr>
<tr><td>90L</td><td>335</td></tr>
</table>

表 2-1-48　IMB5 方式安装尺寸　　　　　　单位：mm

机座号	凸缘号	安装尺寸及公差								
		D		*E*		*F*		*G*		*M*
		基本尺寸	极限偏差	基本尺寸	极限偏差	基本尺寸	极限偏差	基本尺寸	极限偏差	基本尺寸
63	FF115	11	+0.008 −0.003	23	±0.260	4	0 −0.030	8.5	0 −0.10	115
71	FF130	14		30		5		11		130
80	FF165	19	+0.009 −0.004	40	±0.310	6		15.5		165
90S		24		50		8	0 −0.036	20	0 −0.20	
90L										

机座号	安装尺寸及公差										外形尺寸(不大于)			
	N		*P*	*R*		*S*			*T*		*AC*	*AD*	*AE*	*L*
	基本尺寸	极限偏差	基本尺寸	基本尺寸	极限偏差	基本尺寸	极限偏差	位置度公差	基本尺寸	极限偏差				
63	95	+0.013 −0.009	140	0	±1.5	10	+0.360 0	ϕ1.0 M	3.0	0 −0.120	130	125	85	250
71	110		160						3.5		145	140	95	275
80	130	+0.014 −0.011	200			12	+0.430 0				165	150	110	300
90S											185	160	120	335
90L														360

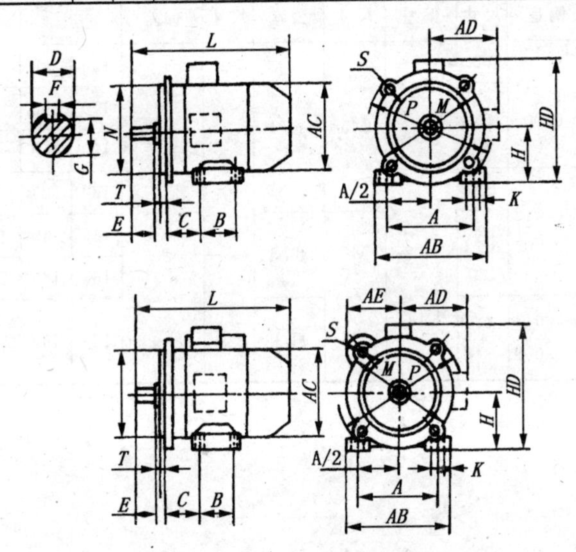

图 2-1-56　IMB35 方式安装外形

表 2-1-49　IMB14 方式安装尺寸　　单位：mm

机座号	凸缘号	安装尺寸及公差								
		D		*E*		*F*		*G*		*M*
		基本尺寸	极限偏差	基本尺寸	极限偏差	基本尺寸	极限偏差	基本尺寸	极限偏差	基本尺寸
45	FT45	9	+0.007 −0.002	20	±0.260	3	−0.004 −0.029	7.2	0 −0.10	45
50	FT55									55
56	FT65									65
63	FT75	11	+0.008 −0.003	23		4	0 −0.030	8.5		75
71	FT85	14		30		5		11		85
80	FT100	19	+0.009 −0.004	40	±0.310	6		15.5		100
90S	FT115	24		50		8	0 −0.036	20	0 −0.20	115
90L										

机座号	安装尺寸及公差								外形尺寸(不大于)			
	N		*P*	*R*	*S*		*T*		*AC*	*AD*	*AE*	*L*
	基本尺寸	极限偏差	基本尺寸	极限偏差	基本尺寸	位置度公差	基本尺寸	极限偏差				
45	32	+0.011 −0.005	60	±1.0	M5	ϕ0.4	2.5	0 −0.120	100	90	—	150
50	40		70						110	100	—	155
56	50		80						120	110	—	170
63	60	+0.012 −0.007	90						130	125	85	230
71	70		105		M6	ϕ0.5			145	140	95	255
80	80		120	±1.5			3.0		165	150	110	295
90S	95	+0.013 −0.009	140		M8	ϕ1.0			185	160	120	310
90L												335

表 2-1-50　IMB34 方式安装尺寸

单位：mm

机座号	凸缘号	安装尺寸及公差															
		A	A/2		B	C		D		E		F		G		H	
		基本尺寸	基本尺寸	极限偏差	基本尺寸	基本尺寸	极限偏差	基本尺寸	极限偏差	基本尺寸	极限偏差	基本尺寸	极限偏差	基本尺寸	极限偏差	基本尺寸	极限偏差
45	FT45	71	35.5	±0.20	56	28	±1.0	9	+0.007 −0.002	20	±0.26	3	−0.004 −0.029	7.2	0 −0.10	45	0 −0.4
50	FT55	80	40		63	32										50	
56	FT65	90	45		71	36	±1.5									56	0 −0.5
63	FT75	100	50	±0.25	80	40		11	+0.008 −0.003	23		4	0 −0.030	8.5		63	
71	FT85	112	56		90	45		14		30		5		11		71	
80	FT100	125	62.5	±0.50	100	50		19	+0.009 −0.004	40	±0.31	6		15.5		80	
90S	FT115	140	70			56		24		50		8	0 −0.036	20	0 −0.20	90	
90L					125												

机座号	安装尺寸及公差													外形尺寸(不大于)					
	K			M	N		P	R		S		T		AB	AC	AD	AE	HD	L
	基本尺寸	极限偏差	位置度公差	基本尺寸	基本尺寸	极限偏差	基本尺寸	基本尺寸	极限偏差	基本尺寸	位置度公差	基本尺寸	极限偏差						
45	4.8	+0.300 0	$\phi0.4$	45	32	+0.011 −0.005	60	0	±1.0	M5	$\phi0.4$	2.5	0 −0.120	90	100	90	—	115	150
50	5.8			55	40		70							100	110	100	—	125	155
56				65	50		80							115	120	110	—	135	170
63	7	+0.360 0	$\phi0.5$	75	60	+0.012 −0.007	90							130	130	125	85	165	230
71				85	70		105			M6	$\phi0.5$			145	145	140	95	180	255
80	10		$\phi1.0$	100	80		120		±1.5					160	165	150	110	200	295
90S				115	95	+0.013 −0.009	140			M8	$\phi1.0$	3.0		180	185	160	120	220	310
90L																			335

表 2-1-51 IMB35 方式安装尺寸

单位:mm

机座号	凸缘号	安装尺寸及公差																	
		A	A/2		B	C		D		E		F		G		H		K	
		基本尺寸	基本尺寸	极限偏差	基本尺寸	基本尺寸	极限偏差	基本尺寸	极限偏差	基本尺寸	极限偏差	基本尺寸	极限偏差	基本尺寸	极限偏差	基本尺寸	极限偏差	基本尺寸	极限偏差	位置度公差
90S	FT115	140	70	±0.5	100	56	±1.5	24	+0.009 −0.004	50	±0.31	8	0 −0.036	20	0 −0.20	90	0 −0.5	10	+0.360 0	ϕ1.0
90L					125															

机座号	安装尺寸及公差											外形尺寸(不大于)					
	M	N		P	R		S			T		AB	AC	AD	AE	HD	L
	基本尺寸	基本尺寸	极限偏差	基本尺寸	基本尺寸	极限偏差	基本尺寸	极限偏差	位置度公差	基本尺寸	极限偏差						
90S	165	130	±0.014 −0.011	200	0	±1.5	12	+0.430 0	ϕ1.0	3.5	0 −0.120	180	185	160	120	220	335
90L																	360

国内目前主要生产厂家有：北京敬业电工集团北微微电机厂、沈阳市第三微电机厂、闽东电机股份有限公司、青海微电机厂、江苏海门县微型电机厂、浙江省嵊县微型电机厂、大连微型电机厂、上海金陵雷戈勃劳伊特电机有限公司、广东省肇庆电机有限公司、杭州分马力电机厂、黑龙江微电机厂、昆明市电机电器工业总公司微电机厂、上海革新电机厂、西安西电微电机有限责任公司、河北电机股份有限公司、山西省阳泉市微型电机厂、长沙市微型电机厂、浙江奉化市特种电机厂、广东开平三埠微型电机厂、湖北微型电机厂、武汉微型电机厂、许昌市微型电机厂、柳州市第二微型电机厂、浙江温岭微型电机总厂、浙江省江山市微特电机制造有限公司、南京华凯微电机有限公司、江西微分电机厂、安徽朝阳微电机厂、广州微型电机厂有限公司、柳州市第二微型电机厂、浙江卧龙集团公司、天津市茂达微特电机公司、天津市第二微电机厂、广东省肇庆市力佳电机有限公司、山东临清电机厂、郑州市微型电机厂。

（九）YL 系列单相双值电容异步电动机

YL 系列单相双值电容异步电动机为全封闭扇冷式结构，B 级或 E 级绝缘。根据需要可制成铸铝或铸铁外壳。接线盒在电动机顶部，两侧装有启动电容器和运转电容器。

安装方式有 4 种：IMB3；IMB5 型；IMB14 型；IMB34 型。

该系列电动机技术数据见表 2-1-52，安装方式见图 2-1-57，安装尺寸见表 2-1-53。

表 2-1-52　YL 系列电动机技术数据

型　号	功率		电流	电压	频率	转速
	(W)	(HP)	(A)	(V)	(Hz)	(r/min)
YL7112	370	1/2	2.73	220	50	2800
YL7122	550	3/4	3.88	220	50	2800
YL7114	250	1/3	2.00	220	50	1400
YL7124	370	1/2	2.81	220	50	1400
YL8012	750	1	5.15	220	50	2800
YL8022	1100	1.5	7.02	220	50	2800
YL8014	550	3/4	4.00	220	50	1400
YL8024	750	1	5.22	220	50	1400
YL90S2	1500	2	9.44	220	50	2800
YL90L2	2200	3	13.67	220	50	2800
YL90S4	1100	1.5	7.21	220	50	1400
YL90L4	1500	2	9.57	220	50	1400

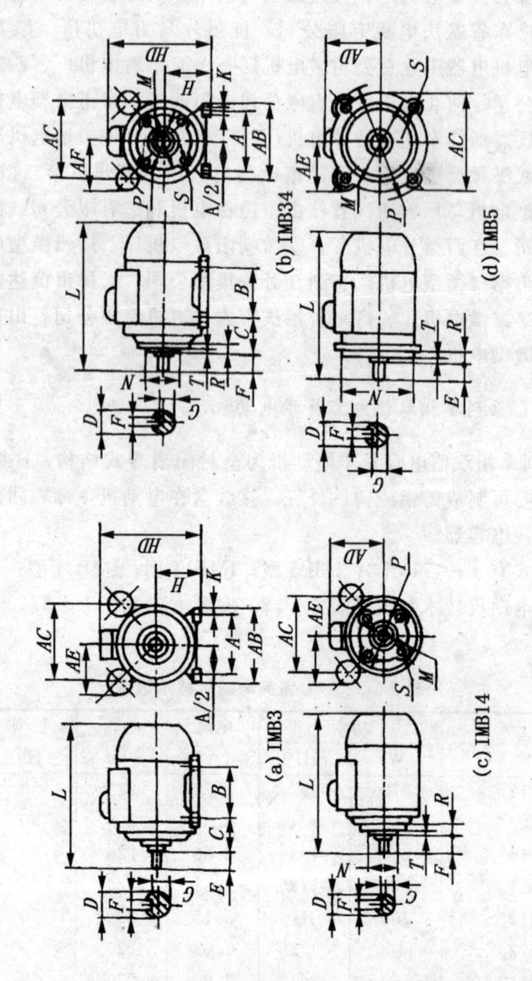

图 2-1-57　YL 系列电动机各方式安装外形

表 2-1-53 YL 系列电动机各方式安装尺寸

单位：mm

机座号	IMB3 安装尺寸及公差										
	A	$A/2$	B	C	D(j6)	E	F(N9)	G	H	K	位置度公差
71	112	56±0.25	90	45±1.5	$14^{+0.008}_{-0.003}$	30±0.31	$5^{0}_{-0.03}$	$11^{0}_{-0.1}$	$71^{0}_{-0.5}$	$7^{+0.036}_{0}$	ϕ0.5
80	125	62.5±0.5	100	50±1.5	$19^{+0.009}_{-0.004}$	40±0.31	$6^{0}_{-0.03}$	$15.5^{0}_{-0.1}$	$80^{0}_{-0.5}$	$10^{+0.036}_{0}$	ϕ1.0
90S	140	70±0.5	100	56±1.5	$24^{+0.009}_{-0.004}$	50±0.31	$8^{0}_{-0.036}$	$20^{0}_{-0.2}$	$90^{0}_{-0.5}$	$10^{+0.036}_{0}$	ϕ1.0
90L	140	70±0.5	125	56±1.5	$24^{+0.009}_{-0.004}$	50±0.31	$8^{0}_{-0.036}$	$20^{0}_{-0.2}$	$90^{0}_{-0.5}$	$10^{+0.036}_{0}$	ϕ1.0

机座号	IMB34、IMB14 安装尺寸及公差						IMB5 安装尺寸						IMB3\IMB34\IMB14 外形尺寸(不大于)						IMB5			
	H	N	P	R	S	T	M	N	P	R	S	T	AB	AC	AD	AE	HD	L	AC	AD	AE	L
71	85	$70^{+0.012}_{-0.007}$	105	0±1.5	M6	$2.5^{0}_{-0.12}$	130	$110^{+0.013}_{-0.009}$	160	0±1.5	$10^{+0.36}_{0}$	$3.5^{0}_{-0.12}$	145	145	140	105	180	255	145	140	105	275
80	100	$80^{+0.012}_{-0.007}$	120	0±1.5	M6	$3.0^{0}_{-0.12}$	165	$130^{+0.014}_{-0.011}$	200	0±1.5	$12^{+0.430}_{0}$	$3.5^{0}_{-0.12}$	160	165	150	120	200	295	165	150	120	300
90S	115	$95^{+0.013}_{-0.009}$	140	0±1.5	M8	$3.0^{0}_{-0.12}$	165	$130^{+0.014}_{-0.011}$	200	0±1.5	$12^{+0.430}_{0}$	$3.5^{0}_{-0.12}$	180	185	160	130	240	370	185	160	130	370
90L	115	$95^{+0.013}_{-0.009}$	140	0±1.5	M8	$3.0^{0}_{-0.12}$	165	$130^{+0.014}_{-0.011}$	200	0±1.5	$12^{+0.43}_{0}$	$3.5^{0}_{-0.12}$	180	185	160	130	240	400	185	160	130	400

注：IMB34、IMB14、IMB5 的其余安装尺寸参见“IMB 安装尺寸”栏。

国内目前主要生产厂家有：西安西电微电机有限责任公司、广东开平三埠微型电机厂、广东省肇庆电机有限公司、广东新会电机厂、河北电机股份有限公司、闽东电机股份有限公司、山东荣成市微电机厂、安徽朝阳微电机厂、柳州市第二微型电机厂、天津市第二微电机厂、天津市茂达微特电机公司、东风电机厂、武汉微型电机厂、杭州分马力电机厂。

（十）BO_2 系列单相电阻启动异步电动机

该系列电动机有下列 4 种安装方式：B3 型、B5 型、B14 型、B34 型。其技术数据见表 2-1-54。

表 2-1-54　BO_2 系列电动机技术数据

机座号	型号	功率(W)	电流(A)	电压(V)	频率(Hz)	同步转速(r/min)	效率(%)	功率因数	启动转矩/额定转矩	启动电流(A)	最大转矩/额定转矩	外形尺寸 长×宽×高(mm)
63	BO_2-6312	90	1.19	220	50	3000	56	0.67	1.5	12	1.8	230×130×165
	BO_2-6322	120	1.43	220	50	3000	58	0.69	1.4	14	1.8	
	BO_2-6314	60	1.28	220	50	1500	39	0.57	1.7	9	1.8	
	BO_2-6324	90	1.67	220	50	1500	43	0.58	1.5	12	1.8	
71	BO_2-7112	180	1.95	220	50	3000	60	0.72	1.3	17	1.8	255×145×180
	BO_2-7122	250	2.50	220	50	3000	64	0.74	1.1	22	1.8	
	BO_2-7114	120	1.96	220	50	1500	50	0.58	1.5	14	1.8	
	BO_2-7124	180	2.67	220	50	1500	53	0.62	1.4	17	1.8	
80	BO_2-8012	370	3.50	220	50	3000	65	0.77	1.1	30	1.8	295×165×200
	BO_2-8014	250	3.21	220	50	1500	58	0.63	1.2	22	1.8	
	BO_2-8024	370	4.31	220	50	1500	62	0.64	1.2	30	1.8	
	BO_2-8024	550	4.65	220	50	3000	68	0.79	1.1	42	1.8	

国内目前主要生产厂家有：北京敬业电工集团北微微电机厂、广州微型电机厂有限公司、沈阳市第三微电机厂、闽东电机股份有限公司、江苏海门县微型电机厂、浙江省嵊县微型电机厂、吉林省和龙市微型电机厂、上海金陵雷戈勃劳伊特电机有限公司、广东省肇庆电机有限公司、青岛红旗电机厂、杭州分马力电机厂、黑龙江微电机厂、昆明市电机电器工业总公司微电机厂、上海革新电机厂、西安西电微电机有限责任公司、河北电机股份有限公司、山西省阳泉市微型电机厂、长沙市微型电机厂、浙江奉化市特种电机厂、广东开平三埠微型电机厂、湖北微型电机厂、武汉微型电机厂、许昌市

微型电机厂、浙江温岭微型电机总厂、九江微型电机厂、浙江省江山市微特电机制造有限公司、南京华凯微电机有限公司、安徽朝阳微电机厂、山西省榆次市微电机厂、丹东市微型电机厂、文登市电机厂、天津市第三微电机厂、浙江卧龙集团公司。

（十一）CO_2 系列单相电容启动异步电动机

该系列电动机有下列 4 种安装方式：B3 型、B5 型、B14 型、B34 型。技术数据见表 2-1-55。

表 2-1-55　CO_2 系列电动机技术数据

机座号	型号	功率（W）	电流（A）	电压（V）	频率（Hz）	同步转速（r/min）	效率（%）	功率因数	启动转矩/额定转矩	启动电流（A）	最大转矩/额定转矩	外形尺寸 长×宽×高（mm）
71	CO_2-7112	180	1.95	220	50	3000	60	0.72	3.0	12	1.8	255×145×180
	CO_2-7122	250	2.51	220	50	3000	64	0.74	3.0	15	1.8	
	CO_2-7114	120	1.96	220	50	1500	50	0.58	3.0	9	1.8	
	CO_2-7124	180	2.67	220	50	1500	53	0.62	3.0	12	1.8	
80	CO_2-8012	370	3.50	220	50	3000	65	0.77	2.8	21	1.8	295×165×200
	CO_2-8022	550	4.84	220	50	3000	63	0.79	2.8	29	1.8	
	CO_2-8014	250	3.21	220	50	1500	58	0.63	2.8	15	1.8	
	CO_2-8024	370	4.31	220	50	1500	62	0.64	2.5	21	1.8	
90	CO_2-90S2	750	5.94	220	50	3000	70	0.82	2.5	37	1.8	310×180×220
	CO_2-90S4	550	5.57	220	50	1500	65	0.69	2.5	29	1.8	310×180×220
	CO_2-90L4	750	6.77	220	50	1500	69	0.73	2.5	37	1.8	335×180×220

国内目前主要生产厂家有：北京敬业电工集团北微微电机厂、沈阳市第三微电机厂、闽东电机股份有限公司、江苏海门县微型电机厂、浙江省嵊县微型电机厂、吉林省和龙市微型电机厂、上海金陵雷戈勃劳伊特电机有限公司、东风电机厂、广东省肇庆电机有限公司、青岛红旗电机厂、宜昌市微型电机厂、杭州分马力电机厂、黑龙江微电机厂、昆明市电机电器工业总公司微电机厂、上海革新电机厂、西安西电微电机有限责任公司、河北电机股份有限公司、山西省阳泉市微型电机厂、长沙市微型电机厂、浙江奉化市特种电机厂、广东开平三埠微型电机厂、湖北微型电机厂、武汉微型电机厂、许昌市微型电机厂、浙江温岭微型电机总厂、浙江省江山市微特电机制造有限

公司、南京华凯微电机有限公司、湖南省津市市朝宏油泵电机有限公司、江西微分电机厂、安徽朝阳微电机厂、湖南澧陵市电机厂、广州微型电机厂有限公司、柳州市第二微型电机厂、丹东市微型电机厂、文登市电机厂、浙江卧龙集团公司。

（十二）DO_2 系列单相电容运转异步电动机

该系列电动机有下列 4 种安装方式：B3 型、B5 型、B14 型、B34 型。其技术标准参见部标产品 JB1012-81，技术数据见表 2-1-56。

表 2-1-56　DO_2 系列电动机技术数据

机座号	型号	功率 (W)	电流 (A)	电压 (V)	频率 (Hz)	同步转速 (r/min)	效率 (%)	功率因数	启动转矩/额定转矩	启动电流 (A)	最大转矩/额定转矩	外形尺寸 长×宽×高 (mm)
45	DO_2-6312	10	0.14	220	50	3000	28	0.80	0.60	0.8	1.8	150×100×115
	DO_2-6322	16	0.22	220	50	3000	33	0.80	0.60	1.0	1.8	
	DO_2-6314	6	0.13	220	50	1500	17	0.80	0.60	0.5	1.8	
	DO_2-6324	10	0.20	220	50	1500	24	0.80	0.60	0.8	1.8	
50	DO_2-6312	25	0.32	220	50	3000	40	0.85	0.60	1.5	1.8	155×110×125
	DO_2-6322	40	0.45	220	50	3000	48	0.90	0.50	2.0	1.8	
	DO_2-6314	16	0.28	220	50	1500	34	0.82	0.60	1.0	1.8	
	DO_2-6324	25	0.40	220	50	1500	40	0.82	0.50	1.5	1.8	
56	DO_2-6312	60	0.57	220	50	3000	53	0.90	0.50	2.5	1.8	170×120×135
	DO_2-6322	90	0.78	220	50	3000	56	0.90	0.50	3.2	1.8	
	DO_2-6314	40	0.55	220	50	1500	45	0.82	0.35	2.0	1.8	
	DO_2-6324	60	0.71	220	50	1500	50	0.85	0.50	2.5	1.8	
63	DO_2-6312	120	1.98	220	50	3000	63	0.95	0.35	5.0	1.8	230×130×165
	DO_2-6322	180	1.40	220	50	3000	67	0.95	0.35	7.0	1.8	
	DO_2-6314	90	0.98	220	50	1500	51	0.85	0.35	3.2	1.8	
	DO_2-6324	120	1.17	220	50	1500	55	0.85	0.35	5.0	1.8	
71											1.8	255×145×180
	DO_2-7112	250	1.82	220	50	3000	69	0.95	0.35	10	1.8	
	DO_2-7114	180	1.63	220	50	1500	59	0.88	0.35	7.0	1.8	
	DO_2-7124	250	2.1	220	50	1500	62	0.90	0.35	10	1.8	

DO_2 系列电动机国内目前主要生产厂家与 LO_2 系列电动机相同。

（十三）YYC 系列齿轮减速单相电容运转异步电动机

本系列产品电动机与减速器组合成一体，电动机与减速器均为全封闭结构。安装方式：端面螺孔安装，轴伸在安装面。其技术数据见表 2-1-57。

表 2-1-57 YYC 系列电动机技术数据

型号	电压(V)	频率(Hz)	电流(A)	额定输入功率(W)	空载转速(r/min)	额定转速(r/min)	电容量(μF)	额定转矩(N·m)	最大转矩(N·m)	外形尺寸长×宽×高(mm)	生产厂家
60YYC-60	220	50	0.12	21	60	51	0.47	0.40	0.48	120×60×60	沈阳市分马力电机厂
60YYC-30	220	50	0.12	21	30	25	0.47	0.80	0.96	—	
60YYC-20	220	50	0.12	21	20	17	0.47	0.12	0.14	—	
60YYC-14	220	50	0.12	21	14	11	0.47	0.15	0.18	—	
60YYC-7	220	50	0.12	21	7	5	0.47	0.15	0.30	—	
75YYC-29	220	50	0.35	65	29	26	3	2.40	2.94	170×77×77	
85YYC-65	220	50	0.60	100	76	65	3	5.80	10.50	201.5×85×85	
90YYC-270	220	50	0.40	75	270	229	3	0.50	0.60	184×90×90	
90YYC-160	220	50	0.40	75	160	136	3	0.87	1.05	184×90×90	
90YYC-96	220	50	0.40	75	96	81	3	1.47	1.76	184×90×90	
90YYC-58	220	50	0.40	75	58	49	3	2.45	2.94	203×90×90	
90YYC-29	220	50	0.40	75	29	24	3	2.45	2.94	203×90×90	
90YYC-22	220	50	0.40	75	22	18	3	2.45	2.94	203×90×90	
90YYC-19	220	50	0.40	75	19	16	3	7.35	8.82	203×90×90	

（十四）YYK、YYKP、YYKQ、YSK 系列(房间空调器用)风扇电动机

该系列电动机技术数据见表 2-1-58。

（十五）YSK、YFK、YGK、YDK 系列（房间空调器用）单相电容运转异步电动机

该系列电动机技术数据见表 2-1-59。

表 2-1-58　YYK、YYKP、YYKQ、YSK 系列风扇电动机技术数据

型　号	电压 (V)	功率 (W)	效率 (%)	功率因数	堵转转矩 (N·m)	堵转电流 (A)	最大转矩 (N·m)	转速 高/中/低 (r/min)	噪声 (dB)	电容 (μF)/(V)	转向	老型号	生产厂家
YYK-25-4B-3ZW	220	25	36	0.85	0.102	1.2	0.241	1130	45	2/450	→	YYK_2-25-4DZW	上海顺辉金相设备厂
YYK-25-4B-3Z2W	220	25	36	0.85	0.102	1.2	0.241	1130	45	2/450	→	YYK_2-25-4DZ2W	
YYK-35-6B-3W	220	35	36	0.82	0.209	1.5	0.504	890	45	2/400	→	YYK_2-35-6DW	
YYK-35-6B-3ZW	220	35	36	0.82	0.209	1.5	0.504	890	45	2/400	→	YYK_2-35-6DZW	
YYK-25-4E	220	25	36	0.85	0.102	1.2	0.241	1300/980	45	1.2/370	→	YYK-25-4D	
YYK-30-4E	220	30	38	0.85	0.120	1.4	0.278	1398	45	2/450	→	YYK-30-4D	
YYK-60-6E	220	60	43	0.85	0.361	2.0	0.819	920	45	3/450	→	YYK-60-6D	
YYK-60-6E-Z	220	60	43	0.85	0.361	2.0	0.819	920	45	3/450	→	YYK-60-6DZ	
YYK-60-6E-ZW	220	60	43	0.85	0.361	2.0	0.819	920	45	3/450	→	YYK-60-6DZW	
YYK-60-6E-2ZW	220	60	43	0.85	0.361	2.0	0.819	940	45	2/600	→	YYK-60-6DZW (380V)	
YYK-100-6E-ZW	220	100	47	0.85	0.468	2.8	1.316	950	47	2/750	→	YYK-100-6DZAW	
YYK-120-8E-Z	220	120	43	0.83	0.684	3.2	2.194	650	45	6/400	←	YYK-120-8DZA	
YYK-150-8E-ZW	220	150	45	0.83	0.767	4.0	2.672	700/600	47	3/630	←	YYK-150-8DZAW (380V)	
YYK-100-4E-NW	220	100	50	0.88	0.315	2.8	0.912	1250	50	3/450	←	YYK-100-4D2W	
YYK-150-4E-NW	220	150	54	0.88	0.405	4.0	1.336	950/850	52	6/450	→	YYK-150-4DW	
YYK-90-6E	220	90	46	0.85	0.435	2.5	1.257	936	41	6/370	→	YYK-90-6D	

续表

型号	电压(V)	功率(W)	效率(%)	功率因数	堵转转矩(N·m)	堵转电流(A)	最大转矩(N·m)	转速高/中/低(r/min)	噪声(dB)	电容(μF)/(V)	转向	老型号	生产厂家
YYK-16-4E-W	220	16	29	0.82	0.077	0.8	0.154	1350	45	1.2/370	→	YYK-16-4DAW	上海顺辉金相设备厂
YYK-16-4E-ZW	220	16	29	0.82	0.077	0.8	0.154	1350	45	1.2/370	←	YYK-16-4DZAW	
YYK-90-4C-Z	220	90	20	0.88	0.293	2.5	0.845	1250	50	4/450	←	YYK-90-4ZA	
YYKP-10-6C-ZN	220	10	20	0.88	0.080	0.6	0.144	750/625/500	42	2/450	←	YYFP-10-6ZAH90	
YYKP-10-6C-2ZN	220	10	26	0.88	0.114	0.6	0.144	750/625/500	42	2/450	→	$YYFP_2$-10-6ZAH90	
YYKP-15-6C-ZN		15	26	0.80	0.114	0.8	0.229	820/700/580	42	2/450		YYFP-15-6ZAH90	
YYKP-10-6C-Z		15		0.80	0.114	0.8	0.229	820/700/580	42	2/450		YYFP-15-6ZANH90	
YYKP-25-6C-ZN	220	25	32	0.80	0.152	1.2	0.358	920/820/750	42	2/450	←	YYFP-25-6ZAH90	
YYKQ-60-6C-N	220	60	43	0.85	0.361	2.0	0.819	920/820	45	3/450	←	YYQ-60-6 引出线轴伸曲在异端	
YYKQ-60-6C-2N	380	60	43	0.85	0.361	2.0	0.819	920/840	45	1.5/550	←	YYQ-60-6(380V) 引出线与轴伸在异端	
YYKQ-90-4C	220	90	49	0.88	0.293	2.5	0.845	1250	50	2.5/450	→	YYQ-90-4N 引出线与轴伸在异端	
YYKQ-90-4C-N	220	90	49	0.88	0.293	2.5	0.845	1250	50	2.5/450	←	YYQ-90-4	
YYKQ-90-4C-ZN	220	90	49	0.88	0.293	2.5	0.845	1250	50	2.5/450	←	YYQ-90-4ZN	
YYKQ-90-4C-2N	380	90	49	0.88	0.293	2.5	0.845	1290	50	2/630	←	YYQ-90-4(380)	
YYKQ-90-4C-2ZN	380	90	49	0.88	0.293	2.5	0.845	1290	50	2/630	←	YYQ-90-4ZN(380)	

续表

型　号	电压 (V)	功率 (W)	效率 (%)	功率因数	堵转转矩 (N·m)	堵转电流 (A)	最大转矩 (N·m)	转速 高/中/低 (r/min)	噪声 (dB)	电容 (μF)/(V)	转向	老型号	生产厂家
YYKQ-120-4C	220	120	52	0.88	0.360	3.2	1.097	1300/1100	50	4/450	→	YYQ-120-4	上海顺辉金相设备厂
YYKQ-120-4C-N	220	120	52	0.88	0.360	3.2	1.097	1300/1100	50	4/450	←	YYQ-120-4N	
YYKQ-120-4C-2Z	380	120	52	0.88	0.360	3.2	1.097	1320/1080	50	2.5/630	←	YYQ-120-4Z(380V)	
YYK-35-8E	220	35	33	0.80	0.282	1.5	0.672	700/440		3.2/400	→	YYK-35-8D	
YYK-35-8E-W	220	35	33	0.80	0.282	1.5	0.672	700/440		3.2/400	→	YYK-35-8DW	
YYK-25-6A-3N	220	25	32	0.82	0.152	1.2	0.358	925	42	1.5/450	←	YYK3-25-6D	
YYK-35-6A-Z3N	220	35	36	0.82	0.209	1.5	0.504	873/780	45	4/400	←	YYK-35-6DZ3	
YYK-180-4A-N	220	180	56	0.91	0.485	4.8	1.690	1317	52	4/450	←	YYK-180-4D	
YYK-250-6A-2NW	380	250	53	0.88	0.947	6.2	3.327	950	49	5/630	←	YYK2-250-6D(380)	
YYK-550-6A-2NW	380	550	55	0.91	1.247	9.0	4.496	920	57	7.5/630	←	YYK2-550-6D(380)	
YYK-30-6B-2ZN	220	30	34	0.82	0.18	1.4	0.416	950/850	45	2.5/450	←	YYK2-30-6DZA	
YYKQ-60-6B-ZN	220	60	43	0.85	0.361	2.0	0.819	920/840	45	3/450	←	YYQ-60-6DZ	
YYK-25-6B-3Z2NW	220	25	32	0.82	0.152	1.2	0.358	925	42	1.5/400	←	YYK3-25-6DZ2W	
YYK-30-4B-2W	220	30	38	0.85	0.120	1.4	0.278	1250	47	1.5/400	→	YYK2-30-4DW	
YYK-30-6B-3Z2NW	220	30	34	0.82	0.180	1.4	0.416	903	45	2/400	←	YYK3-30-6DZ2	
YYK-35-6B-3Z2W	220	35	36	0.82	0.209	1.5	0.504	890	45	2/400	→	YYK3-35-6DZ2W	
YYK-40-4B-3ZW	220	40	42	0.85	0.160	1.6	0.375	1150	47	2/400	→	YYK2040-4DZRW	
YYK-25-6B-3ZW	220	25	32	0.82	0.152	1.2	0.358	925	42	1.5/450	←	YYK3-25-6DZW	

续表

型号	电压(V)	功率(W)	效率(%)	功率因数	堵转转矩(N·m)	堵转电流(A)	最大转矩(N·m)	转速 高/中/低(r/min)	噪声(dB)	电容(μF)/(V)	转向	老型号	生产厂家
YYK-30-6B-2Z2N	220	30	34	0.82	0.180	1.4	0.416	950/850	45	2.5/450	←	YYK2-30-6D2	上海顺辉金相设备厂
YYK-30-6B-2Z3N	220	30	34	0.82	0.180	1.4	0.416	950/850	45	2.5/450	←	YYK2-30-6DZ3	
YYK-30-6B-2Z4N	220	30	34	0.82	0.180	1.4	0.416	950/850	45	2.5/450	←	YYK2-30-6DZ4	
YYK-30-4B-W	220	30	42	0.85	0.160	1.6	0.375	970/820	45	1.5/450	←	YYK-30-4BW	
YYK-40-4B-N	220	40	42	0.85	0.160	1.6	0.375	1260	47	2.5/400	←	YYK-40-4D	
YYK-40-4B-2W	220	40	42	0.85	0.160	1.6	0.375	1150	47	2/400	→	YYK2-40-4DW	
YYK-40-6B-2W	220	40	38	0.82	0.238	1.6	0.557	925	45	2.5/500	→	YYK-40-6DRW	
YYK-50-6B	220	50	41	0.82	0.302	1.8	0.647	860/610	45	3/450	→	YYK-50-6D	
YYK-50-6B-2	220	50	41	0.82	0.302	1.8	0.647	860	45	3/450	→	YYK2-50-6D	
YYK-75-6B	220	75	45	0.85	0.401	2.2	1.000	830	47	3/450	→	YYK-75-6D	
YYK-75-6B-2W	220	75	45	0.85	0.401	2.2	1.000	830	50	3/450	→	YYK2-75-6DW	
YYK-85-6B	380	85	46	0.85	0.412	24	1.085	906	47	2/550	→	YYK-85-6D(380V)	
YYK-100-6B	220	100	47	0.85	0.468	2.18	1.356	950/850	47	4.8/450	→	YYK-100-6D	
YYK-30-6B-2N	220	30	34	0.82	0.18	1.4	0.416	950/850	45	2.5/400	←	YYK2-30-6D	
YYK-30-6B-2Z5N	220	30	34	0.82	0.18	1.4	0.416	950/850	45	2.5/400	←	YYK2-30-6D2	
YYK-35-6B-N	220	35	36	0.82	0.209	1.5	0.504	873/780	45	4/400	←	YYK-35-6D	
YYK-35-6B-2NW	220	35	36	0.82	0.209	1.5	0.504	873/780	45	4/400	←	YYK-35-6DR	
YYK-35-6B-2N	220	35	36	0.82	0.209	1.5	0.504	873/780	45	4/400	←	YYK-35-6DZ	

续表

型　号	电压 (V)	功率 (W)	效率 (%)	功率因数	堵转转矩 (N·m)	堵转电流 (A)	最大转矩 (N·m)	转速 高/中/低 (r/min)	噪声 (dB)	电容 (μF)/(V)	转向	老型号	生产厂家
YYK-60-4B-2N	220	60	47	0.88	0.243	2.0	0.551	1380/1180	47	2/750	←	YYK-60-4DR(380V)	上海顺辉金相设备厂
YYK60-4B-3NW	220	60	47	0.88	0.243	2.0	0.551	1320	47	2.5/450	←	YYK2-60-4DW	
YYK-100-4B-N	220	100	50	0.88	0.315	2.8	0.912	1030/850	50	6/400	←	YYK-100-4D	
YYKP-10-6B-N	220	10	20	0.80	0.080	0.6	0.144	750/625/500	42	2/450	←	YYKP-10-6D	
YYKP-10-6B-Z2N	220	10	20	0.80	0.080	0.6	0.144	750/625/500	42	2/450	←	YYKP-10-6DZ2	
YYKP-10-6B-2N	220	10	20	0.80	0.080	0.6	0.144	750/625/500	42	2/450	←	YYKP2-10-6DZ2	
YYKP-15-6B-2N	220	15	26	0.80	0.114	0.8	0.229	820/100/580	42	2/450	←	YYKP2-10-6D	
YYKP-15-6B-Z2N	220	15	26	0.80	0.114	0.8	0.229	820/700/580	42	2/450	←	YYFP-15-6D	
YYKP-15-6B-Z3N	220	15	26	0.80	0.114	0.8	0.229	820/700/580	42	2/450	←	YYFP-15-6DZ2	
YYKP-15-6B-2N	220	15	26	0.80	0.114	0.8	0.229	820/700/580	42	2/450	←	YYFP-15-6DZ3	
YYKP-25-6B-N	220	25	32	0.80	0.152	1.2	0.358	920/820/750	42	2/450	←	YYFP2-15-6D	
YYKP-25-6B-Z2N	220	25	32	0.80	0.152	1.2	0.358	920/820/750	42	2/450	←	YYFP-25-6D	
YYKP-25-6B-2N	220	25	32	0.80	0.152	1.2	0.358	920/820/750	42	2/450	←	YYFP-25-6DZ2	
YYKP-40-4B	220	40	42	0.85	0.160	1.6	0.375	1260/1080	47	2.5/450	→	YYP2-25-6D	
YYKP-40-4B-Z	220	40	42	0.85	0.160	1.6	0.375	1260/1080	47	2.5/450	→	YYFP-40-4D	
YYKP-40-4B-Z2	220	40	42	0.85	0.160	1.6	0.375	1260/1080	47	2.5/450	→	YYFP-40-4DZ	
YYKP-40-4B-2W	220	40	42	0.85	0.160	1.6	0.375	1260/1080	47	2.5/450	→	YYFP-40-4DZ2	
YYKP-40-4B-2Z3W	220	40	42	0.85	0.160	1.6	0.375	1260/1080	47	2.5/450	→	YYFP2-40-4DW	

续表

型　号	电压 (V)	功率 (W)	效率 (%)	功率因数	堵转转矩 (N·m)	堵转电流 (A)	最大转矩 (N·m)	转速 高/中/低 (r/min)	噪声 (dB)	电容 (μF)/(V)	转向	老型号	生产厂家
YYK-30-6C-2N	220	30	34	0.82	0.180	1.4	0.416	950/850	45	2.5/450	←	YYFP2-40-4DZ3W	上海顺辉金相设备厂
YYK-30-6C-2ZN	220	30	34	0.82	0.180	1.4	0.416	950/850	45	2.5/450	←	YYK2-30-6	
YYK-30-6C-2Z2N	220	30	34	0.82	0.180	1.4	0.416	950/850	45	2.5/450	←	YYK2-30-6Z	
YYK-30-6C-2Z5N	220	30	34	0.82	0.180	1.4	0.416	950/850	45	2.5/450	←	YYK2-30-6Z2	
YYK-30-6C-3Z2N	220	30	34	0.82	0.180	1.4	0.416	931	45	2.5/450	←	YYK2-30-6Z5	
YYK-35-6C-Z2N	220	35	36	0.82	0.209	1.5	0.504	873/780	45	4/400	←	YYK3-30-6Z	
YYK-60-4C	220	60	47	0.88	0.243	2.0	0.551	1240/1000	47	2.5/450	→	YYK-60-4(380V)	
YYK-60-4C-ZN	220	60	47	0.88	0.243	2.0	0.551	1240/1000	47	2.5/450	←	YYK-60-4Z	
YYK-80-4C-N	220	80	48	0.88	0.278	2.3	0.731	1330/1230	50	4/350	←	YYK-80-4	
YYK-80-4C-ZN	220	80	48	0.88	0.278	2.3	0.731	1330/1230	50	4/350	←	YYK-80-4Z	
YYK-80-4C-Z3N	220	80	48	0.88	0.278	2.3	0.731	1330/1230	50	4/350	←	YYK-80-4Z3	
YYK-100-6C-NW	220	100	47	0.85	0.468	2.8	1.356	950/850	47	4.8/450	←	YYK-100-6W	
YYK-100-6C-2NW	380	100	47	0.85	0.468	2.8	1.356	950/850	47	4.8/450	←	YYK-100-6W(380V)	
YYK-120-4C-N	220	120	52	0.88	0.360	36.2	1.097	1350/1230	50	6/400	←	YYK-120-4	
YYK-120-4C-Z2N	380	120	52	0.88	0.360	3.2	1.097	1350/1230	50	6/400	←	YYK-120-4Z(380V)	
YYK-120-4C-2N	380	120	52	0.88	0.360	3.2	1.097	1350/1230	50	3/350	←	YYK-120-4(380V)	
YYK-120-4C-3N	220	120	52	0.88	0.360	3.2	1.097	1200/1000	50	6/350	←	YYKF-120-4	
YYK-120-4C-3ZN	220	120	52	0.88	0.360	3.2	1.097	1200/1000	50	6/350	←	YYKK-120-4Z	

续表

型　号	电压 (V)	功率 (W)	效率 (%)	功率因数	堵转转矩 (N·m)	堵转电流 (A)	最大转矩 (N·m)	转速 高/中/低 (r/min)	噪声 (dB)	电容 (μF)/(V)	转向	老型号	生产厂家
YYK-120-4C-4N	380	120	52	0.88	0.360	3.2	1.097	1200/1000	50	3/550	←	YYKF-120-4(380V)	上海顺辉金相设备厂
YYK-120-4C-5N	220	120	52	0.88	0.360	3.2	1.097	1200/1000	50	6/400	←	YYKF2-120-4	
YYK-120-4C-5KN	220	120	52	0.88	0.360	3.2	1.097	1200/1000	50	6/400	←	YYKF2-120-4K	
YYK-120-4C-6N	380	120	52	0.88	0.360	3.2	1.097	1200/1000	50	3/550	←	YYKF2-120-4 (380V)	
YYK-120-4C-6KN	380	120	52	0.88	0.360	3.2	1.097	1200/1000	50	3/550	←	YYKF2-120-4K (380V)	
YYK-120-6C-N	380	120	48	0.85	0.508	3.2	1.678	930/850	47	3/630	←	YYK-120-6(380V)	
YYK-150-6C-N	220	150	49	0.85	0.601	4.0	1.991	930/850	48	6/450	←	YYK-15-6	
YYK-250-4C	380	250	53	0.91	0.637	6.2	2.248	1300	52	3/550	→	YYK-250-4(380V)	
YYK-270-4C	380	270	53	0.91	0.637	6.2	2.248	1300	52	3/550	→	YYK-270-4(380V)	
YYKP-10-6C-N	220	10	20	0.80	0.080	0.6	0.144	750/625/500	42	2/450	←	YYFP-10-6H90	
YYKP-10-6C-Z2N	220	10	20	0.80	0.080	0.6	0.144	750/625/500	42	2/450	←	YYFP-10-6ZH90	
YYKP-10-6C-2N	220	10	20	0.80	0.080	0.6	0.144	750/625/500	42	2/450	←	YYFP2-10-6H90	
YYKP-10-6C-2Z2N	220	10	20	0.80	0.080	0.6	0.144	750/625/500	42	2/450	←	YYFP2-10-6ZH90	
YYKP-15-6C-N	220	15	26	0.80	0.114	0.8	0.229	820/700/580	42	2/450	←	YYFP-15-6H90	
YYKP-15-6C-Z2N	220	15	26	0.80	0.114	0.8	0.229	820/700/580	42	2/450	←	YYFP-15-6ZH90	
YYKP-15-6C-2N	220	15	26	0.80	0.114	0.8	0.229	820/700/580	42	2/450	←	YYFP2-15-6H90	

续表

型号	电压(V)	功率(W)	效率(%)	功率因数	堵转转矩(N·m)	堵转电流(A)	最大转矩(N·m)	转速 高/中/低(r/min)	噪声(dB)	电容(μF)/(V)	转向	老型号	生产厂家
YYKP-15-6C-2Z2N	220	15	26	0.80	0.114	0.8	0.229	820/700/580	42	2/450	←	YYFP2-15-6ZH90	上海顺辉金相设备厂
YYKP-25-6C-N	220	25	32	0.82	0.152	1.2	0.358	920/820/750	42	2/450	←	YYFP-25-6H90	
YYKP-25-6C-Z2N	220	25	32	0.82	0.152	1.2	0.358	920/820/750	42	2/450	←	YYFP-25-6ZH90	
YYKP-25-6C-2N	220	25	32	0.82	0.152	1.2	0.358	920/820/750	42	2/450	←	YYFP2-25-6H90	
YYKP-25-6C-2Z2N	220	25	32	0.82	0.152	1.2	0.358	920/820/750	42	2/450	←	YYFP2-25-6ZH90	
YYKP-40-4C-3	220	40	42	0.85	0.160	1.6	0.375	1275	47	2.5/450	→	YYFP3-40-4H95	
YYKP-150-6C-N	220	150	49	0.85	0.601	4.0	1.991	900/870/740	49	10/400	←	YYFP-150-6	
YYKQ-250-4C-N	380	250	53	0.91	0.637	6.2	2.248	1240	52	3/630	←	YY1-250-4(380V)	
YYK-80-6E-2GN	220	80	45	0.85	0.412	2.3	1.085	920/800	47	4/400	←	YYK2-80-6GD	
YYK-100-6E-GN	220	100	47	0.85	0.468	2.8	1.356	950/800	47	4.8/450	←	YYK-100-6GD	
YYK-10-2E	220	10	33.7	0.99	0.095	0.301	0.110	2730	50	1.5/400	→	YYK-10-2DA	
YYK-6-4E	220	16	16	0.82	0.049	0.4	0.058	1250/1150	45	0.75/370	→	YYK-6-4DA	

表 2-1-59 YSK、YFK、YGK、YDK 系列单相电容运转异步电动机技术数据

型号	额定电压(V)	频率(Hz)	额定输出功率(W)	效率(%)	转速(r/min)	空载噪声dB	配置电容(μF)/(V)	绝缘等级	生产厂家
YSK120/30-6	220	50	40	>42	950	<45	3/500	E	常州亚美柯宝马电机有限公司
YSK220/30-6	220	50	60	>47	860	<45	2/450	E	
YFK80/20-4	220	50	10	>25	1290	<42	1/450	E	
YFK280/20-4	220	50	6	>20	1150	<42	1/450	E	
YFK94/26-4	220	50	35		980	≤46	2	B	
YFK294/26-6	220	50	25		880	≤43	2	B	
YFK394/26-6	220	50	25		880/680	≤43	2	B	
YFK494/26-6	220	50	16		880	≤43	1.5	B	
YGK124/20-8	220	50	30	30	500	<42	2.5/450	B	
YGK2124/20-8	220	50	10	24	500	<40	1.5/450	B	
YGK3124/20-8	220	50	16	25	600	<40	2/450	B	
YGK143/22-12	220	50	20		450	≤40	2/450		
YDK94/26-4	220	50	35	50	1260	≤43	2/450	E	
YDK128/35-8	220	50	75	>39	650/550	≤43	4/450		
YDK110/30-4	220	50	40	>42	950		4/450		

（十六）KFD 系列空调器风扇电动机

该系列电动机为全封闭式结构，机壳用优质钢板卷制而成；端盖为铝合金压铸成型或优质钢板拉伸成型；基本系列有弹性圈安装、底脚安装和减震底脚安装 3 种安装方式。电动机采用粉末冶金铜基含油轴承或高精度低噪声密封滚球轴承。绕组采用高强度聚酯漆包线，并经严格的绝缘处理。绕组还可按用户的要求，设 2 个或 3 个抽头，分别调节 2 挡或 3 挡转速。

KFD 系列电动机技术数据见表 2-1-60。

（十七）YDK、YSK 系列空调器用风扇电动机

YDK、YSK 系列空调器用电动机，用于各种分体壁挂式空调器及其他需要使空气循环的设备上。结构为单轴型式，包括电机、轴流风扇、离心风扇 3 部分。其外形美观、噪声低、振动小、转速稳定，安全可靠，并采用并口低噪声轴承及过热保护器，全部分采用新型 B 级绝缘。

YDK、YSK 系列电动机技术数据见表 2-1-61 和表 2-1-62。

表 2-1-60　KFD 系列电动机技术数据

型　号	输出功率（W）	电压（V）	转速（r/min）			频率（Hz）	效率（%）	功率因数	起动转矩（N·m）（不小于）	振动（mm/s）（不大于）	噪声 dB（不大于）	相应空调制冷量（kcal/h）	电容器（μF）	生产厂家
			高	中	低									
KFD-1			920	860	800		42	0.85	0.36		44	3000	3	
KFD-2A,2B,2C			920	860			42	0.85	0.36		44	3000	3	
KFD-2D			920	860			42	0.85	0.36		47	3000	3	
KFD50-4	50		1250	1100	800		47	0.88	0.243		55	3000	4	
KFD50-6			920	860			42	0.85	0.36		44	3000	3	西安西电微电机有限责任公司
KFD50-8			700				41	0.75	0.50		63	4000	10	
KFD50-6A			920	860			42	0.85	0.36		50	3000	3	
KFD-3,3C	30	220	920	860		50	32	0.85	0.21	1.8	44	3000	2.5	
KFD-3D	30		920	860			32	0.85	0.21		47	3000	2.5	
KFD-4,4A	100		920	860			48	0.86	0.51		44	3000	4	
KFD-4B	100		920	860			48	0.86	0.51		49	3000	4	
KFD-5B,5C	120		1350	1100			52	0.90	0.41		44	3000	5	
KFD15-4B	15		1200				30	0.90	0.055		40	4000	2	
KFD-5,5Y,5YD	120		920	860			41	0.86	0.61		44	4000	6	

续表

型号	输出功率(W)	电压(V)	转速(r/min)			频率(Hz)	效率(%)	功率因数	起动转矩(N·m)(不小于)	振动(mm/s)(不大于)	噪声 dB(不大于)	相应空调制冷量(kcal/h)	电容器(μF)	生产厂家
			高	中	低									
KFD-6A,6C	35	220	1350	1100	960	50	41	0.86	0.16	1.8	44	3000	2.5	西安西电微电机有限责任公司
KFD-6,6B	35		1350	1100			41	0.86	0.16		44	3000	2.5	
KFD-6D	35		1350	1100			41	0.86	0.16		47	3000	2.5	
KFD90-6	90		900				46	0.80	0.50		63	4000	4	
KFD35-4,4B	35		1350	1250	920		40	0.84	0.11		46	4000	2	
KFD15-4,4AⅠ	15		1350	1250	1000		28	0.92	0.12		50	1500	2.5	
KFD25-4	25		1350		1200		34	0.88	0.13		50	1500～2000	1.5	
KFD20-6	20		900		840		32	0.82	0.2		47	1400～1800	2	
KFD10-4	10		1230	1029	890		25	0.85	0.054		50	1600	1.5	
KFD15-4AⅡ	15		1350				28	0.92	0.12		50	1500	2.5	
KFD65-8	65		600		500		35	0.95	0.8		50	12000	4	
KFD30-12	30		420		370		25	0.75	0.25		45	7000	3	
KFD55-6	55		920				45	0.85	0.36		50	1200	4	

表 2-1-6.1 YDK 系列电动机技术数据

配用各种空调器规格	型号	功率(W)	电压(V)	频率(Hz)	极数	额定转速(r/min)			功率因数	效率(%)	额定电流(A)	启动转矩(N·m)	最大转矩(N·m)	噪声dB(A)	电容(μF)/(V)	变速挡次	生产厂家
						高速挡	中速挡	低速挡									
分体壁挂式 KC-20	YDKS10-4	10	220	50	4	1300			0.88	24	0.24	0.054	0.097	42	1	1~2 或 3	宁波电器总厂
	YDK12-4A	12	220	50	4	1100±5%	1200±5%	1000±5%	0.88	25	0.27	0.077	0.154	42	1	1~2 或 3	
	YDK15-6A	15	220	50	6	900±10%			0.88	27	0.32	0.114	0.229	40	1.2	1~2 或 3	
	YDK20-6	20	220	50	6	800±3%		700±3%	0.88	32	0.37	0.152	0.358	40	1.5	1~2 或 3	
	YDK25-4M	25	220	50	4	1110±5%		930±5%	0.92	38	0.32	0.102	0.241	42	1.2	1~2 或 3	
KC-30	YDK27-4	27	220	50	4	1260	840	635	0.92	38	0.40	0.102	0.241	42	1.5	1~2 或 3	
	YDK60-4	60	220	50	4	890±5%		890±5%	0.92	49	0.66	0.243	0.551	45	3	1~2 或 3	
分体立柜式 DF-70-80	YDK30-4	30	220	50	4	1229±5%			0.92	40	0.33	0.141	0.336	42	2	1~2 或 3	
	YDK35-4	35	220	50	4	1271±5%	高速挡↓		0.92	42	0.34	0.141	0.336	44	2	1~2 或 3	
	YDK35-8	35	220	50	8	上 441/下 352			0.85	35	0.50	0.282	0.672	40	3	1~2 或 3	
DF-120	YDK60-6A	60	220	50	6	880±5%	上 444/下 377		0.92	45	0.75	0.361	0.819	42	3	1~2 或 3	
	YDK70-6 A B	70	220	50	6	890±5%		890±5%	0.92	46	0.87	0.401	1.000	45	3	1~2 或 3	
DF-120	YDK55-6	55	220	50	6	820			0.92	45	0.73	0.361	0.819	43	3	1~2 或 3	
	YDK60-8	60	220	50	8	上 600/下 500		上 500/下 400	0.85	41	0.84	0.486	1.102	40	3	1~2 或 3	
	YDK80-6	80	220	50	6	880±5%			0.92	48	0.98	0.435	1.257	45	3	1~2 或 3	

表 2-1-62　YSK 系列电动机技术数据

配用各种空调器规格	型号	功率(W)	电压(V)	频率(Hz)	极数	额定转速(r/min)			功率因数	效率(%)	额定电流(A)	启动转矩(N·m)	最大转矩(N·m)	噪声dB(A)	电容(μF)/(V)	变速挡次	生产厂家
						高速挡	中速挡	低速挡									
分体壁挂式KC-20	YSK25-4	25	220	50	4	1110±5%		930±5%	0.92	38	0.32	0.102	0.241	42	1.2	1~2或3	宁波电器总厂
	YSK25-4A	25	220	50	4	1110±5%		930±5%	0.92	38	0.32	0.102	0.241	42	1.2	1~2或3	
	YSK25-4N	25	220	50	4	1110±5%		930±5%	0.92	38	0.32	0.102	0.241	42	1.2	1~2或3	
KC-18-22	YSK30-4	30	220	50	4	1080±5%		950±5%	0.92	40	0.42	0.141	0.336	44	1.2	1~2或3	
	YSK30-4B	30	220	50	4	1080±5%		950±5%	0.92	36	0.42	0.141	0.336	44	1.2	1~2或3	
	YSK30-6	30	220	50	4	1150±5%		900±5%	0.88	38	0.49	0.209	0.504	42	1.2	1~2或3	
	YSK35-4	35	220	50	6	1150±5%	1050±5%	1000±5%	0.92	42	0.47	0.141	0.336	44	2.5	1~2或3	
	YSK35-4D	35	220	50	4	1150±5%		1050±5%	0.92	42	0.47	0.141	0.336	44	2.5	1~2或3	
	YSK35-4E	35	220	50	4	1150±5%		1050±5%	0.92	42	0.47	0.141	0.336	44	2.5	1~2或3	
	YSK35-4F	35	220	50	4	1100±5%		1000±5%	0.92	42	0.47	0.141	0.336	44	2.5	1~2或3	
	YSK35-4G	35	220	50	4	1100±5%		1000±5%	0.92	42	0.47	0.141	0.336	44	2.5	1~2或3	
	YSK35-4H	35	220	50	4	1100±5%		1000±5%	0.92	42	0.47	0.209	0.336	44	2.5	1~2或3	
	YSK35-6A	35	220	50	4	900±5%		800±5%	0.88	38	0.54	0.203	0.504	42	2.5	1~2或3	
KC-31	YSK50-4	50	220	50	6	1150±5%		950±5%	0.92	47	0.54	0.203	0.435	44	3	1~2或3	
	YSK50-4A	50	220	50	4	1100±5%		950±5%	0.92	47	0.54	0.302	0.435	44	3	1~2或3	
	YSK50-6	50	220	50	4	840±7%		670±5%	0.88	43	0.45	0.401	0.647	42	3	1~2或3	
	YSK70-6	70	220	50	6	890±5%		890±5%	0.92	46	0.75	0.401	1.000	45	3	1~2或3	
KC-35	YSK75-6	75	220	50	6	850±5%		750±5%	0.92	47	0.75	0.508	1.000	45	3	1~2或3	
KC-45-53	YSK120-6	120	220	50	6	900	850	800	0.92	50	1.35		1.628	47	4	1~2或3	

（十八）KBD、AYR 系列空调器压缩机电动机

KBD、AYR 系列电动机由嵌线定子和无轴转子两部分构成，安装方式为 IM5010，冷却方式为 ICEF97。电动机定子经氧化处理，有良好的防锈、防腐和绝缘性能。定子绕组采用耐氟漆包线，槽绝缘、引出线选用了耐氟的优质绝缘材料，无轴转子为笼型结构，槽形设计和转子槽扭斜保证了对电动机启动转矩、振动和噪声指标的要求。

KBD、AYR 系列电动机技术数据见表 2-1-63。

表 2-1-63　KBD、AYR 系列电动机技术数据

型　号	输出功率 (W)	额定电压 (V)	额定频率 (Hz)	同步转速 (r/min)	效率 (%)	启动转矩 (N·m)	启动电流 (A)	最大转矩 (N·m)	电容 (μF)	生产厂家
KBD-1	750				68	0.74	31	5.49	12.5	
KBD-2	1100				70	0.98	36	6.08	20	
KBD-3	560	220		3000	68	0.64	27	4.21	12.5	
KBD-4	1500				70	1.08	51	7.64	25	
KBD-5	280				52	0.69	11	1.47		
KBD-11	750		50		83	9.8	12	13.73		西安西电微电机有限责任公司
KBD-12	1100	380		1500	76.5	17.65	18	19.62		
KBD-15	2200				83	22.07	38	22.07		
AYR-11-2B	1100				74	1.59	40	8.45	35	
AYR-550-2	550	220		3000	71	0.64	20	4.12	20	
AYR-750-2	750				72	0.74	25	4.41	25	

（十九）JIB 系列家用冰箱压缩机电动机

该系列电动机由嵌线定子和无轴转子两部分构成，安装方式为 IM5010，冷却方式为 ICEF97。电动机定子经氧化处理，有良好的防锈、防腐和绝缘性能。定子绕组采用耐氟漆包线，槽绝缘、引出线也选用了耐氟的优质绝缘材料。无轴转子为笼型结构，槽形设计和转子槽扭斜保证了对电动机启动转矩、振动和噪声指标的要求。

JIB 系列电动机技术数据见表 2-1-64。

表 2-1-64　JIB 系列电动机技术数据

型　号	输出功率 (W)	效率 (%)	启动转矩 (N·m) (不小于)	功率因数	启动电流 (A)	绝缘等级	生产厂家
JIB60-2	60	60.4	0.4	0.49	9.0	B	西安西电微电机有限责任公司
JIB60-2A	60	68.1	0.38	0.65	8.5	B	
JIB80-2	80	62.3	0.48	0.57	10.8	B	
JIB80-2A	80	71.3	0.51	0.64	9.5	B	
JIB78-2	78	75	0.45	0.89	8.5	E	
JIB90Z222	93	61	0.45	0.62	11.0	E	
JIB100-2	100	67	0.21	0.88	5.0	E	
JIB100-2A	100	67	0.5	0.65	10.0	E	
JIB120-2	120	70	0.24	0.88	5.0	B	

注：额定电压 220V，额定频率 50Hz，同步转速 3000r/min。

第二节　直流电动机

一、概述

（一）特点

微型直流电动机（简称直流电动机）是一种将直流电能转换为机械能的电磁装置。当直流电源的电能输入到电机绕组后，形成主磁场，电枢电流与主磁场相互作用而产生驱动负载转动的电磁转矩。

小功率直流电动机的效率一般在 60%～80%，当功率大或转速高时效率可更高些。由于永磁式直流电动机省却了励磁绕组的损耗，因此其效率要比电磁式直流电动机高。

近年来，随着直流电动机设计理论、计算方法和制造技术的突破性进展，电力电子控制技术的发展以及电力电子元器件的日益成熟，使得微型直流电动机及与之配套的控制器向大功率（高转矩、高转速）、高效率和轻薄短小的方向发展，具有很高的性能价格比和转矩质量比。

微型直流电动机主要具有以下特点：

(1) 优良的调速特性以及较宽的调速范围。最低与最高转速之比一般可做到 1∶200，高精度伺服控制可达 1∶10000，而且调节特性平滑、控制方便。

(2) 启动性能好，过载能力强，可承受频繁冲击、制动和反转；允许冲击电流可达额定电流的 3～5 倍。

(3) 除固定直流电源外，还可使用蓄电池、干电池等作为供电电源，操作较方便。

(4) 同功率、同转速的直流电动机与异步电动机相比，具有体积小、效率高等优点，缺点是耗材多，工艺复杂，但直流电动机的转速范围每分钟从数百到数万转可调，而异步电动机受频率（50Hz）限制，转速不超过 3000r/min。

(二) 分类

直流电动机按励磁方式可分为不同的类型。

(1) 永磁式直流电动机。永磁式直流电动机的气隙磁场由装在电机中的永久磁钢产生，目前常用的永久磁钢是铁氧体永磁材料、铝镍钴系铸造磁钢或稀土永磁材料。

(2) 电磁式直流电动机。电磁式直流电动机的气隙磁场是由加在激磁绕组上的直流电产生的。根据激磁绕组与电枢电路连接方式的不同，又可分为他激直流电动机、串激直流电动机和复激直流电动机。这三种电动机由于激磁方式的不同，具有不同的工作特性。

二、直流电动机结构、原理和特性

(一) 结构

各种直流电动机的结构相近，随功率、转速、冷却方式、防护类型、运行特性、安装型式与运输要求等不同各有差异。

永磁式和电磁式直流电动机的结构分别见图 2-2-1 和图 2-2-2。比较两图可见，它们仅仅是激磁系统不同，其他部分的结构则完全相同。

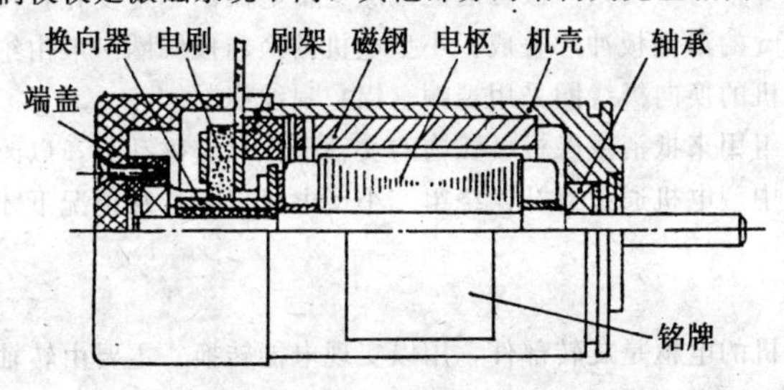

图 2-2-1　永磁式直流电动机结构

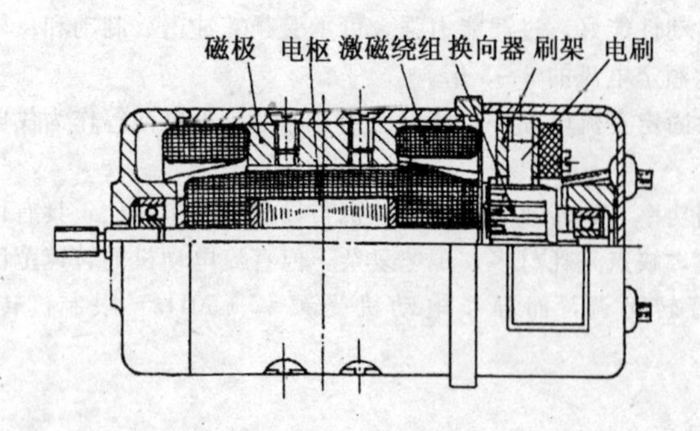

图 2-2-2　电磁式直流电动机结构

电磁式直流电动机的主要组成部分：

1. **定子**

定子包括机座、主磁极铁心及其绕组、换向极铁心及其绕组、补偿绕组、定子连接线及引线电缆等。

直流电动机的机座既是磁路的组成部分，也是固定主磁极、换向极、端盖（罩）等零部件的支撑件，一般由导磁性能较好的铸钢或钢板焊接而成。用于整流电源供电或负载经常快速变化的电机，由于对磁路动态性能要求较高，常采用叠片机座。

主磁极的作用是产生主磁通，它由铁心、绕组、极身绝缘和紧固件等组成。主磁极铁心由厚 1～2mm 的薄钢板冲制叠压，并经铆钉铆接、焊接或用螺杆紧固而成。主磁极励磁线圈有并（他）励和串励两种：并（他）励线圈一般用绝缘导线绕成；串励线圈一般用裸铜（铝）扁线绕成。

换向极的作用是改善换向性能。它由换向极铁心和换向极线圈及极身绝缘组成。换向极铁心一般由整块型钢制成。对于由整流电源供电的电动机或牵引电动机等，为了使换向极磁通能跟随电枢电流的迅速变化，换向极铁心用厚 1～2mm 的薄钢板冲片叠成。小型电机的换向极线圈一般由绝缘导线绕制，中型电机的换向极线圈采用裸铜（铝）扁线绕制。

补偿绕组用来抵消主磁极极弧内的交轴电枢反应磁动势，以改善电机的换向性能。中型电机通常有补偿绕组，小型电机仅在特殊情况下才装设补偿绕组。

2. **电枢**

直流电机的电枢是旋转部件，用以实现电能转换。主要由转轴、电枢铁心、电枢支架、电枢绕组、换向器和风扇等零部件组成。

转轴的结构和材料必须保证足够的强度和刚度，大多采用 35 号、40 号或45号圆钢，特殊用途电机采用合金钢。

电枢铁心既是电机磁路的组成部分，又是电枢绕组的支撑件，它由厚0.5mm的硅钢片冲制后叠装而成。为减少其磁滞和涡流损耗，在冲片两面涂有绝缘漆或进行氧化处理。中小型电机的铁心大多数直接装在转轴上。

电枢支架是电枢铁心的支撑件，能减轻电枢重量和有利于电枢的通风冷却。

电枢绕组用来感应电势并形成电流，实现能量转换。它由绝缘的圆铜线或扁铜线绕成，嵌入电枢铁心的槽中，用槽楔或合成树脂无纬玻璃丝带绑扎。线圈的端头与换向片之间以及各个绕组之间按一定的规律联接，组成电枢绕组。

换向器的作用是将电枢绕组中感应的交变电动势转变为直流电动势，或把外电路引入电刷的直流电转换成电枢绕组中所需的交流电。换向器由梯形截面的铜排和绝缘材料等紧固而成。

3. 电刷装置

电刷装置的作用是和旋转的换向器之间保持滑动接触，使电枢绕组和外电路相联。电刷装置由电刷、刷握、刷杆、刷杆座等零部件组成。

刷握由刷盒、弹簧、压指等零件组成。常用的刷握结构型式有直刷握和斜刷握两种。

4. 轴承装置

轴承的作用是支撑电枢的质量和皮带的径向力、单向磁拉力以及轴向力等，并使电枢能灵活转动。

5. 端盖

端盖是保护电机内部和构成预定风路的一个部件，它也起着支撑轴承的作用。端盖一般用铸铁制成，特殊电机用铸钢或钢板制成。端盖经止口与机座配合，用螺栓固定在机座上。

（二）基本原理

微型直流电动机的工作原理与普通直流电动机完全相同，可以用图2-2-3来说明：当在电动机电枢两端施加直流电压 U_a（电枢电压）时，由于电枢电流 I_a 和气隙磁通的相互作用，推动电枢以转速 n 连续旋转。图中，Φ_a 为定子每极磁通；U_a 为电枢电压；E_a 为电枢反电势；I_a 为电枢电流。

电磁式直流电动机的气隙磁通 Φ_a 是可以通过调整激磁电压来调节的，永磁式直流电动机的气隙磁通 Φ_a 一般不可调节。

直流电动机的转速可由下式确定：

$$n=\frac{F}{Ce\Phi_a}=\frac{U_a-I_a R_a-\Delta U_b}{C_e\Phi_a}$$

式中，R_a 为电枢电阻（Ω）；ΔU_b 为一对电刷压降（V）；C_e 为电势常数。

$$C_e=\frac{N_a P}{60a}$$

式中，N_a 为电枢总导体数；p 为极对数；a 为并联支路对数。

由上式可知，可以通过改变电枢电压来调节和控制直流电动机的转速。

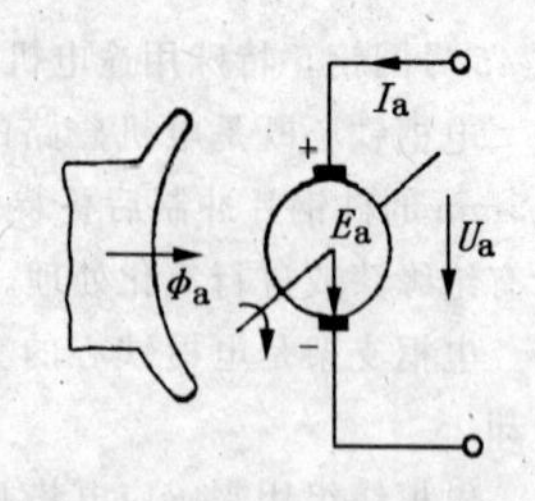

图 2-2-3　微型直流电动机工作原理图

（三）特性

由于表征微型直流电动机工作特征的机械特性和其他工作特性均与电动机的激磁方式有关，下面分别说明电磁式和永磁式直流电动机的工作特性。

1. 电磁式微型直流电动机的工作特性

图 2-2-4、图 2-2-5 分别表示并励、串励直流电动机的机械特性，图 2-2-6 表示电磁式直流电动机工作特性。

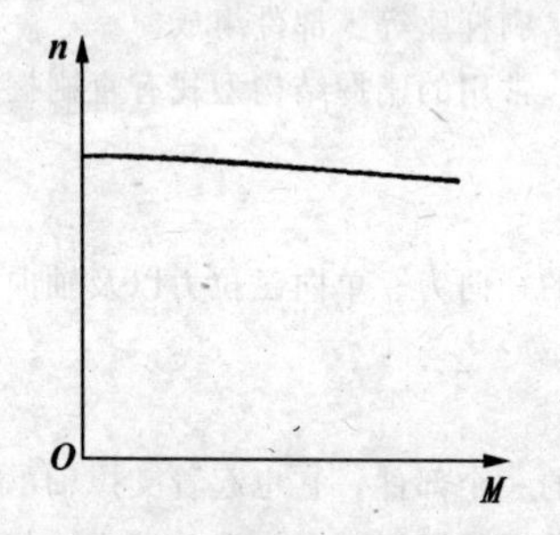

图 2-2-4　并励直流电动机机械特性

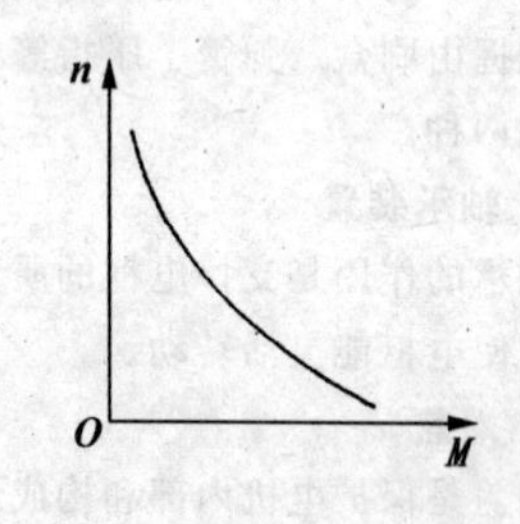

图 2-2-5　串励直流电动机机械特性

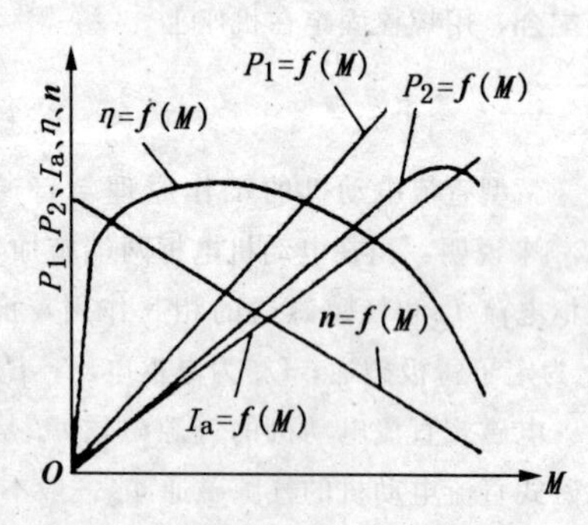

图 2-2-6　电磁式直流电动机工作特性

比较图 2-2-4 和图 2-2-5 可以看出，并励直流电动机和串励直流电动机的机械特性有着明显的差别。并励直流电动机的机械特性为线性下降的硬特性，当电源电压 U_a 变化时，机械特性的斜率是不变的；而串励直流电动机的机械特性为软特性，其特点是随着转矩的增加，电机转速急剧下降。

2. **永磁式直流电动机的工作特性**

图 2-2-7、图 2-2-8 和图 2-2-9 分别为永磁直流电动机的机械特性、调节特性和其他工作特性。

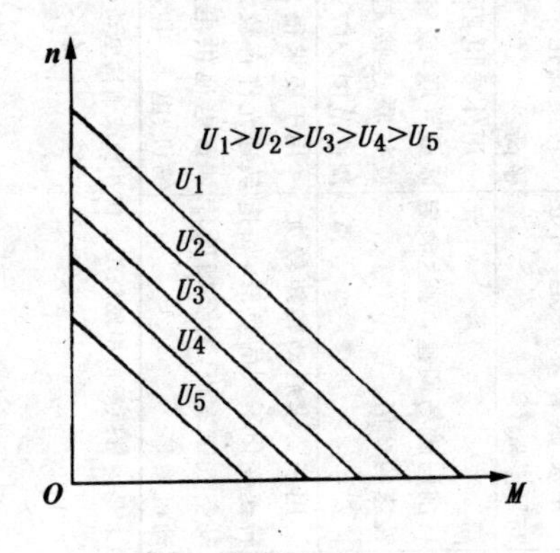

图 2-2-7　永磁直流电动机的机械特性

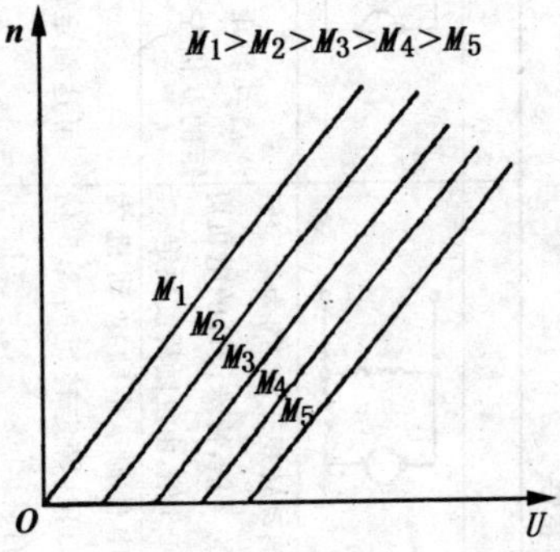

图 2-2-8　永磁直流电动机的调节特性

由图 2-2-7 可见，永磁直流电动机的机械特性与并励式直流电动机相似，也是下降的线性特性，当电源电压变化时，斜率基本不变。机械特性斜率的表达式为：

$$k_{mn}=-3.63\ (\frac{a}{pN_a\Phi_\delta})^2R_a\times10^{10}\qquad (\mathrm{N\cdot m/r/min})$$

式中，a 为支路对数；p 为极对数；N_a 为电枢总导体数；Φ_δ 为气隙磁通；R_a 为电枢电阻。

所谓调节特性，是指直流电动机在一定负载转矩下，转速与电枢电压间的关系，通常表现为线性。永磁直流电动机的调节特性与他励直流电动机的调节特性也十分相似。图 2-2-8 是不同负载转矩下的调节特性，它们的斜率基本不变，并近似等于该电动机的电势系数 K_E。微型直流电动机的特性见表 2-2-1。

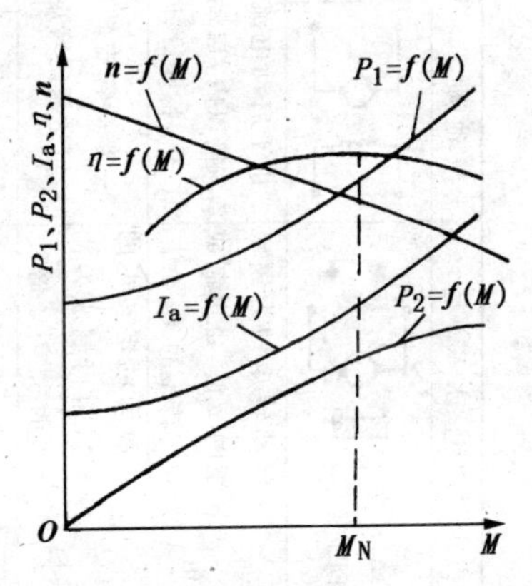

图 2-2-9　永磁直流电动机的工作特性

表 2-2-1　微型直流电动机的特性

励磁方式	永磁	他励	并励	稳定并励①	复励	串励
励磁特征图	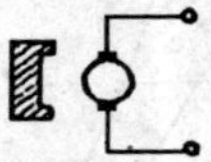	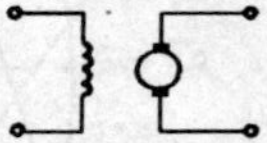	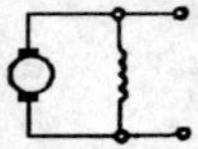	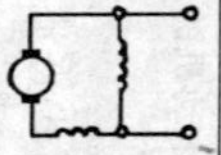	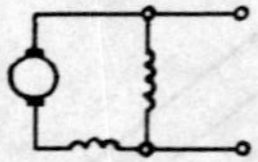	
启动转矩	启动转矩约为额定转矩的 2 倍，也可制成为额定转矩的 4～5 倍	由于启动电流一般限制在额定电流的 2.5 倍以内，启动转矩为额定转矩的 2～2.5 倍，特殊设计的电机可达 3 倍			启动转矩较大，约为额定转矩的 4 倍，特殊设计的电机可达 4.5 倍，由复励程度决定	启动转矩很大，可达额定转矩的 5 倍左右
短时过载转矩	一般为额定转矩的 1.5 倍，也可制成为额定转矩的 3.5～4 倍	一般为额定转矩的 1.5 倍，带补偿绕组时，可达额定转矩的 2.5～2.8 倍			比他励、并励电动机为大，可达额定转矩的 3.5 倍左右	可达额定转矩的 4～4.5 倍
转速变化率	3%～15%	5%～20%			由复励程度决定，可达 25%～30%	转速变化率很大，空载转速极高
调速范围	转速与电枢电压是线性关系，有较好的调速特性，调速范围较大	削弱磁场恒功率调速，转速比可达 1∶2 至 1∶4，特殊设计可达 1∶8，他励时，可调节电枢电压，恒转矩向下调速范围较宽广			削弱磁场调速，可达额定转速的 2 倍	用外接电阻与串励绕组串联或并联，或将串励绕组串联或并联连接起来实现调速。调速范围较广
用途	自动控制系统中作为执行元件及一般传动动力用，如力矩电动机	用于启动转矩稍大的恒速负载，和要求调速的传动系统，如离心泵、风机、金属切削机床、纺织印染、造纸和印刷机械等			用于要求启动转矩较大，转速变化不大的负载，如拖动空气压缩机，冶金辅助传动机械等	用于要求很大的启动转矩，转速允许有较大变化的负载，如蓄电池供电车、起货机、起锚机、电车、电力传动机车等

①稳定并励直流电动机的主磁极励磁绕组由并励绕组和稳定绕组组成。稳定绕组实质上是少量匝数的串励绕组。在并励或他励电动机中采用稳定绕组的目的，在于使转速不致随负载增加而上升，而是略为降低，亦即使电动机运行稳定。

三、直流电动机选型和应用

（一）选型

国内微型直流电动机的系列化产品种类繁多、产量很大，下面介绍一些有代表性的系列。

1. 代表系列

（1）Z系列并（他）励微型直流电动机。该系列有6个规格，额定电压为220V，额定转矩为0.1225～0.98N·m，额定转速为2000r/min和4000r/min，连续工作制。中心高为56mm、60mm、70mm。

（2）ZZD_2-01、02、04串励微型直流电动机。该型产品额定电压分别为110V、220V和32V，额定转矩为1.588N·m和1.137N·m，额定转速为3000r/min和2100r/min，工作制为短时1min。中心高为85mm。

（3）ZYT系列永磁直流电动机。该系列产品均系用铁氧体永磁材料，计有14个规格。额定电压为12V、24V、110V、220V，额定转矩为20～800mN·m，额定转速为1500～8000r/min，效率为53%～76%，外径为Φ36mm～Φ110mm。该系列产品技术性能指标符合IEC标准，适用于家用电器、仪器仪表和医疗机构。

（4）M系列永磁直流电动机。该系列产品均采用铁氧体永磁材料，有36个品种规格。额定电压为6V、9V、12V和24V，额定转矩为（0.78～7.84）mN·m，额定转速为3000r/min，6000r/min和9000r/min，外径为ϕ20mm～ϕ28mm。该系列产品技术性能指标符合部颁标准，适宜在携带式仪器和设备中作驱动元件。

2. 选用微型直流电动机一般应遵循的原则

（1）对系统或工作机械的负载情况进行分析，应考虑不同性质的负载。例如：摩擦负载、粘滞阻尼负载、惯性负载等。有些系统或工作机械的转矩不仅要考虑到额定状态，还应该考虑运动过程中如加速、减速、启动和制动时的转矩。

（2）直流电动机的工作环境条件。例如：温度、海拔高度、冲击振动等，都会对电动机的工作特性（包括负载能力）产生不利的影响。

（3）对直流电动机与负载的连接方式及散热条件如考虑不当，将使直流电动机的负载能力受到影响，并影响使用寿命。

（二）适用范围

各类微型直流电动机的适用范围如下。

(1) 对转速变化不大的机械负载，应选用并（他）励直流电动机。

(2) 串励直流电动机的机械特性为软特性。当负载变化时，转速有明显变化。这种电动机带负载起动时，起动电流比并励电动机小。所以，串励微型直流电动机特别适合于驱动重负载下经常起动的机械负载和冲击性的负载。

(3) 永磁直流电动机与电磁式微型直流电动机相比，具有体积小、质量轻、损耗小、效率高和结构简单等特点，尤其在 100W 以下的永磁直流电动机尤为突出。由于永磁直流电动机的机械特性与并（他）励直流电动机十分相似，因此，它的适用范围与并（他）励直流电动机相仿。

(三) 应用

1. 在汽车电器中的应用

汽车电器用电动机是汽车上的关键零部件。据统计，每辆轿车至少配备 15 台微特电机，高级轿车备有 40～50 台，豪华型轿车配备 70～80 台。

一般车辆采用蓄电池作为直流电源，同时并联上发电机，此发电机与发动机相联。这表明汽车上的直流电源是蓄电池和发电机并联馈电的，从而保证汽车连续不断行驶时不会出现断电现象。汽车电源的输出电压为 12V，有些输出的是双电压 12V 和 24V，特殊要求时可以输出 6V 或 48V。从发展趋势看，汽车电源有向 48V 发展的动向。

(1) 中控门锁。中控门锁是指可由驾驶员集中开闭汽车的前左、后左、前右、后右及行李箱等 5 个门锁。它由电动闭锁器、控制器和连接部件等组成。电动闭锁器的工作原理：永磁式直流电动机接到控制器开闭信号后转动，从而带动齿轮转动，通过齿轮与驱动杆上齿条啮合运动，使驱动杆做直线运动，闭锁器完成一次动作。

图 2-2-10 所示的是中控门锁的传动装置。

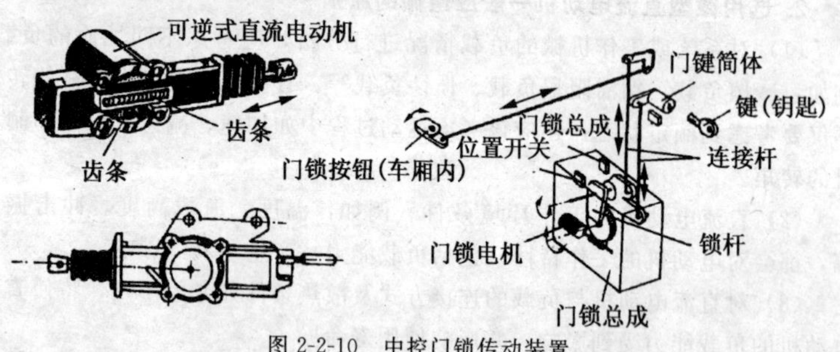

图 2-2-10　中控门锁传动装置

(2) 电动玻璃升降器。电动玻璃升降器可使汽车的车窗玻璃自动升降。其结构一般可分为双导轨式、单导轨式和叉臂式等。目前，双导轨式和单导轨式结构应用较多。电动玻璃升降器由控制器、永磁式直流电动机、减震机构、钢丝绳、滑轮、滑块和导轨等部件组成。通过控制器按钮向电动机发出玻璃升或降的电信号，电动机接到信号后开始动作，经齿轮蜗杆减速后通过顺时针或逆时针旋转来向下或向上拉动钢丝绳，带动钢丝绳上的滑块做向上或向下直线运动，从而使安装在滑块上的玻璃升或降，使车窗玻璃关或开，有些高档轿车还通过增加车窗玻璃升降传感器来达到防夹功能。其结构原理见图 2-2-11。

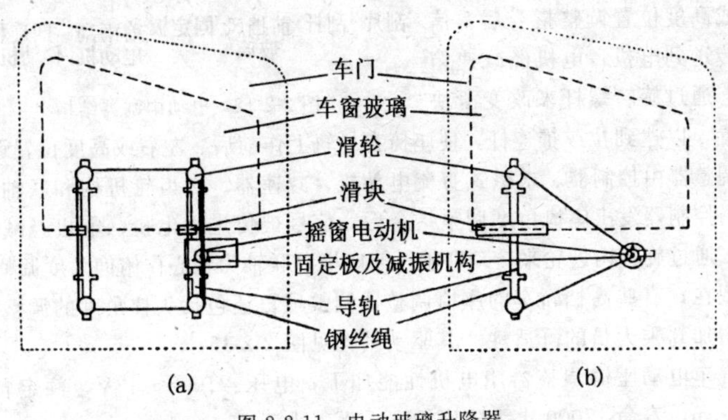

图 2-2-11　电动玻璃升降器

电动玻璃升降器用电机性能如下，电压：12V，功率：30W，额定转矩：1.5～4.5N·m，堵转转矩：8～16N·m，空载转速：62～105r/min，短时工作或断续周期工作制，防水，环境温度：－30～70℃，寿命：300000km，噪声小于 61dB。

(3) 电动雨刮器。电动雨刮器是由控制器、永磁式直流电动机、齿轮蜗杆减速机构、曲柄连杆传动机构、刮杆和刮片等部件组成。其中，电动机和齿轮蜗杆减速机构为一体化结构，电动机经齿轮蜗杆减速机构减速后驱动曲柄连杆传动机构，带动左、右两副刮杆进行有限角度的往复运动，由安装在刮杆上的刮片对汽车挡风玻璃上的雨水、雪和尘埃进行刮刷清洁。电动雨刮器通过在减速机构中安置机械接触式复位机构，可使左、右两副刮杆在停止左右往复运动后仍能恢复到刮刷运动前的初始位置，其结构见图 2-2-12。

一般情况下，电动雨刮器的电动机有高低两挡转速，即高转速时为 (60～80) r/min，低速时为 40～50r/min。电动雨刮器用永磁直流电动机性能参数：电压：12～13V。功率：30～50W，空载转速高速时：60～80r/min，低速时：40～50r/min，寿命：1500000 次无障碍循环，噪声高速时：＜60dB，低速时：＜55dB。

(4) 汽车电动座椅调节器。汽车电动座椅调整器分为前后、左右、高度与角度 4 种。前后、左右、高度位置调整器由控制器、永磁式直流电动机、减速器、螺杆、滑块、连杆和导轨等构成。当控制器发出座椅前后、左右或高度位置调整指令后，信号被传送到电机，电机经减速箱减速，通过旋转螺杆来改变滑块的位置，以达到拉或推连杆，使座椅在导轨上作前后、左右或高度位置调整。角度调整器由控制器、永磁式直流电动机、减速器、内齿轮机构和联轴等构成。当控制器发出座椅角度调整指令后，信号被传送到电机，电机经减速箱减速，通过旋转内齿轮来转动联轴，使座椅以联轴为轴心作俯仰角度调整。

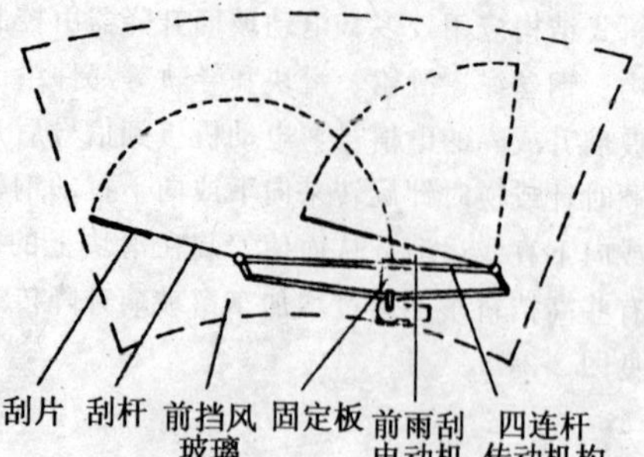

图 2-2-12 电动雨刮器结构

现在，有些高档轿车的座椅调整器调整项目还包括头枕角度的调整，进一步增加驾乘人员的舒适性。其驱动结构见图 2-2-13。

汽车电动座椅调整器用电机性能如下，电压：10.5～13V，额定转矩：2.0N·m，寿命 12000 次无障碍循环，噪声小于 55dB。

2. 在收录音机中的应用

收录音机中普遍采用永磁式直流电动机。其典型品种包括 24L 和 36L 型永磁式直流电动机。其额定电压为 3～12V，额定转速为 1600～3200 r/min，稳速误差≤±2%，抖晃率≤0.05%～0.4%，质量 50～80g。其应用如图 2-2-14 所示。

当永磁式直流电动机转动时，通过传动带带动主飞轮旋转，而平衡飞轮作为机械过滤用，以便使携带工作时产生的摇动对抖晃的影响互相抵消。在负载变化和电源电压变动的恶劣条件下，为确保收录音机的带速误差和抖晃度最小，永磁式直流电动机均装有稳速装置，如离心式稳速器，电子式稳速器和伺服稳速器。

3. 在电动跑步机中的应用

电动跑步机为适应不同年龄的跑步锻炼，采用智能运动控制器和永磁式电动机组成的系统，可以对跑步的速度、时间、距离以及人体的能量消耗、心率状态进行检测和控制。该系统采用的永磁式直流电动机，经传动带减速后带动跑步带转动，经多种传感器和微处理器处理后，使控制器具有多级保护功能，确保使用的安全性。直流电动机输出功率大多为 350～2000W，额定转速为 2800～4800r/min，电源直流电压为 90～220V。

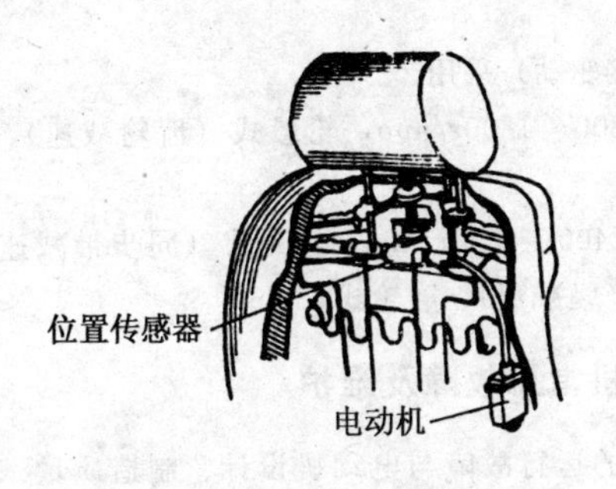

(a)头枕驱动电机及传感器

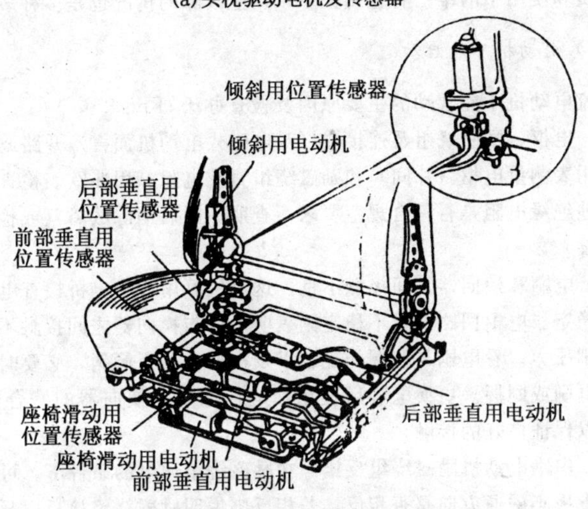

(b)座椅和靠背用驱动电机及传感器

图 2-2-13 电动座椅调整

4. 在电动自行车中的应用

永磁直流有刷电动机被广泛应用于电动自行车的驱动。实际应用表明，它具有高的运行可靠性，极好的调速性能，较大的过载能力，控制简便，完全能胜任电动自行车的运行条件。

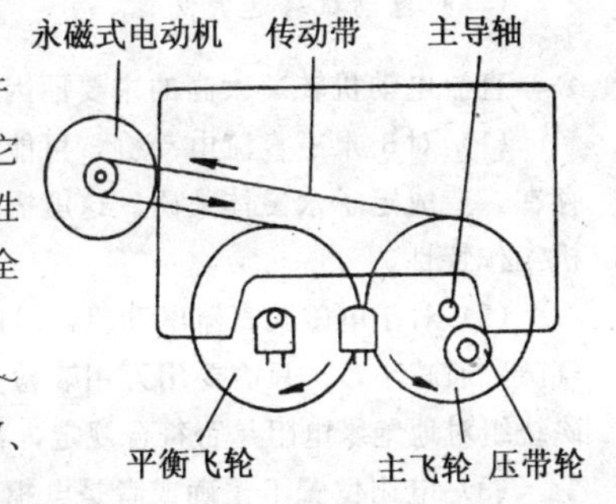

图 2-2-14 收录音机驱动结构

电动自行车电机的功率为 70～235W，其电源电压一般为直流 24V、36V，电机转速可以归为三类：

(1) 低速电机：174r/min（轮径

61cm)，轮毂式（直接驱动）采用。

（2）中速电机：800～1800r/min，轮毂式（齿轮减速），旁挂式（1级减速）采用。

（3）高速电机：2400～4500r/min，轮毂式（同步带减速或齿轮减速）、中轴驱动、旁挂式（2级减速）、磨轮式采用。

四、直流电动机常见故障及维护

微型直流电动机的运行故障与电动机设计、制造质量、工作负载的大小、性质和使用中的维护有直接关系，产生故障的情况也是多种多样的。

（一）电动机不能启动

直流电动机不能起动的主要原因及检查办法如下：

（1）电枢、励磁绕组及连接线（对电磁式电动机而言）开路或接地。这可用万用表测量电枢（片间）和励磁绕组直流电阻。用兆欧表检查各导电部分的对地绝缘电阻是否符合规范要求，查明原因后消除故障（或检修或更换损坏部件）。

（2）电刷和换向器之间接触不良。这可用万用表或电桥检查电枢回路电阻是否稳定。电枢回路电阻不稳定则表明电刷与换向器之间接触不良，需要调整电刷压力。看电刷与刷握的配合以及刷握孔是否倾斜，必要时需要更换弹簧、电刷或刷握。更换电刷后使用前应使电刷与换向器的磨合面达75％以上，以保证良好的接触。

（3）串励电动机励磁绕组反接。在励磁绕组通电的条件下，可用小型指南针检查极小磁通方向是否相反，若相反则说明励磁绕组接反，只需将一极上绕组的两引线对换一下即可。

（二）电动机转速太高

直流电动机转速太高的主要原因及检查办法如下：

（1）对于永磁直流电动机，可能是由于电动机强过载或周围强外磁场的存在，造成定子永磁体失磁。这就需要对永磁体再充磁，充磁后应检查电动机工作特性。

（2）对于电磁式直流电动机，可能是励磁绕组短路或接地而导致电动机气隙磁通减小，这只需要用万用表检查励磁绕组直流电阻，用兆欧表检查励磁绕组对地绝缘电阻是否符合规定，否则应更换励磁绕组及相应绝缘结构件。

（3）电刷位置不正确或者是电枢元件引接线和换向片的焊接位置不对。这种情况需要专业维修人员进行维修。

（三）电动机转速过低

直流电动机转速过低的主要原因如下：

（1）电枢绕组元件有短路、开路现象。

（2）换向器换向片间有短路，接地现象。

（3）电刷位置不正确或电枢元件引接线至换向器上换向片的位置不对，需专业维修。

（四）电火花大，换向器及电刷发热严重

这种故障主要原因及排除方法如下：

（1）换向器表面氧化造成电刷与换向器的接触不良。简单的改善办法是用细砂布将换向器表面抛光，除去氧化层及其他污物，改善接触性能。

（2）换向器片间绝缘层（云母或塑料）下刻不好。由于局部超出换向片高，因此造成换向器表面不光滑。

（3）电刷刷盒松动造成刷盒位置不正确。只需将刷盒位置纠正并重新坚固即可。

（4）电刷压力不当，对于微型直流电动机，一般电刷压力应在 4.9～19.6kPa 范围内。

（5）电枢绕组短路、开路、接地或反接等。

（6）串励直流电动机的励磁绕组接地或短路。

（7）电枢绕组元件引接线接到换向片的焊接位置不对。需移动电刷位置从而达到消除火花或将火花减到极小。对于某些微型直流电动机，由于结构的原因，电刷无法移动，因此只有重新纠正焊头位置，需由专业人员进行。

（8）换向片片间短路或接地。

（五）反转时火花增大

本故障主要原因及排除方法如下：

（1）电刷位置不正确，需要重新调整电刷位置以减小火花。

（2）电枢绕组元件引接线接到换向片的焊接位置不当，此故障则需专业人员维修。

五、直流电动机产品技术数据

（一）ZY 系列永磁直流电动机

ZY 系列永磁直流电动机是按用户要求设计制造的专用电动机。这类电动机又可分为 ZYB 直流泵用电动机、ZY 直流减速电动机、ZYW 直流稳速电动机。

表 2-2-2 ZY 系列永磁直流电动机技术数据(一)

型号	额定电压 (V)	额定电流 (A)	额定转速 (r/min)	额定功率 (W)	转矩 (N·m)	减速比	工作制	外形尺寸(mm)		
								总长	外径	轴径
ZY-3	24	0.5	2400	3.2		32.14∶1		118	54(宽)	6
22ZY-W	40	0.15	19.7	0.37		601∶1		100.7	80(高)	4.8
26ZY01	18	堵转:0.35	空载:2300		堵转:17.5×10^{-3}			93	26	3
26ZY02	18	堵转:0.35	空载:2600		堵转:17.5×10^{-3}			86.7	26	2
27ZY02	28	0.54	5500		12×10^{-3}			59	27	3
27ZY-3.5	27	0.3	6000	3.5				59.5	27	3
35ZYB-3	24	0.6	7000	3.2		152∶1			35	
36ZY-01	28	1.15	5000		21.56×10^{-3}		短时	61	36	4.54
36ZY-02	28	1.15	5000		21.56×10^{-3}			61	36	4.54
36ZY03-CJ	28	1.15	250	9.6	400×10^{-3}			101.2	36	7
40ZY-01	28	2.6	6400		53.90×10^{-3}		短时		40	
40ZY-02	24	1.1	3500	14.3		20∶1		85	40	4
40ZY-03	28	2.6	6400		55×10^{-3}			91.7	40	5
40ZY-04	28	2.6	6400		54.8×10^{-3}				40	4.98
53ZY-01	24	2.06	4480		59×10^{-3}			125	53	M6
53ZY-02	12	4.13	4480		59×10^{-3}			125	53	M6
63ZY-01	30	1.6	2700		86.24×10^{-3}			123	63	6.4
63ZY-02	30	1.6	2700		86.24×10^{-3}			117.3	63	6.95
63ZY-03	30	1.6	2700		86.24×10^{-3}			144.3	63	6.95
63ZY03-CJDZ	30	1.6	270					158	63	8
78ZY-01	24	4.73	3950		180×10^{-3}	10∶1		172	78	M4
78ZY-02	24	5.94	5700		120×10^{-3}			125	78	8

生产厂家:西安西电微电机有限责任公司。

表 2-2-3　ZY 系列永磁直流电动机技术数据（二）

型号	额定电压（V）	电压许可变动范围	额定转速（r/min）	额定转矩（mN·m）	额定功率（W）	额定电流（A）（不大于）	外形尺寸（mm）			质量（g）
							总长	外径	轴径	
20ZY1	9	±10	3000	0.69	0.21	0.15	71	20	2	66
20ZY2	6	±10	2200	0.34	0.80	0.12	71	20	2	49
20ZY3	9	±10	4500	0.78	0.37	0.18	71	20	2	66
20ZY5	9	±10	3750	0.78	0.30	0.18	71	20	2	66
20ZY9	24	±10	6000	0.98	0.62	0.12	70	20	2	66
40ZY1	24	±10	3000	29.4	9.2	0.95	106	40	4	345
40ZY2	24	±10	3000	14.7	4.6	0.58	95	40	4	250
40ZY3	24	±10	4500	29.4	13.8	1.40	106	40	4	345
40ZY4	24	±10	4500	14.7	6.9	0.80	95	40	4	250
40ZY5	24	±10	6000	29.4	18.9	1.40	106	40	4	345
40ZY6	24	±10	6000	14.7	9.2	1.05	95	40	4	250
40ZY10	12	±12.5	4500	13.7	6.4	1.80	95	40	4	250

生产厂家：上海金陵雷戈勃劳伊特电机有限公司。

表 2-2-4　ZYW 系列永磁直流电动机技术数据

型号	额定电压（V）	额定转速（r/min）	额定转矩（mN·m）	额定功率（W）	额定电流（A）（不大于）	外形尺寸（mm）			质量（g）
						总长	外径	轴径	
20ZYW1	9	3500	1.37	0.5	0.15	53	20	2	60
20ZYW2	6	3000	0.59	0.18	0.17	44.5	20	2	43
20ZYW3	9	5000	1.96	1.0	0.27	53	20	2	60
20ZYW4	6	3500	0.98	0.35	0.25	44.5	20	2	43
20ZYW6	6	5000	0.98	0.5	0.30	44.5	20	2	43
20ZYW8	9	7000	0.98	0.7	0.22	44.5	20	2	43
20ZYW9	24	7000	1.47	1.07	0.13	53	20	2	60
30ZYW1	6	5000	9.8	5.1	1.80	66	30	3	135
30ZYW2	12	3500	4.9	1.8	0.46	58	30	3	100
30ZYW3	24	3500	9.8	3.6	0.36	66	30	3	135
30ZYW4	24	3500	4.9	1.8	0.27	58	30	3	100
30ZYW5	9	5000	9.8	5.1	1.10	66	30	3	135

续表

型号	额定电压(V)	额定转速(r/min)	额定转矩(mN·m)	额定功率(W)	额定电流(A)(不大于)	外形尺寸(mm)			质量(g)
						总长	外径	轴径	
30ZYW6	12	5000	4.9	2.55	0.60	58	30	3	100
30ZYW7	24	5000	9.8	5.1	0.48	66	30	3	135
30ZYW8	24	5000	4.9	2.55	0.30	58	30	3	100
30ZYW9	24	7000	9.8	7.1	0.57	66	30	3	135
30ZYW10	24	7000	4.9	3.6	0.37	58	30	3	100
40ZYW1	24	3500	39.2	14.3	1.10	86	40	4	290
40ZYW2	24	3500	19.6	7.1	0.66	73	40	4	190
40ZYW3	24	5000	39.2	20.5	1.60	86	40	4	290
40ZYW4	24	5000	19.6	10.2	0.80	73	40	4	190
40ZYW5	24	7000	39.2	28.5	2.00	86	40	4	290
40ZYW6	24	7000	19.6	14.3	1.15	73	40	4	190
40ZYW8	12	5000	12.74	6.6	1.05	73	40	4	190
40ZYW9	9	5000	39.2	20.5	4.00	86	40	4	290

生产厂家：上海金陵雷戈勃劳伊特电机有限公司。

（二）ZYN钕铁硼永磁直流电动机

表 2-2-5　ZYN钕铁硼永磁直流电动机技术数据

型号	额定电压(V)	额定转速(r/min)	额定转矩(mN·m)	额定电流(A)(不大于)	额定功率(W)	外形尺寸(mm)			质量(g)
						总长	外径	轴径	
ZYN40-01	24	3000	80	1.7	25.1	86	40	4	300
ZYN40-03	24	5000	70	2.4	36.7	86	40	4	300
ZYN40-03	24	7000	60	2.8	44.0	86	40	4	300
ZYN45-02	12	3000	100	4.1	31.4	95	45	5	450
ZYN45-04	24	3000	100	2.1	31.4	95	45	5	450

生产厂家：上海金陵雷戈勃劳伊特电机有限公司。

（三）M系列永磁直流电动机

表 2-2-6　M系列永磁直流电动机技术数据

型号	额定电压 (V)	额定转矩 (mN·m)	额定转速 (r/min)	额定功率 (W)	额定电流 (A) (不大于)	外形尺寸（mm）			质量 (g)
						总长	外径	轴径	
M20-231	6	0.98	3000	0.30	0.23	44.5	20	2.5	40
M20-232	6	1.96	3000	0.61	0.33	53	20	2.5	50
M20-261	6	0.98	6000	0.61	0.43	44.5	20	2.5	40
M20-262	6	1.96	6000	1.20	0.65	53	20	2.5	50
M20-291	6	0.78	9000	0.74	0.50	44.5	20	2.5	40
M20-292	6	1.57	9000	1.48	0.75	53	20	2.5	50
M20-331	9	1.18	3000	0.37	0.15	44.5	20	2.5	40
M20-332	9	2.45	3000	0.77	0.25	53	20	2.5	50
M20-361	9	1.18	6000	0.75	0.25	44.5	20	2.5	40
M20-362	9	2.45	6000	1.54	0.46	53	20	2.5	50
M20-391	9	0.98	9000	0.92	0.27	44.5	20	2.5	40
M20-392	9	1.96	9000	1.84	0.58	53	20	2.5	50
M20-431	12	1.18	3000	0.37	0.12	44.5	20	2.5	40
M20-432	12	2.45	3000	0.77	0.19	53	20	2.5	50
M20-461	12	1.18	6000	0.75	0.20	44.5	20	2.5	40
M20-462	12	2.45	6000	1.54	0.35	53	20	2.5	50
M20-491	12	0.98	9000	0.92	0.30	44.5	20	2.5	40
M20-492	12	1.96	9000	1.84	0.42	53	20	2.5	50
M20-892	24	2.45	6000	1.54	0.18	53	20	2.5	50
M20-892	24	1.96	9000	1.84	0.22	53	20	2.5	50
M28-231	6	3.92	3000	1.2	0.55	58.5	28	3	100
M28-232	6	7.84	3000	2.46	1.00	66.5	28	3	130
M28-261	6	3.92	6000	2.46	1.00	58.5	28	3	100
M28-262	6	7.84	6000	4.9	1.90	66.5	28	3	130
M28-331	9	4.9	3000	1.54	0.45	58.5	28	3	100
M28-332	9	9.8	3000	3.0	0.80	66.5	28	3	130
M28-361	9	4.9	6000	3.0	0.82	58.5	28	3	100
M28-362	9	9.8	6000	6.0	1.50	66.5	28	3	130
M28-391	9	3.92	9000	3.7	1.05	58.5	28	3	100
M28-392	9	7.84	9000	7.3	1.85	66.5	28	3	130

续表

型号	额定电压(V)	额定转矩(mN·m)	额定转速(r/min)	额定功率(W)	额定电流(A)(不大于)	外形尺寸（mm）			质量(g)
						总长	外径	轴径	
M28-431	12	4.9	3000	1.54	0.33	28	58.5	3	100
M28-432	12	9.8	3000	3.0	0.60	28	66.5	3	130
M28-461	12	4.9	6000	3.0	0.60	28	58.5	3	100
M28-462	12	9.8	6000	6.0	1.15	28	66.5	3	130
M28-491	12	3.92	9000	3.7	0.73	28	58.5	3	100
M28-492	12	7.84	9000	7.3	1.35	28	66.5	3	130
M28-831	24	4.9	3000	1.54	0.17	28	58.5	3	100
M28-832	24	9.8	3000	3.0	0.30	28	66.5	3	130
M28-861	24	4.9	6000	3.0	0.30	28	58.5	3	100
M28-862	24	9.8	6000	6.0	0.55	28	66.5	3	130
M28-891	24	3.92	9000	3.7	0.37	28	58.5	3	100
M28-892	24	7.84	9000	7.3	0.65	28	66.5	3	130
36M832	24	24.5	3000	7.7	0.65	36	83	3	260
38M862	24	24.5	6000	15.4	1.25	36	83	4	260
36M892	24	21.56	9000	20.6	1.6	36	83	4	260
36M432	12	24.5	3000	7.7	1.3	36	83	4	260
36M462	12	24.5	6000	15.4	2.35	36	83	4	260
36M492	12	21.56	9000	20.3	3.2	36	83	4	260
36M471	12	9.8	7000	7	1.2	36	73	4	260
45M332	24	53.9	3000	17	1.25	45	95	4	450
45M362	24	53.9	6000	34	2.4	45	95	5	450
45M892	24	43.12	9000	40.6	2.8	45	95	5	450
45M432	12	53.9	3000	17	2.5	45	95	5	450

生产厂家：上海金陵雷戈勃劳伊特电机有限公司。

（四）ZYR 系列永磁直流电动机

表 2-2-7　ZYR 系列永磁直流电动机外形尺寸　　单位：mm

型　号	长×外径	型　号	长×外径
ZYR24	48×24	ZYR28	60×27.7
ZYR24	48×24	ZYR36	67×36.8

表 2-2-8 ZYR 系列永磁直流电动机技术数据

型号	电压(V)		空载		最大效率					启动
	工作范围	正常	转速 (r/min)	电流 (A)	转速 (r/min)	电流 (A)	转矩 (mN·m)	输出功率 (W)	效率 (%)	转矩 (mN·m)
ZYR24101-T-E	1.2～3.0	1.2	5500	0.25	4200	0.85	0.98	0.430	42.3	3.528
ZYR24111-T-E	1.5～3.0	2.5	8300	0.32	7000	0.70	0.98	0.720	41.1	4.9
ZYR24201	1.5～3.0	1.5	8300	0.30	6000	1.60	1.176	0.740	30.8	3.528
ZYR24202-T	1.5～3.0	1.5	7500	0.30	6500	0.62	0.588	0.400	43.1	3.528
ZYR24211-T	3.0～5.0	6	6500	0.18	2400	0.8	2.45	0.620	43.2	3.92
ZYR24211	3.0～12.0	3	5200	0.15	3500	0.42	1.47	0.540	42.8	4.9
ZYR24212	1.5～6.0	3	10500	0.30	8500	1.20	2.45	2.180	60.7	11.76
ZYR24213	1.5～6.0	3	8700	0.20	6700	1.00	2.45	1.340	64.0	11.27
ZYR24213-Y	1.5～3.0	3	9300	0.30	8000	0.70	0.98	0.820	39.2	7.35
ZYR24214-E	1.5～4.0	4	10500	0.22	9500	0.35	0.49	0.49	34.9	7.35
ZYR24215	2.0～12.0	3	4000	0.12	2300	0.52	2.45	0.580	31.8	5.39
ZYR24215-E	1.5～6.0	2	2700	0.16	1700	0.30	1.176	0.210	35.0	2.94
ZYR24221	1.5～6.0	6	10800	0.15	8000	0.60	0.45	2.600	62.7	14.7
ZYR24222	3.0～6.0	6	12400	0.18	10000	1.10	3.92	4.110	62.3	19.6
ZYR24223	6.0～12.0	6	3700	0.065	2850	0.170	1.47	0.440	43.0	5.39
ZYR24231	3.0～12.0	12	14700	0.120	12000	0.630	2.45	3.080	59.8	13.72
ZYR24232	6.0～12.0	12	11500	0.95	9500	0.380	2.94	2.930	64.3	14.7

续表

型号	电压(V)		空载		最大效率					启动转矩 (mN·m)
	工作范围	正常	转速 (r/min)	电流 (A)	转速 (r/min)	电流 (A)	转矩 (mN·m)	输出功率 (W)	效率 (%)	
ZYR28111-T-E	3.0～6.0	3	6500	0.300	5200	0.65	1.47	0.800	41.0	4.41
ZYR28112-S	2.4～6.0	2	3300	0.300	2200	0.56	1.47	0.340	25.3	4.41
ZYR28121	6.0～12.0	6	8000	0.250	6000	0.80	3.92	2.470	54.2	14.7
ZYR28122	3.0～12.0	6	10000	0.250	8000	1.00	3.92	3.290	54.8	15.68
ZYR28131	12.0～24.0	12	8700	0.150	6700	0.00	4.9	3.440	47.8	17.64
ZYR28132	6.0～24.0	12	9500	0.150	7500	0.50	3.92	3.080	51.4	18.62
ZYR28133	6.0～12.0	12	11600	0.150	9500	0.60	3.92	3.900	54.3	20.58
ZYR28134	6.0～12.0	12	12500	0.180	11000	0.65	3.92	4.520	57.9	23.52
ZYR28135	6.0～12.0	12	14000	0.200	12500	0.75	3.92	5.140	57.1	25.48
ZYR28136	12.0～24.0	12	6800	0.120	5000	0.40	3.92	2.060	42.8	14.21
ZYR28141-T	12.0～24.0	24	14200	0.150	12000	0.60	2.45	3.080	42.8	15.68
ZYR28331	6.0～12.0	12	10000	0.420	8500	0.80	7.84	6.99	72.8	27.44
ZYR28341	12.0～24.0	24	10800	0.130	8600	0.56	7.84	7.070	52.8	33.32
ZYR28341-S	12.0～24.0	24	10800	0.130	8600	0.56	7.84	7.070	52.8	34.3
ZYR28342	12.0～24.0	24	12500	0.160	10000	0.64	7.84	8.22	53.5	39.2
ZYR28343	18.0～24.0	24	7300	0.100	3000	0.55	14.7	4.630	35.1	22.54
ZYR28344	22.0～24.0	24	5500	0.06	1500	0.50	14.7	2.310	19.3	18.62

生产厂家:上海金陵雷戈勃劳伊特电机有限公司

续表

型号	电压(V)		空载		最大效率					启动转矩
	工作范围	正常	转速 (r/min)	电流 (A)	转速 (r/min)	电流 (A)	转矩 (mN·m)	输出功率 (W)	效率 (%)	(mN·m)
ZYR28123	1.5～6.0	6	21000	1.40	17600	3.10	5.88	10.900	58.4	32.34
ZYR28142-T-S	12.0～24.0	24	18000	0.18	14500	0.38	3.43	5.220	57.2	17.64
ZYR28231	6.0～18.0	12	8800	0.25	7550	0.55	5.36	4.250	70.8	19.6
ZYR36111-E	3.0～12.0	8.6	7200	1.400	6000	4.30	15.09	9.400	55.0	78.4
ZYR36121	6.0～12.0	6	9200	0.640	8000	3.50	12.74	10.600	50.8	127.4
ZYR36122	6.0～12.0	6	8200	0.620	7000	3.90	19.6	14.400	61.5	127.4
ZYR36131	6.0～12.0	12	15500	0.700	13500	3.60	16.66	23.500	54.6	94.08
ZYR36132	12.0～24.0	12	7000	0.300	5800	1.50	18.62	11.300	62.9	107.8
ZYR36133	12.0～24.0	12	4500	0.400	3500	1.25	19.6	7.190	48	88.2
ZYR36141	12.0～24.0	24	8700	0.300	7500	1.00	18.62	15.00	61.0	119.56
ZYR36321	3.0～6.0	6	12400	1.200	12000	5.60	19.6	24.600	73.4	196
ZYR36322	3.0～12.0	6	9300	0.900	8600	4.40	19.6	17.600	66.9	186.2
ZYR36323	3.0～6.0	6	13600	1.250	11500	7.20	24.5	30.000	68.4	191.1
ZYR36331	6.0～12.0	12	14300	0.700	13000	3.50	22.54	34.900	73.1	225.4
ZYR36332	3.0～12.0	12	18000	1.200	17000	4.50	10.6	37.000	64.7	196
ZYR36333	3.0～12.0	12	19000	1.200	18000	5.50	19.6	12.000	56.1	235.2
ZYR36334	12.0～24.0	12	6800	0.280	5000	1.70	24.5	16.200	63.0	147

续表

型号	电压(V)		空载		最大效率					启动
	工作范围	正常	转速 (r/min)	电流 (A)	转速 (r/min)	电流 (A)	转矩 (mN·m)	输出功率 (W)	效率 (%)	转矩 (mN·m)
ZYR36341	12.0～24.0	24	7800	0.190	6700	1.00	23.03	16.200	67.6	147
ZYR36341-K	12.0～24.0	24	7800	0.190	6700	1.00	23.03	16.200	67.6	147
ZYR36342	12.0～24.0	24	9400	0.250	8000	1.00	19.6	16.300	68.4	205.8
ZYR36343	12.0～24.0	24	11500	0.500	10500	1.60	21.5	26.900	70.0	205.8
ZYR36344	12.0～24.0	24	14000	0.500	13000	1.80	19.6	26.700	61.8	245
ZYR36345	12.0～24.0	24	11000	0.380	9300	1.25	21.85	21.500	71.0	235.2
ZYR36346	22.0～24.0	24	4500	0.100	3000	0.85	39.2	12.300	60.3	98
ZYR36351	12.0～32.0	32	12000	0.400	10000	1.80	39.2	41.100	71.3	245
ZYR36352	24.0～32.0	32	8000	0.200	7000	0.75	22.54	16.500	68.8	225.4
ZYR36361	24.0～48.0	48	7500	0.150	7000	0.46	19.6	14.500	65.2	245
ZYR36335-S	3.0～12.0	12	18400	0.900	16400	6.50	28.22	48.600	62.0	245

生产厂家:天津市微电机公司。

（五）ZYT 系列永磁直流电动机

表 2-2-9　ZYT 系列永磁直流电动机技术数据（一）

型　号	电压 (V)	转矩 (mN·m)	转速 (r/min)	电　流 (A) (不大于)	功率 (W)	允许顺逆转差 (r/min)	外形尺寸（mm）			质量 (kg)
							总长	外径	轴径	
20ZYT11	12	3.92	6000±30%	0.5	2.5	—	62	20	2.9	—
28ZYT11	27	14.7	6000±30%	0.85	0	—	82	28	3.9	—
55ZYT01	24	83.35	5000±15%	2.73	41	300	124.5	55	5	—
70ZYT01	24	196.13	3000	4.3	61	200	134.5	70	6	—
70ZYT02	24	196.13	5000	7.0	102	300	134.5	70	6	—
70ZYT03	24	196.13	8000	11.6	164	400	134.5	70	6	—
70ZYT04	48	196.13	3000	2.1	61	200	134.5	70	6	—
70ZYT05	48	196.13	5000	3.5	102	300	134.5	70	6	—
70ZYT06	48	196.13	8000	5.8	164	400	134.5	70	6	—
70ZYT07	110	196.13	3000	0.9	61	—	134.5	70	6	—
70ZYT51	24	245	3000	5.3	76	200	144.5	70	6	—
70ZYT52	24	245	5000	8.7	128	300	144.5	70	6	—
70ZYT53	24	245	8000	14.6	205	400	144.5	70	6	—
70ZYT54	48	245	3000	3.0	76	200	144.5	70	6	—
70ZYT55	48	245	5000	4.4	128	300	144.5	70	6	—
70ZYT56	48	245	8000	7.3	205	400	144.5	70	6	—
90ZYT01	110	392.26	1500	1.0	61.5	100	154	90	8	—
90ZYT02	110	392.26	3000	1.9	123	200	154	90	8	—
90ZYT03	220	392.26	1500	0.5	61.5	100	154	90	8	—
90ZYT04	220	392.26	3000	1.0	123	200	154	90	8	—
90ZYT10	24	392.26	3000	8.5	123	200	154	90	8	—
90ZYT51	110	588.39	1500	1.4	92	100	174	90	8	—
90ZYT52	110	588.39	3000	2.9	185	200	174	90	8	—
90ZYT53	220	588.39	1500	0.75	92	100	174	90	8	—
90ZYT54	220	588.39	3000	1.5	185	200	174	90	8	—
90ZYT55H	90	392	700	0.5	29	—	200	90	12	—
90ZYT60	24	588.39	3000	1.25	185	200	174	90	8	—
110ZYT04	110	800	3000±10%	3.1	252	200	216	110	10	—
ZYT-140	24	343	3900	9	140	—	84.5	160	14.6	2.6
ZYT-160	24	392	3900	10	160	—	84.5	160	14.6	2.6

生产厂家：博山电机集团股份有限公司。

表 2-2-10　ZYT 系列永磁直流电动机技术数据（二）

型　号	直流电压（V）	转矩（mN·m）	转速（r/min）	电　流（A）（不大于）	输出功率（W）	效率（%）	空载转速（r/min）	外形尺寸（mm）		
								总长	外径	轴径
ZYT3606	12	20	8000	2.25	14.20	62	10500	80	36	4
ZYT3608	24	20	3000	0.48	0.54	53	4500	80	36	4
ZYT3613	12	—	7400	0.60	2.50	—	—	80	36	4
ZYT3614	24	—	6000	1.10	15	—	—	85.7	36	4
ZYT11004	110	800	3000	3.09	226	74	3700	220	110	11
ZYT11061T	110	1170	750	1.30	90	—	—	212	110	12
ZYT11012F	48	136.5	3500±10%	1.70	50	—	—	220	110	11
110ZYT01	110	500	1500	1.08	70.7	66	1900	220	110	11
110ZYT02	110	800	1500	1.68	113	68	1900	220	110	11
110ZYT03	110	500	3000	1.98	141	72	3700	220	110	11
110ZYT05	220	500	1500	0.52	70.7	68	1850	220	110	11
110ZYT06	220	800	1500	0.82	113	70	1850	220	110	11
110ZYT07	220	500	3000	0.96	141	74	3650	220	110	11
110ZYT08	220	800	3000	1.50	226	76	3650	220	110	11

生产厂家：山东山博电机集团有限公司微电机厂。

（六）36ZY55H 型永磁直流电动机

表 2-2-11　36ZY55H 型永磁直流电动机技术数据

型　号	电压（V）	电　流（A）（不大于）	转矩（mN·m）	转速（r/min）	功率（W）	外形尺寸（mm）		
						总长	外径	轴径
36ZY55H1	24	1.1	24.51	6000±15%	15	91	36	4
36ZY55H2	24	1.1	24.51	6000±15%	15	97	36	5
36ZY55H4	24	1.1	24.51	6000±15%	15	92	36	4.8
36ZY55H5	24	1.1	24.51	6000	15	97	36	5

生产厂家：山东山博电机集团有限公司微电机厂。

（七）ZYX、ZYJ、ZC、ZYC型永磁直流减速电动机

表 2-2-12　ZY系列永磁直流减速电动机技术数据

型　号	转矩 (N·m)	电压 (V)	电　流 (A) (不大于)	转速 (r/min)	外形尺寸（mm）			质量 (kg)	备注
					总长	外径	轴径		
36ZYX61	7.84	110	0.25	≥8	164.5	36	10	0.71	行星减速
36ZYX61T1	7.84	110	0.3	≥8	168.5	36	8	0.72	行星减速
36ZYX62	0.196	24	0.1	0.3～1	180	36	10	0.75	行星减速
55ZYJ01-Ⅱ	7.84	110	0.6	≥12.5	180	55	8	1.7	谐波减速
70ZC01	0.588	110	0.26	$80\pm^{20}_{0}$	166	70	8	1.7	
70ZYC01	0.588	110	0.26.	$80\pm^{20}_{0}$	174	70	8	1.7	

生产厂家：山东山博电机集团有限公司微电机厂。

（八）ZF、ZD系列直流电动机

表 2-2-13　ZF系列直流电动机技术数据

型　号	电枢电压 (V)	电压 (V)		转速 (r/min)	电　流 (A) (不大于)	外形尺寸（mm）			质量 (kg)
						总长	外径	轴径	
ZF1	100	20	40	2850	0.5	149	108	10	3.3
ZF2	100	24		2850	0.5	149	108	10	3.3

生产厂家：山东山博电机集团有限公司微电机厂。

表 2-2-14　ZD系列直流电动机技术数据（一）

型号	电压 (V)	有效功率 (W)	励磁电压 (V)	电　流 (A) (不大于)	转速 (r/min)	额定转矩 (N·m)	允许顺逆转速差 (r/min)	外形尺寸（mm）			质量 (kg)
								总长	外径	轴径	
ZD1	110	41	24	0.7	2600	0.151	300	149	108	10	3.3
ZD2	100	41	24	0.7	2600	0.151	300	149	108	10	3.3

生产厂家：本溪宝业微电机有限责任公司。

表 2-2-15　ZD 系列直流电动机技术数据（二）

型号	电压(V)	电流(A)(不大于)	转矩(N·m)	转速(r/min)	功率(W)	转向(从轴伸端视)	外形尺寸(mm)			质量(kg)	备注
							总长	外径	轴径		
110ZD170	12	24	0.882	1700～2000	170	顺时针	223	220	12	5.8	励磁方式:并励
110ZD170N	12	24	0.882	1700～2000	170	逆时针	223	110	12	5.8	励磁方式:并励
110ZD250	12	32	0.980	1800～2100	250	顺时针	253	110	12	7.5	励磁方式:并励
110ZD200	24	13	1.274	1500～1800	200		321	130	14	10	串励
138ZD350	12	40	0.166	2000～2300	350	顺时针	285	138	14	10	
133ZD350N	12	40	0.166	2000～2300	350	逆时针	285	138	14	10	

生产厂家:山东山博电机集团有限公司微电机厂。

（九）ZZD2 直流电动机

表 2-2-16　ZZD2 直流电动机技术数据

型号	电压(V)	电压(V)		电流(A)		功率(W)	转速(r/min)	转矩(mN·m)	工作方式	外形尺寸(mm)		
		励磁	电枢	励磁	电枢					总长	外径	轴径
ZZD2-01	串励	110		7.0		500	3000	1.588	1min	219.5	85	14
ZZD2-02	串励	220		3.5		500	3000	1.588	1min	219.5	85	14
ZZD2-03	他励	32		0.76	11.5	250	2300±100	1.039	持续率 50%	219.5	85	14
ZZD2-04	串励	32		12		250	2100±100	1.137	持续率 60%	219.5	85	14
ZZD2-05	并励	220		0.116	2.0	300	3000±100	0.926	连续	219.5	85	14

生产厂家：天津安全电机有限公司。

（十）SN系列印制绕组永磁直流电动机

表2-2-17 SN系列印制绕组永磁直流电动机技术数据

型号	额定电压(V)	电流(A)	额定转速(r/min)	功率(W)	减速比	外形尺寸(mm)		
						总长	外径	轴径
110SN-02	18	2.8	4000	25		47	110	6
110SN-03CJ	26	6	114.3	100	35：1	195	110	16
110SN-04CJ	26	6	80	100	50：1	182.5	110	16
110SN05	26	6	4000	100		131	110	11
110SN06	22	6.7	4800	70		90.3	110	12
145SN01-CJ	42	6.6	60	300	50：1	245.5	145	24
154SN01-CJ	18.3	5.5	130	50	25：1	127	154	10
160SN-01	42	8.6	2500	200		140	160	10
245SN-01	80	18	3000	1000		137	245	15
245SN-02	80	14.8	3000	1000		261.5	245	20
278SN-01	172	14.9	3000	2200		260	278	28
330SN-01	136	37	3000	4500		209.5	330	18
330SN-02	272	32	3000	9000		465	330	28

生产厂家：西安微电机研究所。

（十一）BFG系列永磁直流稳速电动机

表2-2-18 BFG系列永磁直流稳速电动机技术数据

型号	工作电压(V)	工作电压范围(V)	额定负载范围(mN·m)	使用负载范围(mN·m)	转速(r/min)	额定电流(mA)
BFG6R0.5	6	4.2～7.2	0.88	0.69～1.08	2400	<155
BFG9R0.5	9	6.3～10.5	0.88	0.69～1.08	2400	<120
BFG2R0.5	12	8.4～16	0.88	0.69～1.08	2400	<50

型号	启动力矩(mN·m)(大于)	噪声(dB)	使用温度(℃)	起动循环(次)	寿命(h)	外形尺寸 长×外径(mm)
BFG6R0.5	4.2V时：4.41	<35	－15～＋60	5000	1500	47.3×38
BFG9R0.5	6.3V时：4.91	<35	－15～＋60	5000	1500	47.3×38
BFG2R0.5	8.4V时：5.87	<35	－15～＋60	5000	1500	47.3×38

生产厂家：北京敬业电工集团北微微电机厂。

（十二）KC系列直流减速电动机

表 2-2-19 KC系列直流减速电动机技术数据

型 号	额定电压(V)	电 流(A)(不大于)	额定转矩(N·m)	出轴转速(r/min)	外形尺寸（mm）			质量(kg)	备 注
					总长	外径	轴径		
KC501	110	0.35	1.0584	2.8	158.5	50	8	2.3	两级减速
KC501E	48	0.25	1.0584	2.8	158.5	50	8	2.3	两级减速；串励
KC502	110	0.42	1.0584	4.2	158.5	50	8	2.3	两级减速
KC503	110	0.50	1.0584	5.6	158.5	50	8	2.3	两级减速
KC504	110	0.35	1.0584	8.4	158.5	50	8	2.3	两级减速
KC505	110	0.42	1.0584	12.5	158.5	50	8	2.3	两级减速
KC505A	110	0.42	1.0584	12.5	158.5	50	8	2.3	两级减速；双轴伸
KC506	110	0.50	1.0584	16.8	158.5	50	8	2.3	两级减速
KC507	110	0.35	1.0584	25	158.5	50	8	2.3	两级减速
KC508	110	0.42	1.0584	37.5	158.5	50	8	2.3	两级减速
KC508E	48	0.55	1.0584	37.5	158.5	50	8	2.3	两级减速；串励
KC509	110	0.50	1.0584	50	158.5	50	8	2.3	两级减速
KC510		0.35	0.656	66.5	158.5	50	8	2.3	一级减速
KC5011		0.42	0.656	100	158.5	50	8	2.3	一级减速
KC5012		0.50	0.656	135	158.5	50	8	2.3	一级减速
KC5013	110	0.34	0.328	200	158.5	50	8	2.3	一级减速
KC5014		0.42	0.328	300	158.5	50	8	2.3	一级减速
KC5015		0.50	0.328	400	158.5	50	8	2.3	一级减速
KC505B	220	0.16	1.47	12.5	158.5	50	8	2.3	两级减速：串励
KC508B	220	0.15	1.0584	37.5	158.5	50	8	2.3	两级减速
KC508C	110	＜0.5	1.0584	≤45	158.5	50	8	2.3	两级减速

生产厂家：山东山博电机集团有限公司微电机厂。

（十三）L、KD、AD系列精密微型直流电动机

本系列电动机系录音机专用电动机，其技术数据见表 2-2-20。表中包括相似型号技术数据。

表 2-2-20 L 系列精密微型直流电动机技术数据

型号	额定电压 (V)	工作电压范围 (V)	额定转矩 (mN・m)	转矩变化范围 (mN・m)	额定转速 (r/min)	额定电流 (mA) (小于)	转矩变动 (r/min) (mN・m)	起动转矩 (mN・m) (大于)	漂移 (%) (小于)	寿命 (h) (大于)
30L51	6	4.5～7.5	0.588	0.49～0.784	2200	120	1.27	2.45	1.5	1000
30L52	6	4.5～7.5	0.588	0.49～0.784	2400	130	1.27	2.45	1.5	1000
30L53	9	6.5～11	0.588	0.49～0.784	2200	100	1.27	2.45	1.5	1000
30L54	9	6.5～11	0.588	0.49～0.784	2400	110	1.27	2.45	1.5	1000
36L52	6	4.2～7.5	0.784	0.588～0.98	2400	140	0.88	3.73	1.5	1500
36L54	9	6.3～11	0.784	0.588～0.98	2400	110	0.88	4.9	1.5	1500
36L56	12	8.4～15	0.784	0.588～0.98	2400	80	0.88	5.88	1.5	1500
39L52	6	4.2～7.5	0.882	0.688～1.08	2400	150	0.88	3.92	1.5	1500
39L54	9	6.3～11	0.882	0.688～1.03	2400	120	0.88	4.9	1.5	1500
39L56	12	8.4～15	0.882	0.688～1.08	2400	90	0.88	5.88	1.5	1500
36LS84	9	6.3～11	0.784	0.588～0.98	1600/3200	125/130	0.784	4.9	1.5	1000
36LS86	12	8.4～15	0.784	0.588～0.98	1600/3200	100/105	0.784	5.88	1.5	1000
39LS84	9	6.3～11	0.882	0.688～1.08	1600/3200	135/140	0.784	4.9	1.5	1000
39LS86	12	8.4～15	0.882	0.688～1.08	1600/3200	110/115	0.784	5.88	1.5	1000
EC-500KD-98(9F)	9	6.3～11	0.784	0.588～0.98	1600/3200	125/130	0.784	4.9	1.5	1000
EC-500KD-2B(2F)	12	8.4～15	0.784	0.588～0.98	1600/3200	100/105	0.784	5.88	1.5	1000
EC-500AD-9F(9B)	9	8.3～11	0.784	0.588～0.98	2400	110	0.882	4.9	1.5	1500
EC-500AD-2F(2B)	12	8.4～15	0.784	0.588～0.98	2400	80	0.882	4.88	1.5	1500
86-500AD-2F(2B)	12	8.4～15	0.98	0.588～1.47	2000/4000	110/120	0.49～1.42	5.39	1	1500

生产厂家：常州亚美柯宝马电机有限公司。

（十四）ZD 系列直流减速电动机

1. 雨刮电动机

ZD 系列雨刮电动机适用于各类客车、货车及其他车辆的前挡遮窗，其技术数据见表 2-2-21。

表 2-2-21　ZD 系列雨刮电动机技术数据

型　号	额定电压（V）	转　速（r/min）	额定功率（W）	外形尺寸（mm）			质量（kg）
				总长	外径	轴径	
ZD1331	12	低速 45～50 高速 60～80	30	142	70	8	1.5
ZD1531	12		50				1.75
ZD2531	24		50				1.75

生产厂家：山东山博电机集团有限公司微电机厂。

2. 暖风电动机

ZD 系列直流电动机还适用于各类客车、货车及其他车辆的暖风电动机。其技术数据见表 2-2-22。

表 2-2-22　ZD 系列暖风直流电动机技术数据

型　号	额定电压（V）	空载转速（r/min）	额定功率（W）	外形尺寸（mm）			质量（kg）
				总长	外径	轴径	
ZD1321A ZD1321C ZD1324A ZD1322 ZD1324C ZD1329A	12	≥3500	30	140	70	11	1
ZD2321C ZD2322D ZD2323	24						

生产厂家：山东山博电机集团有限公司微电机厂。

（十五）S系列直流稳速电动机

表 2-2-23　S系列直流稳速电动机技术数据

型　号	额定电压(V)	有效功率(W)	电　流(A)(不大于)	转　速(r/min)	额定转矩(mN·m)	外形尺寸(mm)			质量(kg)	备　注
						总长	外径	轴径		
S220	110	3.6	0.28	3500±18	9.8	145.5	70	6	1.25	
S240	22	18.5	2.5	4500±22	39.22	156.5	70	6	1.4	
S260	40	14	1.1	3000	44.12	151	70	5.5	1.4	
S320	110	18.5	0.5	4500±22	39.22	169.5	85	8	2.1	
S340	22	16.5	2.1	4000±20	39.22	169.5	85	8	2.1	
S360	110	23	0.6	4500±22	49.03	179.5	85	8	2.3	
S360N	110	23	0.6	4500±22	49.03	179.5	85	8	2.3	逆时针转向
S370	22	28	3	4500±22	58.83	179.5	85	8	2.3	
S370S	26	28	3	4500±90	58.83	179.5	85	8	2.3	双向
S560	42～53	26	1.5～1.1	2600±13	95.61	223	—	—	5	
S560S	56～71	30	0.9～1.2	3000±15	—	—	108	10	—	
S570	110	77	1.2	3000±15	245.16	249	108	10	6.7	

生产厂家：山东山博电机集团有限公司微电机厂。

（十六）J××（或J×××）SZ-PX系列微型直流减速电动机

表 2-2-24　J××SZ-PX系列微型直流减速电动机技术数据

型　号	额定功率(W)	电压(V)		电流（A）(不大于)		输出转速(r/min)	转　矩(N·m)	配用电动机	外形尺寸（mm）			
		电枢	励磁	电枢	励磁				总长	中心高	法兰直径	轴径
J55SZ-PX20	20	24		1.55	0.43	150	63.7	55SZ01	185.5	—	72×72	12
J55SZ-PX20	20	48		0.79	0.22	150	63.7	55SZ03	185.5	—	72×72	12
J55SZ-PX20	20	110		0.34	0.09	150	63.7	55SZ04	185.5	—	72×72	12
J55SZ-PX20	29	24		2.25	0.49	150	92.3	55SZ51	195.5	—	72×72	12
J55SZ-PX20	29	48		1.15	0.24	150	92.3	55SZ53	195.5	—	72×72	12
J55SZ-PX20	29	110		0.46	0.097	150	92.3	55SZ54	195.5	—	72×72	12
J70SZ-PX20	40	24		3	0.5	150	127	70SZ01	208	—	72×72	12
J70SZ-PX20	40	48		1.6	0.25	150	127	70SZ03	208	—	72×72	12
J70SZ-PX20	40	110		0.6	0.11	150	127	70SZ03	208	—	72×72	12
J70SZ-PX20	55	24		4	0.57	150	175	70SZ51	218	—	72×72	12

续表

型　号	额定功率(W)	电压(V)		电流（A）(不大于)		输出转速(r/min)	转　矩(N·m)	配用电动机	外形尺寸（mm）			
		电枢	励磁	电枢	励磁				总长	中心高	法兰直径	轴径
J70SZ-PX20	55	48		1.9	0.31	150	175	70SZ53	218	—	72×72	12
J70SZ-PX20	55	110		0.8	0.18	150	175	70SZ54	218	—	72×72	12
J90SZ-PX4	54	180/200		0.48	0.14	250	146	90SZ64	224.5	50	92×92	12
J90SZ-PX4	80	110		1.1	0.23	375	146	90SZ51	224.5	50	92×92	12
J90SZ-PX4	80	220		0.55	0.13	375	146	90SZ52	224.5	50	92×92	12
J90SZ-PX4	80	24		5	1	375	146	90SZ55	224.5	50	92×92	12
J90SZ-PX4	80	180/200		0.68	0.14	375	146	90SZ65	224.5	50	92×92	12
J90SZ-PX4	113	180/200		1.1	0.14	560	138	90SZ66	224.5	50	92×92	12
J90SZ-PX4	150	110		2	0.23	750	138	90SZ53	224.5	—	—	—
J90SZ-PX4	150	220		1	0.13	750	138	90SZ54	224.5	—	—	—
J90SZ-PX4	150	180/220		0.88	0.18	750	138	90SZ67	224.5	—	—	—
J90SZ-PX16	54	180/200		0.48	0.14	62.5	422	90SZ64	238.5	—	—	—
J90SZ-PX16	80	110		1.1	0.23	94	422	90SZ51	238.5	—	—	—
J90SZ-PX16	80	220		0.55	0.13	94	422	90SZ52	238.5	—	—	—
J90SZ-PX16	80	24		5	1	94	422	90SZ55	238.5	—	—	—
J90SZ-PX16	80	180/200		0.68	0.14	94	422	90SZ65	238.5	—	—	—
J90SZ-PX16	113	180/200		1.1	0.14	140	400	90SZ66	238.5	—	—	—
J90SZ-PX16	150	110		2	0.23	188	400	90SZ53	238.5	—	—	—
J90SZ-PX16	150	220		1	0.13	188	400	90SZ54	238.5	—	—	—
J90SZ-PX16	150	180/200		0.88	0.18	188	400	90SZ67	238.5	—	—	—
J90SZ-PX64	54	180/200		0.48	0.14	15.6	1078	90SZ64	252.5	—	—	—
J90SZ-PX64	80	110		1.1	0.23	23.5	1078	90SZ51	252.5			
J90SZ-PX64	80	220		0.55	0.13	23.5	1078	90SZ52	252.5			
J90SZ-PX64	80	24		5	1	23.5	1078	90SZ55	252.5			
J90SZ-PX64	80	180/200		0.68	0.14	23.5	1078	90SZ65	252.5			
J90SZ-PX64	113	180/200		0.78	0.14	35	1078	90SZ66	252.5			
J90SZ-PX64	150	110		2	0.23	47	1078	90SZ53	252.5			
J90SZ-PX64	150	220		1	0.13	47	1078	90SZ54	252.5			
J90SZ-PX64	150	180/200		1.1	0.14	47	1078	90SZ67	252.5			
J90SZ-PX256	54	180/200		1.4	0.18	4	1078	90SZ64	266.5			
J90SZ-PX256	80	110		1.1	0.23	6	1078	90SZ51	266.5			
J90SZ-PX256	80	220		0.55	0.13	6	1078	90SZ52	266.5			

续表

型　号	额定功率(W)	电压(V)		电流（A）(不大于)		输出转速(r/min)	转　矩(N·m)	配用电动机	外形尺寸（mm）			
		电枢	励磁	电枢	励磁				总长	中心高	法兰直径	轴径
J90SZ-PX256	80	24		5	1	6	1078	90SZ55	266.5			
J90SZ-PX256	80	180/200		0.68	0.14	6	1078	90SZ65	266.5			
J90SZ-PX256	113	180/200		0.14	0.19	9	1078	90SZ66	266.5			
J90SZ-PX256	150	110		2	0.23	12	1078	90SZ53	266.5			
J90SZ-PX256	150	220		1	0.13	12	1078	90SZ54	266.5			
J90SZ-PX256	150	180/200		0.88	0.18	12	1078	90SZ67	266.5			
J110SZ-PX4	123	110		1.7	0.32	250	338.4	110SZ56	335	71	112×112	22
J110SZ-PX4	123	12		19	2	250	338.4	110SZ61	335			
J110SZ-PX4	185	110		2.5	0.32	375	338.4	110SZ51	335			
J110SZ-PX4	185	220		1.25	0.16	375	338.4	110SZ52	335			
J110SZ-PX4	185	180/200		1.4	0.18	375	338.4	110SZ64	335			
J110SZ-PX4	230	180/200		1.8	0.18	560	282.5	110SZ65	335	71	112×112	22
J110SZ-PX4	308	110		4	0.32	750	282.5	110SZ53	335	71	112×112	22
J110SZ-PX4	308	220		2	0.16	750	282.5	110SZ54	335	71	112×112	22
J110SZ-PX4	308	24		16.5	16.5	750	282.5	110SZ55	335	71	112×112	22
J110SZ-PX4	308	180/200		2.3	0.18	750	282.5	110SZ66	335	71	112×112	22
J110SZ-PX16	123	110		1.7	0.32	62.5	1220	110SZ56	360	71	112×112	22
J110SZ-PX16	123	12		19	2	62.5	1220	110SZ61	360	71	112×112	22
J110SZ-PX16	185	110		2.5	0.32	94	1220	110SZ51	360	71	112×112	22
J110SZ-PX16	185	220		1.25	0.16	94	1220	110SZ52	360	71	112×112	22
J110SZ-PX16	185	180/220		1.4	0.18	94	1220	110SZ64	360	71	112×112	22
J110SZ-PX16	230	180/200		1.8	0.18	140	1020	110SZ65	360	71	112×112	22
J110SZ-PX16	308	110		4	0.32	188	1020	110SZ53	360	71	112×112	22
J110SZ-PX16	308	220		2	0.16	188	1020	110SZ54	360	71	112×112	22
J110SZ-PX16	308	24		16.5	16.5	188	1020	110SZ55	360	71	112×112	22
J110SZ-PX16	308	180/200		2.3	0.18	188	1020	110SZ66	360	71	112×112	22
J110SZ-PX64	123	110		1.7	0.32	15.6	4395	110SZ56	385	71	112×112	22
J110SZ-PX64	123	12		19	2	15.6	4395	110SZ61	385	71	112×112	22
J110SZ-PX64	185	110		2.5	0.32	23.5	4395	110SZ51	385	71	112×112	22
J110SZ-PX64	185	220		1.25	0.16	23.5	4395	110SZ52	385	71	112×112	22
J110SZ-PX64	185	180/200		1.4	0.18	23.5	4395	110SZ64	385	71	112×112	22
J110SZ-PX64	230	180/200		1.8	0.18	35	3659	110SZ65	385	71	112×112	22

续表

型　号	额定功率(W)	电压(V)		电流（A）(不大于)		输出转速(r/min)	转　矩(N·m)	配用电动机	外形尺寸（mm）			
		电枢	励磁	电枢	激磁				总长	中心高	法兰直径	轴径
J110SZ-PX64	308	110		4	0.32	47	3659	110SZ53	385	71	112×112	22
J110SZ-PX64	308	220		2	0.16	47	3659	110SZ54	385	71	112×112	22
J110SZ-PX64	308	24		16.5	16.5	47	3659	110SZ55	385	71	112×112	22
J110SZ-PX64	308	180/200		2.3	0.18	47	3659	110SZ66	385	71	112×112	22
J110SZ-PX256	123	110		1.7	0.32	4	6474.6	110SZ56	410	71	112×112	22
J110SZ-PX256	123	12		19	2	4	6474.6	110SZ61	410	71	112×112	22
J110SZ-PX256	185	110		2.5	0.32	6	6474.6	110SZ51	410	71	112×112	22
J110SZ-PX256	185	220		1.25	0.16	6	6474.6	110SZ52	410	71	112×112	22
J110SZ-PX256	185	180/200		1.4	0.18	6	6474.6	110SZ64	410	71	112×112	22
J110SZ-PX256	230	180/200		1.8	0.18	9	6474.6	110SZ65	410	71	112×112	22
J110SZ-PX256	308	110		4	0.32	12	6474.6	110SZ53	410	71	112×112	22
J110SZ-PX256	308	220		2	0.16	12	6474.6	110SZ54	410	71	112×112	22
J110SZ-PX256	308	24		16.5	16.5	12	6474.6	110SZ55	410	71	112×112	22
J110SZ-PX256	308	180/200		2.3	0.18	12	6474.6	110SZ66	410	71	112×112	22

生产厂家：山东山博电机集团有限公司微电机厂。

（十七）圆形减速器永磁直流电动机

圆形减速器永磁直流减速电机具有出力大、价格低廉的特点。而且客户可选择的电压、转速、转矩范围广，适应性非常强。表 2-2-25、表 2-2-26 为西安众联微电机有限责任公司生产的圆形减速器永磁直流电动机技术数据。

表 2-2-25　配置 25JA 减速器的永磁直流电动机技术数据

典型产品型号	直流电压(V)	电机功率(W)	电机转速(r/min)	减速比范围	输出转速范围(r/mim)
25JA3K□/2420-0667	6	0.4	6700	1∶11～710	9～609
25JA3K□/2420-1252	12	0.24	5200	1∶11～710	7～473
25JA3K□/2430-0655	6	1.1	5500	1∶11～450	12～500
25JA3K□/2430-1255	12	1.2	5500	1∶11～450	12～500

注：减速器直径 Φ25mm，最大允许负载 0.3N·cm。

表 2-2-26　配置 37JA 减速器的永磁直流电动机技术数据

典型产品型号	直流电压 (V)	电机功率 (W)	电机转速 (r/min)	减速比范围	输出转速范围 (r/mim)
37JA6K□/3223-0638	6	0.37	3800	1∶6～3000	1.2～633
37JA6K□/3525-0645	6	0.45	4500	1∶6～3000	1.5～750
37JA6K□/3530-1250	12	1.8	5000	1∶6～3000	1.6～833
37JA6K□/3540-1250	12	3.5	5000	1∶6～300	1.6～833
37JA6K□/3650-1242	12	4	4200	1∶6～300	14～700
37JA6K□/3657-1242	12	7	4200	1∶6～300	42～700

注：减速器直径 φ37mm，最大允许负载 0.6N·m。

（十八）矩形减速器永磁直流电动机

配置 80JB 减速器（减速器安装面尺寸 80mm×80mm，最大允许负载 8N·cm）和配置 90JB 减速器（减速器安装面尺寸 90mm×90mm，最大允许负载 10～20N·cm）的永磁直流电动机。

其型号为 60JB25K□/3650-2442、60JB25K□/3657-2442、60JB25K□/5478-2420、60JB25K□/5478-2430，技术数据见表 2-2-27。

表 2-2-27　配置 60JB 减速器的永磁直流电动机技术数据

典型产品型号	直流电压 (V)	电机功率 (W)	电机转速 (r/min)	减速比范围	输出转速范围 (r/mim)
60JB25K□/3650-2442	24	4	4200	1∶250～600	7～17
60JB25K□/3657-2442	24	7	4200	1∶50～180	23～84
60JB25K□/5478-2420	24	5.7	2000	1∶3～250	8～667
60JB25K□/5478-2430	24	10.4	3000	1∶3～150	20～1000
60JB25K□/5478-2443	24	15	4300	1∶3～120	36～1433

注：减速器安装面尺寸 60mm×60mm，最大允许负载 2.5N·m。

（十九）YZ 系列永磁直流电动机

表 2-2-28　YZ 系列永磁直流电动机技术数据

型号	额定电压 (V)	额定转速 (r/min)	输出功率 (W)	外形尺寸 (mm)
20YZ	6、9	2500、5000	1.5	φ20×50
30YZ	24	10000	3	φ30×60

续表

型号	额定电压（V）	额定转速（r/min）	输出功率（W）	外形尺寸（mm）
40YZ	7.5、9、10 12、24、36	2050、3500、5000 7000、10000	5、10、20 30、80	ϕ40×73 ϕ40×86 ϕ40×154
75YZ	90	1800	25	ϕ75×125

生产厂家：横电集团联宜电机有限公司。

（二十）ZYJ 系列永磁直流减速电动机

ZYJ 系列永磁直流减速电动机技术数据见表 2-2-29，部分与 ZYJ 系列性能相似的电动机技术数据见表 2-2-30。

表 2-2-29　ZYJ 系列永磁直流减速电动机技术数据

型　号	额定电压（V）	额定转速（r/min）	额定转矩（N·m）	减速比	外形尺寸（mm）
36ZYJ-06A	6	16	0.11	1∶143	ϕ63×47
36ZYJ-06B	6	29	0.063	1∶81.3	ϕ63×47
36ZYJ-06C	6	44	0.041	1∶53	ϕ63×47
36ZYJ-1/53	12	90	0.12	1∶53	ϕ63×47
38ZYJ-1/81.3	12	55	0.18	1∶81.3	ϕ63×47
38ZYJ-1/143	12	30	0.24	1∶143	ϕ63×47
36ZYZJ4	6（12）	35	0.145（0.196）	1∶59	ϕ63×72
		20	0.05（0.22）	1∶98	
36ZYJ5	6（12）	35	0.045（0.196）	1∶59	ϕ63×72
		20	0.05（0.22）	1∶98	
		13	0.07（0.31）	1∶150	
		11	0.085（0.37）	1∶180	
		7	0.127（0.558）	1∶270	

表 2-2-30 部分与 ZYJ 系列性能相似电动机技术数据

型号	额定电压 (V)	频率 (Hz)	额定转速 (r/min)	牵入同步转矩 (mN·m)	最大同步转矩 (mN·m)	外形尺寸 (mm)
36TJ-375	100、100	50	375	0.39	0.49	ϕ36×23
43TRY-01	100	50	250	4.9	5.9	ϕ43×22.5
43TRY-02	200	50	250	4.9	5.9	ϕ43×22.5
TD	127、220	50	1500	3.8		ϕ80×73

生产厂家：横电集团联宜电机有限公司。

（二十一）摩托车启动用永磁直流电动机

QDA 永磁直流电动机技术数据见表 2-2-31，MQDY 技术数据见表 2-2-32。

表 2-2-31 QDA 永磁直流电动机技术数据

型号	QDA-05	QDA-09	QDA-13
额定电压（V）	12	12	12
额定输出功率（kW）	0.16	0.22	0.5
额定转矩（40A）（N·m）	0.7	0.27	1.04
旋转方向	逆时针	顺时针	顺时针
电源（蓄电池）（Ah）	4	5.5	7
齿轮模数	1.75	0.8	1
齿数	14	9	9
分度圆直径（mm）	24.5	7.2	9
压力角（°）	20	20	20
质量（kg）	0.85	0.58	1.4
适应机型	50mL 汽油机	90mL 汽油机	125mL 汽油机

生产厂家：浙江卧龙集团公司。

表 2-2-32 MQDY 永磁直流电动机技术数据

型号	MQDY-50	MQDY-125
额定电压（V）	12	12
堵转电流（A）	≤100	额定电流≤75
堵转转矩（N·m）	≥0.30	—
空载转速（r/min）	≥18000	≥9000
空载电流（A）	≤8	≤22

续表

型　号	MQDY-50	MQDY-125
额定转矩（N·m）	—	≥0.45
适应机型	50mL 汽油机	90mL 汽油机

生产厂家：锡山市洛社微特电机厂。

表 2-2-33　BM 系列永磁直流电动机技术数据

型　号	电压（V）	空载转速（r/min）	堵转转矩（N·m）	空载转速（r/min）	负载转矩（N·m）	适用车型
BM9010	12	2000	5.2	1400	1.37	90mL，100mL
BM9020	12	9200	3.5	5600	0.3	CG125
BM9040	12	9600	3.0	5800	0.3	豪迈，大鲨 125
BM9050	12	1650	21	1200	13.4	GB125T
BM9070	12	13250	0.75	8900	0.20	嘉陵墓 70、90
BM9090	12	13200	0.48	5700	0.23	铃木 AG100，木兰 100
BM9100	12	10500	0.72	6200	0.3	本田 90，大路易 90
BM9110	12	18700	0.30	11500	0.12	本田 50，嘉陵 50、55
BM9120	12	19300	0.32	11000	0.11	AG50，豪华木兰 50
BM9130	12	14500	0.30	9000	0.16	建设 T55
BM9140	12	14500	0.45	7400	0.2	颈风 90，雅马哈 90
BM9150	12	13200	0.40	6000	0.2	铃木 50，潇洒木兰 50

生产厂家：中山市大洋电机有限公司。

（二十二）国外永磁直流电动机技术数据

表 2-2-34　日本、加拿大、德国汽车空调永磁直流电动机技术数据

型号 / 性能指标	ZYT86/01（日本）		ZYT7-7（加拿大）		ZYT75/01（德国）	
	标准	实例	标准	实例	标准	实例
额定电压（V）	12	12	13.5	13.5	12	12
转矩（N·m）	23.8×10^{-2}	离心风叶	35.8×10^{-2}	36×10^{-2}	23×10^{-2}	22.5×10^{-2}
转速（r/min）	2450	2478	3700	3634	3500	3740
电流（A）	8.3	6.1	16.8	16.5	13.8	13
输出功率（W）	60	—	136	134.5	83	86.3
效率（%）	60	—	60	59.7	50	53.7
寿命（h）	1000	—	1000	—	1000	—

表 2-2-35　美国 Advanced Technology 公司系列少槽永磁直流电动机技术数据

型号	额定电压		空载		最大效率					制动转矩 (N·m)	外形尺寸 (mm)	质量(大约) (g)	产品型号 (种)
	工作范围 (V)	正常值	转速 (r/min)	电流 (A)	转速 (r/min)	电流 (A)	转矩 (N·m)	输出功率 (W)	效率 (%)				
SUN-10	1.5～3	1.5、3	4900～18500	0.14～0.38	3375～14100	0.29～1.42	(34～112.7) $\times10^{-5}$	0.12～1.66	27.5～42	(117～470) $\times10^{-5}$	ϕ20.1×25×15.1	17	6
SUN-12	1.5～3	1.5、3	5200～14500	0.18～0.4	3750～10000	0.44～1.29	(58.5～151) $\times10^{-5}$	0.23～1.54	34.9～39.7	(186～539) $\times10^{-5}$	ϕ12×25	19	6
SUN-18	1.5～3	1.5、3	4100～13800	0.14～0.32	2700～10000	0.28～0.84	(85～186) $\times10^{-5}$	0.24～1.95	43～51.7	(235～862) $\times10^{-5}$	ϕ23.8×26.9	28	6
SUN-28	1.5～3	1.5、3	4200～9600	0.10～0.22	3050～8000	0.36～0.99	(117～205) $\times10^{-5}$	0.39～1.64	46.1～59.7	(460～1097) $\times10^{-5}$	ϕ23.8×30.5	42	6
SUN-28 28(S)	4.5～6	4.5、6	11000～15000	0.29～0.34	9000～12500	1.19～1.56	(294～470) $\times10^{-5}$	2.77～5.42	51.9～57.9	(1342～2312) $\times10^{-5}$	ϕ23.8×30.5	42	4
SUN-363	6～12 6～24 12～24	6、12、18、24	5800～18400	0.05～0.30	4780～15300	0.23～1.53	(303～676) $\times10^{-5}$	1.6～10.92	39.29～61	(1764～4135) $\times10^{-5}$	ϕ27.5×32.6	—	6
SUN-365	6～12 12～24	6、12、24	10000～13500	0.20～0.45	8050～10710	0.63～1.44	(401～500) $\times10^{-5}$	4.19～4.54	48.52～56.2	(1764～2107) $\times10^{-5}$	ϕ27.5×32.6	—	3

表 2-2-36 美国 BERTSCH 公司少槽永磁直流电动机技术数据

型号	额定电压(V)	空载转速(r/min)	制动转矩(N·m)	空载电流(A)	转矩常数(N·m/A)	效率(%)	推荐工作转速(r/min)	推荐工作转矩(N·m)	外形尺寸(mm)	质量(大约)(g)
20-08 0.2W	3、6、12	7200～8500	1.26×10^{-3}	8～20	3.5～13	85	6500	0.42×10^{-3}	$\phi20.5\times6.4$	10
00-30 0.05W	2、2.5、4.6	11500～13500	0.112×10^{-3}	10～28	/	/	10000	0.035×10^{-3}	$\phi23.5\times17$	8.5
16-24 0.4W	3、6、12	8000～10000	1.75×10^{-3}～2.4×10^{-3}	15～35	2.66～13	75	7500	0.50×10^{-3}	$\phi16.5\times24$	20
16-34、16-35 0.8W	3、4、6、9、18、24、36	7000～9200	3.85×10^{-3}～4.48×10^{-3}	15～50	3.36～14.7	75	8000	1.05×10^{-3}	$\phi16.5\times32.5$	29
22-45 6W	3、6、9、12、24	7500～10100	12.6×10^{-3}～21.5×10^{-3}	18～65	/	85	10000	5×10^{-3}	$\phi22\times45.5$	75
25-51 25W	6、12、15、24	8800～30000	46.2×10^{-3}～133×10^{-3}	30～200	6.1～19.6	85	25000	14×10^{-3}	$\phi25\times51.5$	124
28-52 15W	12、24	5600～5800	98×10^{-3}～113.4×10^{-3}	80～120	22.2～42	85	4000	31.5×10^{-3}	$\phi27\times52.7$	160

第三节　交直流两用电动机

一、概述

（一）功能

交直流两用电动机既适用于交流电源，又适用于直流电源。当采用交流电源供电时，又称为交流串励电动机；当采用直流电源供电时，称为直流串励电动机。这种电机转速高、体积小、质量轻、调速方便，广泛应用于小型机床、医疗器械、自动控制装置，尤其在电动工具、真空洗衣机、缝纫机、地板打蜡机、电吹风、吸尘器等中大量使用。

（二）特点

交直流两用电动机与普通电动机相比较，具有下述特点：

（1）转速较高。普通电动机在50Hz电源中最高转速不超过3000r/min，但交直流两用电动机最高可达到20000r/min。一般交、直流两用电动机的转速为4000～10000r/min，如果转速低于4000r/min，性能将变差。当负载相同时，其转速在使用交流电源与直流电源时也有很大的不同。

（2）体积小。由于转速高、效率高、功率因数高，交直流两用电动机的体积较同一规格的其他电动机小（高频多相电动机除外），因此交直流两用电动机更适应于手提式的电动工具和家用电器。

（3）较高的启动转矩。在高速时，可达到3～4倍的满载转矩，但低速时转矩则比较低。

（4）过载能力大且具有较小的电气和机械时间常数。

（5）对于电压的适应范围很大，220～250V的电动机是很普遍的。

交直流两用电动机，普通直流电动机和单相交流电动机的比较见表2-3-1。

表2-3-1　交直流两用电动机与普通电动机的比较

电动机类型	交直流两用电动机	普通直流电动机	单相交流电动机
电源类型	交流或直流	直流	交流
结构类型	有电刷、换向器	有槽铁心电枢	笼型转子
机械特性	软	硬	中
启动转矩	大	中	小
转速范围	大（最高转速可达数万转/分）	中	小（最高转速不大于3000r/min）

二、交直流两用电动机结构、原理和特性

(一) 结构

交直流两用电动机的结构见图2-3-1。

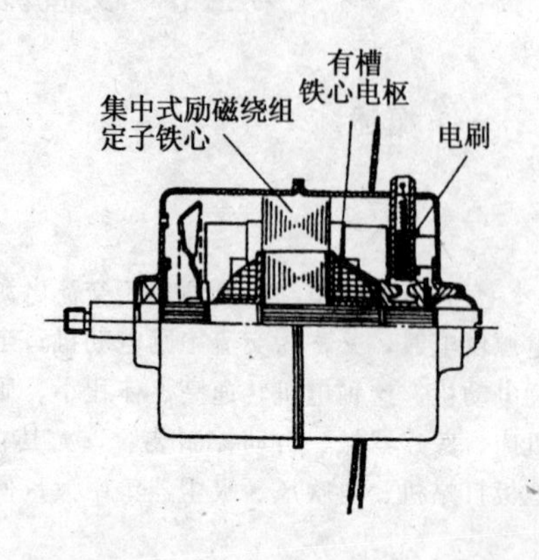

图 2-3-1 交直流两用电动机结构示意图

(二) 基本原理

交直流两用电动机在交、直流供电状态下要输出相同的转矩和转速，还要克服交流电源供电时电动机特性较软的缺陷，因而在电机上装有两套励磁绕组，分别适应两种电源使用。其线路原理图如图2-3-2所示。

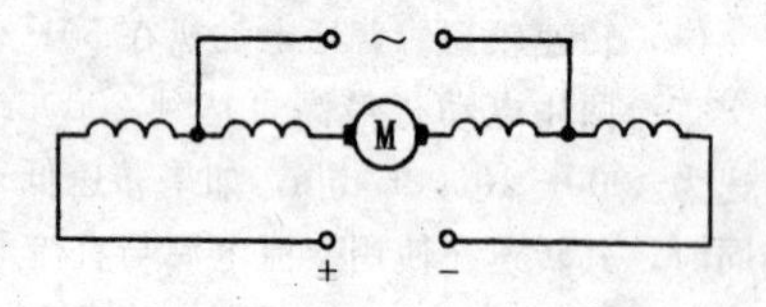

图 2-3-2 交直流两用电动机工作原理图

(三) 特性

交直流两用电动机兼有交、直流串励式电动机的特性，因而通过对交、直流串励电动机在两种电源状态下工作特性的分析，即可了解交直流两用电动机的特性。

交直流串励电动机的工作特性曲线如图 2-3-3 所示。

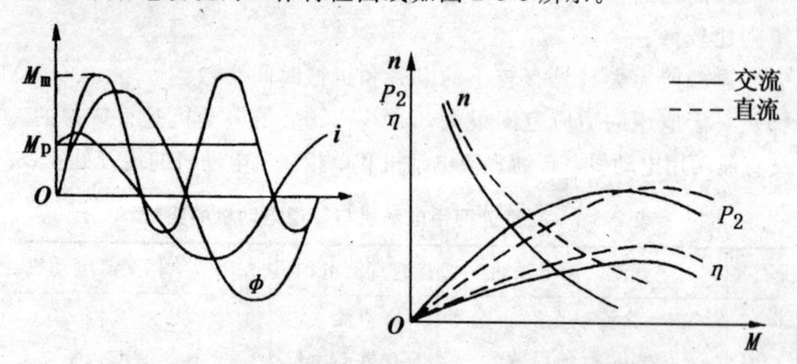

图 2-3-3 交直流串励电动机的工作特性曲线比较

从图 2-3-3 可见：

(1) 交流电源供电的串励电动机，其转矩 M、电流 I 和磁通 Φ 随时间

呈正弦变化，易产生振动及噪声。

(2) 交流串励电动机真正带动负载运转的不是转矩的最大值 M_m，而是其平均值 M_p ($M_p=\frac{M_m}{2}$)，等于直流串励电动机转矩的有效值。

(3) 转速调节方便。目前广泛采用晶闸管或 PWM 脉宽调制电子线路来进行调速。在交流电源供电下，交直流两用电动机可以平滑地调节任意点的转速。

(4) 转向恒定。无论是交流电源供电还是直流电源供电，交直流两用电动机的电枢电流和主磁通相互作用产生的力矩始终维持其转子向一个固定方向旋转。随着电源极性的改变，主磁通和电枢电流方向也同时改变，从而使旋转方向保持不变。

三、交直流两用电动机选型和应用

(一) 选型

国内研制和生产交直流两用电动机已有较长的历史，已有多种系列、规格、品种的产品，有 GF45 型、U 型、SU 型、UQ 型、S 型、HC 型、HCB 型、HCL 型等 100 多个品种。用户可根据所生产的设备，电动工具对交直流两用电动机的性能和规格的要求，选用适用的产品。选用交直流两用电动机的基本原则：

(1) 在交、直流电源供电状态下，要求运转安全可靠。

(2) 具有良好的调速和起动特性：

①转速范围：400～20000r/min；

②启动转矩/额定转矩倍数：1.5～6；

③启动电流/额定电流倍数：2.5～6；

④过载能力大且具有较小的电气和机械时间常数。

(3) 应用场合应符号以下条件：

①交直流两种供电电源条件。

②高启动转矩和高转速运行条件。

③外形尺寸和质量尽量小。

(4) 额定功率、转速、温升。一般电动机规定额定功率为轴上输出功率，而用于电动工具类电机则是指输入功率。

高转速大容量的串励电动机不允许空载转动。功率小的串励电动机效率相对较低，其运转满足：$n_0=1.667n_n$。其中，n_0 为空载转速，n_n 为额定转速。

电动工具用电动机一般在断续工作条件下，其寿命为 1000～1500h，因而电动工具用电动机的温升要比一般电动机同等级温升提高 10K。

(5) 可通过控制电路实现无级调速和正反向控制；采用不同类型的减速齿轮，可实现变速、增大力矩和改变运动方向。

（二）应用

1. 在电动工具中的应用

电钻的基本结构如图 2-3-4 所示，主要由单相串励电动机、减速箱、手柄、钻夹头和电源连接装置等部件组成。电钻中采用的多为单相串励电动机，也有采用三相鼠笼型异步电动机和三相 200Hz 中频异步鼠笼型电动机。

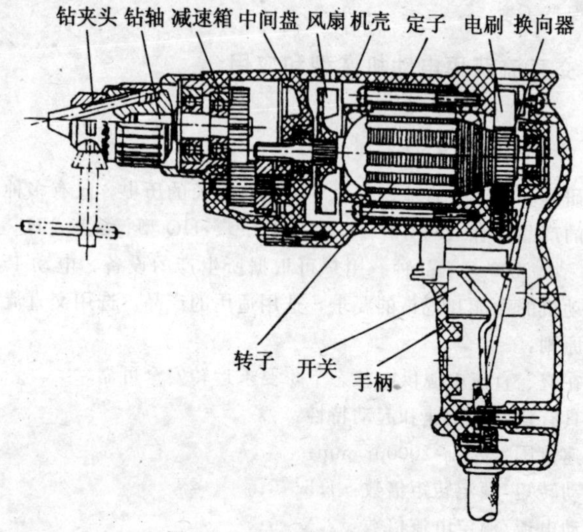

图 2-3-4 电钻的基本结构图

交直流两用串励电钻是利用串励电动机进行钻孔加工的电动工具。串励电动机的出轴高速旋转，经齿轮箱齿轮减速，使装在减速箱轴伸的钻夹头旋转，从而带动钻头进行钻孔加工。加工大孔时由于负载较大而转速较低，加工小孔时由于负载较小而转速较高，从而满足当轴向推力及钻孔直径不同时，其转速也不同的要求。对于各种不同规格的电钻，应根据不同材料的最大钻孔直径时的负载来选用留有适当功率余量的电动机，以满足各种规格电钻的工作性能要求。

其他类型的电动工具对电机的选用原则也同于电钻，可根据不同电动工具的工作方式及负载大小来具体决定。

2. 在家用电器中的应用

单相串励电动机在小型家用电器中应用广泛。电动机的技术指标一般为额定电压 110V/220V，输出功率 20～250W，额定转速 5000～15000r/min，效率为 23%～62%，主要用于电吹风、豆浆机、榨汁机、搅拌机、碎纸机、搅肉机、咖啡机、吸尘器等产品中。HCX 单相交流串励电动机吸尘器额定功率高达 1200W，额定转速高达 23000r/min。高速运行时，在电动机吸入口形成真空，真空度越高则吸尘能力越强。在进风口全开时，电动机输入功率为 600W，转速 23000r/min，最大风量不少于 2.3m^2/min，最大真空度不小于 15680Pa，在进风口全封闭状态下，应能承受 1.1 倍额定电压，历时 2min 的超速试验而不发生有害变形。

3. 在医疗设备中的应用

医用离心沉淀器用途是对血浆、血清、尿素、疫苗以及各种有机物和无机物进行离心定性分析和制造。从预纯化的制剂中分离 DNA 和蛋白质分子以及各种病毒和微粒。它具有体积小、转速高、操作简便等特点，所用单相串励电动机的额定电压为 220V，额定功率为 40W，额定转速为 4000r/min。

高速离心机主要用于现代生物工程、医药环保及食品领域的深加工，它可使将各类物质做高速分离运动，从中取样进行分析测试。其所用电动机为直流串励电动机，转速最高可达 15000r/min，功率达 900W，要求其主轴受高频交变压力影响小，振动与噪声都比较低，带负载离心运作时的整机噪声值低于 60dB（5000r/min 时），且应符合国内外同类产品标准规定值。

4. 在开关断路器及弹簧操作机构上的应用

AH 型框架式空气断路器是 20 世纪 80 年代我国从日本引进的产品，共计 10 个规格，额定电流为 600～4000A，额定最高电压为交流 660V，频率 50/60Hz，可陆用和船用。其合闸方式分为电磁合闸 、电动机储能合闸及手动储能合闸。具有多种保护装置，是陆用和船用配电系统中较为理想的保护开关。图 2-3-5 为 AH 型空气断路器及储能电机电源开关。

电动机储能合闸方式是使单相串励电动机接通电源高速旋转，经与电动机构成一体的齿轮箱减速并放大力矩，而使置于电动机减速箱输出轴端的摇柄驱动合闸装置的棘轮、棘爪机构，使合闸弹簧拉伸储能。当合闸弹簧的储能一旦结束，单相串励电动机即自动停止工作。根据控制电压的大小，储能时间一般为 3.5～8.5s。在这个短暂的工作过程中，要求电动机有较大的启动转矩和较小的机电时间常数，且具有良好的工作可靠性。当电源电压在 0.65～1.5U_e 的大幅度波动条件下，电动机仍要能正常工作。又由于要适用于陆用和船用，不仅环境条件变化较大，而且还要满足防潮、防盐雾、防霉菌的三防要求，加之电动机的外形尺寸还要适应于有限的安装空间，所以对电动机的电气性能、绝缘结构、机械强度和体积均有较高的要求。

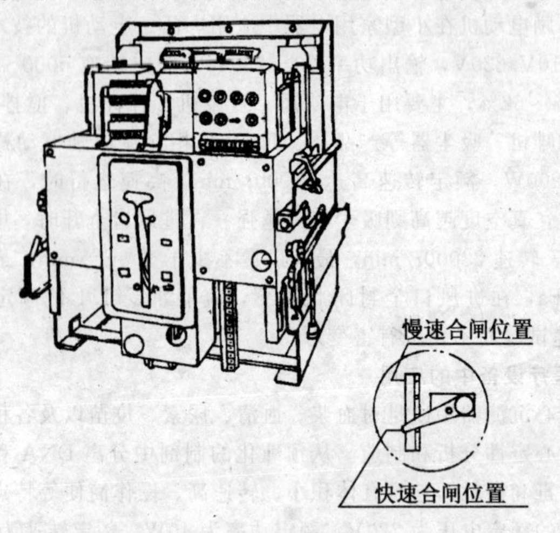

图 2-3-5　AH 型空气断路器及储能电机电源开关

四、交直流两用电动机常见故障及维护

表 2-3-2 列出交直流两用电动机经常出现的故障现象，分析故障原因并介绍相应故障的检修与维护方法。

表 2-3-2　交直流两用电动机的故障检查与维护

故障现象	故障原因	检修与维护
电动机不能启动	①负载过大 ②定、转子绕组开路或与机壳短路 ③电刷和换向器接触不良 ④定子励磁绕组接线错误 ⑤电动工具中齿轮耦合不良	①减小负载 ②检查定、转子绕组直流电阻及对机壳绝缘电阻、确定故障原因并予排除 ③检查电刷弹簧压力及电刷在刷握中的灵活性 ④检查接线的正确性 ⑤检查齿轮箱中齿轮耦合情况并排除故障
电动机转速太高	①电源电压高 ②电刷位置错 ③转子绕组在换向器上焊接位置错 ④定子励磁绕组匝间短路或与机壳短路	①检查电源电压 ②调整并纠正电刷位置使正、反转速对称 ③按正确位置检修转子绕组与换向器的焊接 ④检查定子励磁绕组直流电阻及与机壳的绝缘电阻

续表

故障现象	故障原因	检修与维护
电动机转速太低	①负载过重 ②转子绕组匝间短路或开路 ③换向器片间短路或与转轴短路 ④电刷位置错 ⑤转子绕组在换向器上焊接位置错	①减轻负载 ②测量换向器片间电阻并排除故障 ③清理换向器表面及片间绝缘的污物并检查其与转轴的绝缘电阻 ④调整并纠正电刷位置使正、反转速对称 ⑤按正确位置检修转子绕组与换向器的焊接
电刷火花严重	①电刷与换向器接触不良 ②换向器长期磨损导致片间绝缘突出或片间短路 ③电刷牌号不对 ④电刷压力不当 ⑤刷盒松动或装置不正 ⑥电机过载 ⑦转子绕组匝间短路、开路、反接或在换向器上焊接位置错误	①检查电刷弹簧压力及电刷在刷握中的灵活性并清理换向器表面 ②加工换向器表面并下刻片间绝缘 ③采用牌号正确的电刷 ④调整电刷弹簧的压力 ⑤紧固并调整刷盒位置 ⑥减轻负载 ⑦检修转子
电动机温升高	①电动机超载 ②电动机绕组匝间短路或对机壳短路 ③电源电压过高 ④换向器环火 ⑤通风散热不良	①减轻负载 ②检查电动机绕组直流电阻、换向器片间电阻及电动机绕组对机壳绝缘电阻 ③降低电源电压到额定值 ④按电刷下火花严重的故障现象检查 ⑤加强电动机使用安装环境的通风散热，并检查电动机的风扇、散热通道是否正常和畅通无阻
电动机运行噪音大	①轴承磨损使径向间隙加大 ②电刷压力过大 ③电动机振动 ④电机绕组匝间短路 ⑤定、转子扫膛	①更换轴承 ②减轻和调整电刷弹簧压力 ③紧固电动机安装或进行转子平衡 ④检查电动机绕组直流电阻及换向器片间电阻 ⑤停止运行进行检修
电动机冒烟	①电刷下火花严重或有环火 ②电动机绕组或换向器严重短路 ③定、转子扫膛	①按前述火花严重有关条款进行检修 ②检查电动机绕组直流电阻和换向器片间电阻排除故障 ③停止运行进行检修

五、交直流两用电动机产品技术数据

(一) G系列微型单相交流串励整流子电动机

该系列电动机为防护式自扇冷却机构。机壳、端盖材料为钢板、铝合金。轴承采用精密单列向心球轴承。定、转子选用低损耗优质硅钢片。绕组用E级绝缘高强度漆包线。安装方式分为有底脚和无底脚、端盖上有凸缘和无凸缘等4种。

该系列微型电动机技术数据见表2-3-3和表2-3-4。

表2-3-3　G系列微型单相交流串励整流子电动机技术数据(一)

型号	功率(W)	电流(A)	电压(V)	频率(Hz)	转速(r/min)	效率(%)	功率因数	启动转矩/额定转矩	启动电流/额定电流	质量(kg)
G4514	25	0.31	220	50	4000	44	0.81	1.5	2.5	1.25
G4524	40	0.47	220	50	4000	50	0.81	1.7	2.5	1.5
G4526	40	0.42	220	50	6000	51	0.86	1.8	3.5	1.25
G4518	60	0.68	220	50	6000	54	0.86	2.5	3.5	1.5
G4528	60	0.55	220	50	8000	55	0.88	3	4.5	1.25
G45112	90	0.77	220	50	8000	57	0.88	4	4.5	1.5
G45212	90	0.75	220	50	12000	58	0.92	4.5	6	1.25
G5614	120	0.93	220	50	12000	60	0.92	6	6	1.5
G5624	120	1.16	220	50	4000	59	0.80	2	2.5	4.2
G5634	180	1.70	220	50	4000	61	0.79	2	2.5	4.8
G5616	250	2.31	220	50	4000	63	0.78	2	2.5	5.4
G5626	180	1.60	220	50	6000	61	0.84	3	3.5	4.2
G5636	250	2.15	220	50	6000	63	0.84	3	3.5	4.8
G5618	370	3.08	220	50	6000	65	0.84	3	3.5	5.4
G5628	250	2.02	220	50	8000	64	0.88	5	4.5	4.2
G5638	370	2.90	220	50	8000	66	0.88	5	4.5	4.8
G5648	660	4.18	220	50	8000	68	0.88	5	4.5	5.4

生产厂家：广东肇庆环宇电机有限公司、杭州仪表电机厂、广东省肇庆电机有限公司。

表 2-3-4　G系列微型单相交流串励整流子电动机技术数据（二）

型　号	电压 (V)	频率 (Hz)	电流 (A)	功率 (W)	额定转速 (r/min)	效率 (%)	功率因数	启动转矩/额定转矩	启动电流/额定电流	生产厂家
G4514	220	50	0.45	40	4000	50	0.81	1.7	2.5	本溪市微型电机厂
G4524	220	50	0.64	60	4000	55	0.80	1.7	2.5	
G4534	220	50	0.91	90	4000	56	0.80	1.7	2.5	
G4516	220	50	0.59	60	6000	54	0.86	2.5	3.5	
G4526	220	50	0.85	90	6000	56	0.86	2.5	3.5	
G4536	220	50	1.08	120	6000	60	0.84	2.5	3.5	
G4518	220	50	0.82	90	8000	57	0.88	4.0	4.5	
G4528	220	50	1.03	120	8000	60	0.88	4.0	4.5	
G4538	220	50	1.50	180	8000	62	0.88	4.0	4.5	
G45112	220	50	0.99	120	12000	60	0.92	6.0	6.0	
G45212	220	50	1.43	180	12000	62	0.92	6.0	6.0	
G45312	220	50	1.93	250	12000	64	0.92	6.0	6.0	
G5614	220	50	1.16	120	4000	59	0.80	2.0	2.5	
G5624	220	50	1.70	180	4000	61	0.79	2.0	2.5	
G5634	220	50	2.31	250	4000	63	0.78	2.0	2.5	
G5616	220	50	1.60	180	6000	61	0.84	3.0	3.5	
G5626	220	50	2.15	250	6000	63	0.84	3.0	3.5	
G5636	220	50	3.08	370	6000	65	0.84	3.0	3.5	
G5618	220	50	2.02	250	8000	64	0.88	5.0	4.5	
G5628	220	50	2.90	370	8000	66	0.88	5.0	4.5	
G5638	220	50	4.18	550	8000	68	0.88	5.0	4.5	
G7114	220	50	3.32	370	4000	65	0.78	2.0	2.5	
G7124	220	50	4.92	550	4000	66	0.77	2.0	2.5	
G7134	220	50	6.69	750	4000	67	0.76	2.0	2.5	
G7116	220	50	4.44	550	6000	67	0.84	3.5	3.5	
G7126	220	50	5.97	750	6000	68	0.84	3.5	3.5	

（二）HDZ系列单相交直流两用串励电动机

HDZ系列电动机为防护式结构，由机壳、定子、电枢、刷握架、罩壳、一级行星齿轮减速器等组成。本系列采用E级绝缘材料，绕组具有良好的绝缘性能及机械强度。

HDZ系列单相交直流两用串励电动机技术数据见表2-3-5和表2-3-6。

表 2-3-5　HDZ 系列单相交直流两用串励电动机技术数据（一）

型　号	功率（输出）（W）	电流（A）	电压（V）	频率（Hz）	转速（r/min）	效率（%）	功率因数	启动转矩/额定转矩	启动电流/额定电流	外形尺寸 长×宽×高（mm）
HDZ-111	240	4	110	50	916	60	0.92	≥6	≤5	341×180×93
HDZ-211	240	2	220	50	916	60	0.92	≥6	≤4.8	341×180×93
HDZ-311	240	1.16	380	50	916	60	0.92	≥6	≤4.4	341×180×93
HDZ-113	240	4	110	50	530	57	0.96	≥6	≤5	217×110×94
HDZ-213	240	2	220	50	530	57	0.96	≥6	≤5	217×110×94
HDZ-313	240	1.16	380	50	530	60	0.92	≥6	≤4.4	217×110×94
HDZ-121	360	5.46	110	50	1100	64	0.92	≥6	≤5	341×180×93
HDZ-221	360	2.73	220	50	1100	64	0.92	≥6	≤5	341×180×93
HDZ-321	360	1.58	380	50	1100	64	0.92	≥6	≤5	341×180×93
HDZ-12	385	5.42	110	50	13200	64	0.90	≥6	≤5	141×84×84
HDZ-22	385	2.71	220	50	13200	64	0.90	≥6	≤5	141×84×84
HDZ-281	90	0.72	220	50	1000	58	0.92	≥4.5	≤5	181×100×72
HDZ-281	120	0.9	220	50	1000	60	0.92	≥4.5	≤5	181×100×72
HDZ-297	200	1.64	220	50	2100	63	0.88	≥5	≤4.5	
HDZ-112	240	4	110	50	338	60	0.92	≥6	≤5	210×178×98
HDZ-212	240	4	220	50	338	60	0.92	≥6	≤4.8	210×178×98
HDZ-312	240	1.16	380	50	338	60	0.94	≥6	≤4.4	210×178×98

生产厂家：无锡市堰中微电机厂。

表 2-3-6　HDZ 系列单相交直流两用串励电动机技术数据（二）

型　号	功率（W）	电流（A）	电压（V）	频率（Hz）	转速（r/min）	启动转矩/额定转矩	启动电流/额定电流	外形尺寸 长×宽×高（mm）
HDZ-111	220	4.2	110		1210	16.8	22	220×96×122
HDZ-211	220	1.8	220	50.60	1210	16.8	14	220×96×122
HDZ-311	220	1.3	380	50.60	1210	16.8	8	220×96×122
HDZ-121	385	6	110		1210	26	32	229×96×122
HDZ-221	385	3	220	50.60	1210	26	18	229×96×122
HDZ-321	385	2.1	380	50.60	1210	26	12	229×96×122
HDZ-111D	170	3	110		1210	14	22	220×96×122
HDZ-211S	220	1.8	220	50	1210	16.8	14	220×96×122
HDZ-311S	220	1.3	380	50	1210	16.8	8	220×96×122

续表

型号	功率(W)	电流(A)	电压(V)	频率(Hz)	转速(r/min)	启动转矩/额定转矩	启动电流/额定电流	外形尺寸 长×宽×高(mm)
HDZ-121B	385	6	110		1210	26	32	237×150×132
HDZ-411	220	12	24		1210	16.8	80	220×96×122
HDZ-511	220	7.5	60		1210	16.8	36	220×96×122
HDZ-212	220	1.8	220	50	190	70	14	204×210×95
HDZ-113	220	4.2	110		580	29	22	208×110×95
HDZ-213	220	1.8	220	50.60	580	29	14	208×110×95
HDZ-123	220	1.3	380	50.60	580	29	8	208×110×95
HDZ-223	385	6	110		580	44	32	225×110×95
HDZ-323	385	3	220	50.60	580	44	18	225×110×95
HDZ-213P	385	2.1	380	50.60	580	44	12	225×110×95
HDZ-223P	220	1.8	220	50	580	29	14	208×113×95
HDZ-115	385	3	220	50	580	44	18	225×113×95
HDZ-125	220	4.2	110		400	42	22	325×121×100
HDZ-136	385	6	110		400	63	32	334×121×100
HDZ-236	230	4	110		2000	10	30	232×63.5×63.5
HDZ-22	230	1.8	220	50	2000	10	14	232×63.5×63.5
HDZ-25	385	2.7	220	50	13200	2	22	142×100×90
HDZ-26	700	5	220	50	10000	5	36	242×131×131
HDZ-16	250	1.9	220	50	8000	18	14	157×100×100
HDZ-27	250	4	127	50	8000	18	30	157×100×100
HDZ-297	150	1	220	50	10000	1	8	137×82×100

生产厂家：无锡市凯旋电机有限公司。

（三）HCX系列单相交流串励电动机

HCX系列电动机为自扇冷却结构，由电动机和风机两大部分组成。电动机由机壳、端盖、转子、定子、电刷组件组成。转子为绕线式，应用银铜合金换向器。机壳和端盖采用优质钢板拉伸件，轴承应用低噪声轴承。风机由电动叶轮和导流轮组成。动平轮采用优质硬铝板制成。HCX系列单相交流串励电动机技术数据见表2-3-7。

表 2-3-7　HCX 系列单相交流串励电动机技术数据

型　号	功率 (W)	电流 (A)	频率 (Hz)	风量 (m^3/min)	风压 (kPa)	转速 (r/min)	吸入功率 (W)
HCX-50	500±15%	220	50	>2.2	14.22^{+10}_{-10}	22000	>145
HCX-60	600±15%	220	50	>2.29	15.69^{+10}_{-10}	22500	>170
HCX-70	700±15%	220	50	>2.35	17.35^{+10}_{-10}	23000	>190
HCX-80	800±15%	220	50	>2.4	17.65^{+10}_{-10}	23000	>215
HCX-100	1000±15%	220	50	>3.1	18.73^{+10}_{-10}	21500	>280

生产厂家：绍兴市直流电机厂

（四）HC 系列单相串励交流换向器电动机

表 2-3-8　HC 系列单相串励交流换向器电动机技术数据

型　号	电压 (V)	频率 (Hz)	电流 (A)	输出频率 (W)	转速 (r/min)	效率 (%)	用　途	生产厂家
HCB54/20	220	50	0.6	55	15000	0.45	150W 食物拌碎器	广东新会电机厂
HCB54/20(1)A	120	60	1.1	55	15000	0.45	150W 食物拌碎器	
HCD54/14	220	50	0.33	30	10000	0.44	电吹风	
JCD54/14A	120	60	0.6	30	10000	0.44	电吹风	
JC76/40	220	50	2.5	250	10000	0.48	500W 家用碎肉机	
HC76/40(1)A	120	60	3.7	200	10000	0.43	400W 果汁机、打汽机	
HC76/30	220	50	1.55	150	12000	0.46	300W 果汁机	
HC76/25A	120	60	3.2	160	12000	0.45	350W 地板擦光机	
HC76/20	220	50	1.3	120	12000	0.45	250W 果汁机	

（五）HC 系列单相串励电动机

表 2-3-9 HC 系列单相串励电动机技术数据

型号	功率（W）	电压（V）	频率（Hz）	转速（r/min）	生产厂家
HC70-36	180（输出）	220	50	10000	常州亚美柯宝马电机有限公司
HC90-35	350（输入） 300（输入） 160（输入）	220	50	9560（高档） 6300（中档） 1745（低档）	
HC76-40	300（输出）	110	60	10000	

（六）HXD 系列单相串励电动机

表 2-3-10 HXD 系列单相串励电动机技术数据

型号	功率（W）	电流（A）	电压（V）	频率（Hz）	转速（r/min）	效率（%）	功率因数	噪声（dB）	风量（cm^3）	真空度（Pa）	火花等级	外形尺寸 长×宽×高（mm）
HXD600-A	600	3.0	220	50	20000	91	0.93	<93	>74	>17652	2	85×135×122 146×146×286

生产厂家：安徽阜阳青峰机械厂。

（七）家电用单相串励电动机

家电用单相串励电动机无外壳，二极，滑动轴承，电动机统一冲片尺寸，由长度不同的铁心和绕组得到各种规格的电压、功率、转速。其技术数据见表 2-3-11。

表 2-3-11 家电用串励电动机技术数据

型号	额定值		负载					铁心尺寸（mm）	配用家电产品
	电压（V）	频率（Hz）	转矩 $\times10^{-4}$（N·m）	转速（r/min）	电流（A）	输入功率（W）	输出功率（W）		
GL5412AF-120	120	60	500	8000	1.07	110	41	ϕ54×15	中型榨汁机、咖啡壶等
GH5412A-220	220	50	500	8000	0.56	110	41		
GH5412A-240	240	50	500	7800	0.50	110	40		
GL5415AF-120	120	60	500	8000	0.90	100	41	ϕ54×15	
GH5415A-220	220	50	500	8000	0.47	110	41		
GH5415A-240	240	50	500	8000	0.45	110	41		

续表

型号	额定值		负载					铁心尺寸（mm）	配用家电产品
	电压（V）	频率（Hz）	转矩 $\times 10^{-4}$（N·m）	转速（r/min）	电流（A）	输入功率（W）	输出功率（W）		
GL5420-120	120	60	650	8500	1.25	140	55	ϕ54×20	暖风机、咖啡壶、搅拌机等
GH5420A-220	220	50	650	8500	0.65	140	55		
GH5420A-240	240	50	650	8500	0.60	140	55		
GL5425AF-120	120	60	600	11500	1.35	140	70.8	ϕ54×25	
GH5425A-220	220	50	600	11500	0.77	140	70.8		
BL5430-110	110	50	550	10800	1.13	121	61	ϕ54×30	小型搅拌机、小型榨汁机等
BH5430-220	220	50	550	11000	0.58	122	62		
BL5435N-100	100	50	600	10900	1.42	130	67	ϕ54×35	
BL5435A-120	120	50	600	7050	0.74	83	43		
BL5440N-120	120	60	800	12000	1.6	190	95	ϕ54×40	
BH5440N-220	220	50	700	12800	0.76	156	92		
HB5440N-240	240	50	700	8500	0.57	127	61		
BH5440A-230	230	50	800	11500	0.75	170	82		
ML7025-120	120	50	1100	10000	1.7	200	113	ϕ54×25	大型搅拌机、大型榨汁机等
MH7025-220	220	50	1100	10000	1.12	220	113		

生产厂家：广东佛山市顺德恒辉微型电机有限公司。广州申昌电器公司等。

（八）HL 系列（家电用）单相串励电动机

表 2-3-12　HL 系列（家电用）单相串励电动机技术数据

型号	HL-1		HL-1A		HL-2		HL-2A	
铁心厚度	12.5		12.5		15		15	
电压（频率为 50/60Hz）(V)	110（120）		220（240）		120（110）		240（220）	
转矩（mN·m）	0	30	0	30	0	35	0	35
电流（A）	0.30	0.75	0.14	0.36	0.32	0.71	0.71	0.41
转速（r/min）	23500	8237	22800	8213	20000	8612	21600	7143
型号	HL-3A		HL-3B		HL-3		HL-4A	
铁心厚度	20		20		21		23.5	
电压（频率为 50/60Hz）(V)	110（120）		220（240）		120（110）		240（220）	
转矩（mN·m）	0	60	0	50	0	50	0	70

续表

型　号	HL-3A		HL-3B		HL-3		HL-4A	
电流（A）	0.29	0.74	0.26	0.66	0.40	1.04	0.31	0.82
转速（r/min）	28800	12500	26500	12369	24000	11000	28700	12600

型　号	HL-5		HL-5A		HL-5B	
铁心厚度	30		30		30	
电压（频率为50/60Hz）（V）	110（120）		220（240）		220（240）	
转矩（mN·m）	0	50	0	50	0	60
电流（A）	0.25	0.69	0.18	0.42	0.34	0.62
转速（r/min）	20000	6400	20000	7889	29600	11600

（九）JF系列（家用缝纫机用）单相交流串励电动机

JF系列（家用缝纫机用）单相交流串励电动机，用于家用缝纫机上时，有两种基本安装方式：外装式和内藏式。用于包缝机上大多为外装式。电动机通过配套的控制器（脚踏开关）来调节使用转速。JF系列（家用缝纫机用）单相交流串励电动机技术数据见表2-3-13。

表2-3-13　JF系列（家用缝纫机用）单相交流串励电动机技术数据

型　号	额定功率（W）	额定电压（V）	额定转速（r/min）	额定频率（Hz）	控制器型号	生产厂家
JF6025	60	220	5000	56/60	JFK602	上海电器二厂
JF6028	60	220	8000	50/60	JFK02	
JF8015	80	110	5000	50/60	JFK801	
JF8015F	80	110	5000	50/60	JFK801	
JF8025	80	220	5000	50/60	JFK802	
JF8025F	80	220	5000	50/60	JFK802	
JF1027	100	220	7000	50/60	JFK102	
JF1027F	100	220	7000	50/60	JFK102	
JFB1225	120	220	5000	50/60	JFBK122	

（十）吸尘器用单相串励电动机

国产吸尘器用单相串励电动机有HLX系列、HX系列、HWX系列及VFT系列等。其技术数据见表2-3-14～表2-3-17。

表 2-3-14 HLX 系列单相串励电动机技术数据

型 号	功率 (W)	电压 (V)	频率 (Hz)	效率 (%)	最大风量 (m^3/min)	最大真空度 (Pa)	生产厂家
HLX290-23	640	220	50	28	2.2	15000	常州亚美柯宝马电机有限公司
HLX90-23	760				2.4	16300	
HLX90-25	860				2.6	17500	
HLX90-30	1080				3.0	18600	

表 2-3-15 HX 系列单相串励电动机技术数据

型 号	额定输入功率 (W)	额定电压 (V)	额定频率 (Hz)	最大风量 (m^3/min)	最大真空度 (Pa)	转速 (r/min)	风罩外径×长度 (mm)	生产厂家
HX-54	540±15%	220	50	2.2	14710	23000	135×123[①]	广东省三水市电机厂
HX-64	640±15%	220	50	2.3	15691	23500	135×123	
HX-76	760±15%	220	50	2.5	16671	24000	135×123	

表 2-3-16 HWX 系列单相串励电动机技术数据

型 号	电压 (V)	频率 (Hz)	输入功率 (W)	吸尘功率 (W)	转速 (r/min)	真空度 (Pa)	风量 (cm^3/min)	吸尘效率 (%)	质量 (kg)	生产厂家
HWX-60	220	50	640	180	24000	15014	2.2	28	1.5	广东新会电机厂
HWX-60A	120	60	640	180	24000	15014	2.2	28	1.5	
HWX-70	220	50	750	210	22000	16514	2.4	28	1.5	

表 2-3-17 VFT 系列单相串励电动机技术数据

型 号	电压 (V)	频率 (Hz)	输入功率 (W)	风量 (cm^3/min)	吸尘效率 (%)	生产厂家
VFT3-27	220	270	顺时针	1.5	9800	本溪市微型电机厂
VFT3-43	220	430	顺时针	2.0	11800	
VFT3-54	220	540	顺时针	2.1	14200	
VFT3-62	220	520	顺时针	1.8	15680	
VFT3-76	220	760	顺时针	2.4	16300	
VFT3-86	220	860	顺时针	2.6	17500	

（十一）交直流两用串励不可逆电动机

表 2-3-18　交直流两用串励不可逆电动机技术数据

型号	电流种类	电压(V)	频率(Hz)	有效功率(W)	电流(A)(不大于)	转速(r/min)	旋转方向	额定转矩(mN·m)	外形尺寸(mm)			质量(kg)
									总长	外径	轴径	
S328	交流 直流	12	50 -	25	7 5	4500±70	-	53.15	185	85	12	2.0
S368W	交流 直流	110	50 -	200	4 2.9	12000±10%	逆时针	177.50	226	85	8	2.3
S368BW	交流 直流	220	50 -	200	2.6 1.7	12000±10%	逆时针	177.50	268	85	8	2.3
S368KF	交流 直流	110	50 -	369	9.8 8	≥6000	顺时针	588.39	129	85	8	2.3
S368KJ	交流 直流	110	50 -	369	9.8 8	≥5000	逆时针	588.39	133	85	8	2.3
S368BKF	交流 直流	220	50 -	369	5.8 5	≥6000	顺时针	588.39	129	85	8	2.3
S568BKJ	交流 直流	220	50 -	369	5.8 5	≥6000	逆时针	588.39	138	85	8	2.3
S368BWT		220	50 -	200	2.6	12000±10%	逆时针	177.50	145.5	85	8/8	1.9
S368BWT2		220	50 -	123	1.2	12000	顺时针	98.60	209	85	3.5	2.1
S528	交流 直流	90 80	50 -	30	1.25 0.85	3000～3800 3000～3400	顺时针	95.61	196	108	9/9	3.3
S568BWJ	交流 直流	220	50 -	1100	8 6.5	10000～ 13000	顺时针	882.59	178	108	11	4.5

（十二）交直流两用串励可逆电动机

表 2-3-19　交直流两用串励可逆电动机技术数据

型号	电流种类	电压(V)	频率(Hz)	有效功率(W)	电流(A)(不大于)	转速(r/min)	额定转矩(mN·m)	外形尺寸(mm)			质量(kg)	生产厂家
								总长	外径	轴径		
S368	交流 直流	220	50	250	2.5	12000±10%	199		85	8	2	天津安全电机有限公司
S368BW	交流 直流	220	50	250	2.5	12000±10%	199		85	8	2	

第四节　同步电动机

一、概述

微型同步电动机是一种应用广泛的交流电动机，其最大特点是当电源频率一定、电动机的极对数不变时，电动机转速为一常量。电动机的转速满足以下公式：

$$n_c = 60f/p$$

式中，n_c 为电动机输出轴的转速（r/min）；f 为电源频率（Hz）；p 为电动机的极对数。

对于工频电源，同步电动机转速分别为：2 极的为 3000r/min；4 极的为 1500r/min；6 极的为 1000r/min；8 极的为 750r/min；6 极的为 375r/min。

微型同步电动机主要作为交流驱动用电动机，因其独有的特性，广泛应用于工业、农业、交通，以及许多新兴技术领域和国防科学领域，如自动化仪表、银行设备、监视器转台、电动广告、电动阀门、娱乐设备、医疗器械、陀螺系统及家用电器中。

微型同步电动机按其结构大致可分为永磁式和磁阻式两类。

（一）永磁式同步电动机

永磁式同步电动机是小功率范围内使用最多的一类同步电动机。永磁同步电动机根据其结构特点和永磁材料可分为以下 4 类：

（1）一般永磁同步电动机。转子用永久磁钢励磁，定子除三相绕组外，最多的是两相绕组或单相电容分相或采用罩极结构。

（2）磁滞同步电动机。其转子是采用磁滞材料制成，有自启动能力，通常为三相、二相或单相电容分相运行。

（3）永磁感应子式同步电动机。这类电动机的特点是转速比较低，工频供电，转速一般为 60r/min，永磁体多数为轴向磁化。

（4）爪极式永磁同步电动机。目前在微特电机领域内它是生产最多、应用量最大的一种廉价微型永磁同步电动机。

（二）磁阻式同步电动机

磁阻式同步电动机的转子不需直流励磁，在一般情况下无自启动能力。为了启动，要加设启动装置，通常采用的是在转子上加鼠笼绕组。磁阻式同步电动机的最大优点是结构简单、可靠性高、成本低，缺点是效率低。

近年来，随着变频器技术的普及和不断发展，使同步电动机通过变频来调速运行，在那些要求高速同步运转的场合和设备中，得到比较多的应用。

二、同步电动机结构和基本原理

（一）磁阻式同步电动机

磁阻式同步电动机定子结构和普通的同步电机或异步电机相同，主要采用两相绕组或单相电容分相启动或运行的单相绕组。磁阻电机的转子结构如图 2-4-1。

依靠横轴与纵轴磁导的变化产生同步转矩（亦称磁阻力矩），维持电动机以某一特定的同步转速运行。磁阻力矩的产生可用图2-4-2中磁力线被扭曲的曲线加以描述。

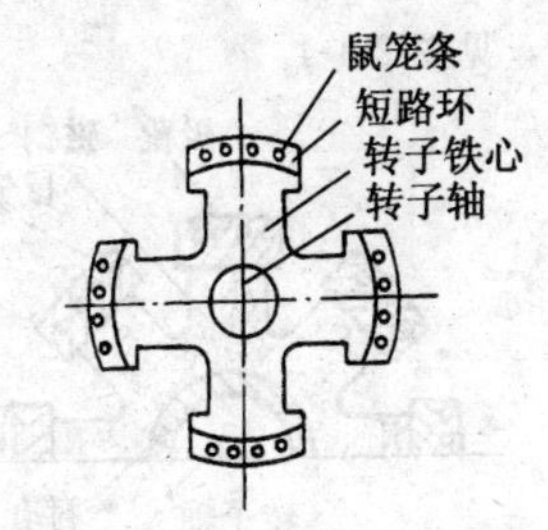

图 2-4-1 磁阻式同步电动机转子结构

当磁阻式同步电动机转子的 d 轴与定子的磁极中心线重合时，见图 2-4-2（a），磁力线和 d 轴平行通过气隙和转子。但当转子处于图 2-4-2（b）所示的位置时，磁力线被扭斜，而磁力线的闭合回路磁阻最小，产生一个切向力 F，在切向力 F 的作用下，

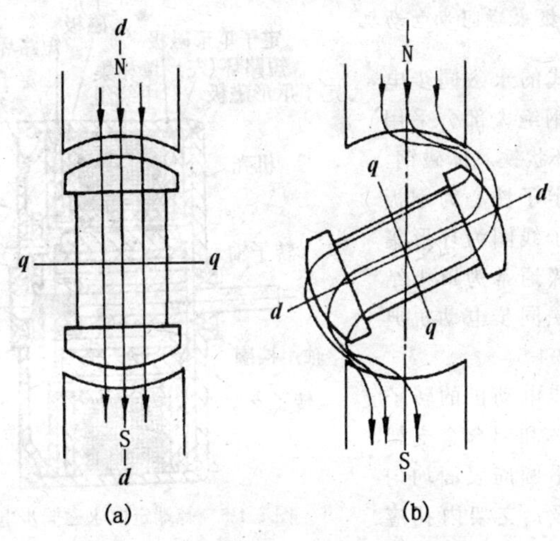

图 2-4-2 磁阻式同步电动机工作原理

转子沿逆时针方向转动，力求回到图 2-4-2（a）的状态。当定子为三相或二相或单相电容分相运行时，在空间产生一个旋转磁场，旋转磁场的旋转相当图2-4-2中定子磁极 N、S 在空间旋转，转子不动则定子磁极和转子之间必然出现图 2-4-2（b）所示的状态，切向力 F 必然产生，所以在 F 作用下转子沿旋转磁场方向旋转。

（二）永磁同步电动机

永磁同步电动机所用磁钢通常用铝镍钴铸造磁钢、稀土磁钢以及铁氧体磁钢。因磁钢不同，转子结构也略有变化。采用铝镍钴铸造磁钢，一般采用星形转子，见图 2-4-3。采用稀土磁钢时，因 H_C 值大，一般采用装配式转子，见图 2-4-4。

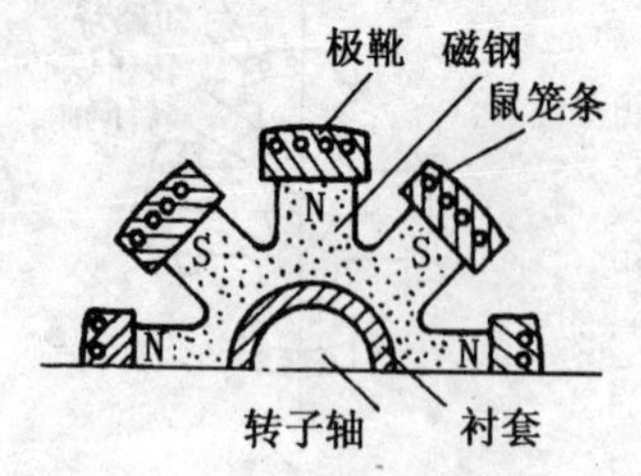

图 2-4-3　永磁同步电动机星形转子

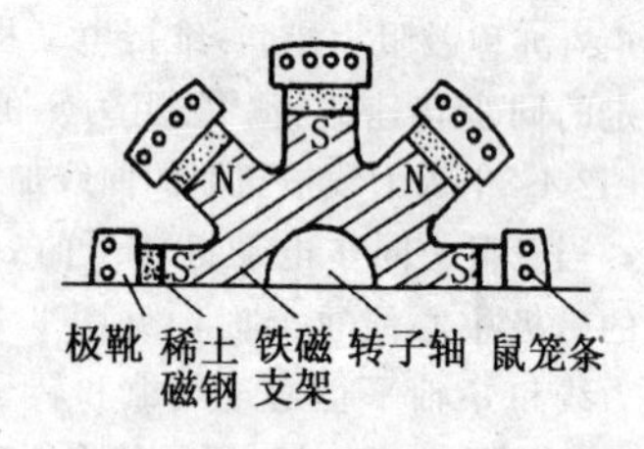

图 2-4-4　永磁同步电动机星形转子

（三）爪极永磁同步电动机

这种型式的永磁同步电动机转子磁钢绝大部分采用各向同性的环状铁氧体磁钢，径向充磁，定子铁心为钢板冲压件，定子线圈为环形集中绕组。爪极通常为罩极结构。爪极永磁同步电动机典型结构见图 2-4-5。

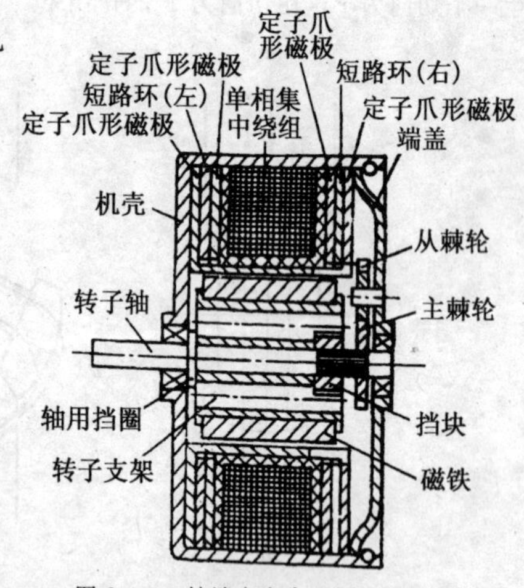

图 2-4-5　棘端定向永磁同步电动机

爪极同步电动机的转子由环形铁氧体和铝合金支架组成。磁钢沿圆周表面均匀冲制成 $2P$ 极，支架内孔应与转子轴滑配，利用挡块带动轴转动，轴与支架滑配的目的是使转子与轴之间可在一定的角度内滑动，使电机启动的瞬间相当处于空载，便于电机启动。定子线圈通以单相交流电后，由于罩极的存在，气隙中因此形成椭圆旋转磁场。

(a) 单片爪形磁极　　(b) 两片合成后的爪形磁极

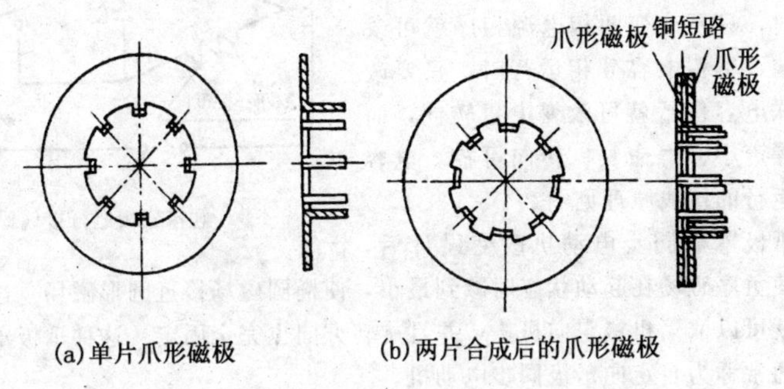

图 2-4-6　左侧爪形磁极

这种电机极对数多、转速低且启动时相当空载，转子的惯量很小，因此永磁转子可以自行启动。但启动时因负序磁场分量较大，易出现反转现象。为了保证电动机转向固定，电动机中必须装设定向机构，如图 2-4-5 所示的定向棘轮，保证了电动机转子只能按固定方向旋转。采用机械定向装置导致电机噪声加大，寿命降低。

图 2-4-7　双段爪极同步电动机

图 2-4-5 中定子磁极由薄钢板冲制而成，轴向左右对称交错分布，每片爪极的爪数等于磁极对数 P。图 2-4-5 中左侧爪形磁极结构见图 2-4-6。

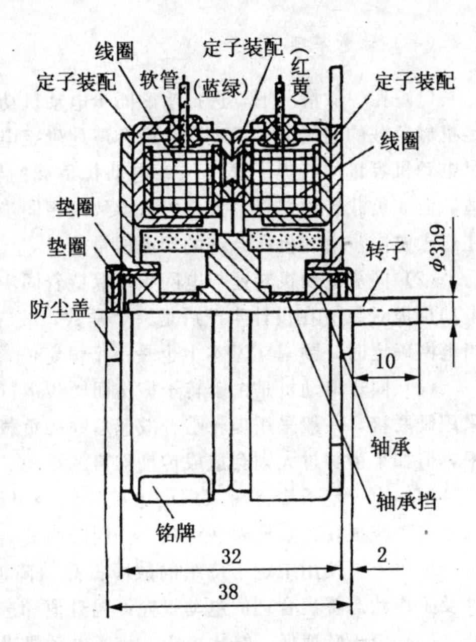

除上述爪形磁极电动机外还有一种两相电源供电或单相电容分相运行的爪极电动机，其典型结构见图 2-4-7。这种结构与上述爪极电动机的区别是转

子为两段磁钢，定子为两个环形线圈，左右两个定子相互错开90°电角度。这种电动机的优点是转向固定。当两相电源供电时，只要改变两相电源相序就可改变转向，单相电容分相运行时，只要改变串联电容位置就可改变电机转向，而且其噪声小、寿命长、转向可控。电容分相运行的接线原理见图2-4-8。

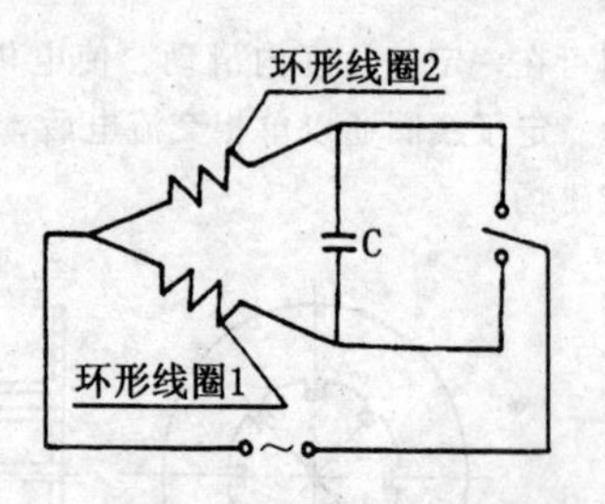

图2-4-8 电容分相运行接线原理

爪极罩极同步电动机改变设计后，可以使负序磁场在起动状态时减到最小，使椭圆磁场接近圆形磁场，这样电动机就可以取消机械定向机构，并且旋转方向也完全固定。这种爪极罩极电动机通常称为自定向爪极同步电动机。

爪极式同步电动机是由于转子振荡加速而牵入同步运行的，所以为保证其有足够的振荡速率，一般均用齿轮减速后再连结负载。

三、同步电动机应用

（一）注意事项

（1）在一般情况下，选择永磁同步电动机功率的原则是在电动机能够满足机械负载的前提下，最经济、最合理地确定电动机功率大小。此外，在满足电动机容量的前提下还应注意电动机负载的转动惯量，即使容量选择合适，但如负载转动惯量过大，仍将导致永磁同步电动机不能同步，所以必须注意永磁同步电动机所允许的转动惯量值。

（2）同步电动机转速与电网频率保持着同步的关系（$n_c=60f/p$），由于电动机极对数p在设计生产后是一个常数，故转速与频率是一个线性关系。当电网确定时，频率f基本上也是一个恒定值，其转速误差率为≤±1%。

（3）同步电动机是由于转子振荡而同步运行，因此在应用中与负载不能采用硬联接，一般采用齿轮啮合减速后联接负载。其中齿隙可保证其振荡速率，但如果齿隙过大则会造成传动噪声的增大。

（4）由于定子绕组所采用的电磁线线径很细且匝数较多，电阻值比较大，电动机损耗主要反映在铜耗上。同时该类电动机的可靠性也集中反映在定子绕组上，使用中定子绕组的故障占总故障的90%以上，应根据使用条件及工作状态提出合理的电动机允许温升值和选择相应的绝缘等级。

（5）由于转速低、结构稳定，该类电动机噪音较低。单体电动机一般不大于40dB，带齿轮箱电动机一般不大于45dB。

(6) 在使用该类电动机作驱动元件时，失步运行时有发生。造成这种现象的原因是制造过程中爪极或充磁有误差。同时，如果用户使用过高的电压，将导致爪极磁饱和，也会产生上述现象。

（二）典型应用

同步电动机主要应用在两大类产品中：

(1) 单体电动机主要应用在定时装置中，例如微波炉定时器、冰箱中定时器、全自动洗衣机程控器、电饭煲定时器、洗碗机定时器及其他家用定时装置。

(2) 带减速齿轮箱的电动机主要在要求低转速、大转矩的装置中作执行元件。目前广泛应用于微波炉转盘的直接驱动、舞台灯光的旋转驱动、小型广告灯箱的翻转驱动，及洗衣机电动排水阀、窗帘机、监控器等。

以电动窗帘为例，选用同步电动机的原则是：电动机运行时应噪声小、维护简单、寿命长、价格低、双向可逆运行，因此可选用双向爪极永磁同步电动机。图 2-4-9 为电动窗帘示意图。

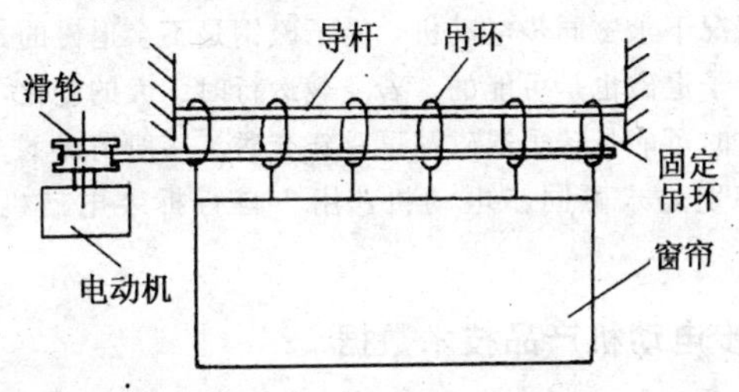

图 2-4-9　电动窗帘

图 2-4-9 所示的窗帘已被展开。若想拉开窗帘，只要按动电源开关，电动机就可转动。但电动机转向不定，若电动机转动使窗帘向左移动窗帘已被展开，最右端吊环不可动，这时加在电动机轴上的负载远大于电动机启动转矩，所以电动机不可能向此方向转动，轴上的负载相当一个机械定向装置。电动机只能向相反方向转动，使窗帘向右移动，电动机负载先是最左端的一个端环，负载很小，电动机迅速启动并进入同步运行，窗帘继续向右移动，电动机轴上负载逐渐加大，窗帘全部拉开后用限位开关断开电源。若想关上窗帘只需再次启动电机，因滑环限制，电动机负载大于电动机启动转矩，所以电动机只能使窗帘向左移动的方向旋转，直到重新回到图 2-4-9 所示位置。

从原理上看，爪极棘轮定向永磁同步电动机，只要去掉棘轮，就可作为双向可逆爪极同步电动机使用，棘轮的定向作用由负载取代。因无棘轮装置，寿命可由2000h提至10000h以上，运行中出现故障的几率大为减少，电动机成本也降低了，所以双向可逆爪极永磁同步电动机用在电动窗帘上是非常合适的。

四、同步电动机常见故障及维护

无论是磁阻式同步电动机还是永磁式同步电动机，只要按规定使用在正常使用期内是不会出现问题的。爪极式棘轮定向永磁同步电动机因为有棘轮装置，所以寿命只有2000h。在寿命期内，最易产生的故障也是棘轮失灵，造成电动机不能正常运行。所以爪极棘轮定向的永磁同步电动机，如不能正常运行时，首先应检查棘轮机构，若确属棘轮损坏，可到生产厂家进行修理。

对于电容分相运行的同步电动机，不能启动、启动不正常或运行不正常，绝大多数是电容值不符合要求、电容损坏或没按给定的线路正确联结电容。凡属这类问题，只要更换电容或按要求正确接线即可。

在一般情况下永磁同步电动机，转子磁钢是不会退磁的。但使用过程中因故障造成转子退磁也是可能的。若空载运行时无大的变化，但带负载能力显著下降，这时可能是转子退磁，可重新充磁。一般情况下，用户不得自行拆散电机，特别是永磁同步电动机，用户自行拆装电动机往往造成转子退磁。

五、同步电动机产品技术数据

（一）ST系列同步电动机

ST系列同步电动机为磁滞式转子，带有齿轮及减速机构，广泛应用在自动装置中作驱动元件。

型号说明：

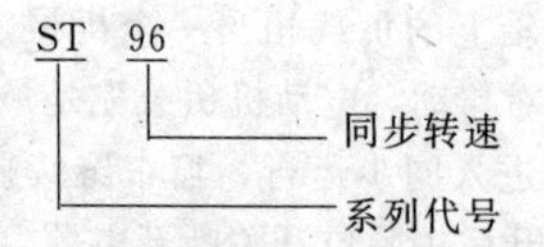

ST系列同步电动机技术数据见表2-4-1。其结构及电机安装方式为：机座无底脚，端盖上有小凸缘供立式安装，轴伸在凸缘端。

表 2-4-1　ST 系列同步电动机技术数据

型　号	额定频率(Hz)	额定电压(V)	最大输入电流(A)	副绕组串联电容(μF)	最大输入功率(W)	同步转速(r/min)	牵入转矩($\times10^{-4}$ N·m)	最大同步转矩($\times10^{-4}$ N·m)	质量(kg)	外形尺寸长×宽×高(mm)
ST96	50	110	0.09	1/400V	10	96	600	600	0.6	
ST60	50	110	0.09	1/400V	10	60	900	600	0.6	
ST30	50	110	0.09	1/400V	10	30	1800	1800	0.6	
ST12	50	110	0.09	1/400V	10	12	4000	4000	0.6	
ST2400	50	110	0.09	1/400V	10	2400	25	25	0.6	
ST96E	50	36	0.3	10/110V	10	96	600	600	0.6	
ST60E	50	36	0.3	10/110V	10	60	600	900	0.6	97.5×60×60
ST30E	50	36	0.3	10/110V	10	30	1800	1800	0.6	
ST12E	50	36	0.3	10/110V	10	12	4000	4000	0.6	97.5×60×60
ST2400E	50	36	0.3	10/110V	10	2400	25	2.5	0.6	

生产厂家：南京华凯微电机有限公司。

（二）TD 同步电动机

3 种 TD 同步电动机是带有减速箱的单相交流、罩极启动磁滞式两极同步电动机，作为恒速机构广泛用在自动化设备的自动记录控制机构中，在自动记录仪表中代替机械钟表作记时之用，顺时针方向旋转。TD 同步电动机技术数据见表 2-4-2。

表 2-4-2　TD 同步电动机技术数据

型　号	电压(V)	频率(Hz)	输出功率(mW)	输入功率(W)	启动转矩(mN·m)	最大转矩(mN·m)	转速(r/min)	减速比	外形尺寸长×宽×高(mm)
TD-60	220	50	12	13	1.96	1.96	60	1∶50	62×71×66
TD-20			12		68.6	68.6	2	1∶1500	
TD-1/300			0.07		196	196	1/300	1∶900000	

生产厂家：上海金陵雷戈勃劳伊特电机公司

（三）TBR 可逆同步电动机

TBR-60、TBR-2 电动机为带有减速箱的单相交流、罩极启动磁滞式两极可逆同步电动机。它们作为恒速机构广泛用于自动化设备的自动记录控制机构中，在自动记录仪表中代替机构钟表作计时之用。因磁极上有两组罩极线路，外接双向开关后可使电动机改变旋转方向。其技术数据见表 2-4-3。

表 2-4-3　TBR 可逆同步电动机技术数据

型　号	电压 (V)	频率 (Hz)	输出功率 (mW)	输入功率 (W)	启动转矩 (mN·m)	最大转矩 (mN·m)	转速 (r/min)	减速比	外形尺寸 长×宽×高 (mm)	生产厂家
TBR-60	220	50	12	30	1.96	1.96	60	1∶50	62×73×67	上海金陵雷戈勃劳伊特电机公司
TD-2	—	—	—	—	68.6	68.6	2	1∶1500		

注：电动机一般制成额定电压为 220V，但根据用户需要可制成 24V、110V 及 127V 三种。

（四）TYC 系列永磁同步电动机

本系列电动机中，凡额定转矩为 0.1N·m 以上的，在使用中不允许过负载（过转矩）1 倍以上，以免造成损坏。

型号说明：

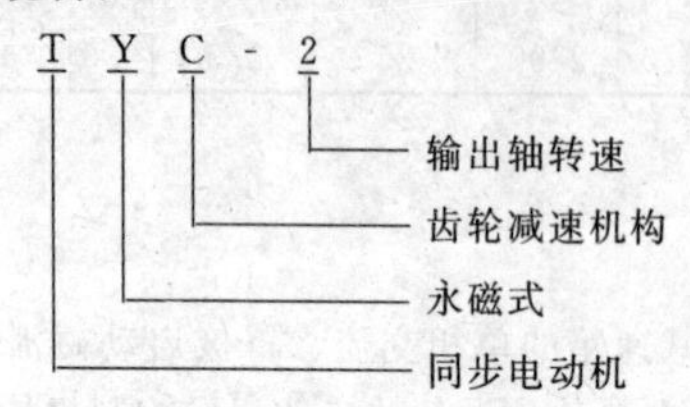

TYC 系列永磁同步电动机技术数据见表 2-4-4。其结构及安装方式为：全封闭结构，自冷；机座无底脚，带有法兰安装孔，供立式安装。

表 2-4-4　TYC 系列永磁同步电动机技术数据

型　号	额定电压 (V)	频率 (Hz)	额定电流 (A)	额定转矩 ($\times10^{-4}$N·m)	输出轴转速 (r/min)	外形尺寸 长×宽×高 (mm)	生产厂家
TYC-60	220	50	24	20	60	67×40×40	南京华凯微电机有限公司
TYC-12	220	50	24	100	12		
TYC-2	220	50	24	700	1		
TYC-1/2	220	50	24	1000	1/2		
TYC-1/10	220	50	24	1000	1/10		
TYC-1/60	220	50	24	1000	1/60		
TYC-1/300	220	50	24	2000	1/300		
TYC-1/1440	220	50	24	2000	1/1440		

（五）TDY-375 型永磁同步电动机

TDY-375 型电动机供在自动仪表中的恒速机构作驱动用。

型号说明：

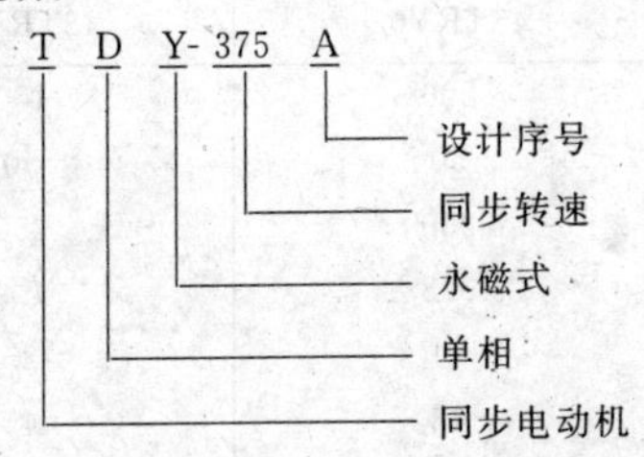

TDY-375A 型永磁同步电动机技术数据见表 2-4-5。其结构及安装方式为：全封闭式结构，自冷；具有制动机构，因此转子只能定向转动；机壳端面带有安装螺孔，供立式安装。

表 2-4-5　TDY-375A 型永磁同步电动机技术数据

型　号	额定电压 (V)	频率 (Hz)	电流 (A)	同步转速 (r/min)	启动转矩 (mN·m)	最大同步转矩 (mN·m)	备　注
TDY-375A	220	50	0.02	375	2.45	2.45	分“正转”、“反转”、“细转”3 种

种类	外形尺寸 长×宽×高 (mm)	生产厂家
正转 反转 细轴	31×55×57	南京华凯微电机有限公司

（六）43TRY 系列永磁容分同步电动机

43TRY 系列永磁容分电动机的转速和电源频率保持恒定不变的关系。它具有转速低、转矩大、噪声小、转向可控、可靠性高及寿命长等特点，适用于在恒速传动装置和自动控制系统中作驱动元件。

型号说明：

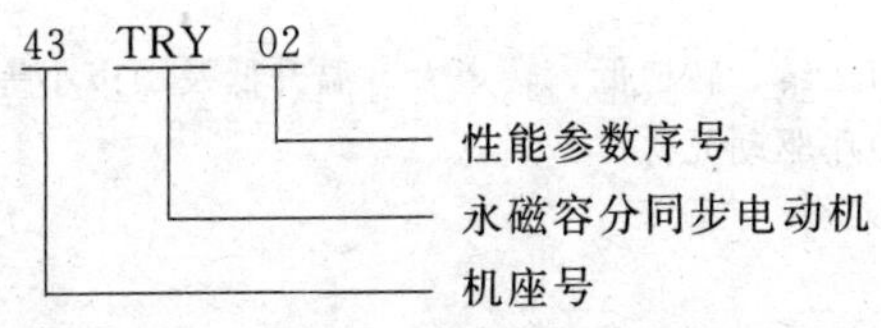

该系列电动机水平安装，使用条件为：环境温度－10～50℃。相对湿度＜90％（25℃）。43TRY系列永磁容分同步电动机技术数据见表2-4-6。

表2-4-6　43TRY系列永磁容分同步电动机技术数据

型　号	43TRY02	43TRY03
额定电压（V）	200	100
频率（Hz）	50	50
同步转速（r/min）	250	250
牵入转矩（mN·m）	9.8	4.9
额定电流（mA）	14	25
温　升（K）	45	45
工作电容（μF）	0.1	0.33

生产厂家：上海仪表电机厂。

（七）45TRY系列永磁容分同步电动机

45TRY系列永磁容分同步电动机的转速和电源频率保持恒定的关系，除了超载停转外，无失步运转现象。该电动机具有力矩大、温升低、噪声小、转向可控等特点，适用于恒速传动装置和自控系统中作驱动元件。

型号说明：

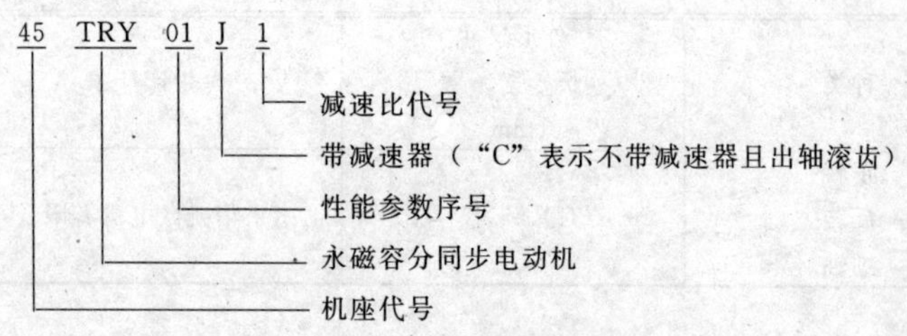

该系列电动机的定子由杯形机壳、两个线圈、4个爪形极片（由机壳上冲出）等组成。转子用铁氧体磁钢。一相线圈中接有分相电容，改变电容的接线，可控制电动机的旋转方向。电动机为水平安装。其技术数据见表2-4-7。

（八）41TYZ01-JB型爪极永磁同步电动机

电动机具有单向运转、转速低、转矩大、温升低及噪声小等特点，主要在仪表的走纸机构中作驱动元件。

表 2-4-7　45TRY 系列永磁容分同步电动机技术数据

型　号	额定电压 (V)	频率 (Hz)	额定电流 (A)	额定输入功率 (W)	同步转速 (r/min)	额定转矩 ($\times 10^{-4}$N·m)	最大同步转矩 ($\times 10^{-4}$N·m)	极数	每相线圈电阻 (Ω)	温升 (℃)	工作电容 (μF)	生产厂家
45TRY01-C	220	50	16	2.5	250	30	50	24	3520	45	C1：0.22 C2：0.47	上海仪表电机厂
45TRY01-J1					6	800						
45TRY01-J2					5	1000						
45TRY01-J3					1	-						
45TRY01-J4					1/2	-						
45TRY01-J5					1/4	-						
45TRY01-J6					1/20	1500						
45TRY01-J7					1/30	-						
45TRY01-J8					1/120	-						
45TRY01-J9					1/2880	-						
45TRY02-C	36	50	50	2.5	250	30	50	24	660	45	2	
45TRY02-J1					6	800						
45TRY02-J2					5	1000						
45TRY02-J3					1	-						
45TRY02-J4					1/2	-						
45TRY02-J5					1/4	-						
45TRY02-J6					1/20	1500						
45TRY02-J7					1/30	-						
45TRY02-J8					1/120	-						
45TRY02-J9					1/2880	-						

注：常态绝缘电阻：100MΩ；绝缘介电强度：1500V；AC，1min；质量：140g（不带减速器），270g（带减速器）；使用条件：环境温度为－10～＋60℃。

型号说明：

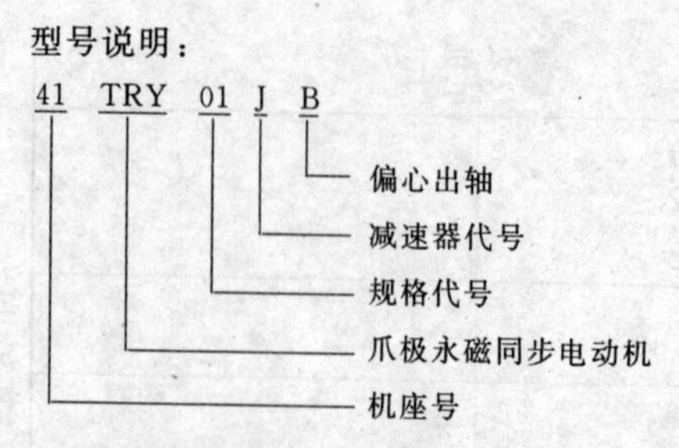

爪极永磁同步电动机技术数据见表 2-4-8。

表 2-4-8 41TYZ01-JB 爪极永磁同步电动机技术数据

额定电压（V）	110
额定频率（Hz）	50
牵入同步转矩（mN·m）	0.871（0.889g·cm）
同步转速（无减速）（r/min）	·500
冷态绝缘电阻（MΩ）	>100
绝缘介电强度（V/min）	2000
减速后转速（r/min）	1/180

生产厂家：上海仪表电机厂。

（九）45TYZ 系列爪极永磁同步电动机

该系列电动机具有转矩大、功耗小、温升低、运行可靠和使用方便等特点，可作驱动元件用于恒速传动装置和自动控制系统。

型号说明：

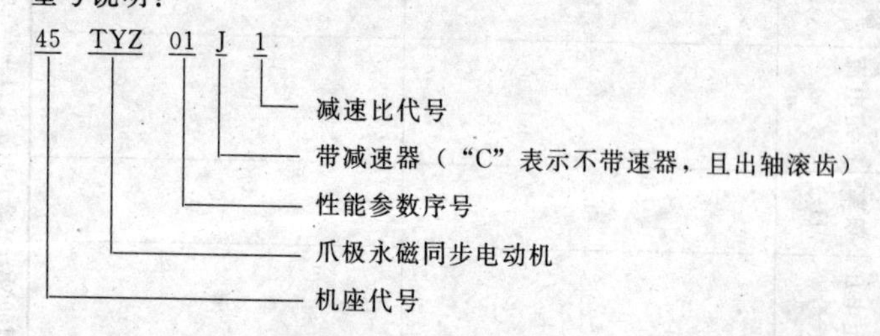

该系列电动机定子由杯形机壳、环形线圈、爪形极片及后端盖等组成。转子由高矫顽力铁氧体磁钢和转轴组成，用一对棘轮作定向装置，主棘轮压在转轴上，从棘轮安装在后端盖轮轴上。电动机为水平安装，其技术数据见表 2-4-9。

表 2-4-9　45TYZ 系列爪极永磁同步电动机技术数据

型　号	额定电压（V）	频率（Hz）	额定电流（A）	额定输入功率（W）	同步转速（r/min）	牵入转矩（×10⁻⁴N·m）	最大同步转矩（×10⁻⁴N·m）	极数	线圈电阻（Ω）	温升（℃）	质量（g）	生产厂家
45TYZ01-C					500	30						
45TYZ01-J1					12	800						
45TYZ01-J2					10	1000						
45TYZ01-J3					2	-						
45TYZ01-J4	220	50	17	3	1/2	-	40	12	7000	45	450	
45TYZ01-J5					1/2	-						
45TYZ01-J6					1/10	1500						
45TYZ01-J7					1/15	-						
45TYZ01-J8					1/60	-						
45TYZ01-J9					1/1440	-						上海仪表电机厂
45TYZ02-C					500	30					180	
45TYZ02-J1					12	800						
45TYZ02-J2					10	1000						
45TYZ02-J3					2	-						
45TYZ02-J4	36	50	50	2.5	1/2	-	40	12		45	450	
45TYZ02-J5					1/2	-						
45TYZ02-J6					1/10	1500						
45TYZ02-J7					1/15	-						
45TYZ02-J8					1/60	-						
45TYZ02-J9					1/1440	-						

注：常态绝缘电阻：100MΩ；绝缘介电强度：1500V；AC，1min；使用条件：环境温度为－10℃～＋60℃；该电动机可使用频率为 60Hz 的电源，这时的转速为 50Hz 时的 1.2 倍。

(十) 50TYS-JB系列双向永磁同步电动机

型号说明：

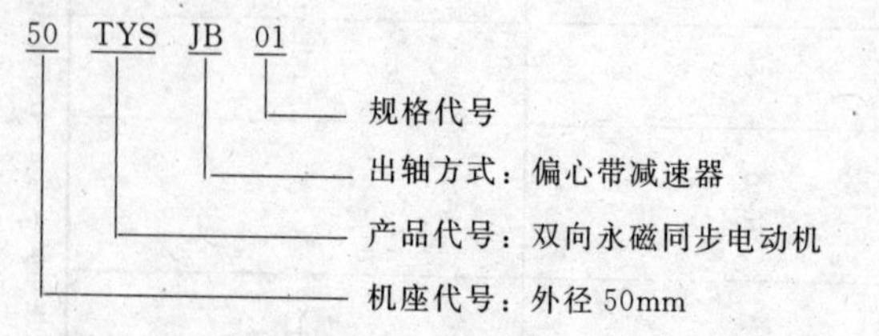

该电动机由减速器和电动机单体组成，电动机单体由连极片的外机壳、线圈、静止轴和转子等组成。其技术数据见表2-4-10。

表2-4-10 50TYS-JB型技术数据

型号	50TYS-JB01	50TYS-JB02	型号	50TYS-JB01	50TYS-JB02
额定电压(V)	220	220	常态绝缘电阻(MΩ)	100	100
频率(Hz)	50	50	绝缘介电强度(V)	1500AC1min	150AC1min
额定输入功率(W)	3	3	质量(g)	130	130
最大同步转矩(mN·m)	147	78	使用环境温度(℃)	－10～＋55	－10～＋55
同步转速(r/min)	6	30			
温升(℃)	45	45			

生产厂家：上海仪表电机厂。

(十一) TYB系列半罩极永磁同步电动机

型号说明：

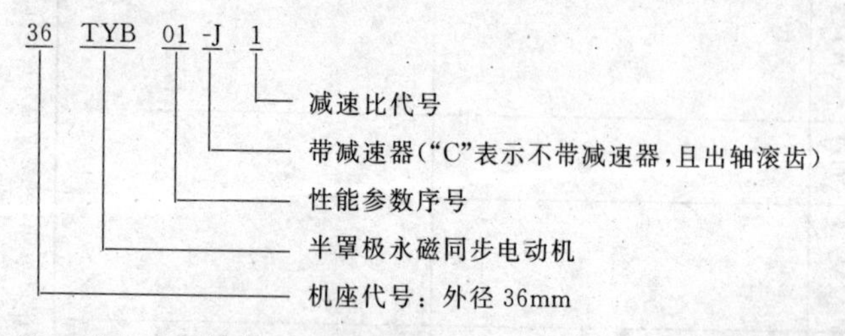

该系列电动机的定子由杯形机壳、环形线圈、大、小爪形极片、短路环及后端盖组成，大、小极片分别安装在线圈两端，小极片之间置有短路环。转子由铁氧体磁钢、转子支架和转轴组成。机内装有1对棘轮，使电动机可定向旋转。其技术数据见表2-4-11。

表 2-4-11 TYB 系列半罩极永磁同步电动机技术数据

型 号	额定电压（V）	频率（Hz）	额定电流（A）	额定输入功率（W）	同步转速（r/min）	牵入转矩（$\times10^{-4}$N·m）	最大同步转矩（$\times10^{-4}$N·m）	极数	线圈电阻（Ω）	温升（℃）	常态绝缘电阻（MΩ）	绝缘介电强度（V）	质量（g）	生产厂家
36TYB01-C	220	50	16	2.5	375	15	30	16	4910	45	100	1500 AC 1min	110	上海仪表电机厂
36TYB01-J1					2									
36TYB01-J2					1								220	
36TYB01-J3					1/10	1200								
36TYB01-J4					1/60									
36TYB01-J5					30	250								
55TYB	220	50	18	3	375	30	80	16	7530	45	100	1500 AC 1nun	190	
55TYB-C					375	30	80							
55TYB-J1					12	1000								
55TYB-J2					2	1500								

（十二）TUC 系列磁阻式小功率单相电容启动同步电动机

TUC 系列电动机为单相电容启动笼型转子磁阻式同步电动机，在电源电压或负载发生波动时能使转速维持恒定，符合国际 IEC 标准中的有关规定。广泛应用于电影机、复印机、自动控制系统等恒速传动位置上作为驱动元件。

型号说明：

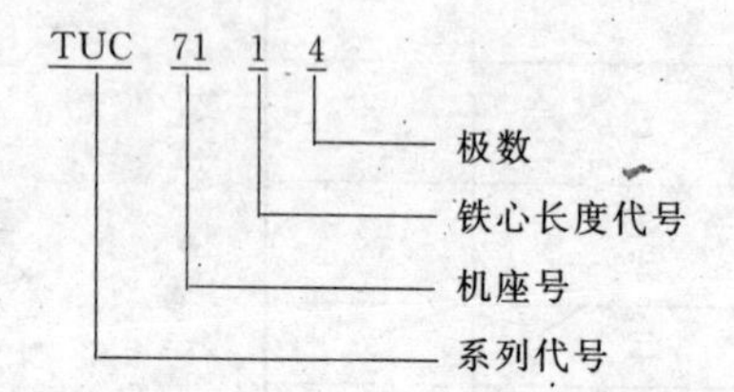

电动机有 3 种基本安装方式：B3 型、B14 型、B34 型，其技术数据见表 2-4-12。

表 2-4-12 TUC 系列磁阻式小功率单相电容启动同步电动机技术数据

机座号	型号	功率(W)	电流(A)	电压(V)	频率(Hz)	转速(r/min)	效率(%)	功率因数	堵转转矩/额定转矩	堵转电流(A)	牵入转矩/额定转矩	最大转矩/额定转矩	外形尺寸① 长×宽×高(mm)
71	TUC-7114	90	0.88	220	50	1500	37	0.43	3	12	1.2	1.4	255×145×180
	TUC-7124	120	1.10	220	50	1500	40	0.45	3	15	1.2	1.4	
80	TUC-8014	180	1.24	220	50	1500	48	0.47	3	17	1.2	1.4	295×165×200
	TUC-8024	250	1.55	220	50	1500	50	0.48	3	23	1.2	1.4	

生产厂家：南京华凯微电机公司。

①为 B3 型、B34 型外形尺寸（3 种安装方式的最大尺寸）

（十三）KTYZ 系列齿轮减速可逆永磁同步电动机

本产品由永磁同步电机和减速机构合成一体的可控制正反运转的同步电动机，具有功耗小、转矩大、噪音低、体积小等特点。主要应用在监控器云台、电动器械、冷暖通阀门、电动广告、点钞机等低恒速运行设备。

50KTYZ 系列齿轮减速同步电动机技术数据见表 2-4-13，60KTYZ 系列齿轮减速同步电动机技术数据见表 2-4-14。

表 2-4-13　50KTYZ 系列齿轮减速永磁同步电动机技术数据

电压（V）		220/110										
额定频率（Hz）		50/60										
输入功率（W）		≤7										
工作电流（mA）		≤25										
噪音（dB）		35										
绝缘等级（级）		E										
型号	转速（r/min）	1	1.5	2	2.5	4	5	8	10	15	20	30
A	输出力矩（N·m）	1.5	2.5	2.8	2.5	1.7	1.5	0.9	0.8	0.5	0.4	0.3
B		1.5	2.5	2.5	2.1	1.35	1.25	0.75	0.65	0.4	0.3	0.2

表 2-4-14　60KTYZ 系列齿轮减速永磁同步电动机技术数据

电压（V）		220/110									
额定频率（Hz）		50/60									
输入功率（W）		≤14									
工作电流（mA）		≤45									
噪音（dB）		35									
绝缘等级（级）		E									
型号	转速（r/min）	3	5	7.5	10	15	21	30	50	60	100
A	输出力矩（N·m）	3.1	2.6	2.0	1.6	1.0	0.75	0.5	0.3	0.25	0.15
B		4.0	3.7	2.7	2.1	1.4	1.1	0.7	0.42	0.35	0.2
C		4.5	4.0	3.0	2.3	1.55	1.25	0.8	0.5	0.4	0.25
A1		4.5	3.7	2.7	2.1	1.4	1.1	0.7	0.42	0.35	0.2
B1		4.0	5.5	4.1	3.1	2.1	1.5	1.0	0.6	0.5	0.3
C1		4.5	6.0	4.8	4.0	2.6	1.9	1.4	0.75	0.68	0.35

生产厂家：无锡市剑清微电机有限责任公司。

第五节　无刷直流电动机

一、概述

无刷直流电动机是随着电子技术发展而出现的新型机电一体化电动机。它是现代电子技术（包括电力电子、微电子技术）、控制理论和电机技术相结合的产物。无刷直流电动机采用半导体功率开关器件（晶体管、MOS-FET、IGBT、IPM），用霍尔元件、光敏元件等位置传感器代替有刷直流电动机的换向器和电刷，以电子换相代替机械换向，从而提高了可靠性。

无刷直流电动机的外特性和普通直流电动机相似。直流电动机具有良好的调速性能，主要表现为调速方便、调速范围宽、起动转矩大、低速性能好、运行平稳、效率高，从工业到民用领域应用非常广泛。但是，直流电动机以电刷和换向器进行机械换向，在许多场合下是系统不可靠的重要原因。

（一）特点

与有刷直流电动机相比较，无刷直流电动机具有如下特点：

(1) 经电子控制获得类似直流电动机的运行特性，有较好的可控性，宽调速范围。

(2) 需要转子位置反馈信息和电子多相逆变驱动器。

(3) 由于没有电刷和换向器的火花、磨损问题，可工作于高速，具有较高的可靠性，寿命长，无需经常维护，机械噪音低，无线电干扰小。

(4) 功率因数高，转子无损耗和发热，有较高的效率。

(5) 必须有电子控制部分，总成本比直流电动机高。与电子电路结合，有更大的使用灵活性（比如利用小功率逻辑控制信号可控制电动机的起停、正反转）。适用于数字控制，易与微处理器和微型计算机接口。

目前，无刷直流电动机已获得广泛的应用，功率范围从瓦级到千瓦级，速度范围从每分钟近于零转到每分钟数几万转。

（二）分类

无刷直流电动机分类如下：

(1) 从气隙磁场波形分，有方波磁场和正弦波磁场。方波磁场电动机绕组中的电流也是方波；正弦波磁场电动机绕组中电流也是正弦波。方波磁场电机比相同有效材料的正弦波电机的输出功率大10%以上。由于方波电动机的转子位置检测和控制更简单，因而成本也低。而方波电动机的转矩脉动比正弦波电动机的大，对于要求调速比在100以上的无刷直流电动机，不适于用方波磁场电动机。本节主要介绍的是方波磁场的无刷直流电动机。

(2) 按结构分，无刷直流电动机有柱形和盘式之分。柱形电动机为径向气隙，盘式电动机为轴向磁场。无刷直流电动机可以做成有槽的，也可以做成无槽的，目前柱形、有槽电动机比较普遍。

二、无刷直流电动机结构、原理和特性

无刷直流电动机由电动机和电子驱动器两部分组成。电动机部分结构和经典交流永磁同步电动机相似。其定子上有多相绕组，转子上镶有永久磁铁，由于运行的需要，还要有转子位置传感器。位置传感器检测出转子磁场轴线和定子相绕组轴线的相对位置，决定各个时刻相绕组的通电状态，即决定电子驱动器多路输出开关的开/断状态，接通/断开电动机相应的相绕组。因此，无刷直流电动机可看成是由专门的电子逆变器驱动的有位置传感器反馈控制的交流同步电动机。从另一角度看，无刷直流电动机可看成是一个定转子倒置的直流电动机。一般直流电动机的电枢绕组在转子上，永磁体则在定子上。有刷直流电动机的所谓换向，实际上是其相绕组的换相过程。它是借助于电刷和换向器来完成的。而无刷直流电动机制相绕组的换相过程则是借助于位置传感器和逆变器的功率开关来完成的。无刷直流电动机以电子换向代替了普通直流电动机的机械换向，具有普通直流电动机相似的线性机械特性和线性转矩/电流特性。

(一) 结构

无刷直流电动机通常是由电动机本体、转子位置传感器和晶体管开关电路三部分组成，它的原理框图和结构简图分别如图2-5-1和图2-5-2所示。

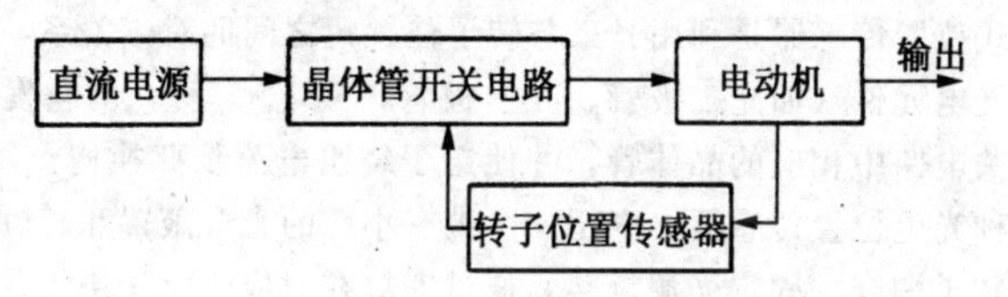

图2-5-1 无刷直流电动机原理框图

无刷直流电动机在结构上是一台反装的普通直流电动机。它的电枢放置在定子上，永磁磁极位于转子上，与旋转磁极式同步电机相像。其电枢绕组为多相绕组，各相绕组分别与晶体管开关电路中的功率开关元件相连接。其中A相与晶体管V1、B相与V2、C相与V3相接。通过转子位置传感器，

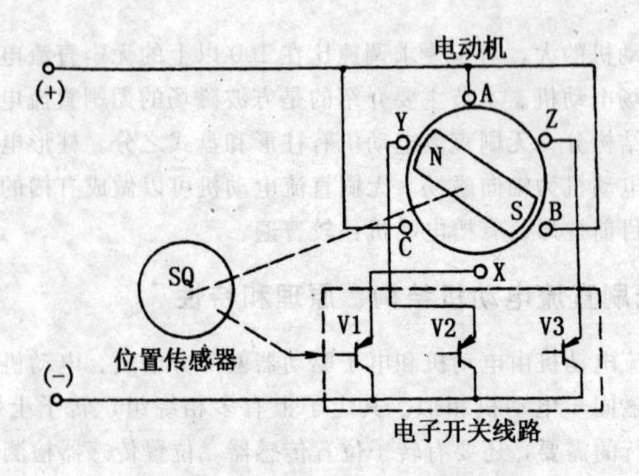

图 2-5-2　无刷直流电动机结构简图

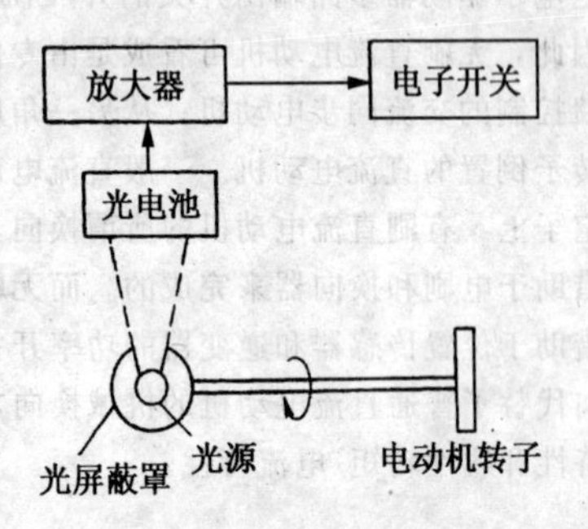

图 2-5-3　光电位置传感器原理图

使晶体管的导通和截止完全由转子的位置角所决定，而电枢绕组的电流将随着转子位置的改变按一定的顺序进行换流，实现无接触式的电子换向。

无刷直流电动机中设有位置传感器。它的作用是检测转子磁场相对于定子绕组的位置，并在确定的位置处发出信号控制晶体管元件，使定子绕组中电流换向。位置传感器有多种不同的结构形式，如光电式、电磁式、接近开关式和磁敏元件（霍尔元件）式等。这里仅以光电式位置传感器为例作一简要介绍。

光电式位置传感器是利用光束与转子位置角之间的对应关系，按指定的顺序照射光电元件（如光二极管、光三极管、光电池等），由它发出电信号去导通开关电路中相应的晶体管，并使定子绕组电流依此换向。图 2-5-3 所示的是一种光电位置传感器，它用一个带有小孔的光屏蔽罩和转轴联接在一起，随同转子围绕一固定光源旋转，通过安放在对应于定子绕组几个确定位置上的光电池（当它受到了光束的照射，会发出相应电信号），检测出定子绕组电流需要换向的确切位置，再由光电池发出的电信号去控制晶体管，使相应的定子绕组进行电流切换。

光电位置传感器发出的电信号一般都较弱，需要经过放大才能去控制晶体管。但光电位置传感器输出的是直流电压，不必再进行整流，这是它的一个优点。

（二）基本原理

下面以一台采用晶体管开关电路进行换流的两极三相绕组、带有光电位置传感器的无刷直流电动机为例，说明转矩产生的基本原理。图 2-5-4 表示电动机转子在几个不同位置时定子电枢绕组的通电状况，并通过电枢绕组磁势和转子绕组磁势的相互作用，来分析无刷直流电动机转矩的产生。

（1）当电动机转子处于图 2-5-4 瞬时，光源照射到光电池 Pa 上，便有电压信号输出，其余两个光电池 Pb、Pc 则无输出电压，由 Pa 的输出电压放大后使晶体管 V1 开始导通（见图 2-5-2），而晶体管 V2、V3 截止。这时，电枢绕组 AX 有电流通过，电枢磁势 F_a 的方向如图 2-5-4（a）所示。电枢磁势 F_a 和转子磁势相互作用便产生转矩，使转子沿顺时针方向旋转。

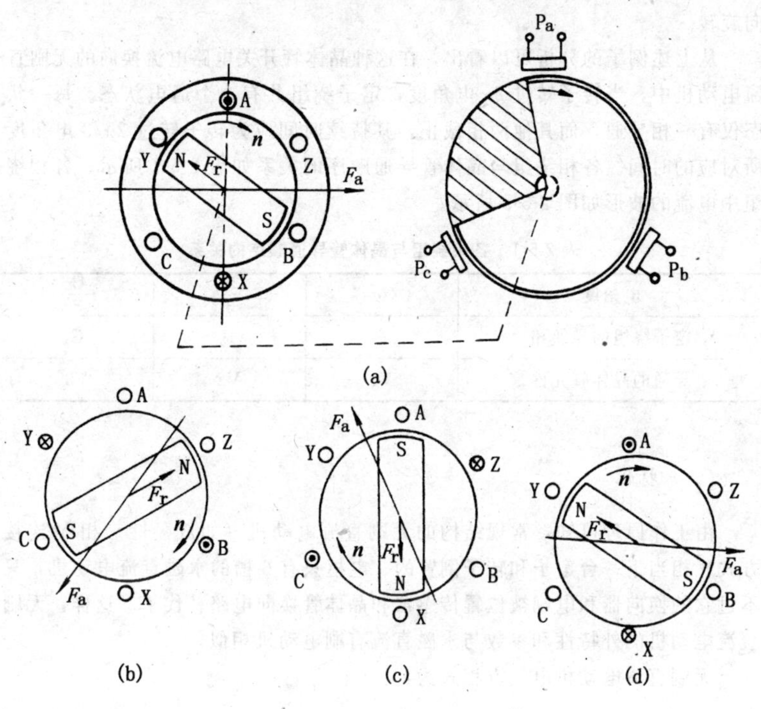

图 2-5-4　电枢磁势和转子磁势之间的相互关系

（2）当电动机转子在空间转过 2π/3 电角度时，光屏蔽罩也转过同样角度，从而使光电池 Pb 开始有电压信号输出，其余两个光电池 Pa、Pc 则无输出电压。Pb 输出电压放大后使晶体管 V2 开始导通（见图 2-5-2），晶体管 V1、V3 截止。这时，电枢绕组 BY 有电流通过，电枢磁势 Fa 的方向如图 2-5-4（b）所示。电枢磁势 Fa 和转子磁势相互作用所产生的转矩，使转子继续沿顺时针方向旋转。

（3）当电动机转子在空间转过 4π/3 电角度时，光电池 Pc 使晶体管 V3 开始导通，V1、V2 截止，相应电枢绕组 CZ 有电流通过，电枢磁势 Fa 的方向如图 2-5-4（c）所示。它与转子磁势相互作用所产生的转矩，仍使转子沿顺时针方向旋转。

当电动机转子继续转过 2π/3 电角度时，又回到原来的起始位置。这时通过位置传感器，重复上述的电流换向情况。如此循环进行，无刷直流电动机在电枢磁势和转子磁势的相互作用下产生转矩，并使电机转子按一定的方向旋转。

从上述例子的分析可以看出，在这种晶体管开关电路电流换向的无刷直流电动机中，当转子转过 2π 电角度，定子绕组共有 3 个通电状态。每一状态仅有一相导通，而其他两相截止，其持续时间应为转子转过 2π/3 电角度所对应的时间。各相绕组与晶体管导通顺序的关系如表 2-5-1 所示。各相绕组中电流的波形如图 2-5-5 所示。

表 2-5-1　各相绕组与晶体管导通顺序的关系

电角度	0	$\frac{2\pi}{3}$	$\frac{4\pi}{3}$
定子绕组的导通相	A	B	C
导通的晶体管元件	V1	V2	V3

（三）特性

由工作原理可知，常规结构的无刷直流电动机（如双极性三相 Y 连接方式）相当于一台定子和转子倒置的、电枢只有 6 槽的永磁直流电动机，只不过它的换向器和电刷被位置传感器和晶体管换向电路替代了。这样，无刷直流电动机的外特性和参数与永磁直流有刷电动机相似。

无刷直流电动机电气方程式为：

$$u = iR_{eq} + L_{eq}\frac{di}{dt} + K_E\omega \tag{2-5-1}$$

式中：u 为外加直流电压（V）；i 为瞬态电流（A）；R_{eq} 为等值电阻（Ω）；L_{eq} 为等值电感（H）；K_E 为等值电压常数（V/(rad/s)）；ω 为转子角速度（rad/s）。

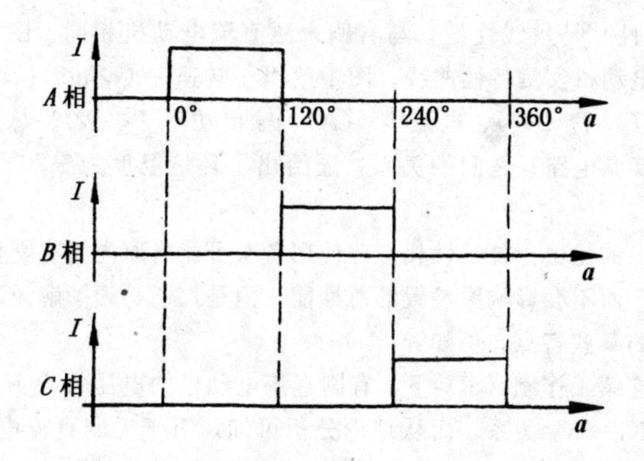

图 2-5-5　各相绕组的电流波形

上式忽略了各相绕组的互感、电枢反应引起的磁场变化、绕组电流变化的上升沿和下降沿及转速波动等次要因素。对于中低速无刷直流电动机，完全可以忽略各绕组的自感，故上式可以变为更简单的形式：

$$u = I_{av} R_{eq} + K_E \omega$$

式中，I_{av}为平均电流（A）。

无刷直流电动机的运动方程式为：

$$T_e = (J_m + J_L)\frac{d\omega}{dt} + D\omega + T_f + T_L \tag{2-5-2}$$

又有，

$$T_e = K_T I_{av} \tag{2-5-3}$$

式中，T_e 为电磁力矩（N·m）；T_f 为摩擦力矩（N·m）；T_L 为负载力矩（N·m）；J_m 为电动机转动惯量（kg·m²）；J_L 为负载转动惯量（kg·m²）；K_T 为电动机转矩常数（N·m/A）；D 为黏性阻尼系数（N·m/(rad/s)）。

在恒定电源电压 u 为常数的条件下，由式（2-5-1）和式（2-5-3）可得：

$$\omega = \omega_0 - R_m T_e$$

或

$$T_e = T_s - \frac{\omega}{R_m} \tag{2-5-4}$$

式中，ω_0 为理论空载转速（rad/s）；T_s 为堵转电磁力矩（N·m）；R_m 为速度调速常数（(rad/s)/N·m），$R_m = \frac{R_{eq}}{K_T K_E}$。

上述方程式说明，永磁无刷直流电动机机械特性（电磁力矩/转速特性，转矩/电流特性）是呈线性的，与有刷永磁直流电动机相同。图 2-5-6 为一台无刷直流电动机实测特性曲线。图中给出了转速 n（r/min）、输出转矩 T（mN・m）（$T \approx T_e - T_f$）、电流 I_{av}（A）、输出功率 P（W）、总效率 η（包括电动机和换向电路）之间的关系，还给出了环境温度为＋20℃和 50℃时的特性对比。

必须指出的是由于外特性相似，使用者有可能将原先的有刷直流电动机换成无刷的，而不会影响原装置的总性能。但是，还必须了解无刷直流电动机特性方面的某些特点，例如：

（1）在连续工作制（SI）下，有刷直流电动机的电压常数 K_E 和转矩常数 K_T 满足 $K_E = K_T$ 关系。而从理论分析可知，对于无刷直流电动机来说，两者略有差异，差别在 0.6％～3.6％之间。它与绕组相数、连接方式和工作状态等有关。这种差异反映了无刷直流电动机存在电流波动和转矩波动这一本质。但使用者欲了解电动机外特性时，可以认为 $K_T \approx K_E$。

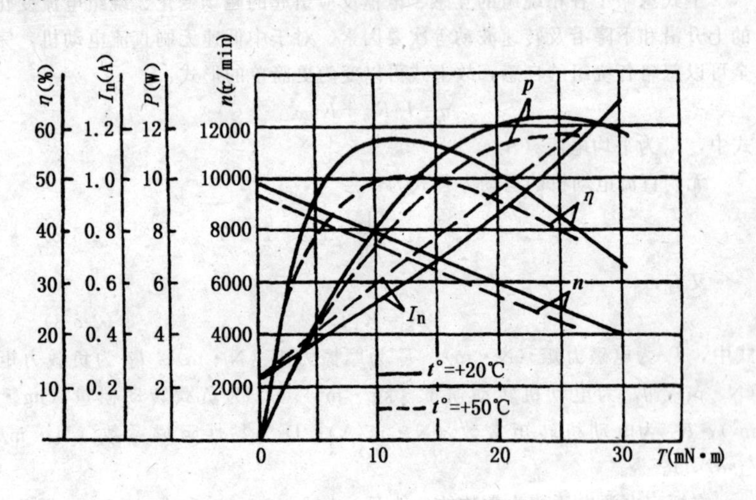

图 2-5-6　无刷直流电动机实测特性曲线

（2）无刷直流电动机一般有较明显的电流波动和转矩波动，上述方程给出的电流值 I_{av} 和力矩 T_e 是指平均值。

（3）无刷直流电动机特性与换向开关晶体管的饱和压降和等值电阻有关，特别是在脉宽调制工作方式时，晶体管开关速度对电机特性也有一定程度的影响。因此，无刷直流电动机的特性应理解为电机与特定换向电路作为一个整体的工作特性。

三、无刷直流电动机的控制

（一）电子换向电路

一般来说，无刷直流电动机的电子换向电路可分为3个功能部分，见图2-5-7。

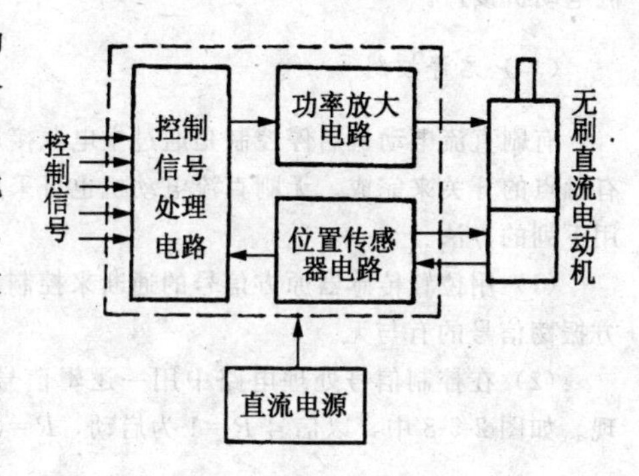

图2-5-7　电子换向电路框图

（1）位置传感器电路。此电路向位置传感器提供激励，并将传感器输出信号检出、放大、整形为方波信号。

（2）控制信号处理电路。此电路将位置传感器信号由逻辑电路进行处理并接收外界的启停、调速和正、反转等指令信号，获得对各相绕组正确导通顺序和有合适导通角的逻辑信号。

（3）功率放大电路。功率放大电路将上述逻辑信号驱动功率级开关适时接通或断开，它还包括续流回路和保护回路。晶体管典型的工作方式是开关工作状态，某些小功率无刷直流电动机中的功率级晶体管处于线性放大工作状态。

图2-5-8是一个三相非桥式电子换向控制电路。它采用电磁式位置传感器，利用晶体管的LC三点式振荡电路产生约300kHz的正弦波。其中利用了位置传感器原方电感线圈。此振荡正弦波电流从传感器原方输入，当转子转1转时，传感器副方h、i、j绕组上产生被转子位置调制过的高频输出信号。在传感器信号处理电路中，它们被二极管检波、解调并经晶体管放大后，得到$\bar{h}$、$\bar{i}$、$\bar{j}$方波信号。这3个信号再经后续处理得到驱动信号S_A、S_B、S_C。

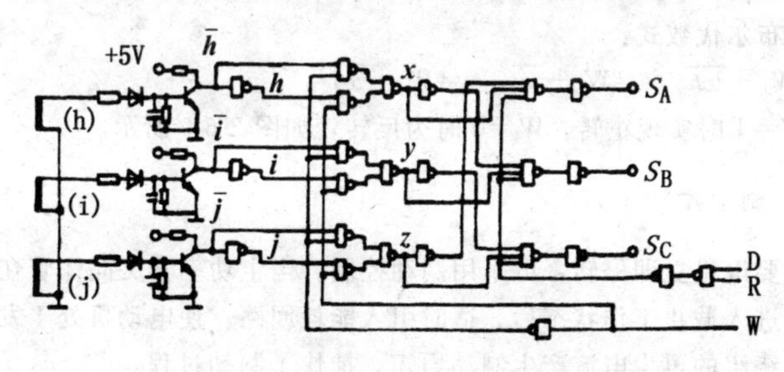

图2-5-8　三相非桥式电子换向控制电路

由于无刷直流电动机必须带有电子换向电路，从而对电动机的启停控制，正、反转控制，制动控制，功率控制，只需小功率逻辑电平控制即可实现。这样，微型计算机、可编程序控制器或其他数控系统都很容易与无刷直流电动机接口。

（二）启停控制

有刷直流电动机启停控制是通过主电源接通或断开来实现的，通常是用有触点的开关来完成。无刷直流电动机也可采用这个方法。此外，还可以采用下列的方法：

（1）用位置传感器原方信号的通断来控制。例如：控制电磁式传感器原方振荡信号的有与无。

（2）在控制信号处理电路中用一逻辑信号控制位置传感器的选通来实现。如图 2-5-8 中，以信号 $R=1$ 为启动，$R=0$ 为停机。

（三）正反转控制

永磁有刷直流电动机的反转运行是由改变电枢两端与电源的极性联接（反接）来实现的。由于无刷直流电动机的换向电路不允许反接到电源上，故反转的实现要采用别的方法，例如：

（1）每相绕组两端头互换。这可采用双掷开关或接触器触点来实现。

（2）用霍尔元件作位置传感器的，可将每片霍尔元件一对电流端或电势端两端互换。

（3）采用正反转两套位置传感器。

（4）逻辑门选通方法。即电动机传感器设计上有专门的考虑，在控制电路中用一逻辑信号（代表正反转状态）的指令来改变电动机各相绕组的导通顺序。例如，如图 2-5-8 中电磁式传感器的转子导磁片设计为 180°，使传感器输出信号 h、i、j 的占空比为 1∶1，正反转控制信号为 W，图中信号处理符合下列布尔代数式：

$x=W_{h}+\overline{wh}$；$y=W_{i}+\overline{wi}$；$x=W_{j}+\overline{wj}$

当 $W=1$ 时实现正转，$W=0$ 时为反转，如图 2-5-9 所示。

（四）制动控制

若需要电机立即停转，可采用制动控制。当主功率开关晶体管在停机信号控制下进入截止工作状态后，适时引入能耗回路。使电动机处于发电机状态，各相绕组的再生电流产生制动力矩，加快了制动过程。

图 2-5-10 是非桥式三相换向电路，它引入 3 个二极管 D1、D2、D3，电

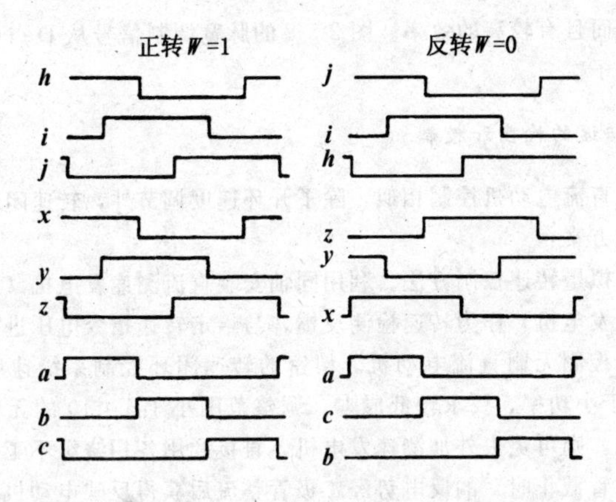

图 2-5-9　正反转控制的波形图

阻器 R 和开关 S 组成制动回路。在停机信号作用下，主开关晶体管截止，然后制动控制信号将开关 S 闭合，各相绕组产生制动电流。当电动机完全停转后，制动控制信号结束，使开关 S 断开，切断制动回路。

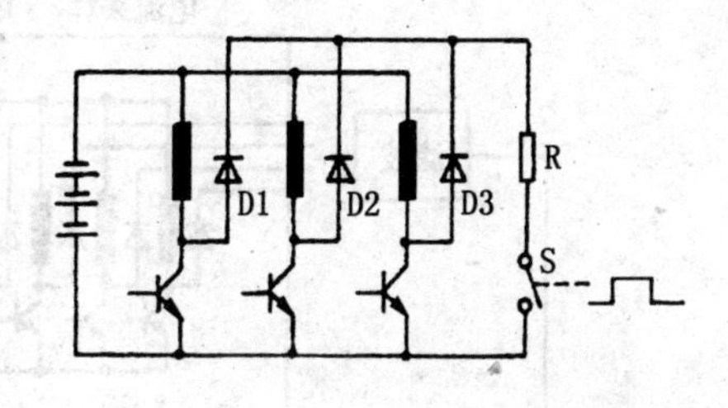

图 2-5-10　非桥式换向电路的制动控制

同样，对于桥式换向电路，也可以设计类似的制动控制回路。这里的开关 S，可以用一功率晶体管来代替，而且也可以将晶体管接成恒流工作方式，实现恒流能耗制动。

（五）功率控制

无刷直流电动机在调速控制或稳速控制时都需要对输入功率，即输入电压和电流进行控制。一种方法是将换向回路看作一个直流电动机，串接一功率晶体管（调整管）到直流电源，以调整供给换向电路的电压（电流）。这个串接的调整晶体管可以工作于线性放大区，也可以是脉宽调制（PWM）工作方式的。

更常用的方法是直接利用换向功率晶体管。同样，它们也可以工作于线性放大状态或脉宽调制工作状态（或脉冲频率调制工作状态）。

线性工作状态比较简单和经济，常用于 20W 以下和有限调整范围的情况。而脉宽调制，又称斩波控制方式则适用于较大功率的无刷直流电动机的功率控制，而且有较高的效率。图 2-5-8 的脉宽调制信号从 D 点引入，就是这样一个例子。

（六）转速的检出和控制

与有刷直流电动机控制相似，除了开环速度调节外，转速闭环控制可分为两种典型方案：

(1) 模拟量转速控制方法。利用同轴安装直流测速发电机（通常是用无刷直流测速发电机）作为转速检测反馈，与给定转速指令电压进行比较，其差值放大后控制无刷直流电动机。精密的转速闭环控制系统速度精度可达 0.1%。对于小功率、要求较低成本，调整范围小于 1∶10 的无刷直流电动机调速系统，则可免去外加测速发电机，直接利用各相绕组不工作期间（该相功率晶体管截止时）的反电势经二极管整流后获得反映电动机转速的电压信号，作测速电压信号，图 2-5-11 就是一个例子。

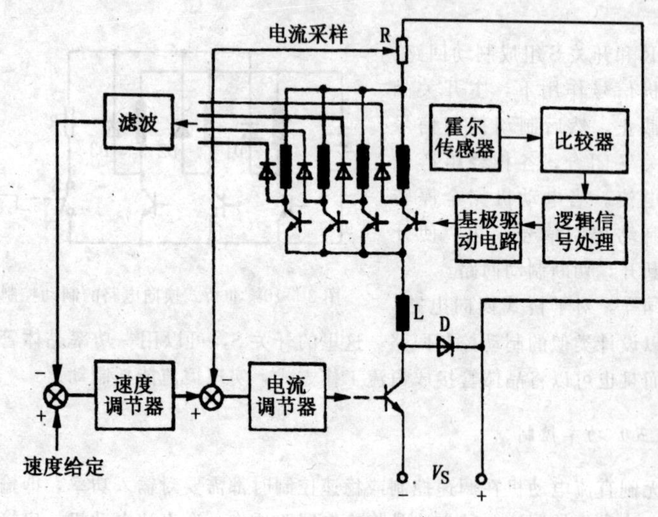

图 2-5-11　霍尔无刷电动机的速度控制系统

图 2-5-11 所示的是多极性工作的霍尔无刷直流电动机。两个霍尔元件作位置传感器，其输出信号经比较器电路得到方波位置信号，由逻辑电路处理得到驱动 4 个功率开关管的信号，使每个绕组各导通 90°工作。速度检测是由连接到电动机绕组的 4 个二极管的检波作用来实现的。由于每相绕组只有 1/4 周期工作，其余时间换向晶体管截止。四绕组不工作期间的反电势经

二极管检波后可以得到反映电动机转速的电势 E_C。用适当的滤波器滤除交流分量，其直流分量（$\overline{E_C}-\overline{V_S}$）正比于转速 n。无刷直流电动机的这个测速信号是从相绕组不工作期间的反电势得到的，所以不必像有刷直流电机的桥式测速回路那样要对 IR 压降进行补偿。这个转速反馈信号与预置速度信号比较，送入 PI 速度调节器。在直流电源输入线上串有测定电流的电阻，电流反馈信号与速度调节器输出进行比较后，在电流调节器形成变频率、变占空比的斩波控制信号，对串接的 T_S 调整晶体管进行斩波控制。

续流二极管 D 和串联电感器 L 的作用是在被斩波的开关功率管断开期间内，保持电动机绕组电流的连续性。

(2) 锁频锁相转速控制方法。锁相转速控制系统是将锁相环技术(PLL) 引入速度控制，形成一种高精度数字速度控制系统。其基本框图见图 2-5-12。

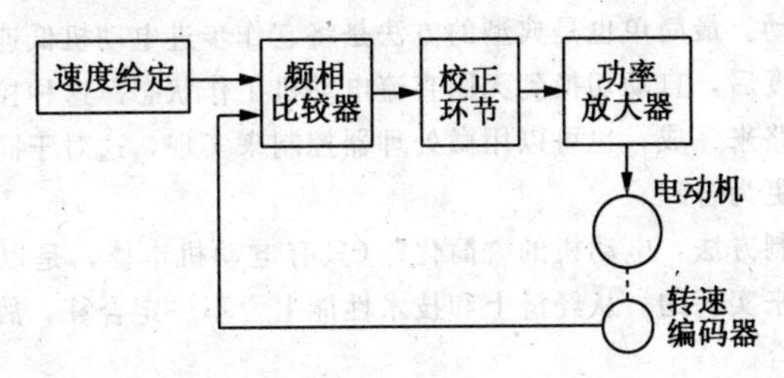

图 2-5-12　锁相转速控制系统的基本框图

锁相转速控制系统由速度给定、频相比较器、校正环节、功率放大器、电动机、转速编码器等组成。其特征是速度反馈和给定都是脉冲量，即以其频率数代表一定的转速。当系统锁定后，电动机的转速（对应于频率 f_1）和给定转速（对应于频率 f_r）保持相等，而且两者之相位差只在小范围内变化，系统就是依靠此相差的微小变化来达到对外界干扰量的平衡，维持严格的锁频锁相状态。如果参考速度给定频率采用高精度石英晶体振荡器为频率源时，系统可以得到高精度转速而且其速度稳定精度可达到 0.002%。

无刷直流电动机锁相速度控制系统同样可采用如图 2-5-12 所示的系统。由于换向电路本身就是功率放大器，因此较为方便。末级大多工作于开关状态，宜采用 PWM 工作方式。这种系统通常是数字-模拟混合式的。对于小功率或对速度的瞬时稳定度要求较低的系统可以采用下面的简化方案：

(1) 直接利用频相比较器输出相位差调制末级换向晶体管。

(2) 转速信号直接从位置传感器获得，免去在电动机同轴上安装昂贵的光电增量编码器。以三相非桥式换向电路为例，转速信号 U 可以从位置传

感器信号 x、y、z 经下式逻辑处理得到：

$$U=x\cdot y+y\cdot z+z\cdot x$$

随着无刷直流电动机在录像机、磁盘机、复印机等产品中的应用，其专用集成电路已有许多厂商制作。采用专用集成电路控制是无刷直流电动机应用的方向。

（七）无转子位置传感器无刷直流电动机的控制

在某些特殊应用场合，如条件极其恶劣或要求高可靠性的场合不宜采用位置传感器，可采用此种控制技术。这种方法的思路是，当电动机转动时，从各相绕组感应电势波形的特殊点检测出作为反映转子位置的信号，代替位置传感器，实现无刷直流电动机的正常电子换向。显然，在零速和低速区，感应电压或者为零或者很小，不可能形成位置信号。因此，必须用其他方法使电动机启动。最简单也是典型的方法是将它作步进电动机低速启动，当升速到一定速度后，自动切换到无刷直流电动机工作状态。这种控制方法既可以用数字电路来完成，也可以用微处理器控制来实现，这对于同时控制多台无刷电动机更为合理。

这种控制方法，电动机的“简化”（只有电动机本体）是以增加控制电路的复杂性来实现的。从经济上和技术性能上说不一定合算，故只适用于特殊需要的场合。

四、无刷直流电动机选型和应用

（一）选型

在下列情况下可选用无刷直流电动机：

(1) 使用直流电源。

(2) 要求有高可靠性、长寿命、少维护或甚至不能维护的场合。

(3) 要求对周围电子仪器设备有低电磁干扰或低噪声的地方。

(4) 高速工作的要求。

(5) 在高真空、有害介质、液体介质中工作或在强冲击和振动等恶劣环境条件下工作的情况。

(6) 有防爆要求的场合。

（二）选型时考虑的问题

(1) 成本与价格问题。目前国内无刷直流电动机的价格较高，成为影响用户选用的一个重要因素。实际上，就电动机部分来说，无刷电动机加上位置传感器与有刷电动机相比不会引起成本明显的增加。与有刷直流电动机类似，因为用途不同，性能高低差异很大，价格在同功率的情况下也可以相差一个数量级或更大。目前也有低档的无刷直流电动机，在较大批量生产时可以较低价格提供。价格问题主要是由于增加了电子换向控制器的成本。这样，一般作动力源使用的电动机，与有刷电动机相比价格问题较为突出。对于高性能控制的系统应用来说，价格的矛盾较小。因为此时即使用有刷电动机，同样需要一套电子驱动器。随着适用于无刷电动机专用集成电路的出现和无刷电动机系统批量生产的形成，价格的矛盾会逐步解决。无刷电动机将会在民用工业和家用电器中得到更为广泛的使用。

(2) 电子电路放在电动机内部还是放在外面的问题。无刷电动机本体部分是一个发热体，若电子电路与之组装在一些，会受到一定影响；电动机直接放到使用现场，有些恶劣的现场条件对电子电路稳定工作不利；此外，若电机与电路为一体，对电路元件小型化有较高的要求，成本会增加。由于上述原因，在大多数情况下，电动机与电路是分开的，两者用多根长线连接。在大多数使用情况下，不会给使用带来不便。只有在少数情况下，如仪器用风机、磁盘驱动器的主轴驱动等特殊结构的小功率无刷直流电动机是将电动机与电路一体化。

(3) 转矩波动与电流波动问题及其对策。常规结构的无刷直流电动机由于状态数少，气隙磁场分布不理想，绕组存在电感，各相绕组充放电回路参数不一致等原因，在电机单转范围内电流有波动，总转矩也有较明显的波动。图 2-5-13 给出了单极性三相无刷直流电动机的电流波动和转矩波动情况，其气隙磁场分布为正弦形。图中以虚线表示忽略相绕组电感的情况，实线表示有较大电感时的情况。

转矩波动程度在不同绕组连接方式下有较大差别而且与转速大小有关。图 2-5-14 表示了几种绕组型式在单转周期内最大转矩/最小转矩之比和转速的关系。它是在忽略绕组电感，气隙磁场是正弦分布的假设下理论分析的结果。从图中不难看出，无刷直流电动机的转矩波动相当严重。在这些绕组型式中以双极性三相绕组工作方式的转矩波动较小。在低速区和高速区转矩波动较大，在 $n/n_0=0.5$ 附近波动较小，这里 n_0 为理想空载转速。

无刷直流电动机电流波动会引起供电电源电压的波动，对同一电源的用电设备产生不良影响。故常要求使用的直流电源有足够的容量和尽可能小的内阻，或串接附加电感和电容器的去耦平滑网络，或必要时采用稳压措施。

转矩波动主要反映到转速波动上来，这对于音响和影像设备是至关重要的问题。在转速较高时，适当增加负载的转动惯量，产生飞轮效应可以使转速波动减小，这对于恒速系统是有效的。由于转矩波动的存在，无刷直流电动机在低速时平稳性较差，因此一般设计的无刷直流电动机调速范围较窄，如 1：10 以内。对于要求有宽调速范围或对转速波动有严格限制的情况，宜采用专门设计的无刷直流伺服电动机和更精密的闭环控制。

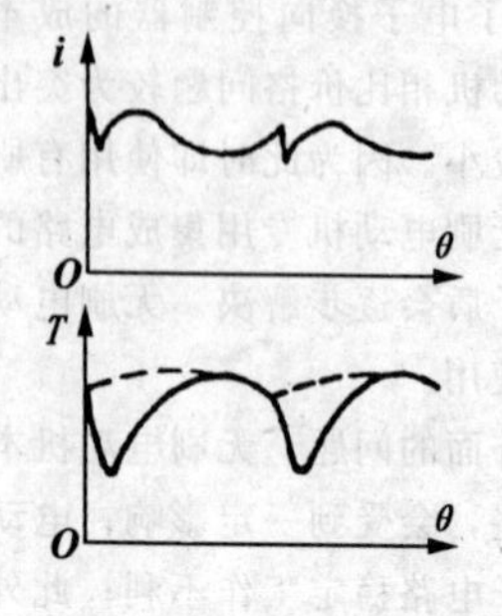

图 2-5-13　单极性三相无刷直流电动机电流波动和力矩波动

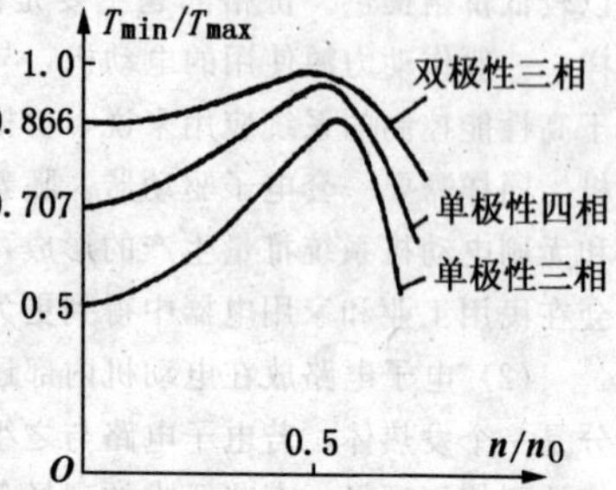

图 2-5-14　力矩波动与转速的关系

(4) 安全启动问题。无刷直流电动机的转矩不均匀性表现在启动状态时，当转子处于不同圆周位置有不同的启动转矩。当电动机带负载启动时，可能在某些位置启动不了。对于下列几种绕组连接式，在启动时，可能出现的最小转矩和最大力矩之比为：

单极性三相绕组（三状态）：0.5；

单极性四相绕组（四状态）：0.707；

双极性三相绕组（六状态）：0.866。

所以在选择无刷电动机时，不但要注意启动力矩的平均值，更要注意可能的最小值。

（三）使用注意事项

(1) 用户应阅读所用的无刷直流电动机及其驱动电路的有关说明，按要求进行接线。主电源极性不可反接，控制信号电平应符合要求。除非用户熟悉其控制技术，一般建议采用电动机生产厂配套的换向电路和控制电路。

(2) 改变电动机转向应同时改变主绕组相序和位置传感器引线相序。

(3) 出厂时，转子位置传感器的位置已调好，用户非必要时不要调整。电动机若需进行维修装卸，应注意电动机定子铁心与位置传感器之间的几何位置，装卸前后应能保证相对关系不变。修理后，主电路接某一较低电压，监视总电流，微调位置传感器的位置，使该电流调到尽可能小。

(4) 若电动机转子采用的是铝镍钴永磁材料，修理时不宜将转子从定子铁心内孔中抽出，否则会引起不可恢复的失磁。

(5) 对于高速无刷直流电动机，应按说明书的要求定时给轴承加规定的润滑油脂或定时更换同规格的轴承。

(四) 应用

现在，由于市场需求的增长，面向3A（工业自动化、办公自动化、家庭自动化），永磁无刷直流电动机的功率覆盖范围早已突破微电机功率界限，从瓦级到数十千瓦，主要应用领域包括：

1. 在计算机外围设备、办公自动化设备、数码电子消费品中的应用

从数量上说，这是无刷直流电动机应用最多的领域，其地位已不可取代。例如：数字打印机，软盘驱动器，硬盘驱动器，CD-ROM和DVD-ROM等光盘驱动器，传真机，复印机，磁带记录仪，电影摄影机，高保真录音机和电唱机等，它们主轴和附属运动的控制等都需要用到无刷直流电动机。无刷直流风机也在计算机外设、办公自动化设备以及其他自动化仪器设备中获得广泛应用，大量挤占了原来交流异步风机的市场。目前，在IT领域，例如软盘、硬盘和光盘驱动器、DVD和CD主轴驱动器使用的无刷直流电动机由于市场竞争，大规模生产，价格已经大大降低了。

2. 在工业驱动和伺服控制中的应用

同步型永磁交流伺服电动机的伺服控制器部分，除开关管脉宽调制(PWM)功率电路外，还包括有专用集成电路，或者微处理器对电动机速度、电流环进行控制、进行各种失常情况的保护和故障自诊断。这种新型电动机的典型应用如火炮、雷达等军事装备控制，数控机床、组合机床的伺服控制，机器人关节伺服控制等。

20世纪90年代以来，在高精度的机床数控设备进给伺服控制中相当多地采用了同步型永磁交流伺服电机，取代宽调速的直流伺服电动机的势头强劲。近年来，在新一代数控机床的进给伺服控制中采用永磁交流直线伺服电动机，采用同步永磁交流伺服电机代替变频异步电机作为机床的主轴直接驱动以提高数控机床快速性和加工效率，也已成为新的研究和应用热点。在军用和工业用机器人和机械手的驱动中，无刷直流电动机的应用相当广泛。目前全世界机器人的拥有量已经超过100万台，且每年以大于20%的速度增长，这已经成为无刷直流电动机的主要应用领域之一。大功率无刷直流电动机（一般采用晶闸管作为功率器件，习惯上称为无换向器电动机）在低速、环境恶劣和有一定调速性能要求的场合有着广泛的应用前景，如钢厂的轧机、水泥窑传动、抽水蓄能等。

近年出现的最新一代电梯无齿轮曳引机，是以同步永磁交流伺服电动机

为动力，磁场定向矢量控制和快速电流跟踪控制的电梯驱动装置，它和有齿轮传动的直流曳引机、异步电动机变频驱动的交流曳引机相比有更优异控制性能，高效率，低噪声，小体积，轻质量，迅速被国际知名电梯公司重视，纷纷开发出自己的无齿轮曳引机电梯，并将其推向高端市场。

此外，同步永磁交流伺服电机在纺织机械、印刷机械、包装机械、冶金机械、邮政机械、自动化流水生产线等各种专用设备有广泛的应用。

3. 在汽车产业的应用

据美国市场调查分析，在每辆豪华轿车中，需永磁电机 59 只，一般轿车中也需 20～30 只。另一方面汽车节能日渐受到重视，现代汽车要求使用的电机改善性能和提高效率，要扁平盘式结构，以减小空间，提高出力，消除火花干扰，降低噪音，延长寿命，便于集中控制，这正是无刷电机的特长。预计，汽车用的有刷电机将不断被永磁无刷电机所替代。

在电动汽车、电动摩托车、电动自行车等交流工具中，无刷直流电动机作为主动力驱动电动机，以环保为目的的电动汽车中，其牵引驱动电机以永磁无刷直流电动机最有发展前途。

4. 在医疗设备领域的应用

例如，高速离心机，牙科和手术用高速器具，红外激光调制器用热像仪，测温仪器等。国外已有用于制作人工心脏驱动的小型血泵，植入人体内。

5. 在家用电器中的应用

目前，以变频空调器、变频冰箱、变频洗衣机为代表的变频家用电器步进入我国消费市场。而且变频家用电器正在由“交流变频”向俗称的“直流变频”转变，已是明显的发展趋势。这种转变实际上就是变频家电用变频空调压缩机、变频冰箱压缩机、空调用室内外风机、空气清新换气扇、变频洗衣机所用的电动机，过去是单相异步电动机或 VVVF 变频器供电的异步电动机，现已被永磁无刷直流电动机及其控制器所取代。这种由“交流变频”向“直流变频”的转变使变频家用电器在节能高效、低噪音、舒适性、智能化等方面都有新的提高。1998 年至今我国变频空调发展迅速，开始了直流化进程。直流无刷电机在较大的转速范围内可以获得较高的效率，更适合家电的需要，日本变频空调的全直流化早已批量生产。我国的变频压缩机厂家已开始采用无刷直流电动机来代替三相交流感应电动机，并批量生产。以永磁无刷直流电动机驱动压缩机和室内外风机的所谓全直流化空调，更节能，更舒适。

此外，在特殊环境条件下，如潮湿、真空、有害物质等场所，为提高系统的可靠性，采用无刷直流电动机。其中，军用和航天领域是无刷直流电动机最先得到应用的领域。

五、无刷直流电动机产品技术数据

(一) ZW 系列无刷直流电动机

表 2-5-2　ZW 系列无刷直流电动机技术数据

型　号	额定电压 (V)	额定电流 (A)	额定转速 (r/min)	额定转矩 ($\times10^{-3}$N·m)	旋转方向	外形尺寸(mm)		
						总长	外径	轴径
36ZWG01	24	0.45(空载)	28000		逆时针	77	36	6
36ZWG02	27	1.5	40000	4.41	逆时针	80	36	6
36ZWG03	27	1.0	24000	4.9	逆时针	77	36	6
36ZWG04	27	1.2	12000	5.88	逆时针	77	36	6
20ZWH-01	20	0.065	1500	0.49	逆、顺时针	50.2	20	2
30ZW-1	24	0.8	9000	9.8	逆时针	81	36	6
35ZW-2A	24	0.65	2500	19.6	逆时针	77	36	4
45ZW-1A	24	0.90	4500	24.5	逆时针	87	45	4
45ZW-1B	24	0.6	2000	34.3	逆时针	90	45	4
45ZW-1C	24	0.9	3000	34.3	逆、顺时针	87	45	4
45ZW-1D	24	0.9	3000	34.3	逆时针	87	45	4
45ZW-2	24	0.9	4500	19.6	逆时针	75	45	4
55ZW-1	15	6.5	4500	98	逆时针	125	55	6
55ZW-1B	15	7.0	2500	167	逆、顺时针	125	55	6
55ZW-2A	24	4.6	8000	18.4	逆时针	118	55	6
55ZW-3A	12	2.0	2000	58.8	逆时针	67.5	55	4/4
55ZWS-04	48	2.8	1500	500	逆、顺时针	158	55	9
70ZW-1	24	0.52	1200	49	逆时针	69	70	5
70ZW-2	12	2.5	1700	52.92	逆时针	60.5	70	6
7SZW-3A	24	0.8	500	147	逆时针	92	75	8
90ZW01	24	4.6	1500	392	逆时针	107	90	9
90ZW02	24		3000	300		92	90	
90ZW-2A	27	5.0	2000	392	逆时针	120	90	9/6
130ZW-1	12	3.0	2000	58.8	逆、顺时针	243	130	9.62

（二）ZWS 系列无刷直流电动机

表 2-5-3　ZWS 系列无刷直流电动机技术数据

型　号	电压（V）	空载转速（r/min）	空载电流（A）	转矩（N·m）
26ZWS01	30～36	30000	0.3	0.02
J32ZWS02	38	2320	0.56	0.038
J36ZWS02	48	5000	1	0.08
45ZWS04	12	1500	1	0.02
J58ZWS01	27	1520	4	4.2
J85ZWS01	27	500	2.7	1
J86ZWS01	50	1050	2	0.45
J88ZWS01A-CJ	24	60	8	13
90ZWS03	48	7000	3	0.12

生产厂家：西安西电微电机有限责任公司。

（三）ZWN 系列无刷直流电动机

表 2-5-4　ZWN 系列无刷直流电动机技术数据

型　号	相数	极数	额定电压（V）	额定电流（A）	额定转矩（g·m）	额定功率（W）	额定转速（r/min）
35ZWN24-5	3	4	24	0.35	200	5	2500
35ZWN12-1.5	3	4	12	0.28	49	1.5	3000
35ZWN24-3	3	4	24	0.25	65	3.2	5000
45ZWN24-10	3	4	24	0.6	360	10	2600
45ZWN24-13	3	4	24	1.4	800	13	1600
45ZWN24-15	3	4	24	1.4	700	15	2100
45ZWN24-25	3	4	24	1.8	820	25	3000
45ZWN24-30	3	4	24	2	900	30	3200
45ZWN24-40	3	4	24	2.3	990	40	4000
45ZWN24-90	3	4	24	5.8	930	90	9350
57ZWN24-44	3	4	24	3	550	44	8000
60ZWN24-25	3	4	24	1.5	800	25	3200
70ZWN24-30	3	4	24	1.9	1200	30	2450
90ZWN24-40	3	4	24	3.4	2600	40	1500
90ZWN24-60	3	4	24	4	3900	60	1500
90ZWN24-90	3	4	24	6	5850	90	1500
90ZWN24-120	3	4	24	6.8	7800	120	1500

续表

型　号	相数	极数	额定电压（V）	额定电流（A）	额定转矩（g·m）	额定功率（W）	额定转速（r/min）
90ZWN24-160	3	4	24	9.9	10400	160	1500
90ZWN24-200	3	4	24	11.5	13200	200	1500
90ZWN24-40	3	4	220	0.6	2600	40	1500
90ZWN24-60	3	4	220	0.73	3900	60	1500
90ZWN24-90	3	4	220	1.1	5850	90	1500
90ZWN24-120	3	4	220	1.14	7800	120	1500
90ZWN24-160	3	4	220	1.25	10400	160	1500
90ZWN24-200	3	4	220	1.45	13000	200	1500

生产厂家：横店集团联宜电机有限公司。

（四）YHWM系列无刷直流电机

表2-5-5　YHWM系列无刷直流电动机技术数据（一）

型　号	额定电压（V）	空载转速（r/min）	空载电流（mA）	负载转速（r/min）	负载电流（mA）	负载输出（W）	负载转矩（g·cm）	堵转电流（A）	堵转转矩（g·cm）
YHWM3232	12	2500	36	1400	60	0.10	0.7	0.09	25
		3000	45	1900	80	0.20	10.0	0.133	34
		3600	55	2500	105	0.30	12.0	0.198	44
		4200	65	3100	130	0.45	14.0	0.291	55
		5000	77	3700	160	0.60	15.8	0.394	67
		5800	90	4500	190	0.75	16.2	0.520	80
		6600	104	5300	225	0.90	16.6	0.665	95
		7500	120	6100	260	1.10	17.6	0.833	110
		8570	135	7000	300	1.30	18.1	1.045	126
		9600	152	8000	340	1.50	18.3	1.277	143
		10700	170	9000	385	1.70	18.5	1.484	162
		11800	190	10100	432	1.95	18.8	1.737	182
		13000	210	11200	480	2.20	19.2	1.983	202

表 2-5-6　YHWM 系列无刷直流电动机技术数据（二）

型　号	相数 (M)	极数 (P)	额定电压 (V)	额定电流 (A)	额定转矩 (N·m)	额定转速 (r/min)	额定功率 (W)	绕组形式
YHWM-110-24-150	3	4	24	8.3	0.955	1500	150	Y
YHWM-110-36-360	3	4	36	13.3	1.146	3000	360	
YHWM-110-110-360	3	4	110	4.36	1.146	3000	360	
YHWM-110-310-300	3	4	310	1.29	1.02	2800	300	
YHWM-110-310-280	3	4	310	1.2	2.674	1000	280	
YHWM-80-12-150	3	4	12	16.7	0.4775	3000	150	
YHWM-80-24-150	3	4	24	8.3	0.4775	3000	150	
YHWM-80-110-36	3	4	110	0.43	0.191	1800	36	
YHWM-80-310-36	3	4	310	0.16	0.098	3500	36	
YHWM-46-12-10	3	4	12	0.7	0.065	1500	10	
YHWM-46-12-18	3	4	12	2	0.13	1300	18	
YHWM-46-24-6	3	4	24	0.4	0.019	3000	6	
YHWM-46-24-10	3	4	24	1.35	0.065	1500	10	
YHWM-46-24-15	3	4	24	1.0	0.0975	1500	15	
YHWM-46-24-25	3	4	24	1.7	0.08	3300	25	
YHWM-46-110-26	3	4	110	0.3	0.21	1700	26	
YHWM-90-12-40	3	4	12	3.5	0.2	2300	40	
YHWM-90-12-200	3	4	12	16	0.7	2500	200	
YHWM-90-24-70	3	4	24	3.5	0.23	2600	70	
YHWM-90-24-200	3	4	24	10	0.8	2800	200	
YHWM-90-36-70	3	4	36	2.5	0.23	2800	70	
YHWM-90-36-200	3	4	36	7	0.8	2800	200	

生产厂家：东莞市宇鸿微电机有限公司。

（五）ZWR（软磁盘驱动器用）无刷直流电动机

表 2-5-7　ZWR 无刷直流电动机技术数据

型　号	额定电压 (V)	额定电流 (A)	额定转速 (r/min)	额定转矩 (N·m)	额定功率 (W)	稳速精度 (%)	外形尺寸 长×宽×高 (mm)
60ZWR0530	5	0.25	300	9.81	0.16	1	80×70×10
60ZWR053036	5	0.28	300/360	9.81	0.16/0.19	0.5	90×75×8.6
60ZWR053036A	5	0.28	300/360	9.81	0.16/0.19	0.5	90×75×8.6
J70ZWR053036	5	0.25	300/360	9	0.15/0.18	±0.5	92×77×8
90ZWR1230	12	0.25	300	29	0.5	1	133×102×25
90ZWR1236	12	0.3	360	29	0.8	1	133×102×25
90ZWW02	12	0.25	300	29	0.5	1	133×102×25
90ZWW03	12	0.3	360	29	0.8	1	133×102×25

生产厂家：重庆微电机厂。

（六）SW 系列无刷直流伺服电动机

表 2-5-8　SW 系列无刷直流伺服电动机技术数据

型　号	额定电压（V）	额定电流（A）	额定转速（r/min）	空载电流（A）	空载转速（r/min）	额定转矩（N·m）	额定功率	外形尺寸（mm）				备注
								外径	长度	轴径	长度	
J30SW	12	0.32	1500				3.5	30	20			分装形式
40SW	12	0.75	2000	0.3	2600	18	4	40	15			外转子式
55SW	12/5	0.75	5400	0.25	7000	11	6	53.8	12	4	20	
55SW01	12/5	1.3	5500	0.4	7000	5	2.8	53	13	3	11	
80SW	12/5	1.6	3600	0.3	6000	0	3	80	32	4	10.2	

生产厂家：重庆微电机厂。

（七）ZWXZ 系列（电动助力车用）外转子稀土永磁无刷直流电动机

表 2-5-9　ZWXZ 系列外转子稀土永磁无刷直流电动机技术数据

型　号	额定功率（W）	额定转速（r/min）	额定电流（A）	额定电压（V_{DC}）	效率（%）	额定转矩（N·m）	质量（kg）	噪声（dB）	备　注
ZWXZ130-36	130	180	4.8	36	75	6.9	5	42	适用于自行车前轮或后轮安装
ZWXZ130-24	130	180	7.5	24	73	6.9	5	42	
ZWXZ180-36	180	220	6.4	36	78	7.8	5	43	
ZWXZ500-36	350～500	400	11.8～17	36	82	8.3～11.9	7.5	45	适用于踏板车后轮安装
ZWXZ500-48	350～500	450	8.9～12.7	48	85	8.3～11.9	7.5	45	

生产厂家：浙江卧龙集团公司

（八）ZW 系列（空调用）无刷直流电动机

表 2-5-10　ZW 系列无刷电动机技术数据

型　号	电压（V）	绝缘等级	额定转矩（N·m）	转速（r/min）	电流（A）	质量（kg）	噪声（dB）	备　注
98ZWTCG01	220	E	0.5	1180	0.45	1.5	≤35	带位置传感器型
98ZWTCG02	110	E	0.2	3000	0.8	1.5	≤42	带位置传感器型
64ZWTG01	30	E	0.11	1450	1.0	0.52	≤33	无位置传感器型
64ZWTG02	36	E	0.072	2200	0.85	0.52	≤35	无位置传感器型
92ZWTN01	30	E	0.075	1500	0.75	0.78	≤30	变压调速驱动电路内藏
92ZWTN02	35	E	0.125	1550	1.02	0.78	≤30	PWM 调速驱动电路内藏
92ZWTN03	48	E	0.185	1600	1.05	1.12	≤30	变压调速驱动电路内藏

生产厂家：浙江卧龙集团公司

(九)日本无刷直流电动机

这类无刷直流电动机主要用于办公自动化设备，各生产厂产品的技术数据见表 2-5-11。

表 2-5-11　日本无刷直流电动机技术数据

生产厂家	劝业电气器	キャノン精机				熊谷精密		东京バーツ工业	
型号	KDM-2001	BY60-H1N1E	BZ52-H1N1E	BW52-H1N1C	BN40-T1N1E	009	014	HD5	HD6
外形尺寸(mm)	ϕ35×16L	ϕ80×49L	ϕ52×84L	ϕ52×62L	ϕ40×34L	ϕ38×27L	ϕ46×37L	ϕ30×10.5L	ϕ36×11.7L
额定电压(V)	12	24	24	24	12	12	12	5	12
额定负载($\times10^{-4}$N·m)	40	40	60	150	60	10	10	10	20
额定转速(r/min)	3000	5000	4000	2000	2200	2000	2000	1800	1800
额定电流(mA)	750	350	550	800	550	180	180	185	250
最大负载($\times10^{-4}$N·m)		60	160	160	80			23	45
启动电流(mA)	1200	800	1000	1500	1500			600	650
启动转矩($\times10^{-4}$N·m)	80	160	300	300	230	60	80	37	60
寿命(h)		20000	20000	20000	20000			6000	6000
质量(kg)	0.11	0.36	0.485	0.42	0.15	0.1	0.2		
备注(用途等)	片状线圈电机	内装电路激光照排机	外接电路计算机终端 OA 机器			办公机器	打印机	OA 机器	

续表

公司名称	并木精密宝石	日本电产		安川电机制作所	劝业电气机器	キャノソ精机	熊谷精密		三协精机制作所
型　号	レーザホリゴソスキャナモータ	03PM-8B2003	09PF-8E4036	UGBTIE-A1	KDM-1001	RY60-T1Z1C	F760	790	A2PLR00
外形尺寸(mm)		ϕ60×100L	120□140L	ϕ60×50L	ϕ86×17.6L	ϕ80×9L	ϕ57×21.6L	ϕ90×21.9L	
额定电压(V)	24	12±1.2	24±1.2	24	12	12	12	12	12
额定负载($\times10^{-4}$N·m)		50	300	15	150	50	75	150	40
额定转速(r/min)	12000	6000	12000	10000	300	300	300	300	300
额定电流(mA)	700	1000	3500	300	350	210			190
最大负载($\times10^{-4}$N·m)				150		72			65
启动电流(mA)	4200	2000	5000	1500	400	500	250	700	500
启动转矩($\times10^{-4}$N·m)	500	100	600	150	600	120	100	400	60
寿命(h)		10000	10000			20000			10000
质量(kg)		0.5	2.5	0.5	0.24	0.17			0.2
备注(用途等)	PLL控制3相激光扫描器	PLL控制激光照排机			片状线圈电机FDD	0.09m(3.5in)FDD	石英PLL 0.09m(3.5in)FDD伺服	石英PLL 0.13m(5in)FDD	0.08m(3in)FDD

续表

公司名称	三协精机制作所			ツナノケソツ		东京电气			
型　　号	A2PLR50	E2SLR	EOSLR	DR-6218-002	DR-9324-003	TM-200S	TM-300S	TM-400S	TM-600S
外形尺寸(mm)				ϕ62	ϕ9	ϕ55×24 *	ϕ66×24 *	ϕ66×24 *	ϕ85×24 *
额定电压(V)	12	12	24	12	12	12	12	12	12
额定负载(×10⁻⁴N·m)	50	150	600	40	150	100	150	150	150
额定转速(r/min)	300	300	360	300	300	300±1%	300±1%	300±1%	300±1%
额定电流(mA)	160	260	500	180 以下	230 以下	350	350	400	230
最大负载(×10⁻⁴N·m)	72	300	1000		300	165	280	325	380
启动电流(mA)	550	800	1500	500 以下	800 以下	900	900	1000	1000
启动力矩(×10⁻⁴N·m)	70	350	1500	110 以上	300 以上	240	400	450	500
寿命(h)	10000	10000	10000	10000 以上	10000 以上	10000	10000	10000	10000
质量(kg)	0.2	0.35	0.5			0.130	0.200	0.200	0.330
备注(用途等)	0.08m (3in)FDD	0.13m (5.25in) FDD	0.2m (8in) FDD	0.09m (3.5in)FDD	0.13m (5in)FDD	* 从转子到主轴上部(参考值)0.05～0.1m(2～4in)FDD		* 从转子到主轴上部(参考值)	从转子到主轴上部 0.13m (5in)FDD

续表

公司名称	信浓特机				并木精密宝石	日本电产		
型号	DLD-8 DLD-8D	DLD-5US2M	DLD-5HSIM		フロッピ —モータ	68PN-3B8001	88PN-3C8003	05FH-9B2004
外形尺寸(mm)						ϕ100×120	ϕ115×131L	ϕ92×53L
额定电压(V)	24	12	12	12	5	12±1.2	24±1.2	12±1.2
额定负载(×10^{-4}N·m)	600	100	50	20	20	150	900	100
额定转速(r/min)	3564	3600	3600	3600	1800	300	360	3600
额定电流(mA)	2200	1200	600	330	420	350	400	1000
最大负载(×10^{-4}N·m)					40			
启动电流(mA)					940	1000	1800	2000
启动力矩(×10^{-4}N·m)	420	180	150	45	70	300	1500	200
寿命(h)						10000	10000	30000
质量(kg)						0.37	0.5	0.55
备注（用途等）	使用电压范围 21.6～26.4V 0.2m(8in) 硬盘	使用电压范围 12V±10% 分度盘 0.14m(5.5in) 硬盘	使用电压范围 12V±10% 单相薄型 0.13m(5.25in) 硬盘	使用电压范围 12V±10% 0.10m(3.9in) 硬盘	FG 控制 3 相无刷 FDD	F-V 控制直接传动 0.09m (3.5in)FDD	F-V 控制直接转动 0.2m (8in)FDD	2 相式直接传动 0.13m (5.25in)硬盘存储器

续表

公司名称	安川电机制作所				信浓电气			シナノクソツ	横河サ—テック
型　　号	BTM-F-180	BTM-F-280	BTM-F-380	UGBTIE-01S	HFM443AH	シ—ガル HFM583AH	シ—ガル HFM685AH	DE-2840A	BM-F3
外形尺寸(mm)	φ66×37.5L	φ74×23L	φ93×15L	φ88×30L	φ50×199L	φ65×196L	φ75×222L	φ30	φ28×46L
额定电压(V)	24	12	12	24	120	120	120	12	±12 *
额定负载 (×10⁻⁴N·m)	120	200	200	650	1000	2000	4000	30	
额定转速 (r/min)	1500	300	360	3000	8000	8000	8000	2000	
额定电流(mA)	230	210	230	1700	800	1500	3100	320	
最大负载 (×10⁻⁴N·m)	250	400	300	1900	2000	5000	10000		
启动电流(mA)	600	450	500	4000	1500	3800	7700	1700 以下	1600
启动力矩 (×10⁻⁴N·m)	400	500	500	1900	2600	6500	13000	100 以上	70
寿命(h)								5000 以上	
质量(kg)	0.8	0.4	0.35	0.55	1.5	3.0	4.0	0.17	0.12
备注 (用途等)	FDD			硬盘	最大转速 15000(r/min) 驱动器控制 工作机械 主导轴传动	最大转速 15000(r/min) "シ—ガルHFD" 驱动控制工作机械主轴导		计量测试仪器	记录仪 * 直流电源

续表

公司名称	日本电产		日本伺服			フヅャォーヲィォ		松下电器产业		
型　　号	09FH-9C4022	85FF-4C4070	SS05AA	SS05DA	SS01AA	FDM-533A	FDM-530A	DFX-55B2	DFX-65B1	DFX-80B1BRA
外形尺寸(mm)	φ120×100L	φ100×120L	φ65	φ80×80L	φ98×134L	φ59＊	φ89.8＊	φ55×11.5L	φ65×13.3L	φ85×22L
额定电压(V)	24±2.4	24±1.2	5	12	12	12	12	12	5/12	12
额定负载 (×10^{-4}N·m)	600	1800	100	100	150	50	150	50	50	150
额定转速 (r/min)	3600	3100	300	300	300	300/360	300	300	300	300
额定电流(mA)	2400	5000	100	100	300	200	175	150	280/110	200
最大负载 (×10^{-4}N·m)			150	150	400	70	420			
启动电流(mA)	5000	10000	400	400	600	370	500			
启动力矩 (×10^{-4}N·m)	2000	3600	100	100	450	100	300	145	120/190	730
寿命(h)	30000	30000	10000	10000	10000			10000	10000	13000
质量(kg)	1.85	2.5	0.15	0.15	0.33	0.15	0.34			
备注 (用途等)	3相式 直接驱动 0.2m (8in) 硬盘存储器	3相式 直接驱动 0.36m (8in) 硬盘存储器	0.08m (3in) FDD	0.09m (3.5in) FDD	0.13m (5.25in) FDD	＊转子外径 0.09m (3.5in) FDD	＊转子外径 0.13m (5.25in) FDD	低温升、低漏磁 0.09m (3.5in) FDD		低温升、低漏磁 0.13m (5in) FDD

第三章　精密传动微特电机

精密传动微特电机多用于规定用途和特定用途，经过专门设计制造，具有特殊运行特性和特殊结构。其主要特点是具有优良的性能。

作为精密传动电动机，应满足以下要求：

第一，应能频繁启动、停止、制动、反转及低速运行，有些则要求电机机械强度高，耐热等级高，绝缘等级高。

第二，应具有良好的快速响应能力，较大的转矩和较小的 GD^2 及时间常数。

第三，有些必须带有控制器和驱动器，如伺服电动机、步进电动机，要求控制性能良好。

第四，高可靠性，高精度。

精密传动微特电机在系统中起着快速而正确地执行频繁变化的指令，带动伺服机构完成指令所期望的作用。现将其结构和性能特点介绍如下。

一、交流伺服电动机

1. 笼型两相交流伺服电动机

结构特点：转子与通常笼型异步电动机的相似，但细而长。

性能特点：机械特性近似线性，机电时间常数较小，励磁电流较小，机械强度较高，体积小，用于小功率伺服系统，但在低速运转时不够平滑。

2. 非磁性杯型转子两相交流伺服电动机

结构特点：转子为铝、紫铜等非磁性材料制成的空心杯。

性能特点：机械特性近似线性，转子转动惯量小，机电时间常数小，齿槽效应小，运转平稳，用于要求运行平滑的小功率伺服系统，但体积和励磁电流较大。

3. 铁磁杯型转子两相交流伺服电动机

性能特点：杯型转子由铁磁材料制成。

性能特点：转子转动惯量较大，机械特性近似线性，齿槽效应小，运行平稳。

4. 同步型永磁交流伺服电动机

结构特点：由永磁同步伺服电动机、测速机及位置检测元件同轴装成一体的机组。定子为三相或两相，转子磁场由永磁体产生。运行时必须配伺服驱动器。

性能特点：调速范围宽，机械特性由恒转矩区和恒功率区组成。可连续堵转，快速响应性能好，输出功率大，转矩波动小。有方波驱动和正弦波驱动两种方式，控制性能好，为机电一体化产品。

5. 异步型三相交流伺服电动机

结构特点：电动机与通常笼型三相异步电动机的相似，运行时配以伺服驱动器。

性能特点：采用矢量控制，扩大了恒功率调速范围，一般多用于机床主轴调速系统。

二、直流伺服电动机

1. 印制绕组直流伺服电动机

结构特点：转子用印制或冲制方法制成的电枢片经复合、焊接而成，形状如圆盘，在盘形定子的轴向粘接（或焊接）柱状（或其他几何形状）永久磁钢。

性能特点：转子转动惯量小，无饱和效应，无齿槽效应，输出转矩大。

2. 线绕盘式直流伺服电动机

结构特点：绕组线圈展开成圆盘状，用塑料灌封而形成盘状电枢。定子轴向安装以永久磁钢，结构与印制绕组直流伺服电动机的相同。

性能特点：转子转动惯量小，控制性能优于其他直流伺服电动机，效率高，输出转矩大。

3. 杯型电枢永磁直流伺服电动机

结构特点：电枢由自粘性漆包线绕成空心杯形状，再经固化而成。

性能特点：转子转动惯量小，机电时间常数小，适用于增量运动伺服系统。

4. 无刷直流伺服电动机

结构特点：定子为多相绕组，转子为永磁式，带有转子位置传感器，采用电子换向，无电刷和换向器。

性能特点：特性与其他直流伺服电动机的相似，无火花干扰，寿命长，噪声低。

三、力矩电动机

1. 直流力矩电动机

结构特点：扁平结构，极数、槽数、换向片数及串联导体数较多。

性能特点：输出转矩大，可直接驱动负载，在低速或堵转状态下可连续工作，机械特性和调节特性线性度好，机电时间常数小。

2. **无刷直流力矩电动机**

结构特点：与无刷直流伺服电动机的结构相似，但为扁平形状。极数、槽数及串联导体数较多。

性能特点：性能与直流力矩电动机的相似，可直接驱动负载，寿命长，无火花干扰，噪声低。

3. **笼型交流力矩电动机**

结构特点：笼型转子，极数、槽数较多，电机为扁平结构。

性能特点：启动转矩大，机电时间常数小，可长期堵转运行，机械特性较软。

4. **实心转子交流力矩电动机**

结构特点：转子为铁磁材料制成的实心转子，极数、槽数较多。电机为扁平结构。

性能特点：机械特性较软，可长期堵转，齿槽效应小，运行平滑。

四、步进电动机

1. **磁阻式（或反应式）步进电动机**

结构特点：定、转子由硅钢片叠成，转子的小齿沿圆周均布，气隙小，转子铁心上没有绕组，定子磁极面上有小齿，磁极上绕有多相星形联结的控制绕组。

性能特点：步距角小，启动、运行频率较高，无角度积累误差，步距角精度较低，无自锁力矩。

2. **永磁步进电动机**

结构特点：转子为永磁式，磁极极性为径向。

性能特点：步距角大，启动与运行频率低，有保持转矩，无角度积累误差，消耗功率比磁阻式步进电动机的小，但需供正、负脉冲电流。

3. **混合式（或永磁感应子）步进电动机**

结构特点：转子有轴向磁化的环形永久磁钢，铁心由几段硅钢片叠压而成，每段铁心与磁阻式步进电动机的相同。

性能特点：具有磁阻式和永磁式步进电动机两者的优点，步距角精度高，步距角小，运行频率高，有一定保持转矩，无角度积累误差，输入电流较小。

五、开关磁阻电动机

结构特点：定、转子由硅钢片叠压而成，而且都为凸极式，与极数相接近的大步距磁阻式步进电动机的结构相似，结构简单，但带有转子位置传感器。

性能特点：转矩方向与电流方向无关，故电流无需反向，调速范围比较小，噪声较大，其机械特性由恒转矩区、恒功率区、串励特性区三部分组成。

六、直线电动机

结构特点：结构简单，导轨等可作为二次导体，适用于直线往复动作。

性能特点：高速伺服性能好，可实现高速往复运动；功率因数和效率高，恒速运行性能优。

第一节　直流伺服电动机

一、概述

（一）分类

直流伺服电动机是一种将直流电源的电能转换为机械能的电磁装置，采用直流电流励磁产生气隙磁场，或用永磁体获得。按励磁方式，直流伺服电动机分为电磁式直流伺服电动机（简称直流伺服电动机）和永磁式直流伺服电动机。电磁式直流伺服电动机结构见图 3-1-1，永磁式直流伺服电动机结构见图 3-1-2。

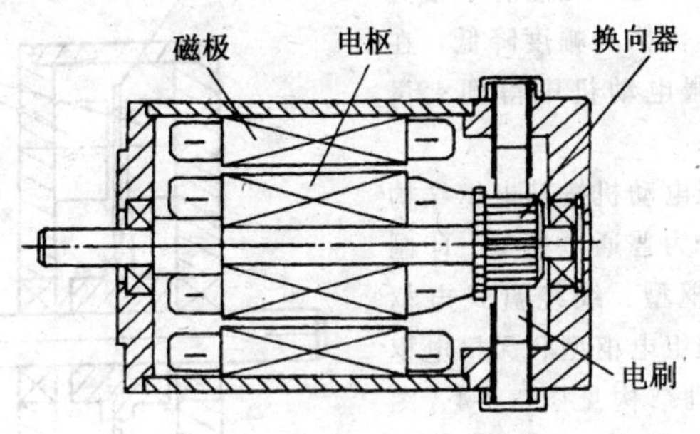

图 3-1-1　电磁式直流伺服电动机结构

电磁式直流伺服电动机如同普通直流电动机，分为串励式、并励式和他励式。作为伺服电动机使用的主要是他励式，直流伺服电动机励磁方式接线见图 3-1-3。

永磁直流伺服电动机采用的永久磁钢有铝镍钴类磁钢、铁氧体类磁钢和

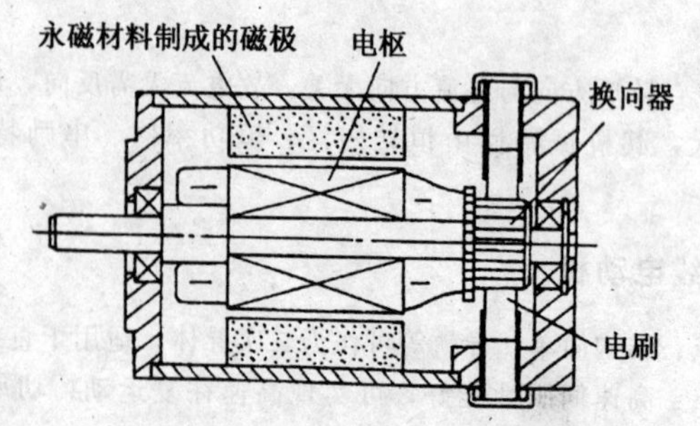

图 3-1-2　永磁式直流伺服电动机结构

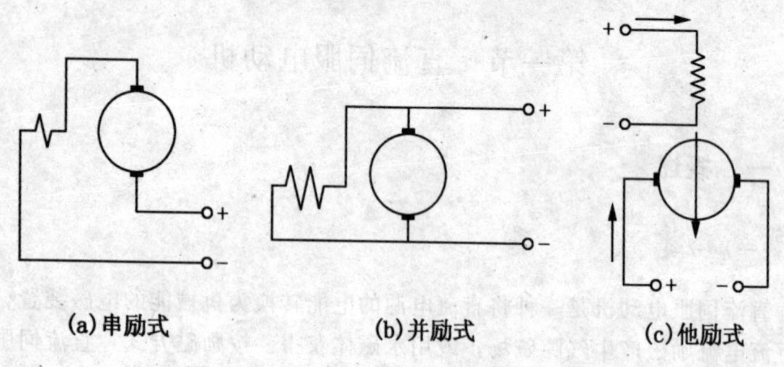

图 3-1-3　直流伺服电动机励磁方式接线图

稀土类磁钢。近十几年来，钕铁硼永磁材料发展迅速，性能有了很大改善和提高，价格大幅度降低，在永磁直流伺服电动机中得到大量应用。

直流伺服电动机按其电枢结构形式不同，分为普通电枢型、印制绕组盘式电枢型、线绕盘式电枢型、空心杯绕组电枢型和无槽电枢型，各电动机结构见图 3-1-4、图 3-1-5、图 3-1-6 和图 3-1-7。

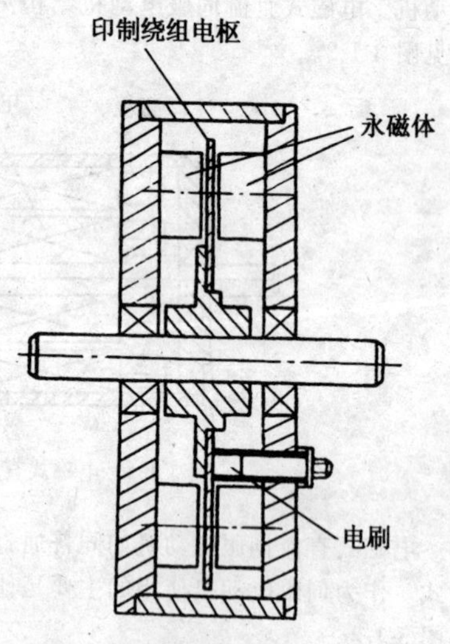

图 3-1-4　印制绕组直流伺服电动机结构

按有无换向器和电刷装置，直流伺服电动机又可分为有刷和无刷直流伺服电动机。本节只叙述有刷直流伺服电动机，无刷直流伺服电

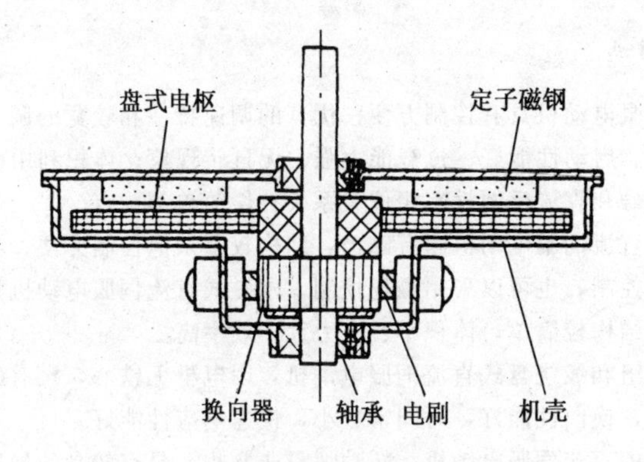

图 3-1-5　线绕盘式直流伺服电动机结构

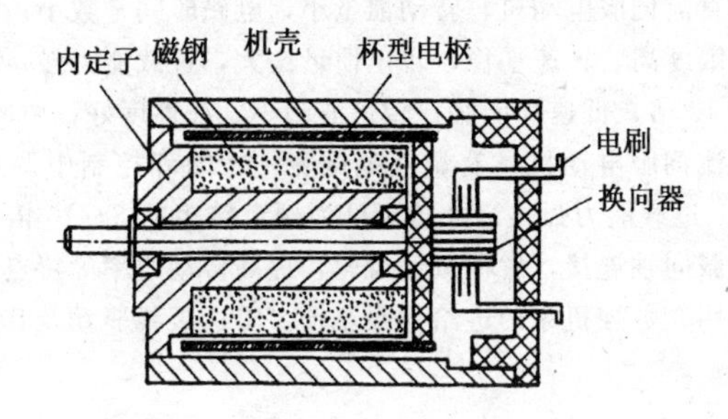

图 3-1-6　空心杯型电枢直流伺服电动机结构

动机同无刷直流电动机（见第二章第五节）。

电磁式他励直流伺服电动机按其控制方式分为电枢控制和磁场控制两类。电枢控制的性能一般较磁场控制的优良，实际上大多数电机采用电枢控制。永磁式直流伺服电动机，因磁场恒定，只能采用电枢控制。

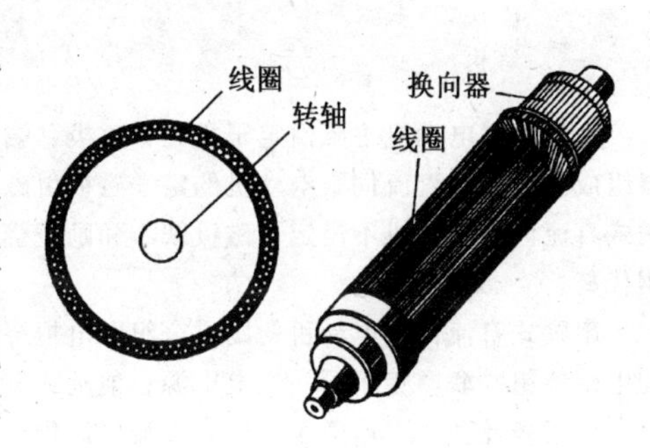

图 3-1-7　无槽电枢结构示意图

宽调速直流伺服电动机是 20 世纪 70 年代初期开始发展起来的一种新型的伺服执行元件，倍受使用者瞩目。

（二）特点

直流伺服电动机具有控制方便、优良的调速特性和较宽的调速范围、调速线性度好、启动性能好、过载能力强、无自转现象、体积利用率高、效率高、直流信号和直流反馈没有相位关系及补偿简单等优点。

电磁式直流伺服电动机因有磁极，结构较复杂但控制方便、灵活，既可以进行电枢控制，也可以采用磁场控制。永磁式直流伺服电动机只能进行电枢控制，但结构较简单，体积小、出力大、效率高。

印制绕组和线绕盘式直流伺服电动机，因电枢无铁心，没有磁饱和效应和齿槽效应，换向性能好，时间常数小，快速响应性能好。

杯型电枢直流伺服电动机，转动惯量非常小，具有较高的加速能力，时间常数可小于 1ms。

无槽电枢直流伺服电动机，转动惯量小，电磁时间常数小，反应快；启动转矩大，灵敏度高，转速平稳；转矩惯量比大，过载能力强，最大转矩可比额定转矩大 10 倍；低速性能好，转矩波动小，线性度好，调速范围宽。

宽调速直流伺服电动机具有调速范围宽，在闭环控制中调速比可做到 1∶2000 以上；过载能力强，最大转矩可为额定转矩的 5～10 倍；低速转矩大，可以与负载同轴连接，省掉减速齿轮，提高传动效率等特点。这类电机目前已广泛使用在数控机床的进给伺服驱动、雷达天线驱动及其他伺服跟踪驱动系统中。

二、直流伺服电动机结构、原理和特性

（一）结构

直流伺服电动机主要由定子机壳、磁极、端盖、电刷和转子电枢、换向器组成。电磁式直流伺服电动机的定子磁极由磁极铁心和励磁绕组组成，永磁式直流伺服电动机不需定子磁极铁心和励磁绕组，在定子磁极处用永磁磁钢代替。

串励式直流伺服电动机的励磁绕组和电枢绕组串联；并励式的励磁绕组与电枢绕组并联，接于同一供电电源；他励式直流伺服电动机的励磁绕组和电枢绕组彼此独立，由两个不同的直流电源供电，如图 3-1-3(c) 所示。

印制绕组盘式电枢直流伺服电动机的电枢绕组采用铜箔经印制腐蚀或冲制成径向分布的圆形平面绕组，由两层或两层以上的偶数层，用胶粘叠压成圆盘形电枢。印制绕组盘式电枢直流伺服电动机，一般没有换向器，是通过电刷直接与电枢的内端部导体滑动接触而完成换向。磁极为永磁体端面磁

极，分布在机壳兼端盖内的一侧或两侧，形成轴向磁场。

线绕盘式电枢直流伺服电动机，电枢绕组用自粘性漆包线绕制成单线圈元件，在圆周上等距离排列，线圈的尾端焊接在圆筒形换向器上，形成盘式电枢。在电枢表面覆盖绝缘层压材料，再用树脂塑压成型为既耐热，又有较高机械强度的刚体圆盘型电枢。线绕盘式电枢直流伺服电动机的磁极和印制绕组盘式电枢直流伺服电动机相同。线绕盘式直流伺服电动机还可同轴安装制动器、测速发电机或编码器等组成机组。

杯型电枢直流伺服电动机，电枢绕组采用特殊工艺制成空心杯圆筒形电枢，一端用非磁性材料支架固定在转轴上形成转子。定子有内外定子，内定子上有永磁磁极与外定子形成磁回路。

无槽电枢直流伺服电动机又称表面绕组直流伺服电动机，其定子结构与普通直流电动机相同，其不同之处在于电枢铁心无齿槽，电枢绕组直接用环氧树脂粘接在光滑的电枢铁心表面上，并用玻璃丝带加固，使电枢绕组与铁心成为坚实的整体。

宽调速直流伺服电动机的结构与普通电枢型的直流伺服电动机没有本质区别。为了扩大调速范围和改善低速性能，电动机的电枢槽数多或采用假槽数多的换向片数，结构上注意对称性，减少力矩波动，最低转速可达0.1r/min以下；选用较多的极对数和饱和的磁路，绕组匝数少，线径粗，采用 H 级的绝缘材料允许运行温度 170℃，因而在低速时能长期输出较大力矩；采用具有较大矫顽力的铁氧体或稀土钴永磁材料做磁极，过载倍数可以高达 10 倍以上。同时，直流伺服电动机通常都应用于闭环控制系统，所以，宽调速直流伺服电动机都做成机组的型式，电动机同轴可带有高灵敏度低纹波的测速机、编码器、制动器和加装旋转变压器等多种型式机组。宽调速直流伺服电动机机组组成见图 3-1-8。

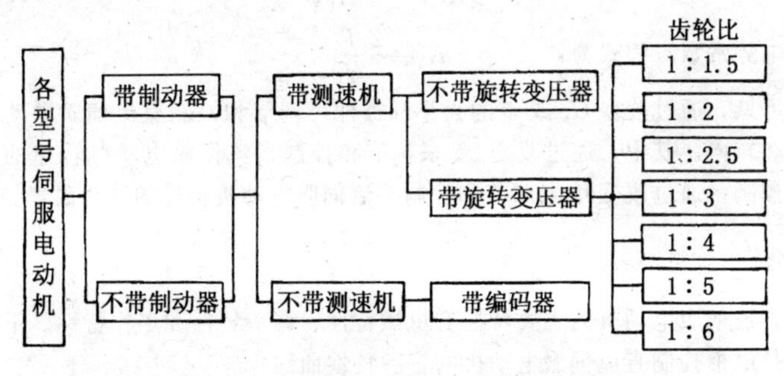

图 3-1-8　宽调速直流伺服电动机机组组成

（二）工作原理

直流伺服电动机的工作原理与普通直流电动机相同，见图 3-1-9。图中，U_r 为励磁电压；U_a 为电枢电压；E 为电枢反电动势；I_f 为励磁电流；n 为转速；Φ 为每极磁通；I_a 为电枢电流。电动机的励磁绕组接至恒定电压的直流电源 U_f，励磁绕组将建立起不变的励磁磁通 Φ，当控制电压 U_a 接入电枢两端时，在电枢内通过电流 I_a，该电流与励磁磁通 Φ 相互作用产生电磁转矩，使电枢转动起来。电磁转矩表达式为：

$$T_M = K_M \Phi I_a$$

式中，T_M 为电磁转矩（N·m）；K_M 为转矩常数；Φ 为气隙磁通（Wb）；I_a 为电枢电流（A）

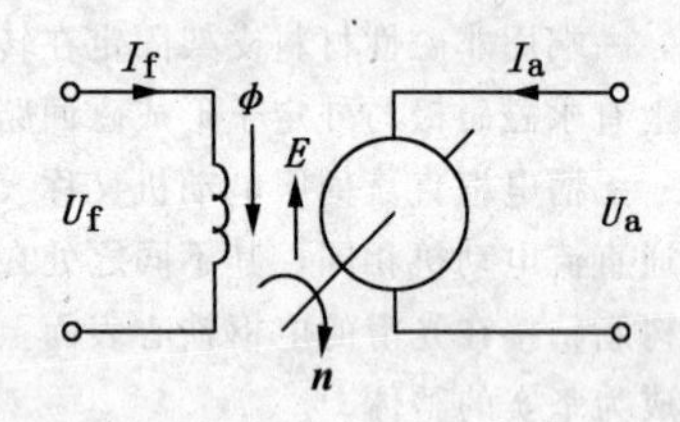

图 3-1-9　电磁式直流伺服电动机工作原理

转矩常数方程式为：

$$K_M = \frac{p \cdot Z_a}{2\pi a}$$

式中：p 为极对数，a 为电枢绕组并联支路对数，Z_a 为电枢绕组的导体数。

同时，由于电枢的旋转运动，电枢上的导体切割气隙磁通，产生反电动势 E_a，

$$E_a = K_E \Phi n = U_a - I_a R_a$$

式中：K_E 为电势常数；n 为电动机转速（r/min）；R_a 为电枢回路总电阻（Ω）；U_a 为电源电压（V）。

转速方程式为：

$$n = \frac{E_a}{K_E \Phi} = \frac{U_a - I_a R_a}{K_E \Phi}$$

电势常数方程式为：　　$K_E = \dfrac{Z_a P}{a}$

可见，通过改变 U_a 或 Φ 的大小和极性可调节和控制直流伺服电动机的转速和转向。其中，通过改变 U_a 来调节和控制直流伺服电动机转速的即为电枢控制，通过改变 Φ 来调节和控制直流伺服电动机转速的称为磁场控制。

（三）特性

直流伺服电动机的主要特性有机械特性、调节特性和工作特性。下面给出的是电枢控制直流伺服电动机的三种特性曲线。

1. 机械特性

直流伺服电动机机械特性表示在规定的输入条件下，转速 n 与转矩 M

之间的关系 $n=f(M)$，如图 3-1-10。机械特性的线性度愈高，系统的动态误差愈小，动态性能就愈高。图中 U_a 为电枢控制电压。

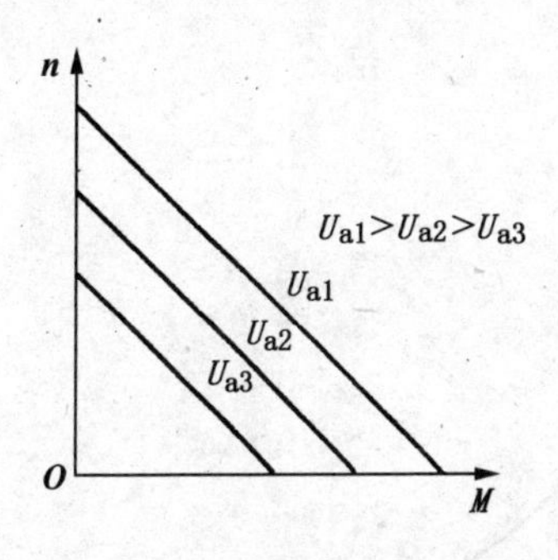

图 3-1-10　直流伺服电动机机械特性

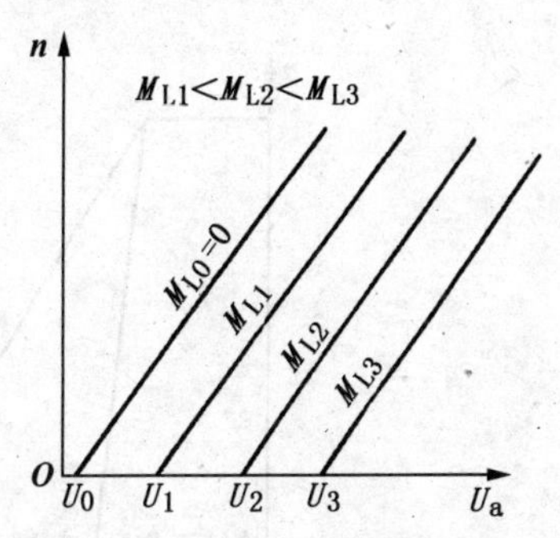

图 3-1-11　直流伺服电动机调节特性

2. **调节特性**

直流伺服电动机调节特性表示在一定的励磁条件下，输出转矩恒定时，稳态转速 n 与电枢控制电压 U_a 之间的关系 $n=f(U_a)$，见图 3-1-11。U_0、U_1、U_2、U_3 分别对应电机不同负载转矩为 M_{L0}、M_{L1}、M_{L2}、M_{L3} 时的始动电压，负载转矩越大，电动机制动和始动电压越大。

3. **工作特性**

电磁式直流伺服电动机和永磁式直流伺服电动机的工作特性是在额定励磁和定额电枢电压情况下，输入功率 P_1、输出功率 P_2、转速 n、电枢电流 I_a、效率 η 等与输出转矩 M 的关系，即 $P_1=f(M)$、$P_2=f(M)$、$n=f(M)$、$I_a=f(M)$、$\eta=f(M)$ 等曲线，如图 3-1-12、图 3-1-13 所示。

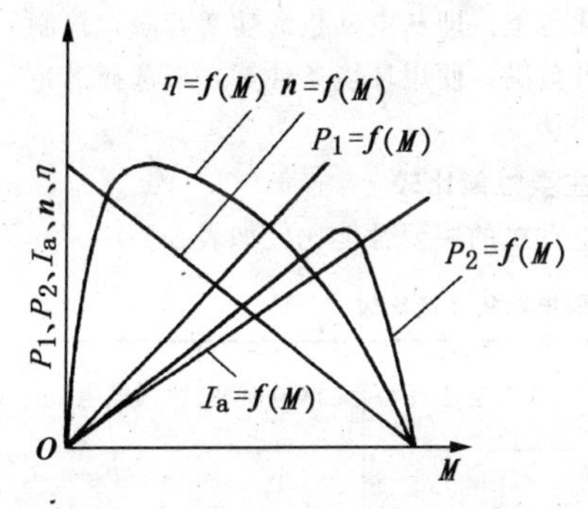

图 3-1-12　电磁式直流伺服电动机工作特性

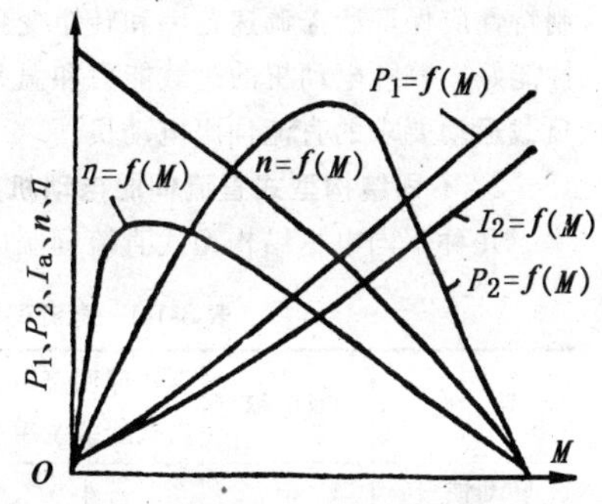

图 3-1-13　永磁式直流伺服电动机的工作特性

在机床行业，国内外大量采用宽调速直流伺服电动机，主要用于机床的进给装置。速度进给伺服系统的直流伺服电动机的机械特性如图 3-1-14。

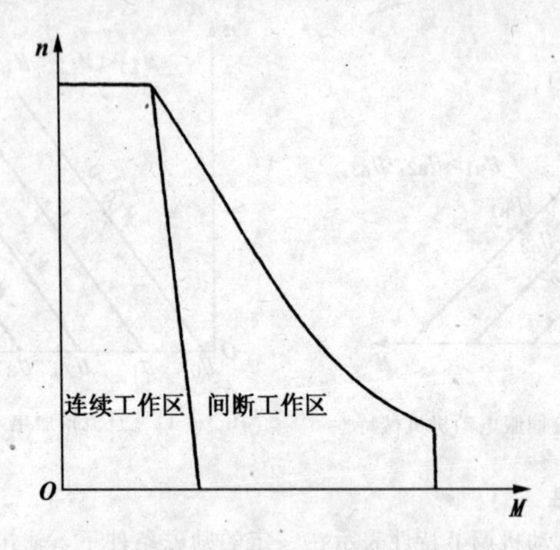

图 3-1-14 速度进给伺服系统的直流伺服电动机的机械特性

三、直流伺服电动机选型和应用

（一）选型

1. 基本原则

直流伺服电动机是在伺服系统中将电信号转变为机械运动的关键元件，首先应为系统提供足够的功率、转矩，使负载按所需要的速度规律运行，控制特性应保证所需调速范围和转矩变化范围。即从电动机的功率着眼，控制性能好，兼顾电动机的过载能力和温升范围，使用环境条件等，来选择满足负载运动要求的直流伺服电动机。

2. 不同结构型式直流伺服电动机主要性能比较

几种不同电枢结构型式直流伺服电动机的主要性能比较如表 3-1-1。

表 3-1-1 直流伺服电动机性能比较

特 性	普通电枢型	盘式印制绕组型 盘式线绕绕组型	线绕空心杯型	无槽电枢型	宽调速电机
转动惯量	中	小	很小	小	中
机电时间常数	中	很小	很小	小	中
高速性能	好	差	中		

续表

特　性	普通电枢型	盘式印制绕组型 盘式线绕绕组型	线绕空心杯型	无槽电枢型	宽调速电机
低速性能	中	很好	好	好	很好
固有阻尼损耗	中	大	小		
热时间常数	大	小	小	小	大
力矩惯量比	中	高	很高	大	大
相对成本	低	中	中	中	中
轴向尺寸	长	短	中	长	长

3. 主要技术指标

直流伺服电动机的额定技术指标，如电压、电流、功率、转速等在样本数据中都已有，另一些技术指标一般未作说明，现简述如下。

（1）空载始动电压 U_0 在空载和一定励磁条件下使转子在任意位置开始连续旋转所需要的最小控制电压。U_0 一般为额定电压的 2%～12%，小机座号、低电压电机的 U_0 较大，空心杯、盘式电枢直流伺服电动机的始动电压较小，如空心杯电枢直流伺服电动机的始动电压在 100mV 以下。U_0 越小，表示直流伺服电动机的灵敏度越高。

（2）转矩系数。转矩系数是单位电流产生的力矩，用 N·m/A 表示。

（3）反电势系数。反电势系数是单位转速的反电势值。电动机在发电机状态运行时，发电机的开路电压对转速之比，即为反电势系数。

（4）电枢电感 L_a。一般来讲，电枢电感 L_a 对伺服电动机的机电时间常数影响不明显。所以，电枢电感可用简化方法测得：电动机在额定激磁、转子堵转状态下，将 50Hz 的交流电压施加在电机电枢输入端，读取电压 U 和电流 I 值，求得电枢电抗 X 值为：

$$X=\sqrt{\left(\frac{U}{I}\right)^2-R_a^2}$$

式中，R_a 为电枢电阻（Ω）。

则电枢电感为：

$$L_a=\frac{X}{314}\ (\mathrm{H})$$

（5）电气时间常数 τ_a。电气时间常数是指电枢输入端施加电压后，电枢电流达到稳定电流的 63.2%时所需的时间。它由电枢电感 L_a 与电枢回路全电阻 R_m 之比求得，即：

$$\tau_e = \frac{L_a}{R_m} \text{ (s)}$$

式中，R_m 为电枢回路全电阻，包括电枢绕组电阻、电刷电阻和电刷与换向器的接触电阻等。

(6) 转动惯量 J_a。在制造厂，电机的电枢转动惯量大多采用钢丝扭摆法测定，也可采用制动法来求得：将电动机驱动到额定转速后，切断电源，测取电动机从额定转速滑到半速时的时间 t_1。然后，在电机轴上加一个已知惯量为 J_b 的负载，用同样方法测取从额定转速滑到半速时的时间 t_2，则电机的转动惯量为：

$$J_a = J_b \frac{t_1}{t_2 - t_1} \text{ (kg·m}^2\text{)}$$

(7) 机械时间常数 τ_m。直流伺服电动机在额定励磁时，电枢输入端施加阶跃电压，电动机从零速达到稳定转速的 63.2% 所需的时间即为电动机的机械时间常数，即：

$$\tau_m = \frac{R_m J_a}{K_e K_t} \text{ (s)}$$

4. 应关注的几个因素

(1) 转矩-转速特性曲线。永磁式直流伺服电动机的转矩-转速特性曲线见图 3-1-15，由 4 个基本参数来确定特性曲线的性能范围。

① 最高转速。直流伺服电动机的最高工作转速主要是受换向器相邻两整流子片间的最大容许电压的限制。片间电压一般控制在 15～20V 以下。增加换向器整流子片数，减少极对数可获得较高的转速。

有些直流伺服电动机样机中提供的额定转速即指最高工作转速值。

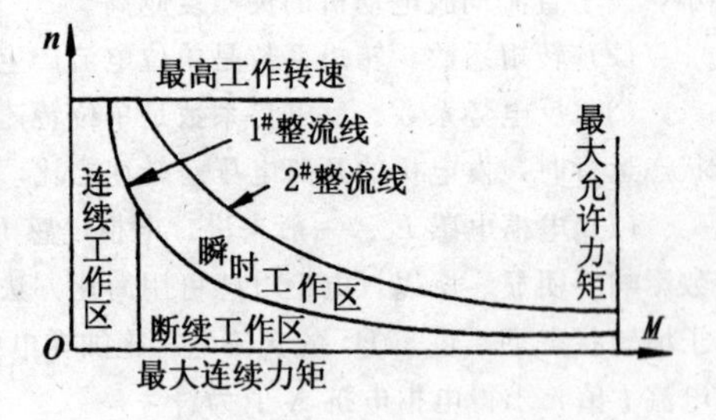

图 3-1-15　永磁式直流伺服电动机的力矩-转速工作曲线

② 最大连续转矩。电机的输出转矩受线圈允许温度的限制。而电机的温升与铜耗、铁耗、摩擦阻尼损耗有关。铜耗是转矩的函数，铁耗、摩擦阻尼损耗则是转速的函数。所以，在低速下能提供比较大的连续转矩。有些样本中提供的额定转矩指的就是这个低速下电机所能提供的最大连续转矩值。电机试验时，一般在 10～40r/min 转速下测量该值。

③最大允许转矩和过载倍数。电动机的电磁转矩等于电枢电流和转矩常

数之积。永磁式直流伺服电动机的最大允许电流受电枢绕组安匝产生的磁场对永磁材料的去磁效果所限制。在这个最大允许转矩下，电机不能长期工作，只能作瞬时加速用。

过载倍数指的是最大允许力矩与额定转矩之比，或是最大允许电流与额定电流之比。永磁式直流伺服电动机采用大矫顽力的稀土钴永磁材料做磁极时，过载倍数在 10 倍以上，电机不会退磁。

④整流线范围。电刷单位接触面上切换电流的大小受电刷和整流子单位接触面上切换能量的限制。能量过大要产生火花，使整流子和电刷接触面受损伤。单位接触面上整流电流愈大，电刷和整流子的磨损就愈快。在力矩-转速工作曲线中提供的 1# 整流线范围内，电机基本上不产生火花；在 2# 整流线范围内会产生火花。所以，电机在 2# 整流线范围内只允许瞬时运行，否则要损坏电刷和换向器整流子，大大减少寿命。

直流伺服电动机的上述 4 个基本参数把转矩-转速特性曲线划分成 3 个工作区：

连续工作区：电机可在转矩和转速的任意组合下长期工作。

断续工作区：电机只能作间断工作，间断周期要根据载荷周期曲线求得。

瞬时工作区：电机只允许瞬时过渡。在 2# 整流线以外电机不允许使用。

(2) 载荷周期曲线。永磁式直流伺服电动机的载荷周期曲线见图 3-1-16。载荷周期曲线是按电机温度极限而求得的。利用载荷周期曲线可求取电机在断续工作区内转矩、转速各种组合下的“导通”和“断开”时间。其方法步骤如下：

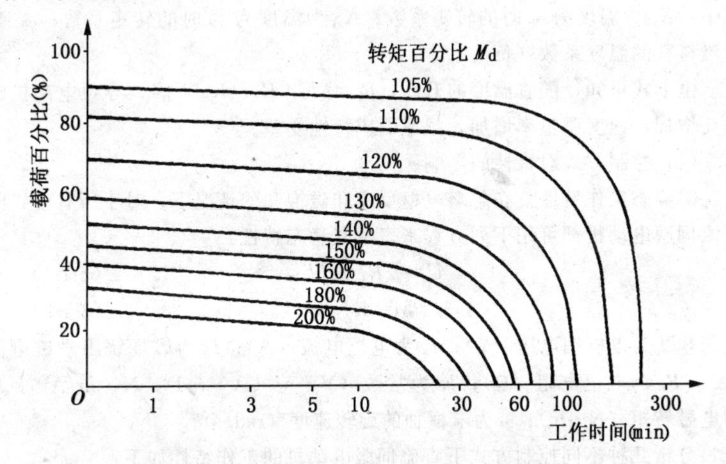

图 3-1-16　永磁式直流伺服电动机载荷周期曲线

①求转矩百分比 M_d。按下式计算：

$$M_d=\frac{负载转矩}{连续额定转矩}\times 100\%$$

②求载荷百分比。按转矩百分比 M_d 在载荷周期曲线（图 3-1-16）的相应曲线上先选取导通（工作）时间，于是可查得对应的载荷百分比。

③求断开时间 t_F。按下式计算：

$$t_F=t_N(\frac{100}{载荷百分比}-1)$$

式中：t_N 为导通（工作）时间。

④电机工作周期。电机的工作周期为导通时间 t_N 与导通时间和断开时间之和（t_N+t_F）的比。

(3) 温度对特性的影响。永磁直流伺服电动机的特性是由转矩系数 K_t、反电势系数 K_e 及电枢电阻 R_a 等参数来确定的，而 K_t、K_e、R_a 实际上都是温度的函数。

电枢电阻 R_a 随温度的增高而增大，可表示为：

$$R_{a2}=R_{a1}〔1+\psi_{cu}(t_2-t_1)〕$$

式中：R_{a2} 为温度为 t_2 时的电阻值；R_{a1} 为温度为 t_1 时的电阻值；ψ_{CU} 为电枢绕组铜线的温度系数。

转矩系数 K_t 或反电势系数 K_e 随温度的增加而减小，其关系可用下式说明：

$$K_{t2}=K_{t1}〔1+\psi_B(t_2-t_1)〕$$

式中：K_{t2} 为温度为 t_2 时的转矩系数；K_{t1} 为温度为 t_1 时的转矩系数；ψ_B 为永磁材料的温度系数（负值）。

由上式可知，随着温度的升高，R_a 增大，K_t、K_e 下降，导致电动机的损耗增加，速度调整率增加，频率响应特性变差。

(4) 控制方式对特性的影响。

①静态工作特性。在忽略电枢反应和磁饱和的情况下，对于所有型式的直流伺服电动机都可用下列方程来表示其稳态特性：

$$U=I_aR_a+KI_f\omega \tag{3-1-1}$$

$$M=KI_aI_f \tag{3-1-2}$$

式中，U 为电枢端电压（V）；I_a 为电枢电流（A）；I_f 为磁场绕阻励磁电流（A）；R_a 为电枢电阻（Ω）；K 为常数（V·s/（A·rad）；N·m/A²）；M 为电磁转矩（N·m）；ω 为电枢轴的旋转速度（rad/s）。

分析几种不同控制方式下直流伺服电动机的工作特性如下：

a. 永磁型电动机及固定磁场电流型电动机，电枢控制时的工作特性。

在这种控制中，磁场是固定的，KI_f 项可以合并为 K_1，这时，由上两式可得：

$$\omega=\frac{U}{K_1}-M\frac{R_a}{K_1^2}$$

$$M=\frac{K_1}{R_a}U-\frac{K_1^2}{R_a}\omega$$

在最大电枢端电压 U_m 时，产生的堵转转矩为 M_m，产生的最大空载转速为：

$$M_m=\frac{K_1}{R_a}U_m$$

$$\omega_m=\frac{U_m}{K_1}$$

由上两式可得：

$$\frac{M}{M_m}=\frac{U}{U_m}-\frac{\omega}{\omega_m}$$

以 ω/ω_m 为参数，用相对值表示的静态力矩-速度特性曲线见图 3-1-17。

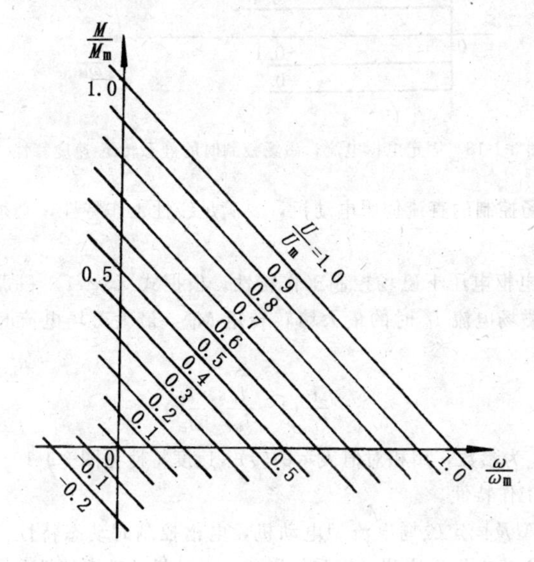

图 3-1-17　固定磁场电枢控制时的静态转矩-速度特性

知道具体电动机的额定数据，即可确定曲线量纲。然后可计算出该电动机和实际工作特性值。

b. 固定电枢电流，磁场控制时工作特性。在这种控制方式下，可直接应用式（3-1-2），在施加最大磁场电流 I_{fm} 时，得到最大转矩值 M_m：

$$M_m = K I_{fm} I_a$$

从而可得：

$$M/M_m = I_f / I_{fm}$$

以 I_f / I_{fm} 为参数，用相对值表示的转矩-速度特性见图 3-1-18。

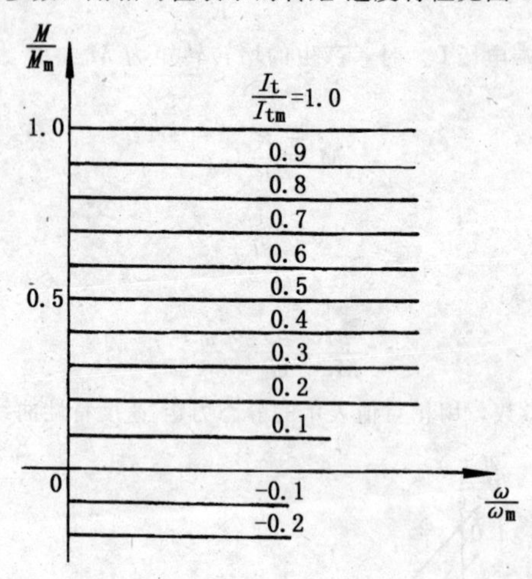

图 3-1-18　固定电枢电流，磁场控制时的静态转矩-速度特性

对于磁场控制的直流伺服电动机，要满足线性工作特性，必须维持电枢电流不变。

c. 固定电枢电压下磁场控制工作特性。根据式（3-1-1）和式（3-1-2），可得到最大磁场电流 I_{fm} 时的最大堵转转矩 M_m，最大磁场电流时的空载转速 ω_m，可得：

$$\frac{M}{M_m} = \frac{I}{I_{fm}}\left(1 - \frac{I_f}{I_{fm}} \cdot \frac{\omega}{\omega_m}\right)$$

以 I_f / I_{fm} 为参数，用相对值表示的转矩-速度特性见图 3-1-19。

②动态工作特性。

a. 永磁型及固定磁场电流型电动机，电枢控制时动态特性。在这种控制方式下，忽略电枢反应和磁饱和的影响，电动机的动态特性可以用下列方程表示：

$$U = I_a R_a + K I_f \omega + L_a s I_a$$

$$M = M_L + J s\omega + D\omega$$

式中：s 为拉氏算子；L_a 为电枢电感；J 为折算到电动机轴上的电动机惯量

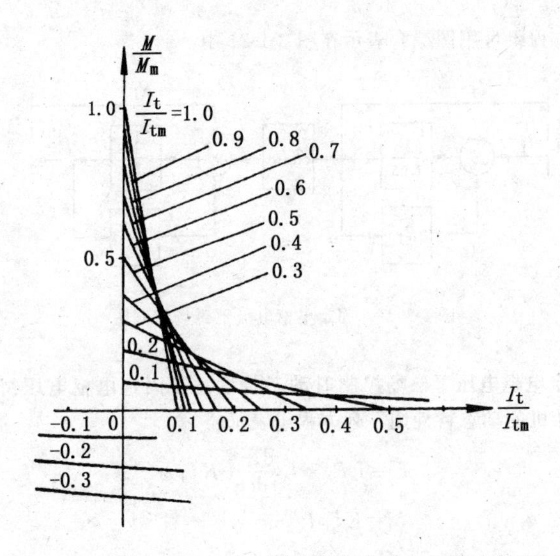

图 3-1-19 固定电枢电压，磁场控制时的静态力矩-速度特性

和负载惯量之和；D 为粘性摩擦常数；M_L 为折算到电动机轴上的负载力矩。

上述方程组可用框图综合表示在图 3-1-20 中。

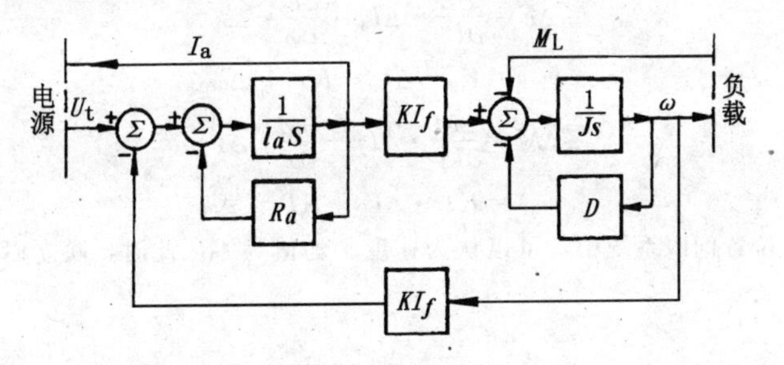

图 3-1-20 固定磁场电枢控制框图

b. 固定电枢电流下磁场控制时动态特性。假设电枢为理想恒电流源供电，则磁场控制电动机的动态特性可用下列方程组表示：

$$U=I_f R_f + L_f sI_f$$

$$M=M_L+D\omega+Js\omega$$

式中：U 为磁场绕组端电压（V）；R_f 为磁场绕组电阻（Ω）；L_f 为磁场绕组电感（H）。

上述方程组可用图综合表示在图 3-1-21 中。

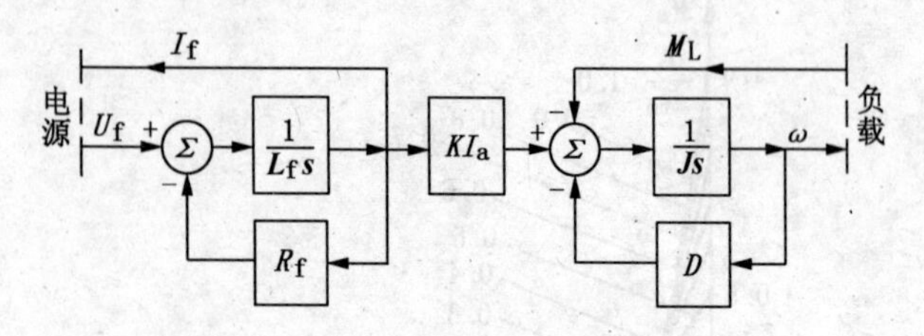

图 3-1-21　固定电枢电流下磁场控制图

c. 固定电枢电压下磁场控制时动态特性。在固定电枢电压情况下，磁场控制电动机的动态特性用下列方程组表示：

$$U=I_a R_a+I_a\ \frac{\mathrm{d}I_a}{\mathrm{d}t}+KI_f\,\omega$$

$$M=KI_f\ I_a$$

$$M=M_L+D\omega+J\ \frac{\mathrm{d}\omega}{\mathrm{d}t}$$

$KI_f\,\omega$ 和 $KI_f\ I_a$ 项包含着两个变量，如果分别用 E 和 M 表示，则 E 和 M 的变化量可以写成：

$$\Delta E=\frac{\partial E}{\partial I_f}\cdot\Delta I_f+\frac{\partial E}{\partial\omega}\cdot\Delta\omega$$

$$=K\omega\cdot\Delta I_f+KI_f\ \cdot\Delta\omega$$

$$\Delta M=\frac{\partial M}{\partial I_f}\cdot\Delta I_f+\frac{\partial M}{\partial\omega}\cdot\Delta\omega$$

$$=KI_a\ \cdot\Delta I_f+KI_f\ \cdot\Delta\omega$$

在位置伺服系统中，可以认为速度平均值为零。此时，联立以上方程可得：

$$\Delta M=KI_{av}\ \cdot\Delta I_f-\frac{\left(\frac{M_{LV}^2 R_a}{U_{av}^2}\right)\ \Delta\omega}{1+\tau_e s}\qquad 其中\ \tau_e=L_a/R_a$$

$$=\ (Js+D)\ \Delta\omega+\Delta M_L$$

式中：I_{av} 为电枢电流平均值；U_{av} 为电枢端电压平均值；M_{LV} 为负载转矩平均值。

上式用框图表示，见图 3-1-22。

当 $M_{av}=0$ 时，则图 3-1-22 变成图 3-1-21。

d. 电机扩大机控制时动态特性。电机扩大机控制时的动态特性计算，其传递函数必须考虑电源的影响。基本型电机扩大机的控制情况见图3-1-23，

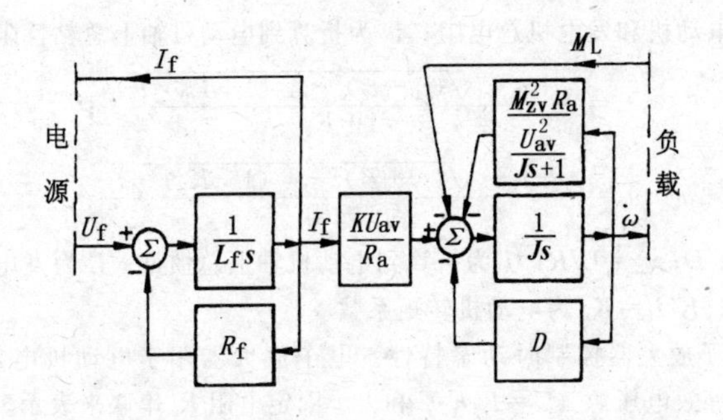

图 3-1-22　固定电枢电压下磁场控制时增量状态框图

要把发电机电枢电感和电阻同直流伺服电动机的一起考虑。

假设电动机的端电压等于发电机的电压，即：

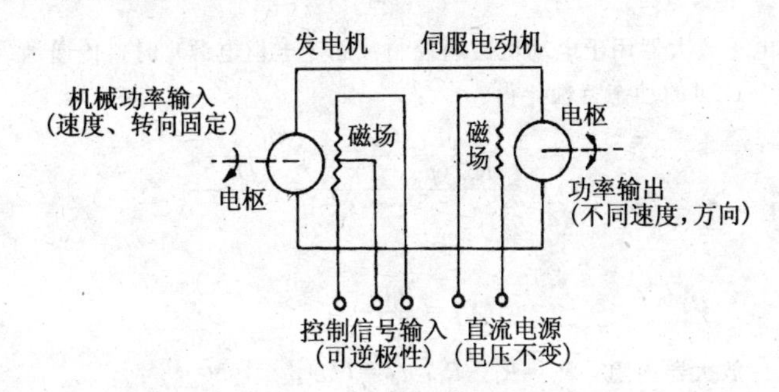

图 3-1-23　基本型电机扩大机控制

$$U=\frac{a_f U_f(s)}{1+\tau_f s}$$

式中：a_f 为发电机电压增益（直流条件下）；τ_f 为 L_f/R_f；U_f 为发电机励磁电压。

电动机速度 ω 对发电机磁场电压和负载转矩之间的传递函数，由下式给出：

$$\omega(s)=\frac{\left[\frac{K_0}{1+K_0}\right]\left[\frac{1}{K_f I_f}\right]\left[\frac{a_f U_f(s)}{1+\tau_f s}\right]-\left[\frac{t_2 s+1}{D(1+K_0)}\right]M_L(s)}{(t_a s+1)(t_b s+1)} \tag{3-1-3}$$

式中：

$$K_0=\frac{(K_f I_f)^2}{RD}$$

R 为电动机和发电机总电阻；D 为折算到电动机轴上总粘性阻尼常数；

$$t_a=\frac{t_1+t_2+\sqrt{(t_1+t_2)^2-4(1+K_0)t_1t_2}}{1+K_0};$$

$$t_b=\frac{t_1+t_2-\sqrt{(t_1+t_2)^2-4(1+K_0)t_1t_2}}{1+K_0};$$

$t_1=J/D$；$t_2=L/R$；J 为折算到电动机轴上总惯量；L 为发电机和电动机总电感；$K_f I_f=K_t$ 为电动机转矩系数。

e. 电子放大器控制时动态特性。电子放大器用于电动机电枢控制时，可用 1 个等效电压源（$U=K_iE_i$）和 1 个固定电阻 R_i 串联来表示。如果串联电阻加电动机电枢电阻值为 $R=R_a+R_i$ 时，则电动机的传递函数可由式(3-1-3)直接得到：

$$\omega(s)=\frac{\left[\frac{K_0}{1+K_0}\right]\left[\frac{1}{K_f}\right]\left[K_iE_i(s)\right]-\left[\frac{t_2s+1}{D(1+K_0)}\right]M_L(s)}{(t_as+1)(t_bs+1)}$$

当电子放大器用于电动机磁场控制（固定电枢电源）时，传递函数可借助于图 3-1-21 的动态特性，得：

$$\omega(s)=\frac{\frac{K_1E_1(s)}{R_s(t_cs+1)}-\left[\frac{M_L(s)}{D}\right]}{t_ds+1}$$

式中：

$$t_c=\frac{L_f}{R_f+R_i};$$

R_1＝放大器内阻；$R_s=R_f+R_i$；$t_d=J/D$。

（二）应用

1. 使用注意事项

（1）电磁式电枢控制直流伺服电动机在使用时，要先接通励磁电源，然后再施加电枢控制电压。在工作过程中，一定要避免励磁绕组断电，以免电枢电流过大而造成电动机超速。

（2）当用晶闸管整流电源时，最好采用三相全波桥式整流电路；在选择其他型式整流线路时，应有适当的滤波装置，保证电源的纹波适度。否则，要降低容量使用。

（3）永磁式直流伺服电动机在使用中，其最大电流不能超过规定的过载倍数。否则，电动机将出现退磁，导致电动机性能下降，影响系统正常工作。

2. 常用伺服系统

（1）速度伺服系统。速度伺服系统就是直流伺服电动机拖动的负载按给定的速度分布规律转动。其框图见图 3-1-24。图中 A 为放大器直流增益，τ_a 为放大器时间常数，τ_m 为电动机和负载时间常数，K_e 为电动机反电势系数，K_g 为测速机输出斜率。

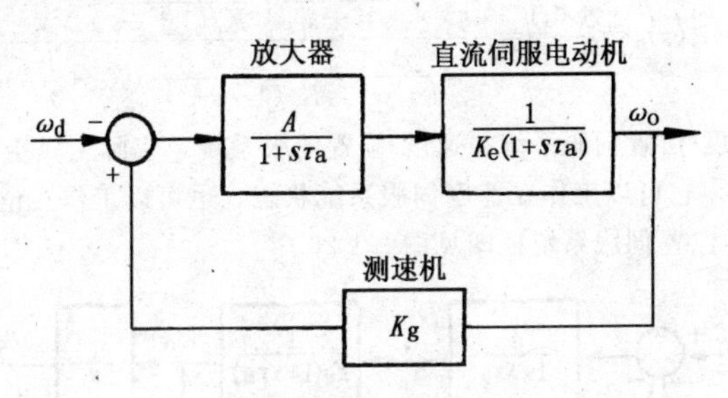

图 3-1-24　速度伺服系统框图

上述速度伺服系统的传递函数为：

$$G_v(s)=\frac{\omega_0\ (s)}{\omega_d\ (s)}=\frac{\frac{A}{1+s\tau_a}\cdot\frac{1}{K_e\ (1+s\tau_m)}}{1+\frac{A}{1+s\tau_a}\cdot\frac{1}{K_e\ (1+s\tau_m)}\cdot K_g}$$

在速度伺服系统中，选择伺服电动机时，除了要考虑电动机的功率、调速范围外，还要根据负载惯量大小、给定的速度分布来选择，要求被选电动机的电枢惯量、时间常数能适应系统的要求。

速度伺服系统中的速度检测元件，可以采用测速发电机，也可以选用编码器。

(2) 位置伺服系统。位置伺服系统是一种以机械位置或角度作为控制对象的自动控制系统。在位置伺服系统中，直流伺服电动机输出轴的转角由输入指令控制。位置伺服系统框图见图 3-1-25，图中 K_p 为位置传感器的增益，

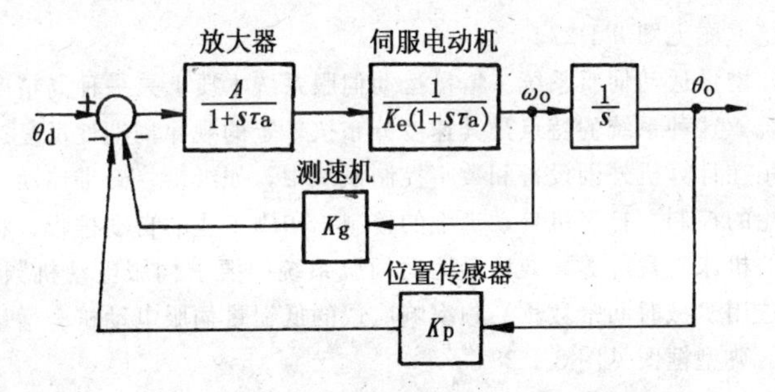

图 3-1-25　位置伺服系统框图

位置传感器可以是电位计、旋转变压器、编码器等。

上述位置伺服系统的传递函数为：

$$G_{\mathrm{p}}(s)=\frac{\theta_{0}(s)}{\theta_{\mathrm{d}}(s)}=\frac{\frac{1}{s}\frac{A}{1+s\tau_{\mathrm{a}}}\cdot\frac{1}{K_{\mathrm{e}}(1+s\tau_{\mathrm{m}})}}{1+\frac{A}{1+s\tau_{\mathrm{a}}}\cdot\frac{1}{K_{\mathrm{e}}(1+s\tau_{\mathrm{m}})}\left(K_{\mathrm{g}}+\frac{K_{\mathrm{p}}}{s}\right)}$$

（3）速度-位置伺服系统。速度-位置伺服系统，实际上是上述两种伺服系统的混合，它可以工作在速度伺服系统状态，也可以工作在位置伺服系统状态。速度-位置伺服系统框图见图 3-1-26。

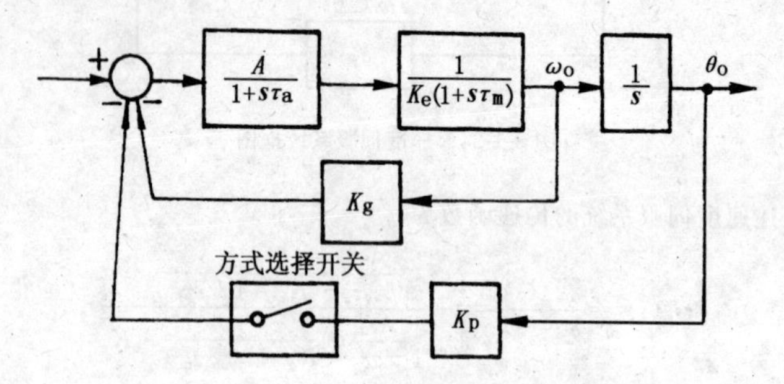

图 3-1-26　速度-位置伺服系统框图

（4）力矩伺服系统。力矩伺服系统要求伺服电动机的输出转矩保持恒定。因为电动机的转矩正比于电流，为了保持转矩恒定，则必须采用负反馈来维持电动机电源不变。力矩伺服系统框图见图 3-1-27。

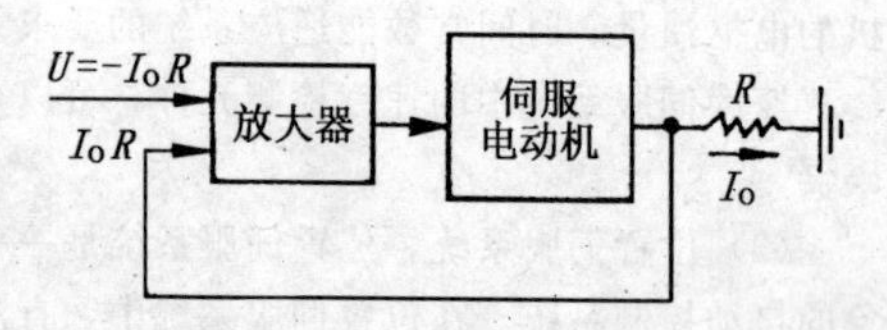

图 3-1-27　力矩伺服系统框图

（5）增量运动伺服系统。增量运动伺服系统本质上是一种高精度的速度伺服系统。这种系统的特点是其速度分布按一定的规律周期性反复运动。它广泛应用在计算机外围设备和数字控制系统中，如纸带、磁带传动，打字机打印滚轮的控制，打字机自动走纸的控制，印刷工业的自动排版、彩印和数字控制的机床工具等等。在增量运动伺服系统中要求伺服电动机频繁启动，通常要选用机械时间常数小、频率响应快的低惯量伺服电动机。增量运动伺服系统的典型框图见图 3-1-28。

（6）锁相伺服系统。锁相伺服系统框图见图 3-1-29。这种系统的特点是只要“锁相”后，放大器、电动机等参数的变化不影响电动机的输出速度。

所以，锁相伺服系统有较高的速度稳定性。

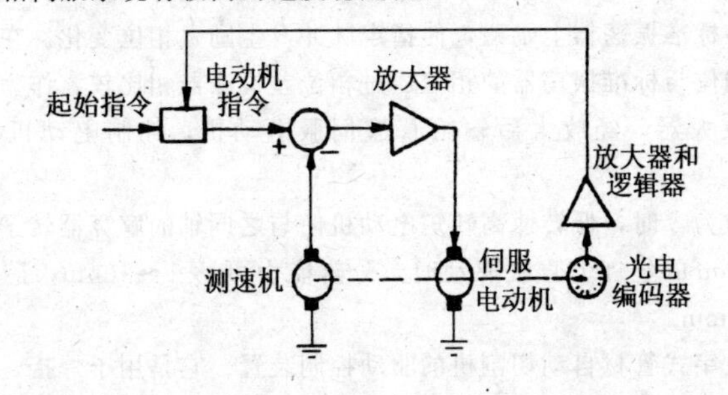

图 3-1-28　增量运动伺服系统框图

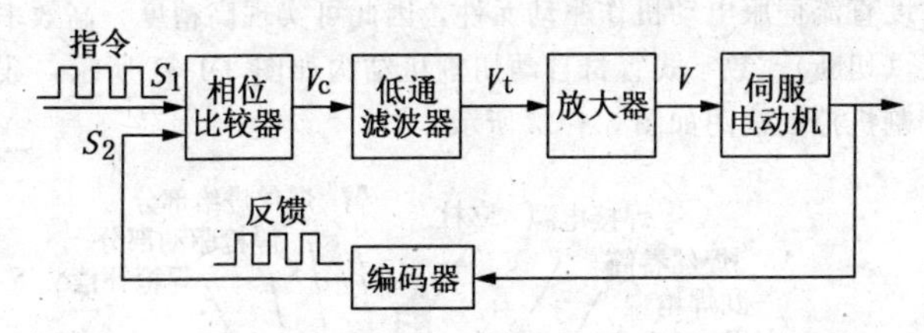

图 3-1-29　锁相伺服系统框图

3. 应用实例

直流伺服电动机在国防现代化和工业自动化中得到广泛应用，下面列举几个在工业自动化中的应用实例。

(1) 机床用直流伺服电动机的数字控制装置。机床用直流伺服电动机的数字控制装置选用低转速高转矩直流伺服电动机直接驱动滚珠丝杠，用解算器作反馈装置，以达到数控的目的，如图 3-1-30 所示。

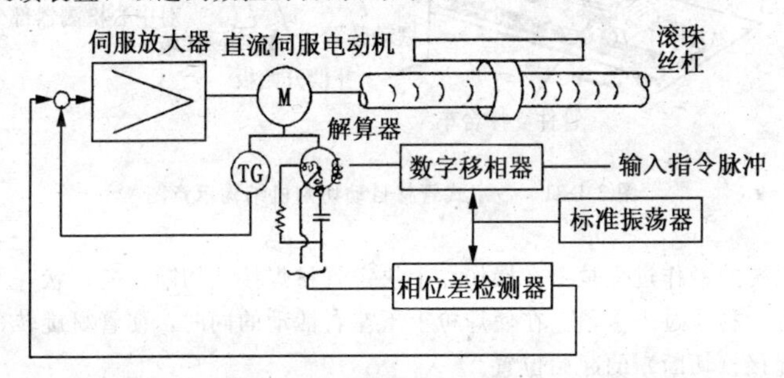

图 3-1-30　机床用直流伺服电动机的数字控制装置原理框图

本装置在解算器的初端上给以指令脉冲，使之发生相位变化从而通过数字移相器在标准振荡器上励磁，使指定脉冲发生励磁相位变化。在次端上产生的电压相位与标准振荡器的相位通过相位差检测器相比较，作为模拟信号加于伺服放大器，经放大后输给直流伺服电动机，控制电动机旋转带动丝杠。

当相位为零时，低转速高转矩电动机使与之同轴的解算器转子旋转。在螺距为 10mm 的丝杠上直接驱动时，分辨能力可达 1～10μm，最高速度为 2.5～25m/min。

（2）数字式管材自动切割机的驱动控制装置。它是用于焊接、气割的自动化装置，用以取代人力操作。本装置采用数字式控制焊接（切断）机构，选用高精度直流伺服电动机作驱动元件，因此可实现高精度、高效率的管材自动焊接（切断）。数字式管材自动切割机结构如图 3-1-31 所示，数字式管材自动切割机控制框图如图 3-1-32 所示。

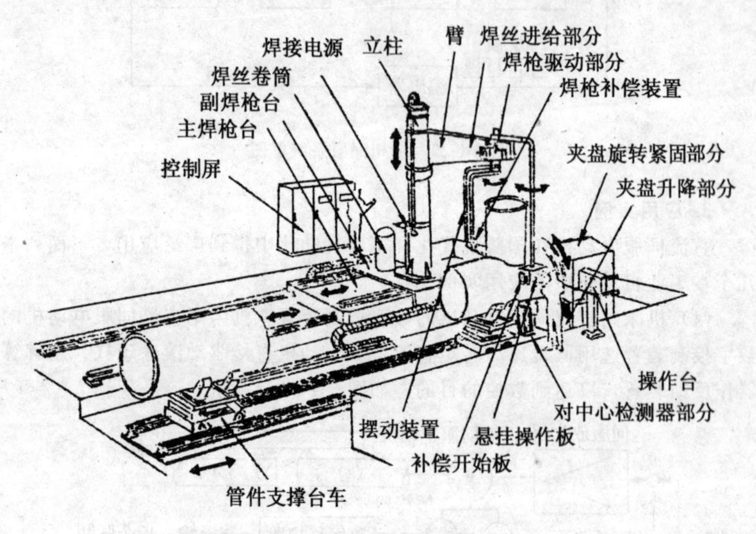

图 3-1-31　数字式管材自动切割机结构示意图

系统的操作过程是：在操作盘上决定管材焊接（切断）的形状，然后支撑车将管材拉过来卡紧。在使焊枪上下左右活动的同时，使管材旋转，从而定出焊接（切断）的起始位置。

确定焊接条件后，开始焊接（进行切断时，要将焊枪预热后，再开始自动切断工序）。

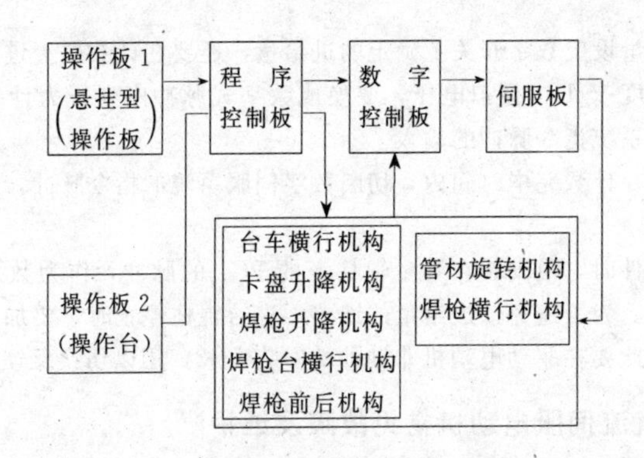

图 3-1-32 数字式管材自动切割机控制框图

多层堆焊焊接时，使用用摆动装置，焊接完后，管件被自动拉出。

(3) 冲压件自动定尺寸进给装置。这是用直流数字伺服装置加上晶体管驱动和直流伺服电动机系统控制冲压件自动定尺寸进给的实例。该装置原理框图见图 3-1-33。

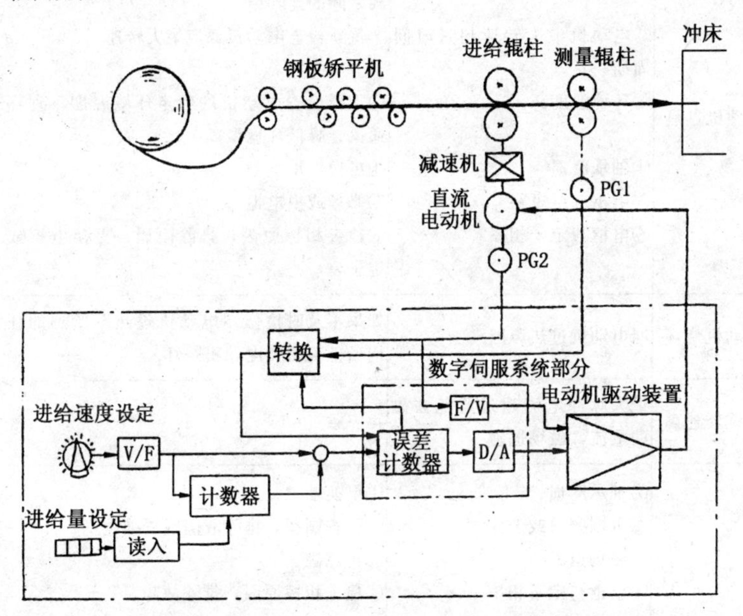

图 3-1-33 进给装置原理框图

在进给量设定数字开关上确定的进给量，还要在计数器上进行调整。将设定进给速度 V/F 的模拟电压，变换成数字式脉冲序列作为计数器的输入及数字伺服系统指令脉冲的输入。

计数器在计数完毕时间内，切断数字伺服系统的指令脉冲，送料辊柱停止送件。

进给工件时，由安装在测量辊柱上的 PG1 的脉冲，作为数字伺服系统的反馈脉冲。为了避免该进给量的误差，进给辊柱停止时，要加上坚固的伺服夹紧，因此要在驱动电动机非轴伸端安装 PG2，用以切换反馈脉冲。

四、直流伺服电动机常见故障及维护

直流伺服电动机的常见故障及其维护处理参见表 3-1-2。

表 3-1-2　直流伺服电动机常见故障及维护

故障现象	产生原因	判断和处理
电动机过热	①过载 ②电动机最大转速超过时间周期 ③环境温度高 ④轴承磨损 ⑤电枢绕组短路 ⑥电枢与定子相擦	①如果所给负载正确，应检查电动机和负载之间的连轴结 ②重新检查电动机额定最大转速 ③重新检查电动机的额定环境温度，改善通风，降低环境温度 ④更换轴承 ⑤修理或换电枢 ⑥检查相擦原因，排除阻碍，更换电枢或定子
电动机烧坏	同电动机过热原因	如果不及时检修“电动机过热”所列的任何条件都将使电动机烧坏
空载转速高	最大脉冲电流超过避免去磁的电流，磁场退磁	再充磁
空载电流大	①轴承磨损 ②电刷磨损或卡住 ③磁场退磁 ④电枢与定子相擦 ⑤轴承上预负载过大 ⑥轴承不同轴	①更换轴承 ②检查刷握，排除故障或更换电刷 ③再充磁 ④检查相擦原因，排除故障 ⑤排除过负载 ⑥电枢校直或再装配

续表

故障现象	产生原因	判断和处理
输出转矩低	①磁场退磁 ②电枢绕组短路或开路 ③电动机摩擦力矩大	①再充磁 ②修理或更换电枢 ③找出增大摩擦转矩原因，例如：轴承磨损，电枢与定子相擦，负载安装不同轴等。对症修理，排除原因
启动电流大	①轴承磨损 ②电刷磨损或卡住 ③电枢与定型子相擦 ④磁场退磁 ⑤电枢绕组短路或开路 ⑥电动机轴承与负载不同轴	①更换轴承 ②检查刷握，排除故障，换电刷 ③排除相擦原因 ④再充磁 ⑤修理或换电枢 ⑥校正连轴器以减小阻力
转速不稳定	①负载变化 ②电刷磨损或卡住 ③电动机气隙中有异物 ④轴承磨损 ⑤电枢绕组开路、短路或接触不良	①重调负载 ②更换电刷，检查刷握障碍 ③排除异物 ④更换轴承 ⑤修理或更换电枢
旋转方向相反	①电动机引出线与电源接反 ②磁极充反	①倒换接线 ②转换电刷位置
电刷磨损快	①弹簧压力不适当 ②整流子粗糙或脏 ③电刷偏离中心 ④过载 ⑤电枢绕组短路 ⑥电刷装置松动 ⑦振动 ⑧湿度差	①调整弹簧压力 ②重加工整流子或清理 ③调整电刷位置 ④调整负载 ⑤修理或更换电枢 ⑥调整电刷、刷握尺寸，使之配合适当 ⑦电枢应校动平衡，振动引起电刷跳动产生火花和过度磨损 ⑧在接近真空条件下工作将加速电刷磨损，用专用浸润或“高空”电刷
轴承磨损快	①连轴器或驱动齿轮不同轴，连轴器不平衡或齿轮啮合太紧，使之径向负载过大	①修正机械零件，限制径向负载达到要求值以下

续表

故障现象	产生原因	判断和处理
轴承磨损快	②轴承脏 ③轴承润滑不够或不充分 ④过大轴向负载 ⑤输出轴弯曲引起大的振动	②清洗轴承或更换轴承，采用防尘轴承 ③改善润滑 ④调整减小轴向负载 ⑤检查轴的径向跳动，校直或更换电枢
噪音大	①电枢不平衡 ②轴承磨损 ③轴向间隙大 ④电动机与负载不同轴 ⑤电动机安装不紧固 ⑥电机气隙中有油泥、灰尘 ⑦电动机安装不妥，噪音被放大 ⑧整流子粗糙	①电枢校动平衡 ②更换轴承 ③调整轴向间隙到要求值 ④改善同轴度 ⑤调整安装，保证紧固 ⑥噪音为不规则、断续的、发刮擦声的，清理电动机气隙 ⑦采用胶垫式安装减少噪音放大作用 ⑧重新加工整流子
径向间隙大	①轴与轴承配合松 ②轴承与轴承室配合松动 ③轴承磨损	①轴与轴承配合应是轻压配 ②轴承与轴承室配合应自由滑动，间隙不应过大，过大要更换端盖 ③更换轴承
轴向间隙大	调整垫片不合适	增加调整垫圈，使轴向间隙达要求
振动大	①电枢不平衡 ②轴承磨损 ③径向间隙大 ④电枢绕组开路或短路	①电枢动平衡到合适要求 ②更换轴承 ③检查径向间隙大的原因，对症修理 ④修理或更换电枢
轴不转或转动不灵活	①没有输入电压 ②轴承紧或卡住 ③负载故障 ④气隙中有异物 ⑤负载过大 ⑥电枢绕组开路 ⑦电刷磨损或卡住	①检查电动机输入端有无电压 ②修理或更换轴承 ③电动机脱开负载，看电动机能否转动，如果能转，则是负载问题，排除负载不转故障 ④重新清理，排除异物 ⑤调整负载 ⑥修理或更换电枢 ⑦清理电刷、刷握

五、直流伺服电动机产品技术数据

（一）SZ、SY系列直流伺服电动机

1. SZ系列直流伺服电动机

SZ系列为电磁式直流伺服电动机，机座号用36、45、55、70、90、110、130表示，对应的机座外径为36、45、55、70、90、110、130mm。产品规格由系列型号“SZ”后面的数字组成，在同一机座号中“01～49”表示短铁心产品，“51～99”表示长铁心产品，“101～149”代表特长铁心产品。

产品系列代号“SZ”表示为电磁式直流伺服电动机。

励磁方式用规格后面的字母表示，“C”为串励，“F”为复励，未注明的为他励。

派生结构产品用代号H1、H2、H3……表示（按每个机座号依用户提出要求的顺序排列）。

基本型号安装结构类型代号见表3-1-3。

表3-1-3 SZ系列直流伺服电动机安装结构类型代号

型式 安装结构	单轴伸	双轴伸	机座号
机壳外圆安装	A5	AA5	36～130
端盖凸缘安装	A3	AA3	36～130
底脚安装	A1	AA1	90～130

本系列产品使用条件见表3-1-4。

2. SY系列直流伺服电动机

SY系列为永磁式直流伺服电动机，机座号用20、24、28、36、45表示，对应的机座外径为20、24、28、36、45mm。20～45号机座采用端部止口及凹槽安装，36、45号机座还可采用方形凸缘安装。

产品系列代号“SY”表示永磁式直流伺服电动机。

产品规格序号由系列代号“SY”后面的数字组成，在同一机座号中“01～49”表示短铁心产品，“51～99”表示长铁心产品。

SY系列直流伺服电动机产品使用条件见表3-1-5。

表 3-1-4　SZ 系列直流伺服电动机产品使用条件

环境条件 \ 产品类型	基型及部分派生	湿热型	派生型(部分)		其他(属于基型,但条件特殊)		
			55SZ10/H_4、55SZ59/H_3 70SZ61/H_3、70SZ63/H_3	130SZ09/H_4	70SZ103	70SZ104	130SZ12
海拔	不超过4000m	不超过4000m	不超过4000m	不超过4000m	不超过4000m	不超过6000m	不超过4000m
环境温度	−40～+55℃	−40～+55℃	−25～+25℃	0～+40℃	+10～+30℃	−55～+60℃	−40～+40℃
相对湿度	≤95%(20℃时)	≤95%(20℃时)	≤95%(20℃时)	≤95%(20℃时)	≤95%(20℃时)	≤95%(20℃时)	≤95%(20℃时)
大气压力	≥76cmHg						
振动	频率10～150Hz 加速度2.5g	频率10～150Hz 加速度2.5g			频率10～150Hz 加速度2.5g	频率10Hz 双振幅1.5mm	频率10～150Hz 加速度2.5g
冲击	7g(峰值)	7g(峰值)			7g(峰值)	7g 频率100min^{-1}	7g(峰值)
凝露		有					
霉菌		有					
安装位置	任意	任意	任意	任意	任意	任意	任意

表 3-1-5　SY 系列直流伺服电动机产品使用条件

环境条件 \ 产品类型	基本系列及部分派生产品	28SY11、28SY12、28SY61	28SY09T 28SY13H2
海拔	不超过4000m	不超过25000m	
环境温度	−40～+55℃(20SY01T1为−10～+40℃)	−55～+70℃	−25～+25℃
相对湿度	≤95%(25℃时)	≤95%(25℃时)	≤95%(25℃时)

续表

环境条件 \ 产品类型	基本系列及部分派生产品	28SY11、28SY12、28SY61	28SY09T 28SY13H2
振动	频率10～150Hz,加速度2.5g	频率200Hz,加速度5g	
冲击	7g(峰值)	频率80～100Hz,加速度10g	
安装位置	任意	任意	任意
对湿热带型电机	①有凝露 ②有霉菌		
空气压强			≥0.1atm

(二) SZ、SY系列直流伺服电动机产品技术数据

1. SZ系列电磁式直流伺服电动机

表3-1-6 SZ系列电磁式直流伺服电动机技术数据

型号	转矩 (mN·m)	转速 (r/min)	功率 (W)	电压 (V)		电流 (A) (不大于)		外形尺寸 (mm)			质量 (kg)
				电枢	励磁	电枢	励磁	总长	外径	轴径	
36SZ01	16.66	3000	5	24		0.55	0.32	95	36	3/3	0.29
36SZ02	16.66	3000	5	27		0.47	0.3	95	36	3/3	0.29
36SZ03	16.66	3000	5	48		0.27	0.18	95	36	3/3	0.29
36SZ04	14.21	6000	9	24		0.85	0.32	95	36	3/3	0.29
36SZ05	14.21	6000	9	27		0.74	0.3	95	36	3/3	0.29
36SZ06	14.21	6000	9	48		0.4	0.18	95	36	3/3	0.29
36SZ07	14.21	6000	9	110		0.17	0.085	95	36	3/3	0.29
36SZ08	13.72	4500±10%	6.5	48	24	0.3	0.32	95	36	3/3	0.29
36SZ51	23.52	3000	7	24		0.7	0.32	101	36	3/3	0.32
36SZ52	23.52	3000	7	27		0.61	0.3	101	36	3/3	0.32
36SZ53	23.52	3000	7	48		0.33	0.18	101	36	3/3	0.32
36SZ54	20.09	6000	12	24		1.15	0.32	101	36	3/3	0.32
36SZ55	20.09	6000	12	27		1.0	0.3	101	36	3/3	0.32
36SZ56	20.09	6000	12	48		0.55	0.18	101	36	3/3	0.32
36SZ57	20.09	6000	12	110		0.22	0.1	101	36	3/3	0.32
36SZ58C	14.7	7000	11	27		1.6		101	36	3/3	0.32

续表

型号	转矩 (mN·m)	转速 (r/min)	功率 (W)	电压 (V)		电流 (A) (不大于)		外形尺寸 (mm)			质量 (kg)
				电枢	励磁	电枢	励磁	总长	外径	轴径	
45SZ01	33.32	3000	10	24		1.1	0.33	104.7	45	4/3	0.45
45SZ02	33.32	3000	10	27		1.0	0.3	104.7	45	4/3	0.45
45SZ03	33.32	3000	10	48		0.52	0.17	104.7	45	4/3	0.45
45SZ04	33.32	3000	10	110		0.22	0.082	104.7	45	4/3	0.45
45SZ05	28.42	6000	18	24		1.6	0.33	104.7	45	4/3	0.45
45SZ06	28.42	6000	18	27		1.4	0.3	104.7	45	4/3	0.45
45SZ07	28.42	6000	18	48		0.8	0.17	104.7	45	4/3	0.45
45SZ08	28.42	6000	18	110		0.34	0.082	104.7	45	4/3	0.45
45SZ09C	21.56	≥6000	—	6		5.5		104.7	45	4/3	0.45
45SZ51	46.06	3000	14	24		1.3	0.45	112.7	45	4/3	0.53
45SZ52	46.06	3000	14	27		1.2	0.42	112.7	45	4/3	0.53
45SZ53	46.06	3000	14	48		0.65	0.22	112.7	45	4/3	0.53
45SZ54	46.06	3000	14	110		0.27	0.12	112.7	45	4/3	0.53
45SZ55	39.2	6000	25	24		2.0	0.45	112.7	45	4/3	0.53
45SZ56	39.2	6000	25	27		1.8	0.42	112.7	45	4/3	0.53
45SZ57	39.2	6000	25	48		1.0	0.22	112.7	45	4/3	0.53
45SZ58	39.2	6000	25	110		0.42	0.12	112.7	45	4/3	0.53
45SZ60	42.14	4200±10%	18.5	48	24	0.82	0.45	112.7	45	4/3	0.53
45SZ61C	22.54	3000±500	7	110		0.23	—	112.7	45	4/3	0.53
55SZ01	64.68	3000	20	24		1.55	0.43	118	55	5/4	0.75
55SZ02	64.68	3000	20	27		1.37	0.42	118	55	5/4	0.75
55SZ03	64.68	3000	20	48		0.79	0.22	118	55	5/4	0.75
55SZ04	64.68	3000	20	110		0.34	0.09	118	55	5/4	0.75
55SZ05	54.88	6000	35	24		2.7	0.43	118	55	5/4	0.75
55SZ06	54.88	6000	35	27		2.3	0.42	118	55	5/4	0.75
55SZ07	54.88	6000	35	48		1.34	0.22	118	55	5/4	0.75
55SZ08	54.88	6000	35	110		0.54	0.09	118	55	5/4	0.75
55SZ09	42.14	8000～10000	40	110		0.66	0.09	118	55	5/4	0.75
55SZ51	91.14	3000	29	24		2.25	0.49	128	55	5/4	0.9
55SZ52	91.14	3000	29	27		2.0	0.44	128	55	5/4	0.9
55SZ53	91.14	3000	29	48		1.15	0.24	128	55	5/4	0.9

续表

型号	转矩 (mN·m)	转速 (r/min)	功率 (W)	电压 (V)		电流(A) (不大于)		外形尺寸 (mm)			质量 (kg)
				电枢	励磁	电枢	励磁	总长	外径	轴径	
55SZ54	91.14	3000	29	110		0.46	0.097	128	55	5/4	0.9
55SZ55	78.4	6000	50	24		3.45	0.49	128	55	5/4	0.9
55SZ56	78.4	6000	50	27		3.1	0.44	128	55	5/4	0.9
55SZ57	78.4	6000	50	48		1.74	0.24	128	55	5/4	0.9
55SZ58	78.4	6000	50	110		0.74	0.097	128	55	5/4	0.9
55SZ60	65.66	4200	29	48	24	1.25	0.49	128	55	5	0.9
55SZ10/H4	54.88	6000	35	27		2.3	0.42	104.5	55	5	0.75
55SZ11C/H5	21.56	4500	10	12		2.5		153	55	6/5	0.75
55SZ51/H2	91.14	3000	29	24		2.25	0.49	128	55	6/5	0.9
55SZ56/H1	78.4	6000	50	27		3.1	0.44	116.5	55	6	0.9
55SZ59/H3	78.4	6000	50	27		3.1	0.44	116.5	55	6	0.9
55SZ61C/H1	149.94	3500±750	55	110		1.2		128	55	5/4	0.9
55SZ62C	64.68	3000±500	20	48		1.1		128	55	5/4	0.9
55SZ63C	64.68	3000±500	20	110		0.52		128	55	5/4	0.9
55SZ64C	64.68	3000±500	20	24		2.2		128	55	5/4	0.9
70SZ01	127.4	3000	40	24		3	0.5	143.5	70	6/5	1.5
70SZ02	127.4	3000	40	27		2.6	0.44	143.5	70	6/5	1.5
70SZ03	127.4	3000	40	48		1.6	0.25	143.5	70	6/5	1.5
70SZ04	127.4	3000	40	110		0.6	0.11	143.5	70	6/5	1.5
70SZ05	107.8	6000	68	24		4.8	0.5	143.5	70	6/5	1.5
70SZ06	107.8	6000	68	27		4.4	0.44	143.5	70	6/5	1.5
70SZ06/H1	107.8	6000	68	27		4.4	0.44	130	70	6/5	1.5
70SZ07	107.8	6000	68	48		2.4	0.25	143.5	70	6/5	1.5
70SZ08	107.8	6000	68	110		1.0	0.11	143.5	70	6/5	1.5
70SZ09	127.48	3000	40	175		3.0	0.25	143.5	70	6/5	1.5
70SZ09F	107.8	1800	20	220		0.23		130	70	6/5	1.5
70SZ51	176.4	3000	55	24		4.0	0.57	153.5	70	6/5	1.7
70SZ52	176.4	3000	55	27		3.5	0.5	153.5	70	6/5	1.7
70SZ53	176.4	3000	55	48		1.9	0.31	153.5	70	6/5	1.7
70SZ54	176.4	3000	55	110		0.8	0.13	153.5	70	6/5	1.7
70SZ55	147	6000	92	24		6.0	0.57	153.5	70	6/5	1.7

续表

型号	转矩（mN·m）	转速（r/min）	功率（W）	电压（V）		电流（A）（不大于）		外形尺寸（mm）			质量（kg）
				电枢	励磁	电枢	励磁	总长	外径	轴径	
70SZ56	147	6000	92	27		5.4	0.5	153.5	70	6/5	1.7
70SZ57	147	6000	92	48		3.0	0.31	153.5	70	6/5	1.7
70SZ58	147	6000	92	110		1.2	0.13	153.5	70	6/5	1.7
70SZ59	93.1	8000～10000	88	110		1.32	0.13	153.5	70	6/5	1.7
70SZ61/H3	176.4	3000	55	27		3.5	0.43	140	70	6	1.7
70SZ62/H2	397.88	6000	250	28		20		140	70	6	1.7
70SZ63/H3	147	6000	92	24		6.0	0.57	140	70	6	1.7
70SZ64	127.4	3000	40	160	175	0.46	0.074	153.5	70	6/5	1.7
70SZ65/H5	176.4	4500	83	36		3.0	4.0	151	70	6	1.7
70SZ101	166.6	7500～9500	148	110		1.95	0.12	165.5	70	6/5	2
70SZ101/H4	166.6	7500～9000	148	110		1.95	0.12	165.5	70	4.3	2
70SZ103	294	2750	85	48	24	3.0	0.7	165.5	70	6/5	2
70SZ104/H1	392	10000	410	27		35		165.5	70	6	2
70SZ105/H2	539	6000	338	28		22		152	70	6	2
90SZ01	323.4	1500	50	110		0.66	0.2	161	90	8/6	2.8
90SZ02	323.4	1500	50	220		0.33	0.11	161	90	8/6	2.8
90SZ02M	323.4	1500	50	220		0.33	0.11	161	90	8/6	2.8
90SZ03	294	3000	92	110		1.2	0.2	161	90	8/6	2.8
90SZ03/H2	294	3000	92	110		1.2	0.2	161	90	8/6	2.8
90SZ04	294	3000	92	220		0.6	0.11	161	90	8/6	2.8
90SZ05	294	3000	92	24		6.1	0.8	161	90	8/6	2.8
90SZ10	294	3000	92	180	200	0.7	0.12	161	90	8/6	2.8
90SZ11	294	3000	92	36		4		161	90	8/6	2.8
90SZ12/H5	294	3300	100	27		6.1	0.9	191	90	8/6	2.8
90SZ51	509.6	1500	80	110		1.1	0.23	181	90	8/6	3.6
90SZ52	509.6	1500	80	220		0.55	0.13	181	90	8/6	3.6
90SZ52M	509.6	1500	80	220		0.55	0.13	181	90	—	3.6
90SZ53	480.2	3000	150	110		2.0	0.23	181	90	8/6	3.6
90SZ54	480.2	3000	150	220		1.0	0.13	181	90	8/6	3.6
90SZ55	509.6	1500	80	24		5.0	1.0	181	90	8/6	3.6
90SZ57	318.5	15000	500	220		3.7	0.13	181	90	8/6	3.6

续表

型号	转矩 (mN·m)	转速 (r/min)	功率 (W)	电压 (V)		电流（A）（不大于）		外形尺寸 (mm)			质量 (kg)
				电枢	励磁	电枢	励磁	总长	外径	轴径	
90SZ58	318.5	15000	500	55	56	16.5		183	90	—	3.6
90SZ60	823.2	1500	130	60		4		165	90	8	3.6
90SZ61/H1	294	3000	92	48		2.9	0.48	168	90	12	3.6
90SZ62	509.94	3000	160	36		6.7		174	90	8	3.6
90SZ62/H4	570	3000	160	36		6.7	0.50	174	90	8/6	3.6
90SZ64	510	1000	54	180	200	0.48	0.14	174	90	8/6	3.6
90SZ65	510	1500		180	200	0.68	0.14	181	90	8/6	3.6
90SZ69	240	6000	150	220		1.0	0.15	165	90	8/6	3.6
110SZ01	784	1500	123	110		1.8	0.27	204	110	10/8	5.8
110SZ02	784	1500	123	220		0.9	0.13	204	110	10/8	5.8
110SZ03	637	3000	200	110		2.8	0.27	204	110	10/8	5.8
110SZ04	637	3000	200	220		1.4	0.13	204	110	10/8	5.8
110SZ07	477.26	10000±750	500	110		7.2	0.42	204	110	10/8	5.8
110SZ10/H5	686	500	36	12		5.2	2.3	208	110	10	5.8
110SZ12	637	3000	200	160	190	2.0	0.15	204	110	10	5.8
110SZ13C/H10	318.71	6000	200	110		2.8		181	110	9/12	5.8
110SZ51	1176	1500	185	110		2.5	0.32	234	110	10/8	7.6
110SZ51/H7	1176	1500	185	110		2.5	0.32	234	110	12	7.6
110SZ52	1176	1500	185	220		1.25	0.16	234	110	10/8	7.6
110SZ52/H8	1176	1500	185	220		1.25	0.16	234	110	10	7.6
110SZ53	980	3000	308	110		4.0	0.32	234	110	10/8	7.6
110SZ53/H1	980	3000	308	110		4.0	0.32	243	110	10/8	7.6
110SZ53/H4	980	3000	308	110		4.0	0.32	234	110	10/8	7.6
110SZ53/H6	980	3000	308	110		4.0	0.32	226	110	14	7.6
110SZ54	980	3000	308	220		2.0	0.16	234	110	10/8	7.6
110SZ54M	980	3000	308	220		2.0	0.16	234	110	10/8	7.6
110SZ55	980	3000	308	24		20	1.3	234	110	10/8	7.6
110SZ56	1176	1000	123	110		1.7	0.32	234	110	10/8	7.6
110SZ56/H3	1176	1000	123	110		1.7	0.32	216	110	12	7.6
		1450±145	125	54	54	3.24	0.54	234	110	10/8	7.6
110SZ57	823.2	2000^{+100}_{-200}	172	54		4.5		234	110	10/8	7.6

续表

型号	转矩 (mN·m)	转速 (r/min)	功率 (W)	电压 (V)		电流 (A) (不大于)		外形尺寸 (mm)			质量 (kg)
				电枢	励磁	电枢	励磁	总长	外径	轴径	
110SZ59	1274	3000	400	96		6.1		234	110	10/8	7.6
110SZ59/H2	1274	3000	400	96		6.1		226	110	10	7.6
110SZ60	955.5	3000	300	110		4.0		216	110	10/8	7.6
110SZ61T	1146.6	750	90	110		1.3		220	110	10	7.6
110SZ62	96.1	3000	308	220	250	2		234	110	10	7.6
110SZ63/H12	574	3000	180	48		5.0	0.6	252	110	14/1	7.6
130SZ01	2254	1500	355	110		4.4	0.28	270	130	14/12	11.8
130SZ01M	2255.52	1500	355	110		4.4	0.28	270	130	14	11.8
130SZ02	2254	1500	355	220		2.2	0.18	270	130	14/12	11.8
130SZ02M	2255.52	1500	355	220		2.2	0.18	270	130	14	11.8
130SZ03	1911	3000	600	110		7.6	0.28	270	130	14/12	11.8
130SZ03M	1911	3000	600	110		7.6	0.28	270	130	14/12	11.8
130SZ04	1911	3000	600	220		3.8	0.18	270	130	14/12	11.8
130SZ04M	1911	3000	600	220		3.8	0.18	270	130	14/12	11.8
130SZ06	2254	750	177	110		2.3	0.28	270	130	14/12	11.8
130SZ02/H6	2254	1500	355	220		2.2	0.18	324	130	14/12	11.8
130SZ02/H7	2254	1500	355	220		2.2	0.18	287	130	12	11.8
130SZ03M/H5	1911	3000	600	110		7.6	0.28	270	130	15/14	11.8
130SZ03/H1	1911	3000	600	110		7.6	0.28	258	130	14	11.8
130SZ05F/H1	1274	3000	400	110		5.4		242	130	14	14.5
130SZ07M/H1	1592.5	1500	250	220		1.6	0.18	242	130	14	14.5
130SZ08M/H1	1592.5	1500	250	180		1.8	0.3	242	130	14	14.5
130SZ09/H3	1911	2000	400	24		24		270	130	14	11.8
130SZ11	2254	1500	355	180	200	3.0	0.17	270	130	14/12	11.8
130SZ12	1911	3000±20%	600	180	200	5.0	0.17	270	130	14/12	12.6
130SZ13C	1900.2	2500	500	160		5.0	5.0	270	130	14/12	12.6
130SZ13C/H10	1912.29	2500	500	160		5.0		270	130	14	12.6
130SZ14c	1912.29	1500	300	180		2.5		270	130	14	12.6
130SZ16/H10	1470.99	2000	300	90	220	4.7	0.18	270	130	14	12.6
130SZ17F/H12	1910	2000	400	24		25		244	130	13(齿轮)	12.6
130SZ19/H3	2255	750	177	80		3.3	0.4	258	130	带制动器	

续表

型号	转矩 (mN·m)	转速 (r/min)	功率 (W)	电压 (V)		电流 (A) (不大于)		外形尺寸 (mm)			质量 (kg)
				电枢	励磁	电枢	励磁	总长	外径	轴径	
130SZ6/H20	2868	2500	750	160	180	6		342	130	M8	
130SZ61T	2254	750	177	110		2.3	0.28	268	130	14	12.6
130SZ62JZ	1195.6	8000	1000	170		8	0.35	268	130	14	12.6
160SZ01	3920	1500	615	220				287	160	16	

生产厂家：山东山博电机集团有限公司微电机厂、天津安全电机有限公司、本溪市微型电机厂、青海微电机厂。

2. S系列电磁式直流伺服电动机

表 3-1-7　S系列电磁式直流伺服电动机技术数据

型号	额定电压 (V)	有效功率 (W)	电流 (A) (不大于)	转速 (r/min)	额定转矩 (mN·m)	外形尺寸 (mm)			质量 (kg)
						总长	外径	轴径	
S121	110	5	0.25	3500～5500	13.72	88	50	4	0.44
S121D	24	5.3	0.8	4300±10%	11.76	88	50	4	0.44
S161	110	7.5	0.25	3500～5000	20.58	100	50	4	0.58
S161A	110	8	0.35	6500～8500	14.7	108	50	4/4	0.58
S161A.	110	7.5	0.25	3500～5000	22.54	108	50	4/4	0.58
S161B	220	6	0.15	3500～5000	16.37	100	50	4	0.58
S161T	110	7.5	0.25	3500～5000	20.59	107	50	4	0.9
S221	110	13	0.35	3600～4200	34.3	107	70	6	0.9
S221A	110	13	0.35	3600～4200	34.3	113.5	70	6/6	0.9
S221D	24	13	1.5	3600～4200	34.3	107	70	6	0.9
S221E	48	13	0.8	3400～4000	34.3	107	70	6	0.9
S221V	12	13	2.7	3000～4800	31.36	107	70	6	0.9
S221KF	110	6	0.3	1400～2000	44.1	106.5	70	5	1.2
S261	110	24	0.5	3600～4600	63.7	118	70	6	1.25
S261D	24	20	2.0	4500～5500	44.1	118	70	6	1.25
S261DF	24	20	2.0	4500～5500	44.1	118	70	6	1.25
S261V	12	15	3.2	3000～4800	35.77	133.5	70	6	0.9
S281	24	26	2.4	5200～6200	49	126.5	70	6	1.25
S281F	24	26	2.4	5200～6200	49	124.5	70	6	1.25
S321	110	38	0.7	3000～3700	122.5	124	85	8	1.7

续表

型号	额定电压(V)	有效功率(W)	电流(A)(不大于)	转速(r/min)	额定转矩(mN·m)	外形尺寸(mm)			质量(kg)
						总长	外径	轴径	
S321A	110	38	0.7	3000～3700	122.5	135	85	8/8	1.7
S321B	220	38	0.35	3000±10%	121.52	127	85	6	1.8
S321D	24	27	2.5	2700～3400	95.55	124	85	8	1.7
S321DA	24	27	2.5	2700～3400	95.55	135	85	8/7	1.7
S321DH	24	35	3	4400	74.48	124	85	8	1.7
S321H	68	35	0.9	4400	74.48	124	85	8	1.7
S329	24	23.5	2.5	2300～2900	98.05	124	85	8	1.7
S361	110	50	0.9	3000～3600	156.89	134	85	8	2
S361D	24	57	4.5	4000±10%	137.29	134	85	8	2
S361V	12	24	4.5	2000±10%	117.67	134	85	8	2
S365B	220	25	0.3	1800	132.38	136.5	85	8	2
S369	110	55	0.95	3600～4200	147.09	134	85	8	2
S369V	12	120	16	5200	220	134	85	8	2
S369A	110	55	0.95	3600～4200	147.09	136.5	85	8/8	2
S369B	226	45	0.35	3000±10%	134.47	134	85	8	2
S369T	110	55	0.95	3600～4200	147.09	143	85	8/8	2.5
S521	110	77	1.2	3000～3700	245.16	149	108	10	3.3
S521K	110	20	0.5	1000～1200	191.22	149	108	10	3.3
S521D	24	50	4	2000～2500	239.28	149	108	10	3.3
S521F	180	77	0.7	3000	245	149	108	10	3.3
S561W	110	150	2.5	6000±10%	239.28	174	108	10	4.5
S569	110	160	2.2	3300～4000	465.81	174	108	10	4.5
S569A	110	160	2.2	3300～4000	465.81	190	108	10/10	4.5
S569B	220	100	0.8	1800～2200	478.70	174	108	10	4.5
S569K	110	36	0.8	850～1050	405.01	174.5	108	10	4.5
S569F	110	160	2.2	3300～4000	465.81	174	108	10	4.5
S569KJ	110	36	0.8	850～1050	465.81	174	108	10	4.5
S569L	110	160	2.2	3300～4000	465.81	174	108	10	4.5
S569J	110	160	2.2	3300～4000	465.81	174	108	10	4.5
S571K	24	95	7	2200～2700	411.87	174	108	10	4.6
S571KA	24	95	7	2200～2700	411.87	190	108	10/9	4.5
S571KF	24	95	7	2200	411.87	199	108	10	4.7

续表

型号	额定电压(V)	有效功率(W)	电流(A)(不大于)	转速(r/min)	额定转矩(mN·m)	外形尺寸(mm)			质量(kg)
						总长	外径	轴径	
S571KFT	24	95	7	2200	411.87	209	108	10	4.9
S571KT	24	95	7	2200～2700	411.87	184	108	10	4.5
S571B	220	80	0.65	1400±10%	546.23	208	108	10	5.5
S571BJ	220	80	0.65	1400±10%	546.23	270	108	10	5.5
S621	110	172	2.3	2400～2800	686.46	204	122	10	7.5
S621J	110	172	2.3	2400～2800	686.46	204	122	10	7.5
S661	110	230	2.9	2400～2800	907.11	234	122	10	9.7
S661P	220	200	1.45	2900～3300	686.46	234	122	10	9.7
S661PZ	220	200	1.45	2900～3300	686.46	234	122	10	10
S661D	24	200	14	2000～2500	956.14	234	122	10/10	9.7
S661DT	24	250	18	2400～3000	1000.27	234	122	10/10	10
S661KJ	110	150	1.9	1500～2000	784.53	234	122	10	10.5
S661QJ	110	45	1	430～500	1019.89	257	122	16	10
S661IJ	110	200	2.6	3000±10%	637.43	234	122	10	10
S661PJ	220	200	1.45	2900	659.98	234	122	10/10	9.35
S661PJH	220	200	1.45	2900	659.98	251.5	122	10/10	9.5
S661QT	110	100	1.6	3000±10%	318.71	251.5	122	10	10
S661T	110	230	2.9	2400～2800	907.11	234	122	10/10	9.35
S661DT1	24	250	18	2400～3000	1000.27	192.5	122	10	-

生产厂家：山东山博电机集团有限公司微电机厂、天津安全电机有限公司、本溪市微型电机厂、青海微电机厂。

3. SY系列永磁式直流伺服电动机

表3-1-8　SY系列永磁式直流伺服电动机技术数据

型号	电压(V)	电流(A)(不大于)	转矩(mN·m)	转速(r/min)	功率(W)	允许顺逆转差(r/min)	外形尺寸(mm)			质量(g)
							总长	外径	轴径	
20SY01	9	0.5	1.96	6000	1.2	300	66.2	20	2.5	60
20SY02	9	0.65	1.96	9000	1.8	400	66.2	20	2.5	60
20SY03	12	0.36	1.96	6000	1.2	300	66.2	20	2.5	60
20SY04	12	0.45	1.96	9000	1.8	400	66.2	20	2.5	60
20SY05	5	0.48	1.96	3000	0.6	300	62	20	2.5	60

续表

型号	电压(V)	电流(A)(不大于)	转矩(mN·m)	转速(r/min)	功率(W)	允许顺逆转差(r/min)	外形尺寸(mm)			质量(g)
							总长	外径	轴径	
20SY05H1	5	0.48	1.96	3000	0.6	300	62	20	3	60
20SY05T1	9	0.5	1.96	6000	1.2	300	61.2	20	2	60
20SY01T2	9	0.6	2.94	6000	1.8	300	66.2	20	2	60
24SY01	9	0.54	2.94	6000	1.8	300	66.7	24	3	95
24SY02	9	0.75	2.94	9000	2.8	400	66.7	24	3	95
24SY03	12	0.4	2.94	6000	1.8	300	66.7	24	3	95
24SY04	12	0.57	2.94	9000	2.8	400	66.7	24	3	95
24SY002	28	0.4	5.73	5500		<600	50.4	24	3	90
28SY001	27	0.35	9.80	3000		300	56.5	28	3	130
28SY002	27	0.55	9.80	6000		600	56.5	28	3	130
28SYWT	27	0.35	2.15	9000±200	2	400	59.5	28	4.58	140
28SY01	12	0.5	11	2500	2.5	55	73	28	3	160
28SY01	9	0.6	4.9	3000	1.5	200	73	28	3	130
28SY02	9	0.95	4.9	6000	3.1	300	73	28	3	130
28SY03	9	1.3	4.9	9000	4.6	400	73	28	3	130
28SY04	12	0.45	4.9	3000	1.5	200	73	28	3	130
28SY05	12	0.7	4.9	6000	3.1	300	73	28	3	130
28SY06	12	0.9	4.9	9000	4.6	400	73	28	3	130
28SY07	27	0.2	4.9	3000	1.5	200	73	28	3	130
28SY08	27	0.32	4.9	6000	3.1	300	73	28	3	130
28SY09	27	0.4	4.9	9000	4.6	400	73	28	3	130
28SY09A	27	0.4	4.9	9000	4.6	400	73	28	3/3	130
28SY09T	27	0.4	4.9	9000	4.6	400	73	28	3	130
28SY11	18	0.55	6.86	3000	2	150	73	28	3	115
28SY12	18	0.7	5.88	9000	5.5	400	73	28	3	115
28SY12H	18	0.7	5.88	9000	5.5	400	78	28	3	115
28SY13/H2	24	0.36	4.9	6000±15%	3	300	73	28	齿轮 2.92	130
28SY51	9	0.9	7.84	3000	2.5	200	80	28	3	115
28SY52	9	1.3	7.84	6000	4.9	300	80	28	3	115
28SY53	9	1.8	7.84	9000	7.4	400	80	28	3	115
28SY54	12	0.65	7.84	3000	2.5	200	80	28	3	115
28SY55	12	1.0	7.84	6000	4.9	300	80	28	3	115

续表

型号	电压(V)	电流(A)(不大于)	转矩(mN·m)	转速(r/min)	功率(W)	允许顺逆转差(r/min)	外形尺寸(mm)			质量(g)
							总长	外径	轴径	
28SY56	12	1.3	7.84	9000	7.4	400	80	28	3	115
28SY57	27	0.27	7.84	3000	2.5	200	80	28	3	155
28SY58	27	0.42	7.84	6000	4.9	300	80	28	3	115
28SY59	27	0.58	7.84	9000	7.4	400	80	28	3	115
28SY59A	27	0.58	7.84	9000	7.4	400	80	28	3	115
28SY60T	9	0.90	7.84	≥2500	2	300	80	28	3	115
28SY61	18	0.70	9.80	3000	3	150	80	28	3	115
28SY62	12	0.08	10	1500	0.15	150	80	28	3	115
28SY62K1	12	0.08	10	1500	0.15	300	80	28	3	115
28SY59T	27	0.58	7.84	9000	7.4	400	80	28	3	115
30SYWT	26	0.85	6.86	9000±180	6.5		77.5	30	3	200
4DSY-1	8	4	13.23	7200	10		104.9	35	3	310
36SY01	12	0.85	11.76	3000	3.7	200	93	36	4	280
36SY02	12	1.4	11.76	6000	7.4	300	93	36	4	280
36SY03	12	1.8	11.76	9000	11	400	93	36	4	280
36SY04	27	0.35	11.76	6000	3.7	200	93	36	4	280
36SY05	27	0.65	11.76	6000	7.4	300	93	36	4	280
36SY06	27	0.9	11.76	9000	11	400	93	36	4	280
36SY03H1	12	1.8	11.76	9000	11	400	105	36	4	280
36SY51	12	1.4	19.61	3000	6.2	200	99	36	4	320
36SY52	12	1.9	19.61	6000	12	300	99	36	4	320
36SY53	12	2.9	19.61	9000	19	400	99	36	4	320
36SY54	27	0.6	19.61	3000	6.2	200	99	36	4	320
36SY55	27	0.85	19.61	6000	12	300	99	36	4	320
36SY56	27	1.3	19.61	9000	19	400	99	36	4	320
36SY55H	27	0.85	19.61	6000	12	300	97	36	5	320
36SY55D	27	0.85	19.61	6000	12	300	99	36	4	310
45SY01	24	1	39.24	3000	12.5	300	88	45	5	500
45SY02	27	1.5	44.15	6000	27	600	88	45	5	500
45SY001	24	1.2	39.22	3000		300	76	45	4	
45SY003	27	1.6	39.22	6000		600	76	45	4	
45SY01	12	1.6	29.41	3000	9	200	103	45	4	490
45SY02	12	3.0	29.41	6000	19	300	103	45	4	490

续表

型号	电压(V)	电流(A)(不大于)	转矩(mN·m)	转速(r/min)	功率(W)	允许顺逆转差(r/min)	外形尺寸(mm)			质量(g)
							总长	外径	轴径	
45SY03	12	3.8	29.41	9000	28	400	103	45	4	490
45SY04	27	0.73	29.41	3000	9	200	103	45	4	490
45SY05	27	1.2	29.41	6000	19	300	103	45	4	490
45SY06	27	1.8	29.41	9000	28	400	103	45	4	490
45SY51	12	2.0	39.22	3000	12	200	110	45	4	490
45SY52	12	3.6	39.22	6000	25	300	110	45	4	550
45SY53	12	5.0	39.22	9000	37	400	110	45	4	550
45SY54	27	0.9	39.22	3000	12	200	110	45	4	550
45SY55	27	1.6	39.22	6000	25	300	110	45	4	550
45SY56	27	2.2	39.22	9000	37	400	110	45	4	550
45SY51H1	12	2.0	39.22	3000	12	200	108.5	45	5	550
SY161	110	0.3	35.30	3800±10%	14	200	107	50	4	700
SY161R	110	0.08	4.90	4000±8%		单向	107	50	4	700
70SY	24	7.0	1100	1000	90	40	104	70	6	2500
SY261	110	0.5	63.64	3600±10%	26	200	120	70	6	1500
SY261C	110	0.3	96.10	1600±10%	16	200	120	70	6	1500
SY361	110	0.82	152	3600～4400	57	200	139	85	8	2450
90SY01	24	7.0	2450	450	110	40	187/210	90	12/8	5000
90SY02	19	7.0	1650	555	90	40	205	90	12	4500
90SY57	110	1.4	520	2000	108	200	161	90	12	3300
100SY	30	4.0	1450	400	60	40	160	100	15.9	4000
SY561	110	2.4	465.81	3600±10%	175	200	176	108	10	5200

生产厂家：山东山博电机集团有限公司微电机厂、天津安全电机有限公司、本溪市微型电机厂、青海微电机厂。

4. SY型永磁式直流伺服电动机

表 3-1-9　SY型永磁式直流伺服电动机技术数据

	电压(V)	电流(A)	输出力矩(N·m)	转速(r/min)	线性度(%)	外形尺寸(mm)		
						总长	外径	轴径
24SY002	28	0.4		6500		63.5	24	3
26SY01	18	0.95		5000		77	26	2
160SY01	48	2.2	5	160		258	160	25
200SY01	60	≤10	4.9	180	<5	324	200	24

生产厂家：西安微电机研究所。

5. SYK 系列空心杯电枢永磁式直流伺服电动机

表 3-1-10 SYK 系列空心杯电枢永磁式直流伺服电动机技术数据

型号	额定电压（V）	空载电流（A）（不大于）	堵转转矩（mN·m）	空载转速（r/min）	机电时间常数（ms）	外形尺寸（mm）		
						总长	外径	轴径
16YK04	9	0.3	3.92	18000	18	24	16	1.8
16SYK06	6	0.04	0.99	12000	35	20	16	1.5
16SYK06-J760	6	0.05		12～22		38.5	16	2
16SYK06-J1258	6	0.15		8～12		38.5	16	2
20SYK0	4	0.3	0.39	8500		37.5	20	2
20SYK-51	6	0.03	6	5000	≤26	50	20	2.5
15SYK1	6	0.1	0.19	8500	75	22.5	15	1.8
15SYK-01	6	0.03	0.17	16000	≤30	30	15	1.5
15SYK3	6	0.04	0.17	4500	75	23.6	15	1.8
20SYK02	4	0.06	2.786	12000	28	34	20	2
20SYK03	6	0.06		10500	18	44	20	2
20SYK04	6	0.035	4.169	8200	21	44	20	2
20SYK05	6	0.025	2.98	4000	16	32	20	2.5
20SYK06	4	0.1	0.589	12000	28	29	20	2
22SYK	6	0.02	10.14	5800	7	33	22	2
22SYK-01	30	0.03	≥13	7500	10	48	22	2
24SYK	12	0.035	4.91	7000	25	33	24	3
24SYK04	9	0.025	2.45	4500	15	35	24	3
24SYK05	27	0.03	2.94	16000	23	35	24	3
26SYK	12	0.05	26.53	5600	24	50.5	26	2
26SYK01	4	0.12	4.17	14000	60	37	26	
28SYK	6	0.025	12.79	7000	25	55	28	3
28SYK-01	12	0.03	104	5800	≤11	84.5	28	3
40SYK	12	0.02	32	4000	27	63	40	2.5
16SYK-01	24	0.05	234	3000	≤2	112	16	8

生产厂家：西安微电机研究所、成都微精电机股份公司、重庆微电机厂。

6. SZK 系列直流宽调速伺服电动机

表 3-1-11　SZK 系列直流宽调速伺服电动机技术数据

型号	额定转矩（N·m）	额定功率（kW）	最高电压（V）	额定电流（A）（不大于）	最高工作转速（r/min）	电流过载倍数（不大于）	外径（mm）	质量（kg）
130SZK01	2.7	0.4	50	12	2000	8.5	130	13
130SZK02	5.4	0.8	100	12	2000	8.5	130	18
176SZK01	10	1.0	120	19	2000	8.0	176	28
176SZK02	11.8	1.1	120	19	1500	8.0	176	30
176SZK02A	11.8	1.1	73	31	1500	7.9	176	30
176SZK03	17.6	1.4	92	31	1500	8.7	176	35
176SZK04	34.3	2.5	122	31	1000	9.0	176	58
176SZK05	13	1.04	130	20	1500	6.2	176	32
176SZK06	21	1.68	140	30	1500	5.3	176	41
176SZK07	23	1.84	155	30	1500	5.2	176	45

生产厂家：天津安全电机有限公司。

7. SYT 系列永磁直流伺服电动机

表 3-1-12　SYT 系列永磁直流伺服电动机技术数据

型号	电压（V）	电流（A）（不大于）	转矩（mN·m）	转速（r/min）	功率（W）	始动电压（V）	外形尺寸（mm）			质量（kg）
							总长	外径	轴径	
23SYT0	27	0.3	2.45	9700			41.5	23	3	0.057
23SYT3	27	0.3	2.45	9700			47.2	22.5	3	0.057
F26SYT1	27	0.7	17.65	3850			43	25.5	3	
F28SYT2	27	0.5	7.84	4000～6500			43	25.5	3	
28SYT1	24	0.3	3.92	5000～6500	2		60	28	3	0.115
28SYT2	27	0.65	0.588	≥30000	1.8		60.5	28	4	0.115
28SYT3	27	0.65	0.588	≥30000	1.8		64.2	28	4	0.115
32SYT0	27	0.65	4.7	15000	7.4		68.5	32	3	0.16
32SYT3	27	0.7	7.35	9000		3	68.5	32	3	0.15
32SYT4	27	0.95	323.63	120		5	75.5	32		
32SYT5	27	0.6	2.45	18000		3	68.5	32	3	0.15
70SYT1	27	7	61.74	≥13000			109	70	5	1.15

生产厂家：山东山博电机集团有限公司微电机厂、成都精微电机股份公司。

8. SXP 系列线绕盘式电枢直流伺服电动机

表 3-1-13　SXP 系列线绕盘式电枢直流电动机技术数据

型　号	输出功率(W)	额定电压(V)(±10%)	额定电流(A)(+10%)	额定转速(r/min)	电枢电阻(Ω)	电枢电感(mH)	瞬时最大力矩(N·m)	瞬时最大电流(A)	反电势系数(mV·r/min)	转矩系数(N·m/A)	转动惯量(kg·m²)	电气时间常数(ms)
100SXP01	13	24	1	1600								
100SXP02	25	12	3.3	2350								
100SXP03	40	12	5.8	2330								
160SXP01	200	42	11	5000								
160SXP03	400	48	11	5000±15%	0.6	0.075	3.97	47+15%	6.7	0.07	6.96×10^{-5}	0.15
184SXP-MZ01	750	80	12	3000	0.71		12.4	60±15%	21	2		
192SXP-MZ01	545	78	8.5	3200	0.71		8.9	40±15%	20	1.9		
250SXP-MZ01	1500	160	11	3000	1.0	0.39	25	55±15%	45	4.5	4.8×10^{-4}	0.5
360SXP-CMZ01	4500	215	23	1800	0.42		99.5	92±15%	100	9.8		
360SXP-CMZ02	4500	165	32	1800	0.25		99.3	120±15%	77	7.5		

续表

型号	机械时间常数 (ms)	工作制 (%ED)	测速发电机输出斜率 (V/(Kr/min))	编码器输出脉冲 (P/V)	电磁制动器参数			外形尺寸 (mm)			质量 (kg)
					额定电压 (V)	额定电流 (A)	额定转矩 (N·m)	总长	外径	轴径	
100SXP01								65	100	5	
100SXP02								51.4	100	M5	
100SXP03								51.4	100	M5	
160SXP01								159	160	10	
160SXP03	30	100						159	160	10	6.5
184SXP-MZ01		75		1000	24±10%	1.52±15%	4.9	263	184	14	
192SXP-MZ01		100		500	24±10%	1.52±15%	4.9	212	192	16	
250SXP-MZ01	20	100		500	24±10%	1.52±15%	14.768	237.5	250	20	25
360SXP-CMZ01		90	6.5	1000	24±10%	1.82±15%	14.13	379	360	32	
360SXP-CMZ02		90	6.5	1000	24±10%	1.82±15%	44.13	380	360	32	

生产厂家：西安微电机研究所。

第二节　直流力矩电动机

一、概述

（一）分类

按励磁方式分类，直流力矩电动机和直流伺服电动机一样可分为电磁式和永磁式直流力矩电动机。永磁式直流力矩电动机因结构简单、励磁磁通不受电源电压的影响等优点被首选采用。

直流力矩电动机按结构型式分类，有组装式和分装式直流力矩电动机两种。实际多采用分装式结构，因该电动机与负载轴直接耦合，没有传动齿轮和间隙误差，在负载轴上有高的转矩惯量比和耦合刚度。

直流力矩电动机按其电枢结构分类，还可分为有槽电枢和光滑电枢两种。分装式结构见图 3-2-1。

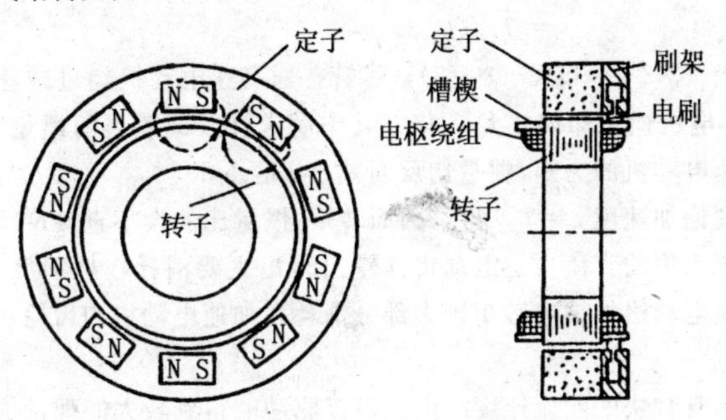

图 3-2-1　直流力矩电动机结构

直流力矩电动机按有无电刷装置分类，又可分为有刷和无刷直流力矩电动机。

直流力矩电动机还有有限转角直流力矩电动机和双力矩电动机。

直流力矩电动机和低速高灵敏度直流测速发电机组装在一起，组成力矩-测速机组，使结构更紧凑。

（二）特点

(1) 折算到负载轴上的转矩/惯量比高。在图 3-2-2 中，两种不同的驱动方案都是为了使负载得到所需的同样的转矩和转速。当两个电动机有相同的转动惯量时，即 $J_{T1}=J_{T2}$，此时两种方案折算到负载轴的转矩/惯量比分别如下：

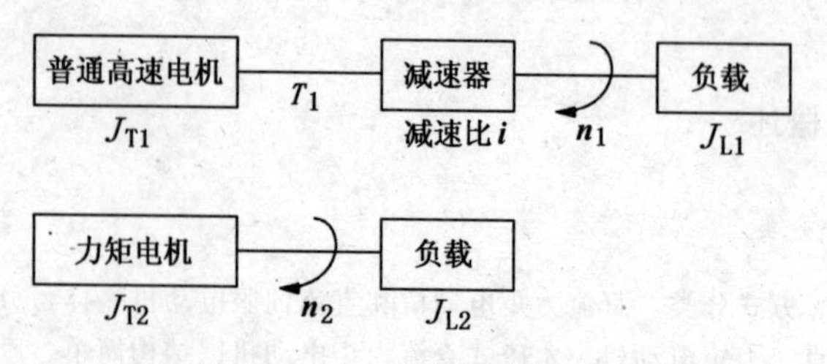

图 3-2-2　驱动方案示意图

对于直流力矩电动机有：

$$T_P/J_T=T_2/J_{T2} \tag{3-2-1}$$

对于普通高速电机由于经过减速，即 $T_P=iT_1$，$J_T=i^2J_{T1}$，此时有：

$$\begin{aligned}T_P/J_T&=iT_1/i^2J_{T1}\\&=T_1/iJ_{T1}\end{aligned} \tag{3-2-2}$$

比较式（3-2-1）和式（3-2-2），尽管普通高速电动机经过减速，转矩增大 i 倍，但电机惯量却被放大 i^2 倍（其中尚未计及减速器的惯量），其结果是普通高速电动机的力矩/惯量比反而减小 i 倍。

由于理论加速度 $\alpha=T_P/J_T$，因而转矩/惯量比的大小直接反映了加速能力。直接驱动用的直流力矩电动机其输出转矩主要消耗在推动负载加速上，而普通高速电动机的输出转矩则大部分消耗在加速电动机和齿轮所增加的惯量上。

（2）具有较快的响应速度。由于直接驱动能得到较大的理论加速度，而在直流力矩电动机与普通直流伺服电动机惯量相近的情况下，力矩电动机的机械时间常数要小（一般为十几毫秒到几十毫秒），加之电动机设计为磁极对数较多，电枢铁心磁通密度度高，使电枢电感小到可以忽略的程度，以致电气时间常数可以小到几毫秒或零点几毫秒，从而使电动机随着电枢电流的增加而力矩增长很快。因而在足够的输出转矩条件下，可使系统的刚度大大增加，动态精度得以提高。

（3）较高的速度和位置分辨率。用齿轮减速的普通直流伺服电动机，往往由于齿轮齿隙而降低伺服系统的精度。因而从某种意义上讲，直流力矩电动机的产生和发展是为了消除减速机构的齿隙和弹性变形所带来的缺陷而发展起来的，特别是对于为获得很好品质因数的系统而言更有必要。

由图 3-2-3 可见，有齿隙的减速器驱动，不仅在零点附近有一个“死区”，而且在传动机构中附加了弹性变形和加速度误差，从而大大降低了系统速度和位置的精度。

在采用直流力矩电动机直接驱动时，由于革除了精度要求高的减速齿轮，使电动机与负载轴直接耦合，消除了由于齿隙而引起的非线性因素，可使系统的放大倍数做得很高而仍然保持系统的稳定。

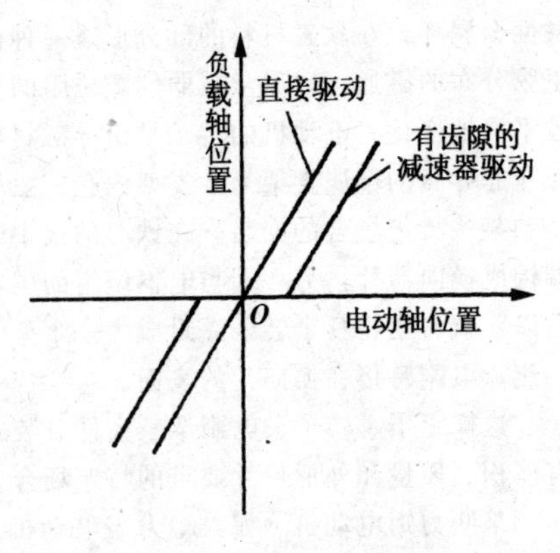

图 3-2-3　耦合刚度的方案比较

同时由于直接驱动缩短了传动链，提高了装置的机械耦合刚度，减少了传动部件的弹性变形，因而可以大大提高整个传动装置的自然共振频率，可远远避开系统所能达到的响应频率上限。这样给系统得到满意的动态和静态性能创造了前提。可使系统获得宽的频率响应和高的精度以及高的伺服刚度，从而为获得极低速的无爬行平稳运行找到了一个新的途径。

(4) 特性线性度好。由于这类电机采用了较好的软磁和硬磁材料，磁路高度饱和，气隙选择恰当，电机的磁路设计保证其在连续运行时的输出转矩与输入电流成正比关系，从而使电机的线性度好，为系统的灵活控制和平稳运行创造了条件。

(5) 低速时输出力矩大，转矩波动小，运行平稳，可以革除减速齿轮，而使电动机本身可动部件少，功耗小。又由于电动机基本处于低速或堵转状态，机械噪音小，传动振动小，使装置简单、可靠，结构紧凑。

二、直流力矩电动机结构、原理和特性

(一) 基本结构和原理

直流力矩电动机的外形一般呈圆饼形，总体结构有分装式和组（内）装式两种。分装式结构包括定子、转子和电刷架三大部件，机壳和转轴由用户根据安装方式自行选配；组装式和一般直流伺服电动机相同，机壳和转轴由制造厂家制成，并与定子、转子等部件组装成一个整体。

直流力矩电动机是一种为了某些特殊用途而设计的永磁式直流伺服电动机，其典型结构如图 3-2-1 所示。电动机的定子是一个用软磁材料做成的带槽的环，在槽中嵌入永磁材料作为电动机的主磁场，其外圆又热套上一个非

磁性金属环，在软磁材料的部分形成一种桥状的磁极，使在气隙中形成接近正弦分布的磁通，以尽量减弱气隙磁阻的变化，并使气隙磁通密度在换向区较平滑地变化。电动机的转子是由导磁材料的冲片叠压成电枢转子铁心，并压在非导磁的金属支架上。支架内孔一般尽可能地大，以适应大小不一的轴径和某些特定场合的安装。在铁心的槽中嵌入电枢绕组，特殊形状的槽楔一端构成换向器片，另一端与电枢绕组的尾端焊接在一起，并与铁心绝缘，然后以环氧树脂将整个转子灌封成为一个整体。电刷架则以螺钉紧固于定子的一侧，电刷跨接在换向片的表面。

这样定子、转子、电刷架三大件分装式的结构充分地利用了空间，对具有体积、质量和外形尺寸要求的特定场合尤为适用。

某些力矩电动机（如大型力矩电动机）的定子有时也采用凸极式结构，见图 3-2-4。这主要是从结构工艺上来考虑，也是为了便于充磁。但这种结构使转矩波动相应增大。

在某些特殊场合，有时也采用如图 3-2-5 所示的异型凸极结构。如某些惯性导航平台所用的力矩电动机。因为电动机与加速度计安装得很靠近，而某些加速度计对磁场干扰又非常敏感。由于通常采用磁极桥的环形结构，在其最外部相对漏磁较多。而图 3-2-5 所示的定子磁极结构由于在电动机的内部形成较好的磁回路，从而减少了外部漏磁，同时可形成较好的接近正弦的磁场分布。

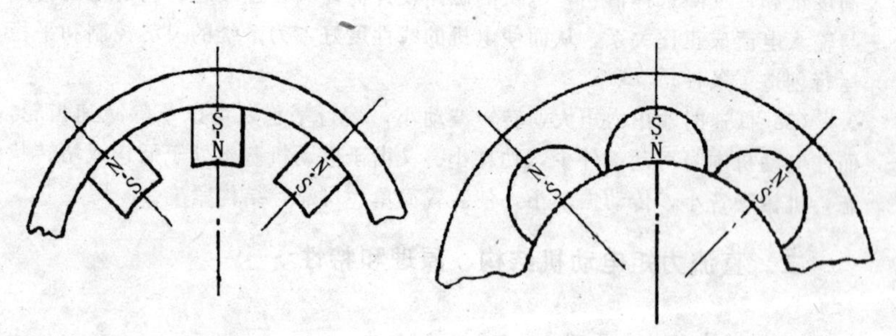

图 3-2-4　凸极式磁极结构

图 3-2-5　异型凸极磁极结构

直流力矩电动机的基本原理如同普通直流伺服电动机，电气原理图如图 3-2-6 所示。但这种电动机是为了满足高精度伺服系统的要求而特殊设计制造的，在结构和外形尺寸的比例上与一般直流伺服电动机有较大不同，一般直流伺服电动机为了减小电动机的转动惯量，大都做成细长圆柱形；而直流力矩电动机为了能在相同体积和电枢电压下产生比较大的转矩及较低的转速，一般做成扁平状，电枢长度与直径之比很小，为 0.2 左右，某些特殊场合可达 0.05；考虑结构的合理性，一般做成永磁多极的；为了减少转矩和转速的脉动，选取较多的电枢槽数、换向片数和串联导体数。

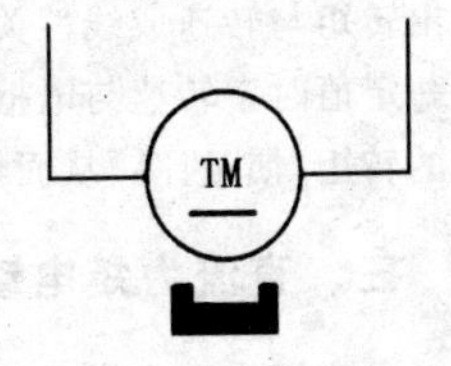

图 3-2-6　电气原理图

（二）特性

直流力矩电动机的特性是通过特殊的设计和精密的制造工艺来实现的。直流力矩电动机设计成扁平形，是为了满足大转矩、低转速的要求，计算证明，电枢直径每增加一倍，转矩也大致增加一倍；在相同的电枢电压和气隙平均磁通密度下，直流力矩电动机的空载转速和电枢半径成反比，半径越大，转速越低。增大直流力矩电动机的转矩，也可通过增大转矩常数 C_T 来实现。根据直流伺服电动机的转矩方程式：$T=C_T\Phi I$，

式中，
$$C_T=\frac{PN}{2\pi a}$$

上式中：p 为电机极对数；N 为电枢导体数；a 为绕组并联支路对数。

由上式可见，可以将直流力矩电动机设计成较多的极对数，较少的并联支路数（如 $a=1$），相当多的电枢槽数，而且槽面积尽可能增大，以安放更多的导体数，从而获得大的 C_T 值。

直流力矩电动机有良好的特性线性度，其机械特性如图 3-2-7 所示，其调节特性如图 3-2-8 所示。调节特性的转矩增长正比于电枢电流，而且特性直线基本上通过零点，大大减小转矩的非线性“死区”。

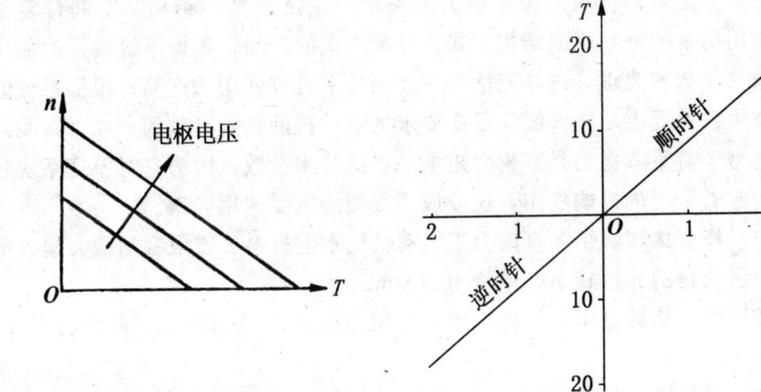

图 3-2-7　直流力矩电动机的机械特性　　图 3-2-8　直流力矩电动机的调节特性

直流力矩电动机的机械特性是一簇平行直线，当电枢电压为一定值时，

输出转矩与转速成线性关系，线性度越高，系统的动态误差就越小；当转矩为一定值时，转速与电枢电压成正比。直流力矩电动机的时间常数小，有较高的转矩/惯量比，从而保证电动机在较宽范围的运行速度下都能快速响应。

三、直流力矩电动机选型和应用

在我国直流力矩电动机从 20 世纪 60 年代开始研制，70 年代得到迅速发展，现已广泛用于国防现代化和工业自动化等部门。其应用有：惯性导航的稳定平台，单轴和多轴天线，望远镜的驱动，星机跟踪系统的光学装置驱动，航空照相机驱动，磁带驱动装置，存储器磁鼓的驱动，潜艇潜望镜的驱动，陀螺测试台的驱动，空间装置中太阳能电池的方向驱动，拉丝机的恒张力驱动，数控机床驱动，精密焊接驱动装置，X-Y 记录仪的驱动，连续织品传送，仪表驱动等。直流力矩电动机特别适用于要求系统所占的空间尺寸小、质量轻、输入功率小、动态性能要求高的场合，还特别适用于具有很高的位置精度、速度精度、较宽的调速范围和低速无爬行的伺服系统。

直流力矩电动机现在在我国已形成了符合我国国情的产品系列。我国不仅具备铸造永磁合金的产品的能力，而且正在健全铁氧体及稀土永磁的产品系列，推出了电机外径从 ϕ36～ϕ320mm 的数十种规格的商品化产品，可供选用。可以根据需要的技术指标并按照产品样本提供的数据选用适合的产品。对于有特殊要求的产品，也可经双方协商，由厂方研制供货。

（一）选型要素

直流力矩电动机的选用总的考虑是根据系统装置的结构、空间位置大小，选用适合的电动机的结构型式、安装方式的产品；根据系统装置的使用环境条件及特殊要求，选择能适应在此条件下可靠使用的产品；根据系统装置的技术参数要求，选择能满足此要求的电动机的技术参数的产品。在实际使用选型中着重考虑的是直流力矩电动机的技术参数，因为它对保证系统稳定运行起着重要的影响作用，也就成了选型的重要选用要素。

（1）峰值堵转转矩。直流力矩电动机受永磁材料去磁限制的最大输入电流时，所获得的有效转矩，单位为 N·m。

（2）峰值堵转电压。电动机产生峰值堵转转矩时加于电枢两端的电压，单位为 V。

（3）峰值堵转电流。电动机产生峰值堵转转矩时的电枢电流，单位为 A。

（4）峰值堵转控制功率。电动机产生峰值堵转转矩时的控制功率，单位为 W。

（5）连续堵转转矩。电动机在连续堵转时，其稳定温升不超过允许值所能输出的最大堵转转矩，单位为 N·m。

(6) 连续堵转电压。电动机产生连续堵转转矩时加于电枢两端的电压，单位为 V。

(7) 连续堵转电流。电动机产生连续堵转转矩时的电枢电流，单位为 A。

(8) 连续堵转控制功率。电动机产生连续堵转转矩时的控制功率，单位为 W。

(9) 转矩波动系数。转子在 1 周范围内，电动机输出转矩的最大值与最小值之差对其最大值与最小值之和之比，用百分比表示。在产品标准中规定转矩波动系数：对 36～70 机座号产品不超过 10%，90～160 机座号产品不超过 7%，200～320 机座号产品不超过 5%。国外的先进水平已高达 1.1%。直流力矩电动机输出转矩波动是在一恒定输入电流下，由于多种原因所造成的力矩灵敏度的变化。通常用波动中各个谐波分量的频率和振幅来表示其特征。

转矩波动的大小是表征力矩电动机性能优劣的一个重要指标，也是力矩电动机能否用于直接驱动系统保证低速稳定运行的重要因素之一。

造成转矩波动的因素很多，诸如电磁参数的匹配，结构设计、使用材料的选择，加工精度的等级等等，这在电动机设计时已采取了许多措施。工业上也正日益重视降低这些影响波动的因素，以求进一步提高直接驱动系统的性能水平。

(10) 最大空载转速。直流力矩电动机在空载时加以峰值堵转电压所达到的稳定转速。同时，正、反转速差应不大于最大空载转速规定值的 5%，单位为 r/min。

正确选择空载转速 n_0 很有必要，从电动机的特性和伺服系统的使用需要来看，希望电动机的空载转速 n_0 越小越好。因为 n_0 下降可使电动机时间常数减小和单位功率产生的转矩增加，也可使供电电源的功率减小，质量减轻。但是空载转速 n_0 的下降势必引起电动机总尺寸和质量的增加，或在 $L \times D$（长度×直径）乘积一定时可能产生槽内放不下绕组的问题。反之，空载转速 n_0 提高，不仅引起电动机特性变坏，而且还可能出现电动机发热。所以，必须从运用这种电动机所组成的控制系统的性能、整体质量、体积以及经济性全盘考虑，权衡利弊，正确选择电动机的空载转速 n_0。

(11) 提高电动机静态和动态指标。直流力矩电动机的转矩特性正比于输入电流，而与速度及角位置无关。这在电动机的电磁和结构设计时即予以考虑。同时对时间常数的降低、共振频率的提高、阻尼系数的减小等问题也是在电动机设计时已经关注的目标，以使电动机在直接驱动系统中产生最大的理论加速度和提高系统的运行精度。

对于转矩-电流特性的线性度，我国的标准也是按电动机直径的大小而分组规定。外径在 $\phi36\sim\phi70$mm、$\phi90\sim\phi160$mm 和 $\phi200\sim\phi320$mm 范围的电动机，其转矩-电流特性线性度分别为 7%、5% 和 3%。国外先进产品的指标可达 1%。

(12) 射频干扰。当直流力矩电动机的电枢旋转时，电枢绕组元件从一条支路经电刷底下进入另一条支路时，该元件中的电流从一方向变换为另一方向，在这个换向过程中，会产生自感电动势。在一定条件下，自感电动势在电刷下会产生电火花引起干扰。虽然通过精心设计，直流力矩电动机电刷的干扰可减小到最低限度，并且经常可以忽略不计。但是，火花瞬变过程可能偶尔进入敏感的控制线路和其他电路，而产生不良后果。

要防止这种干扰，就要消除射频干扰的传播途径。在直流力矩电动机应用中，射频干扰传播特别重要的方式是：①沿功率放大器与电动机之间导线传播；②干扰源导线与附近的导线之间的电容耦合；③导线之间的电感耦合传播到附近的测速发电机导线上。因为测速发电机导线末端接至前置放大器的输入端，所以仅有几微伏的电压就足以干扰系统工作。

最简单的方法是使电枢导线与测速发电机导线分开。如果这种方法不能充分地减弱干扰，或者不能分开电缆，则建议测速发电机导线采用屏蔽扭绞二线电缆，并使其连接前置放大器的末端良好接地。在某些情况下，电枢导线也可以采用屏蔽的接地电缆。

在消除电刷干扰时，最重要的是系统接地必须是连续的，即前置放大器、放大器和电缆端部都应共同接地。在某些情况下，需将汇流条分开接地。

还有一种简单的方法也可以减弱电刷的干扰，即在电刷架上装一个电容器。这个电容器跨接在输入引线之间。

(二) 使用注意事项

(1) 峰值转矩是指直流力矩电动机受磁钢去磁条件限制的最大堵转转矩。在短时间内电动机电流允许超过连续堵转电流，但不能超过峰值电流，否则磁钢会去磁，使电动机的转矩下降。一旦磁钢去磁，电动机需要重新充磁后才能正常使用。

(2) 转子从定子中取出时，定子要用磁短路环保磁，否则会引起磁钢退磁。

(3) 直流力矩电动机也可以作测速发电机使用，但要选用适当的电刷，以减少由于电刷和换向器接触电阻的变化而引起输出电压的波动。

（三）常用伺服系统

直流力矩电动机可应用于开环和闭环两种伺服系统，但主要用于闭环伺服系统。

开环伺服系统是系统无反馈、检测等环节，直流力矩电动机直接驱动负载，由给定电枢电压进行控制的系统。这种用法称之为开环运行，如图3-2-9所示。

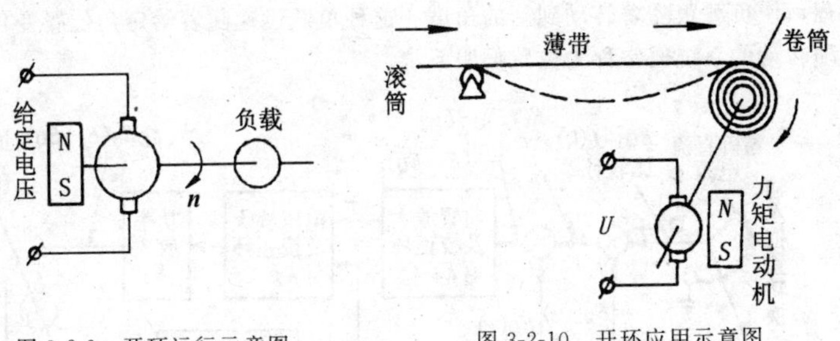

图 3-2-9 开环运行示意图　　　　图 3-2-10 开环应用示意图

这时，电动机虽然受给定电压控制运行，但由于无检测装置，运行情况不得而知。这种运行情况受电动机本身的转矩波动和负载的外来干扰转矩影响较大，以致谈不上性能精度，而且转速也只有在每分钟几十转以上才能比较平滑地运行，几乎没有可能正常运行于 1r/min 以下。这种情况只有在某些要求不高的场合，为了去掉减速机构而采用。有时在某些场合有意识地利用转矩电动机有较软的机械特性这一点而采用开环运行，见图 3-2-10。在某些薄带或长条的产品传送中，例如：经过拉制以后的维尼纶丝的卷绕、造纸机的纸张卷绕、印染织物的传送等，在工艺流程的末端采用力矩电动机驱动滚筒，按照所需负载转矩及运行速度给电动机施加一适当的电压并附有电源过载保护装置。当运行速度超过正常速度时，由于负载转矩减小，力矩电动机加速运转，直到与传送速度同步又恢复正常运行。当某些原因造成传送速度减慢或停止时，电动机的电流随着负载加大而增加，在张力加大到接近薄带断裂负载时，则过载保护起作用。

直流力矩电动机主要用于由位置、速度检测反馈、比较、放大等环节组成的闭环控制的位置和速度伺服系统，以满足位置、速度精度等项指标要求。典型的应用框图见图 3-2-11。

这是一个误差控制系统。当作为位置伺服系统时，由手柄或其他机械传动带动输入位置转换器给定一所需的角位置，并将其转换成给定电信讯号 $-E_{Q1}$，经前置放大及电压放大推动功率放大级，以便得到所需功率的电流。

功率放大级的输出加至力矩电动机使其带动负载旋转，装于同轴的输出位置转换器检测出负载转角并转换成与转角相应的电讯号，反馈回去与给定值比较，得到位置误差电压 $E_\varepsilon = E_{Q1} - E_{Q2}$，再将此误差电压 E_ε 放大，继续控制电动机带动负载和输出位置转换器转动。此时随着负载角位置的增大，输出位置转换器所转换出的电压 E_{Q2} 成比例的增高，使误差电压逐渐减小。此控制过程一直持续到负载转到与给定角位置相同（即 $E_\varepsilon = E_{Q1} - E_{Q2} = 0$）时则才结束。此后，若给定值再改变一个角度，则系统又经过一系列的控制过程，使负载跟随着转动到新的角度。这种负载迅速随着给定角位置变化而跟随转动的系统通常称为位置伺服系统。

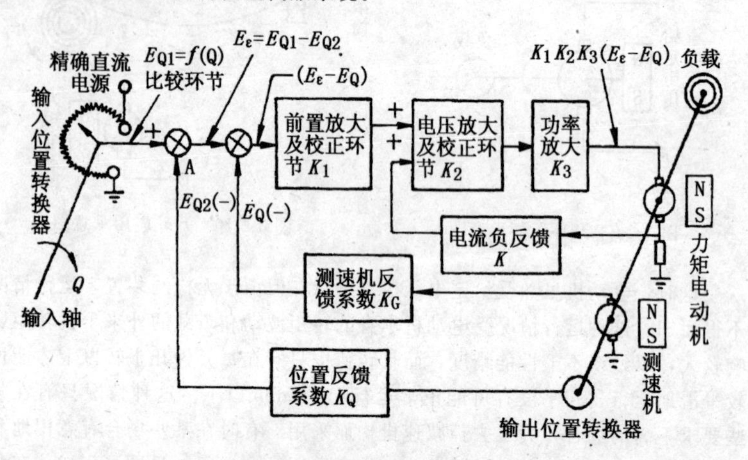

图 3-2-11　典型直接驱动系统框图

这个控制过程是在瞬间完成的。从广义上讲，这个瞬时变化的时间即所谓系统过渡过程时间或时间常数，它与转矩/惯量比即理论加速度等直接有关。如果过渡过程慢，而给定位置随机变化速度很快时（如雷达的某些跟踪情况），则系统因跟不上而存在一个随机跟踪误差，即反映出系统的动态性能不好。图 3-2-11 中几个校正环节都是为了提高系统动态性能指标而设置的。

速度伺服系统是使输出轴按给定参考电压，建立某一速度下的旋转，系统的指标由输出速度精度来确定。速度伺服系统由力矩电动机、伺服放大器（前置放大器、功率放大器）参考电压或指令信号源和直流测速发电机组成，如图 3-3-12 所示。图中，直流测速发电机提供一个与输出轴速度成比的反馈信号，参考电压与测速机输出信号之差为误差信号，误差信号经放大后激励力矩电动机以驱动负载。

从上述的使用情况可知，为了达到应有的性能指标，直流力矩电动机和

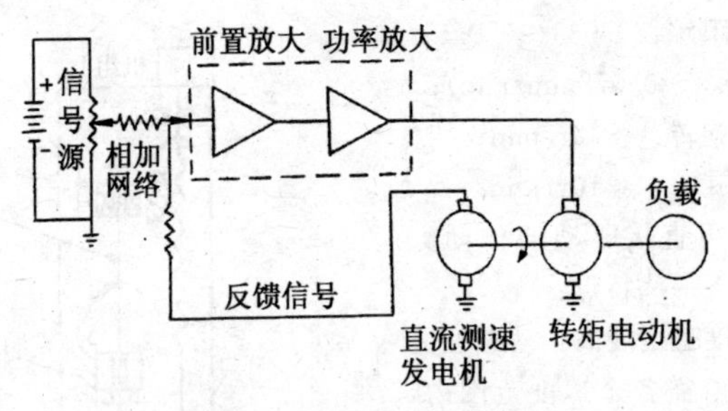

图 3-2-12 速度伺服系统

高灵敏度直流测速发电机在与负载联接时，一般要求尽可能不使用联轴节，而将全部结构件装于同一刚性轴上，轴径在可能条件下以较粗为好，以提高耦合刚度，消除联接间隙和弹性变形等因素对静、动态指标的影响。电机定子的安装需采用接触面积较大的非导磁金属，并使其固定于热容量较大的整机体内，以减少漏磁的影响和降低电机温升。而定、转子安装的不同轴度一般要求在 0.02mm 左右。

（四）应用

1. 在单晶炉籽晶轴速度系统的应用

电子工业的迅速发展，要求单晶质量进一步提高和满足某些单晶不同生产工艺的要求，不仅直拉法生产单晶的工艺应有所提高，对拉晶设备也相应提出一些更高的要求。例如：在调速方面，单晶炉籽晶的提拉和旋转以及坩埚的跟踪和旋转等几种速度，希望能得到更宽的调速范围、较好的速度平稳性、无爬行的低速运转以及尽量减少传动造成的机械振动等，为此而采用了直接驱动的速度控制系统方案。

这种新型单晶炉传动机构见图 3-3-13。机组 1 直接驱动丝杠旋转，装于丝杠上的螺母则将旋转运动转换成直线运动并带动坩埚轴沿着滑板上下移动。机组 2 固定于炉体，其输出轴带动抱轮旋转，抱轮上有 3 个沿圆周等分的辊轮，辊轮的外圆具有与坩埚轴同一曲率半径的圆弧面并可绕辊轮旋转；辊轮由压紧弹簧压在坩埚轴上实现了旋转驱动，即在坩埚上、下移动时，辊轮紧抱着坩埚的轴旋转并同时绕辊轮轴旋转，这样坩埚即同时实现了旋转和直线运动。单晶炉籽晶轴的运动同样如此，只是籽晶轴向相反方向旋转以满足工艺方面的要求。

作为硅单晶的控制工艺，一般要求驱动系统的速度折算到电动机时为：

籽晶轴提拉：0.5r/min（相当 1.5mm/min）；

坩埚轴跟踪：0.033～0.025r/min（相当0.1～0.075mm/min）；

籽晶轴旋转：≈40r/min；

坩埚轴旋转：≈10r/min；

这种采用直接驱动的传动方案，具有如下一些特点：

（1）速度稳定度高，动态性能好。在拉晶所需各个速度范围内，速度误差均可小于1%。

（2）调速范围宽。与普通用减速齿轮的调速系统相比，其调速范围要大1个数量级以上，尤其是在低速时无爬行现象。

（3）传动振动小，机械噪音微弱，有利于高质量的单晶形成。

（4）传动机构简单，有利于简化炉子结构。为炉体结构精度的长期稳定性提供了有利因素。

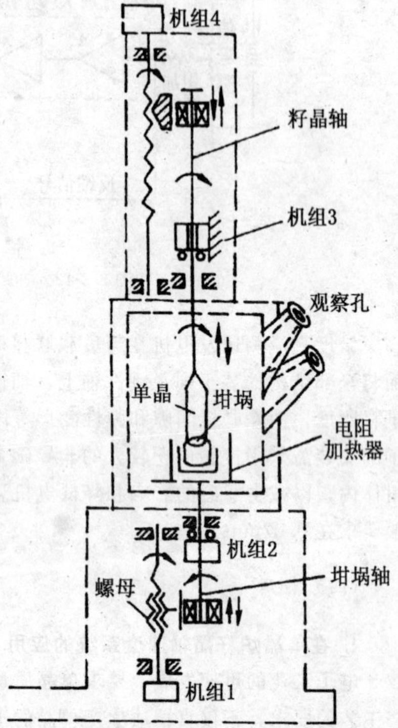

单晶炉工作时的真空度为 10^{-5} mmHg，平均负载转矩为 0.98N·m，负载固有的转矩波动为 35%，最大运行速度为 90r/min，最低速度为 1r/h，要求运行平稳、无爬行、无抖动。

图 3-2-13　直接驱动的单晶炉传动机构

根据炉子的工作情况和要求而组成的直接驱动速度系统，其速度范围已达 10^4 倍数量级。速度的稳定度在电机速度为 1r/h 的情况下，已经达到 1%。

直接驱动速度系统原理框图见图 3-3-14。给定速度信号 E_0 是一个 −6V 电压，经过多圈电位器分压，提供给前置放大器，再经过电压放大器推动功率放大器，经功率放大后输出控制力矩电机带动负载旋转，由测速发电机检测出速度信号反馈到前置放大器输入端，与给定速度进行比较，二者之差的信号即误差电压 E_ε，再经放大而使电机达到预定速度稳定运行。

在运行过程中，当外界有扰动时，负载转矩会突然增加，造成该瞬时的速度下降，则测速发电机反馈的电压下降，但由于给定信号 E_0 未变，因而误差电压 E_ε 增加，经过放大而使电动机增加速度到预定值。如负载转矩突然减小，则上述过程相反。

单晶炉中籽晶杆的提拉、旋转等速度系统对速度精度要求并不高，但低

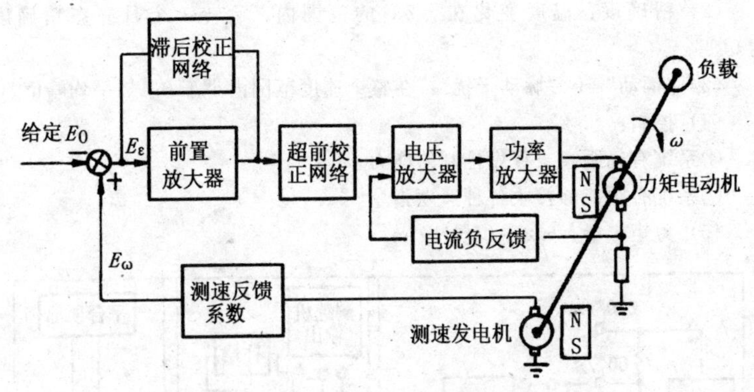

图 3-2-14 直接驱动速度系统原理框图

速无爬行、传动振动小则是拉晶所需解决的关键问题之一。因此采用直流力矩电动机及高灵敏度测速发电机组成的直接驱动系统比高速电机经过齿轮减速的驱动系统更能圆满地解决问题。而在速度精度、线性度、频带宽度等静、动态指标上也有一定的提高。

2. 在精密低速装置中的应用

精密低速伺服系统是一个精确的速度控制系统，最初用在陀螺系统及其测试中。在测试过程中，需要严格控制各种速率。

陀螺是惯性导航中的核心元件，转台则是测试陀螺的一个主要设备。它的任务是为了研究惯性导航系统及其元件的性能并测试陀螺定型产品的各种误差值，以便采取措施来补偿有规律的误差，提高系统的精度。

性能测试的一个重要的指标是漂移率，它是陀螺在闭环系统中应用时性能优劣的一个综合指标。漂移率的大小直接影响导弹的命中率和潜艇长期潜航的航向准确度等。一般来讲，转台的精度直接反映了陀螺所能达到的精度，并间接反映了一个国家导航技术发展的水平。国外转台精度不断提高，直流力矩电动机和高灵敏度测速发电机研制成果的推广应用可以说起了关键作用。

20 世纪 50 年代初期，转台普遍采用高速电动机经过减速机构进行驱动，同时采用滚动轴承。当时陀螺的漂移一般只能测到 0.1°/h，在改用液浮轴承后可测到 0.01°/h。

20 世纪 60 年代初，转台采用了直流力矩电动机和高灵敏度直流测速发电机，并开始采用空气轴承，这时可以测到 0.001°/h。图 3-2-15 所示即为 Solid State interents 公司和 Inland 公司共同设计的 712 型精密速率转台系统框图。

按系统要求：

(1) 速度范围：0.01～600°/s；0.025～1500°/s（可逆的）。

（2）精确度：温度变化在±5℃的范围内，运转1个月静态精确度为0.1%。

（3）“颤动”+“脉动干扰”：在整个速度范围内小于0.1%平均峰值。

（4）控制：

①系统有远距离+程序控制的能力；

②系统必须能够接收各种速度指令。

（5）力矩容量：6.8～47.6N·m。

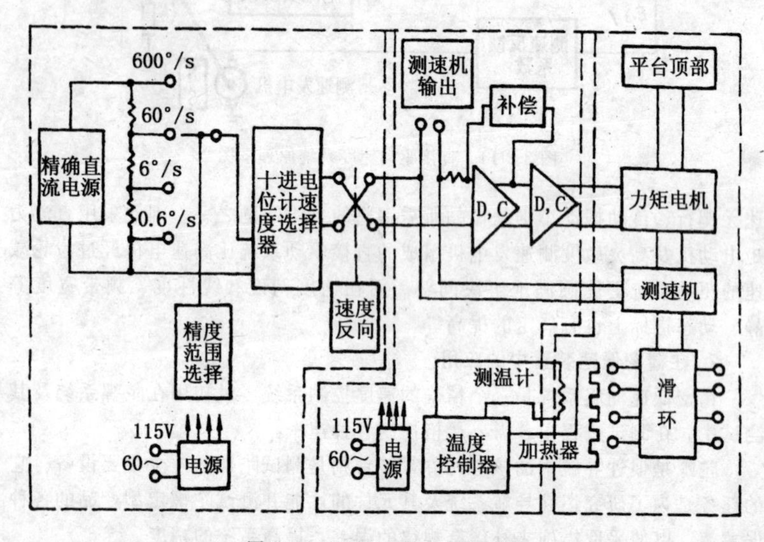

图3-2-15　712型转台系统框图

上述规范是712系统的设计指标。应该指出：该系统速度范围能在0.01°/s～600°/s之内，环境温度变化在±5℃及在1个月时间内能够保证0.1%的静态精度。试验速率陀螺的基本要求是保持短期不变化的速度基准，这些变化叫作“颤动”或“脉动干扰”，一般说来，这些效果在较低速度时是比较显著的。

技术条件要求在0.01°/s时，伺服系统的精确度为0.1%。这是一种极低的速度，因此需要非常灵敏的测速机。也考虑过其他系统，但直接驱动直流伺服系统是最有前途的。这是因为高灵敏度直流测速发电机的灵敏度比交流测速发电机高10～100倍，精确的直流控制信号比交流系统中的控制信号更容易获得，便于系统控制和校准。而且直流系统放大器效率高，也不需要解调，使系统结构较简单并能可靠稳定地运行。一般速率转台的精度决定于电源频率，但直流系统与供电频率无关。所有固态放大器和直接驱动系统也给检修、维护提供了方便条件。

如前所述，主要是控制元件上的干扰转矩产生影响，它是由直流力矩电动机的脉动转矩、轴承的摩擦和转台的转矩扰动等原因所造成的，伺服系统设计的目的就是要把这些转矩的影响尽力削弱到极小。

上面简述了两种直流力矩电动机在系统中的应用情况。随着直流力矩电动机应用范围的扩大，其产品技术性能不断提高，其品种规格也不断增加。

美国 Inland 公司所生产的力矩电机列入了许多国防计划。在各种条件和环境下，从几千英尺的水底到外层空间的无人管理运行，力矩电机都有相当广泛的应用范围。有文章介绍美国过去在宇航和武器系统方面的一些主要项目都是建立在力矩电机高可靠性基础上搞出来的。如麻省理工学院的第 1 个惯性导航平台就是采用直流力矩电动机，美国的阿波罗计划，轨道太阳观测站，双子星座飞船，水星号、土星号、大力神，以及潜艇所装备的北极星、民兵等导弹都是采用力矩电机作为系统中的执行元件。

我国于 20 世纪 60 年代中期开始进行直流力矩电机的开发和研制工作，并研制出样品。随着国防工业和民用工业自动化的需要，这种微电机在我国已进行多品种、多规格的系列生产，其在农机、冶金、仪表、轻纺、印染、造纸、电影、电视、通讯、广播、机床、医疗器械、机器人等民用工业及国防武器系统中都得到了不同程度的应用。

四、直流力矩电动机常见故障及维护

直流力矩电动机是一种经特殊设计制造，用于特殊要求如大转矩、低转速系统装置中的永磁式直流伺服电动机。直流力矩电动机的主要型式是分装式，电动机定子外圆直接与装置的内腔相配，电枢转子用环氧树脂浇灌成一个整体，直接装在装置的转动轴上。经出厂试验合格的产品，一般在使用中出现故障的可能性相对较少，也很少维护，一旦电枢转子出现故障，也很难修复。

直流力矩电动机既然是一种特殊的永磁直流伺服电动机，则直流伺服电动机常易出现的故障它也可能产生，如由于电枢受潮绝缘电阻降低，过载引起磁钢退磁，电刷磨损或产生火花等。故一旦出现故障可参照本章第一节表 3-1-2“直流伺服电动机常见故障及维护”中的相应故障内容予以排除、维护，或与生产厂联系协助解决或更换新产品。

五、直流力矩电动机产品技术数据

（一）LY 系列永磁式直流力矩电动机

表 3-2-1 LY 系列永磁式直流力矩电动机技术数据

型号	峰值堵转转矩（mN·m）（不小于）	峰值堵转电流（A）	峰值堵转电压（V）（20℃）	峰值堵转功率（W）（20℃）	最大空载转速（r/min）	外形尺寸（mm）						质量（kg）	
						总长		外径		轴径	内孔	组装	分装
						组装	分装	组装	分装				
36LY51	49.05	2.7	12	32.4	5800	57.5	21	48	36	4	4	—	0.05
36LY52	49.05	1.2	27	32.4	5800	57.5	21	48	36	4	4	—	0.05
36LY53	98.1	3.2	12	38.4	3500	57.5	21	48	36	4	4	—	0.1
36LY54	98.1	1.6	27	43	3500	57.5	21	48	36	4	4	—	0.1
45LY51	63.31	2.9	12	35	4200	62.5	23	58	45	4	6	—	0.08
45LY52	63.31	1.3	27	35	4200	62.5	23	58	45	4	6	—	0.08
45LY53	122.63	3.3	12	40	2700	62.5	23	58	45	4	6	—	0.15
45LY54	122.63	1.6	27	43	2700	62.5	23	58	45	4	6	—	0.15
55LY51	122.63	3.1	12	37	2400	67.5	24	70	55	6	10	—	0.13
55LY52	122.63	1.37	27	37	2400	67.5	24	70	55	6	10	—	0.13
55LY53	245.25	3.8	12	45.4	1500	67.5	24	70	55	6	10	—	0.25
55LY54	245.25	1.68	27	45.4	1500	67.5	24	70	55	6	10	—	0.25
70LY51	313.92	1.79	27	48.3	1400	88	31	85	70	8	16	—	0.3
70LY52	313.92	1.14	48	54.7	1400	88	31	85	70	8	16	—	0.3
70LY53	637.65	2.26	27	61	900	88	31	85	70	8	16	—	0.6
70LY54	637.65	1.26	48	60.5	900	88	31	85	70	8	16	—	0.6
90LY51	686.70	2.3	27	62	750	93	36	105	90	9	25	—	0.55

续表

型号	峰值堵转转矩（mN·m）（不小于）	峰值堵转电流（A）	峰值堵转电压（V）（20℃）	峰值堵转功率（W）（20℃）	最大空载转速（r/min）	外形尺寸（mm）						质量（kg）	
						总长		外径		轴径	内孔	组装	分装
						组装	分装	组装	分装				
90LY52	686.70	1.3	48	62	750	93	36	105	90	9	25	—	0.55
90LY53	1373.40	2.7	27	73	450	93	36	105	90	9	25	—	1.0
90LY54	1373.40	1.5	48	73	450	93	36	105	90	9	25	—	1.0
110LY51	1226.30	2.8	27	75.6	600	102	36	130	110	11	40	—	0.75
110LY52	1226.30	1.69	48	81	600	102	36	130	110	11	40	—	0.75
110LY53	2452.50	3.08	27	83	400	102	36	130	110	11	40	—	1.5
110LY54	2452.50	1.93	48	92.6	400	102	36	130	110	11	40	—	1.5
130LY51	1716.8	4.16	27	112	600	113	38	150	130	14	60	—	1
130LY52	1716.8	2.58	48	123	600	113	38	150	130	14	60	—	1
130LY53	1716.8	2.08	60	125	600	113	38	150	130	14	60	—	1
130LY54	3432.45	5.46	27	147	400	113	38	150	130	14	60	—	1.8
130LY55	3432.45	3.13	48	150	400	113	38	150	130	14	60	—	1.8
130LY56	3432.45	2.58	60	154	400	113	38	150	130	14	60	—	1.8
130LY011	1500	2.45	23	—	340	102	—	150	—	14	—	—	—
130LY021	3000	2.8	28	—	230	113	—	150	—	14	—	—	—
130LY02J	3000	2.8	28	—	230	128	—	150	—	14	—	—	—
160LY03	4903.50	1.95	60	—	155	—	—	—	160	—	60	—	4.5

续表

型号	峰值堵转转矩（mN·m）（不小于）	峰值堵转电流（A）	峰值堵转电压（V）（20℃）	峰值堵转功率（W）（20℃）	最大空载转速（r/min）	外形尺寸（mm）						质量（kg）	
						总长		外径		轴径	内孔	组装	分装
						组装	分装	组装	分装				
160LY51	4903.50	3.8	27	102	160	144	50	180	160	16	80	—	2.6
160LY52	4903.50	2.1	48	100	160	144	50	180	160	16	80	—	2.6
160LY53	4903.50	1.7	60	102	160	144	50	180	160	16	80	—	2.6
160LY54	7355.25	4.3	27	115	130	144	50	180	160	16	80	—	3.9
160LY55	7355.25	2.5	48	120	180	144	50	180	160	16	80	—	3.9
160LY56	7355.25	1.9	60	114	130	144	50	180	160	16	80	—	3.9
180LYX01	15000	5.04	28	—	65	—	91	—	180	—	104	—	—
200LY03	7845.60	2	60	—	110	160	—	220	200	20	—	10	—
200LY51	7845.60	4.41	27	119	135	163	52	220	200	20	100	—	4
200LY52	7845.60	2.62	48	126	135	163	52	220	200	20	100	—	4
200LY53	7845.60	2.16	60	130	135	163	52	220	200	20	100	—	4
200LY54	11768.40	5.25	27	142	115	163	52	220	200	20	100	—	5.5
200LY55	11768.40	2.98	48	143	115	163	52	220	200	20	100	—	5.5
200LY08	30000	2.1	110	235	70	—	—	—	—	—	—	—	—
200LY56	11768.40	2.62	60	157	115	163	52	220	200	20	100	—	5.5
200LYX01	4900	5	27	—	—	—	35.5	—	200	—	129.5	—	—
250LY03	12749.10	2.8	60	—	80	171	—	280	250	25	—	15	—

续表

型号	峰值堵转转矩（mN·m）（不小于）	峰值堵转电流（A）	峰值堵转电压（V）（20℃）	峰值堵转功率（W）（20℃）	最大空载转速（r/min）	外形尺寸（mm）						质量（kg）	
						总长		外径		轴径	内孔	组装	分装
						组装	分装	组装	分装				
250LY51	12749.10	4.42	27	119	105	173	54	280	250	25	140	—	5.5
250LY52	12749.10	2.8	48	135	105	173	54	280	250	25	140	—	5.5
250LY53	12749.10	2.1	60	126	105	173	54	280	250	25	140	—	5.5
250LY54	19614	7.15	27	193	80	173	54	280	250	25	140	—	7.5
250LY55	19614	4.04	48	194	80	173	54	280	250	25	140	—	7.5
250LY56	19614	3.2	60	192	80	173	54	280	250	25	140	—	7.5
270LY	24500	10	60	—	180	248	—	270	—	30	—	—	—
320LY03	39228	2.1	110	—	55	220	—	320	—	30	—	33	—
320LY51	19614	2.42	60	145	70	216	70	350	320	30	180	—	8
320LY52	19614	1.41	110	155	70	216	70	350	320	30	180	—	8
320LY53	29421	3.2	60	192	55	216	70	350	320	30	180	—	12
320LY54	29421	1.55	110	170	55	216	70	350	320	30	180	—	12
320LY55	39228	3.81	60	228	50	216	70	350	320	30	180	—	15
320LY56	39228	1.98	110	218	50	216	70	350	320	30	180	—	15
330LY10	10000	5	110	500	45	—	—	—	—	—	—	—	—

生产厂家：西安微电机研究所、北京敬业电工集团北微微电机厂、山东山博电机集团有限公司微电机厂。

表 3-2-2 LY 系列永磁式直流力矩电动机及其分支系列直流力矩电动机

型号	峰值堵转			连续堵转			最大空载转速 (r/min)	电气时间常数 (ms)	电枢转动惯量 (kg·m²)	转矩波动系数 (%)	质量 (kg)	外形尺寸 (mm)	结构类型	磁体
	电压 (V)	电流 (A)	转矩 (N·m)	电压 (V)	电流 (A)	转矩 (N·m)								
J30LYX01	9	0.675	0.01178	6	0.45	0.00785	3300	0.5	9×10^{-7}	12	0.06	$\phi30\times\phi18$	组装式	NdFeB
J40LYX01	48	0.32	0.108	24	0.16	0.054	1200	1.3	9.5×10^{-6}	10	0.29	$\phi40\times\phi60$	组装式	RC05
55ZL0				24	0.44	0.068	750	2	2.2×10^{-5}	10	0.32	$\phi55\times\phi40$	组装式	ALNiCo
55ZL0G				24	0.44	0.068	750	2	2.2×10^{-5}	10	0.32	$\phi55\times\phi40$	组装式	NLNiCo
73ZL0				27	0.7	0.196	600	3	1.1×10^{-4}	8	0.6	$\phi73\times\phi46$	组装式	ALNiCo
J80LYX01	60	4.44	3.4	18	1.33	1	580	1.5	4×10^{-4}	6	1.1	$\phi80\times\phi22\times46$	分装式	NdFeB
85LY01	27	2.7	0.912	12	1.2	0.392	600	4	2×10^{-4}	7	0.8	$\phi85\times\phi25\times33$	分装式	ALNiCo
J85LY01	27	2.7	0.912	12	1.2	0.392	600	4	2×10^{-4}	7	0.8	$\phi85\times\phi25\times33$	分装式	R2Co17
85LY03	27	4.3	2.74	12	1.8	1.18	360	6	5.1×10^{-4}	7	1.8	$\phi85\times\phi25\times62$	分装式	ALNiCo
85LY03G	27	4.3	2.74	12	1.8	1.18	360	6	5.1×10^{-4}	7	1.8	$\phi85\times\phi25\times62$	分装式	R2Co17
100LYX01D	24	7.9	2.45	8	2.63	0.82	600	3	7.2×10^{-4}	7	1.9	$\phi100\times\phi60$	组装式	RC05
100LYX01S	24	7.9	2.45	8	2.63	0.82	600	3	7.2×10^{-4}	7	1.9	$\phi100\times\phi60$	组装式	RC05
130ZL1-RP	60	4.5	4.41	27	2.07	2.06	480	5	1.9×10^{-3}	6	1.5	$\phi130\times\phi56\times35$	分装式	RC05
130ZLR2-A	60	4.5	4.41	27	2.07	2.06	480	5	1.9×10^{-3}	6	2.5	$\phi150\times\phi68$	组装式	RC05
130ZLR3-A	60	5.6	11.8	27	2.5	5.3	210	5	5.8×10^{-3}	7	6.9	$\phi150\times\phi115$	组装式	NdFeB
J130LYX01	27	4.2	2.8	12	1.85	1.25	310	1.2	2×10^{-3}	5	0.85	$\phi130\times\phi56\times20$	分装式	NdFeB

续表

型号	峰值堵转			连续堵转			最大空载转速 (r/min)	电气时间常数 (ms)	电枢转动惯量 (kg·m²)	转矩波动系数 (%)	质量 (kg)	外形尺寸 (mm)	结构类型	磁体
	电压 (V)	电流 (A)	转矩 (N·m)	电压 (V)	电流 (A)	转矩 (N·m)								
160LYR1-M	60	7	21	27	2.9	8.7	160	5	1.5×10^{-2}	7	7.9	$\phi175\times\phi100$	组装式	NdFeB
160LYR2	27	7	13	15	3.89	7.16	120	5	1.3×10^{-2}	7	5.1	$\phi160\times\phi90\times76$	分装式	RC05
160LYR3	27	9.1	17.4	15	5.06	9.61	110	6	1.7×10^{-2}	7	6.5	$\phi160\times\phi90\times91$	分装式	RC05
160LYR3-2	60	8.15	24.53	24	3.26	9.81	150	8	1.7×10^{-2}	7	6.5	$\phi160\times\phi90\times90$	分装式	RC05
215LY04	60	3.3	14.7	40	2.2	9.81	110	2.5	2.35×10^{-2}	3	5.7	$\phi215\times\phi135\times60$	分装式	ALNiCo
215ZLR04	60	5.5	24.5	30	2.65	10.8	110	1.5	2.65×10^{-2}	3	5.7	$\phi215\times\phi135\times60$	分装式	R2CO17
250LYR04	60	7.3	44.1	34	4.1	24.5	90	2	1.2×10^{-1}	3	4.6	$\phi300\times\phi85\times95$	分装式	RC05
250LYX12	60	10.3	120	37	6.9	84	44	4	1.8×10^{-1}	3	-	$\phi250\times\phi138\times151$	分装式	RC05
250LYX12A	110	10	147	40	4	59	60	2	2.3×10^{-1}	3	34	$\phi300\times\phi118\times184$	分装式	RC05
250LYX16	110	24.2	206	36	7.9	67.4	90	1.5	3.1×10^{-1}	3	50	$\phi300\times\phi118\times224$	分装式	RC05
300ZLX03	60	7	49.1	27	3	21.6	150	1.5	9.4×10^{-2}	2.5	11.5	$\phi300\times\phi200\times50$	分装式	R2CO17
320LYR3	60	6	63.8	40	4	39.2	50	1.5	1.03×10^{-1}	2.5	12	$\phi320\times\phi225\times70$	分装式	RC05
320LYR3G	60	6.3	64	40	4	40	50	1.5	4.1×10^{-1}	3	29	$\phi350\times\phi180\times105$	分装式	RC05
320LYR6	60	8	98.1	40	5.3	58.9	40	2	1.48×10^{-1}	2.5	19	$\phi320\times\phi225\times90$	分装式	RC05
320LYR9	60	9.3	117.7	42	6.2	78.5	30	3	2.3×10^{-1}	2.5	25	$\phi320\times\phi225\times110$	分装式	RC05
320LYR10	60	13	157	38	8.2	98.1	40	2	3.4×10^{-1}	2.5		$\phi330\times\phi180\times165$	分装式	RC05

续表

型号	峰值堵转			连续堵转			最大空载转速 (r/min)	电气时间常数 (ms)	电枢转动惯量 (kg·m²)	转矩波动系数 (%)	质量 (kg)	外形尺寸 (mm)	结构类型	磁体
	电压 (V)	电流 (A)	转矩 (N·m)	电压 (V)	电流 (A)	转矩 (N·m)								
320LYR31	60	20	88.3	18	6.3	29.4	120	1	1.03×10^{-1}	2.5	12	$\phi320\times\phi220\times70$	分装式	RC05
320LYR12	60	18.5	255	27.7	8.5	117.7	40	2.5	4.9×10^{-1}	2.5	55	$\phi375\times\phi210\times187$	分装式	RC05
430LYR6	60	12	225.6	38	8	157	30	3.5	1.04	2	46.5	$\phi430\times\phi285\times125$	分装式	RC05
430ZLR-6A	50	19	215.8	27	10.4	117.7	40	2.5	1.04	2	46	$\phi430\times\phi285\times125$	分装式	RC05
464ZLX01	80	7.7	88.3	27	2.6	29.4	60	1	0.245	2	7	$\phi463.5\times\phi400\times33$	分装式	R2CO17
500LY08	110	6.7	294.3	75	4.55	196.2	20	11	0.172	1.5	73.3	$\phi510\times\phi360\times115$	分装式	ALNiCo
510ZLX08	60	14	323.7	40	9.4	206	22	2.5	0.155	1.5	59	$\phi510\times\phi360\times115$	分装式	RC05
560ZLR08	60	15	490.5	41	10.4	372.8	20	3.3	3.53	1.0	97	$\phi614\times\phi406\times165$	分装式	RC05
560ZLR08A	95	55	981	36	21	372.8	45	4.5	3.53	1.0	97	$\phi614\times\phi406\times165$	分装式	RC05
560ZLR088	70	25	588	44.4	15.8	372.8	24	2.2	3.53	1.0	97	$\phi614\times\phi406\times165$	分装式	RC05
560LYX12	75	33.3	882.9	41.7	18.5	490	20	3.3	4.71	1.0	130	$\phi614\times\phi406\times220$	分装式	NdFeB
1036ZLX12	100	60	3433	72	43	2045	17	3.4	4.84	0.8	345	$\phi1306\times\phi700\times215$	分装式	RC05

生产厂家：成都精微电机股份公司。

（二）LYX系列稀土永磁直流力矩电动机

表 3-2-3 LYX系列稀土永磁直流力矩电动机技术数据

型号	峰值堵转				最大空载转速 (r/min)	连续堵转			
	转矩 (N·m)	电流 (A)	电压 (V)	功率 (W)		转矩 (N·m)	电流 (A)	电压 (V)	功率 (W)
45LYX01	0.22	7.7	12	92.4	3300	0.064	2.26	3.53	7.8
45LYX02	0.22	3.4	27	91.8	3300	0.064	1.00	7.94	7.94
45LYX03	0.44	9.7	12	116.4	2700	0.13	2.85	3.53	10
45LYX04	0.44	5.6	27	151.2	2700	0.13	1.65	7.94	13.1
55LYX01	0.42	8.9	12	106.8	2000	0.14	2.97	4	11.9
55LYX02	0.42	4.2	27	113.4	2000	0.14	1.4	9	12.6
55LYX03	0.84	11	12	132	1500	0.28	3.7	4	14.8
55LYX04	0.84	5.6	27	151.2	1500	0.28	1.87	9	16.8
70LYX01	1.2	5.8	27	156.6	1100	0.455	2.2	10.2	22.4
70LYX02	1.2	3.1	48	148.8	1100	0.455	1.18	18.2	21.5
70LYX03	1.8	7.2	27	194.4	900	0.68	2.73	10.2	27.8
70LYX04	1.8	4.6	48	220.8	900	0.68	1.74	18.2	31.7
90LYX01	2	6.1	27	164.7	640	0.83	2.54	11.25	28.6
90LYX02	2	3.42	48	164.2	640	0.83	1.43	20	28.6
90LYX03	3	6.8	27	183.6	500	1.25	2.83	11.25	31.8
90LYX04	3	4	48	192	500	1.25	1.67	20	33.4
90LYX05	4	8.6	27	232.2	470	1.67	3.6	11.25	40.5
90LYX06	4	4.4	48	211.2	470	1.67	1.83	20	36.6
110LYX01	3.33	8.8	27	237.6	520	1.39	3.67	11.25	41.3
110LYX02	3.33	4.3	48	206.4	520	1.39	1.79	20	35.8
110LYX03	5	8.8	27	237.6	400	2.1	3.67	11.25	41.3
110LYX04	5	5.5	48	264	400	2.1	2.29	20	45.8
110LYX05	6.66	10.6	27	286.2	350	2.78	4.42	11.25	49.7
110LYX06	6.66	6.25	48	300	350	2.78	2.6	20	52
130LYX01	5.5	10	27	270	420	2.3	4.17	11.25	46.9
130LYX02	5.5	5.85	48	280.8	420	2.3	2.44	20	48.8
130LYX03	8.25	11.3	27	305.1	330	3.44	4.7	11.25	52.9
130LYX04	8.25	6.7	48	321.6	330	3.44	2.8	20	56
130LYX05	11	15	27	405	300	4.58	6.25	11.25	70.3
130LYX06	11	8	48	384	300	4.58	3.33	20	66.6

续表

型　号	峰值堵转				最大空载转速	连续堵转			
	转矩 (N·m)	电流 (A)	电压 (V)	功率 (W)	(r/min)	转矩 (N·m)	电流 (A)	电压 (V)	功率 (W)
160LYX01	11.8	10.2	27	275.4	190	5.9	5.1	13.5	68.8
160LYX02	11.8	5.9	48	283.2	190	5.9	2.95	24	70.8
160LYX03	23.6	15.1	27	407.7	140	11.8	7.55	13.5	101.9
160LYX04	23.6	8.7	48	417.6	140	11.8	4.35	24	104.4
160LYX09	19.6	5	48	240	120	11.76	3	28.8	86.4
200LYX01	19	7.2	48	345.6	155	9.5	3.65	24	87.8
200LYX02	19	5.45	60	327	155	9.5	2.72	30	81.6
200LYX03	38	9.64	48	462.7	110	19	4.82	24	115.7
200LYX04	38	7.9	60	474	110	19	3.95	30	118.5
250LYX01	30	9.3	48	446.4	120	15	4.65	24	111.6
250LYX02	30	7.1	60	426	120	15	3.55	30	106.5
250LYX03	60	12.6	48	604.8	100	30	6.3	24	151.2
250LYX04	60	10.8	60	648	100	30	5.4	30	162
250LYX05	90	17.5	48	840	80	45	8.75	24	210
250LYX06	90	14.5	60	870	80	45	7.25	30	217.5

生产厂家：北京敬业电工集团北微微电机厂。

（三）SYL 系列直流力矩电动机

表 3-2-4　SYL 系列直流力矩电动机技术数据

型　号	峰值堵转转矩 (mN·m)	峰值堵转电流 (A)	峰值堵转电压 (V) (≈)	空载转速 (r/min) (≈)	峰值堵转功率 (W)	外形尺寸(mm)						质量(kg)	
						总长		外径		轴径	内孔	组装	分装
						组装	分装	组装	分装				
SYL-0.5	49.05-5%	0.65	20	1300	15	70		56		5		0.35	
SYL-1.5	147.15-5%	0.9	20	800	20	80		76		7		0.6	
SYL-2.5	245.25-5%	1.6	20	700	34	80		85		7		0.85	
SYL-5	490.5-5%	1.8	20	500	38	88		85		7		1.1	
SYL-10	981-5%	2.32	23.5	510	54.5		25		130		56		0.72
SYL-15	1471.5-5%	2.45	23	349	56.4		29		130		56		0.97
SYL-20	1962-5%	2.43	24	260	58.4		33		130		56		1.24
SYL-30	2943-5%	2.8	28	230	80		40		130		56		1.73
SYL-50	4905-5%	2.8	30	140	90		42		170		60		2.5
SYL-100	9810-5%	3	36	80	108								5.2
SYL-200	19620-5%	5	30	50	150		52		300		165		8.4
SYL-400	39240-5%	10	30	50	300								17

生产厂家：北京敬业电工集团北微微电机厂。

（四）LZ、LY 系列直流力矩电动机

表 3-2-5　LZ、LY 系列直流力矩电动机技术数据

型　号	峰值堵转转矩 (N·m)	峰值堵转电流 (A)	空载转速 (r/min)	转矩波动系数 (%)	峰值堵转电压 (V)	外形尺寸(mm)		
						总长	外径	轴径
110LZA	0.98	≤1.8	≤300	≤6	≤24	66	120	8
110LZB	1.67	≤2.5	≤250	≤6	≤24	71	120	8
270LZ1	24.5	≤10	≤180	≤6	≤60	248	270	30
110LY-03	1.67	≤3.6	≤400	≤8	≤13	78	120	80
130LY-01	1.47	≤2.45	≤349	≤8	≤23	30.5	130	56(孔径)
130LY-02	2.94	≤2.8	≤230	≤8	≤28	40.5	130	56(孔径)

生产厂家：西安微电机研究所。

（五）SYZ 型直流力矩电动机

表 3-2-6　SYZ 型直流力矩电动机技术数据

型　号	连续堵转转矩 (N·m)	堵转电压 (V)	堵转电流 (A)	空载转速 (r/min)	堵转输入功率 (W)	转矩波动 (%)	转矩灵敏度 (N·m/A)	外形尺寸 (mm)			质量 (kg)
								总长	外径	孔径	
SYZ-01	0.1176	15	0.5	600	7.5	10	0.2352	19	72	20	0.5
SYZ-02	0.2744	28	0.6	330	16.8	7	0.4606	24	88	50	0.7
SYZ-03	0.49	24	1	300	24	7	0.49	29	35	12	0.9
SYZ-20A	2.058	24	2.4	220	57.6	7	0.882	25	143	30	1.8

生产厂家：上海金陵雷戈勃带伊特电机有限公司。

（六）LXJ 系列有限转角直流力矩电动机

表 3-2-7　LXJ 系列有限转角直流力矩电动机技术数据

型　号	电压 (V)	电流 (A)	连续堵转转矩 (mN·m)	峰值堵转转矩 (mN·m)	转子转动范围 (°)	力矩-惯量比 ($1/s^2$)	外形尺寸 (mm)			生产厂家	备注
							总长	外径	轴径		
25LXJ01	24	0.13	0.3		95		40	25		西安	
45LXJ01	15	0.6	40		±30		71	45	6	微电	双轴伸
55LXJ01	27	1.3	118	176	±25	7500	41	55	8	机研	双轴伸
70LXJ01	24	2	150		±30		85	70		究所	
70LXJ02	28	1.9	120		90		71	70	9		

（七）LW 型无刷直流力矩电动机

表 3-2-8　LW 型无刷直流力矩电动机技术数据

型　号	峰值堵转转矩 (N·m)	峰值堵转电流 (A)	电压 (V)	空载转速 (r/min)	转矩波动系数	传感方式	驱动方式	外形尺寸（mm）		
								总长	外径	轴径
110LW-01	9.8	10	85	400	0.07	旋变	正弦波	—	110	11
160LW-01	20	3	130	120	0.07	霍尔	方波	311	160	35
160LW-02	10	6	60	270	0.07	霍尔	方波	250	160	35

生产厂家：西安微电机研究所。

（八）LC 系列永磁直流力矩-测速机组

表 3-2-9　LC 系列永磁直流力矩-测速机组技术数据

型　号	永磁直流力矩电动机						测速发电机		外形尺寸（mm）		
	峰值堵转转矩 (N·m)	峰值堵转电流 (A)	峰值堵转电压（V） (20℃)	连续堵转转矩 (N·m)	连续堵转电流 (A)	连续堵转电压（V） (20℃)	输出斜率 (V/r/min) （不小于）	纹波系数 (%) （不大于）	总长	外径	轴径
45LC-1	0.12	1.6	27±15%	0.05	0.64	10.8±15%	0.02	5	92	58	4
70LC-1	0.49	2.2	27±15%	0.26	1.2	15±15%	0.08	5	118	80	8
90LC-1	1.37	2.7	27±15%	0.78	1.54	15.4±15%	0.2	4	113	105	9
130LC-1	3.43	3.13	48±15%	1.67	1.52	23.3±15%	0.1	4	143	150	14
160LYC-01	4.9	1.95	约 60±15%	3.43	1.35	约 42±15%	0.2	3	163	180	16
200LC-1	7.85	2.62	48±15%	5.40	1.8	33±15%	0.4	4	175	220	20
250LC-1	12.75	2.8	48±15%	8.34	1.84	31.4±15%	0.5	3	195	280	25

生产厂家：北京敬业电工集团北微微电机厂。

（九）270ZLC20 型直流力矩-测速机组

表 3-2-10　270ZLC20 型直流力矩-测速机组技术数据

型　号	直流力矩电动机				测速发电机			外形尺寸（mm）		
	堵转转矩（N·m）	堵转电流（A）	控制电压（V）	空载转速（r/min）	灵敏度（mV/(rad/s)）	最小负载电阻（kΩ）	线性度（%）	总长	外径	轴径
270ZLC20	24.5	≤10	60	180	≥20	160～200	≤1	246	270	80/30

生产厂家：西安微电机研究所。

（十）LCX 系列稀土永磁式直流力矩-测速机组

表 3-2-11　LCX 系列稀土永磁式直流力矩-测速机组技术数据

型　号	力　矩　电　动　机				测　速　发　电　机				转动惯量（kg·m²）
	峰值转矩（N·m）	电流（A）	电压（V）	电气时间常数（ms）	输出斜率（V/r/min）	最大转速（r/min）	纹波系数（%）	最小负载电阻（kΩ）	
55LCX-1	0.4	4.1	27	1.5	0.025	2000	4	3	1.1×10^{-4}
70LCX-1	1.8	7.2	27	2	0.08	900	4	15	4×10^{-4}
90LCX-1	3	7	27	3	0.2	510	1	30	13×10^{-4}
110LCX-1	5	8.8	27	3	0.2	400	4	30	22×10^{-4}
110LCX-2	10	19	27	3	0.2	350	4	30	30×10^{-4}
130LCX-1	8	8	48	3	0.2	120	1	30	38×10^{-4}
160LCX-1	19.6	5	48	2	0.2	120	1	30	0.015

生产厂家：北京敬业电工集团北微微电机厂。

续表

型号	力矩电动机				测速发电机				转动惯量 (kg·m²)
	峰值转矩 (N·m)	电流 (A)	电压 (V)	电气时间常数 (ms)	输出斜率 (V/r/min)	最大转速 (r/min)	纹波系数 (%)	最小负载电阻 (kΩ)	
160LCX-2	19.6	5	48	2	1.5	60	2	140	0.018
250LCX-2	60	14	60	2	0.5	100	3	36	0.08

生产厂家：北京敬业电工集团北微微电机厂。

（十一）其他永磁式直流力矩-测速机组

表 3-2-12　其他永磁式直流力矩-测速机组技术数据

型号	峰值堵转			连续堵转			最大空载转速 (r/min)	测速发电机				质量 (kg)	基本外形尺寸 (mm)	结构
	电压 (V)	电流 (A)	转矩 (N·m)	电压 (V)	电流 (A)	转矩 (N·m)		输出斜率 (V/r/min)	纹波系数 (%)	线性度 (%)	对称度 (%)			
82LYR-C1	60	1.15	1.5	24	0.46	0.6	400	0.2	5	1	1	2.5	$\phi82\times95$	组装式
90LY-C01	27	2.7	0.912	12	1.2	0.392	550	0.25	4	1	1	2.2	$\phi90\times94$	组装式
160LYR-C01	60	7	21	27	2.9	8.7	160	0.85	2.5	1	1	11	$\phi180\times148$	组装式
250LYR-C1	110	10	147	60	5	73.6	60	1.68	1	1	1	30.5	$\phi290\times\phi120\times290$	机组分装式
430ZLRC1	60	10	137	39	7	98.1	38	1.7	0.5	0.5	0.2	94	$\phi480\times\phi110\times240$	机组分装式
430ZLR10-C2	60	22	333.5	34	12	196.2	34	2	0.1	0.1	0.1	110	$\phi480\times\phi160\times300$	机组分装式

生产厂家：成都微精电机股份公司

第三节　两相交流伺服电动机

一、概述

（一）分类

两相交流伺服电动机可分为不带阻尼元件的普通型两相交流伺服电动机和带阻尼元件的阻尼型两相交流伺服电动机。

普通型两相交流伺服电动机按其转子结构又可分为笼型转子和杯型转子（包括非磁性及铁磁性）两相交流伺服电动机。

笼型交流伺服电动机见图 3-3-1。非磁性杯型交流伺服电动机见图3-3-2。

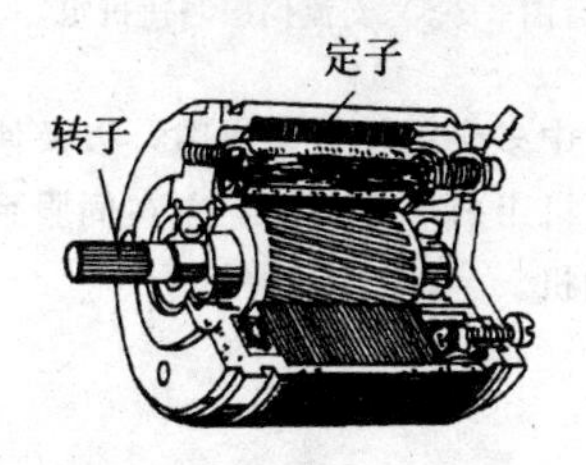

图 3-3-1　笼型交流伺服电动机

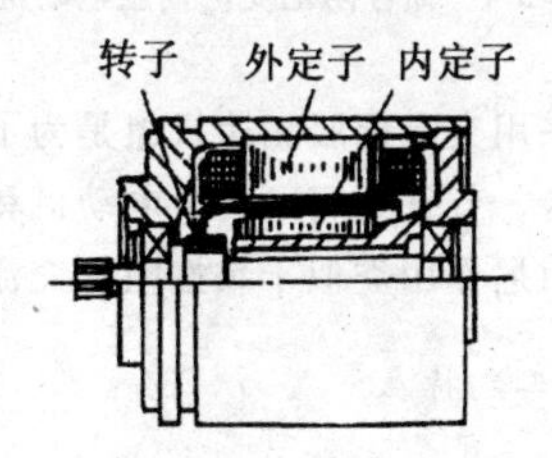

图 3-3-2　非磁性杯型交流伺服电动机

带阻尼元件的阻尼型两相交流伺服电动机，根据阻尼元件的不同，又可分为黏性阻尼两相交流伺服电动机和惯性阻尼两相交流伺服电动机。

黏性阻尼交流伺服电动机见图 3-3-3。此类电动机当阻尼用的杯形转子在固定的永磁体磁场中旋转时有涡流产生，在转子上就形成同转速成正比的阻尼力矩。通过调整永磁体的固定位置，改变气隙磁通可以调整阻尼转矩的大小。

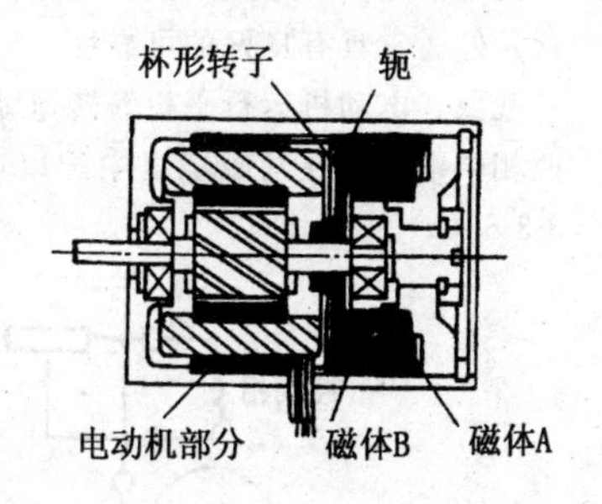

图 3-3-3　黏性阻尼交流伺服电动机

惯性阻尼交流伺服电动机见图 3-3-4。此类电动机同黏性阻尼交流伺服电动机相似，但是由于杯形转子是在非固定的可自由旋转的永磁体磁场中相对旋转，因此，在转子上作用的阻尼转矩是正比于杯形转子与永磁体磁场的相对速度。其阻尼转矩的大小不能调整。

两相交流伺服电动机还可与交流测速发电机组成伺服-测速机组，见图3-3-5。

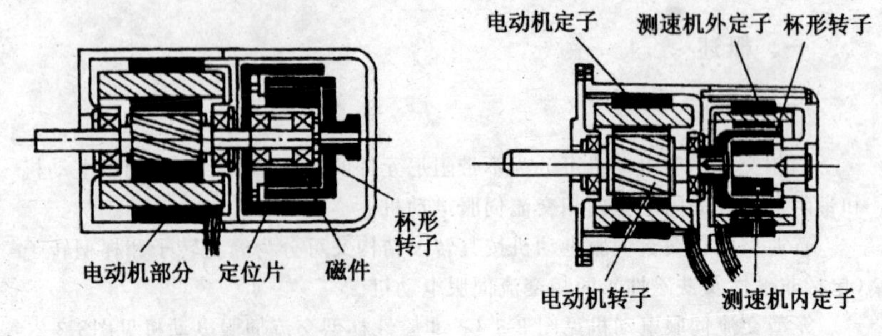

图 3-3-4　惯性阻尼交流伺服电动机　　图 3-3-5　交流伺服测速机组

采用交流伺服测速机组是为了免除系统中多余的惯量、齿隙，以及使结构紧凑、节省空间，伺服电动机和测速发电机组成一个整体，它在伺服系统中的阻尼作用类似于黏性阻尼交流伺服电动机。

（二）特点

两相交流伺服电动机是精密控制的电动机，在系统中的作用是将输入的交流电信号（如电压的幅值或相位）转换为转子旋转轴上的机械传动，作执行元件。它具有良好的可靠性，能迅速起动；失去信号时，立即制动，无自转现象，电动机运行平稳，转速随转矩的增加而均匀下降。电动机运行时为两相供电，若在励磁绕组中配以适当移相电容，亦可用于单相电源，见图3-3-6（a）。

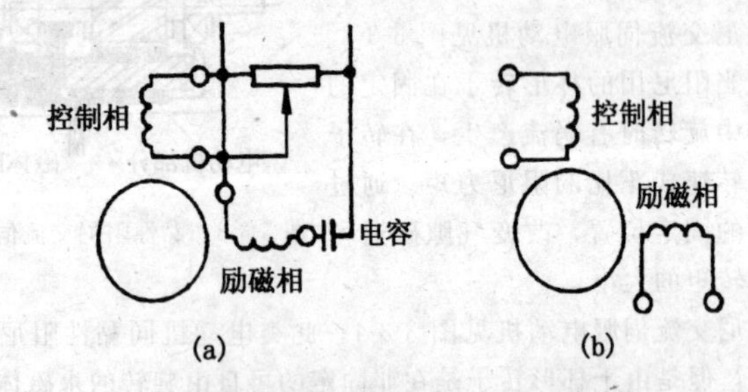

图 3-3-6　两相交流伺服电动机电气接线图

笼型伺服电动机具有优良的快速响应性能，能够保证控制系统快速工作的要求。主要是它可以设计成较小的气隙，例如目前最小的气隙可达

0.025mm。因此，单位输入功率具有较大的起动转矩。由于气隙小，励磁电流也小，因而可以提高电动机的效率、减少电动机的体积和质量。在相同的性能指标下，笼型的体积和质量比非磁性空心杯式的要小。此外，由于笼型的转子机械强度好，能在较恶劣的条件下可靠地工作。

非磁性空心杯转子型的主要特点在于转子惯性矩小。因为杯形转子大多采用纯铝材料制成，杯的壁厚很小，一般为0.3mm。但是电动机有两个气隙，如果包括杯子本身的厚度，则内定子和外定子之间总的气隙一般大于0.5mm。因而相对来说，励磁电流大，致使绕组导线截面积和槽面积增大，从而增大了电动机的体积和质量。但是由于其转子上没有齿和槽，因而噪音小，而且力矩不随轴的位置而变化，运行平稳。

空心杯铁磁性转子型的主要优点是造价低、结构简单，在工作中运行可靠，噪音小，其机械特性和调节特性的线性度也较好。但其启动力矩低，惯性矩大，并且对气隙的不均匀程度很敏感。

二、两相交流伺服电动机结构、原理和特性

(一) 结构

两相交流伺服电动机的结构见图3-3-1～图3-3-4，其定子结构同一般异步电动机相似，但是，定子绕组是两相的，其中一相叫励磁相，另一相叫控制相。通常控制相分成两个独立且相同的部分，它们可以串联或并联，供选择两种控制电压用。两相绕组在空间相差90°电角度。普通型交流伺服电动机转子结构通常采用鼠笼型和非磁性杯型。

鼠笼型转子两相交流伺服电动机的定子是采用“一刀通”结构，使定子铁心内圆和轴承室内圆为同一尺寸，一次夹装同时加工，既保证了定子内圆和转子外圆的同轴度又提高了装配精度，因而可以设计制造成小气隙和转子细而长。电动机有较高的利用率，体积小，质量小，机械强度好，能在恶劣的气候和环境条件下可靠地工作。由于鼠笼转子有齿和槽，存在有反应转矩，定子和转子之间会产生齿槽粘合现象，使转子“吸住”在某几个位置中的一个位置。为了克服这种齿槽粘合现象，在转子开始转动以前，必须施加一定数值的电压，称之为启动电压。采取转子斜槽措施可以在很大程度上削弱齿槽粘合现象的影响。

非磁性杯型两相交流伺服电动机的转子是铝制空心薄壁结构，转子的惯性矩小。由于转子上没有齿和槽，因此定子和转子间没有齿槽粘合现象，转矩不随轴的位置而发生变化，恒速旋转时转轴一般不会有抖动现象。

（二）基本原理

两相交流伺服电动机定子上布置有励磁和控制两相绕组，两者在空间相差 90°电角度，见图 3-3-6（b）。在励磁绕组上馈以固定的励磁电压，在控制绕组上馈以可变的控制电压反馈，当两相绕组产生的磁动势幅值相等，电机处于对称状态时，在定、转子间的气隙中产生的合成磁动势是一个圆形旋转磁场，旋转磁场切割转子导条，产生感应电动势和电流，电流和旋转磁场相互作用产生转矩，转子沿旋转磁场的方向旋转。

两相交流伺服电动机在运行中，控制电压经常是变化的，即电动机经常处于不对称状态。因此，两相绕组产生的磁动势幅值并不相等，相位差也不是 90°电角度，故气隙中的合成磁场是椭圆形旋转磁场。两相交流伺服电动机就是靠不同程度的不对称运行来进行控制的。

两相交流伺服电动机的机械特性曲线上的任何一点应满足 $\mathrm{d}t/\mathrm{d}n<0$，因而电机在转差率 $s=0\sim1$ 之间任何一点上都能稳定运行。两相交流伺服电动机在单相供电时，其转速与转矩符号相反，所以，当控制电压消失后，处于单相运行状态时，由于电磁转矩为制动性质，能迅速停转而不会发生“自转”现象。

（三）特性

两相交流伺服电动机常用的控制方式有幅值控制、相位控制和幅相控制，电气接线图见图 3-3-6。接线图表示了两种控制方式：（a）为幅值控制或相位控制电气接线；（b）为幅相控制（电容分相）电气接线。

伺服电动机的工作性能的优劣主要是由它的工作特性决定，两相交流伺服电动机的主要工作特性有：机械特性、调节特性、堵转转矩特性和输入输出特性。

1. 机械特性

图 3-3-7 所示的机械特性曲线就是表示在一定的输入条件下伺服电动机转速与输出转矩的关系。这种机械特性是稳定的，两相电压不变时，可保证从零转速到空载转速范围内能平滑、稳定调速。只改变控制电压可以得到 1 组机械特性曲线族。3 种控制方式的机械特性曲线族见图 3-3-8。图中 m、γ 分别为转矩、转速的标么值。

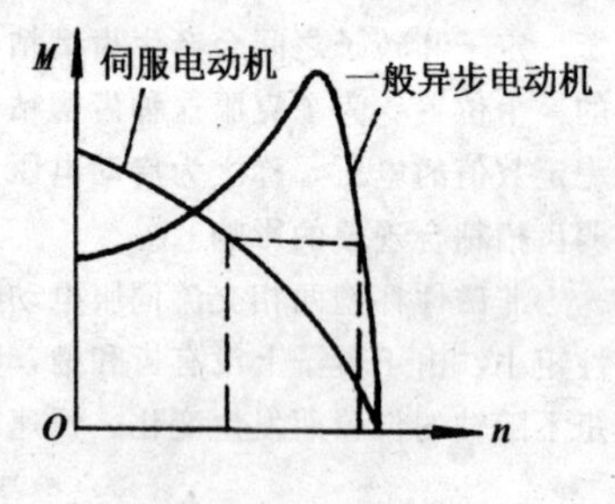

图 3-3-7　机械特性曲线

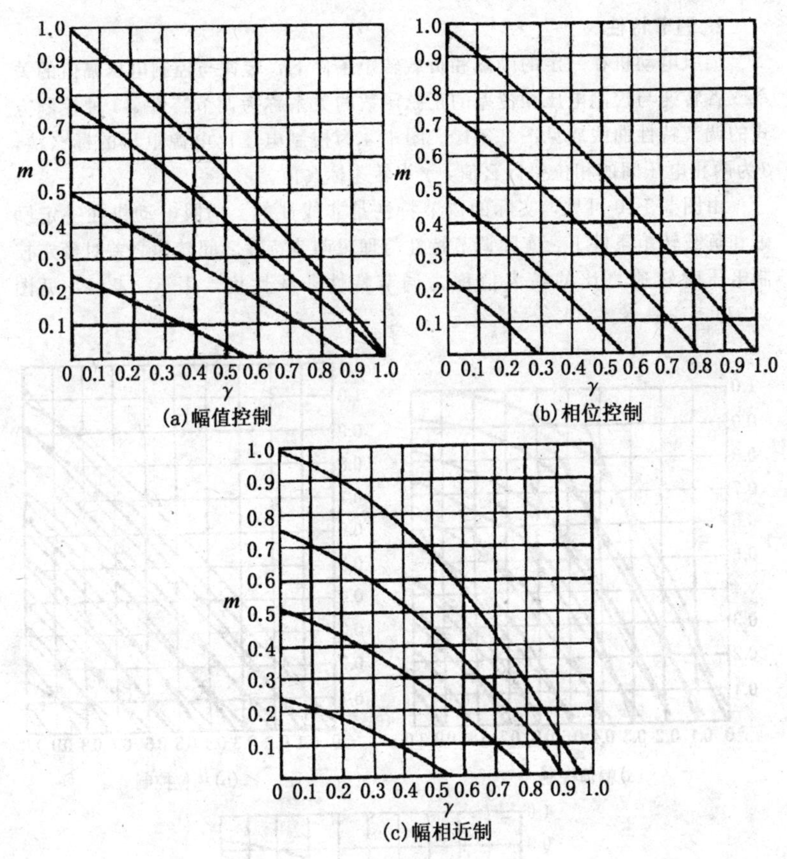

图 3-3-8 机械特性曲线族

由图可见，实际的机械特性是非线性的。伺服电动机在一定输入条件下，实际机械特性与理想机械特性之间转速之差对空载转速之比的最大值称为机械特性非线性度，用 K_m 表示，见图 3-3-9。

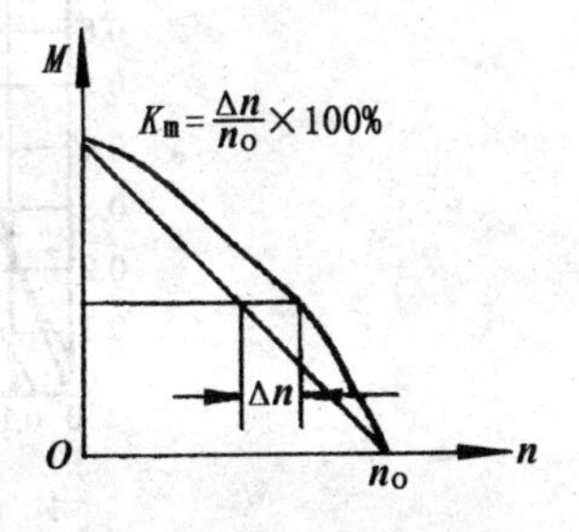

图 3-3-9 机械特性非线性度

K_m 越小，伺服电动机的性能越接近线性，系统的动态误差就越小。在精密的伺服系统中，通常要求 $K_m \leqslant 10\% \sim 15\%$，在一般伺服系统中，$K_m \leqslant 15\% \sim 25\%$。

2. 调节特性

伺服电动机在一定的励磁和负载转矩条件下，转速与控制电压幅值的关系或者转速与控制电压相位差的正弦函数的关系称为调节特性。3 种控制方式的调节特性曲线族见图 3-3-10。图中 α 为控制电压比电源电压的标幺值，β 为两相电压间的相位差标幺值，γ 为转速标幺值。

由图 3-3-10 可见，实际的调节特性是非线性的。伺服电动机在一定励磁和负载转矩条件下，实际调节特性与理想调节特性之间转速之差对额定控制电压时转速之比的最大值称为调节特性非线性度，用 K_v 表示，见图 3-3-11，一般 $K_v \leqslant 20\% \sim 25\%$。

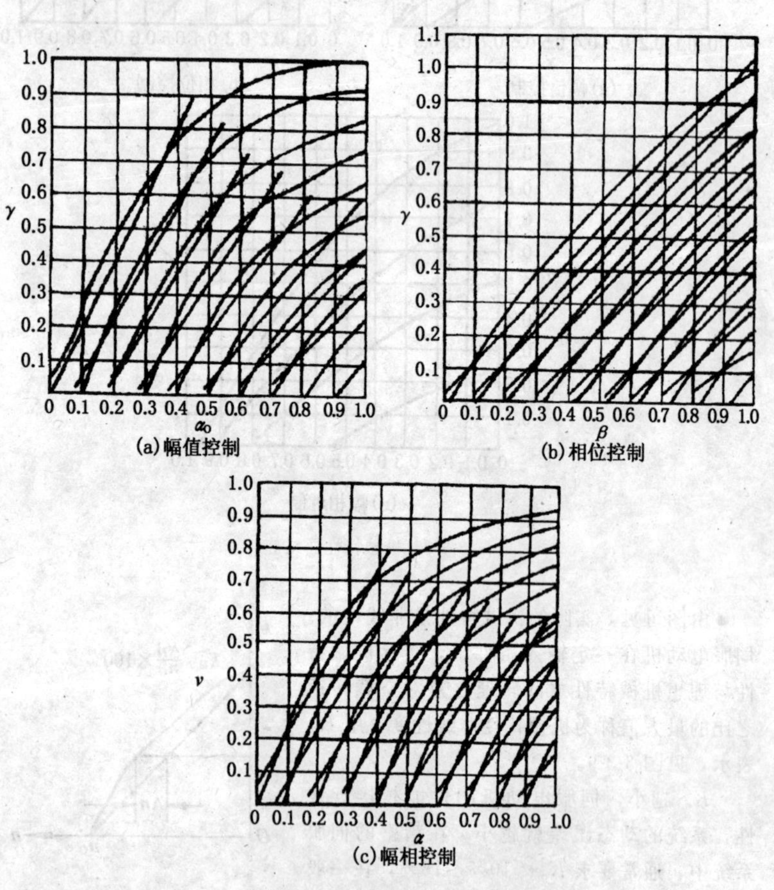

图 3-3-10 调节特性曲线族

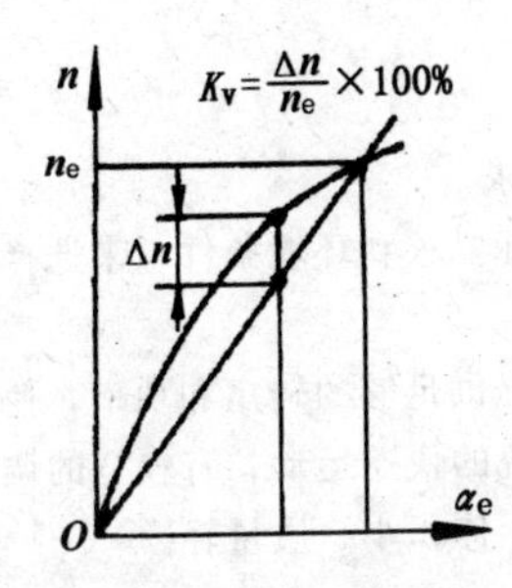

图 3-3-11　调节特性非线性度

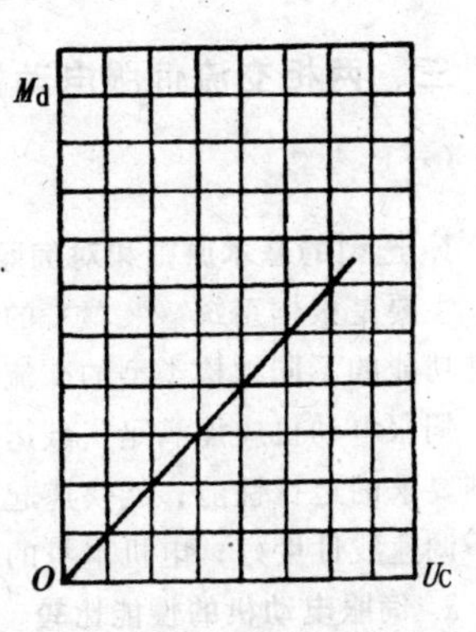

图 3-3-12　堵转转矩特性

3. 堵转转矩特性

伺服电动机在一定励磁条件下，堵转转矩与控制电压的关系称为堵转特性，见图3-3-12。堵转转矩是指在一定输入条件下转子堵转时所得到的最小转矩。

实际的堵转特性是非线性的。伺服电动机在一定励磁条件下，不同控制电压的堵转转矩与对应的理想堵转转矩之差对额定控制电压下堵转转矩之比的最大值，称为堵转转矩的非线性度，用 K_d 表示，如图 3-3-13 所示。一般 $K_d \leqslant \pm 5\%$。

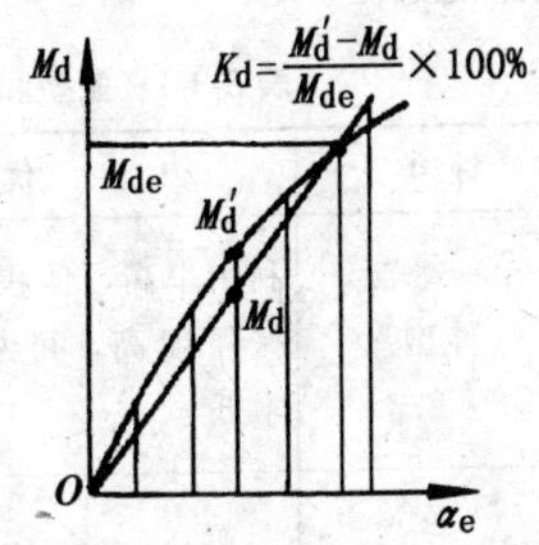

图 3-3-13　堵转转矩非线性度

4. 输入输出特性

伺服电动机在一定的输入条件下，每相输入电流与转速的关系 $I=f(n)$，每相输入功率与转速的关系 $P_1=f(n)$；输出功率与转速的关系 $P_2=f(n)$，称为输入输出特性，见图3-3-14。

两相交流伺服电动机的额定输出功率一般是指最大输出功率，通常约在同步转速的一半时获得。

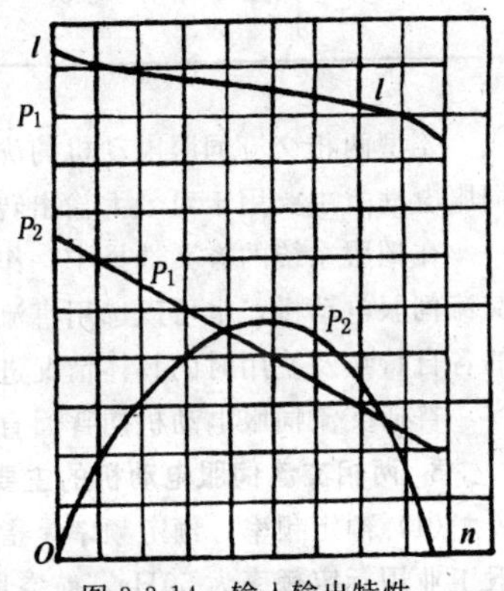

图 3-3-14　输入输出特性

三、两相交流伺服电动机选型和应用

（一）选型

1. 选型的基本原则和对伺服电动机的要求

主要是根据系统（装置）的使用性能指标要求和环境条件，来选择能满足其功能的不同结构类型的交流伺服电动机。

伺服电动机应能满足负载运动的要求，提供足够的转矩和功率，使负载达到要求的运行性能；能快速起停，保证系统的快速运动；有较宽的调速范围，调速线性度好；电机本身的消耗功率小、体积小、质量轻。

2. 伺服电动机的性能比较

两相交流伺服电动机具有较宽的调速范围，摩擦转矩小，比较灵敏，在随动系统和调速系统中被广泛使用。鼠笼型和非磁性杯型两相交流伺服电动机比较见表 3-3-1。

表 3-3-1　笼型和非磁性杯型两相交流伺服电动机比较

种类	优点	缺点
笼型	利用率高，体积小，质量轻，机械强度高，可靠性高，制造成本低	有齿槽黏合现象，影响始动电压的降低，低速运转时不够平滑，有抖动现象
非磁性杯型	转子惯性小，运转平滑，无抖动现象，始动电压低	利用率低，体积大，制造成本高

笼型两相交流伺服电动机的优点较多，应用也很广泛。非磁性杯型交流伺服电动机主要用于对最大输出转矩要求不高或者要求始动电压小的场合。

在伺服系统的方案选择中，作为系统的执行元件，往往会遇到可以选用交流伺服电动机，也可以选用直流伺服电动机的情况。这就要根据两种电机的各自特点及使用时的具体情况进行分析、比较，从而合理选用。

普通交流伺服电动机同普通直流伺服电动机的比较见表 3-3-2。

3. 两相交流伺服电动机的主要技术指标

(1) 额定频率。额定频率是指控制电压和励磁电压的标定频率。我国一般工业用标定额率为 50Hz，航空用的标定频率为 400Hz。

表 3-3-2　交流伺服电动机同直流伺服电动机比较

种类	优点	缺点
交流伺服电动机	①转子惯量小，响应快，始动电压低，灵敏度高 ②结构简单，维护方便，成本低 ③机械强度高，可靠性高 ④寿命长 ⑤不会产生无线电波干扰 ⑥使用交流伺服放大器无“零点飘移”现象，结构简单，体积小 ⑦适合于小功率随动系统作执行元件	①机械特性线性度差 ②单位体积输出功率小 ③可能出现“自转” ④不适用于大功率随动系统作执行元件
直流伺服电动机	①机械特性线性度好 ②单位体积输出功率大 ③无“自转” ④适合于大功率随动系统作执行元件	①始动电压高，灵敏度低 ②结构复杂，维护麻烦，成本高 ③机械强度低，可靠性差 ④寿命短 ⑤会产生无线电波干扰 ⑥使用直流伺服放大器有“零点漂移”现象，结构复杂，体积大

（2）额定电压。额定电压是指施加在控制相和励磁相的电压的最大值。当控制相为两部分时，一般表示串联时的数值。我国一般工业用 50Hz 时为 20V、36V、110V、220V，400Hz 时为 26V、36V、115V。

（3）堵转电流。堵转电流在额定频率、额定电压下两相运行或电容分相在额定电容值下运行，转子堵转时通过控制相或励磁相的电流。

（4）堵转转矩。堵转转矩在额定频率、额定电压下，两相运转或电容分相在额定电容值下运转，转子堵转时所产生的转矩。

（5）空载转速。空载转速在额定频率、额定电压下两相运转或电容分相在额定电容值下运转，空载状态时的稳态转速。两相交流伺服电动机空载转速低于同步转速。同步转速计算公式如下：

$$n_e=\frac{60f}{p}\ \text{(r/min)}$$

式中：f 为频率（Hz）；p 为极对数。

（6）最大输出功率。最大输出功率是在额定频率、额定电压下两相运转或电容分相在额定电容值下运转时产生的输出功率的最大值。其值按下式由转速和转矩之积求得：

$$p_2=0.1047Mn\ (\mathrm{W})$$

式中：M 为转矩（N·m）；n 为转速（r/min）

（7）转动惯量。转动惯量指转子转动惯量用对于转轴中心的转动惯量表示。对于启动和停止频繁的使用场合，转动惯量和时间常数是表示加速性能的重要指标。

（8）时间常数。时间常数指在空载和额定励磁条件下，加以阶跃的额定控制电压，转速从零升到空载转速的63.2%所需的时间。时间常数表示伺服电动机的过渡过程特征。时间常数愈小，表示电动机的快速反应性能愈好。若视机械特性为线性关系，时间常数计算公式为：

$$\tau_j=0.1047\frac{Jn_0}{M_d}\ (\mathrm{s})$$

式中：J 为转动惯量（$kg\cdot m^2$）；n_0 为空载转速（r/min）；M_d 为堵转转矩（N·m）。

（9）理论加速度。理论加速度指堵转转矩与转动惯量之比。通常和时间常数一起表示电动机的加速性能。若视机械特性为线性关系，理论加速度计算公式为：

$$A_d=\frac{M_d}{J}\ (\mathrm{rad/s^2})$$

式中的 M_d 与 J 的物理意义同前。

（10）阻尼系数。阻尼系数指伺服电动机机械特性曲线斜率的负值。若视机械特性为线性关系，阻尼系数计算公式为：

$$D=9.55\frac{M_d}{n_0}\ (\mathrm{N\cdot m/rad})$$

式中的 M_d 与 n_0 的物理意义同前。

实际上伺服电动机是在较低的控制电压下运行，因此伺服电动机的阻尼较小。在控制电压为零时只有按上式求得数值的1/2。

（11）滑行时间。滑行时间指伺服电动机运行于空载转速时，从两相电源同时断开到电机停转的时间。滑行时间长短反映轴承质量和装配质量。通常要求滑行时间不得小于某一规定时间。

（12）反转时间。反转时间指伺服电动机运行于空载转速时，当控制相电压反向后，电机到达反向空载转速成的63.2%所需的时间。通常反转时间为时间常数的1.69倍。

（13）空载始动电压。空载始动电压指伺服电动机在额定励磁和空载条件下，使转子在任意位置开始连续旋转所需的最小控制电压。空载始动电压大小反映轴承质量，定、转子同轴度好坏，轴承配合好坏，轴承油脂的质量以及装配质量。表示伺服电动机的灵敏度。一般不大于额定控制电压的3%；若带有齿轮头不大于5%。

（14）转矩系数。由于伺服电动机的机械特性是非线性的，因此，在任意的工作点，转矩的变化对控制电压幅值变化之比，通常不是常数。但是，对堵转转矩随控制电压幅值的变化可看成正比例的变化。所以转矩系数是指堵转转矩同控制电压幅值之比，计算公式为：

$$K_t = \frac{M_d}{U_K} \ (\mathrm{N \cdot m/V})$$

式中：M_d 为堵转转矩（N·m）；U_K 为控制电压（V）。

（15）速度系数。为了说明伺服电动机追随平滑变化（非阶跃变化）控制信号的能力，需要了解转速同控制电压之间的变化关系。由于伺服电动机调节特性是非线性的，因此，在任意的工作点，转速的变化对控制电压幅值变化之比，通常不是常数。我们规定空载转速同控制电压幅值之比为速度系数，计算公式为：

$$K_V = \frac{K_t}{D} \ (\mathrm{rad/V \cdot s})$$

（16）温升。由于伺服电动机在设计时选取相当大的转子电阻，以便得到从零到空载转速范围内能平滑、稳定调速的机械特性。因此，运行时要消耗很大功率，大部分时间处于控制电压为零而励磁相加额定电压的静止状态，容易引起较高的温升。进行温升试验时，先将电机安装在标准安装板上，根据技术要求，在堵转状态下，在其一相或两相加以额定电压。我国的伺服电动机可以在＋40℃、＋55℃、＋70℃、＋85℃、＋125℃等级的环境温度下工作，并保证绕组温度不超过所使用绝缘材料的温度等级。

（17）移相电容。伺服电动机在幅值控制时，通常是在励磁相串联移相电容。应该注意的是，由于伺服电动机绕组的阻抗是随转速而变化的，因此，在某一转速下获得90°相位移，而在另一转速下的相位移将偏离90°相位移。一般对输出功率为5W以下的伺服电动机通常在堵转时确定90°的相位移；对于输出功率大于5W的，在最大输出功率的转速下确定90°的相位移。

4. 两相交流伺服电动机常用的控制方式

两相交流伺服电动机常用的控制方式有幅值控制、相位控制和幅相控制，见图3-3-6。

（1）幅值控制见图3-3-6（b），励磁电压为常数，保持控制电压与励磁电压的时间相位差为90°，改变控制电压的幅值，即可实现对电动机的控制。

(2) 相位控制见图 3-3-6 (b)，若励磁电压和控制电压的幅值保持不变，使两相电压的相位差在 0°～ ±90°之间变化，即可实现对电动机的控制。

(3) 幅相控制见图 3-3-6 (a)，在励磁绕组中串接一个电容，这时的励磁电压为外接电源电压与电容电压之差，控制电压与外接电源电压相位相同。在改变控制电压的幅值而对电动机实行控制的同时，由于转子绕组的耦合作用，励磁绕组中电流要发生变化。因此，励磁电压和控制电压之间的幅值及相位都要随之改变，实质上它是幅值和相位的复合控制方式。这种控制是利用电容分相，不需要复杂的移相装置，成本低廉，是常用的一种控制方式。

三种控制方式比较见表 3-3-3。

表 3-3-3　三种不同控制方式的比较

控制方式	控制线路	控制功率	机械特性非线性度	调节特性非线性度	输出功率	效率	电动机温升
幅值控制	一般	小	中	大	中	高	低
相位控制	复杂	大	小	中	小	低	高
幅相（电容）控制	简单	小	大	小	大	中	中

5. 使用注意事项

(1) SL 系列两相交流伺服电动机简介。SL 系列两相交流伺服电动机是我国自行设计和制造的，为笼型转子两相交流伺服电动机。有 12mm、20mm、28mm、36mm、45mm、55mm、70mm、90mm 八种机座号的机壳外径尺寸。频率 50Hz 的为 2 极和 4 极电机；频率为 400Hz 的为 4 级、6 极和 8 极电机。励磁相与控制相是对称设计的。频率 50Hz 安排 20～90 机座号，输出功率范围为 0.1～25W；频率 400Hz 安排 12～70 机座号，输出功率范围为 0.16～20W。

SL 系列两相交流伺服电动机皆为封闭式结构，12～24 机座号为不锈钢机壳，其余机座号均为铝合金机壳；12～24 机座号为端部止口及凹槽安装，28～45 机座号为端部大止口及凹槽安装，55～90 机座号为端部外圆及凸缘安装或外圆套筒安装。

电动机轴伸为单轴伸，55 及以下机座号基本轴伸为光轴伸，70、90 机座号基本轴伸为半圆键键槽轴伸。

电动机出线方式分引出线式和接线板式两种，28 及以下机座号为引出线式，36 及以上机座号采用接线板式。采用引出线方式，出线标记用不同颜色表示；采用接线板式，出线标记用数字表示。

（2）接线方式。SL 系列两相交流伺服电动机可以有在励磁相电路和控制相电路都不接移相电容器、励磁相电路串联及并联移相电容器、励磁相电路串联移相电容器、两相的电路都有移相电容器等 4 种线路。线路的接线图和向量图见图 3-3-15。

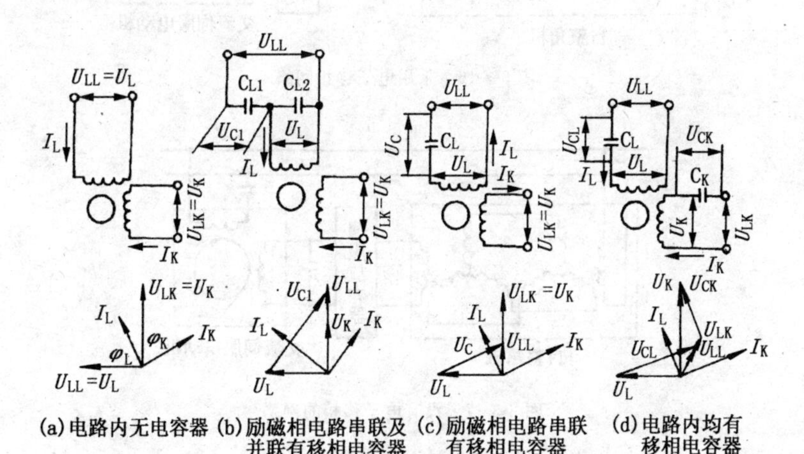

(a) 电路内无电容器　(b) 励磁相电路串联及并联有移相电容器　(c) 励磁相电路串联有移相电容器　(d) 电路内均有移相电容器

图 3-3-15　线路的接线图和向量图

在没有电容器的线路内，控制相电路电压 U_{LK} 相对于励磁相电路电压 U_{LL} 相位相差 90°。此时励磁绕组电压 U_L 等于 U_{LL}，控制绕组电压 U_K 等于 U_{LK}，励磁绕组电流 I_L 和控制绕组电流 I_K 相对于电压 U_L 和 U_K 分别滞后一个角度 φ_L 和 φ_K，I_L 同 I_K 正交。SL 系列两相交流伺服电动机由于励磁相和控制相是对称设计的，在两相对称供电时，$\varphi_L=\varphi_K$；当两相不对称供电时，φ_L 和 φ_K 之间差别也不大。这种情况在伺服系统的控制线路中往往采用电子移相网络予以实现，通过移相网络供电给伺服放大器。伺服放大器的输出供电给交流伺服电动机的控制绕组，见图 3-3-16。

在励磁相电路有移相电容器的线路内，U_{LK} 同 U_{LL} 同相，U_L 则借助于经过适当选择的串联电容器 C_L，相对于 U_{LL} 超前 90°。$U_K=U_{LK}$，I_L 同电容器电压 U_C 正交且与 I_K 正交。这种情况在伺服系统的控制线路中不需引入电子移相网络，见图 3-3-17。

在两相电路都有移相电容器的线路内，U_{LL} 同 U_{LK} 同相位，U_L 和 U_K 借助于电容器 C_L 和 C_K 相对于 U_{LL} 和 U_{LK} 具有超前的相位移。I_L 同 U_{CL} 正交，

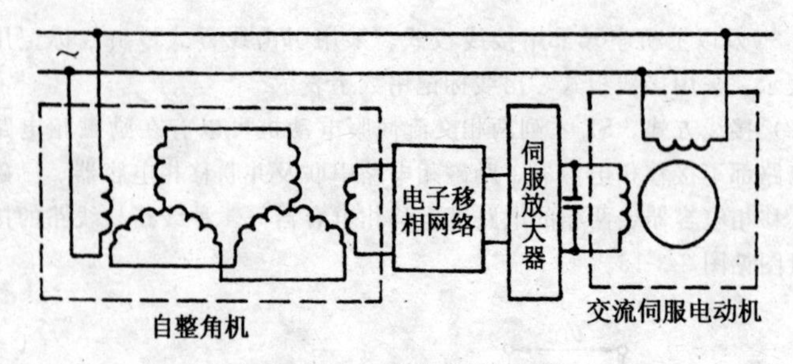

图 3-3-16　采用电子移相网络

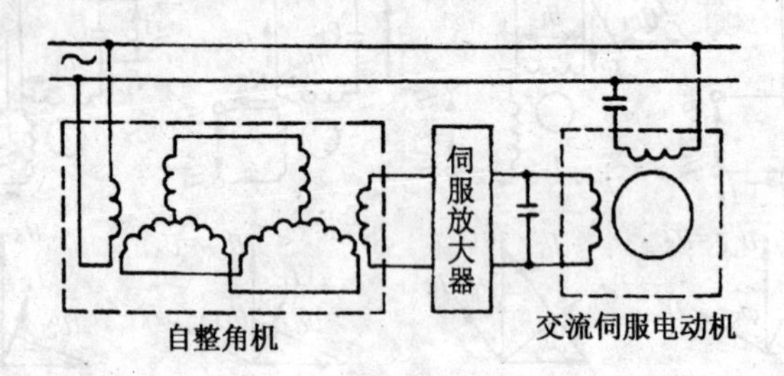

图 3-3-17　没有电子移相的网络

I_K 与 U_{CK} 正交，且 U_L 与 U_K，I_L 与 I_K 均正交。

在励磁相电路串联及并联移相电容器的线路，大都是在下列两种情况下使用：

①当伺服电动机励磁电路的供电电压高于额定励磁电压时，相当于起到降压变压器的作用。

②当伺服电动机励磁相和控制相是对称设计的，两相为同一电压供电，而且为了获得圆形旋转磁场时。

(3) 移相电容器电容值的选择。国内外生产的交流伺服电动机绝大部分是两相绕组对称的。出厂试验的技术指标和参数是在加于两相绕组端电压基波间的相位移为 90°的电源条件下测得的。但在使用中通常不具备这种电源，普遍采用在伺服电动机励磁相电路中串联移相电容器或者串联及并联移相电容器。

①励磁相电路中串联移相电容器电容的选择。设励磁绕组输入阻抗 $Z_L = R_L + jX_L$，该阻抗在励磁绕组单独供电的情况下用试验方法测得：

$$Z_L = \frac{U_L}{I_L}\ (\Omega) \qquad R_L = \frac{P_L}{I_L^2}\ (\Omega)$$

$$X_L = \sqrt{Z_L^2 - R_L^2}\ (\Omega)$$

式中，U_L 为励磁绕组两端电压（V）；I_L 为励磁绕组输入电流（A）；P_L 为励磁绕组输入功率（W）。

应该指出：使用电压表、电流表以及功率表进行伺服电动机绕组输入阻抗的测量是属于小功率范围的测量，为了保证测量准确，必须考虑仪表内阻以及接线方法对测量的影响，应注意修正，排除仪表阻抗的影响。

确定励磁绕组输入阻抗 Z_L、R_L、X_L 也可以采用下列试验方法。试验接线图见图3-3-18。

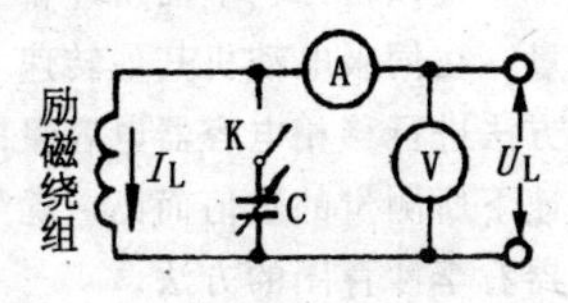

图 3-3-18 试验接线图

在励磁绕组单独供电的情况下进行。在励磁绕组两端加额定电压，用电压表及电流表测量电压 U_L 和电流 I_L 的数值，可得阻抗：

$$Z_L = \frac{U_L}{I_L} \ (\Omega)$$

然后接通开关 K，调节可变电容器 C，使电路产生并联谐振，电流表读数达到最小，这时测量出来的电流为励磁绕组消耗的有功电流 I_{La}，所以，可得出励磁绕组输入功率：

$$P_L = U_L I_{La} \ (\text{W})$$

利用式 $R_L = \frac{P_L}{I_L^2}$ 和式 $X_L = \sqrt{Z_L^2 - R_L^2}$ 求得 R_L、X_L。

为了在堵转状态下使励磁绕组端电压同控制绕组端电压的相位相差 90°，电容器的容抗 X_C 应为：

$$X_C = \frac{Z_L^2}{R_L} \ (\Omega)$$

电容器的电容量应为：

$$C_L = \frac{10^6}{2\pi f X_C} \ (\mu\text{F})$$

②励磁相电路中串联及并联移相电容器电容量的选择。设串联电容器电容量为 C_{L1}，并联电容器电容量为 C_{L2}。

为了在堵转状态下获得圆形旋转磁场，也即使励磁绕组端电压同控制绕组端电压幅值相等而且相位相差 90°，串联电容器的容抗应为：

$$X_{C1} = \frac{Z_L^2}{R_L} \ (\Omega)$$

相应的电容量为：

$$C_{L1} = \frac{10^6}{2\pi f X_{C1}} \ (\mu\text{F})$$

并联电容器的容抗为：

$$X_{C2}=\frac{Z_L^2}{X_L-R_L}\ (\Omega)$$

相应的电容量为：

$$C_{L2}=\frac{10^6}{2\pi f X_{C2}}\ (\mu F)$$

应该指出：上面所述都是在伺服电动机堵转时选择移相电容器的电容量，在伺服电动机其他转速下，如在最大输出功率的转速下，也可用同样的方法进行移相电容器电容量的选择，只不过是励磁绕组输入阻抗应当在该转速下所测量的数值而已。除了用上述方法选择移相电容器外，还可以用示波器看李沙育图的方法。

(4) 控制绕组同伺服放大器的连接。伺服放大器常用的输出方式有两种：一种是通过输出变压器连接控制绕组，伺服放大器有两个输出端头；另一种是先由一对功率管进行推挽功率放大，再与控制绕组直接连接，伺服放大器有 3 个输出端头，见图 3-3-19。

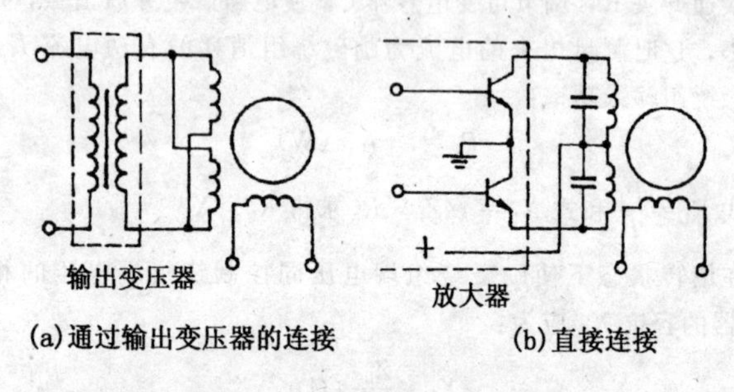

图 3-3-19　同伺服放大器的连接

为了减少伺服放大器的负担，可以在控制绕组两端并联一个电容器以补偿无功电流，提高控制相的功率因数。并联电容器可在控制电压最大时确定。通常是使控制相电路产生并联谐振，功率因数接近于 1，这样伺服放大器只输出有功电流。实现并联谐振所需的电容量可用图 3-3-18 所示的实验方法确定。

必须指出：当控制电压消失时，控制绕组可看成是通过并联电容器短接，有可能容易发生单相运转现象（自转现象）。因为这是对交流伺服电动机发生单相运转现象的最不利的情况。所谓单相运转是指当控制绕组两端电压为零时伺服电动机继续运转。这是使用中不希望的。另外，在堵转时为使控制相功率因数为 1，而在控制绕组两端并联一个电容器，还会使机械特性非线性度进一步增大，导致高转矩时削弱阻尼，从而影响系统稳定。这也是使用中不希望的。所以，一般伺服放大器都采用负反馈方式来降低内阻抗。

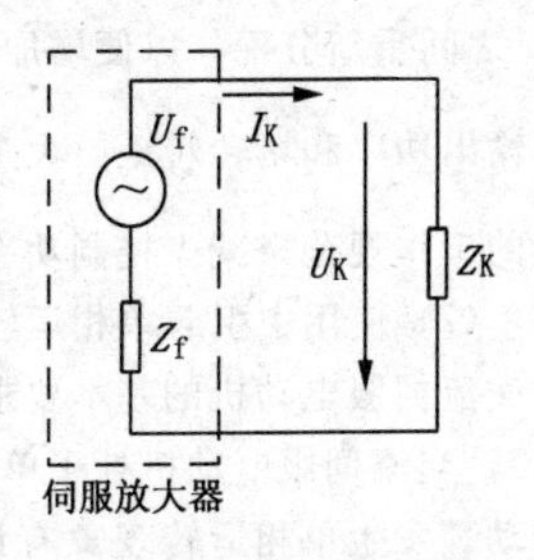

图 3-3-20　伺服放大器同控制绕组组成的等值电路图

(5) 控制绕组电源阻抗对特性的影响。如果交流伺服电动机控制绕组无论在什么负载转矩情况下均由恒压电源供电，保证准确的电压，电动机的特性是不变的。实际上交流伺服电动机控制绕组是由伺服放大器供电，伺服放大器可看成具有一定内阻的交流电源，伺服放大器同控制绕组组成的等值电路图见图 3-3-20。

图中 U_f 为伺服放大器的等值电源电压，Z_f 为其内阻抗，Z_K 为控制绕组的输入阻抗，也可看成是伺服放大器的负载阻抗，那么，加在控制绕组上的电压为：

$$U_K=\frac{U_f}{Z_f+Z_K}\cdot Z_K$$

若 $Z_f \ll Z_K$，可以认为 $Z_f \approx 0$，则此电路具有恒压源的性质，即 $U_K \approx U_f$。这样不会对伺服电动机特性有影响。

若 Z_f 同 Z_K 在同一个数量级或者 $Z_f > Z_K$ 时，则此电路具有恒流源性质。在这种电源下，由于负载阻抗的变化，会引起加在负载阻抗两端电压的变化。事实上，交流伺服电动机从堵转状态到空载状态，其输入阻抗是变化的，随转速的上升而增大。这样一来，实际上加到控制绕组上的电压 U_K 也随着增大，使得对应负载力矩的转速相应提高，但是空载转速相对说来几乎不变化。最后结果是机械特性曲线中间向上凸起，更加偏离线性关系，特别是对低控制电压和低速段影响更大。

电动机在低速段阻尼系数变小，从而影响系统的稳定，同时还容易发生单相运转。因此，应使伺服放大器的输出阻抗尽量比伺服电动机的输入阻抗小，但有时会引起阻抗不匹配，使功率传递关系变差，这就要增大伺服放大器的功率增益。因此，要根据具体情况进行权衡考虑。为了减小伺服放大器内阻抗，可在伺服放大器末级（功率输出级）加电压负反馈。

(6) 控制功率与励磁功率之间的调整。在使用中往往希望驱动装置的输出功率为最大值，而放大器提供的输入到伺服电动机的控制功率为最小值。对于选择伺服电动机而言，重要的是要知道随着控制功率的变化，电动机的技术性能如何变化。输入伺服电动机的总功率一般可看成两部分：其一是由网络输入的励磁相输入功率 P_L，其二是由放大器提供的控制相输入功率 P_K。在温升条件所容许的电动机总损耗保持不变的情况下，可以在 P_L 和

P_K 之间重新分配，以便增加励磁功率，减少控制功率，而不致于降低太多的输出功率和堵转转矩。大多数的情况下，当 $\frac{P_K}{P_L}=0.4 \sim 0.7$ 时，选择电动机的工作规范来减少控制功率是合适的。

(7) 使用中引起单相运转现象的因素。不发生单相运转现象是伺服系统对交流伺服电动机的基本要求之一。当控制电信号一旦取消（即控制电压为零），交流伺服电动机处于单相供电时应具有足够的自制动能力，不应发生转动。发生单相运转现象有设计参数选择的原因，也有制造工艺缺陷的原因，还有使用方面的原因。对于输出功率小于 5W 的交流伺服电动机，在设计参数的选择上就使其具有较强的自制动能力；对于输出功率大于 10W 的交流伺服电动机，在设计参数的选择上要注意：力能指标不能太低、要有良好的动态性能以及温升不宜太高，因此使得自制动能力相对有所减弱。制造中若定子绕组存在匝间短路或铁心片间短路，会使电机在单相供电时形成椭圆旋转磁场，致使电机发生工艺性单相运转现象。

一台经出厂试验合格的交流伺服电动机在使用中还有可能会发生单相运转现象。因为交流伺服电动机单相运转现象还同控制信号取消时控制绕线在电路中的情况、伺服放大器内阻抗的大小、控制电压中存在的干扰电信号所引起的基波分量和高次谐波分量等等因素有关。

若控制绕组直接连接到伺服放大器功放管输出级，在控制电压消失时，由于功放管的内阻甚大，控制绕组相当于开路情况；若伺服放大器输出级采用输出变压器同控制绕组连接方式，当控制电压消失时，控制绕组通过输出变压器短接，而输出变压器阻抗很小，控制绕组相当于短路情况（控制绕组由磁放大器供电也是这种情况）；当控制绕组直接连接到伺服放大器功率管输出极，且控制绕组两端并联有电容器，在控制电压消失时，控制绕组通过电容器短接。

分析表明：对交流伺服电动机而言，控制绕组两端直接短接，最不容易发生单相运转现象；若交流伺服电动机在控制绕组开路情况下不发生单相运转现象，当控制绕组两端直接或通过纯电阻或电感性阻抗短接时就一定不会发生单相运转现象，但不能保证当控制绕组两端通过电容性阻抗短接而不发生单相运转的现象。前面曾经提到过，控制绕组两端通过电容器短接是对交流伺服电动机正常运转最不利的情况。如果产品选择不当，电动机在控制绕组两端开路或短路时虽然都不发生单相运转现象，但通过电容器短接时就有可能会发生单相运转现象。这说明电动机单相供电的自制动能力还不够。

在实际使用中，对于已选定的某一交流伺服电动机而言，取消控制电信号后，若伺服放大器阻抗越大，在控制绕组在电路中开路（或通过电容器短接）时，电动机就越容易发生单相运转现象。

在实际使用中，交流伺服电动机控制绕组两端除了加有控制电信号输入的电压外，还附加有一些干扰电信号的电压，例如：由自整角变压器、旋转变压器、交流测速发电机等信号元件的剩余电压或零位电压就是这类附加的干扰电信号所引起的电压。这些干扰电信号的电压的基波分量和高次谐波分量会影响伺服电动机的运行。

若基波分量同控制电压相位移相差 90°时，如果伺服电动机励磁电压与控制电压之间相位相差 90°，那么，基波分量同励磁电压之间相位相差 0°或 180°。当控制电压消失时，这些基波分量在电动机铁心和绕组中产生附加的铁耗和铜耗，使电动机过热。如果励磁电压同控制电压之间相位移不是正好相差 90°，那么，基波分量同励磁电压之间相位相差不是 0°或 180°，这时，当控制电压消失时，基波分量同励磁电压形成旋转磁场，有可能使伺服电动机不停止运动，发生误动作。同样，若基波分量同控制电压相位相差 0°时，那么交流伺服电动机也有可能发生单相运转现象。所以，要使伺服放大器将基波分量补偿掉。

由于信号元件、伺服放大器及交流伺服电动机本身均为非线性元件以及供电电压的失真等原因，因此控制电压和励磁电压均存在不同程度的高次谐波，特别是剩余电压或零位电压中的高次谐波分量所引起的电压。这些高次谐波的存在除增加电动机损耗使电动机过热外，还有可能产生谐波旋转磁场，发生单相运转现象，使伺服电动机发生误动作。为了削弱高次谐波分量的影响，可在控制绕组两端并联电容器，此电容器既可提高控制相电路功率因数又可以起滤波作用。

（8）交流伺服电动机的发热与温升。交流伺服电动机在伺服系统内工作时，励磁绕线是经常接在网络上的，因此，当单相供电和转子静止时，电动机的励磁绕组不应过热。其办法是适当选择网络电压和励磁相电路中的移相电容器的电容量数值，使得堵转时的励磁绕组两端电压不宜过高。

SL 系列两相交流伺服电动机在设计和制造时，对于 45 机座及以下机座号的电动机一般均要求可以承受在两相供电和堵转状态下的发热，而不致于使绕组烧坏。这样，在伺服系统内可不设置电动机制动装置（当转子制动时，使控制绕组断开的特殊保护装置），使系统结构简化；以及在传动机构发生故障的情况下，使交流伺服电动机在两相供电和堵转状态下，电动机绕组不过热、不烧坏。

电动机的温升同散热条件关系很大，改善散热条件，在同样的损耗情况下，可以降低电动机的温升。改善散热条件的方法有：

①安装在有足够大散热面积的金属固定面板上，电动机与面板应紧密接

触，要通风良好，必要时可以用风扇冷却。

②多台电动机之间以及电动机与其他发热器件（如变压器、功率管等）要尽量隔开一定距离。

（二）应用

两相交流伺服电动机在工业自动化和国防现代化的各种自动控制装置中作执行元件。

由于两相交流伺服电动机设计和制造必须满足使用中的控制性能，至于为一般感应电动机所注重的效率等方面，对交流伺服电动机而言是无关紧要的。因此，不可将交流伺服电动机作为一般感应电动机来使用，因为这样很不经济。

交流伺服电动机在自动控制系统中的使用主要有 3 种类型，即速度伺服系统、位置伺服系统、追随伺服系统。

1. 速度伺服系统

通常被驱动机具的负载力矩是经常变化的，供电电源的电压和频率也是经常变化的，那么，被驱动对象的运行速度通常也是变化的。因此，速度伺服系统主要任务是保持被驱动机具（或称负载）在所需要的精确速度（绝不是 1 种速度）下稳定运行。图 3-3-21 为速度伺服系统示例。

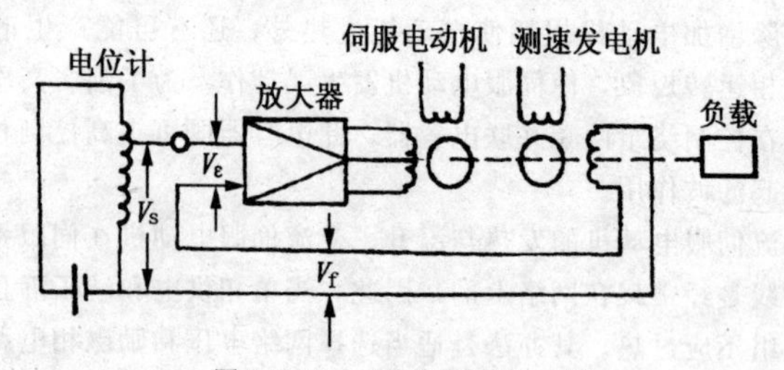

图 3-3-21　速度伺服系统示例

被驱动负载的速度同电位计预先给定的电压 V_S 一一对应。将测速发电机输出的反馈电压 V_f 与 V_S 进行比较，得到偏差电压 V_ε，经伺服放大器放大，加到交流伺服电动机控制绕组上，伺服电动机驱动负载以一定的转速运行。

当负载力矩增大时，伺服电动机的转速下降，V_f 也降低，因而 V_ε 增大，从而使加入伺服电动机控制绕组上的电压，即控制电压也随即增大，伺服电动机的转速随之升高至原来的转速。反之，当负载力矩减小，则伺服电动机的转速升高，V_f 也升高，因而 V_ε 减小，从而加入伺服电动机控制绕组上的电压，即控制电压也随即减小，使得伺服电动机的转速随之降低至原来的转速。改变 V_S 值，就会在新的转速下稳定运行。这样就达到了恒速控制的目的。

2. **位置伺服系统**

应用位置伺服系统的装置很多，例如：角度数据传输装置和位置指示装置等。图 3-3-22 为位置伺服系统示例。这是一种自动电位计，用来自动检测某个量值（如温度）的仪器。

图 3-3-22 是记录炉子或其他加热设备温度的自动电位计。用热电偶来测量温度。热电偶产生的热电势 u_1 与温度成正比，同从电位器上取下来的电压 u_2 进行比较，得到电压偏差 e 加在伺服放大器上，由放大器输入端的振动变压器把这一直流电压变为交流电压，经放大器放大后加到交流伺服电动机的控制绕组上。伺服电动机通过减速器移动记录仪器的托架。滑线变阻器的触头和记录笔安装在托架上。当伺服电动机旋转时，触头就被移动，电压 u_2 便发生变化，直到伺服放大器输入端的电压等于零时，伺服电动机才停止旋转。由此可看出，只有当 $u_1=u_2$ 时，才能出现静止状态，也即记录笔尖在记录纸带上的位置就是代表温度的量值。当温度平稳地变化时，交流伺服电动机便不断地移动托架，使电压 u_2 随时同热电偶送来的电压相平衡。装在托架上的记录笔尖就“跟踪”着炉温的变化，在记录纸带上记下温度的量值来。

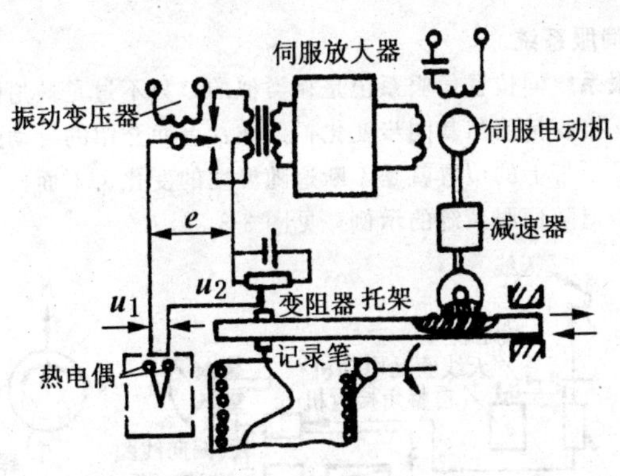

图 3-3-22　位置伺服系统示例

图 3-3-23 所示的是工业电视摄像机的远距离控制系统。这是对多点远距离监视的摄像机旋转角度控制装置，用小型高稳定性带有测速发电机的交流伺服电动机作驱动。

在传动元件以及传动机构上应采用可靠性高的自整角机伺服机构。现在，将设定器的指针调到 A 点上，摄像机则监视 A 点。当设定点调到 B 点时，设定器的自整角机发送机 CT 和旋转机构内的自整角变压器 CX 间产生角度差，CX 将其偏差信号电压输入伺服放大器，由此进行电压和功率放大，驱动伺服电动机。摄像机转到 B 点，自整角机角度差为零，电动机停止转动，操作完毕。

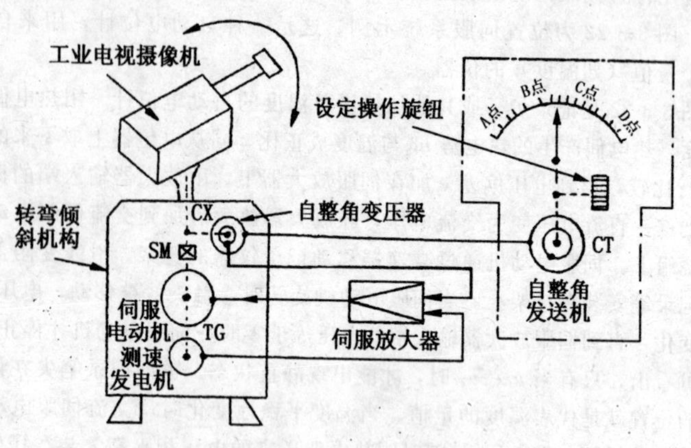

图 3-3-23 电视摄像机远距离控制示意图

3. 追随伺服系统

追随伺服系统同位置伺服系统是相类似的，只不过是被追随的发送量不断地变化时，接收量值与其同步变化，例如：上面介绍的自动电位计中的记录笔尖在记录纸带上的位置就是不断追随温度的变化。下面再介绍雷达天线偏向线圈同步追随伺服系统的示例，见图 3-3-24。

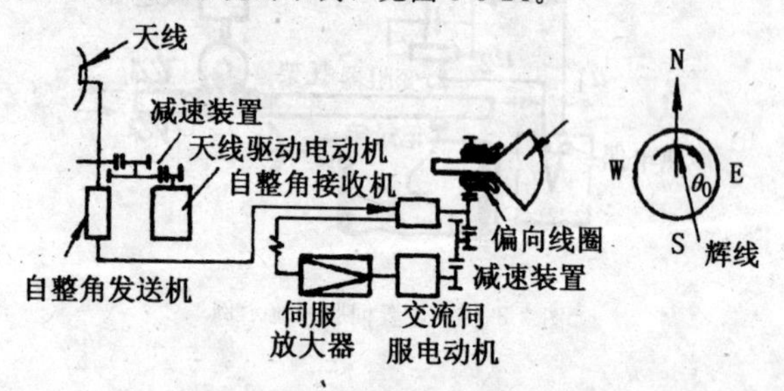

图 3-3-24 追随伺服系统示例

天线驱动电动机通过减速装置驱动天线和自整角发送机以某一速度回转时，自整角发送机同自整角接收机之间存在一失调角，接收机输出绕组产生同失调角相对应的偏差电压，此偏差电压由伺服放大器放大，加到交流伺服电动机的控制绕组上，使交流伺服电动机旋转，通过减速装置驱动自整角接收机和偏向线圈以自整角发送机回转速度同步回转。这样一来，就实现了雷达天线与偏向线圈以相同的速度回转。换言之，偏向线圈不断“跟踪”追随雷达天线同步回转。

图 3-3-25 是恒定亮度点的自动跟踪机构。本机构是对移动的发光体或是对发光体移动的恒定亮度点进行远距离自动跟踪的控制系统。当来自光学系统的输入与设计的光亮度基准值相等时，电动机 M 的转速为零。机构采用交流伺服电动机。交流测速发电机可作为跟踪机构阻尼调整之用。

将应跟踪的光亮度点设定好刻度，按指示计近于零的位置上移动受光部分，并联接离合器。这时自动平衡系统成环状，自动的按恒定亮度点跟踪。为了记录移动状态，可将在机构上直接联接的电位计电压接入记录仪，而使移动量与该电压成比例。

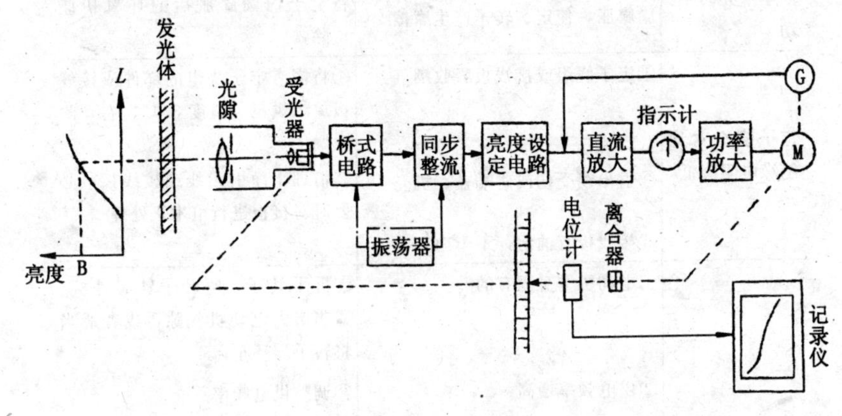

图 3-3-25　恒定亮度点的自动跟踪机构示意图

四、两相交流伺服电动机常见故障及维护

两相交流伺服电动机因没有电刷之类的滑动接触，故其机械强度高、可靠性高、寿命长，只要选用恰当，使用中发生的故障率通常较低。

常见故障产生原因及维护见表 3-3-4。

通常应按照制造厂提供的使用维护说明书中的要求正确存放、使用和维护。对超过制造厂保证期的交流伺服电动机并不是都不能使用，而是能使用的。主要问题是必须对轴承进行清洗并更换润滑油脂，有时甚至需要更换轴承。经过这样的处理并重新进行出厂项目的性能测试后便可以作为新出厂的电动机来使用。

表 3-3-4 常见故障产生原因及维护

常见故障	产生原因	避免或消除办法
定子绕组不通	①固定螺钉伸入机壳过长，损伤了定子绕组端部	①使用的固定螺钉不宜过长，或在机壳内侧同定子绕组端部之间加保护垫圈
	②引出线拆断或接线柱脱焊	②检查引出线或接线柱并消除缺陷
始动电压增大	①轴承润滑油脂干固，或轴承出现锈蚀	①存放时间长时清洗轴承，加新润滑油脂，或更换新轴承
	②轴向间隙太小	②适当调整增大轴向间隙
转子转动困难，甚至卡死转不动	电动机过热后定子灌注的环氧树脂膨胀，使定、转子产生摩擦	电动机不能过热，拆开定、转子，将定子内圆膨胀后的环氧树脂清除
定子绕组对地绝缘电阻降低	①定子绕组或接线板吸收潮气	①将嵌有定子绕组的部件或接线板放入烘箱（温度 80℃左右）除去潮气
	②引出线受伤或碰端盖、机壳	②清理干净引出线或接线板；必要时对接板进行电木化处理
	③接线板有油污，不干净	
发生单相运转现象	①电动机本身固有的	①拆下转子，磨转子铁心外圆，适当增大电动机气隙，或者适当将转子端环车薄
	②供电频率增高	②调整供电频率
	③控制绕线两端并联电容器的电容量不合适	③调整并联电容器电容量
	④控制电压中存在干扰信号所引起的基波分量和高次谐波分量过大	④伺服放大器设置补偿电路，使具有相敏特性，消除干扰信号中的基波分量；控制绕线两端并联电容器滤掉干扰信号中的高次谐波分量
	⑤伺服放大器内阻过大	⑤降低伺服放大器内阻；伺服放大器功率输出级加电压负反馈

五、两相交流伺服电动机产品技术数据

（一）SL 系列笼型转子两相伺服电动机

表 3-3-5　SL 系列笼型转子两相伺服电动机技术数据

型号	励磁电压（V）	控制电压（V）	频率（Hz）	堵转转矩（mN·m）（不小于）	空载转速（r/min）（不小于）	输出功率（W）	机电时间常数（ms）	外形尺寸（mm）			质量（g）
								总长	外径	轴径	
12SL4G4	20	20	400	0.637	9000	0.16	12	41	12.5	2	20
16SL1	26	26	400	0.882	9000			29.0	16		
20SL4E6	36	36	400	1.96	5600	0.32	12	42	20	2.5	50
20SL4E4	36	36	400	1.764	9000	0.50	25	46.2	20	2.5	50
20SL4E4	36	36	400		8500	0.50	14	46.2	20	2.5	
20SL4E8	36	63	400		5600	0.32	12	47	20	2.5	50
20SL1	26	26	400	1.176	9000			29.4	20	2.5	
20SL4G4	20	20	400	1.96	9000			29	24		
20SL4G6	20	20	400	1.746	9000	0.50	25	46.2	20	2.5	
20SL02	36	36	400	1.96	5600	0.32	12	46.2	20	2.5	50
20SL5F2	26	26	500	1.47	6000	0.25	15	40.2	20	2.5	45
24SL1	26	26	400	1.764	2700	0.12	15	43	20	2.5	50

续表

型号	励磁电压（V）	控制电压（V）	频率（Hz）	堵转转矩（mN·m）（不小于）	空载转速（r/min）（不小于）	输出功率（W）	机电时间常数（ms）	外形尺寸（mm）			质量（g）
								总长	外径	轴径	
24SL4E4	115	40/20	400	1.96	9000	0.5	30	32	24	3	60
24SL4-6A	26	26/13	400	*147	48	0.18		65	24	4	100
24SLT330	26	26	400	2.15	6000	0.3		32	24	3	
24SLT440	18	18	400	0.98	9000	0.3		35	24	2.94	
28SL40	36	36/18	400	3.92	6000		25	54	28	3	
28SL41	115	36/18	400	3.92	6000		25	54	28	3	
28SL42	115	115/57.5	400	3.92	6000		25	54	28	3	
28SL43	115	36/18	400	4.90	6000		15	40	23	3	
28SL44	115	115/57.5	400	4.90	6000		15	40	28	3	
28SL45	36	36/18	400	4.90	6000		15	40	28	3	
28SL4-4A	115	115/57.5	400	5.5	9000	1.5	20	65	28	3	
28SL5-2A	36	36/18	50	5.0	2500	0.4	15	60	28	3	
28SL01	36	36	400	5.0	6000	1.0	20	56.5	28	3	160
28SL02	115	115	400	4.9	6000	1.0	20	56.5	28	3	140
28SL03	115	36	400	5.0	6000	1.0	20	56.5	28	3	160
28SL4B	36	36	400	5.39	9000	1.5	15	34	28	3	100

续表

型号	励磁电压 (V)	控制电压 (V)	频率 (Hz)	堵转转矩 (mN·m) (不小于)	空载转速 (r/min) (不小于)	输出功率 (W)	机电时间常数 (ms)	外形尺寸 (mm)			质量 (g)
								总长	外径	轴径	
28SL4C	115	36	400	5.39	9000	1.5	15	34	28	3	100
28SL4D	115	115	400	5.39	6000	1.0	10	34	28	3	100
28SL4B6	115	115	400		6000	1.2	15	59	28	3	140
28SL4B6	115	115/57.5	400	5.39	6000	1.2	15	58.5	28	3	100
28SL4B8	115	115	400	5.88	4800	1.0	20	58.5	28	3	100
28SL4E6	36	36	400	5.39	6000	1.2	10	58.5	28	3	140
28SL4E6	36	36/18	400	5.39	6000	1.2	15	58.5	28	3	100
28SL4E8	36	36	400	5.88	4800	1.0	20	58.5	28	3	100
28SL4A	115	115	400	5.39	9000	1.5	15	34	28	3	100
28SL4I6	115	36	400	5.39	6000	1.2	15	58.5	28	3	160
28SL5C2	110	110	50	4.9	2700	0.4	8	56.5	28	3	100
28SL04	115	26	400	6.0	6000	1.0	20	56.5	28	3	160
28SL51	36	36	50	9.0	2500	0.4	15	56.5	28	3	100
28SL5E2	36	36	50	5.0	2700	0.4	8	56.5	28	3	160
28SL5E2	36	36	50	4.9	2700	0.4	8	58.5	28	3	100
28SL5G2	20	20	50	4.9	2700	0.4	8	58.5	28	3	100

续表

型号	励磁电压(V)	控制电压(V)	频率(Hz)	堵转转矩(mN·m)(不小于)	空载转速(r/min)(不小于)	输出功率(W)	机电时间常数(ms)	外形尺寸(mm)			质量(g)
								总长	外径	轴径	
28SL4I8	115	36	400	5.39	6000	1.2	15	58.5	28	3	100
28SL4A6	115	115/57.5	400	5.88	6000	1.0	15	49	28	3	100
28SL4B6	36	36/18	400	5.88	6000	1.0	15	49	28	3	100
36SL01	36	36	400	9.0	4800	1.5	20	63.5	36	4	260
36SL02	115	115	400	8.82	4800	1.5	20	63.5	36	4	260
36SL03	115	36	400	9.0	4800	1.5	20	63.5	36	4	260
36SL04	36	36	400	7.0	9000	2.0	35	63.5	36	4	260
36SL05	115	115	400	7.0	9000	2.0	35	63.5	36	4	260
36SL06	115	36	400	7.0	9000	2.0	35	63.5	36	4	260
36SL4A	115	115	400	7.84	9000	2.5	20	44	36	4	170
36SL4A8	115	115/57.5	400	11.73	4800	1.8	20	65.5	36	4	190
36SL4B4	115	115	400	7.84	9000	2.5	35	70.5	36	4	170
36SL4B	36	36	400	7.84	9000	2.5	20	44	36	4	170
36SL4B8	36	36/18	400	11.76	4800	1.8	20	65.5	36	4	190
36SL4B8	115	115	400	10.78	4800	1.8	15	70.5	36	4	260
36SL4B8	115	115/57.5	400	10.78	4800	1.8	15	70.5	36	4	170

续表

型号	励磁电压 (V)	控制电压 (V)	频率 (Hz)	堵转转矩 (mN·m) (不小于)	空载转速 (r/min) (不小于)	输出功率 (W)	机电时间常数 (ms)	外形尺寸 (mm)			质量 (g)
								总长	外径	轴径	
36SL4C8	115	36/18	400	11.76	4800	1.8	20	65.5	36	4	190
36SL4C	115	36	400	7.84	9000	2.5	20	44	36	4	170
36SL4D	115	115	400	10.78	4800	1.8	15	49.5	36	4	170
36SL4E8	36	36	400	10.78	4800	1.8	15	70.5	36	4	170
36SL4E	36	36	400	10.78	4800	1.8	15	49.5	36	4	170
36SL4E4	36	36	400	7.84	9000	2.5	35	70.5	36	4	170
36SL4I8	115	36	400	10.78	4800	1.8	15	70.5	36	4	170
36SL4I4	115	36	400	7.84	9000	2.5	35	70.5	36	4	170
36SL5C2	110	110	50	10.78	2700	1.0	8	70.5	36	4	170
36SL5E2	36	36	50	10.78	2700	1.0	8	70.5	36	4	170
36SL5J2	110	20	50	10.78	2700	1.0	8	70.5	36	4	170
36SL51	36	36	50	9.0	2700	0.63	15	63.5	36	4	260
36SL52	110	110	50	8.82	2700	0.63	15	63.5	36	4	260
36SL53	110	36	50	9.0	2700	0.63	15	63.5	36	4	260
36SL4-4A	115	115/57.5	400	8.82	9000	2.5	35	63.5	36	4	260
36SL4-4B	115	115/57.5	400	13	9000	4	35	68	36	4	

续表

型号	励磁电压 (V)	控制电压 (V)	频率 (Hz)	堵转转矩 (mN·m) (不小于)	空载转速 (r/min) (不小于)	输出功率 (W)	机电时间常数 (ms)	外形尺寸 (mm)			质量 (g)
								总长	外径	轴径	
36SL5-2A	36	36/18	50	11	2700	1	15	70.5	36	4	
36SLT110	115	115/57.5	400	9.8	4800	1.7		53	36	4	
36SLT120	115	36/18	400	9.8	4800	1.7		53	36	4	
45SL01	36	36	400	16.7	4800	2.5	20	73.5	45	4	450
45SL02	115	115	400	16.13	4800	2.5	20	73.5	45	4	450
45SL03	115	36	400	16.7	4200	2.5	20	73.5	45	4	450
45SL04	36	36	400	14.7	9000	4	30	73.5	45	4	450
45SL05	115	115	400	14.7	9000	4	30	73.5	45	4	450
45SL06	36	36	400	14.7	9000	4	30	73.5	45	4	450
45SL4B	115	36	400	16.66	9000	5.5	20	46.5	45	4	350
45SL4A	115	115	400	16.66	9000	5.5	20	46.5	45	4	350
45SL4B4	115	115	400	15.66	9000	4	20	80.5	45	4	450
45SL4B8	115	115	400	24.5	4800	4	20	81	45	4	450
45SL4B8	115	115	400	21.57	4800	4	20	80.5	45	4	350
45SL4B8	36	36/18	400	24.5	4600	2.5	15	71.5	45	4	360
45SL4A8	115	115/57.5	400	24.5	4800	2.5	15	71.5	45	4	360

续表

型号	励磁电压（V）	控制电压（V）	频率（Hz）	堵转转矩（mN·m）（不小于）	空载转速（r/min）（不小于）	输出功率（W）	机电时间常数（ms）	外形尺寸（mm）			质量（g）
								总长	外径	轴径	
45SL4C	115	115	400	24.5	4800	4	20	53	45	4	350
45SL4D	115	36	400	24.5	4800	4	20	58	45	4	350
45SL4E8	36	36	400	21.57	4800	4	20	80.5	45	4	450
45SL4E4	36	36	400	15.69	9000	6	40	80.5	45	4	350
45SL4I4	115	36	400	15.69	9000	6	40	80.5	45	4	450
45SL4I8	115	36	400	21.57	4800	4	20	80.5	45	4	350
45SL58	36	36	50	29.4	2700	2.5	30	73.6	45	4	450
45SL59	110	110	50	29.4	2700	2.5	30	73.5	45	4	450
45SL60	110	36	50	29.4	2700	2.5	30	73.5	45	4	450
45SL5C2	110	110	50	44.1	2700	4	15	80.5	45	4	450
45SL5C2	110	110	50	44.13	2700	4	5.5	80.5	45	4	450
45SL501	110	110/55	50	34.3	1200	2	25	60.5	45	4	350
45SL5D	220	220	50	31.36	1200	2	18	60.5	45	4	350
45SL5E2	36	36	50	44.13	2700	4	15	80.5	45	4	450
45SL5A	110	110	50	31.36	2400	3	25	60.5	45	4	350
45SL5B	220	220	50	31.36	2400	3	25	60.5	45	4	350

续表

型号	励磁电压 (V)	控制电压 (V)	频率 (Hz)	堵转转矩 (mN·m) (不小于)	空载转速 (r/min) (不小于)	输出功率 (W)	机电时间常数 (ms)	外形尺寸 (mm)			质量 (g)
								总长	外径	轴径	
45SL5C4	110	110	50	53.93	1250	2.5	15	80.5	45	4	450
45SL5C	110	110	50	31.36	1200	2	25	60.5	45	4	350
45SL5H4	110	115	50	14.71	1250	4		80.5	45	4	450
45SL5J2	110	20	50	44.13	2700	4	15	80.5	45	4	450
45SL62P	115	115	400	17.65	4500		20	70	45	4	
45SL62P$_1$	115	115/57.5	400	17.65	4500		20	58.8	45	4	
45SL4-4A	115	115/57.5	400	18	9000	5	30	63.5	45	4	
45SL-4B	115	115/57.5	400	18	9000	5	30	63.5	45	4	
55SL4B4	115	115	400	39.22	9000	16	50	115	55	6	850
55SL4B8	115	115	400	53.92	4800	9.2	25	115	55	6	850
55SL5A	110	110	50	88.2	2400	8	20	87	55	6	800
55SL5A2	220	220	50	83.35	2700	8	15	115	55	6	850
55SL5A4	220	220	50	66.68	1250	2.5	15	115	55	6	850
55SL5B	220	220	50	88.2	2400	8	20	87	55	6	800
55SL5C	110	110	50	88.2	1200	5	15	87	55	6	800
55SL5C2G	110	110	50	98.07	2700	10	15	110	55	6	800
55SL5D	220	220	50	88.2	1200	5	15	87	55	6	800
55SL5C2	110	110	50	83.35	2700	8	15	115	55	6	850

续表

型号	励磁电压（V）	控制电压（V）	频率（Hz）	堵转转矩（mN·m）（不小于）	空载转速（r/min）（不小于）	输出功率（W）	机电时间常数（ms）	外形尺寸（mm）			质量（g）
								总长	外径	轴径	
55SL5H4	110	115	50		1200	0.65	15	76	55	6	500
55SL5K2	110	36/18	50	88.26	2700	6	15	115	55	6	800
55SL54	110	110	50	39.22	2700			115	55	6	850
55SL1	115	115	400	49	9000			60	55		
55SL54A	220	220	50	39.22	2700			115	55	6	
55SL57	110	110	50	70.61	2700	6.3	20	100	55	6	850
55SL58	220	110	50	83	2700	8	30	106	55	6	1000
55SL5-2A	220	220/110	50	85	2700	8	20	106	55	6	1000
55SL50	220	36	50	83.35	2800	8		106	55	6	1500
70SL5A2	220	220	50	176.4	2700	16	15	134	70	6	1500
70SL5C2	110	110	50	176.4	2700	16	15	134	70	6	1500
70SL4B4	115	115	400	68.64	9000	28	100	134	70	6	1000
72SL1	220	220	50	357.7	1460			130	80.8		
90SL5A8	220		50	820	740			176	90	11	
90SL55	220	220	50	294.21	2700	25	30	136	90	9	
110SL5	220		50	980	900			190	110	12	
110SL5C	110		50	1176.84	900			247	110	14	

生产厂家：西安微电机研究所，南京华凯微电机公司，天津安全电机有限公司，青岛青微电器有限责任公司，成都微精电机股份公司等。

（二）QSL 系列单相电容运转伺服电动机

表 3-3-6　QSL 系列单相电容运转伺服电动机技术数据

型号	频率 (Hz)	电压 (V)	空载转速 (r/min) 不小于	堵转电流 (A) 不大于	堵转转矩 (mN·m) 不小于	额定电流 (A) 不大于	额定转矩 (mN·m) 不小于	额定输出功率 (W)	时间常数 (ms)	质量 (g)	外形尺寸 (mm)		
											总长	外径	轴径
Q20SL01	50	20	2500	0.15	9.31	0.15	0.98	0.15	15	75	47.6	20	2.5
Q28SL01	50	20	2500	0.15	1.47	0.15	0.98	0.15	15	75	57	28	3
Q45SL01	50	110	1200	0.25	34.32	0.25	22.55	1.8	15	450	72	45	4
Q45SL02	50	110	1200	0.2	34.32	0.2	22.55	1.8	15	450	72	45	4
28YY5-2a	50	36	2500		5	0.12		0.4			44	28	3

生产厂家：成都微精电机股份公司。

（三）空心杯转子两相伺服电动机

表 3-3-7　空心杯转子两相伺服电动机技术数据（一）

型号	频率 (Hz)	功率 (W)	转速 (r/min)	堵转转矩 (mN·m)	励磁电压 (V)	励磁电流 (A)	控制电压 (V)	控制电流 (A)	外形尺寸 (mm)			质量 (kg)	生产厂家
									总长	外径	轴径		
DRK-627	400	1.2 (3000r/min)	6500	7.94	30	0.578	60	0.42	78.5	60	3	≤0.32	⑩

表 3-3-8　空心杯转子两相伺服电动机技术数据（二）

型号	励磁电压（V）	控制电压（V）	电源频率（Hz）	控制电流（A）	励磁电流（A）	额定转矩（mN·m）	额定转速（r/min）	堵转转矩（N·m）	始动电压（V）	机电时间常数（s）	分相电容（μF）	生产厂家
EM-1	115	115	400	0.055	0.25	3.2	2000	0.0065	1	0.03	0.3±5%	㉑
EM-2-12	115	50	400	0.135	0.25	4.5	5000	0.0065	1	0.045	0.37±5%	

表 3-3-9　空心杯转子两相伺服电动机技术数据（三）

型 号	励磁电压（V）	频率（Hz）	额定输出功率（W）	额定转速（r/min）	额定转矩（mN·m）	控制电压（V）	控制电流（A）	外形尺寸（mm）			质量（kg）	备注（mm）
								总长	外径	轴径		
ADP-1	120	500	3.7	9000	3.92	35	0.15	87	58	4	750	
ADP-120	110	400	2.4	4000±40	5.88	110		100	50	4	650	
	110	500	2.4	4000±40	5.88	110						
ADP-123	110	400	4.1	≥4000	9.81	110	0.27	90	50	4	550	
	110	500	4.6	≥5000	8.83	110	0.2					
ADP-123B	110	400	8.9	≥6000	14.22	110	0.23	90	50	4	550	
	110	500	9	≥7000	12.25	110	0.18					
ADP-202	110	400	1.5	6000	2.45	110	0.06	66.5	41	3	250	

续表

型号	励磁电压（V）	频率（Hz）	额定输出功率（W）	额定转速（r/min）	额定转矩（mN·m）	控制电压（V）	控制电流（A）	外形尺寸（mm）			质量（kg）	备注（mm）
								总长	外径	轴径		
	110	500	1.3	6300	1.96	110	0.06					
ADP-261	120	330	12	6600	17.64	170	0.23	122.5	70	6	1400	
ADP-262	110	50	9.5	1850	49	125	0.53	122.5	70	6	1600	
ADP-263	110	500	24.5	6000	39.2	170	0.75	122.5	70	6	1600	轴径为 4
ADP-263A	36	500	24.7	6000	39.2	275	0.55	122.5	70	6	1600	轴径为 4
ADP-362	110	50	19	1950	93.1	125	0.65	135	85	8	2600	外径为 89
ADP-363	110	500	35	6000	55.86	120	1.2	144.5	85	8	2700	外径为 89，轴径为 5
ADP-363A	36	500	46.4	6000	73.5	245	0.68	144.5	85	8	2700	外径为 89，轴径为 8
ADP-363B	115	400		4000	56.88	50	1.0	150	95	8	2700	
ADP-562	110	50	41	2000	196.2	160	0.73	173.5	112	10	5500	
ADP-563A	6	500	61	6000	98.1	220	0.75	183	112	10		

生产厂家：上海南洋电机有限公司、安徽阜阳青峰机械厂、北京敬业电工集团北微微电机厂、成都微精电机股份公司、上海金陵雷戈勃劳伊特电机有限公司。

第四节　交流力矩电动机

一、概述

交流力矩电动机主要分为导辊型交流力矩电动机和卷绕型交流力矩电动机两种。它在控制装置和低速场合中的应用很多。在使用条件不允许有换向器和电刷的场合交流力矩电动机的优点更显著。其制造成本比直流力矩电动机低，结构简单、维护方便，有如下特点：

（1）运转是连续的。

（2）能够迅速产生无振荡的动作。

（3）在应用上能够获得线性的转矩—速度特性曲线，能够在低速时得到大的转矩。

交流力矩电动机实际上是两相或三相感应电机的特殊设计，通常设计在滑差 $s=1$ 处。有以下几种使用情况：

（1）以得到堵转力矩作为主要目标，例如：阀门或开关的启闭等。

（2）以高速旋转为主，也可以应用于制动状态下运行。如印染、纺织、造纸等工业中作为工件传送的导辊型力矩电动机。

（3）在偏离同步速度较远的低速状态运行，并同时按力矩与速度特性曲线来应用。如在纺织、造纸、塑料等工业中作为工件的卷绕的卷绕型力矩电动机使用。

二、交流力矩电动机结构、原理和特性

（一）结构

交流力矩电动机的机械结构与一般电动机没有显著的差异，有全封闭型、全封闭外加强迫通风冷却型以及开启型。安装形式则与一般电机完全相同，即底脚安装、法兰安装或法兰止口带凸台安装。

交流力矩电动机的转子结构多为鼠笼形，在要求高的场合，大都采用表面光滑的铁磁杯转子结构，这是由于采用杯形结构可进一步减小转动惯量。

交流力矩电动机的转矩随着转子损耗的产生而产生，因此它的效率比普通电动机低很多，温升也较高，冷却方式就要特别加以考虑。另外，还必须采用能够耐受高温的特殊绝缘处理，以适应长期堵转工作状态的要求。

（二）基本工作原理

一般的三相鼠笼型感应电动机在制动状态下产生的转矩比电动机输出的最大转矩低，而电流却是额定电流的 5～6 倍，如果在这个状态持续运行下

去，将会把电机烧毁。即使是在偏离同步转速较远的低速状态运行，也与制动状态运行的情况相似。

对于感应电动机，由于转子电阻的逐渐增加，转矩-速度的特性曲线则如图 3-4-1 所示的 A—B—C—D 的形状。交流力矩电动机就是按照图中所示的 B、C、D 机械特性曲线工作和运行的。

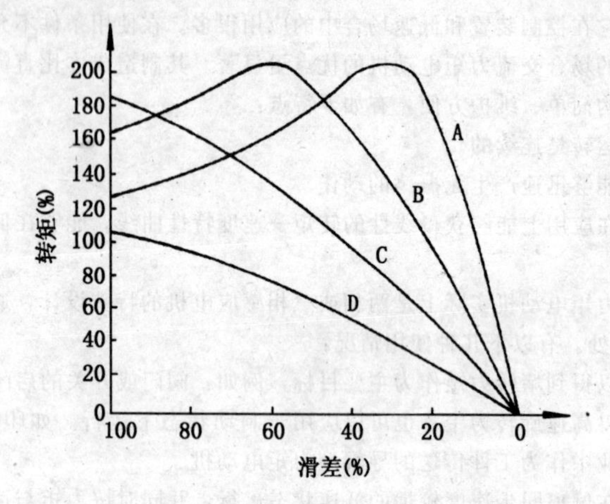

图 3-4-1　改变转子电阻而得到的特性曲线

（三）特性

力矩电动机有两种使用方式：一种是利用其堵转转矩；另一种是利用其转矩-转速特性。对于卷绕机等利用转矩-转速特性的场合，当转矩增加时电动机转速具有下垂特性，即在一定范围内转矩基本保持恒定。

一般情况下，电动机的输出用特性曲线上基本保持恒定值的那部分转矩来表示。力矩电动机也可以实现恒转矩控制。

在另一种即使在堵转状态下电动机也不会被烧毁的结构中，电动机在调压控制下运行时，随着转速的下降，在电动机内部，特别是转子内的损耗会增加，使电动机的温升升高。

力矩电动机标准规格和性能见表 3-4-1。

表 3-4-1 力矩电动机标准规格与性能

电源	调压三相交流电源：100/110V、200/220V、400/440V、50/60Hz 电源与感应调压器，自耦调压器或晶闸管调压装置
额定转矩	单相：0.008～0.3N·m、0.01～1.5N·m
极数	2～4 极、4～8 极（可做到 12 极）
空载最高转速	3000/3600～750/800 r/min
结构	一般为防滴保护型及全封闭型
功率因数·效率	比普通笼型电动机要差，特别是随着转速下降，功率因数和效率都要降低
正反转	反转时可改变相序
与负载的连接	直连或齿轮连接
使用环境	由于绕组采用了耐热、耐湿绝缘，又采用全封闭结构，故可用于各种环境。环境空气温度 40℃以下
使用注意事项	运行时电源电压波动会引起转矩的变化，可根据需要使用稳压装置 与调压器组合使用的电动机的台数愈少，转矩调整愈容易 产生一定量的机械损耗 用于卷绕机械时，卷绕半径的变化要小
运行辅助设备	断路器、接触器、热过载继电器、按钮开关、调压器、稳压装置
用途	丝、布、纸等的恒张力卷绕、张力调整等

三、交流力矩电动机使用与维护

交流力矩电动机力矩的产生需要有与之相应的输入电功率。尤其是在低速时效率低、损耗大、发热严重，大功率的交流力矩电动机则更加明显。仅靠加大机械尺寸是非常不经济的。因此建议考虑采取以下方法：

（1）在线绕转子交流电动机的次级绕组常串联接入电阻。

（2）强迫通风冷却。

（3）采用耐热等级较高的绝缘材料，提高电动机的容许工作温度。

（4）使电动机的转速尽量在其空载转速的 1/2～2/3 区域内运行，以保证恒功率或恒转矩的控制。

（5）堵转转矩选取要正确，不能过大或过小，以防止将负载（产品）拉断或者出现拖不动现象。

(6) 确定力矩电动机的力矩时，应考虑机械摩擦力矩的作用。

(7) 电线、布、丝等在生产线上卷绕时，所需力矩 $T=$（张力）×（卷绕半径）+（机械摩擦力矩）。因此，力矩电动机的转速与卷绕物的线速度成正比，与卷绕半径成反比。也就是说，随着卷绕半径的变化，电动机的转速和转矩也应随之变化。依靠力矩电动机本身在上述特性中难以做到完全协调，通常使用调压器调节电压来进行补偿或与减速机配合使用。

(8) 当需要较大力矩时，宜采用绕线型转子电动机，这样一来就在电动机二次电阻上增加了额外损耗。这时，调节外加电阻的大小就可以改变电动机特性。

四、交流力矩电动机应用

(一) 在维尼纶生产中的应用

1. 卷绕机驱动电动机的选择

维尼纶丝束以恒定的速度从冷却机出来，要求卷绕机以同样的线速度卷绕丝束。如果卷绕速度过高、拉力过大，必将造成线束被拉伸长，甚至被拉断，从而影响产品质量。反之，若卷绕速度过低，拉力不够，缠绕在丝轴车辊筒上的丝束就疏松而不紧密，容易产生毛丝，同样影响产品质量。应根据生产工艺要求对丝束进行恒张力、恒线速度的卷绕。

丝束在直线运动时张力为：$F_v=$常数

丝束在卷绕运动过程中的力矩为：$T_n=$常数

由以上分析可知，卷绕机的机械特性应是一条双曲线。作为卷绕机的驱动电机，必须具有软特性才能较好地与这样的负载特性相匹配。这时，可以选用的电动机有：

(1) 转子回路串入电阻的卷线型交流异步电动机。

(2) 滑差电机（恒功率特性）。

(3) 串励电动机。

(4) 交流力矩电动机。

前3种电动机由于控制系统复杂，维修比较困难而没有被采用。交流力矩电动机除了具有结构简单，制造、使用、维修方便等优点外，还具有从接近同步转速开始直至接近堵转为止都能稳定运行的特点，同时实现了在较宽范围内的平滑调速，适用于作为经常偏离同步速度的中、低速运行的负载的拖动设备，因此用来驱动维尼纶卷绕机是比较理想的。

2. 交流力矩电动机的容量确定举例

卷绕机的主要参数如下：

卷绕辊筒直径：空筒 $D_1=0.29$m；满筒 $D_2=0.91$m；

丝束线速度：$v=105.6$m/min；

丝束张力：$F=80$N；

齿轮比：

$$i=11\times\frac{39}{34}\times\frac{16}{22}$$

设减速装置各环节总效率：$\eta=0.36$；

折算至堵转转矩的系数：$K=0.8$；

力矩电动机所必须输出的力矩为：

$T=F\cdot D_2/2\cdot 1/i\cdot K\cdot 1/\eta$

（二）在卷绕装置中的应用

由于在同一卷绕装置上所卷绕的产品规格不同，而致线速度和张力也各不相同，因此需要按各产品及生产时的具体情况，随时调节交流力矩电动机的输入电压和改变力矩电动机的输出特性并使之与卷绕特性相匹配，以保证产品质量。

(1) 改变产品品种规格时，根据工艺所要求的速度和张力，通过调压器调节电压。

(2) 电网电压波动时，用调压器随时增减电压。

(3) 连续生产中，因处理事故而使织物堆积很多，必须提高电压以便提高卷绕机的速度，尽快地把堆积的织物卷绕起来。

(4) 机械设备未能及时检修，致使负载加重，必须临时提高电压，以保证必要的力矩。

五、交流力矩电动机产品技术数据

（一）AJ 系列三相交流力矩电动机

AJ 系列三相交流力矩电动机广泛用于需要恒定张力传动和恒定线速度的机械上，例如：电影放映机、数控机床及电线、造纸、印染等机械。其技术数据见表 3-4-2 及表 3-4-3。

表 3-4-2　AJ 系列三相交流力矩电动机技术数据

型号	额定电压（V）	启动电流（A）	启动转矩（mN·m）	空载转速（r/min）	外形尺寸（mm）			质量（g）
					总长	宽	高	
AJ5618-3	380	0.15	294.21	670	191	133	114	3500
AJ5618-5	380	0.20	490.35	670	191	133	114	3500
AJ5618-7	380	0.25	686.47	670	191	133	114	3500
AJ5638-10	380	0.35	980.66	670	191	133	114	4000
					170	133	114	4000
AJ5638B-10	220	0.55	980.66	670	191	133	114	4000
AJ5638-10	380	1.5	980.66	1200	191	133	114	
AJ6338-15	380	0.36	1470.99	670	212	148	128	5500
AJ6338-15	380/220	0.36/0.62	1470.99	670	212	148	128	5500
AJ6334B-20	220	1.15	1961.33	1200	228	146	128	4500
AJ7114B-20	220	1.1	1961.33	1200	260	185	126	7000
AJT6338-7	380	0.2	686.46	670	228	146	128	
AJC5618-80	380	0.15	7845.32	22	236	133	114	4500
AJC5618-140	380	0.2	13729.31	22	236	133	114	4500
AJC5618-200	380	0.25	19613.3	22	236	133	114	4500
AJ5618-280	380	0.35	27458.62	22	230	133	114	4500
AJC6338-440	380	0.36	43149.26	22				
AJC6334-580	380		56878.57	40				
60A2J	380	0.07	392.26	400	130	64	64	1000

生产厂家：沈阳新微电机厂。

（二）LL 系列交流力矩电动机

LL 系列交流力矩电动机主要应用于恒张力和恒线速度传动的卷绕机械，如塑料编织机、冶金、造纸、橡胶、电线电缆机械以及数控机床。

该系列电动机具有较好的机械特性，调速范围宽，并允许长期堵转。

其工作制为连续（SI），机壳防护等级 IP44，强迫空冷。156LL01 型绝缘等级为 F 级，绕组温升不超过 100K。本型电动机可与减速箱连接使用。LL 系列交流力矩电动机技术数据见表 3-4-3。

表 3-4-3 LL系列交流力矩电动机技术数据

型号	额定电压(V)	额定频率(Hz)	空载转速(r/min)(不小于)	堵转转矩(N·m)(不小于)	堵转电流(A)(不大于)	相数	减速比	外形尺寸(mm)		
								总长	宽	高
139LL01	190	50	2800	0.7	1.3	1		237	139	16
156LL01	380	50	0～8*	294*	1.3	3	1∶60	459.5	156	35
160LL01	380	50	0～19*	60*	0.35	3	1∶48.3	504	160	20
LL-80	220	50	1200	1.6	2.8	1		335	160	19.2

* 系经减速后的输出转速、转矩。

生产厂家：西安微电机研究所。

(三) DJ系列单相交流力矩电动机

表 3-4-4 DJ系列单相交流力矩电动机技术数据

型号	额定电压(V)	启动电流(A)	启动转矩(mN·m)	空载转速(r/min)	外形尺寸(mm)			质量(kg)
					长	宽	高	
DJ6314-5	220		490.33	1200				
DJ6334-7	220	1.2	686.46	1200	228	146	126	4.5

生产厂家：沈阳新微电机厂。

第五节 步进电动机

一、概述

步进电动机又称脉冲电动机，国外一般称为 Step motor 或 Stepping motor 或 Pulse、Stepper servo、Stepper 等。我国步进电动机 20 世纪 70 年代初开始起步，70 年代中期至 80 年代中期为成品发展阶段，新品种和高性能电动机不断开发，80 年代中期以后，各种混合式步进电动机被广泛利用。目前，随着科学技术的发展，特别是永磁材料、半导体技术、计算机技术的发展，使步进电动机在众多领域得到了广泛应用。由于步进电动机具有易于控制、响应性好、精度高等特点，被广泛应用在自动控制的各个领域，尤其在计算机外围设备、办公设备、加工机械、包装机械、食品机械中的应用更为广泛。从发展趋势来讲，步进电动机已经能与直流电动机、异步电动机以及同步电动机并列，成为电动机的一种基本类型。随着计算机技术进一步的发展，步进电动机必将成为机电一体化不可缺少的元件之一。

（一）分类

步进电动机的分类见表 3-5-1，其中永磁式、磁阻式和感应子式（或混合式）应用较多。

表 3-5-1　步进电动机的分类

电动机名称	代号	含义
电磁式步进电动机	BD	步、电
永磁式步进电动机	BY	步、永
感应子式（混合式）步进电动机	BYG	步、永、感
磁阻式步进电动机	BC	步、磁
盘式永磁步进电动机	BPY	步、盘、永
印刷绕组步进电动机	BN	步、印
直线步进电动机	BX	步、线
滚切式步进电动机	BG	步、滚

（二）特点

各类步进电动机具有自身的特点，归纳起来有：

（1）可以用数字信号直接进行开环控制，整个系统廉价。

（2）位移与输入脉冲信号相对应，步距误差不长期积累，可以组成结构较为简单又有一定精度的开环控制系统，也可以在要求更高精度时组成闭环控制系统。

（3）无刷，电动机本体部件少，可靠性高。

（4）易于启动、停止、正反转及变速、响应性能好。

（5）停止时，有自锁功能。

（6）步距角选择范围大，可在几十度角至 180 度大范围内选择。在小步距情况下，通常可以在超低速下高转矩稳定运行，通常不经减速器直接驱动负载。

（7）速度可以在相当范围内平滑调节。可用一台控制器控制几台电动机同步运行。

（8）带惯性负载的能力较差。

（9）由于存在失步和共振，因此步进电动机的调速方法根据状态的不同而复杂化。

（10）不能直接使用普通的交直流电源驱动。

二、步进电动机结构、原理和特性

（一）结构

1. 磁阻式步进电动机

磁阻式步进电动机也叫反应式（BF）步进电动机，其定子、转子均由软磁材料冲制、叠压而成。定子上安装多相励磁绕组，转子上无绕组，转子圆周外表面均匀分布若干齿和槽。定子上均匀分布若干个大磁极，每个大磁极上有数个小齿和槽。图 3-5-1 为三相反应式步进电动机结构示意图，磁路结构为单段式径向磁路。此外还有多段式径向磁路和多段式轴向磁路两种结构。磁阻式步进电动机相数一般为三相、四相、五相、六相。多段式径向磁路的磁阻式步进电动机是由单段式演变而来的。各相励磁绕组沿轴向分段布置，每段之间的定子齿在径向互相错开 $1/m$ 齿距（m 为相数），见图 3-5-2。

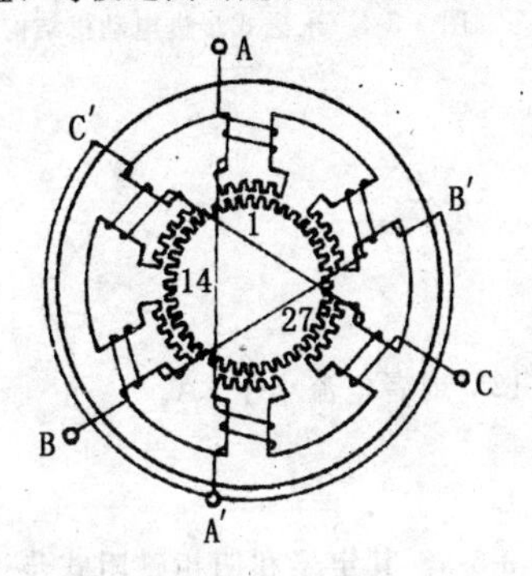

图 3-5-1　磁阻式步进电动机结构

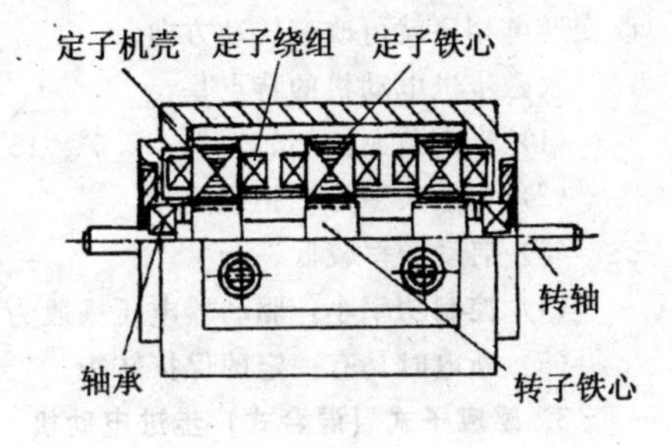

图 3-5-2　多段式径向磁路磁阻式步进电动机结构

与单段式相比，多段式结构电机电感小，转动惯量小，动态性能指标高，但电动机的刚度差，制造工艺复杂。多段式轴向磁路的步进电动机结构见图 3-5-3。其励磁绕组为环形绕组，绕组制造和安装都很方便。定子冲片为内齿状的环形冲片，定子齿数和转子齿数相等，每段之间定子齿在径向依次错开 $1/m$ 齿距，转子齿不错位。后两种结构和其他型式的磁阻式步进电动机目前都已很少采用。它们的共同特点是：

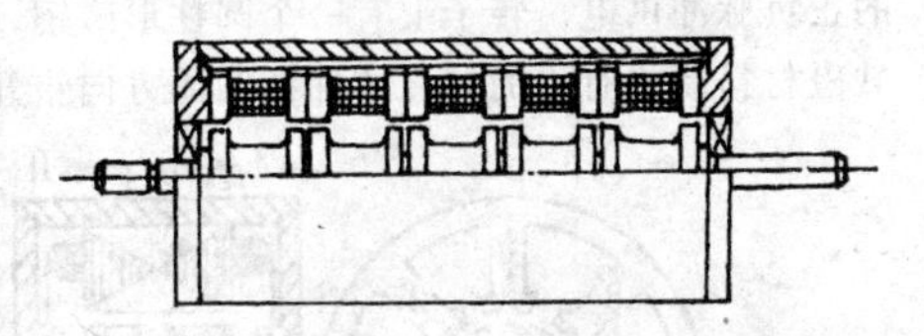

图 3-5-3　多段式磁路磁阻式步进电动机

（1）定、转子间气隙小，一般为 0.03～0.07mm。

（2）步距角小，最小可做到 10′。

（3）励磁电流大，最高可达20A。

（4）断电时没有定位转矩。

（5）电动机内阻尼较小，单步运行振荡时间较长。

2. 永磁式步进电动机

转子或定子任何一方具有永磁材料的步进电动机叫永磁式步进电动机，其结构见图3-5-4。永磁式步进电动机没有永磁材料的一方有励磁绕组，绕组通电后，建立的磁场与永磁材料的恒定磁场相互作用产生电磁转矩，励磁绕组一般为二相或四相。由图3-5-4可知，A、B二相控制绕组当按A→B→（—A）→B→A……顺序通电励磁，转子按顺时针方向转动，此时步距角为45°，改变通电相序就可改变转动方向。

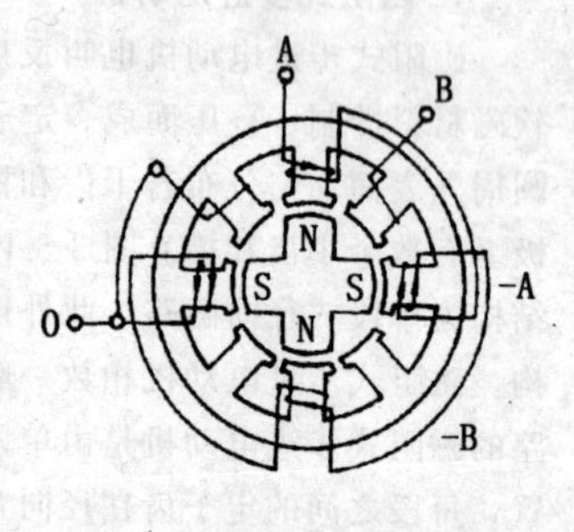

图3-5-4 永磁式步进电动机结构

永磁步进电动机的特点是：

（1）步距角大，例如15°、22.5°、45°、90°等。

（2）相数大多为二相或四相。

（3）启动频率较低。

（4）控制功率小，驱动器电压一般为12V或者电流小于2A。

（5）断电时具有一定的保持转矩。

3. 感应子式（混合式）步进电动机

这种电动机最早见于美国专利，见图3-5-5。其定子和四相磁阻式步进电动机没有区别，只是每极下同时绕有二相绕组或者绕一相绕组用桥式电路的正负脉冲供电。转子上有一个圆柱形磁钢，沿轴向充磁，两端分别放置由软磁材料制成有齿的导磁体并沿圆周方向错开半个齿距。当某相绕组通以励

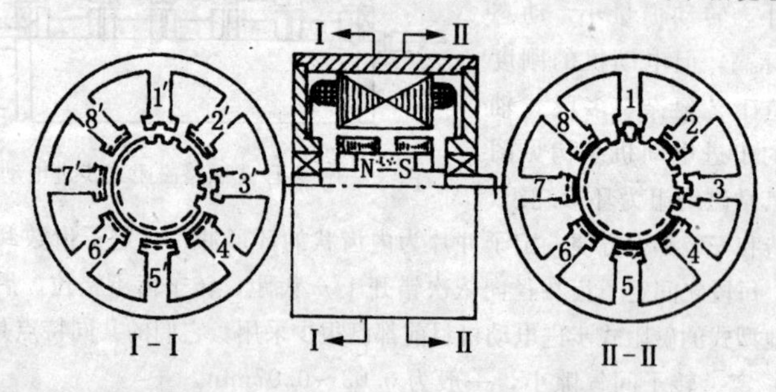

图3-5-5 感应子式（混合式）步进电动机示意图

磁电流后，就会使一端磁极下的磁通增强而使另一端减弱。异性磁极的情况也是同样的，一端增强而另一端减弱。改变励磁绕组通电的相序，产生合成转矩可以使转子转过 1/4 齿距达到稳定平衡位置。这种步进电动机不仅具有磁阻式步进电动机步距小、运行频率高的特点，还具有消耗功率小的优点，是目前发展较快的一种步进电动机。

（二）基本原理

步进电动机是一种将数字脉冲电信号转换为机械角位移或线位移的执行元件。它需要专用电源供给电脉冲，每输入一个脉冲，电动机转子就转过一个小角度或前进一“步”，位移量与输入脉冲数成正比，速度与脉冲频率成正比。它可在宽的范围内通过脉冲频率来调速，能快速启动、制动和反转。它具有较好的开环稳定性；当速度控制精度要求更高时，也可采用闭环控制技术。

磁阻式步进电动机的工作原理是利用了物理上“磁通总是力图使自已所通过的路径磁阻最小”所产生的磁阻转矩使电机转动。

永磁式步进电动机由永磁体建立的磁场与定子电流产生的磁场相互作用而产生转矩，使转子运转。

混合式步进电动机兼有磁阻式和永磁式步进电动机的部分特征。其定子结构与磁阻式的相似，转子结构与永磁低速同步电机的相同。混合式步进电动机同一相的两个磁极在空间相差180°机械角度，两个磁极上的绕组产生的N、S极性必须相同，否则无法运行。其运行方式和步距角的计算方法与磁阻式步进电机相同。

（三）特性

1. 最大静转矩

最大静转矩也叫保持转矩，是在额定静态电流下施加在已通电的步进电动机转轴上而不产生连续旋转的最大转矩。按同时通电相数的多少，最大静转矩可分为单相、二相、三相等最大静转矩。但不能错误地认为通电相数越多，合成转矩越大。由于转矩受电流参数及电流大小的影响，因此会出现通电相数少时的转矩反而比通电相数多时的大。步进电动机一般不用功率来表示，而只给出最大静转矩值。

多相通电时最大静转矩与单相通电时最大静转矩的比例倍数 k_{mc} 见表3-5-2。

表 3-5-2　磁阻式步进电动机运行方式

相数	运行方式	名称	k	k_{mc}
3	AB－BC－CA－	2 相励磁	1	1
3	A－AB－B－BC－	1～2 相励磁	2	1
4	AB－BC－CD－	2 相励磁	1	1.41
4	A－AB－B－BC－	1～2 相励磁	2	1.41
5	AB－BC－CD－	2 相励磁	1	1.62
5	AB－ABC－BC－BCD－	2～3 相励磁	2	1.62
6	AB－BC－CD－	2 相励磁	1	1.732
6	ABC－BCD－CBE－	3 相励磁	1	2
6	ABC－BC－BCD－	2～3 相励磁	2	1.732

2. 步距精度

步距精度可以采用两种不同的误差值来表示。

第 1 种误差称为定位误差，其定义为步进电动机从任何一步算起，在 1 周（360°）范围内，实际转过的位置与理论位置之差。该误差有正负之分，正负误差最大值的绝对值之和的一半称为定位误差。

例如电动机转过 N 步，理论位置应为：

$$\theta_{n}=N\beta$$

而电动机实际转过的角度为 α_{i}，那么定位误差可用下式计算。

$$\Delta\theta_{i}=\alpha_{i}-N\beta$$

求出每步的定位误差后，再求正、负最大值的绝对值之和，将此和被 2 除，即为定位误差。

第 2 种误差称为步距角误差，其定义为步进电动机每步转过的角位移与理论步距角 β 值之差。当步进电动机转过 1 周后，同样先求出每一步的步距角误差，也必然会有最大的正误差和最大的负误差。其绝对值之和被 2 除，即为步距角误差。

3. 矩角特性

步进电动机的转子离开平衡位置后所具有的恢复转矩，随着转角的偏移而变化。步进电动机静转矩与失调角的关系称为矩角特性。如

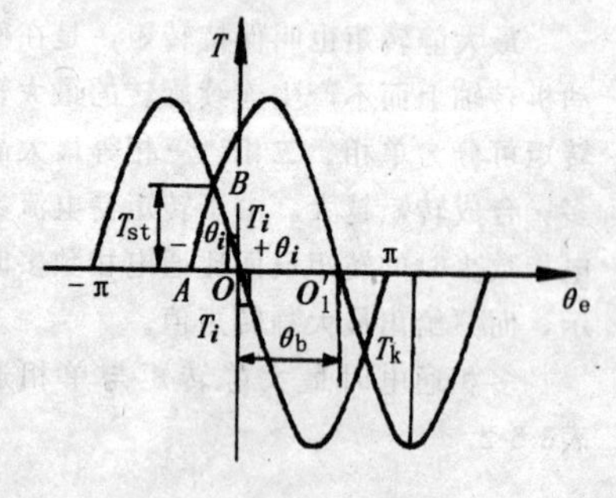

图 3-5-6　步进电动机矩角特性

以电角度 θ_e 表示转子离开平衡位置的失调角，那么矩角特性见图 3-5-6。假设其按正弦规律变化，用数学公式表示如下。

$$T=-T_k\sin\theta_e$$

式中，T_k 为最大静转矩（N·m）；θ_e 为用电角度表示的位移角（°）。

4. **静态温升**

指电机静止不动时，按规定的运行方式中最多的相数通以额定静态电流，达到稳定的热平衡状态时的温升。步进电动机是一种效率不太高的机电能量转换器件，应该允许其长时间在静止不动的状态下通以额定电流，温升的最高限度由绝缘等级决定。一般采用电阻法测量电机温升。

5. **动态温升**

电机在某一频率下空载运行，按规定的运行时间进行工作，运行时间结束后电机所达到的温升叫动态温升。动态温升曲线见图 3-5-7。

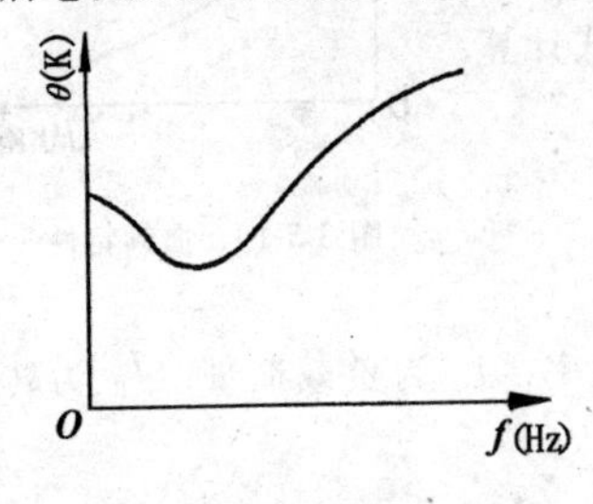

图 3-5-7　动态温升曲线

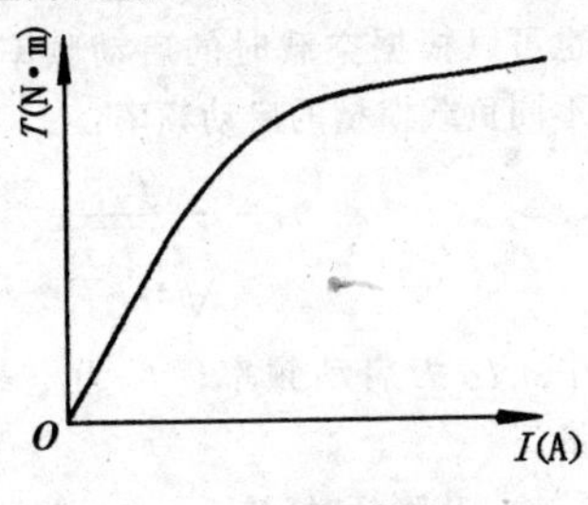

图 3-5-8　转矩特性

6. **转矩特性**

步进电动机转矩特性见图 3-5-8，它表示最大转矩和单相通电时励磁电流的关系。开始时，随着电流的增加，静转矩随电流变化线性增加，当电流增加到一定数值时，转矩便缓慢地增加呈饱和趋势，继而不再增加。

7. **启动矩频特性**

步进电动机接收到某一串连续脉冲信号，输出转轴上加一定的摩擦负载转矩，突然启动而钳入到同步，这时的频率称为给定负载下的启动频率。在负载转动惯量及其他条件不变的情况下，启动频率与负载转矩的关系称为启动矩频特性，见图 3-5-9。随着负载转矩的增加，启动频率将下降。图 3-5-9表示启动时的极限状态，即凡低于

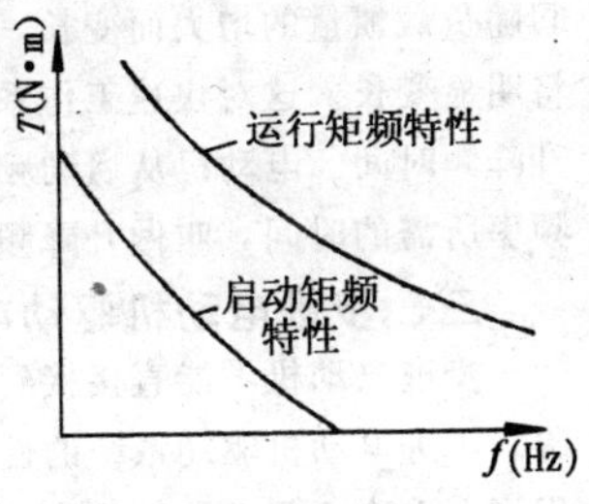

图 3-5-9　启动、运行矩频特性

该曲线的负载转矩，电动机都可以直接启动。

8. **运行矩频特性**

电动机启动后，再缓慢地增加脉冲信号的频率，这时虽然已超过启动频率，但电动机仍能不失步地正常运行。在负载惯量及其他条件不变情况下，仍能正常运行的频率叫作运行频率。其与负载转矩的关系叫作运行矩频特性。如果负载再继续增加，电动机将会失步，见图 3-5-9。运行频率随负载转矩的增加而下降，运行矩频特性高于启动矩频特性，而且运行频率与电流参数、升频规律有关。

9. **惯频特性**

启动频率与负载惯量的关系叫惯频特性，见图 3-5-10。启动频率在负载转矩及其他条件不变的情况下，随着负载惯量的增加而下降。有时也可以根据空载时的启动频率，按下式计算出不同负载惯量的启动频率：

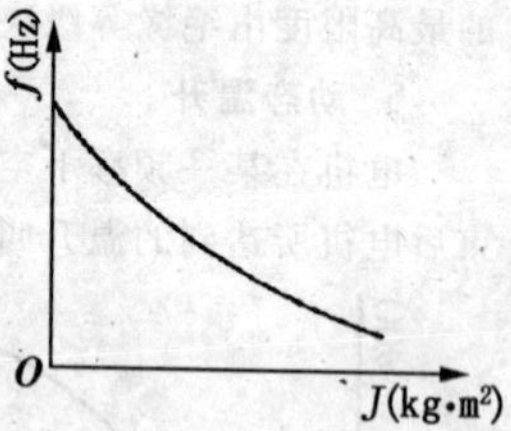

$$f_L = \frac{f_{st}}{\sqrt{1+\frac{J_L}{J_R}}}$$

f(Hz)
O
J(kg·m²)

图 3-5-10 惯频特性

式中，f_L 为启动频率；f_{st} 为空载启动频率；J_L 为负载惯量；J_R 为转子惯量。

10. **升降频时间**

从矩频特性可知，电动机随着运行频率增加，输出转矩减小，有时下降很多，给使用带来困难。样本上标出的最高运行频率不能全面代表电动机的快速响应指标。一般说来，如果很缓慢地增加频率，也就是升频符合规律，那么电动机能够在很高的频率下空载运行。电机从启动到最高运行频率中间要经过一个较长的加速阶段，如果时间过长将影响电机的平均速度。加速时间随负载惯量的增大而变长，当负载惯量超过转子惯量 1.5 倍时，加速时间将明显变长。这对快速工作系统极为不利，因此随着负载惯量的变化应调整升降频时间。电动机从启动频率到最高运行频率或从最高运行频率降到启动频率所需的时间，叫做升降频时间。

三、步进电动机驱动电路

步进电动机不能直接接到交直流电源上工作，而必须使用专用的驱动电源。步进电动机驱动系统的性能，不但取决于电动机自身的性能，也在很大程度上取决于驱动器的优劣。因此，对步进电动机驱动器的研究几乎是与步进电动机的研究同步进行的。

步进电动机驱动器的主要结构框图如图 3-5-11 所示，一般由环形分配器、信号处理器、推动级、驱动级等部分组成，用于大功率步进电动机的驱动器还要有多种保护线路。

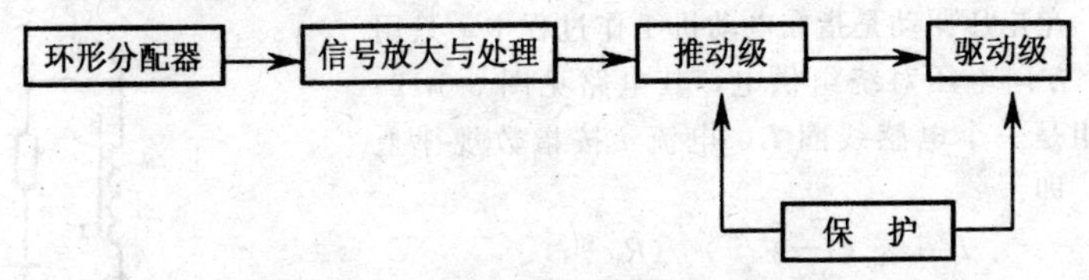

图 3-5-11 步进电动机驱动器结构框图

环形分配器用来接收来自控制器的 CP 脉冲，并按步进电动机状态转换要求产生各相导通或截止的信号。每来一个 CP 脉冲，环形分配器的输出转换一次。因此步进电动机转速的高低、升速或降速启动或停止都完全取决于 CP 脉冲的有无或频率。同时，环形分配器还必须接受控制器的方向信号，从而决定是按正序或反序转换。接受 CP 脉冲和方向电平是环形分配器的最基本功能。

从环形分配器输出的各相导通或截止信号送入信号放大处理级。信号放大的作用是将环形分配器输出信号加以放大，送入推动级。推动级的作用是将较小的信号加以放大，变成足以推动输出的较大信号。这中间一般既需要电压放大，也需电流放大。有时推动级还承担电平转换的作用。信号处理是实现信号的某些转换、合成功能，产生斩波、抑制等特殊信号，从而产生特殊功能的驱动。本级还经常与各种保护电路和控制电路组合在一起，形成较高性能的驱动输出。

保护级的作用是保护驱动级的安全。一般可根据需要设置过电保护、过热保护、过压保护、欠压保护，有时还需要对输入信号进行监护，发现异常即提供保护。

目前，步进电动机的驱动方式较多，常用的方式主要有单电压驱动、双电压驱动和恒流斩波驱动 3 种方式。其特点见表 3-5-3。

表 3-5-3 步进电动机特点

驱动方式	特 点
单电压驱动	线路简单，成本低；低频响应较好，电动机速度不高
双电压驱动	在很宽的频段内响应好，功率大，可驱动的电动机速度较高，但驱动系统的体积较大
恒流斩波驱动	高频响应性好；输出转矩均匀；共振现象消除，能充分发挥电动机的性能

（一）单电压电路

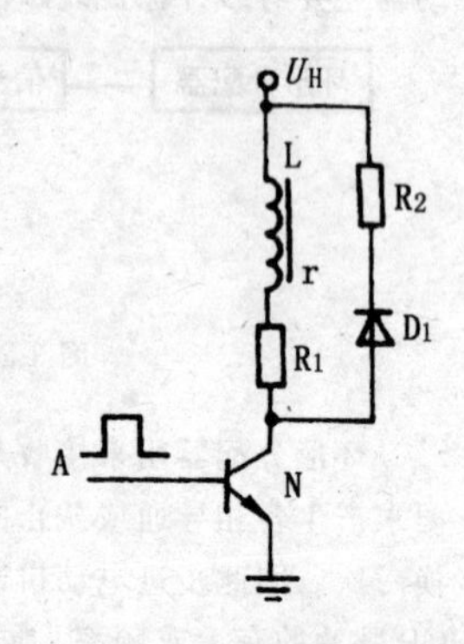

图 3-5-12　单电压电路图

单电压驱动是指在电动机工作过程中，只用1个方向电压对绕组供电，其电路见图 3-5-12。绕组是一个电感线圈 L，电流 i 按指数规律上升，即：

$$i=U_{\mathrm{H}}\left(1-e^{-t/\tau}\right)/(R_1+\mathrm{r})$$

式中，τ 为时间常数，$\tau=L/(R_1+\mathrm{r})$。

若电动机选定，其电感和每相绕组的额定电流值就确定。串联在主回路的电阻 R_1 取决于功放电源电压和每相绕组的额定电流值。电源电压增高时，R_1 的阻值随着增大，电路时间常数变小，动态运行的矩频特性提高，但 R_1 上功耗变大，降低了驱动器效率。优点是线路简单、成本低，对小电动机应用最广泛，缺点是效率低。

线路中功率管 N 工作在开关状态。只要保证输入波形的高电平，使功率管饱和，而低电平时充分截止即可。

（二）双电压定时电路

双电压定时电路使用高压和低压两种电源，见图 3-5-13。环形分配器每相输出的脉冲信号分为两路：一路用来控制低压管 $\mathrm{N_1}$ 的导通和截止，$\mathrm{N_1}$ 导通时低压 U_{L} 经 $\mathrm{D_1}$、L、$\mathrm{R_1}$、$\mathrm{T_1}$ 形成通路；另一路用来控制单稳触发器，

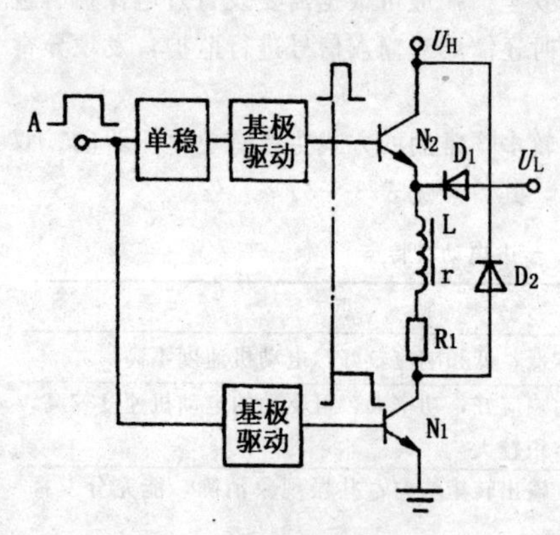

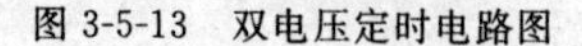

图 3-5-13　双电压定时电路图

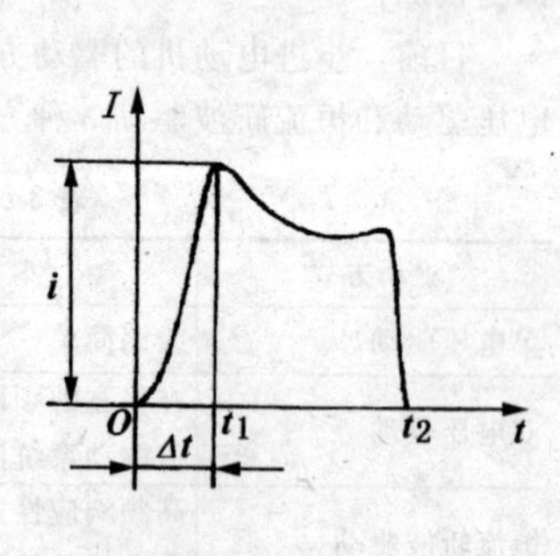

图 3-5-14　一相绕组电流波形图

使其输出的脉冲宽度变窄，以此控制高压管 N2 的导通和截止。当两路信号的前沿同时到达时，N_1、N_2 管同时导通，但此时 U_L 支路无法供电，只有 U_H 供电，绕组回路上仅加 U_H 电压。当 N_2 导通了 Δt 时间之后就截止，此时 N_1 管继续导通并由 U_L 供电，当此相脉冲信号由高电平变为低电平时，N_1 管截止，步进电动机走一步，按照规定的拍数循环。图 3-5-14 表示 A 相电路工作时注入电动机绕组中的电流波形。此电路的电流上升时间明显减小，因而既提高了电动机的矩频特性，又降低了驱动电流的功耗。

（三）双电压恒流斩波电路

双电压恒流斩波电路的原理见图 3-5-15。它与图 3-5-13 相比，增加了一个电流检测反馈环节。在绕组刚通电时，环形分配器输出的信号脉冲使 N_1、N_2 同时导通，电流经 U_H、N_1、N_1、L 构成回路，可得到较高的电流上升率；当电流达到规定值上限时，由电流检测反馈送出的信号使高压管 N_2 截止；当绕组中电流立即下降到规定值下限时，检测反馈信号送到 N_2 管基极，使 N_2 导通，电流又上升。这样反复进行形成一个在额定值上下波动呈锯齿波的电流波形，见图 3-5-16。

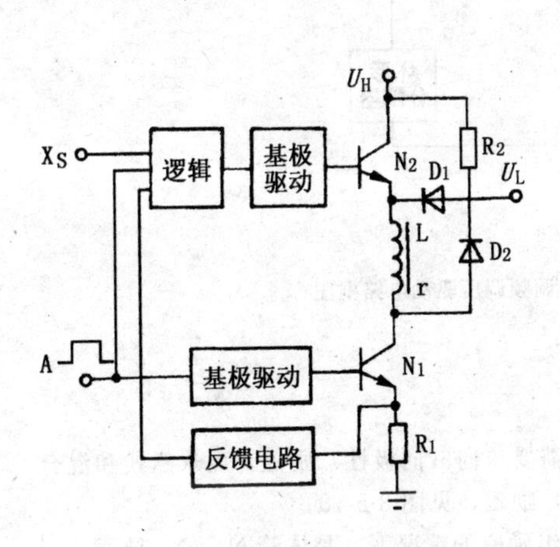

图 3-5-15 双电压恒流斩波电路原理

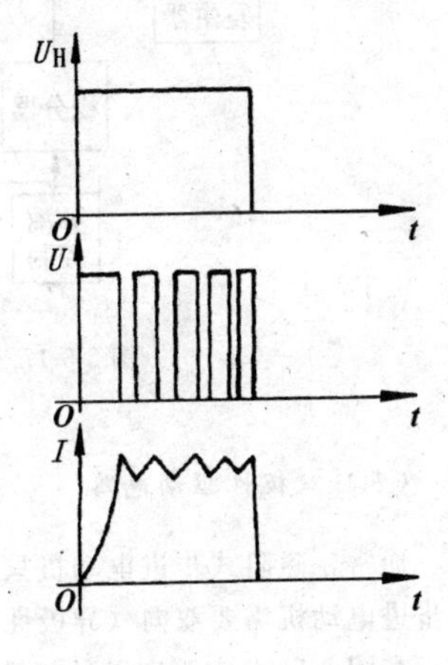

图 3-5-16 恒流斩波的电流波形

这样的波形比高、低压定时电路的波形好，因而高频时矩频特性好，输出转矩大，系统功耗减小，效率提高。

此电路可变成单电压供电。为使步进电机静止时有锁定转矩，降低温升，电路采取措施，将电流降低到 1/2 静态电流值并进行斩波。这样电磁噪声大，有吱吱叫声。而采用双电压供电，电机静止时由低压电流供电，不斩波，无噪声。

（四）调频调压电路

调频调压电路见图 3-5-17。加到步进电动机绕组上的电压随着运行频率升高而呈线性增加。这样，可保证电动机在工作频率较低时，绕组上供电电压也相应低，使绕组导通电流的前沿上升平缓，从而减小低频振动。在电动机运行频率升高时，绕组得到的供电电压呈线性升高，使电流前沿上升率不断增加，以产生足够的绕组电流，从而提高电动机高频段的矩频特性，增加负载能力。但此类电路复杂，成本高。

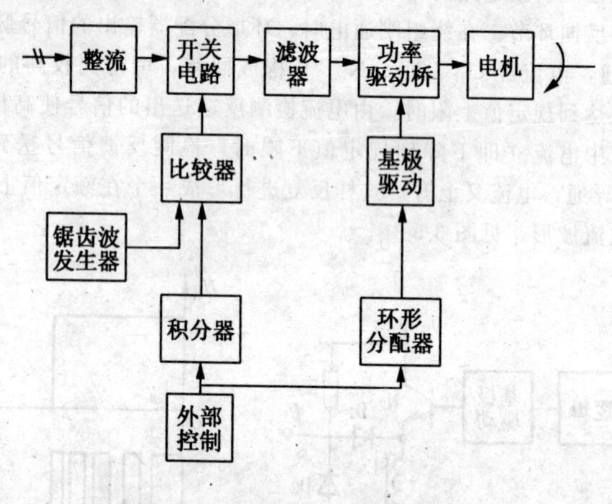

图 3-5-17　调频调压驱动电路框图

（五）双极性驱动电路

通常，磁阻式步进电动机只需要单向（同极性）励磁，而永磁式和混合式步进电动机需要双向（异极性）励磁，见图 3-5-18。

在图 3-5-18 中正向励磁相绕组励磁的情况下，晶体管 N_1、N_2 导通，因此电流经晶体管 N_1 到相绕组，又经晶体管 N_4 回到电源。反之，晶体管 N_2、N_3 导通，使相绕组中电流反向。

为了放大正向和反向控制信号，电路中的 4 个开关管需要专门的基极驱动电路驱动。晶体管 N_1、N_2 的基极驱动必须以正电源为基准，其相控制信号常常经过光电隔离传递。

4 个二极管构成的电路与开关晶体管反向并联，为释放电流提供了一条

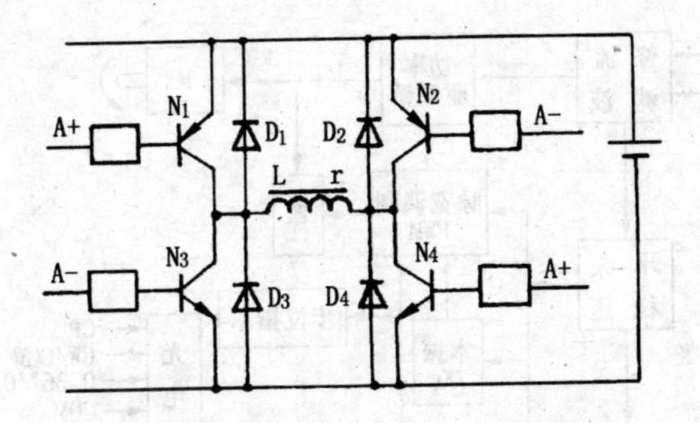

图 3-5-18 双极性驱动电路中的一相电路图

通路。图 3-5-18 中释放电流通路经过二极管 D_2、D_3，这条通路与晶体管 N_1 和 N_4 截止后的状态相对应。因此截止时贮存在相绕组电感里的一部分能量返回到电源。系统总效率的提高是双极性驱动电路超过单极性驱动的主要优点。

为了降低成本，制造混合式步进电动机时将其相绕组接成星形，其驱动电路见图 3-5-19。

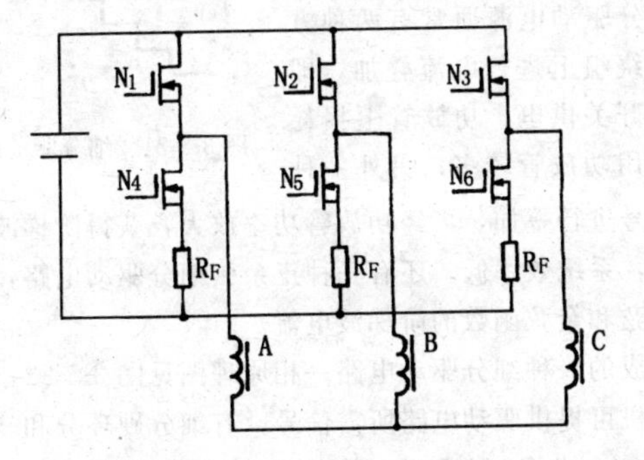

图 3-5-19 双极性星形绕组的驱动电路

此电路基本原理与前述的 H 型驱动电路原理基本相同，绕组中流过正、反两方向的电流，开关晶体管数比 H 型驱动电路减少 1/2，体积缩小，降低了成本。图 3-5-20 是星形接法步进电动机驱动电路原理框图。

（六）细分驱动电路

近年来，国内外对细分驱动技术的研究活跃，相继出现了一些高性能的细分驱动电路，可细分到上千甚至任意细分。细分驱动技术可提高步进电动

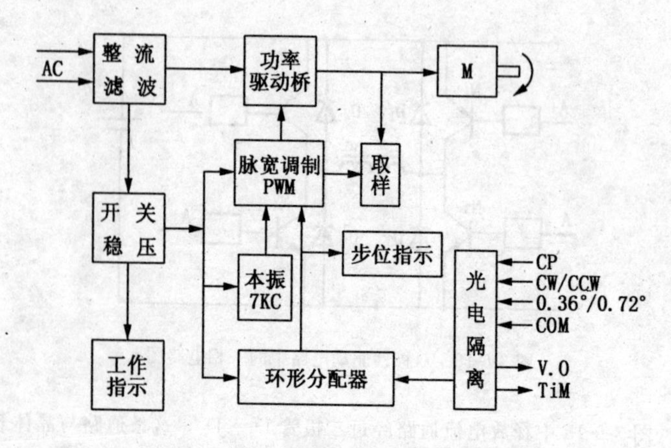

图 3-5-20　星形接法驱动电路原理框图

机的分辨率，在保持步进伺服系统结构简单、定位准确等特点的同时，使它运行更平稳，具有所谓的“类伺服”特性。

要获得如图 3-5-21 所示的阶梯电流波形，各种细分驱动电源通常有两种方法：一种是在绕组上进行电流叠加，即由多路功放管开关供电，功放管上损耗小，缺点是所用功放管较多；另外一种是先对脉冲信号进行叠加，再经功放管功率放大，获得阶梯波的大电流，缺点是管耗较大，系统效率低。还有一种正余弦细分驱动电路，即能分别提供绕组近似于正弦和余弦函数的阶梯波电流。

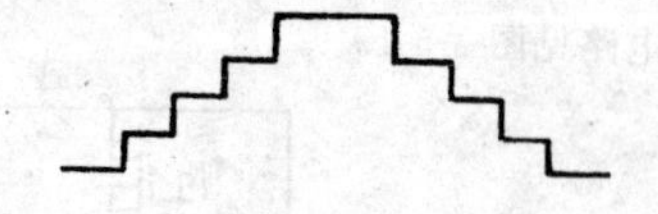

图 3-5-21　细分驱动绕组电流波形

由硬件构成的一种细分驱动电路一相原理图见图 3-5-22。

微型计算机可提供驱动电路所需信号，有细分硬环分和软环分两种。硬环分可由 EPROM 或 GAL 实现，构成所谓“E＋P”或“G＋P”细分驱动器。

D/A 转换、逻辑部分接收计算机控制的环分信号，输出相应的电压基准和相序控制信号送到 PWM 的输入端，见图 3-5-23。

专用 PWM 电路将输入模拟量变换成为输出频率固定但脉冲宽度可变的脉冲序列。微机输出的数值愈大，PWM 的脉宽越宽，产生的相电流和电动机转动的角度越大。当微机输出最大数据代码或 PWM 输出最宽脉冲时，步进电动机将转动一个步距角。若微机输出的数据为最大值的 1/64、1/32 或 1/16，则电动机将以步距角的 1/64、1/32 或 1/16 的微步运动。

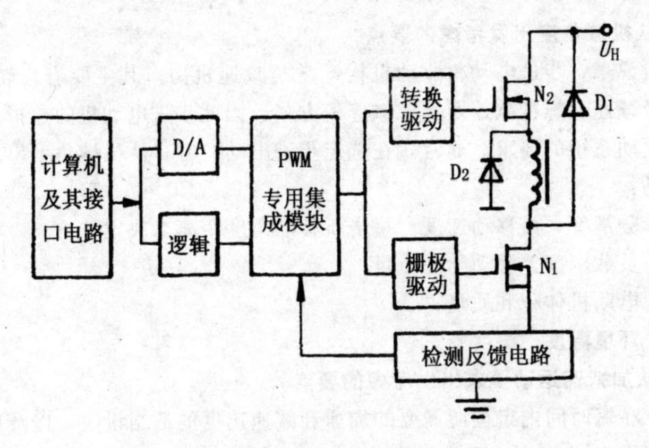

图 3-5-22　PWM 斩波细分驱动电路一相原理图

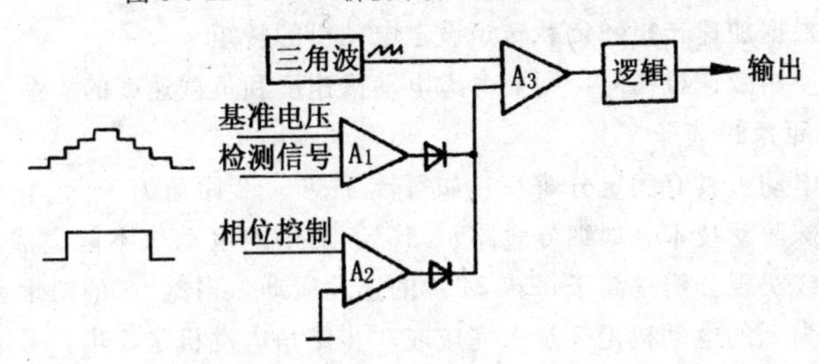

图 3-5-23　PWM 原理框图

细分驱动电路特点：一是提高步进电动机步距角的分辨率；二是能使步进电动机运行平稳、提高匀速性并能减弱振荡、降低噪声；三是微机与硬件结合可制成智能化驱动器。

四、步进电动机选型和应用

（一）选型

步进电动机作为控制元件或驱动元件来使用，通常同驱动机构组合来实现所要求的功能。步进电动机系统的性能，除取决于电动机本体的特性外，还受驱动器的影响。在实际应用场合，步进电动机系统是由电动机本体、驱动器以及推动负载用的机械驱动机构所构成，如图 3-5-24 所示。

驱动器 → 步进电动机 → 驱动机构

图 3-5-24　步进电动机系统结构框图

1. 从机械角度出发考虑的要点

一般说来，步进电动机驱动机构通常是减速机构，其主要有齿轮减速、牙轮皮带减速、螺杆减速及钢丝减速等方式。因此步进电动机的选择必须满足整个运动系统的要求。通常，在选定步进电动机时，从机械角度出发考虑的要点是：

（1）分辨率，由移动速度、每步所移动角度距离来决定；

（2）负载刚度、移动物理质量；

（3）电动机体积和质量；

（4）环境温度、湿度等。

2. 从加减速运动要求出发考虑的要点

（1）在短时间内定位所需要的加速和减速速度的适当设定，以及最高速度的适当设定；

（2）根据加速转矩和负载转矩设定电动机的转矩；

（3）使用减速机构时，则要考虑电动机速度和负载速度的关系。

3. 步距角的选择

步进电动机具有固定分辨率，如每转 24 步，步距角为 15°。不采用齿轮变速或特殊驱动技术（如细分线路），15°步距角的电动机不能完成小于 15°增量运动或实现分辨率高于每转 24 步的连续运动。当然 15°的增量运动可采用步距角为 5°的电动机走 3 步来完成或 3°步距角电动机走 5 步。采用小步距角分几步来完成一定增量运动的优点是：运行时的过冲量小，振荡不明显，精度高。选用时应权衡系统的精度和速度要求，选择一种合适的标准步距角，如没有符合要求的步距角，可通过变速齿轮折算成标准步距角。例如：对直线进给驱动的装置，步距角 β 由系统所要求的脉冲当量 δ_p、丝杠螺距 t 和变比 i 确定，按公式进行计算：

$$\beta=\frac{360^\circ\delta_p}{t\cdot i}$$

为了减少齿轮传动误差，一般变速装置不大于 2 级减速。系统的脉冲当量根据精度要求确定，丝杠螺距根据负载要求选择标准值，调整变比即可按公式计算步距角。应用比较多的步距角为 3°、1.8°、1.5°、0.9°、0.75°等。

4. 系统的定位精度

在开环控制系统中，定位精度由如下几部分构成：

$$\Delta\theta_t=\Delta\theta_b+\Delta\theta_n+\Delta\theta_D$$

式中：$\Delta\theta_t$ 为系统定位误差（°）；$\Delta\theta_b$ 为定位误差（°）；$\Delta\theta_n$ 为传动系统累计误差（°）；$\Delta\theta_D$ 为摩擦负载引起的死区（°）。

对于定位误差，初选时可取步距误差代替定位误差。传动系统累计误差由传动齿轮、丝杠精度及齿隙决定。把步进电动机的矩角特性看成正弦曲线时，则摩擦负载引起的死区，可按公式计算：

$$\Delta\theta_{D}=\frac{m\beta}{2\pi}\arcsin\frac{T_{f}}{T_{k}}$$

式中：T_f 为摩擦转矩（N·m）；m 为相数；T_K 为最大静转矩（N·m）；β 为步距角（rad）。

当负载、频率发生变化或者电机有振荡时，系统则会产生动态误差，其极限值为$\frac{m\cdot\beta}{2}$。动态误差虽然有时会大于 1 个甚至几个步距角，但只要不超出动态稳定区就不会造成失步。定位精度仅决定于静态定位误差，与动态误差无关。动态误差主要由系统的参数，如电感 L、电阻 R、转动惯量 J 及阻尼系数决定。

5. 转矩的选择

步进电动机输出转矩难以用简单的图形或解析式来描述，它与最大静转矩、矩角特性、运行方式、驱动电源的关系极为密切，步进电动机的运动方程可以用下式来描述：

$$T_{m}=J\frac{d^{2}\theta}{dt^{2}}+D\frac{d\theta}{dt}+|T_{L2}|\sin\left(\frac{d\theta}{dt}\right)+T_{L3}$$

式中：T_m 为电机输出转矩（N·m）；$J\frac{d^{2}\theta}{dt^{2}}$为加速转矩（N·m）；$D\frac{d\theta}{dt}$为阻尼转矩（N·m）；$|T_{L2}|\sin\left(\frac{d\theta}{dt}\right)$为摩擦负载转矩（N·m）；$T_{L3}$ 为恒定负载转矩（N·m）。

磁阻式步进电动机只有当相绕组通电后才有定位转矩，而永磁式步进电动机在不通电时也有定位转矩，选用时应注意两种步进电动机的差异。运行时启动转矩总是小于电动机的最大静转矩，启动转矩的最大值是相邻两相的矩角特性曲线的交点。假设矩角特性按正弦规律变化。则有：

$$T_{st}=T_{k}\cos\frac{\pi}{m}$$

式中：T_{st}为最大启动转矩（N·m）；T_k 为最大静转矩（N·m）；M_1 为运行拍数。

当相数不同时启动转矩与最大静转矩之比值由表 3-5-4 查出。

实际上矩角特性并非正弦波形，因此按公式计算的启动转矩与实测值存在差异。矩角特性曲线的形状直接影响到启动转矩。例如尖顶波的矩角特性，其最大静转矩虽然很高，但由于前后畸变严重，相邻两相矩角特性的交点偏低，启动转矩很小。理想的矩角特性是矩形，启动转矩接近最大静转矩，带负载能力强、刚度好、运行稳定。此外各相矩角特性应尽量一致，否则影响电机的精度。改变各相电流的大小可以改变矩角特性形状，希望能得到各相的矩角特性一致或差别较小。按公式所计算的启动转矩一般偏高，而实测值要比计算值低。

表 3-5-4　T_{st}/T_k 比值与相数 m 的关系

相数	3		4		5		6	
拍数	3	6	4	8	5	10	6	12
	0.5	0.866	0.707	0.924	0.809	0.951	0.866	0.965

步进电动机启动矩频特性和运行矩频特性即在一定的通电方式和控制条件下代表步进电动机的输出转矩与转速关系。在曲线所限定的范围内，电动机可以启动和运行，超出这个范围电动机就不能正常工作。已知系统的负载转矩 T_1，即可在启动矩频特性上找到相应的启动频率 f_{st1}，电动机在低于 f_{st1} 频率下可直接带动 T_1 的负载启动和运行。制造研究给出的这条曲线是在一定的电源条件下和负载惯量所测得的。当电源参数改变了或者负载惯量过大，则启动频率也要相应改变。对于旋转速度要求高的系统，必须采用升降频线路，从启动频率开始逐渐地提高频率，最高运行频率由运行矩频特性决定。启动矩频特性与运行矩频特性两曲线所夹着的中间区域，作为电动机可连续工作范围。在这个范围内，电动机是先启动，然后逐渐升频达到某一频率而稳定运行。改变转动方向或者要求电动机停转，应该先减速，当减到启动频率以下时电动机才能改变转向或者停转。

6. 阻尼方法的选择

步进电动机运行时的显著缺陷是存在振荡，从而导致非积累的静态误差和动态误差。为了改善运行质量应选择满意的阻尼方法。

影响振荡的若干因素：

(1) 相数或运行拍数。相数或运行拍数多的电动机，振荡不明显。

(2) 电感。电感大，可使电动机振荡减弱。

(3) 负载转矩及负载惯量。负载的摩擦转矩及黏性摩擦转矩都可以吸收动能，从而减弱振荡，负载惯量则相反，惯量越大，转子惯量积累的动能越多，振荡也就越严重。

(4) 电动机绕组及磁路结构。减少振荡的根本措施是增大电动机内部和外部阻尼，以达到吸收过剩能量的目的。永磁式步进电动机内阻尼较强，对那些负载轻、运行步数少的系统应优先考虑采用。磁阻式步进电动机尤其是叠片结构，内部电磁阻尼相对较小，容易产生振荡。一般需要外加机械阻尼器或者特殊控制以及采用电子阻尼，略述如下：

① 外部机械阻尼。干摩擦惯性阻尼器见图 3-5-25，这种阻尼器目前国内应用很普遍。安装在电动机轴上的惯性轮子可在摩擦圆盘上滑动，通过调节螺母，可以改变弹簧所产生的轴向压力，达到调整摩擦阻尼的作用。

此外，还有如图 3-5-26 所示的粘滞惯性阻尼器。它由和步进电动机转子刚性连结的框架及装在里面的惯性转子铁心组成。框架内部空隙填满适当黏度的硅流体，这种硅流体具有粘滞作用。但惯性转子铁心在框架里可以自由旋转。这种阻尼器对步进电动机来讲是一种具有粘滞摩擦转矩的惯性负载。

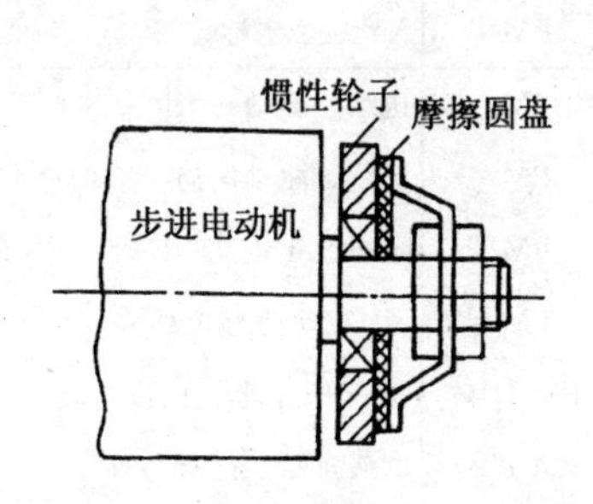

图 3-5-25　干摩擦惯性阻尼器

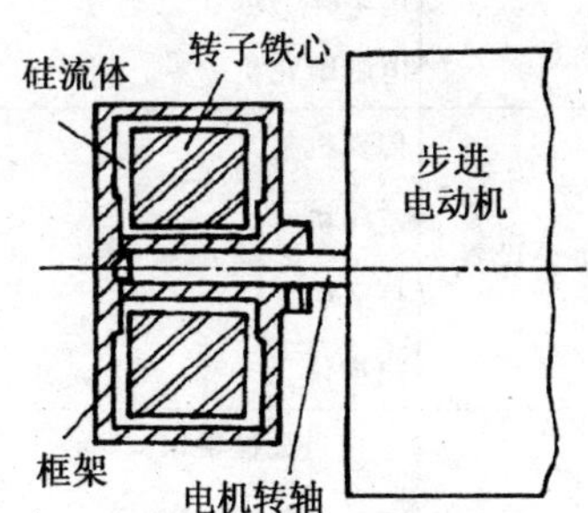

图 3-5-26　粘滞惯性阻尼器

②电子（开关电路）阻尼。机械阻尼的主要缺点是增加了额外的机械元件，加大了电动机的长度尺寸，同时还影响电动机的快速性能指标。采用电子阻尼方法可以克服这些缺点。电子阻尼就是通过电子开关对电动机励磁绕组进行特殊控制或切换。例如：多相同时励磁、反相励磁及终步延迟等都属于电子阻尼方法。

多相励磁就是将原来的单相励磁改为两相或多相励磁，例如：五相步进电动机采用的 4-5 通电方式就属于这一类阻尼方式。由于多相通电时，电动机的互感、磁路饱和、涡流综合作用使阻尼增加，达到较好的阻尼效果。

（二）应用

20 世纪中叶，步进电动机的应用渗透到数字控制和各个领域，尤其在 NC（数控）机械中被广泛利用。近年来，步进电动机在 OA 机械、FA 机械和计算机外部设备等领域作为控制和驱动而被广泛利用。从近几年小型电动机生产量的统计可以看出，步进电动机在精密小型电动机中是最为广泛的机种。步进电动机的典型应用见表 3-5-5。

表 3-5-5 步进电动机的典型应用

		设备名称	电机类型	使用位置
计算机外部设备	磁盘驱动器		PM	磁头
	磁头驱动器		PM	磁头
	打印机		PM	送纸、送色带、选纸
	XY 绘图仪		PM	XY 二个坐标位移
	电脑刻字机		PM	XY 二个坐标位移
	电脑雕刻机		PM	XYZ 三个坐标位移
	电脑雕花机		PM	XY 二个坐标位移
办公设备	传真机		PM	送纸、驱动磁头
	复印机		PM	送纸、驱动滚筒
	打字机		PM	定车、走纸
	扫描仪		PM	XY 二个坐标位移
工作机械	数控机床	数控钻床	PM HB	XYZ 三个坐标位移
		数控磨床	PM HB	磨头进给、拖板位移
		数控铣床	PM HB	XYZ 三个坐标位移
		数控冲床	PM HB	自动进料
		火焰切割机	PM HB	XYZ 三个坐标位移
		数控点焊机	PM HB	弧焊头
	轴承自动紧固控制		PM HB	紧固操作
	尼龙抽丝盘励光钻孔		PM HB	钻孔位移
	饮料灌装机		PM HB	送料进给、灌装位移
	数控椭圆齿轮成型机		PM HB	驱动转轴、变动刀具
	X-Y 工作台		PM HB	X-Y 定位
	自动纺织机（缝纫机）		PM HB	刻度切换
	包装设备	糖果包装机	PM HB	包装及切纸
		邮件分捡机	PM HB	大、小分捡

续表

	设备名称		电机类型	使用位置
工作机械	舞台灯光	舞台电脑灯	PM HB	灯光位移、旋转
		数码扫描灯	PM HB	灯光位移、旋转
		舞台摇头灯	PM HB	灯光位移、旋转
	医疗设备	核磁共振	PM HB	扫描位移
		CT	PM HB	透视位移
		B超	PM HB	透视位移
		输液器	PM HB	输液进量
	机器人		PM HB	机械位移
	产品编号机		PM HB	产品供给、编号给及
	地图标高仪		PM HB	*XYZ* 三个坐标位移
	拉力强度试验机		PM HB	拉动位移
	记录仪		PM HB	字车、给纸

步进电动机及其驱动器构成伺服驱动单元，它与微型计算机可构成开环点位控制、连续轨迹控制甚至半闭环控制等。经济型数控机床以微型计算机为控制核心，ISO数控标准代码编程，用软件实现数控装置全部功能，采用大功率步进电动机直接驱动机床工作台，组成了全数字化开环数控装置。

1. 在数控钻床中应用

数控钻床的工作方式是工作台沿 X、Y 两个方向移动，相对于钻头轴线进行坐标定位。定位精度由丝杠螺距、减速齿轮比及步进电动机步距角等决定。需要钻孔的零件（如模具）在工作台上的定位固定后，启动钻床使工作台回到机械原点。而后，工作台移动根据事先编制的软件程序，由计算机发出的信号控制步进电动机先走 X 或 Y，后走 Y 或 X 达到第1个加工点，计算机收到中断请求信号后，通过输出口命令主轴头完成钻孔。主轴头退回原位后，产生一个新的中断，计算机收到此请求信号送出第2个加工点的信号，使机床继续工作，直到信号完成，全部孔加工完毕。计算机在收到最后1次主轴头复位信号，命令机床重新回到原点。此装置实际上属于点位控制系统。

2. 在数控铣床中应用

一般数控铣床由 X、Y、Z 三个坐标和一个主轴头组成，见图3-5-27。

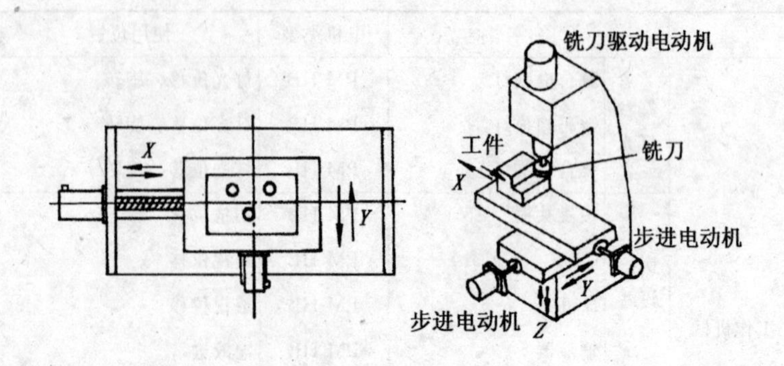

图 3-5-27　数控铣床简图

具有 3 个方向运动的工作台由 3 台功率步进电动机经齿轮减速、滚珠丝杠做线性运动。系统脉冲当量 δ（mm/脉冲）由步进电动机的步距角、减速比和丝杠螺距确定，即：

$$\delta=\frac{\varphi \cdot t}{360\times i}$$

式中：φ 为步距角（deg/脉冲）；i 为减速比；t 为丝杠螺距（mm）。

3 个坐标的位移量可由计算机发出信号控制步进电动机移动距离及移动速度。传递转矩的情况，下面以 X 轴用步进电动机为例说明之。

首先依据铣床种类和系统脉冲当量来选择步进电动机规格型号、技术参数（如步距角、传动机构的传动比、传动级数），之后根据系统快速进给时的要求、工作台移动的速度与需要克服的摩擦阻力，决定步进电动机及驱动器快速工作时的工作点。最高工作频率由下式决定：

$$f_{\max}=\frac{1000U_{\max}}{60\times\delta}\ (\text{Hz})$$

式中：$U_{\max}$ 为最快移动速度（m/min）；δ 为脉冲当量。

此时需要步进电动机输出转矩是工作台与导轨的摩擦阻力形成的负载转矩与加速工作台所需要的加速转矩之和。

其次由运行矩频特性确定切削进给步进电动机的工作点。切削时的移动速度较低，故电动机的运行频率也比较低。步进电动机的输出转矩随着运行频率的升高而逐渐减小，减小的快慢程序由驱动器性能决定。除了快速进给之外，还应包括克服切削阻力加到电机轴上的负载转矩。这样确定的两个工作点都应在步进电动机的矩频特性曲线之内且留有足够余量。

2. 在计算机外部设备中的应用

计算机外部设备中广泛使用小功率永磁式和混合式步进电动机及其驱动器。

(1) 在磁头驱动中应用。众所周知，磁盘驱动器通过磁头写入或读出数据。因而必须对磁头进行准确定位。通常，磁头定位是先通过传动机构将步进电动机的旋转运动转换成直线运动，再驱动磁头沿盘面实现径向运动。

对软盘驱动而言，除要求步进电动机启、停速度快之外，还要求定位精度高。软盘驱动器是具有互换性的设备，即在一台软盘驱动器中记录的盘片应能在其他同样规格的驱动器上读出来，要求步进电动机驱动系统具有很高的定位精度，宜选用步距误差小于 3%、静态转矩大、步进均匀的电动机产品。

高密度磁盘对定位精度要求更高。例如：标准 5.25 英寸 (13.34mm) 软盘有 26 个扇区，80 条磁道，传送速率为 500Kbits/s。在同样的旋转速度 (360 r/min) 和传送速度下，使磁盘容量加倍，磁道密度必须加倍成为 192 道/英寸，即每面 160 条磁道。这时磁道宽度为 100μm，磁道与磁道之间的距离很小。由于热膨胀、主轴电动机的偏心度、磁盘错位和步进电动机的定位误差等原因磁头和磁道很可能发生错位。采用常规办法驱动不一定奏效。针对这一问题，这里介绍一种行之有效的方案，即采用更完善的磁道随动技术和微步距细分控制技术。

细分控制技术就是将步进电动机的一次整步运动细分为若干微步，每个微步走过的角度为整步（步距角）的 $1/N$。

通常绕组电流可按线性规律或正弦和余弦规律变化，此方案可采用类似线性的规律变化，即用梯形曲线近似正弦和余弦。

磁道随动控制系统的原理框图见图 3-5-28。

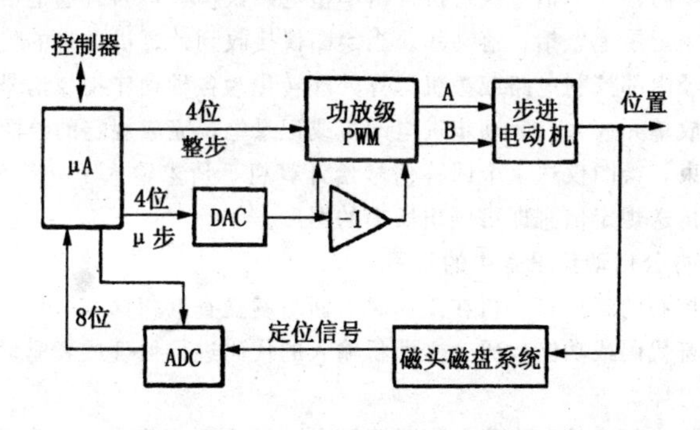

图 3-5-28 磁道随动控制系统框图

步进电动机每转为 400 步，每步为 0.9°，1 步对应走过相邻磁道之间的距离为 132μm。每相绕组由具有电流反馈回路的 PWM 功率放大器供电。系统由 μA 微处理器控制。此微机由具有 4k BROM 和 2k BRAM 的 CPU 控制步进电动机工作和执行其他功能的 PIO 口，检测磁道数、磁道伺服字段及监视主轴电机转速的 CTC 电路等几部分组成。

(2) 在数控绘图仪中应用。图 3-5-29 为某绘图仪的执行机构和传动系统的示意图。

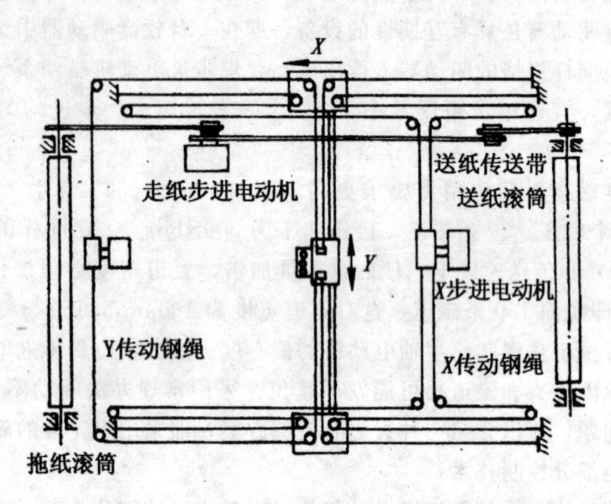

图 3-5-29　绘图仪的执行机构和传动系统

记录笔的执行机构由两只步进电动机经过减速齿轮用钢丝带动做 X、Y 两方向运动。记录纸的执行机构由一只步进电动机经减速齿轮用同步齿形带传动，作单向移动。抬笔执行机构由小型电磁铁构成，当有选笔信号时，电磁铁即控制记录笔做抬、落动作。当绘图仪接收到计算机送来的代码和启动信号后，经内部控制电路或微机运算处理转化为各种动作指令信号，分别送相应的功放单元放大，驱动步进电动机或记录笔，完成规定的绘图动作。每次动作结束，绘图仪送 1 个回答信号给计算机，请求输入下一组代码信息，如此重复传送规定信息即可画出所需的图形。

3. 在办公自动化设备中的应用

微机控制的新型打字机在工作时不断对键盘查询扫描，一旦发现打字员输入了字符代码或功能代码，立即将输入的代码进行处理或者驱动步进电动机走格与打印。

打字机中加在控制走格的那只步进电动机上的负载较重，除了齿轮传动系统外，还有字车、色带盒等。其次，打字时，打印头贴在纸面上，故进一步加重了步进电动机的负载转矩。为使打印头既能以较高的速度打字又保证不失步，因此以升降速方式控制该步进电动机。另一只走纸步进电动机上的负载较轻，可以以恒定的较快的速度对它进行控制。通过设定程序安排打字机除具有揿 1 次走纸键走 1 次（即走 1 个行距）的功能外，还具有按走纸键不放连续走纸和一放即停等功能。

复印机中扫描和走纸机构上也有采用步进电动机驱动。

4. 在电火花线切割机床中的应用

20 世纪 60 年代初，出现靠模仿线切割机床，开始应用于模具加工。随后，相继出现光电仿形和数字控制线切割机床。20 世纪 70 年代，NC、CNC、DNC 数控线切割机床迅猛增长，日趋完善，进入了精密机床行列，越来越广泛应用于模具和零件加工，成为高质量的精密加工手段。我国线切割技术起步较早，在 20 世纪 60 年代中期就开始使用单相步进电动机控制，后期则大量采用多相步进电动机，提高加工效率。电火花线切割机床是利用电丝与工件之间产生高频放电蚀作用进行切割的，而所切割的形状则由具有 2 个方向运动的十字工作台来保证。采用直线和圆弧插补方法可以切割任意形状的平面曲线。除此之外，有的线切割机床还具有其他特殊功能，如：镜像加工、图形缩放、图形回转、间隙补偿、锥度加工和自动回退等，以及其他各种显示功能和辅助功能等，步进电动机在其中获得广泛应用。

5. 在电子雕花机中的应用

电子雕花机是印染行业用以雕刻印花滚筒的专用设备，不仅减轻繁琐的手工劳动，而且大大提高了雕刻的效率、精度和速度。电子雕花机的原理与电报传真机的收发工作相仿，只是收发在同一地点，共用一个频率源可严格同步，这种系统属于同步系统。电子雕花机的结构亦与传真机相仿，在一台雕花机上同时有 2 个主扫描和 2 个副扫描机构，且保持同步，在一个滚筒放置印花图案，另一个滚筒放待雕刻的印花物（可以是铜的或是尼龙的），丝杆带动的滑座上装有凿子，凿子的动作由光电管信号控制，相当于电报传真机的接收机。

6. 在数控点焊机中的应用

点焊尺寸转换成数字信号输入磁带，步进电动机按照磁带输出的信号分别带动工作台和弧焊头，使弧焊头逐点地按照技术要求迅速准确地进行焊接。该装置也可应用到其他电焊装置或自动控制上，如固体自动检测等。

7. **在数控椭圆齿轮成形机中的应用**

双坐标以上的系统自动控制属量大面广的一类，也属复杂同步类，但其特点还是以曲线复杂性为主。焊制非圆齿轮的齿轮形机（滚齿机）除有驱动转轴的功能外，还有变动刀具和工件间中心距离的功能，一般圆齿轮成形机经改装后可用来切割非圆齿轮，例如椭圆齿轮的缺点是结构复杂，不能保证精度。步进电动机应用椭圆齿轮成形机的数控铣床就能克服这些缺点。用步进电动机驱动，除使刀具与滚铣动做相配称的周期性运动外，还能改变刀具与工件之间的中心距离。

8. **在轴承自动紧固控制中的应用**

自动紧固的过程是：一端将脉冲振荡器的脉冲输入步进电动机，经齿轮传动使轴承紧固；另一端由力矩检出器转换为量值后和给定的值相比较进行工作，当力矩检出器的量值和给定的值相等时，步进电动机进给脉冲便停止，紧固结束。由于使用步进电动机，使有一定预压精度的紧固操作得以自动化。

9. **在拉力强度试验机的控制中的应用**

在材料拉力试验时可以一定的屈服点内测定拉力强度。如将适当的拉力加在控制开关上，在脉冲振荡器的脉冲送给步进电动机的同时，计数器进行计数工作。开关的给定值和计数器一致时，步进电动机的进给脉冲便停止，并将最终位置信号送给测定器。测定器收到此信号开始测定拉力强度。由于使用了步进电动机，因此使对材料给定拉伸力的测定工作简化。

10. **在光电输入机中的应用**

光电输入作用是将穿孔纸带上的程序代码转换成电信号，送到输入寄存器和译码器供计算机运算用。由于输入是靠光电传感，故速度一般要比穿孔机快，而且不需要输纸和停止频繁的瞬时启动，输入速度为200～500行/秒。这种光电输入机的运动和负载特点是，读带和输纸之间没有紧密的直接机械联系，因此工作不必走走停停，电动机可在连续同步状态下运行，读带和输纸之间有严格的同步关系。如应用步进电动机，供纸机构可以简化，光电元件读带速度快，输纸速度相应提高。

11. **在光谱分析仪中的应用**

光谱分析仪原理如图3-5-30。步进电动机通过丝杠驱动导轨。随着步进电动机的旋转和光栅的偏摆，反射光的波长发生相应变化。如取横坐标代表波长，纵坐标代表反射光的强度，可以在光屏上得到图3-5-31的光谱带。根据元素的光谱特能和光的强度定量分析出材料所含各种元素的比例。

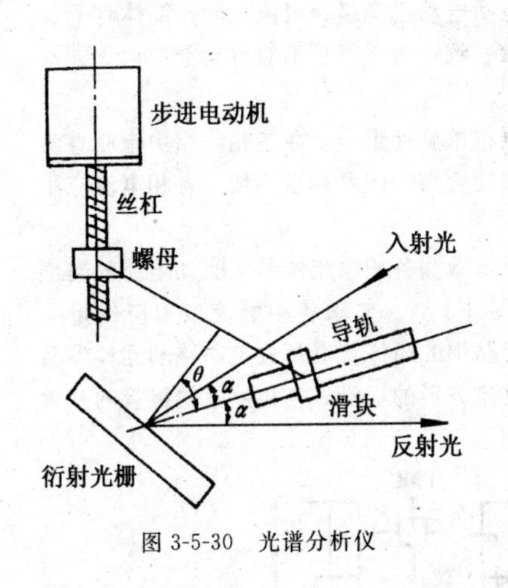

图 3-5-30　光谱分析仪

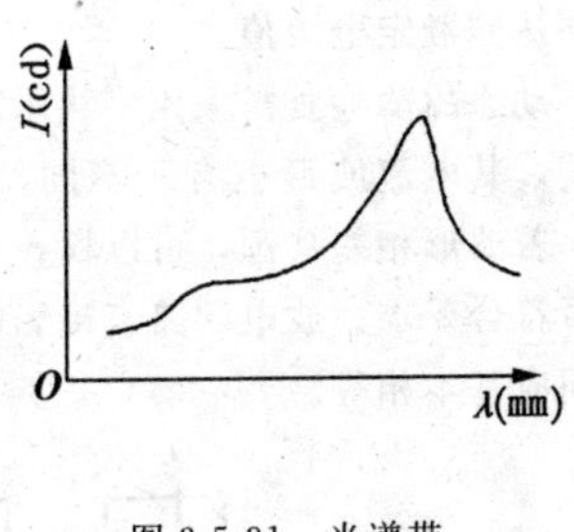

图 3-5-31　光谱带

五、步进电动机常见故障及维护

（一）驱动电路故障分析及维护

驱动电路中的环形分配器目前已很少再用分立元件构成；各种步进电动机（三相、四相、五相）环形分配器的集成电路市场上已有销售。当然，也可以直接通过计算机编程来实现脉冲信号的分配。信号的发生及分配均由计算机承担，即由计算机和编程来实现的，一般故障较少。而功率放大器部分的故障较多，接口电路部分的可靠性由设计合理性、元件抗干扰能力来保证。

驱动电路一般都有指示灯显示装置并采用了过电、过压、过流等保护措施，可靠性较高。当故障发生时，应先从功放电路最后一级开始检查，然后逐级向前排查原因，排除故障后重新合闸运行。故障可从静态、动态两方面分析。静态是指电机各相励磁绕组直通额定电流（按规定的分配方式），会出现 3 种情况：

（1）某相或某几相无电流。这时应检查连接线是否松开，功率级有无虚焊；熔断器或功放管是否烧断。这类故障很容易排除，即重新连线，将其焊牢或更换元件。

（2）有电流但电动机产生摆动，不能正常走步。存在两种可能：一种是环形分配器工作不正常，产生错乱；另一种是电动机绕组的相序接错。

（3）电流达不到额定数值或各相电流不平衡。这是由于主回路中各相绕组参数不一致而造成的。主回路中包括电动机绕组、限流电阻、晶体管等元件。这些元件参数、特性应做到尽量一致，否则严重不对称时会产生大、小步运行，引发故障。

以上静态故障可用秒信号送给电机单脉冲走步，在各相绕组中串联直流电流表进行观测。电流表指针摆动规律应与分配器相序一致；各相电流应平衡并达到额定电流值。

动态故障检查需采用多线示波器，观测各相电流波形。驱动电路的类型不同，其电流波形也有所不同，见图 3-5-32。要求各相电流波形应尽量一致。若波形相差甚远，可以检查主回路中的晶体管以及放电回路的元件参数是否符合要求。放电回路直接影响电流波形的后沿，各相放电二极管的开关时间应基本相等。

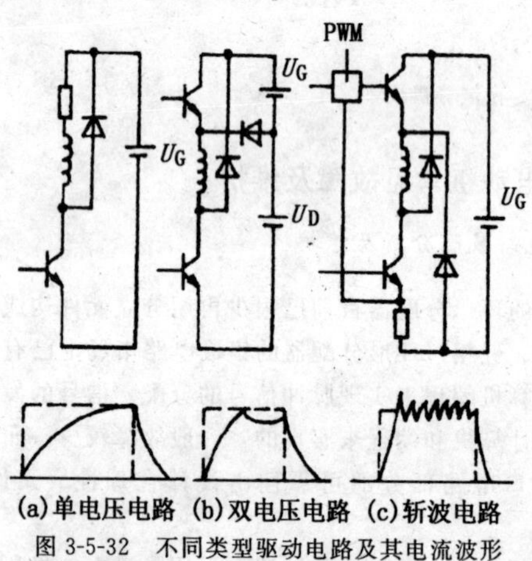

图 3-5-32 不同类型驱动电路及其电流波形

（二）步进电动机的故障分析及维护

步进电动机属于精密器件，机械加工精度较高。例如：磁阻式步进电动机的单边气隙只有 0.03～0.08mm，永磁步进电动机的磁钢性能也要求很高，一旦退磁后，必须重新充磁。步进电动机常见的故障有下列 3 种：

1. 温升过高

下列几种情况将使步进电动机温升过高：

(1) 工作方式不符合技术要求，如三相六拍工作的电机改为双三拍工作，温升要变高；

(2) 高、低压供电的驱动电路在高频工作时，高压脉宽不能太宽，应按技术标准调整，否则温升也会高；

（3）环境温度过高，散热条件差，安装接触面积不符合标准；

（4）驱动电路发生故障，电动机长期工作在单一高电压下或长期工作在高频状态，同样要使电动机的温升变高。

2. 电动机运行不正常

运行不正常是指电动机不能启动、产生失步、超步甚至停转等故障。其原因是：

（1）工作方式不按规定标准。例如：四相八拍电动机改为四相四拍运行，产生振荡或失步；

（2）驱动电路参数与电动机不匹配，达不到额定值要求；

（3）驱动电路的电压偏低；

（4）电动机未装配好，定、转子间划碰、扫膛；

（5）存放不善，定、转子表面生锈卡住；

（6）接线不正确；

（7）负载过重或负载转动惯量过大；

（8）环境尘埃过多，被电动机吸入使转子卡死；

（9）传动齿轮的间隙过大，配合的键槽松动而产生失步；

（10）在电机振荡区范围运行；

（11）没有清零复位，环形分配器进入死循环；

（12）转子铁心与电机转轴配合过松，在重负载下，铁心发生错移而造成停转。

3. 噪音振动过大

其主要原因有以下几种：

（1）在共振频率范围工作；

（2）阻尼器未调好或失灵；

（3）轴向间隙过大；

（4）纯惯性负载，正、反转频繁；

（5）传动齿轮间隙过大；

永磁式或感应子式步进电动机由于磁钢发生退磁，也都会出现上述各种故障。

电动机出现故障时可先与制造厂家联系，更换电动机或主要零部件，而不要自己轻易拆卸。电动机制造厂按照严格的工艺规范进行生产，保证定、转子间有较高的同心度和较小的定转子气隙。有的电动机采用灌注环氧树脂，装配后不宜再拆卸，修理也很困难。有时出现转子生锈、转轴磨损或断裂情况，只需要换转子就行了。如果是阻尼器调整不合适，则用户可以自行处理，重新调整阻尼器。

六、步进电动机产品技术数据

（一）永磁感应子式步进电动机

表 3-5-6　BYG 系列永磁感应式步进电动机技术数据

型号	相数	额定电压（V）	静态电流（A）	步距角(°)	保持转矩（mN·m）	空载启动频率（pulse/s）	空载运行频率（pulse/s）	步距角误差(%)	负载启动频率（mN·m/(pulse/s)）	外形尺寸(mm)			质量（kg）	备注
										总长	外径	轴径		
42BYG008	4	32	0.38	1.8	76	1400	5000	±6	50/500	50	□42	4.7	0.24	* 绕组电压
42BYG008G	2	32	0.32	1.8	88	1400	5000	±6	50/500	50	□42	4.7	0.24	
42BYG012	2	12	0.52	1.8	172	600	900	±6	60/600	57	□42	5	0.25	
42BYG131-Ⅱ	4	12	0.16	1.8	49	500	550	±6	30/500	57	□42	5	0.25	
42BYG23	2	12	0.4	1.8	206	600	700	±6	65/500	50	□42	5	0.25	
57BYG007	4	12	0.38	0.9/1.8	30	650				41	57	6	0.45	
57BYG008	4	*4.5	1.3	0.9/1.8	50	1000				51	57	6	0.59	
57BYG009	4	*2.4	2.4	1.8	60	2600				56	57	6	0.59	
86BYG001	4	28	1.5	1.8	1200			±10	78/2400	62	86	9.5	1.6	

续表

型号	相数	额定电压(V)	静态电流(A)	步距角(°)	保持转矩(mN·m)	空载启动频率(pulse/s)	空载运行频率(pulse/s)	步距角误差(%)	负载启动频率(mN·m/(pulse/s))	外形尺寸(mm)			质量(kg)	备注
										总长	外径	轴径		
86BYG002	4	*5.5	1.25	0.9/1.8	1080			±10		62	86	9.5	1.6	*绕组电压
86BYG003	4	*2.5	4.6	0.9/1.8	2000			±10		94	86	9.5	2.6	
86BYG004	4	*4.5	4	0.9/1.8	3000			±10		134	86	9.5	3.8	
86BYG017	5	70	1.25	0.36/0.72	1200	2400	3000	±3.5		105	86	9.5	1.5	
86BYG018	5	70	1.15	0.36/0.72	2200	1900	30000	±3.5		138	86	9.5	2.5	
86BYG019	5	70	28	0.36/0.72	3600	2500	30000	±3.5		171	86	9.5	3.5	
110BYG007	5	130	5	0.36/0.72	6800			±3.5	450/5000	194	110	16	7.5	
110BYG008	5	130	5	0.36/0.72	10300			±3.5	650/5000	242	110	16	11	
110BYG450	4	80/220	6	0.9/1.8	7100			5.4/3.24		194	110	16	7.5	
110BYG450A	4	80/220	6	0.9/1.8	10300			5.4/3.24	5/3.50	242	110	16	11	
200BYG001	2	24	3	5″	25000	20000		±2.5″	5.5/350	270	200	16		
39BYG01	4	14.3	0.19	1.8	60	750(Hz)				55				

续表

型号	相数	额定电压(V)	静态电流(A)	步距角(°)	保持转矩(mN·m)	空载启动频率(pulse/s)	空载运行频率(pulse/s)	步距角误差(%)	负载启动频率(mN·m/(pulse/s))	外形尺寸(mm)			质量(kg)	备注
										总长	外径	轴径		
39BYG425	4	12	0.16	3.6	54	350				34	□39			
39BYG450	4	12	0.16	1.8	45	600				34	□39			
42BYG	4	24	0.4	7.5	39.2	400	630			40.5	42	3	0.21	减速比 1∶450
43BYG2-18	2	24	0.13	18	5.88	80				32.2	43		0.15	减速比 1∶24
43BYG/J450	2	24	0.13	18	118	80				60	43	2.8	0.25	
43BYG/24	2	24	0.13	18	7.84	80				59	43	3	0.25	
43BYG4-7.5	4	24	0.8	7.5	6.86					34.8	43	10	0.16	
55BYG4	4		1.2	1.8/0.9	360	400	2500		83.3/400	85	55	7		
57BYG01	4	12	0.4	0.9	245	1200			78.4/600	60.5	57	6.35	0.45	
57BYG02	4	4	1.3	0.9	333	1200				70.5	57	6.35	0.55	
90BYG4	4		6	1.8/0.9	980	1000	2500	±8		121	90	9		
107BYG4-01	4		1.25	0.9	4500					157.3	107	9.5		
110BYG5-01	5		3	0.36	1200		60000	±8		273	110	16		
110BYG5-02	5		3	0.36	9000		60000	±8		214	110	16		
110BYG5-04	5		4	0.36	12000	3000	60000			273	110	16		
110BYG5-05	5		4	0.36	8000	3000	60000			214	110	16		

续表

型号	相数	额定电压(V)	静态电流(A)	步距角(°)	保持转矩(mN·m)	空载启动频率(pulse/s)	空载运行频率(pulse/s)	步距角误差(%)	负载启动频率(mN·m/(pulse/s))	外形尺寸(mm)			质量(kg)	备注
										总长	外径	轴径		
110BYG01	4	3.6	6.1	0.9	1840	1000			1800/800	226	110	16	9	
110BYG02	4	4.1	6.1	0.9	12740	1000			2450/800	301	110	16	14	
110BYG401	4	80	4	1.5/0.75	7840	2000	10000			135	110	11	7.5	
110BYG402	4	80	4	1.5/0.75	7840	2000	10000			135	110	11	7.5	
110BYG403	4	80	4	1.5/0.75	5880	2000	10000	±10		97	110	11	4.5	
110BYG404	4	80	4	1.5/0.75	5880	2000	10000	±10		97	110	11	4.5	
110BYG501	5	80	5	0.72/0.36	7840	2000	20000	±10		135	110	11	7.5	
110BYG502	5	80	5	0.72/0.36	7840	2000	50000	±10		135	110	11	7.5	
110BYG503	5	80	5	0.72/0.36	5880	2000	20000	±10		97	110	11	4.5	
110BYG504	5	80	5	0.72/0.36	5880	2000	20000	±10		97	110	11	4.5	

生产厂家：西安微电机研究所、南京华凯微电机有限公司、天津安全电机有限公司、辽宁本溪微型电机厂、成都微精电机股份公司、常州亚美柯宝马电机有限公司。

*：绕组电压。

表 3-5-7　BH系列永磁感应式步进电动机技术数据

型号	相数	步距角 (°)	额定电压 (V)	静态电流 (A)	空载启动频率 (pulse/s)	空载运行频率 (pulse/s)	最大静转矩(N·m)	生产厂家
42BH-01	2	0.9/1.8	12	0.3	750	2000	0.036	常州亚美柯宝马电机有限公司
42BH-02	2	0.9/1.8	12	0.5	1100	2200	0.07	
55BH-01	2	0.9/1.8	12	1	880	1000	0.32	
55BH-02	2	0.9/1.8	12	1.5	1000	2000	0.45	
70BH-01	2	0.9/1.8	27	3	1000	2000	0.9	
70BH-02	2	0.9/1.8	27	5	1000	2000	1.4	
70BH-03	3	0.3/0.6	27	3	2000	30000	1.2	
70BH-04	3	0.3/0.6	27	5	2000	30000	2	
90BH-01	2	0.9/1.8	27	4.5	1000	20000	1.5	
90BH-02	2	0.9/1.8	27	4.5			2	
90BH-03	5	0.36/0.72	60	3	3200	30000	2	
90BH-04	5	0.36/0.72	60	3	2000	30000	3	
110BH-01	5	0.36/0.72	80	5	1800	30000	6	
110BH-02	5	0.36/0.72	80	5	1800	30000	9	
130BH-01	3	0.3/0.6	80	5	1500	20000	15	
130BH-02	3	0.3/0.6	80	5	1500	20000	20	
130BH-03	3	0.3/0.6	80	8	2000	25000	20	
130BH-04	3	0.3/0.6	80	8	2000	25000	24	
130BH-05	5	0.36/0.72	80	5	1800	30000	12	
130BH-06	5	0.36/0.72	80	5	1800	30000	18	
160BH-07	5	0.36/0.72	80	8	1500	30000	24	
160BH-08	5	0.36/0.72	80	8	1500	30000	36	
200BH-01	3	0.3/0.6	80	12	1500	20000	50	
200BH-02	3	0.3/0.6	80	15	900	15000	80	
200BH-03	5	0.36/0.72	80	8	1200	15000	48	
200BH-04	5	0.36/0.72	80	8	1200	15000	72	

(二)磁阻式步进电动机

表 3-5-8 BF 系列磁阻式步进电动机技术数据

型号	相数	额定电压(V)	静态电流(A)	步距角(°)	保持转矩(N·m)	空载启动频率(pulse/s)	空载运行频率(pulse/s)	外形尺寸(mm)			质量(kg)	生产厂家	备注
								总长	外径	轴径			
28BF3-6	3	27	0.2	3/6		1400		37	28	3	0.08	常州亚美柯宝马电机有限公司	
28BF001	3	27	0.8	3/6	0.0176	1800		30	28	3	0.075		
36BF002-Ⅱ	3	27	0.6	3/6	0.049	1900		42	36	4	0.2		
36BF003	3	27	1.5	1.5/3	0.078	3100		43	36	4	0.22		
36BF003-Ⅱ	3	27	1.5	1.5/3	0.078	3100		43	36	4	0.22		双轴伸
45BF003-Ⅱ	3	60	2	1.5/3	0.196	3700	12000	82	45	4	0.38		
45BF005-Ⅱ	3	27	2.5	1.5/3	0.196	3000		53	45	4	0.4		双轴伸
45BF005-Ⅲ	3	27	2.5	1.5/3	0.098	2900		56	45	4	0.4		
45BF006	3	27	2.5	1.875/3.7	0.196	2500		56	45	4	0.4		
45BF008	3	24	0.2	1.5/3	0.118	500		58	45	4	0.4		
45BF3-3A	3	27	3	3/1.5	0.196	3000		67.5	45	4	0.3		
45BF3-3A	3	27	2	3/1.5		2500		63	45	4	0.29		
45BF3-3	3	27	3	3/1.5	0.127	3000		67.5	45	4	0.3		
45BF3-3	3	27	0.35	3/1.5		1200		57	45	4	0.29		

续表

型号	相数	额定电压(V)	静态电流(A)	步距角(°)	保持转矩(N·m)	空载启动频率(pulse/s)	空载运行频率(pulse/s)	外形尺寸(mm)			质量(kg)	生产厂家	备注
								总长	外径	轴径			
45BF3-3P	3	27	0.5	3/1.5	0.078	1900		57.5	45	4	0.3		
45BF3-3	3	27	0.35	3/1.5	0.049	400		57	45	4	0.29		双轴伸
45BF3-3A	3	27	2	3/1.5	0.098	1500		57	45	4	0.29		双轴伸
50BF1	3	24±2.4	≤1.5	15±0.46	0.245	200		106	50.5	6.35			
55BF001	3	27	2.5	7.5/15	0.372	750		70	55	6	0.8		
55BF002-Ⅱ	3	24	1	7.5/15	0.245	350		62	55	6	0.72		双轴伸
55BF003	3	27	3	1.5/3	0.686	1800		70	55	6	0.83		
55BF003-Ⅱ	3	27	3	1.5/3	0.686	1800		70	55	6	0.83	常州亚美柯宝马电机有限公司	双轴伸
55BF004	3	27	3	1.5/3	0.49	2200		60	55	6	0.65		
55BF004 双	3	27	3	1.5/3	0.49	2200		60	55	6	0.65		双轴伸
55BF004-Ⅱ	3	30	0.5	1.5/3	0.49	550		62	55	6	0.8		
55BF005	3	30	3	3.75/7.5	0.343	1300		70	55	6	0.65		
55BF009	4	27	3	0.9/1.8	0.784	2500		70	55	6	0.78		
55BF009-Ⅱ	4	27	3	0.9/1.8	0.784	2500		70	55	6	0.78		双轴伸
70BF001	5	60	3.5	1.5/3	0.392	4000		88	70	6	1.6		
70BF003	3	27	3	1.5/3	0.784	1600		65	70	8	1.2		

续表

型号	相数	额定电压(V)	静态电流(A)	步距角(°)	保持转矩(N·m)	空载启动频率(pulse/s)	空载运行频率(pulse/s)	外形尺寸(mm)			质量(kg)	生产厂家	备注
								总长	外径	轴径			
70BF004	4	27	3	0.9/1.8	0.784	2100		63	70	8	1.1	常州亚美柯宝马电机有限公司	
70BF004-Ⅱ	4	27	3	0.9/1.8	0.784	2100		63	70	8	1.1		双轴伸
70BF5-4.5	5	60/12	3.5	4.5/2.25	0.245	1500	1600	105	70	6			双轴伸
70BF1-3	3	27	3	1.5/3		1000(负载下)		112	70	8			
70BF1-5	3	27	3	1.5/3		1500(负载下)		112	70	8			
70BF2-3	3	27	3	1.5/3		1000(负载下)		117	70	8			
70BFP-4.5	6	60/12	4.5	0.75/1.5		3500(负载下)		122	70	6			双轴伸
70BF3-3J	3	110	0.4	3/1.5	0.49	1000		102	70	8	1.0		
70BF3-3	3	60/12	5	3/1.5	0.49	2000	1600	107	70	6	1.2		
70BF3-3	3	60/12	5	3/1.5	0.49	2000		101	70	8	1.0		
70BF3-3A	3	60/12	5	3/1.5	0.882	1500	8000	126.5	70	6	1.5		双轴伸
70BF3-3B	3	27	3	3/1.5	0.392	1800		126.5	70	6	1.2		双轴伸
70BF3-3C	3	27	3	3/1.5	0.882	1500		126.5	70	6	1.5		双轴伸
70BF5-3	5	60/12	3.5	3/1.5	0.294	3000	1600	106.5	70	6	1.2		双轴伸
70BF3-3J	3	110	0.4	3/1.5	0.539	1000		107	70	8	1.1		双轴伸
75BF01	3	24	3	3/1.5	0.392	1750		75	75	6	1.1		双轴伸

续表

型号	相数	额定电压(V)	静态电流(A)	步距角(°)	保持转矩(N·m)	空载启动频率(pulse/s)	空载运行频率(pulse/s)	外形尺寸(mm)			质量(kg)	生产厂家	备注
								总长	外径	轴径			
75BF03	3	30	4	3/1.5	0.882	1250		75	75	8	1.1	常州亚美柯宝马电机有限公司	双轴伸
75BF003	3	30	4	3/1.5	0.882	1250		75	75	8	1.1		
75BF3	3	24	3	3/1.5	0.49	1500	1800	84	75	6			
75BF001-Ⅱ	3	24	3	1.5/3	0.392	1750		53	75	6	1.1		双轴伸
75BF003	3	30	4	1.5/3	0.882	1250		75	75	8	1.58		
75BF003-Ⅱ													
75BF004	3	30	4	1.5/3	0.882	1250		75	75	8	1.58		双轴伸
90BF001	3	80	5.8	1.5/3	0.49	2500	16000	72	75	6	1.25		
90BF001-Ⅱ	4	80	7	1.5/3	3.92	2000	8000	145	90	9	4.5		
90BF002	4	80	7	0.9/1.8	3.92	2000	8000	145	90	9	4.5		双轴伸
90BF002-Ⅱ	5	80	7	0.9/1.8	3.92	3800	16000	145	90	9	4.5		
90BF003	5	80	7	0.75/1.5	3.92	3800	16000	145	90	9	4.5		双轴伸
90BF003-Ⅱ	3	60	5	0.75/1.5	1.96	1500	8000	125	90	9	4.2		
90BF004	3	60	5	1.5/3	1.96	1500	8000	125	90	9	4.2		双轴伸
90BF004-Ⅱ	5	60	7	1.5/3	2.45	4000	16000	118	90	9	3		
90BF006	5	60	7	0.75/1.5	2.45	4000	16000	118	90	9	3		双轴伸

续表

型号	相数	额定电压(V)	静态电流(A)	步距角(°)	保持转矩(N·m)	空载启动频率(pulse/s)	空载运行频率(pulse/s)	外形尺寸(mm)			质量(kg)	生产厂家	备注
								总长	外径	轴径			
90BF006-Ⅱ	5	24	3	0.75/1.5	2.156	2400		65	90	9	2.2	常州亚美柯宝马电机有限公司	
90BF1-3	5	24	3	0.36/0.7	2.156	2400		65	90	9	2.2		双轴伸
90BF1-5	5	27	3	0.36/0.7		1200(负载下)		105	90	9	3.5		
90BF2-3	5	60/12	5	1/2		1200(负载下)		105	90	9			
90BF2-5	5	27	3	1/2		1200(负载下)		120	90	9			
90BF4-1.8	5	60/12	5	1/2		1200(负载下)		120	90	9			
90BF3-3	4	60/12	7	1/2	2.55	1500		151	90	9	3.5		
90BF5-1.5	3	60/12	5	1.8/0.9	1.960	1000	8000	128.5	90	9	3.8		
90BF3-3	5	60/12	5	3/1.5	1.568	2000	16000	128.5	90	9	3.8		双轴伸
90BF5-1.5	3	60/12	5	1.5/0.75	1.47	1000	8000	136	90	8			
90BF3-3		100/12	5	3/1.5	3		8000	147	90	11			
90BF340A	3	40	6		1.96	1000	3200	164	90	11			
90BF-1	4	60/12	2.5	0.75/1.5	1.96	1000	8000	163	110	11/8			双轴伸
11-BF4-0.36	3	80/12	6	0.36	9.8	1500	6000	231	110	11			
110BF3-1.5/0.75	5	60/12	7	1.5/0.75	2.646	1700	16000	161	110	11	4.5		双轴伸
110BF5-1.5	5	60/12	7	1.5/0.75	4.410	1500	16000	186	110	11	5.8		双轴伸

续表

型号	相数	额定电压(V)	静态电流(A)	步距角(°)	保持转矩(N·m)	空载启动频率(pulse/s)	空载运行频率(pulse/s)	外形尺寸(mm)			质量(kg)	生产厂家	备注
								总长	外径	轴径			
110BF5-1.5A													
110BF3-1.5	3	40	6	1.5/0.75	7.84	1000		196	110	14	7.5		
110BF02	3	80	6	1.5/0.75	7.84	1500	10000	185	110	11	7		
110BF02	3	80	6	1.5/0.75	7.84	1500	8000	189	110	14			
110BF003	3	80	6	1.5/0.75	7.84	1500	7000	160	110	11	6		
110BF003-Ⅱ	3	80	6	1.5/0.75	7.84	1500	7000	160	110	11	6		双轴伸
110BF004	3	30	4	1.5/0.75	4.9	500		110	110	11	5.5		
110BF004-Ⅱ	3	30	4	1.5/0.75	4.9	500		110	110	11	5.5		双轴伸
110BF3	3	80	8	1.5/0.75	10	1300	>7000	212	110	11		常州亚美柯宝马电机有限公司	
110BF01	3	27	4	0.75		500		125	110	11	5.5		
110BF02	3	80	6	0.75		1500		160	110	11	7.2		
110BF3-1.5/0.75	3	80/12	6	1.5/0.75	9.8	1500	8000	181	110	11			
110BF3-1.5	3	40	6	1.5/0.75	7.84	1000		196	110	14	7.5		
110BF5-1.5	5	60/12	7	1.5/0.75	2.646	1700	1600	161	110	11	4.5		
110BF5-1.5A	5	60/12	7	1.5/0.75	4.41	1500	1600	186	110	11	5.8		
110BF-1	3	80	6	0.75	7.84	1500		192	110	14	8		

续表

型号	相数	额定电压(V)	静态电流(A)	步距角(°)	保持转矩(N·m)	空载启动频率(pulse/s)	空载运行频率(pulse/s)	外形尺寸(mm)			质量(kg)	生产厂家	备注
								总长	外径	轴径			
110BF-2	3	48	7	0.75	9.8	1000		222	110	14	12	常州亚美柯宝马电机有限公司	
120BF4-1	4	50	6	3/1.5	3.43	1000	1300	170	120	17			
130BF02	3	380/12		0.75	9.807	2000		330	130		18		
130BF5-1.5/0.75	5	110/12	10	1.5/0.75	11.7	2000	8000	135.5	130	16			
130BF001	5	80/12	10	1.5/0.75	9.31	3000	16000	170	130	14	9.2		
130BF1-5	3	27	5	1.5/3		400(负载下)		151	130	14			
130BF1-7	3	60	7	1.5/3		700(负载下)		151	130	14			
130BFP1-5	6	110	5	0.75/1.5		1600(负载下)		209		14			
130BFP1-7	6	110	7	0.75/1.5		2000(负载下)		209	130	14			
130BF3-1.5	3	110/12	10	1.5/0.75	1.372	1200	9000	263	130	16			
130BF3-1.5A	3	110/12	8	1.5/0.75	1.176	1400	9000	238	130	16			
130BF5-1.5/0.75	5	110/12	10	1.5/0.75	12.74	2000	8000	179.5	130	16			
150BF002	5	80/12	12	0.75/1.5	13.72	2800	8000	155	130	18	14		
150BF003	5	80/12	13	0.75/1.5	15.68	2600	8000	178	150	18	16.5		
150BF003-Ⅱ	5	80/12	13	0.75/1.5	15.68	2600	8000	178	150	13	16.5		双轴伸
150BF01	5	80/12	13	0.75/1.5	15.68	2000	12000	227	150	12	14.5		

续表

型号	相数	额定电压(V)	静态电流(A)	步距角(°)	保持转矩(N·m)	空载启动频率(pulse/s)	空载运行频率(pulse/s)	外形尺寸(mm)			质量(kg)	生产厂家	备注
								总长	外径	轴径			
150BF5	5	80/12	13	0.75/1.5	20	2500	>15000	234	150	M18		常州亚美柯宝马电机有限公司	
150BF51	5	80/12	8	0.75/1.5	10	2500	>15000	194	150	M12			
160BF5B-1.5/0.75	5	80/12	13	0.75/1.5	20.6	2000	8000	187.5	160	12			
160BF5C-1.5/0.75	5	80/12	13	0.75/1.5	16.2	2000	8000	162.5	160	12			
160BF5C-1.5/0.75	5	110/12	13	0.75/1.5	16.17	2000	10000	222.5	160	12			双轴伸
160BF5D-1.5/0.75	5	80/12	10	0.75/1.5	16.2	2000	8000	162.5	160	12			
160BF5B-1.5/0.75	5	80/12	13	1.5/0.75	19.6	1800	8000	241.5	160	M12			
160BF5C-1.5/0.75	5	80/12	13	1.5/0.75	15.68	1800	8000	222.5	160	M12			

（三）BY 系列永磁式步进电动机

BY 系列永磁式步进电动机相当于国外 PM 型，其技术数据见表 3-5-9。

表 3-5-9　BY 系列永磁式步进电动机技术数据

型号	额定电压（V）	静态电流（A）	相数	步距角（°）	保持转矩（N·m）	空载启动频率（pulse/s）	外形尺寸（mm）			质量（kg）	生产厂家
							总长	外径	轴径		
20BY	5	<0.098	4	18	0.0039	≥225	29	20	1.5	0.03	常州亚美柯宝马电机有限公司
25BY001	12	0.17	4	15	0.005	400	13	25	3.5	0.03	
26BY	12	<0.25	4	15	0.0049	550	21.5	25.4	3.57	0.035	
28BYJ01	12	0.4	4	5.625/64	0.034	900	19	28	3	0.04	
32BYJ001	15	0.12	2	90	0.007	150	36	32	3	0.05	
35BYJ001	15	0.21	4	15	0.021	300	20	35	2	0.055	
36BY	24	≤0.2	4	7.5	0.0196	≥230	78	36	6.37	0.07	
36BY01	12	≤0.3	4	7.5	0.0294	≥230	45	36	3	0.07	
36BY02	5	0.2	4	7.5	0.004	400	25	36			
42BY001	24	0.5	4	7.5	0.038	620	22	42	3	0.06	
42BY002	24	0.5	4	7.5	0.063	500	22	42	3	0.06	
42BY003	24	0.6	4	7.5	0.034	500	22	42	3	0.06	
42BY48B02	24	0.18	4	7.5	0.039	430	15	42	3	0.06	
42BY48B03	24	0.18	4	7.5	0.040	415	15	42	3	0.06	
43BY4-7.5	24	0.6	4	7.5	0.088	320	36.5	43	3	0.18	
45BY01	24		1	18	0.00784	80	32	45	4.4		
55BY001	24	0.17	4	7.5	0.117	250	24	55	6	0.07	

(四)日本办公自动化用步进电动机

表 3-5-10　日本办公自动化用步进电动机技术数据

型号	相数	步距角 (°)	额定电压 (V)	静态电流 (A)	制动转矩 ($\times10^{-4}$N·m)	定位转矩 ($\times10^{-4}$N·m)	最大启动频率 (pulse/s)	最大响应频率 (pulse/s)	外形尺寸 (mm)	质量 (kg)	生产厂家
SP43	4	0.2	16	0.145			200	400	ϕ43	0.18	エハノし电子
PH554-A	5	0.72/0.36	6.8	0.19	40	1500	2.5K/5K	7K/15K	50□×40.5L	0.3	オソエンタノしモータ
PH566-A	5	0.72/0.36	3	0.75	100	4000	2.5K/5K	50K/80K	60□×59L	0.75	オソエンタノしモータ
PH596H-A	5	0.72/0.36	1.16	1.16	300	12500	2.5K/5K	50K/100K	85□×64L	1.5	オソエンタノしモータ
PXC43-01	2	0.9/0.45	4.4	0.9	50	800	2K/3.8K	14K/28K	42□×33L	0.2	オソエンタノしモータ
PH264M-31	2	0.9/0.45	4	1.1	100	1800	1.5K/3K	7K/15K	56.4□×39L	0.4	オソエンタノしモータ
PH466-02	4	0.9/0.45	6	0.6	100	4000	2.5K/5K	7K/15K	56.4□×54L	0.6	オソエンタノしモータ
PXB43H-01	2	1.8/0.9	4	0.95	60	1100	1.6K/3.2K	20K/40K	42□×33L	0.2	オソエンタノしモータ
PH264-01	2	1.8/0.9	4	1.1	150	2900	1.4K/2.3K	30K/60K	56.4□×39L	0.4	オソエンタノしモータ
PH266-01	2	1.8/0.9	6	1.2	300	6000	1.5K/2.2K	20K/40K	56.4□×54L	0.6	オソエンタノしモータ
103-7555-5040	5	0.45	1.88	0.75	120		4000	6000	ϕ56.4×38L	0.38	三洋电气
103-8541-5040	5	0.45	2.7	1.25	350		3600	10000	ϕ86×62L	1.4	三洋电气
103-89543-5010	5	0.45	3.3	3	3200		2400	49500	ϕ106×240L	10	三洋电气

续表

型号	相数	步距角 (°)	额定电压 (V)	静态电流 (A)	制动转矩 (×10⁻⁴N·m)	定位转矩 (×10⁻⁴N·m)	最大启动频率 (pulse/s)	最大响应频率 (pulse/s)	外形尺寸 (mm)	质量 (kg)	生产厂家
MSHF400	4	0.9	12	0.2	100	500	700	750	ϕ65×13.5L	0.23	协精机制作所
4H4009SS	4	0.9	12	0.16	36	330	950	1600	40□×24.5	0.2	信浓电气
4H4009S	4	0.9	12	0.28	40	500	1200	2000	40□×31L	0.22	信浓电气
4H5609SS	4	0.9	5.5	0.4	60	850	2000	6000	56.4□×39L	0.6	信浓电气
TS3009N69	2	0.9	2.5	0.35	150	750	900	950	56.4□×39L	0.28	多摩川精机
SPH-39C-12	4	0.9	12	0.32	36	750	800	900	39×39×34.5	0.25	东京电气
KP42HM1-001	2	0.9	12	0.24	40	800	1000	1500	42□×35L	0.27	日本サーぉ
15PM-K001	4	1.8	8.6	0.36	40REF	700	650	800	38□×34L	0.25	エヌ・エム・ヒー
17PM-M004	4	1.8	12	0.32	50REF	650	600	700	42□×34L	0.2	エヌ・エム・ヒー
19PM-K001	4	1.8	12	0.15	10REF	200	600	650	ϕ46×10L	0.1	エヌ・エム・ヒー
23LM-C309	4	1.8	6	0.85	360REF	4000	900	1800	57□×50L	1.45	エヌ・エム・ヒー
23LM-C004	4	1.8	12	1.2	360REF	5000	900	1500	57□×58L	0.56	エヌ・エム・ヒー
27BM-H101	4	1.8	12	0.36	30REF	400	400	600	ϕ68×13.5L	0.2	エヌ・エム・ヒー
34PM-C007	4	1.8	5.5	1.25	600REF	10000	750	1200	83□×62L	1.4	エヌ・エム・ヒー
MSHC200	4	1.8	12	0.16	100	540	850	1000	39□×32L	0.21	エヌ・エム・ヒー

续表

型号	相数	步距角 (°)	额定电压 (V)	静态电流 (A)	制动转矩 ($\times10^{-4}$N·m)	定位转矩 ($\times10^{-4}$N·m)	最大启动频率 (pulse/s)	最大响应频率 (pulse/s)	外形尺寸 (mm)	质量 (kg)	生产厂家
MSHD200	4	1.8	12	0.15	60	160	700	1100	ϕ46×10L	0.1	エヌ・エム・ヒー
MSAF200	4	1.8	12	0.36	100	650	400	500	ϕ65×13.5L	0.2	エヌ・エム・ヒー
MSHF200	4	1.8	12	0.2	100	500	700	1500	ϕ65×13.5L	0.23	エヌ・エム・ヒー
103-540-16	4	1.8	9.6	0.3	45TYP	900MIN	1400MIN	1900MIN	42×42	0.21	山洋电气
103-775-6	4	1.8	2.25	1.5	300	1700	1200	5000	ϕ56.4×38L	0.38	山洋电气
103-770-1	4	1.8	5.1	1	600	4300	1300	1700	ϕ56.4×50L	0.57	山洋电气
103-715-1	4	1.8	4.7	1.8	900	8000	1200	2300	ϕ56.4×82L	1.1	山洋电气
103-807-5	4	1.8	5	1.9	600	12000	950	1800	ϕ86×62L	1.4	山洋电气
103-815-2	4	1.8	2.5	4.6	800	21600	950	1900	ϕ86×94L	2.5	山洋电气
103-8932-11	4	1.8	3.6	6.1	7000	81000	650	950	ϕ106×182L	6.6	山洋电气
STH-39D-052	2	1.8	4.2	0.11	36	320	660	700	38.8□×22.5L	0.15	シナノクンシ
STH-39D-153	4	1.8	12	0.16		460		650	38.8□×32.5L		シナノクンシ
STH-39D-200	4	1.8	13.5	0.18	300	15000	700	700	38.8□×38.5L	0.24	シナノクンシ
STH-46D001	2	1.8	9.6	0.12	15	200	600	1100	46□×10L	0.08	シナノクンシ
STH-56D101	2	1.8	5.4	0.45	150	14000	800	850	56.4□×38L	0.3	シナノクンシ
	4	1.8	5.1	1.0	220	3.6K	1250	1700	56.4□×49.5L	0.5	シナノクンシ

续表

型号	相数	步距角(°)	额定电压(V)	静态电流(A)	制动转矩(×10⁻⁴N·m)	定位转矩(×10⁻⁴N·m)	最大启动频率(pulse/s)	最大响应频率(pulse/s)	外形尺寸(mm)	质量(kg)	生产厂家
STH-56D203	4	1.8	5.1	1.0	220	4.3K	1300	1700	57□×51L	0.53	シナノクンシ
STH-57D205-03	2	1.8	12	0.25	72	750			ϕ57×13.7L		シナノクンシ
STH-56D001	4	1.8	4.2	1.9	450	8K	900	1000	57□×78L	0.95	シナノクンシ
STH-57D500	4	1.8	12	0.16	36	540	700	750	40□×33L	0.22	信浓电气
4H-40185	4	1.8	4.5	0.75	100	1800	1200	2500	ϕ56.4×38L	0.35	信浓电气
4H5618SS	4	1.8	12	0.7	300	3800	1000	1200	ϕ56.4×51L	0.56	信浓电气
4H5618S	4	1.8	12	0.5	200	4600	1000	1200	ϕ56.4×57L	0.6	信浓电气
4H5618M	4	1.8	2.9	3.5	600	1100	1300	3200	ϕ56.4×101L	1.3	信浓电气
4H5618LL	4	1.8	6	0.85						0.4	蛇の目电机
4SH-06A46S	4	1.8	12	0.43						0.4	蛇の目电机
4SH-12A46S	4	1.8	24	0.21						0.4	蛇の目电机
4SQ-060BA34S	4	1.8	6	0.32		950	950	1100	42□×34L	0.2	蛇の目电机
4SQ-120BA34S	4	1.8	12	0.16		950	950	1100	42□×34L	0.2	蛇の目电机
2SQ-091BF24S	2	1.8	9	0.24		800	950	1100	42□×34L	0.2	蛇の目电机
2SQ-091BF34S	2	1.8	9	0.24		950			42□×34L	0.25	蛇の目电机

续表

型号	相数	步距角 (°)	额定电压 (V)	静态电流 (A)	制动转矩 ($\times 10^{-4}$N·m)	定位转矩 ($\times 10^{-4}$N·m)	最大启动频率 (pulse/s)	最大响应频率 (pulse/s)	外形尺寸 (mm)	质量 (kg)	生产厂家
TS3012N80	2	1.8	9	0.24	36	870			42×42	0.23	蛇の目电机
TS3012N81	4	1.8	12	0.16	36	504			42×42	0.23	蛇の目电机
TS3012N82	4	1.8	12	0.16	36	504			42×42	0.23	蛇の目电机
SPH-35B-12	4	1.8	12	0.22	33	530	900	2000	35×35×34.5	0.135	东京电气
SPH-39A-12	4	1.8	12	0.16	36	600	600	620	39×39×34.5	0.21	东京电气
SPH-42E-10	4	1.8	24	0.73	60	700	1100	1200	42×42×35	0.19	东京电气
SPH-54A-8	4	1.8	24	2.4	250	4000	700	800	57×57×51	0.47	东京电气
SPH-54D-36	4	1.8	36	0.61	300	6500	850	910	57×57×51	0.47	东京电气
KP39HM2-001	4	1.8	12	0.61	40	500	900	1000	39□×35L	0.24	日本サーボ
KP42HM2-202	4	1.8	12	0.61	40	500	850	950	42□×35L	0.27	日本サーボ
KP6AM2-001	4	1.8	12	0.6	150	1.8	720	850	ϕ56.4×32L	0.33	日本サーボ
KP6M2-001	4	1.8	6	1.2	180	5	900	1100	ϕ56.4×57L	0.6	日本サーボ
KP6M2-001	4	1.8	5.4	1.5	180	6	750	1000	ϕ56.4×80L	0.95	日本サーボ
KP8M2-001	4	1.8	1.8	4.5	1100	11	900	3000	ϕ86×61L	1.4	日本サーボ
KP4P8-201	4	7.5	12	0.17	50	3000	350	400	ϕ42×23.8L	0.14	日本サーボ

续表

型号	相数	步距角 (°)	额定电压 (V)	静态电流 (A)	制动转矩 (×10⁻⁴N·m)	定位转矩 (×10⁻⁴N·m)	最大启动频率 (pulse/s)	最大响应频率 (pulse/s)	外形尺寸 (mm)	质量 (kg)	生产厂家
KP4P8-206	4	7.5	10	0.21	50	3000	400	450	ϕ42×23.8L	0.14	日本サーボ
KP6P8-201	4	7.5	12	0.33	150	1100	250	280	ϕ57.4×25.4L	0.25	日本サーボ
KP6AP8-201	4	7.5	12	0.6	250	2000	250	300	ϕ60.5×42L	0.45	日本サーボ
KP7P8-201	4	7:5	12	0.64	220	2600	160	180	ϕ70×45L	0.65	日本サーボ
SMS35	4	7.5	5～12	0.06～0.28	40～50	100～180	600～700	750～850	ϕ35×15L	0.08	富士电气化学
SMS40	4	7.5/15	12～24	0.17～0.24	55～60	150～240	550～630	690～1100	ϕ42×15L	0.1	富士电气化学
SM60	4	7.5/15	5～9	0.15～0.5	100～180	1500～2600	180～230	210～240	ϕ60×42.5L	0.5	富士电气化学
SM30	4	18	5～12	0.06～0.12	2.5～3	23～30	410～500	520～760	ϕ20×19.4L	0.028	富士电气化学
SM25	4	15/18	5～24	0.06～0.15	25～35	60～110	500～600	900～1000	ϕ25×16L	0.045	富士电气化学
SM35	4	7.5/15/18	12～24	0.018	10	110～180	290～320	530～560	ϕ35×21.4L	0.1	富士电气化学
SM40	4	7.5/15/18	12～24	0.35～0.42	30～40	190～350	210～350	300～460	ϕ42×21.8L	0.15	富士电气化学
SM55	4	7.5/15		0.08～0.3	60～90	830	300	310	ϕ55×24.5L	0.28	富士电气化学

(五)日本工厂自动化用步进电动机

表 3-5-11 日本工厂自动化用步进电动机技术数据

型号	相数	步距角(°)	电压(V)	电流/相(A)	制动转矩(10^{-4}N·m)	定位转矩(10^{-4}N·m)	最大启动频率(pulse/s)	最大响应频率(pulse/s)	外形尺寸(mm)	质量(kg)	生产厂家
AS60-010B	5	0.36	140	2		10×10^3	5000	16000	ϕ76.3×82L	2.1	石川岛播磨重工业
SA140-010B	5	0.36	140	2		21×10^3	5000	10000	ϕ76.3×122L	3.3	石川岛播磨重工业
AD004-010B	5	0.36	140	4		58×10^3	4000	6000	ϕ114×169L	9.3	石川岛播磨重工业
AD010-010	5	0.36	280	8		100×10^3	3600	16000	ϕ116×204L	12	石川岛播磨重工业
AD036-010	5	0.36	280	12		260×10^3	2800	16000	ϕ165×269L	35	石川岛播磨重工业
AS40-003B	5	0.36	140	2		4.8×10^3	3000	16000	ϕ64.5×119L	2.3	石川岛播磨重工业
AD003-003	5	1.2	280	8		60×10^3	1000	16000	ϕ165×184L	25	石川岛播磨重工业
AD009-003	5	1.2	280	12		135×10^3	1300	16000	ϕ165×269L	35	石川岛播磨重工业
AS507-120	4	1.2	24	1.2		11.5×10^3	1900	2000	ϕ50×68L	0.7	石川岛播磨重工业
PH5117-A	5	3	1.5	5	1500	750000	24K/4K	80K/140K	110□×197L	8.5	オリエンタルモーター
IF7-10-122	5	0.72/0.36		2		21000	5000	10000	ϕ76.3×122L	3.3	オリエンタルモーター
IF17-10-269	5	0.36		12		260000	2800	16000	ϕ165×269L	35	オリエンタルモーター

续表

型号	相数	步距角 (°)	电压 (V)	电流/相(A)	制动力矩 $(10^{-4}N\cdot m)$	定位力矩 $(10^{-4}N\cdot m)$	最大启动频率 (pulse/s)	最大响应频率 (pulse/s)	外形尺寸 (mm)	质量 (kg)	生产厂家
HDM-185-200/0-8	8	0.36	10	0.875	500	28800	5200/10400	7300/14600	φ94×102L		ハモンック・ドライフ・シヌテムヌ
HDM-185-1600-8	8	0.18/0.09	10	0.875	500	28800	5200/10400	7300/14600	φ94×102L		ハモンック・ドライフ・シヌテムヌ
HDM-185-1000-4	4	0.225/0.1125	10	1.75	500	28800	2600	3300	φ94×102L		ハモンック・ドライフ・シヌテムヌ
HDM-185-800-4	4	0.36	10	1.75	500	28800	2600	3300	φ94×102L		ハモンック・ドライフ・シヌテムヌ
20-2215D200-E04	4	0.45	24	3	110	1940	1200	5600	57□×39L	0.36	シドソャ・ォーソャ
21-4247D200-F03	4	1.8	35	4.5	140	12240	1300	35000	86□×61L	1.77	シドソャ・ォーソャ
17-3437D200-B038	4	1.8	90	9.2	940	49540	800	23000	111□×120L	4.54	シドソャ・ォーソャ
24-4272D200-F014-K		1.8	90	16.5	290	113760		10000	111□×182L	9.07	シドソャ・ォーソャ
24-4296D200-F034-K		1.8	90	12	4180	189360		12000	111□×244L	12.20	シドソャ・ォーソャ

（六）日本伺服公司步进电动机技术数据

表 3-5-12　KH39 系列 800 型二相混合式步进电动机技术数据

型 号	步距角 (度/步)	电压 (V)	电流 (A)	电阻 (Ω)	电感 (mH)	最大静转矩 (mN·m)	保持转矩 (mN·m)	转动惯量 (g·cm²)	长度 (mm)
KH39EM2-801	1.8	5.6	0.4	14.0	6.4	59	7.9	14	20.8
KH39FM2-801	1.8	6.3	0.42	15.0	8.5	88	9.8	19	27
KH39GM2-801	1.8	6.4	0.47	13.6	9.8	127	11.8	27	31
KH39EM2-851	1.8	3.6	0.60	6.0	5.5	78	7.9	14	20.8
KH39FM2-851	1.8	4	0.67	6.0	6.8	118	9.8	19	27
KH39GM2-851	1.8	4.6	0.65	7.0	9.8	157	11.8	27	31

表 3-5-13　KH42 系列 900 型二相混合式步进电动机技术数据

型 号	步距角 (度/步)	电压 (V)	电流 (A)	电阻 (Ω)	电感 (mH)	最大静转矩 (mN·m)	转动惯量 (g·cm²)	长度 (mm)
KH42HM2-901	1.8	3.06	0.90	3.40	2.4	140	38	34
KH42HM2-902	1.8	5.57	0.58	9.60	6.0	140	38	34
KH42HM2-903	1.8	6.76	0.46	14.70	9.3	140	38	34
KH42JM2-901	1.8	3.42	1.20	2.85	2.5	236	56	40
KH42JM2-902	1.8	4.40	0.88	5.50	5.1	236	56	40
KH42JM2-903	1.8	9.25	0.50	18.50	16.3	236	56	40
KH42KM2-901	1.8	3.72	1.20	3.10	3.1	340	85	50
KH42HM2-951	1.8	3.10	1.00	3.1	4.3	197	38	34
KH42JM2-952	1.8	4.59	0.85	5.4	9.3	314	56	40
KH42KM2-951	1.8	2.76	1.20	2.3	4.0	403	85	50

表 3-5-14　KH56 系列 900 型二相混合式步进电动机技术数据

型号	步距角（度/步）	电压（V）	电流（A）	电阻（Ω）	电感（mH）	最大静转矩（mN·m）	转动惯量（g·cm²）	长度（mm）
KH56JM2-901	1.8	1.74	3.0	0.58	0.61	422	115	42
KH56JM2-902	1.8	2.78	2.0	1.39	1.80	422	115	42
KH56JM2-903	1.8	4.90	1.0	4.90	6.68	422	115	42
KH56KM2-901	1.8	2.30	3.0	0.77	1.04	834	188	54
KH56KM2-902	1.8	3.60	2.0	1.79	1.70	834	188	54
KH56KM2-903	1.8	6.71	1.0	6.71	9.36	834	188	54
KH56QM2-901	1.8	3.54	3.0	1.18	2.40	1324	269	76
KH56QM2-902	1.8	5.46	2.0	2.73	5.40	1324	269	76
KH56QM2-903	1.8	9.90	1.0	9.90	21.60	1324	269	76
KH56JM2-951	1.8	1.96	2.0	0.98	2.27	490	115	42
KH56KM2-951	1.8	2.4	2.0	1.32	3.19	932	188	54
KH56QM2-951	1.8	4.0	2.0	2.0	7.35	1373	269	76

表 3-5-15　KT/KR 系列三相混合式步进电动机技术数据

型号	步距角（度/步）	电压（V）	电流（A）	电阻（Ω）	电感（mH）	最大静转矩（mN·m）	转动惯量（g·cm²）	长度（mm）	重量（g）
KT35FM1-552	1.2	11.7	0.3	39	26	5.9	8	28	110
KT42EM06-551	0.6	5.3	0.9	5.9	3.1	45	20	20	140
KT42HM06-551		2.88	2.4	1.2	0.8	90	42	34	210
KT42JM06-551		3.12	2.4	1.3	1.3	180	60	40	310
KT42KM06-551		4.6	2.3	2	1.4	200	85	50	360
KT42EM1-551	1.2	5.3	0.9	5.9	2.6	70	20	20	140
KT42HM1-551		2.64	2.4	1.1	0.5	140	42	34	210
KT42JM1-551		2.88	2.4	1.2	0.8	210	60	40	310
KT42KM1-551		3.6	2.4	1.5	1	280	85	50	360
KT42EM4-551	3.75	5.28	0.8	6.6	5.7	70	20	20	140

续表

型 号	步距角(度/步)	电压(V)	电流(A)	电阻(Ω)	电感(mH)	最大静转矩(mN·m)	转动惯量(g·cm²)	长度(mm)	重量(g)
KT42HM4-551	3.75	4.42	1.3	3.4	4.7	130	38	34	210
KT42HM4-552		7.04	0.8	8.8	12.3	130	38	40	210
KT42JM4-551		5.16	1.2	4.3	8.7	180	60	40	240
KT42JM4-552		8.8	0.8	11	22	180	60	40	240
KT50KM1-551	1.2	3.9	3	1.3	1.6	440	120	51	500
KT50LM1-551		4.8	3	1.6	1.6	580	170	64	650
KT56KM1-551		4.2	3	1.4	1.8	690	210	51	650
KT56QM1-551		5.1	3	1.7	2.4	1100	360	76	980
KT60KM06-551	0.6	2.09	3.8	0.55	1	500	170	47	510
KT60KM06-552		3.52	2.2	1.6	3	500	170	47	510
KT60KM06-751		2.09	3.8	0.55	1	300	170	47	510
KT60KM06-752		3.52	2.2	1.6	3.1	300	170	47	510
KT60LM06-551		2.77	3.8	0.73	1.7	900	265	58	720
KT60LM06-552		4.84	2.2	2.2	5.6	900	265	58	720
KT60LM06-751		2.77	3.8	0.73	1.8	600	265	58	720
KT60LM06-752		4.84	2.2	2.2	5.7	600	265	58	720
KT60KM1-551	1.2	2.09	3.8	0.55	0.8	320	170	47	510
KT60KM1-552		3.52	2.2	1.6	2.5	320	170	47	510
KT60LM1-551		2.77	3.8	0.73	1	600	265	58	720
KT60LM1-552		4.84	2.2	2.2	3.3	600	265	58	720
KT60RM1-551		6	3	2	3.2	1680	840	85	1340
KT86LM1-551		5.4	3	1.8	18	2000	670	61	1600
KT86LM1-561*		5.4	3	1.8	18	2000	670	61	1600
KT86SM1-551		7	2.5	2.8	36.6	4000	1340	95	2100
KT86SM1-561*		7	2.5	2.8	36.6	4000	1340	95	2100

续表

型 号	步距角(度/步)	电压(V)	电流(A)	电阻(Ω)	电感(mH)	最大静转矩(mN·m)	转动惯量($g\cdot cm^2$)	长度(mm)	重量(g)
KR42HM4-551	3.75	2.8	2	1.4	1.7	49	31	34	190
KR42HM4-552		4.42	1.3	3.4	4	49	31	34	190
KR42JM4-551		3.5	2	1.75	2.1	88	45	40	240
KR42JM4-552		5.16	1.2	4.3	8.7	88	45	40	240
KR42KM4-551		3.5	2.5	1.4	1.7	118	57	48	320
KR42KM4-552		6.5	1.3	5	1.7	118	57	48	320

第六节 永磁交流伺服电动机

一、概述

(一) 系统构成

永磁交流伺服电动机位置伺服系统由永磁同步电动机、转子位置检测器和驱动电路（电力晶体管变流器）等三部分构成，其框图见图 3-6-1。

为了对电动机产生的转矩进行有效控制，需要检测电枢与磁极的相对位置，并由电枢电流分配器进行反馈控制。与直流电动机一样，其电枢电流与转矩成比例。

用于 OA（Office Automation）装置等场合的数十瓦至数百瓦的电动机可以使用直流电源，一般称为无刷直流电动机；而用于机器人或数控机床等 FA（Factory Automation）机械的伺服系统的数十瓦至数千瓦电动机交流伺服电动机，故多称为同步型（SM 型）交流伺服电动机。

(二) 特点

(1) 优异的快速响应动态性能。电机应有高的峰值转矩/转子转动惯量比、高的功率变化率。

(2) 宽调速范围。在闭环速度控制下，调速范围最低限度为 1∶1000，有些系统要求达 1∶10000 以上。

(3) 转矩波动小。在极低转速时也能平滑运行，无爬行现象。

(4) 高的位置分辨率。通常要求是 1/1000～1/10000，以得到高的定位精度。

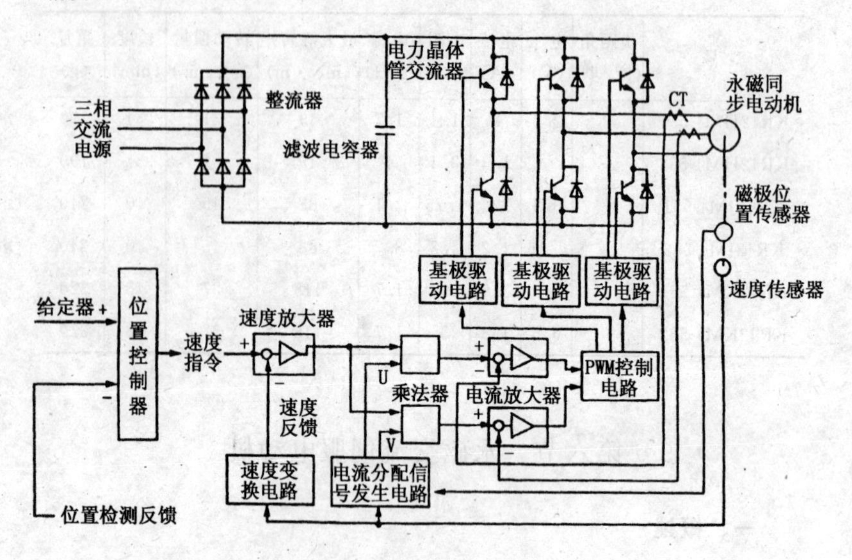

图 3-6-1 永磁交流伺服电动机位置伺服系统框图

(5) 过载能力强。能承受频繁启动和停、制动，或正、反转运行。

(6) 可在 4 个象限运行且能连续堵转运行。

(7) 高的可靠性，可工作于恶劣工作环境。

(三) 分类

目前，将交流伺服电动机分为两大类，即：同步型交流伺服电动机 (SM) 和异步型交流伺服电动机 (IM)。

这里所说的交流伺服电动机是指采用脉宽调制 (PWM) 三相变频逆变器供电的三相交流同步电动机和异步电动机。

同步型交流伺服电动机按工作原理和控制方式又可分为矩形波驱动的永磁交流电动机和正弦波驱动的永磁交流电动机。

有一些文献中，将前者称为无刷直流电动机，后者称为永磁交流伺服电动机。

二、永磁交流伺服电动机结构、原理和特性

（一）结构

1. SM 型电动机结构

SM 型永磁交流伺服电动机分为圆柱形结构（径向气隙）和盘式结构（轴向气隙）两种。圆柱形结构又分为内转子型和外转子型两种。各国生产的永磁交流伺服电动机几乎都是三相的。

（1）圆柱形内转子型有槽电动机如图 3-6-2 所示。这是一种转子位于定子内侧的普通同步电动机。由于热容量大、过载能力强，多用于容量较大的 FA 机械。为了减小转矩脉动，还将槽作成斜槽，并在磁极形状上也下了一番功夫，特别是制作了在定子铁心表面配置绕组的无槽型电动机。

（2）圆柱形外转子有槽电动机如图 3-6-3 所示。永磁磁极的转子位于定子的外侧，转矩脉动小，容易作成扁平形，惯性较大。定子绕组嵌于铁心槽内。

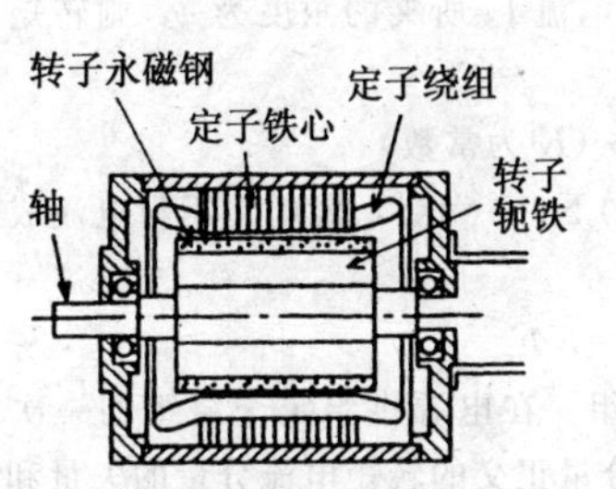

图 3-6-2　圆柱形内转子有槽电动机

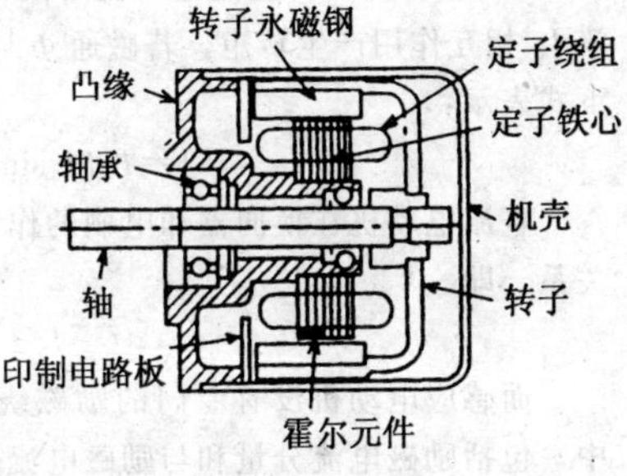

图 3-6-3　圆柱形外转子有槽电动机

（3）盘式转子型永磁交流伺服电动机如图 3-6-4 所示。电动机的气隙平面与轴成直角，盘式转子与永磁磁极相向配置，整个电动机呈扁平形。可作成有槽结构的盘式伺服电动机，也可作成无槽、无铁心的特平型、旋转死区小的伺服电动机。这种伺服电动机常用于 FDD 与 CD 的直接驱动等。

2. IM 型电动机

三相感应电动机采用变频器进行一次频率控制，用作伺服电动机时称为 IM 型交流伺服电动机。SM 型交流伺服电动机具有转子磁极，并用变流器代替了直流电动机的换向作用。IM 型交流伺服电动机是感应电动机，没有励磁磁极，而由电源提供的一次电流来励磁并供给电动机所需的负载电流。与直流电动机相比，感应电动机对应电流变化的转矩响应要滞后一些，这是

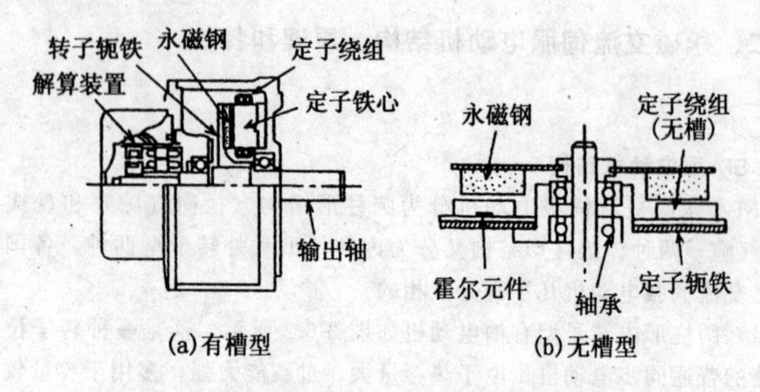

图 3-6-4　盘式转子型永磁交流伺服电动机

感应电动机的一个缺点。在 IM 型交流伺服电动机中，采用矢量控制法来克服感应电动机的上述缺点，使电动机的快速响应性能大为改善。下面简单介绍电动机转矩及其矢量控制的原理。

图 3-6-5 为一台直流电动机的模型。由励磁电流 I_f 产生磁通 Φ 与电枢电流 I_d 相互作用产生转矩。若磁通 Φ 与电流 I_d 所夹的角度为 ψ，则转矩可用下式表示：

$$T=K\Phi I_d\sin\psi \text{（}K\text{ 为常数）}$$

直流电动机在换向器和电刷的作用下，$\psi=90°$，因此转矩与电流成比例关系，即

$$T/I_d=K\Phi$$

而感应电动机没有专门的励磁绕组。在电源供给定子绕组的一次电流中，包括励磁电流分量和与励磁电流分量正交的转矩电流分量的矢量和。图 3-6-6 为感应电动机电流相量图。

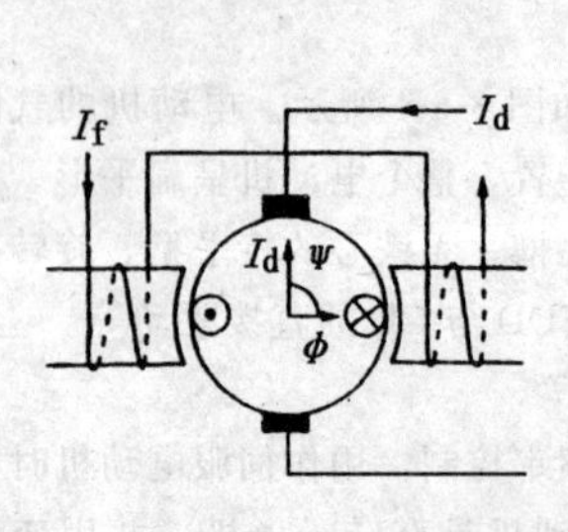

图 3-6-5　直流电动机模型

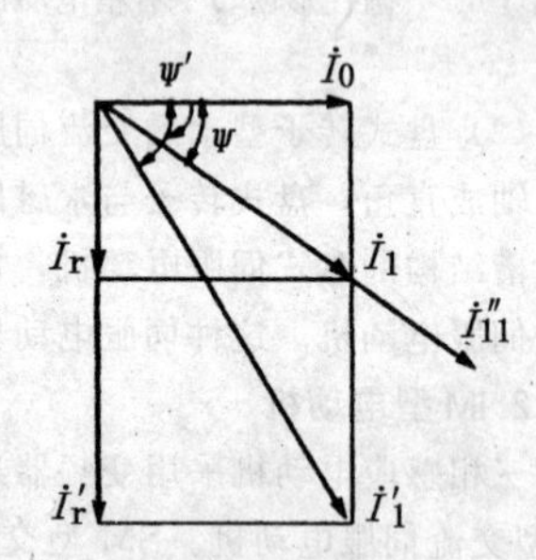

图 3-6-6　电流相量图

设一次电流为I_1，现将其分解为励磁电流I_0和转矩电流I_r。当电动机转速升高而一次电流随之增加时，如果一次电流的方向不变而仅仅大小增加为I_1''，其转矩电流分量的增加很少，因此转矩增加得也不多。

这时，最合适的一次电流是I_1'。如果采用普通的变频控制，在稳定状态下尚可以供给I_1'，但在过渡状态下，电流矢量的方向难以最佳。这是感应电动机响应速度差的原因。采用变频控制时，若对应电流产生变化，同时对电动机电流的方向进行合适的控制，就会使感应电动机获得与直流电动机相同的快速响应特性。这种控制方式就是矢量控制。

图 3-6-7 为感应电动机矢量控制的框图。图中虚线包围的部分就是进行上述最佳电流运算并实行变频控制的微处理器。

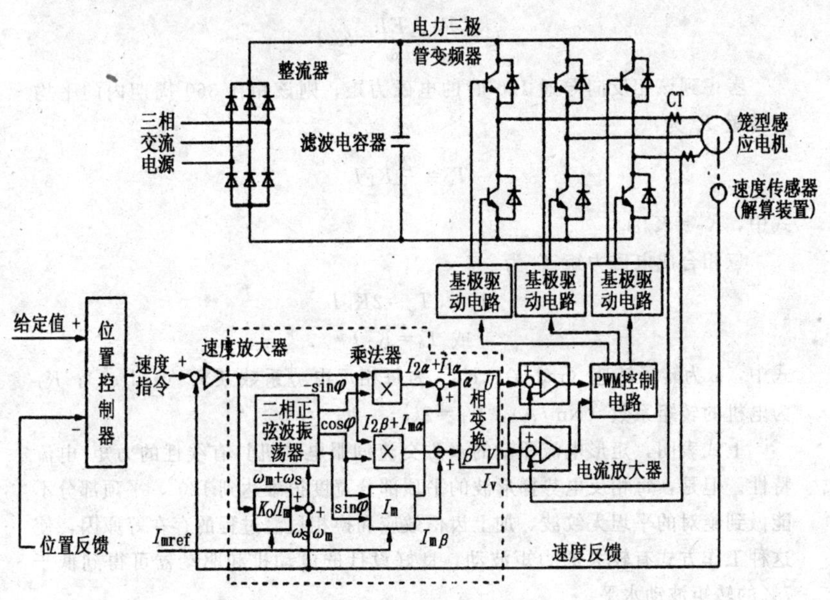

图 3-6-7 IM 型交流伺服电动机的控制框图

（二）基本原理

1. 矩形波驱动的永磁交流伺服电动机工作原理

永磁交流伺服电动机在转子转过 360°的 1 个周期内可均分为 6 个换向区间，或者说，三相绕组导通状态分为 6 个不同的状态。由转子位置传感器控制，三相桥式逆变器对三相绕组（通常是星形接法）每 60°电角度进行换向。

这个换向作用使每相绕组在1个周期内有120°是正向导通，然后60°为截止，再120°为反向导通，最后60°是截止。

下面讨论一相绕组导通120°范围内的力矩。电动机转子恒速转动，在电流恒值的情况下，由控制电路电流环作用使该相绕组电流为恒值。伺服电动机设计令每相绕组的反电势波形为有平坦顶部的梯形波，其平顶宽度应尽可能地接近120°。转子位置传感器让相电流导通120°与它的反电势波形平坦部分120°相位重合。这样，在120°范围内，该相的输出电功率和电磁力矩为恒值，与转子位置无关。

在一相绕组正向导通120°范围内，输入相电流为恒值 I，反电势为恒值 E，产生的电磁功率为 P_{φ}。它们满足下式关系：

$$T_{\varphi}'=\frac{P_{\varphi}}{\omega}=\frac{EI}{\omega}=K_{E}'I$$

考虑到该相反向导通120°时的电磁力矩，则该相在360°周期内的平均力转矩 T_{φ} 为：

$$T_{\varphi}=\frac{2}{3}K_{E}'I$$

式中，$K_{E}'=K/\omega$。

三相合成电磁力矩 T_{e} 为：

$$T_{e}=3T_{\varphi}=2K_{E}'I$$

$$\text{或}\ T_{e}=K_{T}'I$$

式中，ω为转子转速（rad/s）；K_{E}' 为每相反电势系数〔V/（rad/s)〕；K_{T} 为电机的转矩系数（Nm/A），$K_{T}=2k_{E}'$。

上式表明，矩形电流驱动的永磁交流伺服电动机具有线性的力矩/电流特性。但是，每相反电势梯形波的平顶部分宽度很难达到120°，平顶部分不能做到绝对的平坦无纹波，加上齿槽效应和换相过渡过程的存在等原因，使这种工作方式有较大的力矩波动。良好设计的电动机和驱动器可得到低于7%的转矩波动水平。

矩形波驱动的永磁交流伺服电动机的运行波形见图3-6-8（b）。

2. 正弦波驱动的永磁交流伺服电动机工作原理

交流伺服电动机的每相绕组反电势和输入电流波形都是正弦波，符合同步电动机常规概念。一般同步电动机由交流电源供电，工作频率由外部电源决定，它的相电压、相电流的反电势的幅值和相位关系由电机阻抗通过相量图关系确定，相电流和反电势的相位一般都是不重合的。

但是，交流伺服电动机完全不同。交流伺服电动机每相正弦波反电势和相电流的频率是由转子转速决定的，通过转子位置传感器检测出转子相对于定子的绝对位置，由伺服驱动器强制产生出正弦波相电流，并使此电流与该相反电势严格保持同相。

三相绕组 A、B、C 各相的反电势和相电流可以表示如下：

$$\begin{cases} e_A = E\sin\theta \\ e_B = E\sin\left(\theta - \dfrac{2}{3}\pi\right) \\ e_C = E\sin\left(\theta - \dfrac{4}{3}\pi\right) \end{cases}$$

$$\begin{cases} i_A = I\sin\theta \\ i_B = I\sin\left(\theta - \dfrac{2}{3}\pi\right) \\ i_C = I\sin\left(\theta - \dfrac{4}{3}\pi\right) \end{cases}$$

式中，E 为相的反电势的幅值；I 为相电流幅值；θ 为转子转过的角度（电气角）。

且已知：

$$E = K_E\omega$$

输出电磁功率 P 和电磁转矩 T_e 为：

$$T_e = \frac{P}{\omega} = \frac{\sum ei}{\omega}$$

$$= \frac{1}{\omega}(e_A i_A + e_B i_B + e_C i_C)$$

$$= \frac{3}{2}K_E' I$$

或

$$T_e = K_T I$$

$$K_T = \frac{2}{3}K_E'$$

上式表明，正弦波驱动的交流伺服电动机具有线性的转矩/电流特性，而且瞬态电磁转矩 T_e 与转角 θ 无关，理论上转矩波动为零，参见图 3-6-8。

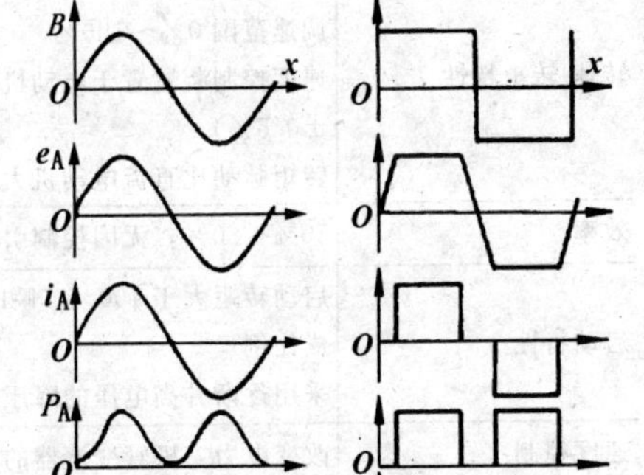

图 3-6-8 永磁交流伺服电动机运行波形图

（三）规格与性能

1. SM型电动机规格与性能

表3-6-1　SM型电动机规格与性能

项　目	规格与性能
电源	稳定电压或调压直流电源（蓄电池、整流器）；6.3～48V，60～120V
主要构成设备	二相或三相永磁同步电动机，电力三极管交流器（方形波或等效正弦波＝PWM）无触点转子位置传感器以及放大器
额定功率	0.5W～0.75kW～2.9kW
额定转速	1000～3000r/min，也可20000r/min以上
结构型式	保护防滴型或全封闭型较多
额定时间	连续额定
输出特性	恒转矩特性
转速-转矩特性	加减恒转速特性 调速范围0%～100% 速度控制装置置于电动机内部。多为恒转速特性（精度可达±0.5%） 转矩脉动比直流电动机大
效率	50%～80%，无因控制引起的损耗，减速时仍有较高效率
启动特性	启动转矩大于100%，瞬时最大转矩大于300%，转矩与电流成比例 采用逐渐升高电压的降压启动法，小型机可直接启动
速度控制	改变电力三极管变流器的直流输入电压调速
制动	能耗制动和反接制动较为简单
正反转	可通过改变转子位置检测信号顺序实现正反转控制，实现无触点控制而不必切换主电路
其他优点	因无刷，是可靠性很高的电动机 把三极管控制器置于电动机上，可获得小型恒转速电动机
与负载的连接	用柔性连接器直连，齿轮连接，皮带连接等，无限制。负载GD^2＜电动机GD^2的5倍
维护	除轴承外无需维护
使用环境	可适用恶劣环境，但不适于高温环境

续表

项　目	规格与性能
使用注意事项	因使用了半导体元器件，对周围温度需加以限制； 因转矩脉动较大需注意低速运行情况
运行辅助设备	除直流电源外，还需断路器、熔断器等保护装置以及速度控制时的调压直流电源
用途	机床、机器人、测量仪器、自动化仪表、音响设备、办公设备以及计算机的磁带传送机等

2. IM型交流伺服电动机规格与性能

表 3-6-2　IM型交流伺服电动机规格与性能

项　目		规格与性能		
电动机	结构型式	笼型感应电动机		
电动机	冷却方式	小型机：全封闭、中型机：全封闭外扇冷型与防护强迫通风型		
电动机	额定功率	0.1～1.5kV	2.2～22kW	30～55kW
电动机	额定转矩	0.33～7.3N·m	10.7～107.8N·m	117～269N·m
电动机	额定转速	3000r/min	3000r/min	2000r/min
电动机	额定电压	80～120V	120V	150V
电动机	瞬时最大转矩	500%		
电动机	能率	4.25～11kW/s	44～293kW/s	516～860kW/s
电动机	转子 GD^2	0.0001～0.005kg·cm^2	0.01～0.15kg·cm^2	0.15～0.32kg·cm^2
电动机	适用负载 GD^2	电动机 GD^2 的 5 倍		
电动机	频率特性	50～100Hz		
控制器	电源电压	三相交流 80～200V		
控制器	控制方式	晶体管式等效正弦波 PWM 控制		
控制器	调速范围	1∶1000		
控制器	调速精度	负载变动（0%～100%）<±0.1%，电源变动（±10%）<±0.1%		
控制器	冷却方式	小型机用：自冷式，中型机用强迫风冷式		
控制器	保护功能	过电压，过电流，过载、速度、温升、编码器		
使用环境		环境空气温度 0～50℃，环境空气湿度 85%以下，海拔1000m以下		

3. 直流伺服电动机、同步型交流伺服电动机和感应型交流伺服电动机的比较

鼠笼式异步交流伺服电动机转子结构简单、坚固、成本较低、过载能力强。同步型交流伺服电动机转子可以设计成低惯量，但使用稀土永磁，成本较高，过载能力决定于永磁体的抗击磁能力。同步型交流伺服电动机与异步型交流电动机相比其主要优点是控制方法较简单，伺服驱动器不必为电动机提供无功功率，在同样输出机械功率情况下，有较小的体积和较低的成本。其综合比较见表 3-6-3。

表 3-6-3　三类伺服电动机的比较

项　　目	直流伺服电动机	同步型交流伺服电动机	异步型交流伺服电动机
驱动电流波形	直流	矩形波 正弦波	正弦波
转子位置传感器	不要	需要	不要
速度传感器	直流测速发电机	无刷测速发电机 光电编码器 旋转变压器	
伺服驱动器	较简单	复杂	更复杂
寿命的决定因素	电刷和换向器轴承	轴承	轴承
高速运行	不宜	适宜	最适宜
停电后能耗制动	可	可	不可
耐受环境条件能力	差	良	良
提高电机性能的限制条件	永磁去磁换向 换向器电压 绕组温升	永磁去磁 绕组温升	绕组温升 转子温升
弱磁控制	难	难	容易
无功功率	不需	不需	需要，增大驱动器体积和成本
效率	高	高	较低

（四）转子位置检测

作为电动机重要部分的转子位置检测元件主要有以下方法：

（1）采用接近开关；

（2）采用光电编码器（由码盘、光敏晶体管和发光元件等组成）；

（3）利用旋转变压器；

（4）利用霍尔元件等磁—电变换元件；

（5）采用无位置传感器的位置检测方法，如利用电动机的感应电势进行位置检测等。

一般多采用1、2、4、5等方法，特别是霍尔元件法。通常把采用霍尔元件进行位置检测的伺服电动机称为霍尔电动机。

三、永磁交流伺服电动机选型和应用

（一）选型

以机床进给系统为例，按下列所要求的性能、条件，计算静态和动态需要的转矩、最高速度，并选择最适用的交流伺服电动机。

性能条件：工作台最高速度 $v_{max}=15m/min$；工作台从0加速到 v_{max} 时间 $t_{ACC}=0.18s$；工作台总质量 $W=400kg$；切削力 $F_c=200kg$；滑动摩擦系数为0.10；丝杠直径 $D=0.04m$；长度 $L=0.85m$；螺距 $h=0.01m$。

工作周期：切削时间55%；定位时间40%；加速时间5%。

解：

（1）电机最高速度 n_{max} 的计算：

$$n_{max}=\frac{u_{max}i}{h}=\frac{15i}{0.01}=1500i\ (r/min)$$

若取减速比 $i=2$，则：

$$n_{max}=3000r/min$$

（2）转矩的计算：

摩擦转矩 T_F' 为：

$$T_F'=T_{FT}+T_{FB}'$$

工作台摩擦力矩 T_{FT}：

$$T_{FT}=\frac{Wguh}{2\pi}=\frac{400\times9.81\times0.1\times0.01}{2\pi}=0.63\ (N\cdot m)$$

丝杠的摩擦转矩 T_{FB}，由经验公式得：

$$T_{FB}'=100D=100\times0.04=4\ (N\cdot m)$$

折算到电机轴上的摩擦转矩 T_F 为：

$$T_F=\frac{T'_F}{i}=\frac{4+0.63}{2}=2.32\ (\mathrm{N\cdot m})$$

如果工作台不是水平，有倾斜角 α，还需计及工作台自重引起的转矩 T_W 为：

$$T_W=\frac{Wgh}{2\pi i}\sin\alpha$$

对铣床，垂直轴取 $\sin\alpha=1$。本例为水平轴，$T_W=0$

切削力的折合转矩 T_C 为：

$$T_C=\frac{F_e gh}{2\pi i}=\frac{200\times9.81\times0.01}{2\pi\times2}=1.56\ (\mathrm{N\cdot m})$$

得总静转矩 T_S：

$$T'_S=T_F+T_W+T_c=3.88\ (\mathrm{N\cdot m})$$

由（1）和（2）初选取一规格的交流伺服电动机，其参数为：

$$n_{max}=3000\mathrm{r/min}\qquad T=6.7\mathrm{N\cdot m}$$

$$T_p=17.4\mathrm{N\cdot m}\qquad J_M=0.0036\mathrm{kg\cdot m^2}$$

(3) 核算动态转矩：

折算到电机轴上的转动惯量 J 为：

$$J=\frac{J_T+J_B+J_{PB}}{i^2}+J_{PM}+J_M\ (\mathrm{kg\cdot m^2})$$

滑动工作台的转动惯量 J_T 为：

$$J_T=W\left(\frac{h}{2\pi}\right)^2=400\times\left(\frac{0.01}{2\pi}\right)^2=0.00101\ (\mathrm{kg\cdot m^2})$$

丝杠的转动惯量 J_B 为：

$$J_B=\frac{D^2L\pi\gamma}{32}=\frac{0.04^4\times0.085\times\pi\times7700}{32}=0.00164\ (\mathrm{kg\cdot m^2})$$

丝杠上的传动轮惯量 J_{PB} 为：

$$J_{PB}=\frac{0.08^4\times0.03\times\pi\times7700}{32}=0.00093\ (\mathrm{kg\cdot m^2})$$

电机轴上的传动轮惯量 J_{PM} 为：

$$J_{PM}=\frac{0.04^4\times0.03\times\pi\times7700}{32}=0.00006\ (\mathrm{kg\cdot m^2})$$

总惯量 J 为：

$$J=0.0045\ (\mathrm{kg\cdot m^2})$$

加速转矩 T_{ACC} 为：

$$T_{ACC}=J\frac{2\pi n_{max}}{60t_{ACC}}=\frac{0.045\times\pi\times3000}{30\times0.18}=7.85\ (\mathrm{N\cdot m})$$

总动态转矩 T_D 为：

$$T_D = T_F + T_W + T_{ACC} = 2.32 + 7.85 = 10.17\ (N \cdot m)$$

（4）发热计算：

等值转矩（有效值）T_{EFF} 为：

$$T_{EFF} = \sqrt{T_S^2 \times 0.55 + (T_F + T_W)^2 \times 0.4 + T_D^2 \times 0.55}$$
$$= \sqrt{3.88^2 \times 0.55 + 2.32^2 \times 0.4 + 10.17^2 \times 0.55}$$
$$= 3.95\ (N \cdot m)$$

由于 $T \geqslant T_S$，$T \geqslant T_{EFF}$，$T_P \geqslant T_D$，因此选择的电动机是可用的，且有较大安全裕度。

（二）应用

永磁交流伺服系统克服了直流伺服电动机由于换向器和电刷带来的缺点，并满足了直流伺服系统的大部分性能，在工业上获得了广泛的应用，有取代直流伺服系统的趋势。其典型应用有数控机床、工业机器人、包装机械、医疗器械等。在数控机床中的进给驱动和主轴驱动中的应用最为明显并应用最多。随着军事装备的性能和精度的提高，近年交流伺服电动机及系统在军用装备中的应用也越来越多，如火炮、战车、舰船、卫星测控、雷达定位等。

四、永磁交流伺服电动机维护

（一）永磁交流伺服电动机适用的系统

（1）位置伺服控制系统，包括点位控制和连续轨迹控制。

（2）速度调节和稳速控制系统。

（3）张力调节和恒张力控制系统。

系统如要求提高可靠性、少维护、安全、轻质量、高效率和改善快速响应，宜首先选用永磁交流伺服电动机。

（二）使用注意事项

（1）这是一种机电一体化产品，电动机和伺服驱动器有紧密联系。用户选用交流伺服电动机时应同时选用同一生产厂的相应规格伺服驱动器、直流电源及其他配套附件。

（2）该产品技术较复杂，使用前必须认真阅读有关使用说明书，了解工作原理、安装连接的方法及如何调整程序和操作程序，结合被控制对象仔细进行调整，产品调整和设定后方能正式投入使用。

（3）按要求正确接线。对于宽调速范围情况，低速时信号电平是 mV 级或更小，必须注意正确接线，防止干扰串入。使用规定的电缆线，信号线应使用屏蔽线。各控制部分的地、外壳地、电动机外壳和信号线屏蔽层用粗导线集中于一点接“地”。直流功率电源和主功率桥的地和上述“地”一般不连接。必要时交流电源输入时先通过滤波器。

（4）驱动器安装于通用散热良好的地方，尽可能远离热源。

（5）有油封的电机使用前应检查油封是否良好，并加合适的油脂润滑。

（6）电动机、测速机和传感器的相对位置出厂时已仔细调整好，用户不应随便拆卸或调整。

（7）平时注意伺服驱动器上的故障指示灯，及时排除故障或调整。

五、永磁交流伺服电动机产品技术数据

自 1988 年以来，国内许多研究单位、高等院校和企业开展了永磁交流伺服电动机和伺服系统的研究、产品开发及应用工作。其中西安微电机研究所、上海微电机研究所、冶金部自动化研究院都有产品提供。表 3-6-4 给出西安微电机研究所的 ST 系列永磁交流伺服电动机和 JS1 系列伺服驱动器的主要技术数据。表 3-6-5、表 3-6-6 和表 3-6-7 分别给出几个国外公司的产品主要技术数据。

表 3-6-4　ST 系列永磁交流伺服电动机和 JS1 系列驱动器主要技术数据

电机型号	额定功率（kW）	堵转力矩（N·m）	最高转速（r/min）	测速发电机输出斜率（V/(kr/min)）	编码器输出脉冲（P/r）	驱动器型号
100ST-01A	0.7	2.0	4000			
100ST-C01	0.7	2.0	4000	20		
115ST-01A	1.2	2.0	6000			
115ST-C01	1.2	10.4	1100	20		
115ST-CMG01	1.1/1.4	6.5/9	2000	20	2500	JS1-15
115ST-CMG02	0.4/0.6	2.2/3.6	2000	20	2500	JS1-08
J140ST-C01	2.5		1100	20		
140ST-CMG01	2.4	14	2000	20	2000	JS1-30
140ST-CMG02	2.2	30	1000	20	2500	JS1-30
140ST-CMG03	4.5	30	2000	20	2500	JS1-50
190ST-C01	15	70	3000	20		
J190ST-C02	15	32.5	6000	15		

生产厂家：西安西电微电机有限责任公司。

表 3-6-5 国外主要厂商永磁交流伺服电动机和伺服驱动器系列技术数据

国别	美国				德国		日本		前苏联	爱尔兰	法国
生产厂家	A-B	Gould	Gettys	I. D.	Siemens	Indramat	Fanuc	安川		Inland	Alsthom
电动机	交流伺服电动机	无刷直流伺服电动机	无刷直流电动机	无刷伺服电动机	三相伺服电动机	交流伺服电动机	交流伺服电动机	交流伺服电动机		交流伺服电动机	同步型无刷电动机
系列	1326	M600	M	Goldline B,EB,M	IFT5	MAC	S,L,	M,F,S,H,C,G,R,D	2ДВу	BHT	LC,GC
力矩(N·m)	1.8~47.4	2.5~32.4	5.3~95.5	0.84~111.2	0.15~105	0.15~57	0.25~55.9	1.6~58.4	0.13~170	1.3~45	0.6~30
功率(kW)	0.3~7.5	0.26~3.3	1.4~16.6	0.54~15.7		0.16~17.9	0.05~6	0.05~6	0.07~22	0.78~6.9	
永磁材料	铁氧体			NdFeB	SmCo	铁氧体 SmCo	铁氧体		SmCo	SmCo	SmCo
绝缘等级		F	H	H	F			F 或 B	F		F
传感器	多极旋变	复合式光电编码器	多极旋变	无刷旋转变压器	霍尔传感器无刷测速机	霍尔传感器无刷测速机	增量式或绝对式编码器	复合式光电编码器	复合光电编码器,无刷测速机	霍尔传感器无刷测速机	
驱动器名	交流伺服控制器	伺服放大器	数字型伺服放大顺	放大器	晶体管脉宽调制控制器	放大器	交流伺服放大器	交流伺服放大器		交流控制器	
系列名	1391	A600	A700	BDS5	6SC61	TDM		Sero-pack	эпВ-2	BHT	BTR
驱动方式	正弦波	矩形波	正弦波	正弦波	矩形波	矩形波	正弦波	矩形波 正弦波	矩形波	矩形波	矩形波
直流母线电压(V)	300		340	325	200	300			520	300	250
调制频率(kc)	2.5	5 或 3	4.5 或 3	10		10				5~10	

续表

国别	美国				德国		日本		前苏联	爱尔兰	法国
生产厂家	A-B	Gould	Gettys	I. D.	Siemens	Indramat	Fanuc	安川		Inland	Alsthom
转速调整范围	1：2000	1：3000		1：15×10^6				1：1000 1：3000	1：10000		
带宽(Hz)		100						100	100		
备注		16位微处理器	16/32位微处理器	16位微处理器				8位或16位微处理器			

表 3-6-6 西门子公司永磁交流伺服电动机及控制器主要技术数据

型号	额定转速(r/min)	连续力矩(N·m)	电流(A)	转动惯量($\times10^{-4}$kg·m^2)	质量(kg)	型号	峰值电流(A)	峰值电流(A)
1FT5020-0AC01		0.15	0.56	0.13	1			
1FT5032-0AC01		0.25	0.75	0.37	1.7	6SC6103	3	6
1FT5042-0AC01		0.6	1.4	1.2	3.2			
1FT5062-0AC01		2.2	3.5	4.2	6.5	6SC6108	8	16
1FT5064-0AC01		4.5	7.2	7.3	8.5			
1FT5066-0AC01		6.5	10.3	10.7	10.5	6SC6120	20	40
1FT5072-0AC01	2000	10	15.6	21	13.5			
1FT5074-0AC01		14	21.9	37	17.2	6SC6130	30	60
1FT5076-0AC01		18	26.5	53	21			
1FT5102-0AC01		27	40	131	31	6SC6140	40	80
1FT5104-0AC01		37	55.2	182	39			
1FT5106-0AC01		45	67.2	242	45	6SX6170	70	140
1FT5108-0AC01		55	82.1	298	51			
1FT5132-0AC01		60	86	454	75	6SC6190	90	180
1FT5136-0AA01	1200	85	78	750	120			

表 3-6-7　科尔摩根金系列永磁交流伺服电动机主要技术数据

型号	额定功率(kW)	额定转速(r/min)	连续力矩(N·m)	电流(A)	峰值力矩(N·m)	峰值电流(A)	转动惯量($\times10^{-4}$kg·m^2)	质量(kg)
B-102-A	0.54	7500	0.89	2.4	2.41	7.2	0.309	2.5
B-104-A	0.90	5600	1.64	3.0	4.38	9.0	0.416	3.2
B-104-B	1.12	7500	1.67	4.2	4.45	12.6		
B-102-A	0.54	7500	0.89	2.4	2.41	7.2	0.309	2.5
B-104-A	0.90	5600	1.64	3.0	4.38	9.0	0.416	3.2
B-104-B	1.12	7500	1.67	4.2	4.45	12.6		
B-106-A	0.90	4200	2.33	3.0	6.18	9.0	0.765	3.9
B-106-B	1.49	7500	2.36	6.0	6.35	18.0		
B-202-A	0.6	2500	2.39	1.7	7.5	6.0	0.996	4.1
B-202-B	1.0	3800	2.59	3.0	7.38	9.6		
B-202-C	1.5	6200	2.59	5.0	7.65	16.6		
B-204-A	0.82	1900	4.7	2.9	12.80	8.1	1.729	6.2
B-204-B	1.57	3600	4.7	5.8	14.00	17.4		
B-204-C	2.83	6200	5.1	10.0	12.14	26.1		
B-206-A	1.01	1400	6.90	3.0	20.5	10.0	2.512	7.6
B-206-B	1.80	2800	6.62	5.8	19.9	19.5		
B-206-C	2.83	4900	6.83	10.0	19.5	33.0		
B-206-D	3.36	7000	6.91	15.0	19.9	48.5		
B-402-A	0.97	1500	7.2	3.0	19.8	9.3	3.23	8.4
B-402-B	2.2	3000	7.4	6.4	19.8	18.8		
B-402-C	2.8	5000	6.9	9.8	19.8	31.3		
B-404-A	2.0	1500	13.8	6.0	35.9	16.4	6.56	12.5
B-404-B	3.4	2500	14.1	9.9	36.6	28.8		
B-404-C	5.4	5000	13.9	19.8	35.3	55.9		
B-406-A	2.9	1700	18.7	9.5	48.5	27.3	9.29	15.9
B-406-B	5.5	3200	19.7	19.1	49.5	53.3		
B-406-C	7.2	5000	18.0	27.2	48.3	81.4		
B-406-D	4.3	2500	19.7	15.0	52.9	45.0		

续表

型号	额定功率(kV)	额定转速(r/min)	连续力矩(N·m)	电流(A)	峰值力矩(N·m)	峰值电流(A)	转动惯量($\times10^{-4}$kg·m^2)	质量(kg)
B-602-A	3.3	2000	18.7	10.0	51.2	30.5	10.28	16.8
B-602-B	5.7	4000	18.4	20.0	49.8	61.4		
B-604-A	6.0	2150	31.9	19.0	86.4	57.4	20.34	23.1
B-604-B	9.0	3150	31.9	27.7	87.7	84.8		
B-604-C	9.7	4300	33.1	39.4	86.4	114.8		
B-606-A	6.6	1550	47.5	20.0	131.8	62.0	30.4	29.9
B-606-B	11.2	3050	47.5	40.0	126.1	118.6		
B-606-C	10.6	4150	47.5	54.8	124.3	160.0		
B-606-D	8.2	2300	44.6	28.0	122.6	86.2		
B-802-A	7.9	2000	44.6	24.9	130.2	81.0	48.8	36
B-802-B	10.1	2750	43.1	32.4	129.2	108.2		
B-804-A	10.8	1500	83.4	35.0	232.1	108.5	84.0	50.8
B-804-B	13.9	2000	83.4	48.0	229.8	147.0		
B-804-C	15.7	3000	83.4	70.0	232.3	217.0		
B-806-A	15.3	1550	115.0	49.1	323.0	153.8	126.0	67
B-806-B	14.5	3000	117.9	94.0	326.8	291.0		
B-806-C	8.9	900	115.0	30.0	362.0	100		

第七节　直线电动机

一、概述

（一）分类

1. 按结构型式分类

直线电动机按其结构类型主要可分为扁平型、圆筒型、圆盘型和圆弧型4种。

扁平型直线电动机为一种扁平的矩形结构的直线电动机，如图3-7-1所示。它有单边型和双边型之分，分别如图3-7-2和图3-7-3所示。每种型式又分别有短初级长次级和长初级短次级。

圆筒型直线电动机为一种外形如旋转电动机的圆柱形的直线电动机，它的演变过程如图 3-7-4 所示。这种直线电动机一般均为短初级长次级型式。

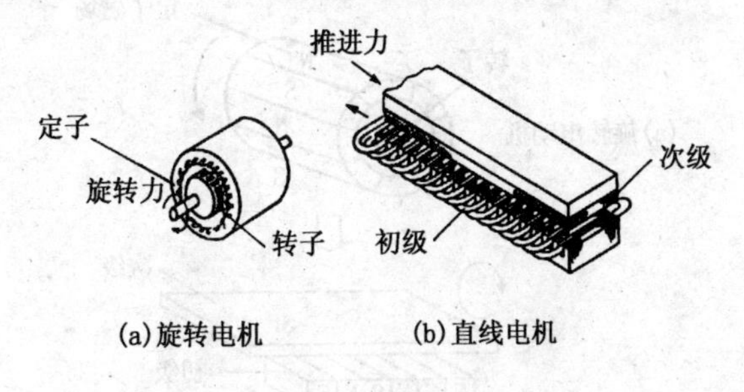

图 3-7-1　直线电动机

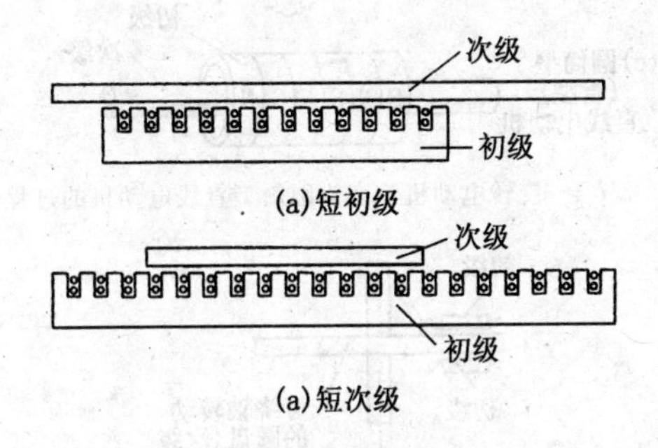

图 3-7-2　单边型直线电动机

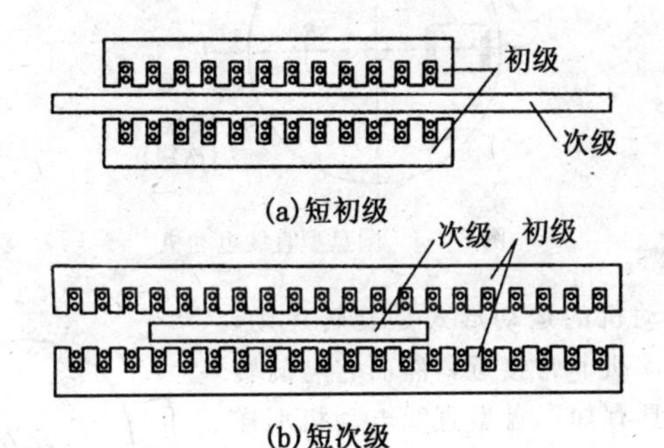

图 3-7-3　双边型直线电动机

圆盘型直线电动机的次级是一个圆盘，不同形式的初级驱动圆盘次级做圆周运动，如图 3-7-5 所示。其初级可以是单边型也可以是双边型。

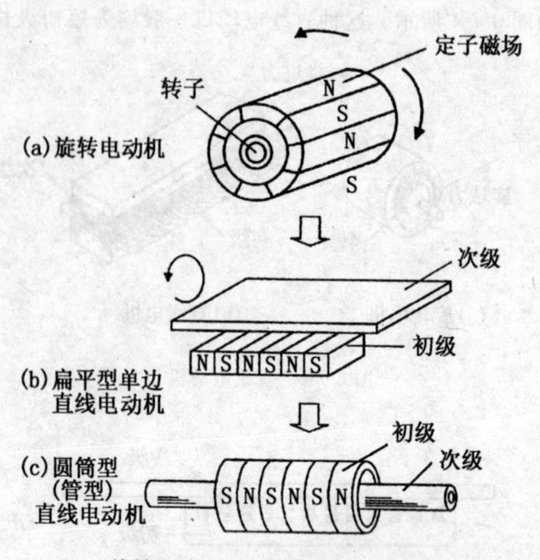

3-7-4　旋转电动机演变为圆筒型直线电动机的过程

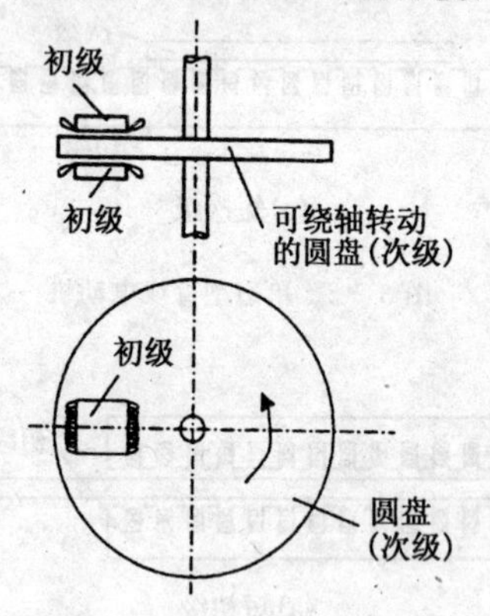

图 3-7-5　圆盘型直线电动机

圆弧型电动机的运动形式是旋转运动，与普通旋转电动机非常接近，然而它与旋转电动机相比也具有如圆盘型直线电动机那样的优点。圆弧型与圆盘型电动机的主要区别在于次级的形式和初级对次级的驱动点有所不同，如图 3-7-6 所示。

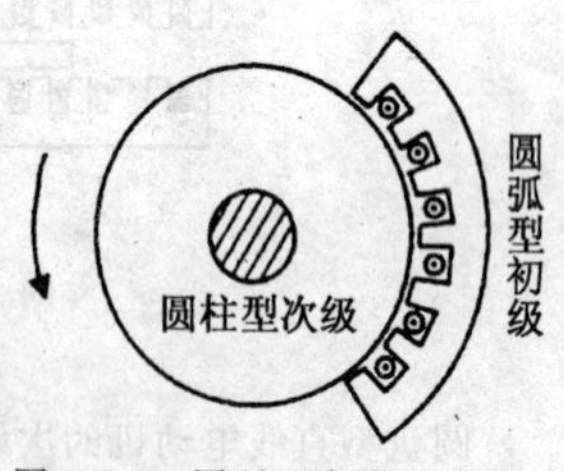

图 3-7-6　圆弧型直线电动机

按以上结构类型分类的直线电动机的相

互关系可用图 3-7-7 表示。

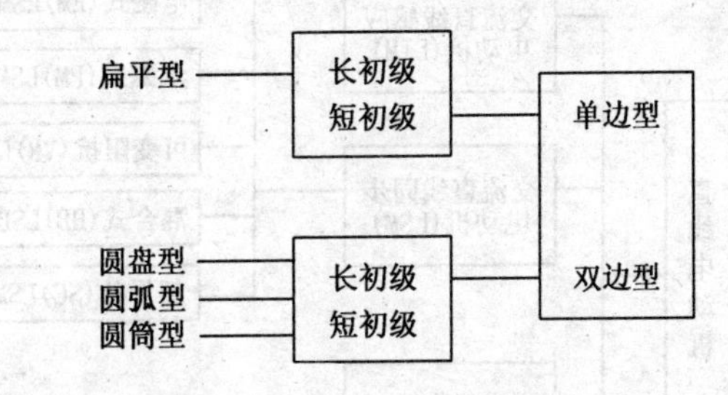

图 3-7-7　直线电动机的结构类型

2. **按工作原理分类**

直线电机按工作原理可分为直线电动机和直线驱动器，直线电动机包括交流直线感应电动机（Linear Induction Motors——LIM)、交流直线同步电动机（Linear Synchronous Motors——LSM)、直线直流电动机（Linear DC Motors——LDM）和直线步进（脉冲）电动机（Linear Stepper (Pulse) Motors——LPM）及混合式直线电动机（Linear Hybrid Motors——LHM）等。直线驱动器包括直线振荡电动机（Linear Oscillating Motors——LOM)、直线电磁螺线管电动机（Linear Electric Solenoi——LES)、直线电磁泵（Linear Electromagnetic Pump——LEP)、直线超声波电动机（Linear Ultrasonic Motors——LUM）和直线发电机等。图 3-7-8 表示了直线电机分类。

（二）特点

1. **直线电机驱动的优点**

（1）采用直线电机驱动的传动装置，不需要任何转换装置就可以直接产生推力，因此，保证了运行的可靠性，提高了传递效率，降低了制造成本，易于维护。

（2）普通旋转电机由于受到离心力的作用，其圆周速度受到限制；而直线电机运行时，它的零部件和传动装置不像旋转电机那样会受到离心力的作用，因而它的直线速度可以不受限制。

（3）直线电机运动可以无机械接触，零部件无磨损，从而大大减少了机械损耗，例如直线电机驱动的磁悬浮列车就是如此。

（4）旋转电机通过钢绳、齿条、传动带等转换机构转换成直线运动，这些转换机构在运行中，其噪声是不可避免的；而直线电机是靠电磁推力驱动装置运行的，故整个装置或系统的噪声很小。

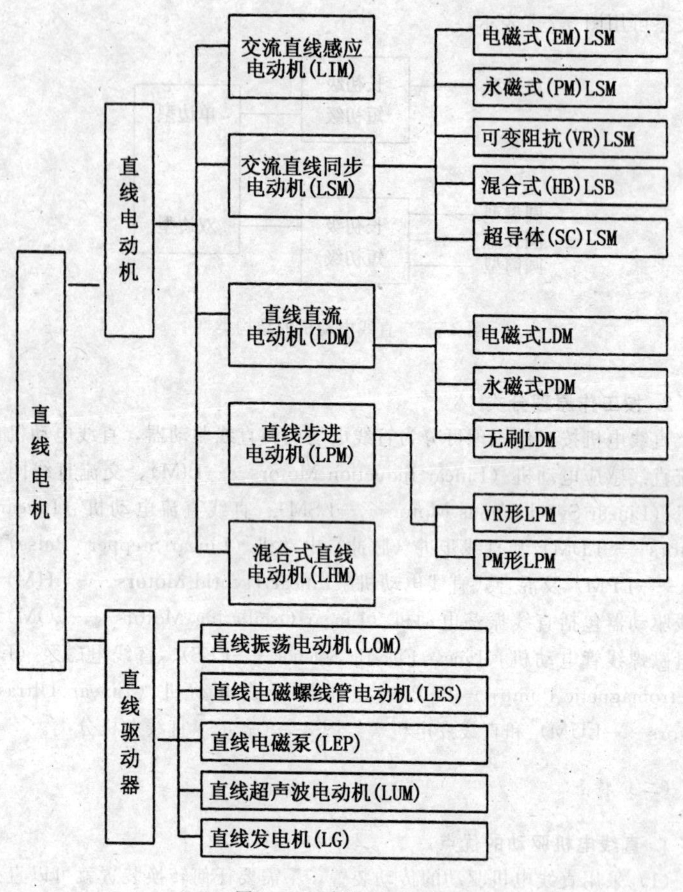

图 3-7-8　直线电机分类

(5) 由于直线电机结构简单，且它的初级铁心在嵌线后可以用环氧树脂等密封成整体，可以在一些特殊场合中应用，例如可在潮湿甚至水中使用，在有腐蚀性气体或有毒、有害气体中应用，亦可在几千度的高温或零下几百度的低温下使用。

(6) 由于直线电机结构简单，散热效果也较好。特别是常用的扁平型短初级直线电机，初级的铁心和绕组端部，直接暴露在空气中，同时次级绕组很长，具有很大的散热面，热量很容易散发掉。因此这一类直线电机的热负荷可以取得较高，并且不需要附加冷却装置。

2. 直线电机不足之处

(1) 与同容量旋转电机相比，直线电机的效率和功率因数要低，尤其在低速时比较明显。

(2) 直线电机特别是直线感应电动机的起动推力受电源电压的影响较大，故需采取措施保证电源的稳定

二、直线电动机结构、原理和特性

(一) 交流直线感应电动机

1. 主要类型和结构

交流直线感应电动机主要有两种型式，即平板型和管型。平板型电动机可以看作是由普通的旋转感应（异步）电动机直接演变而来的。图 3-7-9 (a)表示一台旋转的感应电动机，设想将它沿长向剖开，并将定、转子圆周展成直线，如图 3-7-9 (b) 所示，这就得到了最简单的平板型直线感应电动机。由定子演变而来的一侧称作初级，由转子演变而来的一侧称作次级。直线电机的运动方式可以是固定初级，让次级运动，称为动次级；相反，也可以固定次级而让初级运动，则称为动初级。

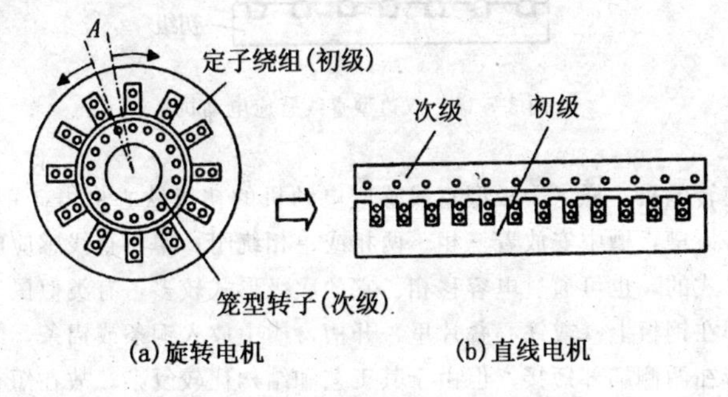

图 3-7-9 直线电动机的形成

图 3-7-9 中直线电机的初级和次级长度相等，这在实用中是行不通的，因为初、次级要做相对运动。假定在开始时初次级正好对齐，那么在运动过程中，初次级之间的电磁耦合部分将逐渐减少，影响正常运行。因此，在实际应用中必须把初、次级做得长短不等。根据初、次级间相对长度，可把平板型直线感应电动机分成短初级和短次级两类，如图 3-7-10 所示。由于短初级结构比较简单，制造和运行成本较低，故一般常用短初级，只有在特殊情况下才采用短次级。

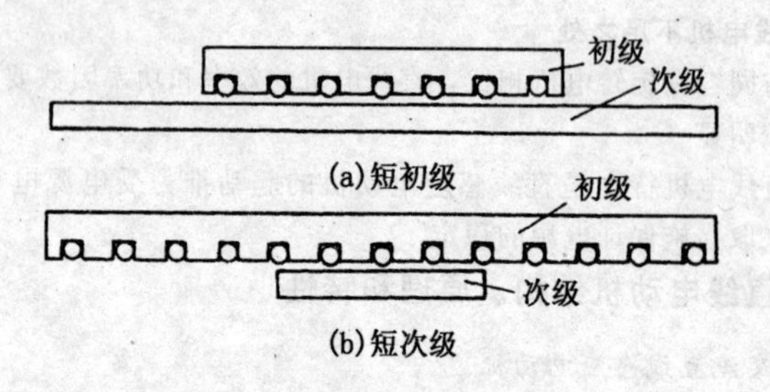

图 3-7-10 平板型直线感应电动机

平板型直线感应电动机仅在次级的一边具有初级，这种结构型式称为单边型。单边型除了产生切向力外，还会在初、次级间产生较大的法向力，这在某些应用中是不希望的。为了更充分地利用次级和消除法向力，可以在次级的两侧都装上初级。这种结构类型称为双边型，如图 3-7-11 所示。

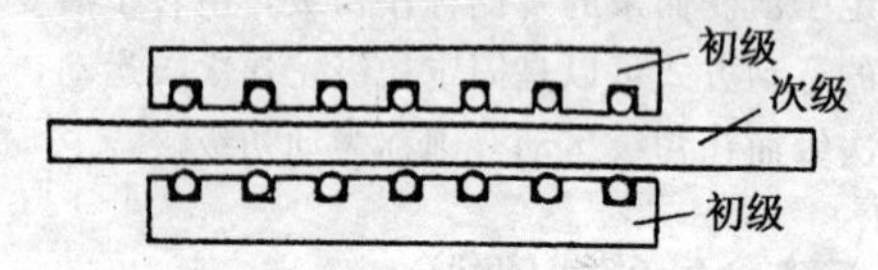

图 3-7-11 双边型直线感应电动机

与旋转电机一样，平板型直线感应电动机的初级铁心也由硅钢片叠成，表面开有齿槽，槽中安放着三相、两相或单相绕组；单相直线感应电机也可做成罩极式的，也可通过电容移相。它的次级形式较多，有类似鼠笼转子的结构，即在钢板上（或铁心叠片里）开槽，槽中放入铜条或铝条，然后用铜带或铝带在两侧端部短接。但由于其工艺和结构比较复杂，故在短初级直线电机中很少采用。最常用的次级有三种：第一种是整块钢板，称为钢次级或磁性次级。这时，钢既起导磁作用，又起导电作用；第二种为钢板上复合一层铜板或铝板，称为复合次级，钢主要用于导磁，而导电主要靠铜或铝；第三种是单纯的铜板或铝板，称为铜（铝）次级或非磁性次级。这种次级一般用于双边型电机中，使用时必须使一边的 N 极对准另一边的 S 极。显然，这三种次级型式都与杯形转子的旋转电动机相对应。

除了上述的平板型直线感应电机外，还有管型直线感应电动机。如果将图 3-7-12（a）所示的平板型直线电动机的初级和次级依箭头方向卷曲，就成为管型直线感应电动机，如图 3-7-12（b）所示。在平板型电动机里线圈一般做成菱形，如图 3-7-13（a）（图中只示出一相线圈的连接）所示，它的

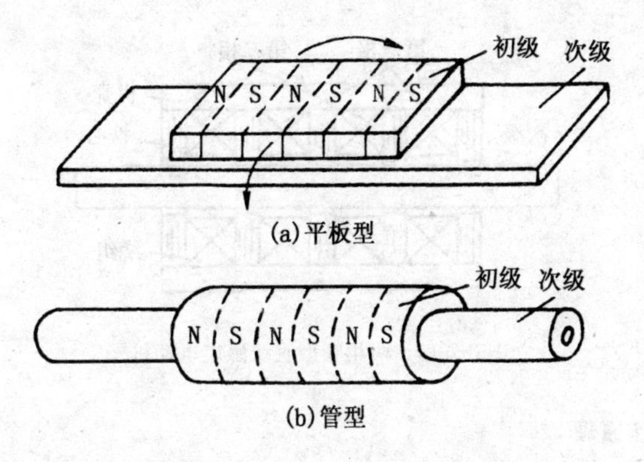

图 3-7-12　管型直线感应电动机的形成

端部只起连接作用。在管形直线感应电动机里，线圈的端部就不再需要，把各线圈边卷曲起来，就成为饼式线圈，如图 3-7-13（b）所示。两相管型直线感应电动机的典型结构如图 3-7-14 所示，它的初级铁心是由硅钢片叠成的一些环形钢盘，初级多相绕组的线圈绕成饼式，装配时将铁心与线圈交替叠放于钢管机壳内。管型直线感应电动机的次级通常由一根表面包有铜皮或铝皮的实心钢或厚壁钢管构成。

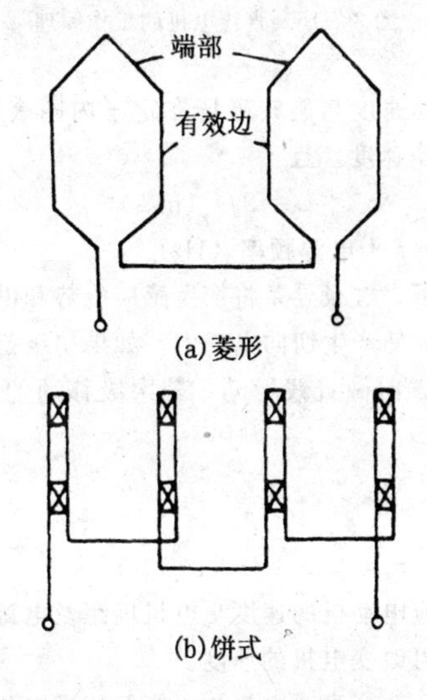

图 3-7-13　直线感应电动机的线圈

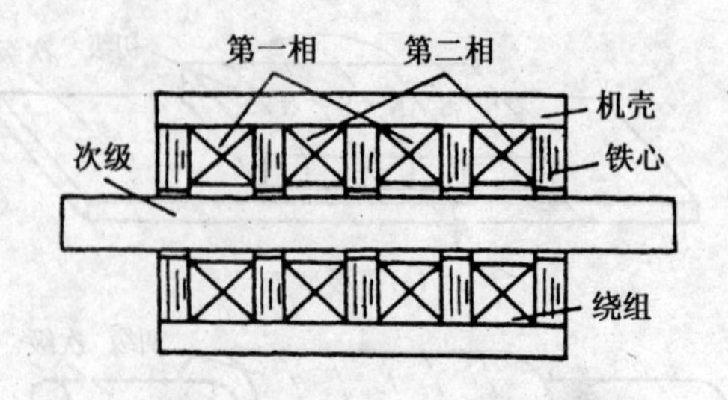

图 3-7-14　两相管型直线感应电动机

2. 工作原理

综上所述，直线电机是由旋转电机演变而来的，因而当初级的多相绕组中通入多相电流后，也会产生一个气隙基波磁场，但是这个磁场的磁通密度 B_δ 是直线移动的，故称为行波磁场，如图 3-7-15 所示。

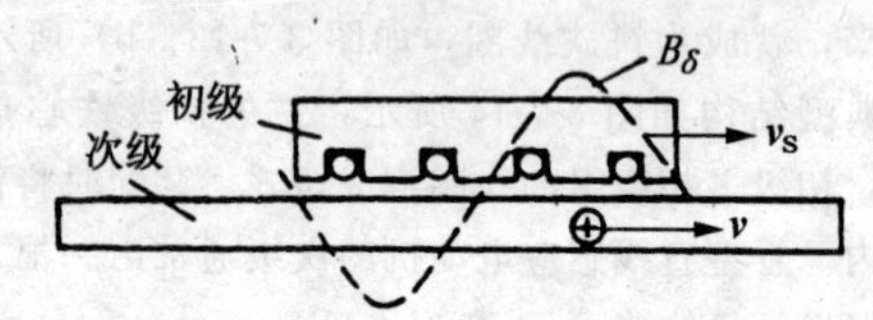

图 3-7-15　直线电机的工作原理

显然，行波的移动速度与旋转磁场在定子内圆表面上的线速度是一样的，即为 v_s，称为同步速度，且

$$v_s = 2f\tau \text{ (m/s)}$$

式中，τ 为极距（m），f 为电源频率（Hz）。

在行波磁场切割下，次级导条将产生感应电势和电流，所有导条的电流和气隙磁场相互作用，便产生切向电磁力。如果初级是固定不动的，次级就顺着行波磁场运动的方向做直线运动。若次级移动的速度用 v 表示，则转差率：

$$s = \frac{v_s - v}{v_s}$$

次级移动速度　$v = (1-s)\,v_s = 2f\tau\,(1-s)$ m/s。

上式表明直线感应电动机的速度与电机极距及电源频率成正比，因此改变极距或电源频率都可改变电机的速度。

与旋转电机一样，改变直线电机初级绕组的通电相序，可改变电机运动的方向，因而可使直线电机作往复直线运动。

直线电机的其他特性，如机械特性、调节特性等都与交流伺服电动机相似，通常也是靠改变电源电压或频率来实现对速度的连续调节，这些不再重复说明。

3. **基本特性**

(1) 推力-速度特性。图 3-7-16 分别表示了直线感应电动机与旋转感应电动机的推力-速度特性，图中的转差率 s 可用下式表示：

$$s=\frac{v_s-v}{v_s}$$

式中：v_s 为同步速度（m/s）；v 为运行速度（m/s）。

在图 3-7-16 中，旋转感应电动机推力的最大值发生在较低的转差处，即 $s=0.2$ 附近。与此相比，直线感应电动机的最大推力出现在高转差处，即 $s=1$ 附近。由此可知，直线感应电动机的起动推力大，在高速区域推力小，它的推力-速度特性近似地成一直线，如图 3-7-17 所示，具有较好的控制品质。推力公式可由下式求得：

$$F=(F_{st}-F_u)\left[1-\frac{v}{v_f}\right]$$

式中，F_{st} 为起动推力（N）；F_u 为摩擦力（N）；v_f 为空载速度（m/s）（LIM 克服摩擦力所能达到的最高速度）。

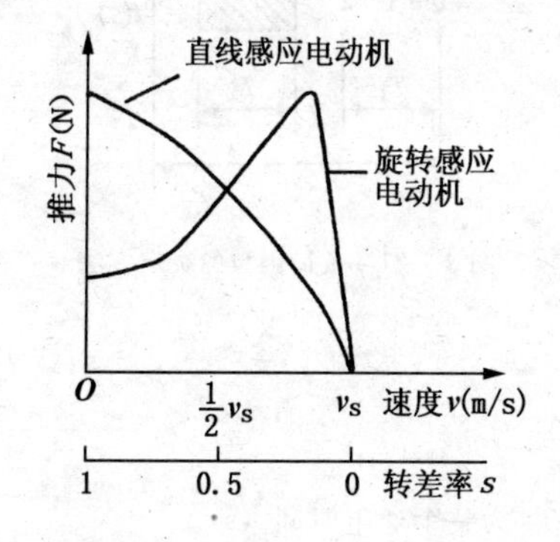

图 3-7-16　直线感应电动机与旋转感应电动机的推力-速度特性的比较

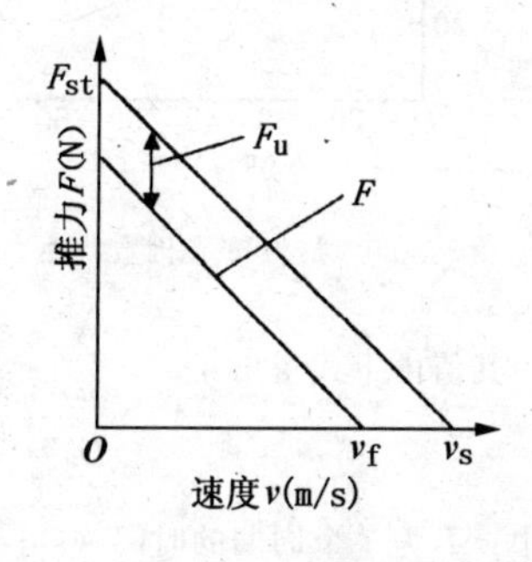

图 3-7-17　近似直线的推力-速度特性（F_{st} 为起动推力，v_s 为同步速度，F_u 为摩擦力，v_f 为空载速度）

(2) 推力（电流）-气隙特性。图 3-7-18 表示了直线感应电动机的推力 F 随气隙长度 δ 改变而变化的依赖关系。通常，直线感应电动机的气隙长度比旋转电机大，因此，其功率因数和效率就要低一些，如当气隙小时，其特性就会得到改善，图 3-7-19 表示了电流随气隙的增大而增大的线性关系。

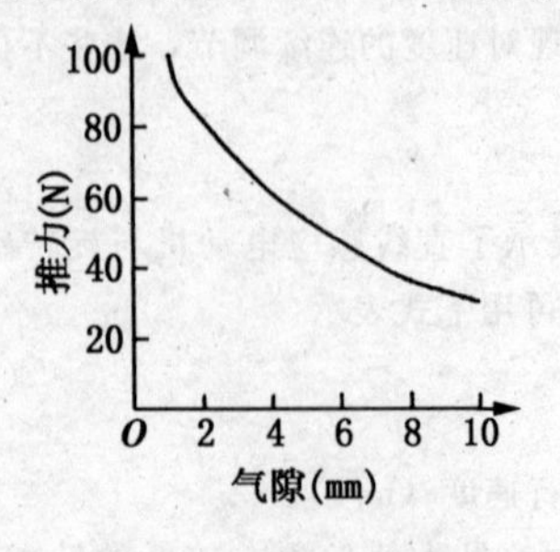

图 3-7-18　推力-气隙特性

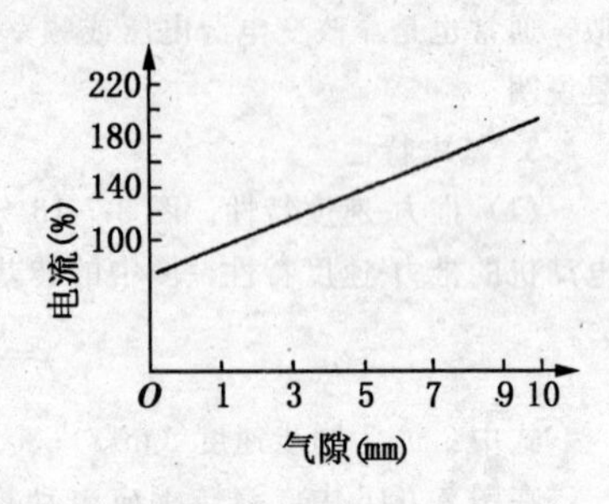

图 3-7-19　电流-气隙特性

（3）推力-负荷因数特性。图 3-7-20 表示了推力-负荷因数特性，有时也称推力-持续率特性，负荷因数的决定方法如图 3-7-21 所示。

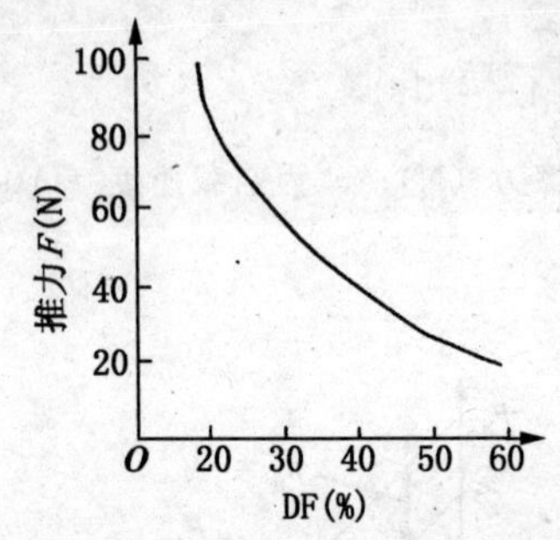

图 3-7-20　推力-负荷因数特性

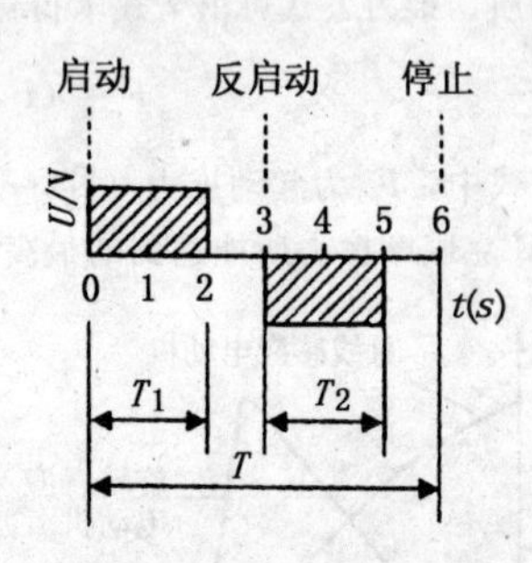

图 3-7-21　负荷因数的决定方法

其值由下式得出：

$$D_{\mathrm{F}}=\frac{T_1+T_2}{T}\times 100\%$$

式中：T 为 1 个周期的时间（s）；T_1+T_2 为整个通电时间（s）。

（4）推力-线电压，推力-输入功率特性。图 3-7-22 表示了推力随着线电压的增加而增加的关系，图 3-7-23 则表示了推力随着输入功率的增加而增大的特性。

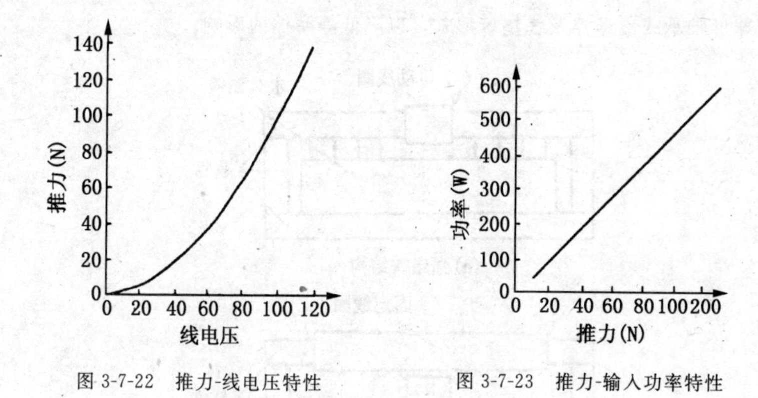

图 3-7-22 推力-线电压特性　　图 3-7-23 推力-输入功率特性

（二）直线直流电动机

直线直流电动机分为永磁式和电磁式两类。

1. 永磁式

图 3-7-24 表示框架式永磁直线直流电动机的 3 种结构型式。它们都是利用载流线圈与永久磁场间产生的电磁力工作的。图 3-7-24（a）采用的是强磁铁结构，磁铁产生的磁通经过很小的气隙被框架软铁所闭合，气隙中的磁场强度分布很均匀。当可动线圈中通入电流后便产生的电磁力使线圈沿滑轨做直线运动，其运动方向可由左手定则确定。改变线圈电流的大小和方向即可控制线圈运动的推力和方向。这种结构缺点是要求永久磁铁的长度大于可动线圈的行程。图 3-7-24（b）所示结构是采用永久磁铁移动的型式，在一个软铁框架上套有线圈，该线圈的长度要包括整个行程。显然，当这种结构形式的线圈流过电流时，不工作的部分要白白消耗能量。为了降低电能的消耗，可将线圈外表面进行加工使铜裸露出来，通过安装在磁极上的电刷把电流馈入线圈中（如图 3-7-24 中虚线所示）。这样，当磁极移动时，电刷跟着滑动，可只让线圈的工作部分通电。但由于电刷存在磨损，故降低了可靠性和寿命。图 3-7-24（c）所示的结构是在软铁架两端装有极性同向的两块永久磁铁，通电线圈可在滑道上做直线运动。这种结构具有体积小、成本低和效率高等优点。国外将它组成闭环系统，用在 25.4cm（10 英寸）录音机中，收到了良好的效果。在推动 2.5N 负载的情况下，最大输入功率为 8W，通过全程只需 0.25s，比普通类型闭环系统性能有很大提高。

在设计永磁直线直流电机时应尽可能减少其静摩擦力，一般控制在输入功率的 20%～30%以下。故应用在精密仪表中的直线直流电动机采用了直线球形轴承或磁悬浮及气垫等形式，以降低静摩擦的影响。

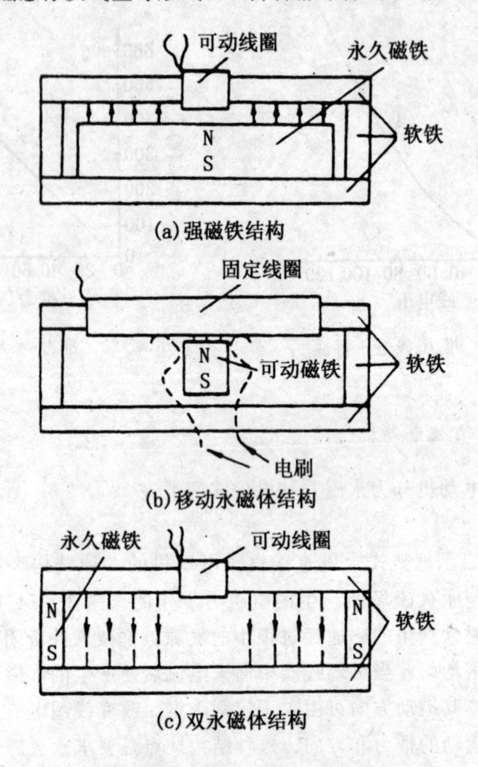

图 3-7-24　永磁式直线直流电动机

2. 电磁式

当功率较大时，上述直线直流电动机中的永久磁钢所产生的磁通可改由绕组通入直流电励磁所产生，这就成为电磁式直线直流电机。图 3-7-25 所示的是这种电机的典型结构，其中图 3-7-25（a）是单极电动机；图 3-7-25（b）是两极电动机。此外，还可做成多极电动机。由图 3-7-25 可见，当环形励磁绕组通上电流时，便产生了磁通，它经过电枢铁心、气隙、极靴端板和外壳形成闭合回路，如图 3-7-25 中虚线所示。电枢绕组是在管型电枢铁心的外表面上用漆包线绕制而成的。对于两极电动机，电枢绕组应绕成两半，两半绕组绕向相反，串联后接到低压电源上。当电枢绕组通入电流后，载流导体与气隙磁通的径向分量相互作用，在每极上便产生轴向推力。若电枢被固定不动，磁极就沿着轴线方向做往复直线运动。当把这种电动机应用于短行程和低速移动的场合时，可省掉滑动的电刷；倘若行程很长，为了提高效率，应与永磁式直线直流电动机一样，在磁极端面上装上电刷，使电流只在电枢绕组的工作段流过。

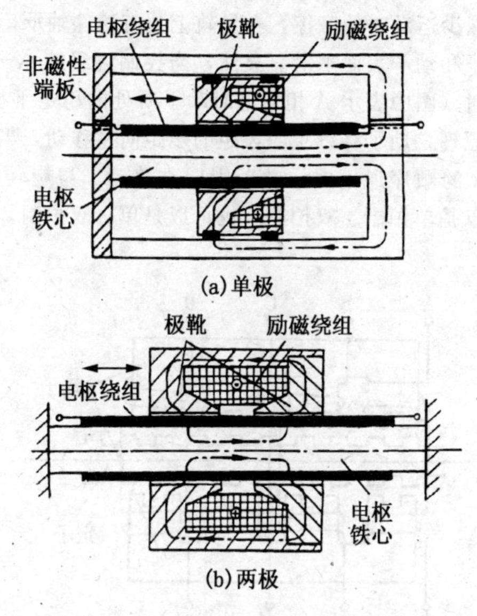

图 3-7-25　电磁式直线直流电动机

图 3-7-25 所示的电动机可以看作管型的直线直流电动机。这种对称的圆柱形结构具有若干优点。例如，它没有线圈端部，电枢绕组得到完全利用；气隙均匀，消除了电枢和磁极间的吸力。

国外有关这种电机的样机的外形尺寸和技术数据为：极数为 2 极，电源为 6V 直流，除去电枢外的总长度为 12cm，外径为 8.6cm，除去电枢外的质量为 1.8kg，输出位移为 150cm，2m/s 时输出功率为 18W（40%工作周期），静止时输出力为 13.7N，1.5m/s 时为 10.78N。

（三）直线步进电动机

直线步进电动机分为反应式和永磁式两大类。

1. 反应式直线步进电动机

反应式直线步进电动机的工作原理与旋转式步进电机相同。图 3-7-26 为一台四相反应式直线步进电动机的结构图。它的定子和动子都由硅钢片叠成。定子上、下两表面都开着均匀分布的齿槽。动子是一对具有 4 个极的铁心，极上套有四相控制绕组，每个极的表面也开有齿槽，齿距与定子上的齿距相同。当某相动子齿与定子齿对齐时，相邻相的动子齿轴线与定子齿轴线错开 1/4 齿距。上、下两个动子铁心用支架刚性连接起来，可以一起沿定子表面滑动。为了减少运动时的摩擦，在导轨上装有滚珠轴承，槽中用非磁性塑料填平，使定子和动子表面平滑。显然，当控制绕组按 A－B－C－D－A 的顺序轮流通电时（图中表示 A 相通电时动子所处的稳定平衡位置），根据步进电动机一般原理，动子将以 1/4 齿距的步距向左移动，当通电顺序改为 A－D－C－B－A 的顺序通电时，动子则向右移动。与旋转式步进电机相似，通电方式可以是单拍制、双拍制，也可以是单、双拍制，单、双拍制时步距减少一半。

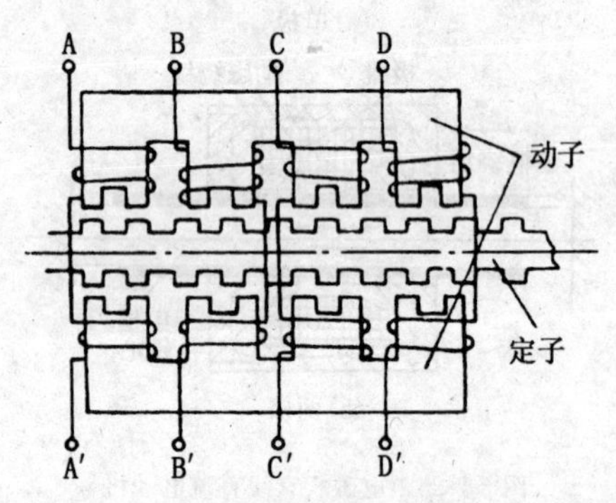

图 3-7-26　四相反应式直线步进电动机结构

图 3-7-26 所表示的是双边型共磁路的直线步进电动机。即定子两边都有动子，一相通电时所产生的磁通与其他相绕组也匝链。此外，也可做成单边型或不共磁路（可消除相间互感的影响）。

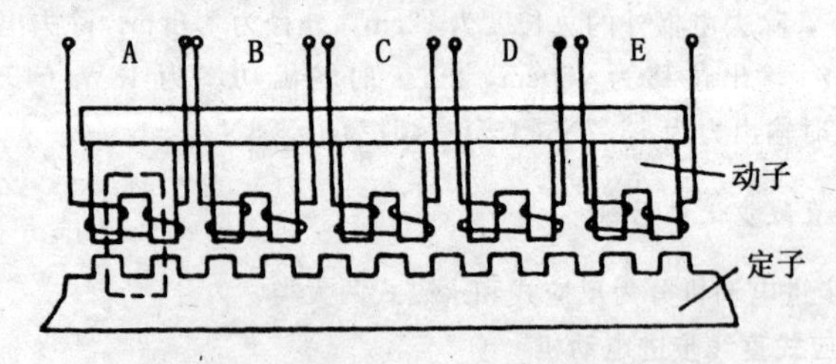

图 3-7-27　五相反应式直线步进电动机结构

图 3-7-27 表示一台五相单边型不共磁路反应式直线步进电动机结构图。

图中动子上有 5 个 π 形铁心，每个 π 形铁心的两极上套有相反连接的两个线圈，形成一相控制绕组。当一相通电时，所产生的磁通只在本相的 π 形铁心中流通，此时 π 形铁心两极上的小齿与定子齿对齐（图中表示每极上只有一个小齿)，而相邻相的 π 形铁心极上的小齿轴线与定子齿轴线错开 1/5 齿距。当五相控制绕组以 AB－ABC－BC……五相 10 拍方式通电时，动子每步移动 1/10 齿距。国外制成的这种直线步进电动机的主要特性为：步距 0.1mm，最高速度 3m/min，输出推力 98N，最大保持力 196N，在 300mm 行程内定位精度达±0.075mm 重复精度±0.02mm，有效行程 300mm。

2. 永磁式直线步进电动机

图 3-7-28 表示永磁式直线电动机的结构和工作原理。其中定子用铁磁材料制成如图所示那样的“定尺”，其上开有间距为 t 的矩形齿槽，槽中填满非磁材料（如环氧树脂）使整个定子表面非常光滑。动子上装有两块永久磁钢 A 和 B，每一磁极端部装有用铁磁材料制成的 π 形极片，每块极片有两个齿（如 a 和 c)，齿距为 $1.5t$，这样当齿 a 与定子齿对齐时，齿 c 便对准槽。同一磁钢的两个极片间隔的距离刚好使齿 a 和 a' 能同时对准定子的齿，即它们的间隔是 kt，k 代表任一整数：1、2、3、4……

磁钢 B 与 A 相同，但极性相反，它们之间的距离应等于 $(k\pm1/4)t$。这样，当其中一个磁钢的齿完全与定子齿和槽对齐时，另一磁钢的齿应处在定子的齿和槽的中间。

在磁钢 A 的两个 π 形极片上装有 A 相控制绕线，磁钢 B 上装有 B 相控制绕组。如果某一瞬间，A 相绕组中通入直流电流 i_A，并假定箭头指向左边的电流为正方向，如图 3-7-28(a) 所示。这时，A 相绕组所产生的磁通在齿 a、a' 中与永久磁钢的磁通相叠加，而在齿 c、c' 中却相抵消，使齿 c、c' 全部去磁，不起任何作用。在这过程中，B 相绕组不通电流，即 $i_B=0$，磁钢 B 的磁通量在齿 d、d'、b 和 b' 中大致相等，沿着动子移动方向各齿产生的作用力互相平衡。概括说来，这时只有齿 a 和 a' 在起作用，它使动子处在如图 3-7-28（a）所示的位置上。

为了使动子向右移动，就是说从图 3-7-28（a）移到图 3-7-28（b）的位置，就要切断加在 A 相绕组的电源，使 $i_A=0$，同时给 B 相绕组通入正向电流 i_B。这时，在齿 b、b' 中，B 相绕组产生的磁通与磁钢的磁通相叠加，而在齿 d、d' 中却相抵消。因而，动子便向右移动半个齿宽即 $t/4$，使齿 b、b' 移到与定子相对齐的位置。

如果切断电流 i_B，并给 A 相绕组通上反向电流，则 A 相绕组及磁钢 S 产生的磁通在齿 c、c' 中相叠加，而在齿 a、a' 中相抵消。动子便向右又移动 $t/4$，使齿 c、c' 与定子齿相对齐，见图 3-7-28(c)。

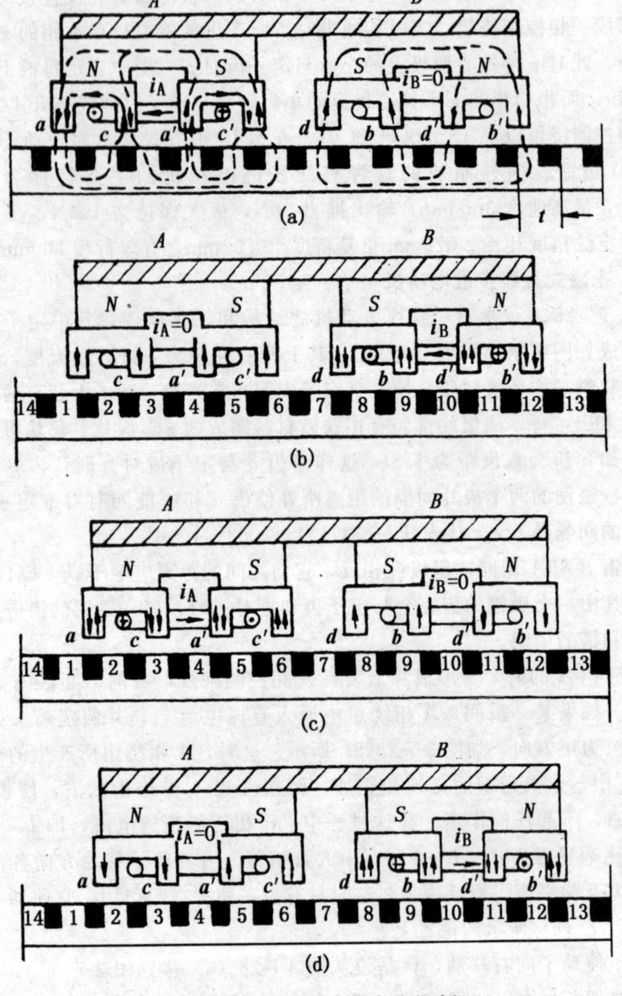

图 3-7-28　永磁式直线步进电动机

同理，如切断电流 i_A，给 B 相绕组通上反向电流，动子又向右移动 $t/4$，使齿 d 和 d' 与定子齿相对齐，见图 3-7-28（d)。这样，经过图 3-7-28（a)、(b)、(c)、(d) 所示的 4 个阶段后，动子便向右移动了一个齿距 t。如果还要继续移动，只需重复按前面次序通电即可。

相反，如果想使动子向左移动，只要把 4 个阶段倒过来，即从图 3-7-28

(d)、(c)、(b) 到 (a)。为了减小步距，削弱振动和噪音，这种电动机可采用细分电路驱动，使电动机实现微步距移动 (10μm 以下)。还可用两相交流电控制，这时需在 A 相和 B 相绕组中同时加入交流电。如果在 A 相绕组中加正弦电流，则在 B 相绕组中加余弦电流。当绕组中电流变化一个周期时，动子就移动一个齿距；如果要改变移动方向，可通过改变绕组中的电流极性来实现。采用正、余弦交流电控制的直线步进电动机，因为磁力是逐渐变化的（这相当于采用细分无限多的电路驱动），可使电动机的自由振荡减弱。这样，既有利于电动机启动，又可使电动机移动平滑，振动和噪音小。

三、直线电动机选型和应用

（一）选型

尽管直线电动机在结构和使用上具有特殊性，但不同系统选用电机仍可以从以下几方面考虑：

(1) 在一般直线驱动系统中，若对运行过程中的速度要求不严，可采用直线感应电动机。

(2) 在按照输入脉冲个数产生直线位移并需精密定位的场合，可采用直线步进电动机，可用开环控制或闭环控制。它具有控制简单、运行速度高、定位精度高等特点，在绘图仪、机器人及其他自动控制系统中得到较广泛的应用。

(3) 直流直线伺服电动机在自动控制系统中作为执行元件。在需要将输入电信号变成直线运动的定位驱动中，一般采用直流直线电动机。该种电动机有定位精度高、结构简单、控制方便、速度和加速度控制范围广、调速平滑等优点，适用于驱动磁盘存储器磁头、记录仪记录头等场合，在大型绘图仪中也得到应用。

(4) 需要产生高频往复直线运动的场合，可选用直线振荡电动机。应用直线振荡电动机驱动空气压缩机已获得成功，并将得到继续开发。

(5) 在需要微步驱动的短行程场合，可采用压电直线电动机。它具有步距小、精度高、速度易控、结构简单、推力不大等特点，适用于精密测量和计量系统、光学系统的聚焦驱动、激光干涉仪和光刻机。

（二）应用

1. 在电梯中的应用

直线电机驱动的电梯和传统的电梯相比，具有结构简单，占地面积少，高速、节能、可靠性高及抗震等优点。

直线电机驱动电梯有多种结构型式，比较实用的结构方式是如图 3-7-29

所示的圆筒型直线感应电动机。其结构与一般曳引式电梯相同，即也用钢丝绳将轿厢和对重相连接。在装置中装有筒型直线感应电动机的初级，而次级则呈立柱贯穿于对重，并延伸到整个井道。

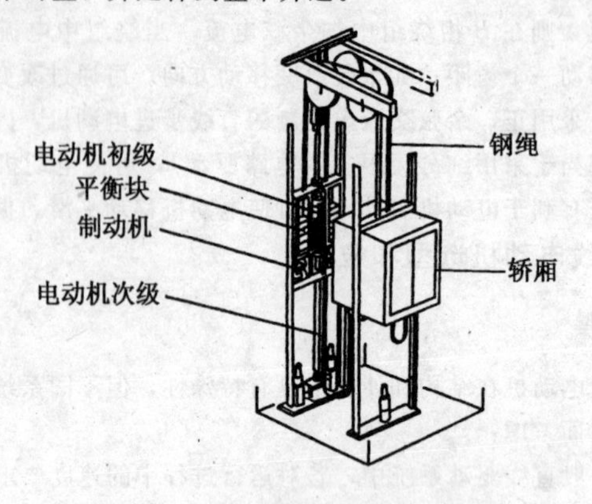

图 3-7-29　直线感应电动机驱动电梯结构

其总体结构与一般曳引式电梯类似，即也用钢丝绳将轿厢和对重相连接。对重装置中直线感应电动机既是驱动装置，又是对重的一部分。此外，对重装置上还装有制动器和速度检测装置以及其他传感器。采用圆筒型直线感应电动机驱动电梯的原因如下：

其一，初次级之间的单边磁拉力间距可以基本消除，初次级之间的气隙易于保持，结构简单。

其二，次级结构简单，升降路线构造亦简单。

圆筒型直线感应电动机的初次级结构如图 3-7-30 所示。

表 3-7-1 为圆筒型直线感应电动机的特性。

表 3-7-1　圆筒型直线感应电动机特性

项 目	数 值	项 目	数 值
额定推力（N）	3600	极 数	6
额定电压（V）	150	气 隙（mm）	2
额定电流（A）	100	初级质量（kg）	265
额定频率（Hz）	6		

圆筒型直线感应电动机驱动电梯的整个控制系统构成如图 3-7-31 所示，它由 4 个控制部分组成。

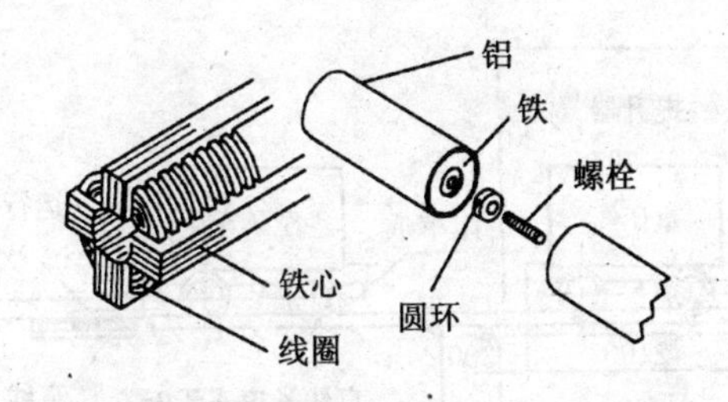

图 3-7-30　圆筒型直线感应电动机初次级结构

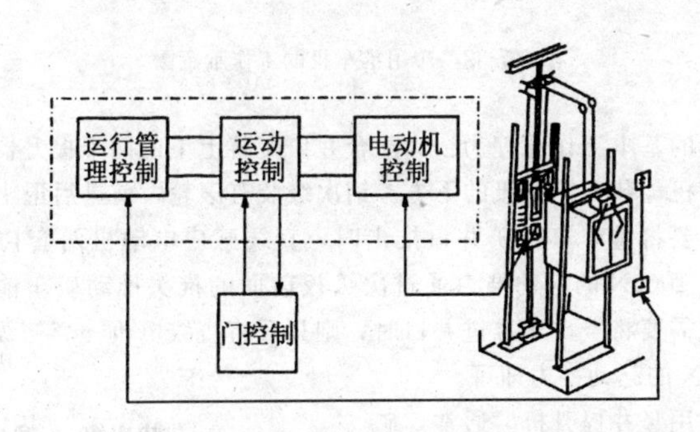

图 3-7-31　直线感应电动机驱动电梯控制系统

(1) 运行管理控制部分。电梯的呼叫、登录、层次表示以及电梯的运行管理等。

(2) 运动控制部分。电梯安全装置的监视，产生到达目标层的指令等。

(3) 电动机控制部分。直线电动机的运行速度控制，它通过安装在对重(平衡块) 中的速度传感器的反馈信号，在运动控制部分产生速度指令进行跟踪反馈控制。电动机的速度和推力的控制，采用变频器进行控制。

(4) 门的控制部分。电梯门的开闭控制。

2. 在矿用推车机和竖井提升机中的应用

(1) 矿用推车机。原来煤矿生产中的空矿车到井下和将井下的重矿车推出的方式是通过旋转电机—减速箱—钢丝绳组成的系统。这种系统受到生产条件和空间条件的限制，因此不易推广，往往仍靠人力推车。这样不仅劳动强度大，安全性差，且严重影响工作效率。而由直线感应电动机组成的推车机则直接驱动矿车前进或后退，结构简单，操作方便，效率大大提高。图3-7-32为矿用推车机的工作示意图。

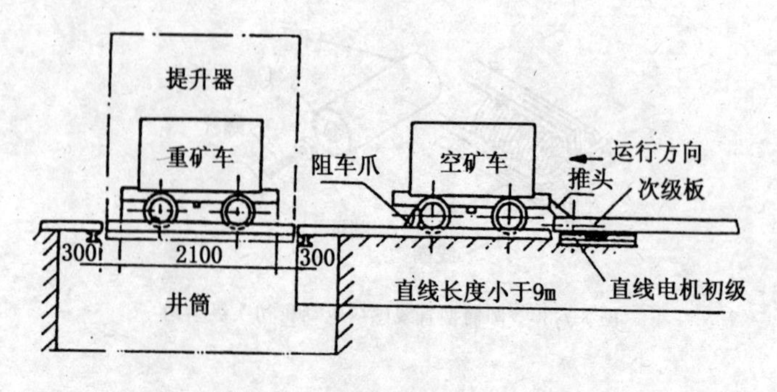

图 3-7-32 矿用推车机的工作示意图

该推车的基本工作原理为：为配合井口交替上下的两个提升器，相应设置两台推车机，装在钢次级的下方。钢次级装有滚轮，前进后退由行程开关控制。当需要将重矿车由矿井口推走时，直线感应电动机两套初级绕组通电，次级以 1000N 的起动推力通过次级板前面的推头推动矿车前进，当次级板返回或需要将空矿车推进井口时，则只要将直线电机一套初级通电，从而产生 500N 的起动推力即可。

(2) 矿用竖井提升机。通常，矿山中的矿物从矿井下往地面上运送时都是通过竖井来完成，其结构一般都尽量是斜坡式的，当然也有垂直的竖井，但都不深，如果确实因矿产开采到深层时，则竖井是分段的。因为矿山从井下提升矿物是靠旋转电动机带动钢丝绳组成的提升绞车来完成的；当井越深时，钢丝绳就要越长，绳所受到的张力和拉力也就越大，且井上缠绕绳子的卷筒、电动机的容量、支撑绞车的支架等都要跟着加大或加强；当场地和条件限制后，则使绞车的提升受到限制。而采用直线感应电动机驱动的竖井提升机系统则明显地优于绞车方式。直线感应电动机驱动的竖井提升机系统原理示意图如图 3-7-33 所示。

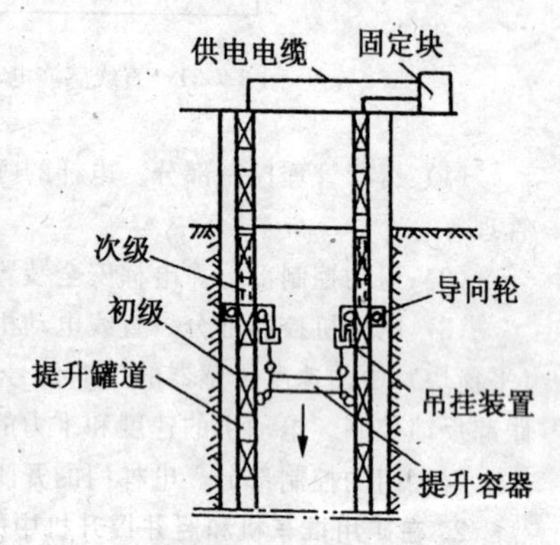

图 3-7-33 直线电动机驱动的竖井提升机系统原理示意图

图 3-7-33 所示的井筒里安装的提升罐道，是由若干个提升支承构件组成的提升支承系统。具有线圈组结构的直线感应电动机初级间隔设置在提升

罐道中通过供电电缆进行供电，从而产生沿井筒方向的平移磁场。这种直线感应电动机驱动的竖井提升机采用初级为双边型的直线感应电动机，次级由永久磁铁组成（因为这是同步直线电动机）。该次级处于双边初级中间（虚线所示），并以导向轮沿提升罐道内外侧滚动，以保持次级不偏离初级，从而也保证了提升容器（罐座或箕斗）在井筒中心，次级与双边初级的间隙由另外的滚轮结构保持，图中未表示出来。提升容器通过吊挂装置与次级相连接。

当初级绕组中通入三相交流电之后，便产生与井筒方向一致的平移磁场。该磁场对永久磁场组成的次级产生吸引力，于是次级便连同提升容器沿井筒与平移磁场同向移动。改变初级绕组的供电状态，便可使提升容器做升与降、快与慢、起动与停止等运动。

直线感应电动机驱动的提升系统主要有以下优点：

(1) 井筒的深度不受设备限制，可以不要暗井。前面已提到，在矿山地下深部开采时，由于提升绞车缠绕钢丝绳受到一定限制，在深部开掘时，一般需要设置暗井，即第一个矿井开掘后，再在井下开掘第二个矿井，甚至需要第三、第四个矿井，矿井之间还需要运输设备与系统，不仅施工量大，设备增多、成本提高，而且运输环节繁多，效率降低，是当今矿井生产中的一个弊端。直线感应电动机提升运输系统则克服了这些弊端。

(2) 设备数量减少，提升系统简化。由于装有初级的支承构件和次级提升系统的基本构件随着井筒向深度延伸，只要增加支承构件即可实现，而不需要增加其他提升设备，因此大大减少了提升设备，简化了提升系统。

(3) 提升系统在井筒里，减少了占用空间。提升罐道是提升的动力源，与提升装置相连接的次级装置在罐道之中，都在井筒里。因此，地面上除了配电站和控制系统外，不需要提升设备的空间，而若要用钢丝绳提升的话，则地面井口上需要搭上井架，以便放置旋转电动机、减速箱、卷扬机筒等等，需要不少空间，而井越深，所占地面空间也越大。

(4) 缩短了施工工期和降低了基建费用。由于地面空间减少，井下不需要暗井，设备减少，因此施工期大大缩短，基建费用也就自然下降了。

3. 在邮政、民航物料传输中的应用

(1) 邮包吊袋推式悬挂机。瑞士邮电部门的“巴塞尔一二局”早在1983 年就已将直线感应电动机驱动装置安装在邮袋吊挂传输设备中。其基本原理如图 3-7-34 所示。

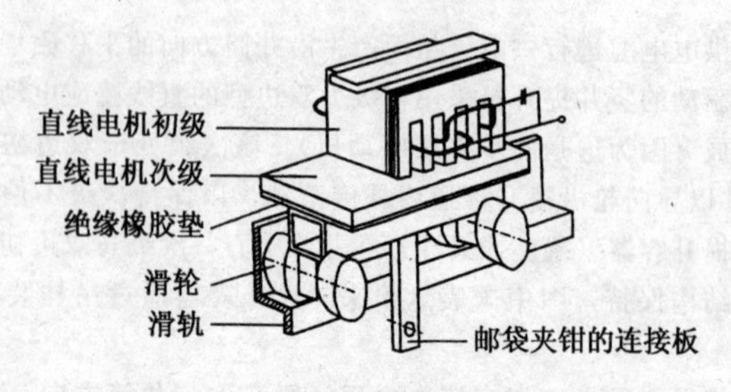

图 3-7-34　邮包吊袋推式悬挂机原理图

在邮袋吊挂传输线上，以大约 0.5m 的间距装上许多单相直线感应电动机的初级，电动机初级上有 4 个槽，用来引入一个主线圈和一个由电容器供电的辅助线圈。这两个线圈产生行波磁场。在其下方的滑轨上装有足够数量的长度为 0.53m 的极板，用以代替动子（直线感应电动机次级）。当初级接通电源时，磁场对极板产生推力，推动吊袋小车做直线运动。

由于直线感应电动机的推力在很大程度取决于感应极板上的感应电流，因此一般采用高导电性能的纯铝作为极板。

直线感应电动机施加给吊袋小车的推力在小车静止时最大，随着小车的运动反向成比例减弱。

因为初级和极板间有吸引力，所以在每个初级的前后各安装两个隔离轮，用以确保初级和极板之间的距离不变。推式悬挂机驱动装置见图3-7-35。

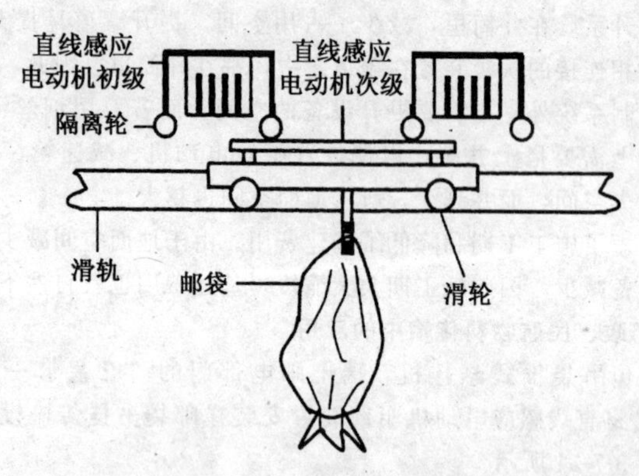

图 3-7-35　推式悬挂机驱动装置

该设备由可编程控制器控制，输入的信号由微机处理，然后通过输出模块和接触器来控制电动机、转换设备和制动装置，并在显示屏幕上给出状态信号。全套设备就其控制范围来说分为5个独立工作的控制系统，每个控制系统各配备一台信息处理机。

可编程控制系统还具有查找错误和快速确定故障的功能。

可编程控制系统的所有组成部分和强电装置均安装在一个中心控制室内。

在邮袋吊挂传输线路上装有传感器，传感器前装有光学阅读器可以识别到达这里的小车上所吊邮袋的格口信息，并向控制系统发出指令，对由电磁铁控制的转换装置进行定位，使吊袋小车进入开拆位置。如果某个路段不通，该路段则自动由正常程序转为故障程序。

经过几年来的运行使用，证明该邮袋吊挂设备具有速度快、工效高、耗电少、安全可靠、使用维修方便等优点，已引起各国邮政管理同行的关注，并将进一步得到推广使用。直线感应电动机驱动吊袋推式悬挂机技术指标见表3-7-2。

表3-7-2　直线感应电动机驱动吊袋推式悬挂机技术指标

项目	技术指标
挂袋台位	2个（以后可达3个）
开拆台位	7个
日工作效率	4000袋
每个挂袋台的效率	500个/h
每个开拆台的效率	250个/h
传输能力	>1000个/h
转换装置的通过能力	>1000个/h
吊袋小车运行速度（负载时）	0.3～0.6m/s
吊袋小车运行速度（无负载时）	0.3～2m/s
线路长度	2300m
上升倾斜角度（最大）	60°
上升高度	33m（二层到三层）
吊袋小车总数	900个
吊袋小车有效负载	50kg
单相直线电机数	4500个
间隙1.3mm时的最大推力	18N
电压	220V

(2) 邮政机械。中国从 20 世纪 90 年代开始应用直线电机驱动各种邮政机械，而它的研究工作则从 20 世纪 80 年代即已开始，当时浙江大学与北京邮政科学研究所完成了“分配胶带机用直线电机驱动装置”。该装置采用直线电机驱动分配胶带机往复运动，并配以相应的控制系统。该装置的有关技术指标见表 3-7-3。

表 3-7-3　分配胶带车用直线电机驱动装置技术指标

项目	技术指标	项目	技术指标
小车长（m）	3	行走距离（mm）	800
小车自重（kg）	258	行走速度（m/s）	0.25～0.75
可变载荷（kg）	0～90	电机型式	圆筒型感应式

该装置原先采用蜗轮蜗杆与旋转电动机，行走时若要停止，需采用刹车片制动，但仍然不能准确定位，且刹车片不足月余即要更换。采用直线电机驱动后，不但定位问题得到解决，且刹车片可以基本不用。此外，浙江大学还与贵阳邮政通信机械厂合作，完成了“托盘式包刷分拣机用直线电机驱动及控制系统”项目，以及“带式高速包刷分拣机直线电机驱动及控制系统”。图 3-7-36 为直线电机初级与次级的断面结构图。图 3-7-37 为高速包刷分拣机系统示意图。该项目作为国家技术创新项目已通过信息产业部的鉴定验收，为国际先进水平。

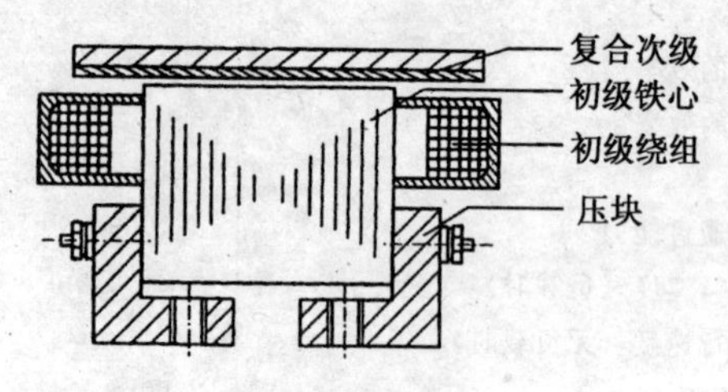

图 3-7-36　直线电机初级与次级断面结构图

对于吊袋推式悬挂机，我国也在研制之中。对于邮政分拣机，上海大学、苏州轻工机械总厂已研制生产并投入了运行。

4. 汽车生产线用直线电动机搬运系统

(1) 具体要求。在汽车生产车间，部件自动焊接的搬运系统是生产中的重要一环，它必须符合以下要求：

① 确保操作时间，搬运时间短。

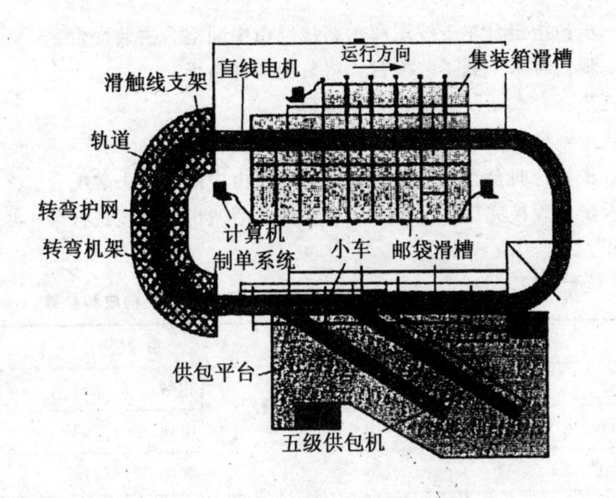

图 3-7-37 高速包刷分拣机系统

② 对应多品种混合生产，适应性要强。

③ 针对产品变化，在短期内能变更设备。

具有以上要求的生产线是复杂的。日本采用直线电动机驱动的搬运系统。该系统的总体示意图如图 3-7-38 所示，其主要构成与性能指标见表3-7-4。

(2) 运行情况。图 3-7-38 所示的焊接车直线电动机驱动系统运行步骤为：

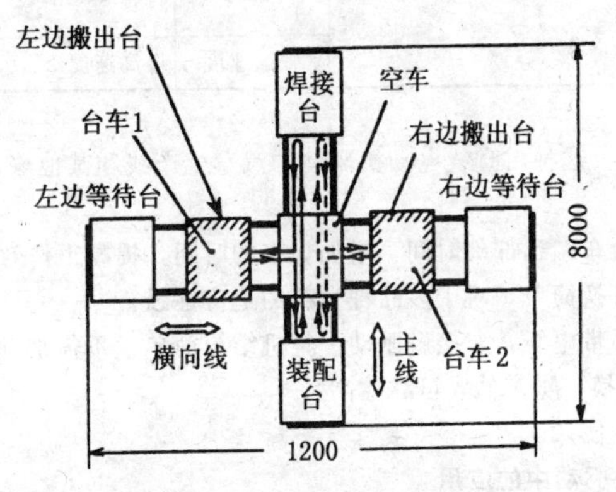

图 3-7-38 焊接车直线电动机驱动系统

第一步：指定台车 1 按图所示路线经由中间空台去装配台。

第二步：台车 1 到了装配台，将装配部件装上。

第三步：台车 1 从装配台去焊接台。

第四步：台车 1 到焊接台进行装配件焊接。

第五步：这时台车 2 按图中所示路线经由中间空台去装配台。

第六步：焊接完后，台车 1 运走部件然后搬出，继续进行第一步到第六步的工作。

表 3-7-4　汽车生产线用直线电机搬运系统的主要构成和参数

主要构成		参数	
主线（m）	8	直线电机	相数　3
横向线（m）	12		电压 200/220V
站台（个）	7		频率 50/60Hz
焊接车（台车、台）	4		同步速度 7.5/9m/s
位置装置（台）	8		推力 600N
直线电机（台）	42		负载持续率 10%
控制装置（套）	1	焊接车（台车）	质量 2100kg 外形尺寸 1.7m×1.5m
		搬运时间	行程 6m：5.5s 行程 3.5m：3.8s 行程 2.5m：2.9s
		搬运速度	最高速度 2.4m/s

(3) 优点。这种由直线电动机驱动的汽车生产线和其他输送线相比具有以下优点：

① 缩短台车搬运部件时间，增加焊接的时间，提高工作效率。

② 台车替换简单，对于多品种生产的适应性强。

③ 台车不带电线，非接触驱动，整机结构简单，不需加油，不需调整，无消耗器件调换，噪声低，可靠性高。

④ 控制方便。

5. 在工业驱动中的应用

(1) 直线电动机驱动的冲压机。直线电动机驱动的冲压机与传统机械式冲压机相比，具有以下优点：

①结构简单。新的冲压机省却了大小带轮、大小齿轮、飞轮、偏心轮、曲轴、联杆、滑块等。

②体积小、质量轻。

③噪声极小，无周期性的机械噪声。

④脉冲式工作，仅冲压工件时耗电，节能效果明显。

⑤冲压吨位、工作频率、冲压速度可调。

⑥可采用立式、卧式或各种斜式安装，满足不同加工安装需要。

⑦可双头冲压，提高工作效率。

⑧具有自动控制功能，采用智能化控制系统，易于实现自动化生产。

⑨具有多种安全保护功能，包括屏幕显示、语音提示等，自动检测和保护设备可避免人身伤害事故发生。

⑩制造周期大大缩短，加工量少，大量节材料，显著降低成本。

直线电动机驱动的电磁冲压机结构如图3-7-39所示。它主要分为三大部分，即机身部分、直线电机部分和控制系统部分。机身由工作台、电机与控制系统的支承座以及保证精度的滚球、导柱和模架所组成。

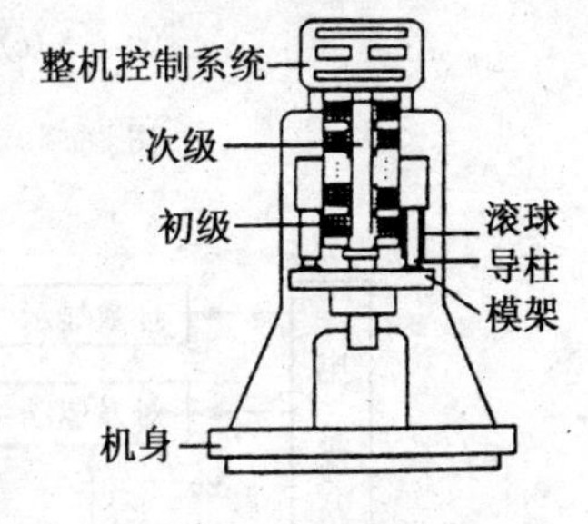

图 3-7-39　电磁冲压机结构

直线电动机驱动的冲压机，关键是直线电动机与相应的控制系统设计。直线电动机基本处于连续工作状态。结构型式如图3-7-40所示，包括了特殊专用的结构。

控制系统如图 3-7-41 所示。该线路除要保证达到上述直线电动机冲压机所述的各种指标外，还要保证冲压机始终保持其最大瞬态力。

表 3-7-5　电磁冲压机与机械冲压机性能对比

项目	电磁式	机械式
冲力（kN）	10	10
冲压频率（次/min）	50	50
冲压纽扣数/颗	21250	15000
消耗电能（kW·h）	0.850	2
质量（kg）	65	89
体积（mm×mm×mm）	270×250×480	480×320×540
噪声（dB）	<50	>75

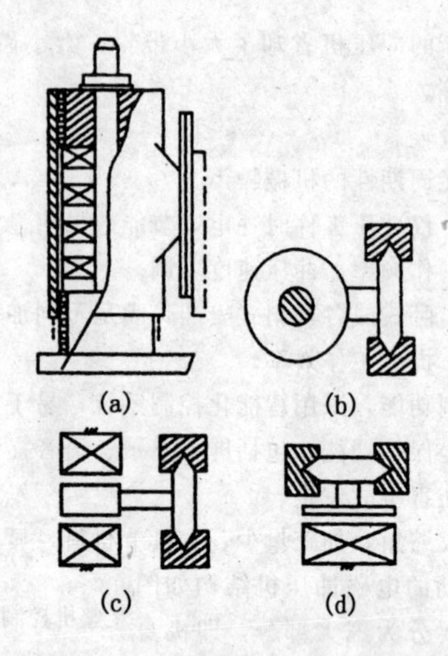

图 3-7-40　不同型式的直线电机结构

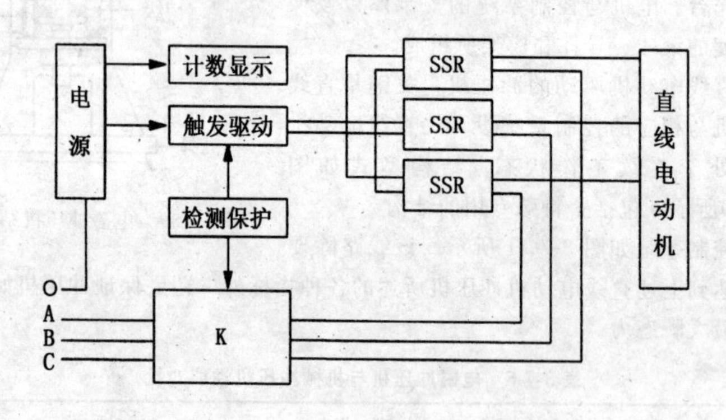

图 3-7-41　电磁冲压机控制系统主要框图

(2) 直线电动机驱动的摇臂式电磁锤。电磁锤主要由立柱、横梁、箱体及直线电动机四部分组成，如图 3-7-42 所示。横梁可以围绕立柱在 180°范围内转动。两台扁平型直线电动机的初级与锤杆构成了两台直线电动机，全部装在箱体内，箱体的两侧装有电磁制动器和 4 个滚轮。箱体底板上装有缓冲装置，右侧还装有把手，用来调整箱体的位置，箱体可以在横梁上移动。锤杆由上下四对导向轮固定在纵、横向位置上，使之只能做上下运动。装置直线电动机电源，锤杆受到电磁力的作用向上运动，当上升到一定高度时断电，锤杆就自由下落打击砖坯。直线电动机的通电或断电依靠电气控制线路来实现。停机时依靠电磁制动器的闸块伸进箱体内部挂住锤杆。

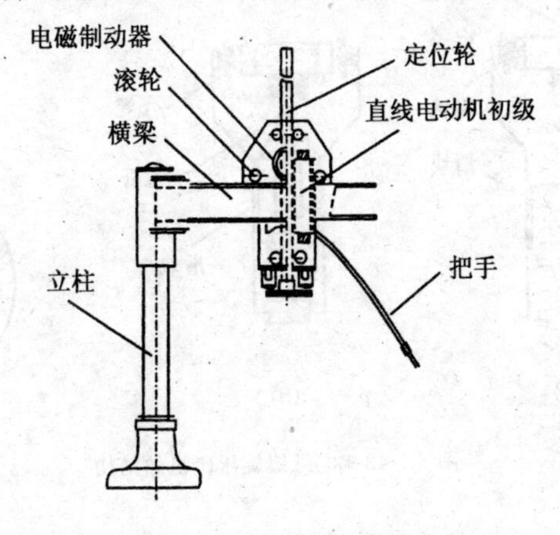

图 3-7-42　摇臂式电磁锤

它具有如下优点：①提高了效率，节电 60%；②采用电气控制，操作方便灵活，减轻了工人劳动强度；③减小噪声约 10dB；④提高工效一倍以上。

(3) 直线电动机驱动的电磁螺旋压砖机。耐火材料厂通常采用摩擦压力机作为耐火材料砖坯的机压成形设备，在生产中易发生人身安全事故，同时还存在劳动强度大、耗电量大、维修工作量大、难于实现自动化等问题。电磁螺旋压砖机同用两台弧形直线电机对称地安装于压砖机的横梁上，如图 3-7-43 所示。图 3-7-43 (c) 是图 3-7-43 (a)、(b) 的顶视图。两台相同的弧形定子各具有独立的三相绕组，按相同相序并联接至三相交流电源。中间的飞轮为直线电机的转子，它与螺母一起安装于上横梁内。螺杆与滑块、锤头相连。电动机起动后，驱动飞轮旋转，通过螺母带动螺杆和锤头做上下往复运动，利用飞轮的储能达到冲压砖坯的目的。由于弧形定子和飞轮之间是通过电磁感应方式传递能量的，没有机械上的联系，是无接触式传动。行程可以按需要设计，且装有机械、电气两套安全制动装置和电气控制线路。与摩擦压力机相比，它具有如下一些优点：①机电效率可提高约 10%，每台每年可节约电能 5 万 kW·h；②由于飞轮在运行中受力均匀，滑块上下运行平衡，可提高成品率 2.5%～10%，每台每年可增产值 4 万～15 万元；③采用电气控制线路，可实现半自动化压砖，提高工效 8%～9%，每台每年可增产值 2 万元；④结构简单，运行中无摩擦介质消耗，维修简单方便；⑤操作方便安全，劳动强度大大降低，噪声及二次粉尘飞扬均有改善。

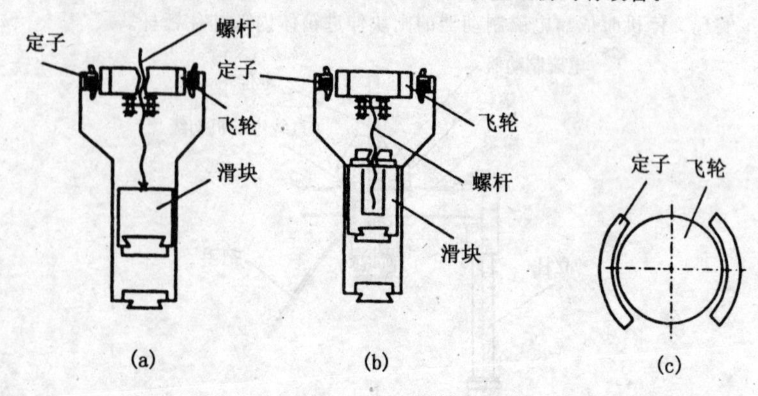

图 3-7-43　电磁螺旋压砖机的结构

（4）直线电动机驱动的压铸机。采用圆盘型直线电动机驱动的压铸机，对于压铸诸如笼型电动机转子等工件是很合适的。这种设备结构简单，制造容易，运行可靠，操作方便，工效可提高一倍，且使压铸工件的质量提高。图 3-7-44 为这种压铸机的结构示意图。其基本工作原理是首先将熔化的铝水倒进铝缸，把模具放到工作位置，按下“自动操作”按钮，旋转电动机转动，夹紧机构把模具夹紧。圆盘直线电动机通电，带动铸铝螺杆、螺母和铸铝活塞向上运动，把铝水压射到模具内的转子铁心上。保压后电动机反转，松开夹具，圆盘直线电动机再次通电正转，铸铝活塞即把模具顶出。圆盘直线电动机反转，铸铝活塞后退，到位后直流制动，完成一个周期。圆盘直线电动机由两组双边型直线电动机组成，180°对称匀布，推力可达 2000N 以上。

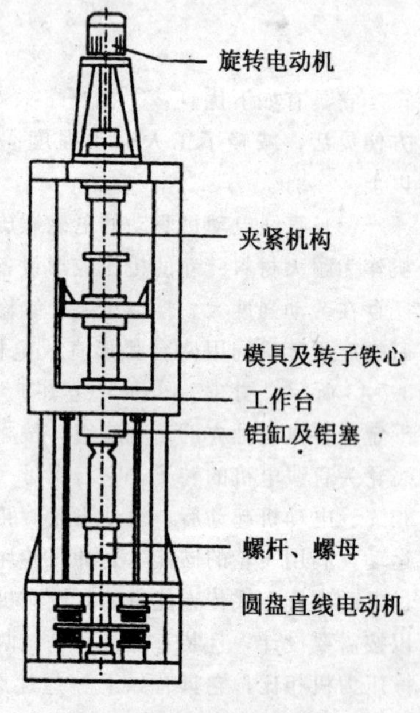

图 3-7-44　压铸机的结构

第八节　低速电动机

一、概述

低速电动机是一种不需机械减速装置，在电动机的输出轴直接获得低转速、高转矩的电动机。使用这种电动机可简化传动机构，免除齿轮减速机械的噪声，提高工作的可靠性和精确度。

低速电动机按其供电方式可分为交流低速电动机和直流低速电动机两种。交流低速电动机按实现低速的方法不同又分为4类：滚切转子低速电动机、谐波转子低速电动机、磁阻式（反应式）低速同步电动机和永磁感应子式低速同步电动机。

传统的观点认为低速电动机只有交流低速电动机，但随着人们环保意识的增强，各种轻便电动车在全世界范围的风行，一种新型的低速永磁直接驱动的轻便电动车驱动轮电动机开始引起人们的关注。驱动轮式电机作为电动自行车的关键配套部件，也称“饼式电机”，最早出自英国 Patscentre 国际实验室，是由端面作用的铁氧体永磁无刷直流电动机和一组星形齿轮组成。交流低速电动机在电动执行机械、计测装置、传真机、电报机、复印机及医疗器械等领域得到越来越广泛的应用。

二、低速电动机结构、原理和特性

（一）结构和基本原理

1. 低速永磁直接驱动的轻便电动车驱动轮电动机

本驱动轮的组成没有减速器、离合器，仅由电动机本体构成。该电动机为外电枢旋转式，电动机由内定子和外转子（电枢）两部分组成。内定子由固定轴、磁轭、磁极及轴向放置的电刷组成。磁极数一般为5～7对，采用钕铁硼磁体。磁极贴在磁轭上。电刷为1～2对，放置在磁轭中腔内。外转子由铝机壳压铸件（或者铁拉伸件）和电枢组成。电枢铁心为39～57对，铁心槽口设在冲片内圆。端面换向器置于电枢绕组端部的空腔内。电刷系统和端部换向器都不单独占用轴向和径向尺寸。电动机尽管转速很低，但由于精心设计并应用了高性能的钕铁硼永磁材料，使电动机的体积和质量与直流永磁齿轮减速驱动轮电动机（简称高速有刷电动机）基本相当。而高速有刷电机及此前相继出现的线绕盘式、印制绕组式、无刷（高速、低速）等永磁驱动轮式电动自行车电机的共同特点都是由各式永磁电动机、减速器、离合器三大部分共同组合而成的。电动机自身转速为2500～4500r/min，再用减速器将速度减到180r/min左右。

2. 滚切转子电动机

这种低速电动机从理论上分析可以达到任意低的转速，但受制造工艺的限制是不可能达到任意低的转速。该种类型电动机可以制成同步（恒定转速）低速电动机，也可以制成异步低速电动机。

这种电动机结构比较多，其中一种典型产品主要组成部分包括定子、转子、轨道及特殊转换轴承。定子产生的是端面磁场，转子也是端面转子。特殊转换轴承的目的是保证电机输出轴在固定的位置旋转。其结构见图 3-8-1。

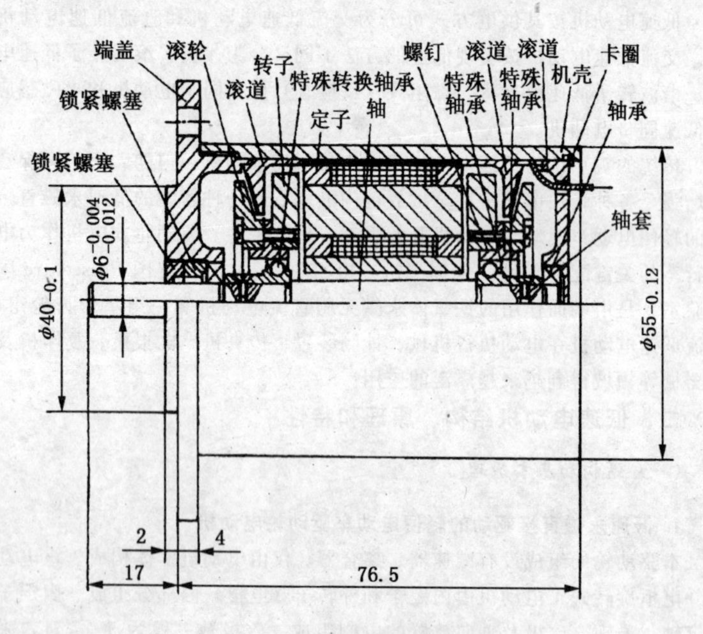

图 3-8-1 滚切转子低速电动机

3. 谐波转子电动机

这种低速电动机的定子与普通电动机相同，转子为薄壁杯形转子，但转子杯的特点是必须用铁磁弹性材料，即转子由轴及与轴压配的薄壁弹性转子杯组成。在定子磁场的作用下，靠转子杯弹性变形得到低速。其结构见图 3-8-2。

4. 磁阻式（反应式）低速电动机

这类型的低速电动机，通常电源频率为 50Hz 时，转速为 120r/min，其结构见图 3-8-3。

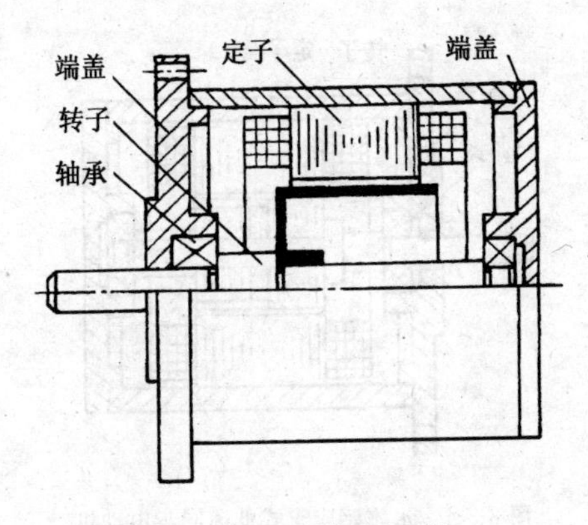

图 3-8-2 谐波转子电动机

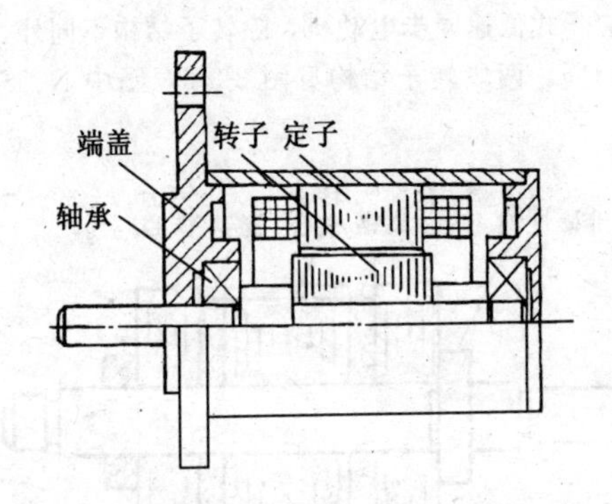

图 3-8-3 磁阻式低速同步电动机

电动机转子铁心由硅钢片叠装而成，对 120r/min 低速同步电动机而言，转子冲片上通常有 50 个齿均布。定子冲片上有 8 个大齿均布，每个大齿上又有 5 个或 6 个小齿。其余结构与其他电动机基本相同。

5. 永磁感应子式低速同步电动机

这种低速同步电动机与磁阻式低速同步电动机相比，仅仅是转子结构有些特殊，其结构见图 3-8-4。

该转子结构最大的特点是：

一是每段转子在两个铁心之间有一块轴向充磁的磁钢，在磁钢两侧的转子铁心相互错移半个转子齿距；

二是电动机轴通常为非导磁材料，在要求出力不高时也可以采用导磁材料制成，这点也是与普通电动机不同之处。

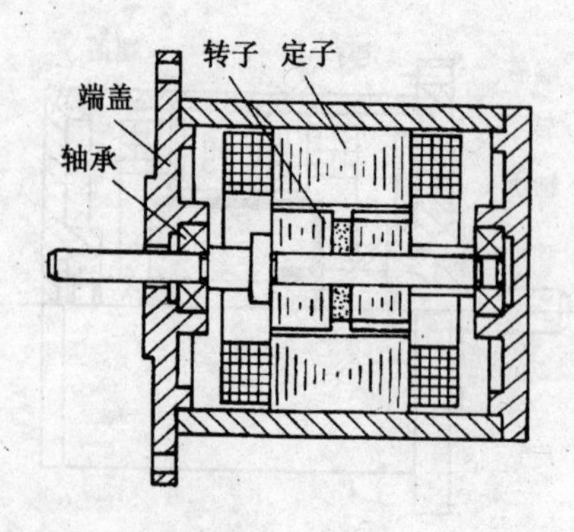

图 3-8-4　永磁感应子式低速同步电动机

多段永磁感应子式低速同步电动机，除转子结构不同外，其他结构与单段式电动机基本相同。两段转子结构见图 3-8-5，图中 N、S 表示每块磁钢轴向充磁的极性。

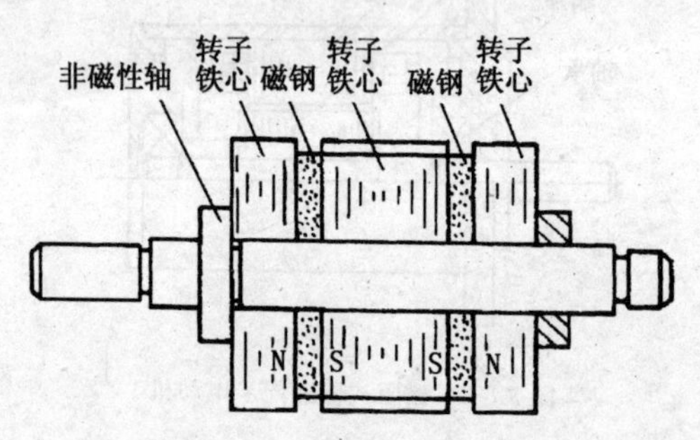

图 3-8-5　永磁感应子式低速同步电动机转子（两段）

无论是磁阻式还是永磁感应子式低速同步电动机均可制成三相或两相。两相低速同步电动机可在对称两相电源下运行，也可单相电容裂相运行。

（二）主要特性

1. 低速永磁轻便电动车驱动轮电动机

（1）结构简单、可靠性高。低速有刷电机与其他各式齿轮减速电动机相比省去了减速器和离合器，直接驱动、电动机零部件数减少了 2/3，同时由于这种电动机除了轴承和电刷外无机械磨损件，所以可靠性得以大大地提高。

对于有刷电动机来讲，人们一般最关心的问题是电刷的寿命问题。作为使用者，也想知道在正常使用的条件下多长时间需要对电刷进行维护和更换。其实电动机电刷磨损速度取决于两个因素：一是电刷与换向器的相对运动的线速度；二是换向火花的烧损。

直接驱动电动机转速不足 200r/min，而高速电动机一般转速都在 2500～4500r/min 之间，本电动机与换向器之间的线速度只有高速电动机的 1/10 左右。由于线速度小，因此换向火花也小，通过试验，表明电刷和换向器的磨损、烧损速度能效寿命：本电机用质量优良的电刷，其寿命可以达到 3000～4000h，行程可达 8 万 km。

从电动机的散热情况来说，包括低速无刷电动机在内的多种形式的电动机的发热元件均处于电动机的内腔，不易散热。唯有低速有刷电动机、电枢绕组与驱动轮外壳一同紧密装配在一起，共同构成电动机外转子，同时驱动轮电动机的外壳还连同两端盖，散热面积大，易于冷却。

（2）平均效率高。包括电动自行车在内的所有电动车，都靠电池供电。目前电池储存的能量密度有限，为此，电动机的效率是越高越好。对于一个体积、质量都有严格要求的电动机来说，不可能把它设计成在所有工作区间内都有较高的能量转换效率。由此便提出了在满足实际使用要求的情况下，对系统进行优化设计，即使得驱动系统在正常使用工作区内取得较高的平均效率。

国家标准规定，电动自行车最高时速为 20km/h，实际工作区间为 10～20km/h，对额定电压为 36V 的自行车电动机来说，此时供电电压应为 20～36V，工作电流应为 1A（助动状态下）～5A，现将此区域定为正常工作区，则此时低速有刷电动机的平均效率为 75%左右。而高速有刷电动机在同一工作区域内平均效率不足 55%，可见在正常工作区内低速有刷电动机要比高速有刷电动机节电近 30%，这对于能量非常宝贵的车载电池来说，这一指标非常重要。

（3）人机兼容性好。日本等国家规定电动车的驱动必须电力与体力各半，我国目前尚无这方面的硬性规定，但是要定义成非机动车，理所当然应包括体力驱动的成分。目前电池能量密度不高，从需要补充一部分体力驱动和骑行者要适当进行体育运动的目的出发，电动自行车应具有良好的人机兼容性，也可以叫体力、电力兼容性。即骑行者根据自己的体力状况、电池的剩余电量及自己的意愿来合理分配体力和电力驱动比例。

一定速度状态下运行的电动自行车，体力、电力的驱动比例是靠调节供电电压和脚蹬速度来实现的。如果自行车在电动状态下，不同电机驱动的电动自行车均工作在同一工作点上时，即其转速和力矩一样，骑行者欲投入适当的体力运行有两种方式：一是使脚蹬的速度提高；二是维持较固定的脚蹬速度来改变供电电压，进而改变电动驱动速度，来实现电力、体力的分配比例。对第一种方式来说，当特性很硬的驱动电动机速度变化很小时，驱动力的比例就会有很大的变化，电力负担的驱动力就可能全部转变为体力。而对特性较软的驱动电动机的速度变化较大时，电力负担的驱动力才有一部分变化，即便是采取自动控制系统也是特性软的电动机更容易实现很好的人机兼容性。

（4）便于专业化、产业化生产。低速永磁轻便电动车驱动轮电动机本体部分只有电枢、端盖、永磁定子和简单的电刷系统四种部件。其中除了轴承，电刷、紧固件系统标准之外，只有冲片、线圈、磁体、壳体、端盖、换向片、轴等十来种零件可以利用社会上的冲、压、铸等生产能力进行专业化、大批量生产。控制器也很简单，易于设计和生产。事实上，现在许多低速永磁轻便电动车驱动轮电动机的生产是按零部件扩散的模式来组织生产的，他们的换向器、电枢冲片、铝压铸件等大都集中在几个厂家生产。

这种电动机在 1996～1999 年面市之初的 3 年中，由于在试用的初级阶段批量小、工艺不稳定及当时永磁材料磁能积较低等原因，曾经出现过一些质量问题。比如因当时钕铁硼永磁材料磁能极低、价格偏高，用量不足致使电动机效率偏低；同时由于批量小且换向器是手工制作的，致使部分样机存在换向不良和烧换向器等情况。这些缺点随着批量的增大、工艺水平的提高和试运行经验的积累，现在使用过程中的产品质量问题已大为减少，电动机的效率得到了大大的提高。

2. 滚切转子低速电动机

图 3-8-6 为滚切转子低速电动机的结构图。当定子的一个磁极在端部建立起端面气隙磁场时，则转子以特殊转换轴承为摆轴。因单边磁拉力而被吸引到定子通电磁极一侧，同时迫使滚轮与滚道的一侧紧密接触，定子通电磁极不断改变，则迫使滚轮在滚道上不断做滚切运动。若以滚轮与滚道相接触的瞬间为例，观察其与轴相垂直的任意一个截面，则可用图 3-8-6 说明滚切转子低速电动机获得低速的原理。

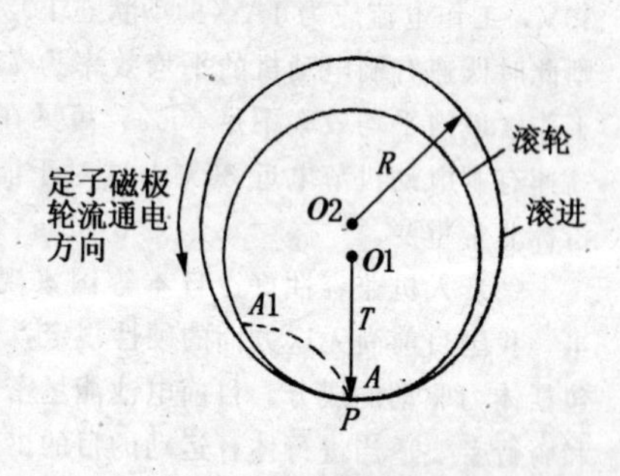

图 3-8-6　滚切原理

设开始时滚轮 A 点和滚道 P 点相接触，当定子磁极轮流通电重新回到 P 点时，虽然滚道与滚轮还在 P 点相接触，但滚轮上的接触点已不再是 A

点，而是 A1 点了。因滚轮半径为 r，滚道半径为 R，其周长为：

$$滚道周长\ C_1=2\pi R$$

$$滚轮周长\ C_2=2\pi r,\ R>r$$

如果没有滑动，滚轮转动 1 周还不能回到 P 点，必须继续滚动到 A1 点才能回到 P 点，A 点以与滚切运动相反的方向转过$\widehat{AA_1}$：

$$\widehat{AA_1}=2\pi\ (R-r)$$

如果滚切方向为逆时针，则 A 点运动方向为顺时针。滚轮沿滚道滚切 1 周，则转子转过$\widehat{AA_1}$，所以滚轮的转动速度为：

$$n=\frac{R-r}{r}\cdot f$$

式中，f 为定子磁极轮流通电的变换频率。

理论上讲$\frac{R-r}{r}$可以任意小，转速可以任意低，但制造上$\frac{R-r}{r}$是不可能任意小的。

通过上面分析可以看出，滚轮的运动包含有两个部分，一个是绕滚动轮中心的转动，速度为 n；此外还有振动，振动的频率与 f 相同。特殊转换轴承的作用就是消除这种振动，而把滚轮的转动速度以 1∶1 的速比传递给轴，输出轴的转速就是滚轮的转动速度。

通过以上分析，可知滚切电动机的设计特点在于把电磁力的动力学特性与转子的滚切有效的结合起来。

滚切转子低速电动机的特点是：

（1）不用齿轮减速就能获得低转速高转矩；

（2）没有整流子滑环、电刷，便于维修；

（3）没有高速轴承，润滑要求低；

（4）直流励磁时可以产生制动转矩；

（5）电动机可以在零至最高转速（按$\frac{R-r}{r}$决定的速度）范围内任一点运行。当变换频率 f 为 50Hz 时，电动机转速通常是 30r/min 左右；

（6）运行时噪音和振动较大。

3. 谐波转子电动机

谐波转子电动机的工作原理基本上与滚切转子低速电动机相似，都是由导磁的弹性材料制成的杯形转子沿定子内圆做滚切运动。这种运动之所以能发生，是转子杯在定子磁场作用下，由圆形变成椭圆形，使椭圆的长轴与定子内径相等，则转子杯有两处与定子内圆磁场最强的地方相接触。当定子磁场在空间旋转时，转子变换位置，而椭圆的长轴与旋转磁场同步旋转，图 3-

8-7 为谐波转子电动机原理图，由此引起转子杯沿定子内圆做滚切运动。若转子杯外径为 d，定子内径为 D，则电动机的轴输出的转速为：

$$n=\frac{60f}{P}(\frac{D-d}{d})$$

式中，p 为极对数；f 为电源频率（$f=50\text{Hz}$）；n 为电动机输出轴的转速（r/min）。

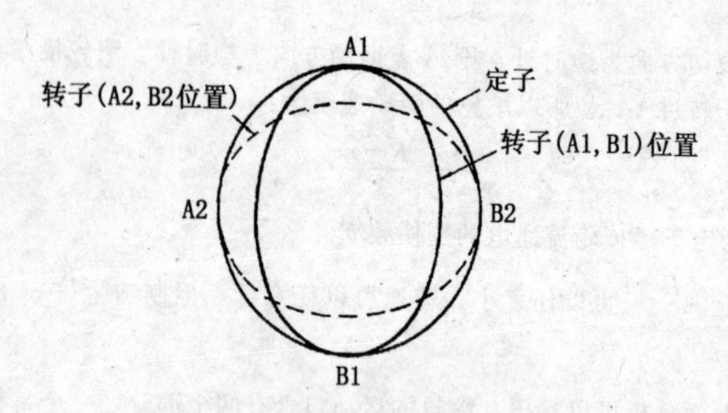

图 3-8-7　谐波转子电动机原理图

这种电动机可以制成同步的，也可以制成异步的，转速也可以很低。其特点与滚切电动机相似，但噪声比滚切电动机小。转速范围与滚切转子电动机相同。

该种电动机最大的弱点是转子杯易损坏，其原因是转子杯在定子磁场作用下会不断变形，造成金属材料老化而导致杯子损坏。且同样材料因热处理工艺不同，使转子杯的寿命有很大差别。为了提高转子杯寿命，对转子杯的用材及热处理均提出了很高要求。这也是导致谐波转子电动机应用不普遍的主要原因。

4. 磁阻式（反应式）低速同步电动机

磁阻式低速同步电动机的转子为隐极，转子小齿数必须满足 $Z_2=Z_1\pm 2p$ 的关系式，Z_2 为转子齿数，Z_1 为定子齿数，p 为定子绕组极对数。

图 3-8-8 给出了 $Z_2=10$，$Z_1=8$，$2p=2$ 的磁阻式低速同步电动机定转子在某一瞬间相对的位置图。由于定、转子均有均布的开口槽，气隙磁导是比较复杂的。

由图 3-8-8 给定的瞬间可知，定子 1 齿、5 齿和转子 1 齿、6 齿对齐；定子 3 齿、7 齿与转子槽对齐。所以气隙中定子 1 和 5 两处磁导最大，定子 3 齿和 7 齿两处磁导最小。若略去高次谐波，只考虑基波，气隙中磁导沿定子内圆分布见图 3-8-9。

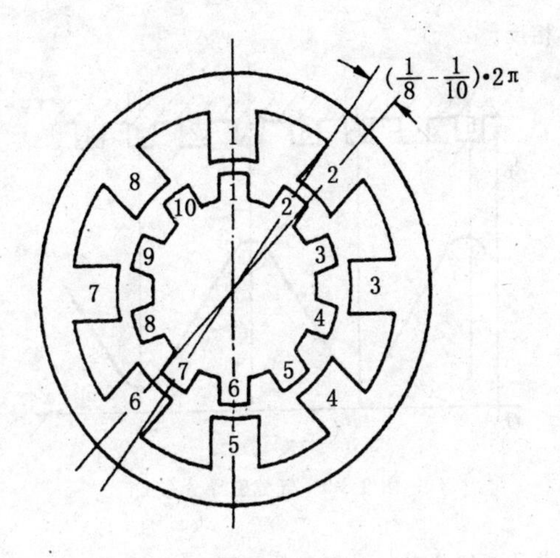

图 3-8-8 定、转子齿相对位置

气隙磁导分布表明，磁导波在气隙中有两个波峰和波谷。与 $2p=2$ 一般反应式电动机气隙磁导波分布相同。所以 $Z_2-Z_1=\pm 2p$ 的磁阻式低速同步电动机完全等效一个一般的反应式同步电动机。

但当旋转磁场的磁轴由定子 1 齿转到定子 2 齿时，转子的 2 齿、7 齿与定子 2 齿、6 齿对齐，定子 4 齿、8 齿与转子槽对齐，定子旋转磁场转过一个定子齿距。与此同时，转子只转过（$\frac{1}{Z_1}-\frac{1}{Z_2}$）$2\pi$，本例中只转过 9°，所以气隙中定子旋转磁场转速与转子转速不同。若定子齿距以角度表示 $t_1=\frac{1}{Z_1}2\pi$，则转子与旋转磁场速度之比可表示为：

$$(\frac{1}{Z_1}-\frac{1}{Z_2})2\pi/(\frac{2\pi}{Z_1})=(Z_2-Z_1)/Z_2=2p/Z_2$$

众所周知，定子旋转磁场的转速是 n_c，$n_c=60f/p$（r/min）。所以转子转速为：

$$n=\frac{60f}{p}\frac{2p}{Z_2}=120f/Z_2 \quad (\text{r/min})$$

式中，f 为电源频率。

这就是磁阻式低速同步电动机获得低速的原理。综上所述，磁阻式低速同步电动机的特征是：

(1) 定子、转子的齿数必须满足 $Z_2-Z_1=\pm 2p$ 关系式，其中 $Z_2>Z_1$，转子旋转方向与定子旋转磁场方向相同；而 $Z_2<Z_1$，转子旋转方向与定子

旋转磁场方向相反。

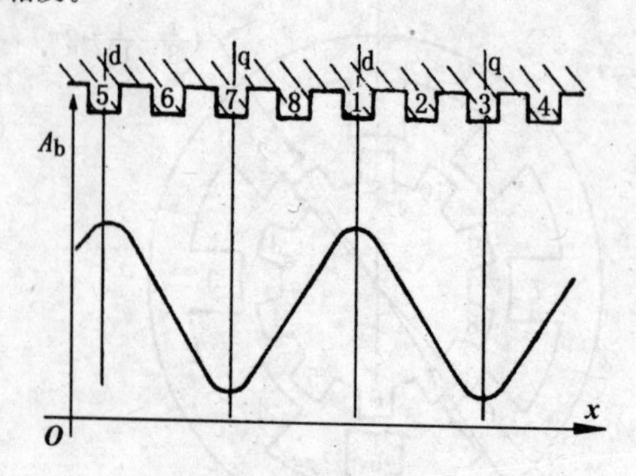

图 3-8-9　气隙磁导分布

(2) 气隙磁导波的分布与一般反应式同步电动机相同。磁导波沿气隙圆周变化的周期数为 (Z_2-Z_1) 个。

(3) 磁导波的转速与定子磁场转速相同。

(4) 转子的转速是气隙磁导的转速的 $2p/Z_2$ 倍。

该种类型的电动机，额定运行点最好选在最大同步转矩的 2/3 左右。电动机不需任何辅助启动装置就可以自行启动。但要保证自行启动，必须满足下述不等式：

$$J \leqslant M_{max} / (W_2 \cdot W_1) \ (kg \cdot cm^2)$$

式中，M_{max} 为最大同步转矩 (N·m)；W_1 为电源角频率，$W_1 = 2\pi f$ (1/s)；W_2 为负载时能自行启动的允许惯量。

(5) 在全部运行过程中，电流基本不变。

5. 永磁感应子式低速同步电动机

如图 3-8-10 所示，永磁感应子式低速同步电动机在同一个定子磁极下，左、右两端气隙磁导分布不同。磁钢为轴向充磁，若左端气隙中，永久磁钢产生的磁场极性为 N，其气隙等效磁势为 F。右端气隙中永久磁钢产生的磁场极性为 S，其气隙等效磁势为 $-F$。如仍以图 3-8-8 为例，则左、右两端气隙中磁导、磁势、磁密的分布波形见图 3-8-10。图 3-8-10 (a)、(b) 为磁导波，波形相同，但相位相差 180°；图 3-8-10 (c)、(d) 为永久磁钢在气隙中产生的磁势，幅值相同，但右侧气隙中为负值；磁势与对应的磁导波作用，产生的磁密沿圆周气隙的分布见图 3-8-10 (e)、(f)；把磁密再分解为基波磁密和平均磁密，见图 3-8-10 (g)、(h)、(i)、(j)。由此可见，基波磁密不仅左右两侧波形相同，而且相位相同，其相当于极对数 $P=2$ 的磁场，该磁场与定子旋转磁场同步旋转，此时定子旋转磁场的极对数也必然是$p=2$。

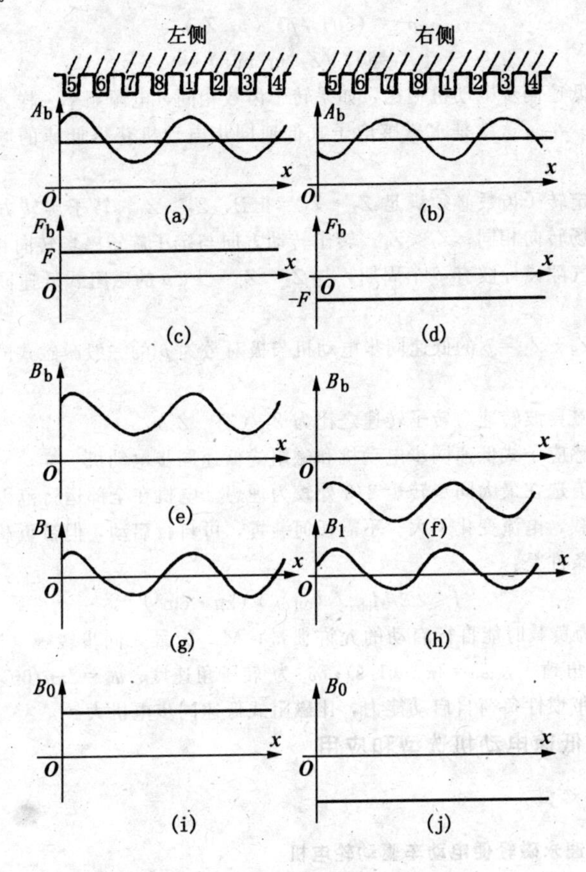

图 3-8-10 气隙磁场分析图

由以上分析可知，在永磁感应子低速同步电动机中，定、转子齿槽间必须满足$Z_2-Z_1=\pm p$，上述气隙中磁导分布波形，磁密分布波形才会出现。

磁密基波随气隙磁导波在空间同步旋转，其转速与定子旋转磁场相同，即：

$$n_c=60f/p。$$

由磁阻式低速同步电动机分析可知，转子转速与磁导波转速之比为$(Z_2-Z_1)/Z_2$，但磁阻式低速同步电动机中$Z_2-Z_1=\pm 2p$，而永磁感应子式低速同步电动机中 $Z_2-Z_1=\pm p$，所以永磁感应子式低速同步电动机的转子转速为：

$$n=(60f/p)(p/Z_2)$$
$$=60f/Z_2\ (\mathrm{r/min})$$

和磁阻式低速同步电动机相比，如果转子齿数相同，电源频率一样，则转子转速减小一半。这就是永磁感应子式低速同步电动机获得低速的原理。其特点：

(1) 定转子齿数必须满足 $Z_2-Z_1=\pm P$，$Z_2>Z_1$，转子旋转方向与定子旋转磁场转向相同；$Z_2<Z_1$，转子转动方向与定子旋转磁场转向相反。

(2) 气隙磁导波有 p 个周期，与 $Z_2-Z_1=\pm 2p$ 的磁阻式低速同步电机相同。

(3) $Z_2-Z_1=p$ 的低速同步电动机与极对数为 p 的一般激磁式同步电动机等效。

(4) 磁导波转速与转子转速之比为 $Z_2/(Z_2-Z_1)$。

永磁感应子式低速同步电动机和磁阻式低速同步电动机一样，一般情况下，额定值选在最大同步转矩 2/3 处较为理想。电机在全部运行范围内，从空载到满载，电流变化不大。不需任何装置，可自行启动，但带负载时能自行启动的条件是：

$$J\leqslant 2.5M_{max}/(\omega_1\omega_2)\ (\mathrm{kg\cdot cm^2})$$

式中：J 为负载时能自行启动的允许惯量；M_{max} 为最大同步转矩（N·m）；ω_1 为电源角频率，$\omega_1=2\pi f$ (1/s)；ω_2 为 转子角速度，$\omega_2=2\pi n/60$ (1/s)。

显然带惯性负荷自启动能力，比磁阻式低速同步电机大。

三、低速电动机选型和应用

（一）选型

1. 低速永磁轻便电动车驱动轮电机

低速永磁轻便电动车驱动轮电动机与包括线绕盘式电动机和印制绕组电动机等在内的高速有刷电动机相比，其最大的优点是结构简单、正常行驶时效率高、可靠性高、价格低，不用减速器和离合器。

低速永磁轻便电动车驱动轮电动机与无刷低速驱动电动机相比最大优点是控制器简单且价格低。有关企业向 20 余个电动机、控制器生产厂家就电动机等价格问题进行咨询，结果以低速永磁有刷轻便电动车驱动轮电动机的平均价为基准，则低速永磁无刷轻便电动车驱动轮电动机的平均价格为其 120%，高速有刷轻便电动车驱动轮电动机平均价格为其 137%。

低速有刷电动机的发展趋势及商业生命周期分析对于我们这个世界著名

的自行车王国来说，第三次电动自行车热潮能否成功，电动自行车能否在全国被交通法承认，电动自行车能否很快走进广大工薪阶层的生活，这就看电动自行车能否成为经济实惠、安全可靠助动（人机兼容性好）的代步工具。为实现上述目标，电动自行车电动机必须具备以下四个优点：

(1) 平均效率要高，特别是正常驱动状态下的平均效率提高；

(2) 有良好的人机兼容性。不失去电动自行车的技术定位和其合法的法律地位，电动自行车必须有良好的人机兼容性，这不仅可以充分利用体力，还可以大大延长续驶里程；

(3) 性能可靠、维修性能好；

(4) 性能价格比高。较高的性能价格比有利于推广，同时随着产品销量的增大，可以进一步降低成本。

从目前的发展趋势来看，我们认为低速有刷轻便电动车驱动轮电动机正处于高速增长阶段，具有较强的市场竞争力和较长的商业生命周期。随着电动自行车事业的深入发展，这种低速有刷轻便电动车驱动轮电动机将占据主导地位。为了满足不同客户需求，低速无刷电动机也将占有相当的比例。对于地形比较复杂，需要经常爬坡的山城地区，使用高速有刷电动机驱动的电动自行车将占有优势。

2. 交流低速电动机的选型

上述谈到的四类低速电动机的共同特点可以归纳为：

(1) 无电刷、滑环、无火花干扰；

(2) 维修简便，寿命长；

(3) 无任何机械减速装置，输出轴可直接获得低转速；

(4) 如与变频电源匹配，可作为调速电动机使用。

其中，滚切电动机转速最低，可达几分钟或几十分钟1转，日本称之为超低速电动机，输出转矩较大。它既可制成同步型又可制成异步型。不足之处是结构复杂，运行时噪音和振动均较大。

谐波转子电动机具有滚切转子电动机特点，但寿命远小于滚切转子电动机，运行时噪音较滚切转子电动机小。

磁阻式低速同步电动机的结构简单、造价低、运行平稳、瞬时转速稳定度高、输出转矩较大、断电时无自锁能力、从空载至满载输入电流变化不大。与脉冲电源匹配使用，可作为磁阻式步进电动机。通常采用工频50Hz电源供电时，输出转速以120r/min为主。

永磁感应子式低速同步电动机结构简单、运行平稳、瞬时转速稳定度高、输出转矩大、断电时有一定自锁能力、从负载到满载输入电流变化不大。采用50Hz工频电源供电，转子转速通常为60r/min。与脉冲电源匹配可作为感应子式步进电动机，步距角一般为1.8°，步距精度可达3%～5%，与变频电源匹配使用可作为交流宽调速电机使用，速比可达10^5～10^6。当用其他电动机拖动其运行时，可作为脉冲测速发电机使用，目前通常是50P/rev。

永磁感应子式低速同步电动机是国内应用较多的低速电动机，我国、日本、美国、英国等均有系列产品供市。

低速电动机虽然品种繁多，但目前国内外应用比较普遍的，批量较大的是永磁感应子式低速同步电动机，转速绝大多数为60r/min。例如：日本三洋公司生产的103系列产品，包括ϕ56.4mm、ϕ86mm、ϕ106.4mm、ϕ165mm 4个机座号约20个品种。美国SE公司生产有SS系列永磁感应子式低速同步电动机。日本富士通公司，NMS公司（Astrosyn）也均有永磁感应子式低速同步电动机的系列产品。转速绝大部分也是60r/min（当$f=$60Hz时，转速为72r/min）。我国已建成TYD基本系列永磁感应子式低速同步电动机。包括ϕ55mm、ϕ70mm、ϕ90mm、ϕ110mm、ϕ130mm、ϕ150mm、ϕ200mm 7个机座号共11个规格的产品。

滚切电动机国内虽然也有生产，但均属特殊配套使用。

3. 使用注意事项

永磁感应子式低速同步电动机虽属于无触点电动机范畴，在运行期间几乎无需维修，但使用时一定要注意：

（1）使用前先用万用表检测各相绕组是否有断路，尤其注意引出线部分。断路往往是引出线折断造成。

（2）检查所用电源电压、频率是否与电机要求的额定数据相等。

（3）分相电容的耐压必须大于450V。

（4）必须保证选用的电动机启动转矩大于启动状态时电动机轴上的全部负载转矩。

（5）安装过程中必须保护轴伸，严防变形。

（6）电动机的接线原理图见图3-8-11。如发现电动机实际转向与要求的转向不符，则可通过转换开关K进行转换。

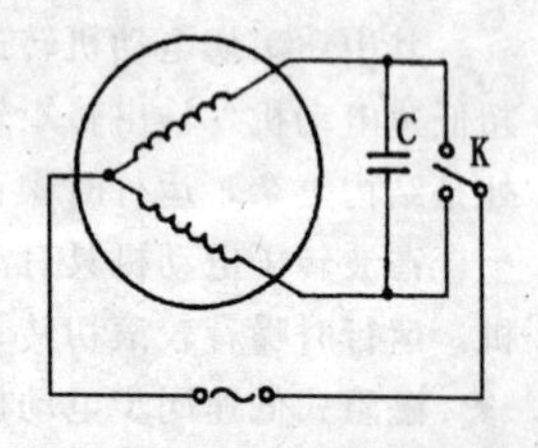

图3-8-11　接线原理图

（7）如果使用单位有两相电源，电动机也可以用两相对称电源供电运行，此时电动机效率会更高。接线原理图见图3-8-12，两相电源电压值仍为220V，电源频率为50Hz。

电动机如作为备件，暂不使用，电动机应放在环境温度－5℃～＋35℃，相对温差不大于75%，清洁、通风良好的库房内。空气中不得含有腐蚀性气体。

（二）应用

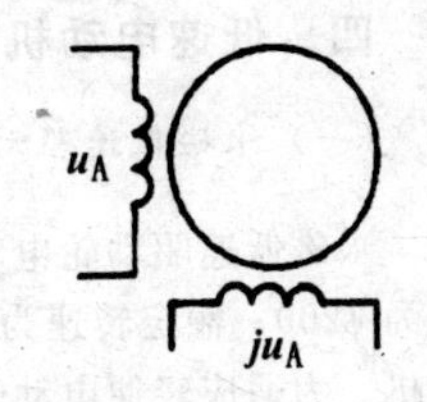

图 3-8-12 两相对称电源供电接线原理

永磁低速轻便电动车驱动轮电动机目前主要应用于电动自行车、电动轮椅车、电动摩托车和电动滑板车。在电动自行车事业的发展过程中，曾先后出现了中轴式驱动、轮缘式驱动和驱动轮式驱动等多种驱动方式，由于驱动轮式驱动具有结构新颖、紧凑、美观、大方，有利于整体布局、协调合理等优点，现在已被开发商和消费者认同。它是比较成功的应用实例，对我国电动自行车事业的发展起到了重要的作用。

永磁感应子式低速同步电动机是用永磁材料做转子，不需要直流电源，也不要滑环和电刷，结构较简单，因此其应用较广泛。目前在国内成功地用于改进后的电动执行器上。此外，还大量应用于医疗器械中。例如：用于肺气成分检测仪中的永磁感应子式低速同步电动机带动一个记录纸带低速匀速转动，噪音通常要求在 40dB 以下。

此外，它在机床行业上成功地用于内螺纹磨床，该电机经齿轮减速，通过控制输入电压的正弦波数控电机转角，实现了内螺纹磨床自动进刀量为 0.01mm。采用其他电动机时，减速装置体积庞大，整个机床显得笨重，造价也高。采用永磁感应子式低速同步电机后，减速机构大为简化，减小了体积，提高了精度、降低了机床成本。

在飞机制造业中，应用永磁感应子式低速同步电动机直接驱动浆液搅拌机，搅拌机的转速与永磁感应子式低速同步电动机转速相同，简化了搅拌机结构，降低了成本。

在人造卫星地面转播站的某些设备中也应用了低速同步电动机。在制冷装置中用来拖动制冷泵，因泵中循环气体为氦，氦要求纯度高，否则影响制冷效果。若采用其他电动机拖动，必须经过齿轮减速，齿轮的润滑剂会污染氦，造成制冷温度升高。所以这种泵一定要用低转速、大转矩的低速同步电动机。

永磁感应子式低速同步电动机作为脉冲测速发电机使用，也成功用于电子秤中，例如：55TYD11，作为脉冲测速发电动机供货给衡器厂制造电子秤，当 60r/min 时，每转 50 脉冲，输出脉冲电压幅值为 1.4～2V。

其他诸如通讯传真装置、录音和复制装置以及大型钟表机构等需要恒速驱动的装置，也大量应用永磁低速同步电动机。

四、低速电动机产品技术数据

（一）永磁低速驱动轮电机的技术数据

永磁低速驱动轮电动机按电动自行车、电动轮骑车需要可设计成边缘直径为 ϕ200、额定转速为 200r/min 以内，功率为 200W 以内的各种规格的电动机。为适应轻便电动摩托车的使用，驱动轮也可设计成边缘直径为 ϕ250、额定转速为 500r/min 以内、功率为 1200W 以内的各种规格的电动机。以型号为 ZYZD-200/36 150W 电动机为例，具体技术数据如表 3-8-1。

表 3-8-1　ZYZD-200/36 电动机技术数据

电压 (V)	功率 (W)	电流 (A)	转速 (r/min)	转矩 (N·m)	效率 (%)	最大转矩 (N·m)	最高效率 (%)
36	150	5.9	180	8	70	20	80

对两种驱动轮电动机的额定数据对比如表 3-8-2。为叙述方便，以下对低速永磁轻便电动车驱动轮电动机简称低速有刷电动机，对直流永磁齿轮减速驱动轮电动机简称高速有刷电动机。此例所述低速有刷电动机是 ZYZD-200/36 型低速永磁轻便电动车驱动轮电机，高速有刷电动机是某厂研制的盘式直流永磁齿轮减速驱动轮电动机。

表 3-8-2　两种驱动轮电动机的额定数据对比

项目	电压 (V)	电流 (A)	功率 (W)	效率 (%)	转速 (r/min)	体积（mm）(外径×厚度)
高速有刷电机	36	5.6	150	74	174	195×96
低速有刷电机	36	5.9	150	70	180	200×88

综合考虑电池目前的使用特性及电动机的平均工作效率，可知：在同样装备、载重和路况条件下，使用低速有刷电动机的电动自行车可能比用高速有刷电动机的电动自行车续驶里程增加近 50%。当负载电流大于 6A 后，高速有刷电动机的效率要比低速有刷的效率高，但当电池以如此大的电流放电时，其放电时间便会缩短许多。所以说，虽然这种电动机在此区段具有很高的能量转换效率，但就目前的蓄电池发展水平来讲，它不具有太多的实际意义。当蓄电池技术大大提高，能量密度大大增加后，将低速有刷电动机重新进行改进设计，在质量略有增加的条件下，当电流大于 6A 时，也可同高速有刷电动机一样，同样取得较高的能量转换效率。

当然，高速有刷电动机既然在市场上存在，就有其存在的理由和需求。低速有刷电动机也有其自身的不足，它要比高速有刷电动机的机械特性软，低速大电流启动和过载时效率偏低。具体表现为，从零启动时速度很慢，过载（爬坡）时功率不足。

（二）TDY、TYD系列永磁低速同步电动机技术数据

TDY、TYD系列永磁低速同步电动机技术数据见表3-8-3和表3-8-4。

表3-8-3　TDY系列永磁低速同步电动机技术数据及生产厂家

型号	额定电压(V)	额定频率(Hz)	相数	同步转速(r/min)	最大同步转矩(mN·m)	最大输入功率(W)	最大输入电流(A)	启动转矩(mN·m)	外形尺寸(mm)			质量(kg)
									总长	外径	轴径	
55TDY4	220	50	1	60	360	16	0.075	200	86	55	7	0.7
55TDY115-1	220	50	1	115	270	16	0.075	150	86	55	7	0.7
70TDY4	220	50	1	60	850	24	0.12	450	110	70	8	1.6
70TDY060-2	220	50	1	60	600	24	0.12	300	110	70	8	1.6
70TDY115-1	220	50	1	115	550	24	0.12	300	110	70	8	1.6
70TDY115-2	220/380	50	三相四线	115	550	24	0.12	300	110	70	8	1.6
70TDY060-3	220/380	50	三相四线	60	850	24	0.12	450	110	70	8	1.6
90TDY4	220	50	1	60	2400	70	0.35	1400	130	90	9	3.2
90TDY115-1	220	50	1	115	1800	80	0.40	800	130	90	9	3.2
90TDY060-3	380	50	3	60	3000	55	0.22	2500	130	90	9	3.2
90TDY060-4	36	50	3	60	3000	55	2.2	2500	130	90	9	3.2
90TDY115-3	220/380	50	三相四线	115	1800	80	0.40	800	130	90	9	3.2
90TDY060-5	220/380	50	三相四线	60	2400	70	0.35	1400	130	90	9	3.2
110TDY4	220	50	1	60	4000	110	0.56	2200	169	110	11	6.0
110TDY060-2	380	50	3	60	5000	85	0.35	4000	169	110	11	6.0
110TDY060-3	220/380	50	三相四线	60	4000	110	0.56	2200	169	110	11	6.0
110TDY115-1	220	50	1	115					169	110	11	6.0
130TDY4	220	50	1	60	6400	140	0.70	3200	177	110	16	9.0
130TDY060-1	220/380	50	三相四线	60	6400	140	0.70	3200	177	110	16	9.0
130TDY115-3	380	50	3	115					177	110	16	9.0

生产厂家：苏州电讯电机厂有限公司。

TYD 系列永磁低速同步电动机型号说明：此种系列符合 JB3705-84 的规定，型号意义如下：

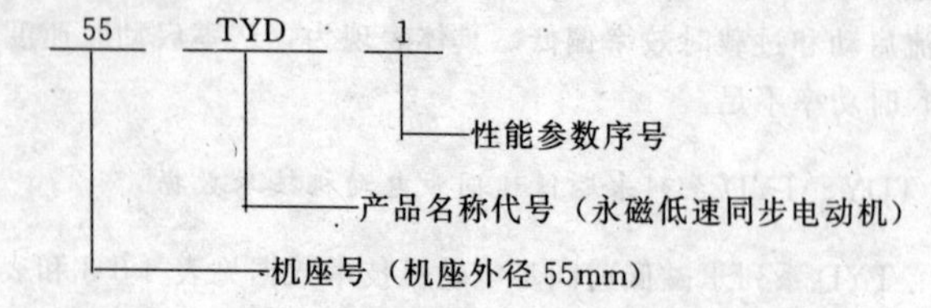

表 3-8-4　TYD 系列永磁低速同步电动机技术数据及生产厂家

型号	电压 (V)	频率 (Hz)	同步转速 (r/min)	最大同步转矩 (mN·m)	最大输入功率 (W)	最大输入电流 (A)	启动转矩 (mN·m)	外形尺寸 (mm) 总长	外径	轴径	质量 (kg)
50TYD	A相 24 B相 24	50	375		3	0.15 0.075	4.9	48	50	3	
55TYD02	220	50	60	0.392	3	0.15	0.285	84	50	7	
55TYD11	220	50	60	0.255		0.07	0.185	84	55	7	
55TDY4	220	50	60	0.372	14	0.07	0.255	86	55	6	
TDY-375	220	50	375	0.00147	16	0.014	0.00147	35	55	1.5	200
TDY-375A	220	50	375	0.00245		0.020	0.00245	31	55	2.5	200
64TX1	220	50	120	0.12				85	64		
70TYD11	220	50	60	0.588	18	0.1	0.294	108	70	9	
70TDY4	220	50	60	0.834	25	0.12		110	70	8	
90TDY4	220	50	60	2.35	70	0.35	1.176	130	90	9	
90TYD01	220	50	60	0.882		0.25	0.539	126.5	90	11	
90TYD02	220	50	60			0.30	0.98	126.5	90	11	
90TYD11	220	50	60	1.372	40	0.20	0.686	126.5	90	11	
90TYD	220	50	60	1.18	50	0.25		102	90	9	
110TYD	220	50	60	2.45	100	0.50		130	110	11	
110TYD11	220	50	60	2.94	80	0.50	1.47	149/206	110	14	
110TYD12	220	50	60	3.92	108	0.60	1.96	149/206	110	14	
110TDY4	220	50	60	3.92	110	0.60	1.96	156	110	11	
130TYD01	220	50	60	3.92		0.75	2.352	174/239	110	16	

续表

型号	电压 (V)	频率 (Hz)	同步转速 (r/min)	最大同步转矩 (mN·m)	最大输入功率 (W)	最大输入电流 (A)	启动转矩 (mN·m)	外形尺寸（mm）			质量 (kg)
								总长	外径	轴径	
130TYD02	220	50	60	6.37		1.0	3.822	174/239	130	16	
130TYD11	220	50	60	4.41	120	0.70	2.254	174/239	130	16	
130TYD12	220	50	60	6.566	180	1.00	3.332	174/239	130	16	
130TYD	220	50	60	3.92	150	0.75		140	130	16	
150TYD	220	50	60	6.37	190	1.0		157	150	16	
150TYD11	220	50	60	7.84	200	1.20	3.92	214/294	150	22	
150TYD12	220	50	60	9.8	250	1.40	4.9	214/294	150	22	
200TYD11	220	50	60	11.76	300	1.60	5.88	285/395	200	28	
200TYD12	220	50	60	18.62	450	2.40	9.81	285/395	200	28	
200TYD01	220	50	60			1.40		285/395	200	28	
TYD-16	220	50	375	0.0024		0.04	0.0024	30.5	55	2.5	160

生产厂家：西安微电机研究所。

第九节　开关磁阻电动机

一、开关磁阻电动机结构、原理和特性

（一）结构

开关磁阻电动机（简称 SR 电动机）是一种机电一体化产品，工作方式类似于步进电动机，不同的是 SR 电动机受其驱动电路控制是连续运行的，而步进电动机是“步进”的。SR 电动机在我国已有二十多年的发展历史。

图 3-9-1　四相 8/6 极 SR 电动机定转子实物

图 3-9-1 为四相 8/6 极 SR 电动机定转子实物。其定转子均由普通硅钢片叠压而成，转子既无绕组也无永磁体，定子各极上绕有集中绕

组，径向相对极的绕组串联，构成一组。

SR 电动机可以设计成单相、两相、三相、四相及多相等不同相数结构，且有每极单齿结构和每极多齿结构，轴向气隙、径向气隙和轴向径向混合气隙结构，内转子和外转子结构。低于三相的 SR 电动机一般没有自启动能力。相数多，有利于减小转矩波动，但导致结构复杂，主开关器件多，成本增高。目前应用较多的是三相 6/4 极结构和四相 8/6 极结构。表 3-9-1 为常见 SR 电动机定、转子极数组合方案。

表 3-9-1 常见 SR 电动机定、转子极数组合方案

相 数（m）	1	2	3	4	5	6
定子极数（Ns）	2	4	6	8	10	12
转子极数（Nr）	2	2	4	6	8	10

（二）基本原理

开关磁阻电动机（SR）的运行原理遵循“磁阻最小原理”，即磁通总是沿磁阻最小的路径闭合，因磁场扭曲而产生切向磁拉力，四相 8/6 极 SR 电动机典型结构如图 3-9-2 所示。具体过程如下：

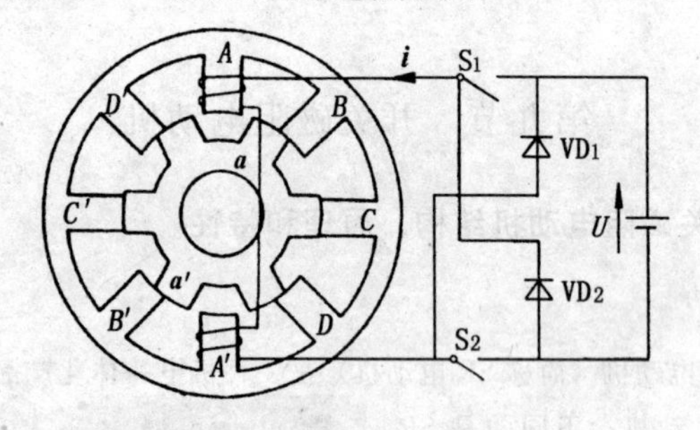

图 3-9-2 四相 8/6 极 SR 电动机典型结构

当 A 相绕组电流控制开关 S_1、S_2 闭合时，A 相励磁所产生的磁场力图使转子旋转到转子极轴线 aa' 与定子极轴线 AA' 的重合位置，从而产生磁阻性质的电磁转矩。顺序给 A-B-C-D 相绕组通电（B、C、D 各相绕组图中未画出），则转子按逆时针方向连续旋转，反之，依次给 B-A-D-C 相绕组通电，则转子沿顺时针方向转动。对于多相电动机，常常是两相或两相以上绕组同时导通，与步进电动机相似。当 q 相子绕组轮流通电一次，转子转过一

个转子极距。设每相绕组开关频率为 f，转子极数为 N，则SR电机的同步转速可表示为：

$$n=\frac{60f}{N}$$

（三）特性

1. 开关磁阻电动机系统特点

(1) 电动机结构简单、坚固，制造工艺简单，成本低，转子仅由硅钢片叠压而成，可工作于极高转速；定子线圈为集中绕组，嵌放容易，端部短而牢固，工作可靠，能适用于各种恶劣、高温甚至强振动环境。

(2) 损耗主要产生在定子，易于冷却；转子无永磁体，允许有较高的温升。

(3) 转矩方向与相电流方向无关，可减少功率变换器的开关器件数，降低系统成本。

(4) 功率变换器不会出现直通故障，可靠性高。

(5) 启动转矩大，低速性能好，无异步电动机在起动时所出现的冲击电流现象。

(6) 调速范围宽，控制灵活，易于实现各种特殊要求的转矩速度特性。

(7) 在宽广的转速和功率范围内都具有高效率。

(8) 四象限运行，具有较强的再生制动能力。

2. 开关磁阻电动机、反应式步进电动机和反应式同步磁阻电动机的区别

从结构和原理看，SR电动机与大步距角反应式步进电动机十分相似，但实际上两者有本质差别，主要体现在电机设计、控制方法和应用场合等，见表3-9-2。

表3-9-2　SR电动机与反应式（VR）步进电动机的差别

SR电动机	反应式步进电动机
利用转子位置反馈信号运行于自同步状态，相绕组电流导通时刻与转子位置有严格的对应关系。多用于功率驱动系统，对效率指标要求很高，功率等级至少可达到数百千瓦，甚至数千千瓦，并可运行于发电状态	工作于开环状态，无转子位置反馈。多用于伺服控制系统，对步距精度要求很高，对效率指标要求不严格，只作电动状态运行
可控参数多，既可调节主开关管的开通角和关断角，也可采用调压或限流斩波控制	一般只通过调节电源步进脉冲的频率来调节转速

开关磁阻电动机也可视为一种反应式同步磁阻电动机，但它同常规的反应式同步磁阻电动机有许多不同之处，见表 3-9-3。

表 3-9-3 SR 电动机与反应式同步磁阻电动机的差别

SR 电动机	反应式同步磁阻电动机
定、转子均为双凸极结构	定子为齿、槽均匀分布的光滑内腔
定子绕组是集中绕组	定子嵌有多相绕组，近似正弦分布
励磁是顺序施加在各相绕组上的电流脉冲	励磁是一组多相平衡的正弦波电流
各相磁链随转子位置作三角波或梯形波变化，不随电流改变	各相自感随转子位置作正弦变化，不随电流改变

二、功率变换器

功率变换器是 SR 电动机运行时所需能量的供给者，在整个 SRD 成本中，功率变换器占有很大比重，合理选择和设计功率变换器是提高 SRD 的性能价格比的关键之一。功率变换器主电路型式的选取对 SR 电动机设计也直接产生影响，应根据具体性能、使用场所等方面综合考虑，找出最佳组合方案。

目前，SRD 常用的功率变换器主电路有许多种，应用最普遍的如图 3-9-3所示。

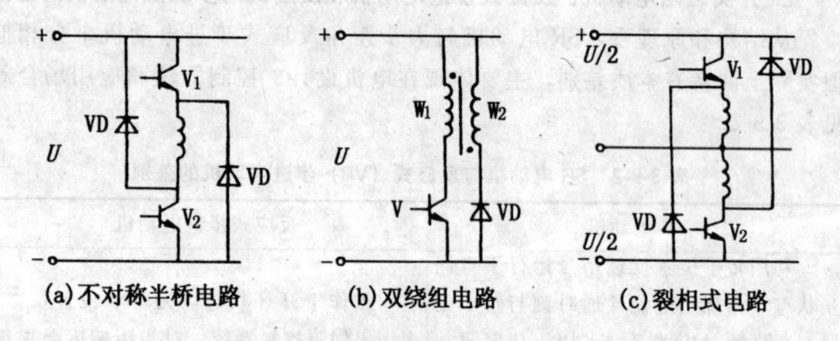

图 3-9-3 3 种基本的功率变换器电路

图 3-9-3(a) 所示的主电路为不对称半桥电路，单电源供电方式。每相两个主开关，工作原理简单。斩波时可以同时关断两个主开关，也可只关断一个。这种主电路中主开关承受的额定电压为 U。它可用于任何相数、任何功率等级的情况下，在高电压、大功率场合下有明显的优势。

图 3-9-3(b) 所示的主电路为双绕组电路，特点是有一个初级绕组 W_1 与一个次级绕组 W_2 完全耦合（通常采用双股并绕）。工作时，电源通过开关管 V 向绕组 W_1 供电；V 关断后，磁场储能由 W_2 通过续流二极管 VD 向电源回馈。V 承受的最大工作电压为 $2U$，考虑到过电压因素的影响，V 的反向阻断电压定额通常取 $4U$。可以看出，这种主电路每相只有一个主开关，所用开关器件数少。其缺点是电机与功率变换器的连线较多，电机的绕组利用率较低。

图 3-9-3(c) 所示的主电路为裂相式电路，以对称电源供电。每相只有一个主开关，上桥臂从上电源吸收能量，并将剩余的能量回馈到下电源，或从下电源吸取能量，将剩余的能量回馈到上电源。因此，为保证上、下桥臂电压的平衡，这种主电路只能使用于偶数相电机。主开关正常工作时的最大反向电压为 U。由于每相绕组导通时绕组两端电压仅为 $U/2$，要做到 SR 电动机出力相当，电机绕组的工作电流须为图 3-9-3（a）所示的主电路时的两倍。

这三种主电路各有优、缺点。图 3-9-3（a）所示的主电路控制起来灵活，流经主开关的电流小，适配电机的范围大。图 3-9-3（b）、（c）所示主电路所需主开关的数目少。由于各主电路的主开关总伏安容量大抵相等，成本相差不大。

三、开关磁阻电动机应用

（一）在电动车中的应用

电动车是解决世界能源危机、空气污染等重大难题的理想交通工具，是 21 世纪高科技产品之一；在世界汽车工业先进国家已掀起了一股研制开发电动车的热潮；美国、日本和英国等国家已研制出一些性能优良的电动车。我国在“八五”计划中也把电动车列为开发项目。毫无疑问，电动车是一个前景广阔、竞争激烈的领域。

开关磁阻电动机作为一种新型调速驱动系统，首先在电动车驱动中得到应用。多年的实践证明，开关磁阻电动机驱动系统具有许多直流电动机驱动系统和一般交流电动机调速驱动系统难以比拟的明显优点，是电动车驱动系统中的强有力竞争者。

图 3-9-4 为采用开关磁阻电动机驱动的 2 吨码垛车（码头运货车）。与原直流电动机驱动系统相比，控制器体积小于直流斩波器，电动机体积则仅为直流电动机的一半。图 3-9-5 为开关磁阻电动机的转矩、转速特性和等效率图，额定转矩为 9N·m（1220r/min)。采用开关磁阻电动机驱动系统与采用直流电动机驱动相比，码垛车的操纵性和运行性能都有很大提高。开关磁

阻电动机在电动车中的应用充分体现了该系统的优点。

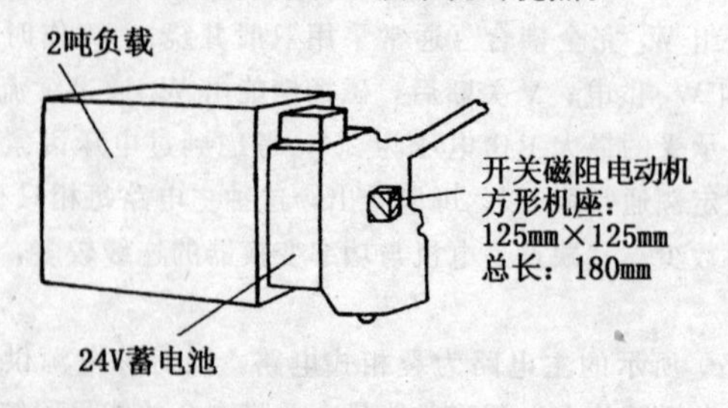

图 3-9-4 开关磁阻电动机驱动的 2 吨码垛车

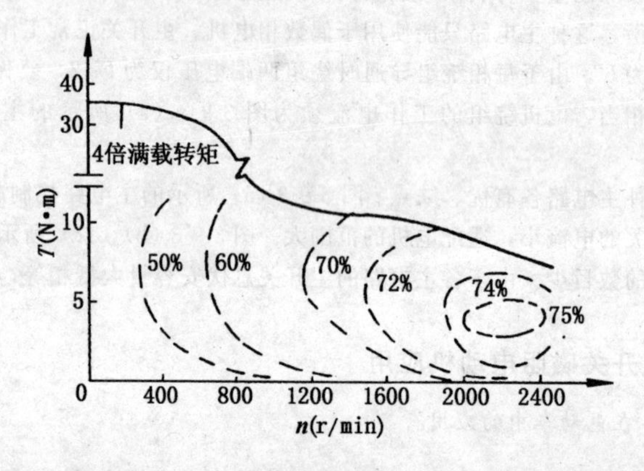

图 3-9-5 码垛车用 2kW、24V SR 电动机转矩—转速特性和等效率图

(1) 开关磁阻电动机不仅效率高，而且在很宽的功率和转速范围内都能保持高效率，这是其他类型驱动系统难以达到的。这种特性对电动车的运行情况尤为适合，十分有利于提高电动车的续驶里程。

(2) 开关磁阻电动机很容易通过采用适当的控制策略和系统设计满足电动车四象限运行的要求，并且还能在高速运行区域保持强有力的制动能力。

(3) 由于开关磁阻电动机转子仅由叠片叠压而成，电动机的绝大部分损耗集中在定子上，电动机易于冷却，有很好的散热特性，从而能以小的体积取得较大的输出功率，减小电动机体积和质量。

(4) 通过调整开通角和关断角，开关磁阻电动机完全可以达到他励直流电动机驱动系统良好的控制特性，而且这是一种完全纯逻辑的控制方式，很容易智能化，能通过重新编程或替换电路元件，方便地满足不同运行特性要求。

(5) 开关磁阻电动机的功率变换器电路与电动机励磁绕组直接串联，不会出现直通故障，因此系统中无论电机还是功率变换器都十分坚固可靠，无需或很少需要维护，适用于各种恶劣、高温环境，具有良好的适应性。开关磁阻电动机在其他类型电动车中也能得到很好的应用。

(二) 在食品加工机械中的应用

在食品加工机械中，开关磁阻电动机显现出其独特的优势：体积小，不烧电动机，没有或只有小齿轮减速比；该电动机外形设计灵活，适应性好（“扁平”或“细长”），可安全停机，速度可选离散值，也可连续调节，易实现特殊要求的机械特性（软件编程）。

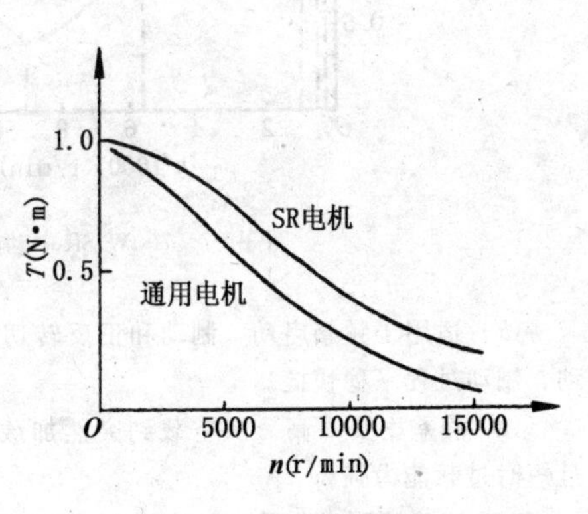

图 3-9-6 机械特性对比

图 3-9-6 为某食品加工机械用普通电动机和开关磁阻电动机的机械特性对比。开关磁阻电动机结构、体积、特性上的优势非常明显，降低了电动机成本，提高了产品的可靠性。

(三) 在洗衣机中的应用

随着人们生活水平的提高，洗衣机已逐渐深入千家万户，洗衣机也经历了手动机械洗衣机、半自动洗衣机和全自动洗衣机的发展过程，并不断智能化。洗衣机电动机也由简单的有级调速电动机发展为无级调速电动机。开关磁阻电动机由于低成本、高性能，已开始应用于洗衣机。在美国高档洗衣机中已小批量采用，具有明显的优点：较低的洗涤速度；良好的衣物分布性；滚筒平衡性好；快速安全停机；软起动；电流限幅；最大速度高；低速转矩大；机械特性易调整；对水温、水流等易于智能控制。图 3-9-7 为滚筒式洗衣机用 700W 开关磁阻电动机的机械特性。

(四) 在龙门刨床中的应用

龙门刨床是机械行业的一种重要加工机械。其主传动系统的作用是带动工作台实现往返运行，这直接关系到刨床的加工质量和生产效率，因此，要求传动系统具备以下性能；

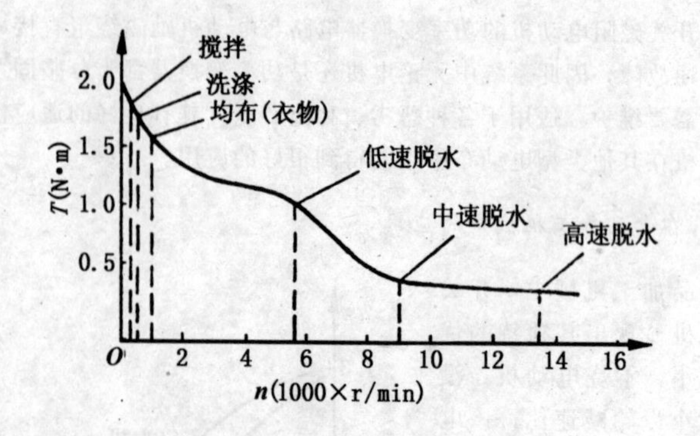

图 3-9-7　700W SR电动机机械特性

(1) 适用于频繁启动、制动和正反转切换。每分钟不少于10次，且启动、制动过程平稳快捷。

(2) 静差率要求高。从空载到突然加载引起的动态转速降不大于3%，且短时过载能力强。

(3) 调速范围宽。适应低速切入、中速进给和高速返程需要。

(4) 工作稳定性好，返行程折返位置准确。

在某企业技术改造中，选用了开关磁阻电动机进行试验，经一年的运行实践，开关磁阻电动机不仅满足龙门刨床的各项要求，而且改善了设备的操作性。实践表明，开关磁阻电动机的特性特别适用于频繁启动、制动和换向运行，换向过程启动电流小，只有额定电流的0.5倍，启动、制动转矩可调，因而保证了在各种速度区间内与工艺要求相符合。开关磁阻电动机具有速度反馈系统，从试验情况看，这种闭环系统能保证转速的稳定可靠性，稳速精度达到0.15%。在进行点动操作时，不论设置速度高低，皆迅速、准确，大大优于电磁离合器传动。开关磁阻电动机还具有很高的功率因数，不论是高、低速，还是空载、满载，其功率因数都接近“1”，不低于0.96，优于目前龙门刨床所用的其他传动系统。

开关磁阻电动机用于龙门刨主传动，在要求的50～2000r/min的运行区间均可无级调速，正返程可以各自分别调整，而且可在不停车状态下进行调速，操作极为方便。

轻型龙门刨以往所以取较低的切削速度是由于传动形式所限，当开关磁阻电动机能在满足速度提升和主机允许的条件下，提高切削速度和切削能力是合理的。试验表明，将机床速度提高到40m/min以上，机床系统刚性满足，这样可使刨床的生产效率提高约一倍。

（五）在毛巾印花机中的应用

开关磁阻电动机用于毛巾印花机主传动的改造，使机器生产效率有所提高，能耗指标大大降低，简化了机械设备，减少了维修工作量。

1. 设备情况与技术要求

该设备为国产的GM120型七色印花机，其主传动结构如图3-9-8所示。电动机经链条机构、机械变速器和减速箱传动主滚筒，使装在主动滚筒和被动滚筒下的输送带向前运动。其中电动机为2.2kW、4极笼型异步电动机。变速器借助两个高低电磁离合器，将其减速比转换为1∶1或1∶36。减速箱的输出轴端装有电磁制动器，用于制动输送带。

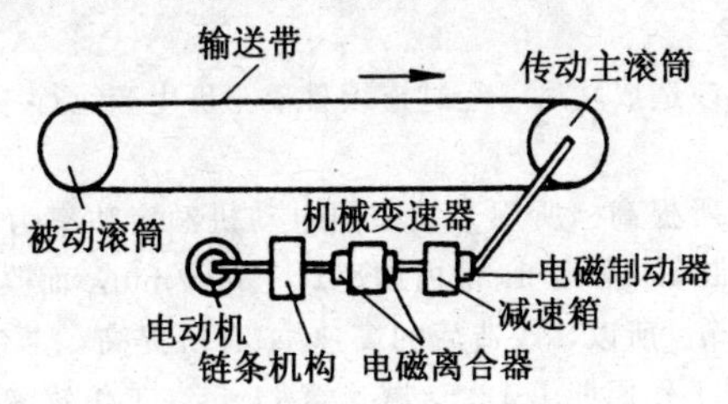

图3-9-8　七色印花机传动结构

七色印花机传动系统的速度曲线如图3-9-9所示。当一个周期开始时，高速电磁离合器械吸合，变速器的减速比为1∶1，电动机带动输送带加速至高速 v_1 运行。当输送带接近预定位置时，高速电磁离合器释放，低速电磁离合器吸合，变速器的减速比转换为1∶36，使输送带以慢速 v_2 运行。当输送带达到预定位置时，高、低速电磁离合器均释放，电动机空转，同时电磁制动器将输送带制动停车。电动机、电磁离合器和电磁制动器控制及其与机器其他部分工作的协调是借助继电器逻辑电路或可编程序控制器来完成的。

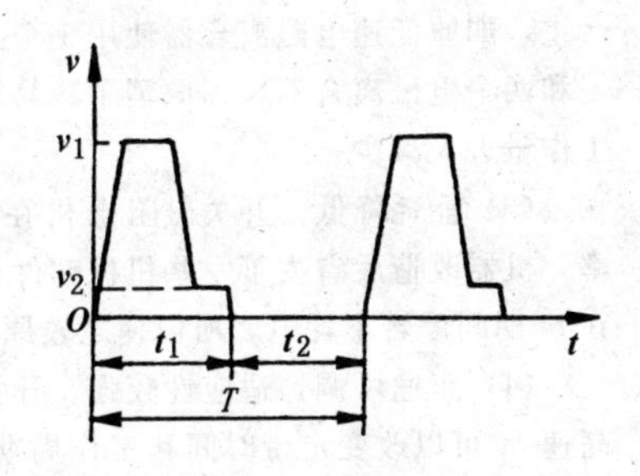

图3-9-9　七色印花机主传动速度曲线

2. 改造方案

开关磁阻电动机结构简单可靠、起动电流小，能频繁启动和停车。所选电动机转矩转动惯量比特别大，快速起动能力很强。其转速稳定，不受电源和负载变化的影响，这些特点决定了开关磁阻电动机很适合于毛巾印花机的传动。

开关磁阻电动机具有宽范围调速的能力，能满足印花机高速和低速运行的要求，并且能从高速运行迅速制动到低速运行。因此，在将其用于印花机时，可以省去变速器，而用电动机直接传动减速箱。

开关磁阻电动机同样能从低速运行迅速制动到停车，原机器上的电磁制动器可取消。但由于减速箱内不可避免地存在机器间隙，为了保证停车位置精度，原机器上的电磁制动器仍保留。

改造后，机器的启动升速、高速运行、高速转换为低速制动和低速运行都是靠开关磁阻电动机来完成的，最后的制动停车是由该电动机和电磁制动器共同作用完成的。

3. 改造效果

七色印花机改造成功后，经过连续日夜三班生产运行考验，体现出下列优点：

(1) 效率有所提高。所用开关磁阻电动机额定功率为2.2kW，启动转矩倍数为2，能带动机器在1.5s内加速到1900r/min，而改造前电动机的转速仅为1450r/min。所以，改造后的高速 v_1 有所提高，走带时间也由6s缩短至5s，使机器工作周期由12.5s减速至11.5s，工作效率提高了8%。

(2) 减少了设备维修工作量。由于原机器的启动加速和高速转换为低速，均是借助电磁离合的机械摩擦和机械能耗完成的，因此有关零部件磨损严重，如原低速电磁离合器使用1个月就需要更换，机器改造后省去了变速箱和两个电磁离合器，即取消了容易磨损的零部件，从而使设备故障和维修工作量大大减少。

(3) 能耗降低。开关磁阻电机在起动、高速、低速运行时有较高的效率，机器改造后省去了一些机械部件，减少了机械损耗，并且开关磁阻电机在 t_2 期间停转不耗电，所以使之较原机器主传动耗电量节省了30%以上。

(4) 车速可调，适应性较强。开关磁阻电动机能方便地调速，通过调节高速 v_1 可以改变走带时间和工作周期，使之能适应不同生产工艺和满足操作者对车速的不同要求。

第四章　控制微特电机

控制电机是现代工业自动化系统、自动控制系统和现代军事装备中必不可少的重要元件，其应用范围非常广泛。按照其特性可分为两类：信号元件和功率元件。凡是将运动物体的速度、位移或位置等转换成电信号输出的电机都称为信号电机，也称为角位传感电机。而将电信号转换成输出轴上的角（直线）位移或角（直线）速度，并驱动控制对象运动的电机就称为功率元件或执行元件。

信号类控制电机主要包括：自整角机、旋转变压器、感应移相器、感应同步器、旋转编码器以及测速发电机等。

自整角机可以把发送机和接收机之间的转角差转换成与角差成正弦关系的电信号，如图 4-0-1 所示。

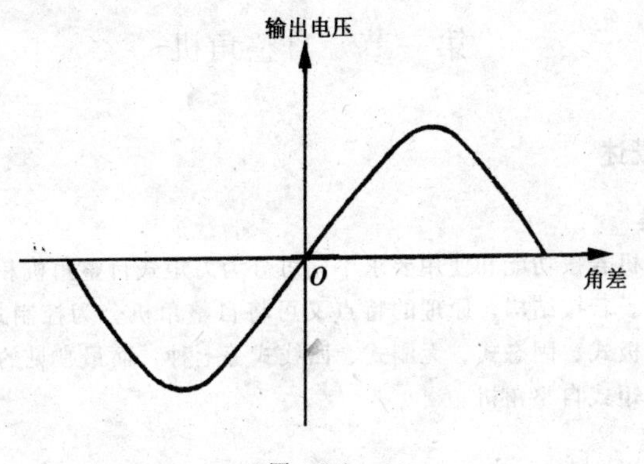

图 4-0-1

旋转变压器的输出电压与其转子相对于定子的转角成正、余弦或线性关系，如图 4-0-2 所示。

感应移相器的输出电压的相位与转子转角成线性关系，而输出电压的幅值保持恒定。

感应同步器是将直线位移或转角位移量转变为电气信号的高精度位移检测元件。其工作原理与多极旋转变压器极其相似。

旋转编码器是一种脉冲发生器。它把机械角或位移变成电脉冲，是一种常用的数字式速度或位置传感器。

测速发电机是一种机电感应测速元件，在自动控制系统和计算装置中可

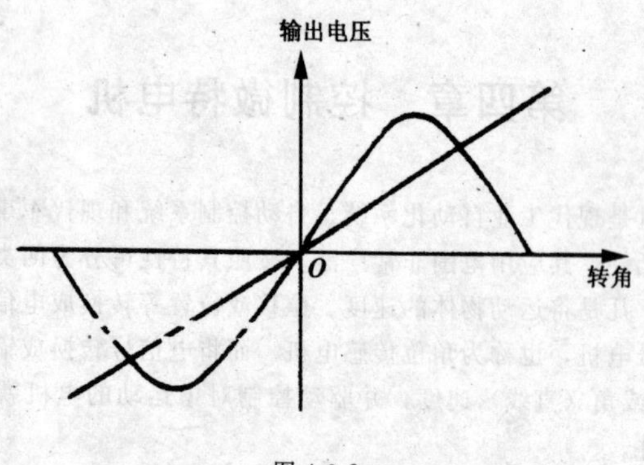

图 4-0-2

作为测速元件、校正元件、解算元件和角加速度信号元件。在很多场合中，它还被直接用作测速计，测量运动机械的速度。

第一节　自整角机

一、概述

1. 分类

自整角机若按功能和使用要求不同可分为力矩式自整角机和控制式自整角机两大类。若按结构、原理的特点又可将自整角机分为控制式、力矩式、霍尔式、多极式、固态式、无刷式、四线式等七种，而最常见的是控制式自整角机和力矩式自整角机。

2. 用途

自整角机属于自动控制系统中的测位用微特电机，主要用来检测转角或位移。在实际应用中通常是两台或多台自整角机组合使用，以实现位置的远距离指示、小力矩机构的远距离定位和伺服机构的远距离控制等。

3. 结构

自整角机的典型结构如图 4-1-1 所示。定子中安放三相对称绕线，转子中安放单相绕组（差动式自整角机为三相绕组）通常均制成一对极。

4. 型号说明

按照 GB/T10405-2001《控制电机型号命名方法》的规定，型号由机座号、产品名称代号、性能参数代号和派生代号 4 部分组成，如下所示：

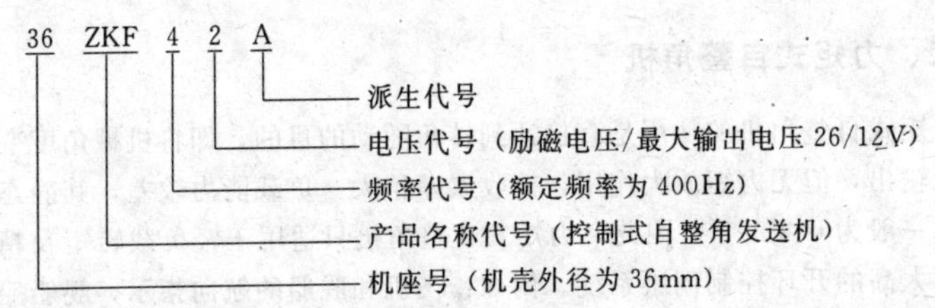

其中性能参数代号由两位阿拉伯数字组成。第一位数字表示电源频率，其代号见表 4-1-1，第二位数字表示额定电压和最大输出电压的组合，其代号见表 4-1-2。

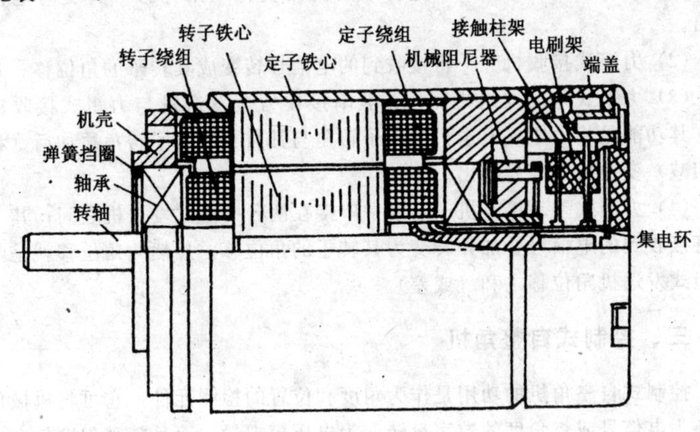

图 4-1-1 自整角机典型结构

表 4-1-1 电机第一位数字代号

代号	5	4	0	1	2	7
电源频率（Hz）	50	400	500	1000	2000	混频

表 4-1-2 电机第二位数字代号

代号	1	2	3	4	5	6	7
发送机，接收机（V）	20/9	26/12	36/16	115/16	115/90	110/90	220/90
差动式（V）	9/9	12/12	16/16	90/90	—	—	—
控制变压器（V）	9/18	12/20	12/26	16/32	16/58	90/58	—

二、力矩式自整角机

力矩式自整角机的功用是直接达到转角随动的目的，即将机械角度变换为力矩输出，但无力矩放大作用，接收误差稍大，负载能力较差，其静态误差范围一般为 $0.5° \sim 2°$。因此，力矩式自整角机只适用于轻负载转矩及精度要求不太高的开环控制伺服系统。例如：飞机和舰船的航向指示，舰船船身的横向及纵向偏摆指示，阀门开启指示，水位高低指示等等。按其用途又可分为 4 种：

（1）力矩式发送机——将其转子的转角变化（角位移）转变为电信号输出。

（2）力矩式接收机——将接收到的电信号转变成其转子的角位移。

（3）力矩式差动发送机——一般串接在力矩发送机与力矩式接收机之间，其功能是将力矩式发送机的转子转角与其自身的转子转角叠加后（相加或相减）变换成电信号输出。

（4）力矩式差动接收机——通常串接在两台力矩式发送机之间；其功能是将接收到的电信号叠加并转变为其转子的角位移。显然此角位移就是两台力矩式发送机角位移之和（或差）。

三、控制式自整角机

控制式自整角机的功用是作为角度和位置的检测元件，它可将机械角度转换为电信号或将角度的数字量转变为电压模拟量，而且精密程度较高，误差范围一般为 $3' \sim 14'$。因此，控制式自整角机多用于闭环控制的伺服系统中。按其用途可分为 3 种：

（1）控制式自整角发送机——其功能是将其转子的转角转变为电信号输出。

（2）控制式自整角变压器——其功能是将接收到的发送机的电信号，转变成与失调角（偏离协调位置的角度）成正弦函数关系的电信号输出。

（3）控制式差动发送机——串接在控制式发送机与控制式变压器之间。其功能是把控制式发送机与其自身的转子转角之和（或差）转变成电信号输出到后接的控制式变压器。

图 4-1-2 所示为控制式自整角机控制系统，图 4-1-3 为控制式差动自整角机所组成的系统，它是由发送机、差动式发送机和自整角变压器所组成。

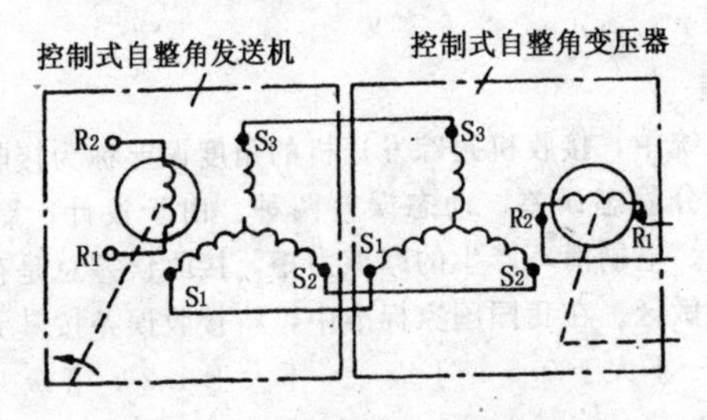

图 4-1-2　控制式自整角机系统

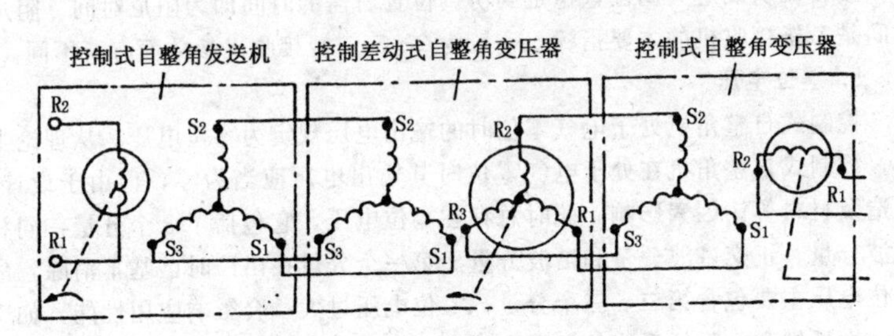

图 4-1-3　控制式差动自整角机系统

四、主要技术指标

1. 电气误差

电气误差是自整角机实际电气位置与理论电气位置之差，以机械角表示，见图 4-1-4，图中实线为输出电压的理论值，虚线为实际值。

目前，自整角机产品的电气误差一般为±5′～±15′，高精度产品可达到±3′。在我国国家标准中，按照电气误差的大小把自整角机分成 3 个精度等级：0 级——不大于 5′；Ⅰ级——不大于 10′；Ⅱ级——不大于 15′。

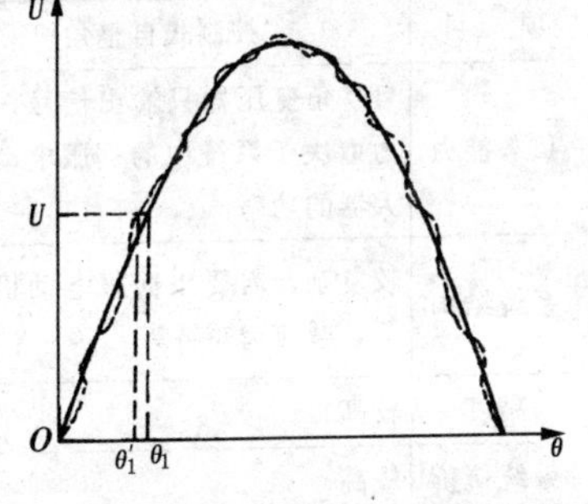

图 4-1-4　输出电压的实际值与理论值

2. 比整步转矩

力矩式自整角机系统在协调位置附近单位失调角（失调角为 1°）所产生的整步转矩，就称为比整步转矩。显然，该指标是衡量力矩式自整角机同步能力的。比整步转矩愈大，则指示系统的指示精度愈高。在同样的摩擦力矩条件下，比整步转矩愈大则接收机的接收误差（亦称静态误差）愈小。

3. 接收误差

在力矩式系统中，接收机跟踪发送机的角度误差称为接收误差。按跟踪状态，接收误差分静态误差、动态误差两种。由于设计、制造上的种种原因，特别是轴承、电刷滑环产生的摩擦力矩，接收误差总是存在的，使力矩式系统产生不灵敏区。在我国国家标准中，将接收误差按其大小分为 3 个精度等级：0 级——不大于 0.5°；Ⅰ级——不大于 1.2°；Ⅱ级——不大于 2°。

4. 阻尼时间

接收机从规定失调位置稳定到协调位置所需的时间即为阻尼时间。阻尼时间是考核接收机的主要指标，一般为 3～5s，视接收机参数而有所不同。

5. 零位电压

控制式自整角机处于电气零位时的输出电压规定为零位电压。从理论上讲，控制式自整角机在处于电气零位时其输出电压应当为零，但由于设计、制造及材料等诸因素影响，此时总存在零位电压，它包括了 3 个分量：同相基波分量、正交基波分量和谐波分量。第一个分量在出厂时已基本消除，故零位电压主要包含第二、三个分量。零位电压过大，会影响应用性能，如引起放大器饱和、降低系统的灵敏度等，而且它引起电机的损耗加大。一般要求零位电压值应不大于最大输出电压的 1‰。

五、自整角机选型和使用

1. 一般原则

(1) 根据实际需要合理选择。表 4-1-3 对控制式自整角机和力矩式自整角机的特点进行了比较。分析可知，控制式自整角机适用于精度较高、负载较大的伺服系统，力矩式自整角机适用于精度较低的测位系统。

表 4-1-3　两类自整角机的比较

项　目	控制式自整角机	力矩式自整角机
负载能力	自整角变压器只输出信号，负载能力取决于系统中的伺服电动机及放大器的功率	接收机的负载能力受到精度及比整步转矩的限制，故只能带动指针、刻度盘等轻负载
系统结构	较复杂，需要用伺服电动机，放大器，减速齿轮特等	较简单，不需要用其他辅助元件
精度	较高	较低
系统造价	较高	较低

（2）尽量选用电压较高、频率为 400Hz 的自整角机。

（3）相互联接使用的自整角机，其对接绕组的额定电压和频率必须相同。

（4）在电源容量允许的情况下，应选用输入阻抗较低的发送机，以获得较大的负载能力。

（5）选用自整角变压器和差动发送机时，应选输入阻抗较高的产品，以减轻发送机的负载。

2. 品质因数 S 和比力矩 m_0 的选择

我们知道，力矩式自整角机存在不灵敏区，其大小为

$$\beta=M_T/m_0$$

式中：β 为不灵敏区，(°)；M_T 为摩擦力矩，N·m；m_0 为比力矩 N·m/（°）

不灵敏区的倒数就称为品质因数 S，即：

$$S=1/\beta=m_0/M_T$$

一台力矩式自整角机其品质因数愈大愈好。品质因数大则不灵敏区小，接收误差亦小。通常品质因数 $S\geqslant 1$ 的自整角机就属于精密型，其摩擦力矩所引起的接收误差小于 1°；$S\leqslant 0.5$ 的自整角机属于不精密型，摩擦力矩所引起的接收误差超过 1°甚至可超过 2°。

比力矩 m_0 如前所述，也应愈大愈好，而且在相同比力矩条件下，应选品质因数较大的自整角机；在相同品质因数条件下应选比力矩较大的自整角机。

3. 最大连续工作力矩的选择

成对运行的力矩式自整角机，当接收机轴上的负载力矩增大时，相应地失调角、定子相电流和励磁电流也会增大，引起绕组温度随之升高，当绕组温升超过允许值时，会损坏自整角机。因此最大连续工作力矩应为不超过额定温升所允许的力矩值。

4. 最高连续工作转速的选择

自整角机的最高连续工作转速取决于在最高连续转速下接收机能否被牵入同步，若速度太快则接收机不能被牵入同步，而是以较低的速度旋转或完全不转，这样会引起自整角机严重发热；其次，对有刷自整角机来说，取决于电刷、滑环的磨损及运行的可靠性，转速太高，会加剧电刷、滑环的磨损，导致寿命下降，可靠性降低。一般最高连续工作转速应在 1200r/min 左右。

5. 最高转速的选择

自整角机的最高转速是指短期内允许的极限转速，一般应控制在 4000r/min 以下。此时，即使接收机不带负载，也往往要滞后于发送机 10°左右，小机座号自整角机的滞后角更大。因此，电流也比低速运转时大，更增加了电刷滑环的磨损，故自整角机在此转速下只允许短时间运行。

6. **发送机联接接收机的台数**

1台发送机与 n 台同型号接收机并联运行时，每台接收机的比力矩为：

$$m=\frac{2m_X}{n+m_X/m_R}$$

式中 m_X 为发送机的比力矩，单位为 N·m/（°）；m_R 为接收机的比力矩，单位为 N·m/（°）。

如果是同型号产品，则 $m_X=m_R$，得：$m=\frac{2m_X}{1+n}$

多台接收机与1台发送机并联运行时，接收机的比力矩随着并联台数的增加而减小。当接收机型号相同时，每台接收机的比力矩仅为成对运行时的 $2/(1+n)$ 倍。结果使角度指示误差增大，系统的精度下降。多台接收机并联运行时还应注意以下几点：

（1）接收机之间的相互影响。如果1台接收机摩擦力矩增大，除自身的指示精度下降外，还要影响所有接收机的指示精度。1台接收机的惯量增大除造成自身振荡外，还要影响其余接收机的振荡。1台接收机与发送机间产生失调，除自身电流增加外，还要影响其余接收机的电流。

（2）各台接收机的定子输出电压不可能完全相同，结果使各接收机回路中存在环流，此环流引起自整角机发热，特别是使发送机温度迅速升高。

因此，接收机的并联台数应有所限制。从公式可知，应尽量采用比力矩较大（即机座号较大）的力矩式发送机，以使各并联的接收机的比力矩不致下降太多。

根据经验得知：

①组合后接收机的比力矩不应小于接收机本身的固有比力矩的2/3，即 $m\geqslant\frac{2}{3}m_R$。

②发送机的比力矩必须大于接收机比力矩的 $n/2$ 倍，即 $m\geqslant\frac{n}{2}m_R$。

由此列出400Hz、50Hz力矩式发送机允许并联的接收机的最多数量，见表4-1-4及表4-1-5。

表4-1-4　50Hz力矩式发送机允许并联的接收机数量

机座号	接收机机座号及并联数			
	90	70	55	45
90	1	4	11	40
70	—	1	4	16
55	—	—	1	5
45	—	—	—	1

表 4-1-5　400Hz 力矩式发送机允许并联的接收机数量

机座号	接收机机座号及并联数					
	90	70	55	45	36	28
90	1	2	6	16	48	—
70	—	1	4	9	32	—
55	—	—	1	4	13	—
45	—	—	—	1	5	21
36	—	—	—	—	1	6
28	—	—	—	—	—	—

7. 远距离传输

当发送机和接收机相距甚远时，线路上的电压降影响了发送机与接收机的定子输出电压相位及大小的差别，从而增加了定子绕组中的环流，引起自整角机发热。这个缺点可采取在离电源较远的自整角机的转子两端并联电容器或由升压变压器供给励磁的方法来消除。

当发送机与接收机的定子间存在长的连接线时，由于电阻增加，使比力矩下降，降低了追随精度。此时应使 3 根长导线的电阻平衡，否则除追随精度降低外，还会使发送机的电气精度降低。

8. 控制式自整角机的选择和使用

(1) 变比的确定。控制式发送机（或力矩式发送机）及控制式变压器的变比定义为最大输出电压与激磁电压之比。所有自整角机的最大输出电压和激磁电压值是由国家标准所确定了的，故自整角机的变比实际上是个定值。例如：对于激磁电压为 115V，最大输出电压为 90V 的控制式发送机来说，其变比 K 为：

$$K=90/115=0.783$$

如图 4-1-5 所示，最大输出电压在距转子基准电气零位、30°、90°、150°、210°、270°、330°等位置出现。这几点的最大输出电压与测得的激磁电压之比，即为自整角机的实际变比。

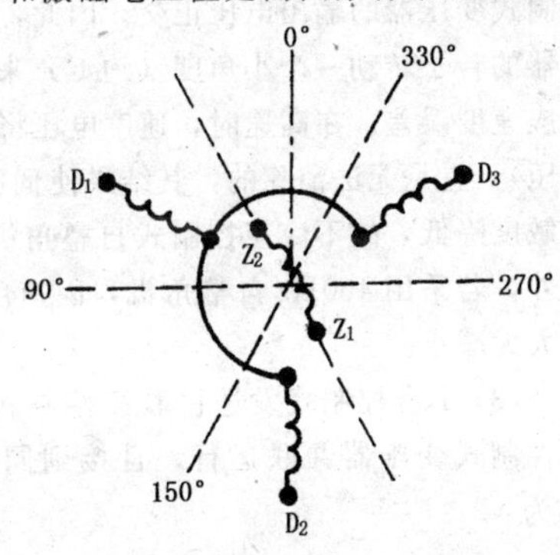

图 4-1-5　发送机变比的确定

对于控制式变压器，变比的定义仍然是最大输出电压与激磁电压之比，但它的激磁电压是控制式发送机的输出电压，见图 4-1-6。激磁电压为 115V、最大输出电压为 90V 的控制式发送机，在基准零位时，$U_{s_1s_2}=U_{s_2s_3}=78V$，则控制式变压器的激磁电压为 78V，若变压器的最大输出电压规定为 57.3V，则变比 K 为：$K=57.3/78=0.735$。

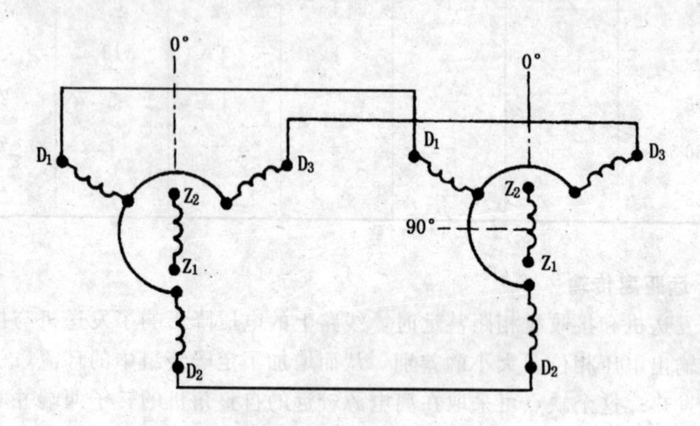

图 4-1-6 控制式变压器变比的确定

（2）转速及频率的选择。当控制式发送机旋转时，由于输出绕组切割转子磁通，而产生了速度电势；且因发送机输出绕组与变压器定子绕组相接，从而在双方的定子上建立了附加磁场，结果在变压器转子中将感应出速度电势 E_V。它随转速增高而增大，且其时间相位在低速（300r/min）时基本上与控制式变压器的输出电压同相位，而在高速（如 3000r/min）时其相位与控制式变压器的输出电压正交。因此，在低速时，速度电压可以将控制式变压器的转子转动一个小角度（约 1°）来抵消，从而使系统重新协调，结果仅造成速度误差。在高速时，速度电压将产生很大的基波剩余电压（或称零位电压），它是无法消除的，其结果使伺服系统中的伺服放大器饱和，系统的灵敏度降低，故不应使控制式自整角机的转速接近同步转速（3000r/min）。另外，若采用 400Hz 自整角机，因速度电压与频率成反比，所以上述影响可大大减小。

（3）1 台控制式发送机联接控制式变压器的最多台数。设 n 台同型号的控制式变压器并联运行，且接到同一台控制式发送机，此时的比电压 $u_{n\theta}$ 为：

$$u_{n\theta}=u_\theta\frac{Z_c+Z_t}{nZ_c+Z_t}$$

式中，u_θ 为控制式变压器与控制式发送机成对运行时的比电压（V）；Z_c 为控制式发送机的输出阻抗（Ω）；Z_t 为控制式变压器的输入阻抗（Ω）。

由公式可见，增加控制式变压器的台数，会引起比电压的下降，从而造成传输误差的增大。此外，随着控制式变压器并联台数的增加，控制式发送机定子电流要相应增大，使发送机温度升高。因此，1 台控制式发送机究竟允许带多少台控制式变压器，应当从传输精度及温升这两方面来考虑。

（4）系统工作状态的计算程序。为了确定系统中各部分的电流、功率及电压降，可将自整角机看做一台具有输入阻抗 Z_i 和输出阻抗 Z_o 的理想变压器，见图 4-1-7，并认为阻抗中的电阻 R 及电抗 X 保持固定的比值。

假定系统中各自整角机都处于基准零位，即此时 3 根传输线中，两根传输线间的电压 $U_{D_1D_3}=0$，这样 D_1、D_3 两端头就可连在一起，见图 4-1-8，另外，假定控制式变压器处于最大输出电压位置。

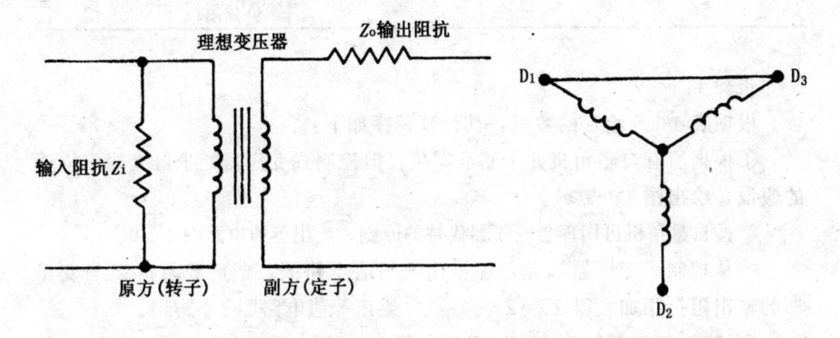

图 4-1-7　把自整角机作为一台理想的变压器

图 4-1-8　处于基准零位定子绕组的端头连接

因此，D_1、D_3 连线与 D_2 端之间的等值直流电阻 R 为源线端（D_1 与 D_2 间或 D_3 与 D_2 间）间电阻 r 乘以 3/4，即：

$$R=\frac{3}{4}r$$

这样，若已知图 4-1-7 中控制式发送机、差动式发送机和变压器等的基本技术数据，则系统中各自整角机的电流、损耗及消耗功率便可求得。图 4-1-9中各自整角机给出的基本技术数据见表 4-1-6。

表 4-1-6 各自整角机应给出的基本技术数据

控制式发送机 ZKF	控制式差动发送机 ZKC	控制式变压器 ZKB
①（转子）激磁电压 115V ②空载输入电流 $I_{NL(KF)}$ ③空载输入阻抗 $Z_{i(KF)}=115/I_{NL(KF)}$ ④空载输入功率 $W_{NL(KF)}$ ⑤转子直流电阻 $R_{de(KF)}$ ⑥定子额定电压 78V ⑦输出阻抗 ⑧定子等值直流电阻 $R_{dc(KF)}$=线间电阻×3/4	①（定子）输入电压 78V ②空载输入电流 $I_{NL(KF)}$ ③空载输入阻抗 $Z_{NI(KF)}=78/I_{NL(KF)}$ ④空载输入功率 $W_{NL(KF)}$ ⑤定子等值直流电阻 $R'_{dc(KF)}$=线间电阻×3/4 ⑥定子额定电压 78V ⑦输出阻抗 $Z_{o(KC)}$ ⑧定子等值直流电阻 $R_{dc(KF)}$=线间电阻×3/4	①（定子）输入电压 ②空载输入电流 $I_{NL(KB)}$ ③空载输入阻抗 $Z_{i(KB)}=78/I_{NL(KB)}$ ④空载输入功率 $W_{NL(KFB)}$ ⑤定子等值直流电阻 $R'_{dc(KB)}$=线间电阻×3/4 ⑥转子额定最大电压 57.3V ⑦输出阻抗 Z_o ⑧转子直流电阻 $R_{dc(KB)}$ ⑨负载阻抗 Z

步骤 1：

根据表 4-1-6 给定的数据，其计算程序如下：

①根据所有自整角机处于基准零位，但控制式变压器处于最大输出位置的假设，绘出图 4-1-9(a)。

②按自整角机可用理想变压器代替的原则，绘出等值电路图 4-1-9(b)。

③从控制式变压器端起，逐步化简等值电路图，把负载阻抗 Z 与变压器的输出阻抗相加，得 $Z_1=Z+Z_{o(KB)}$，绘出等值电路图 4-1-9(c)。

④把 Z_1 折算到控制式变压器的定子方，得 $Z_2=Z_1\times(78/57.3)^2$，绘出等值电路图 4-1-9(d)。

⑤求出 Z_2 与 $Z_{i(KB)}$ 并联后的阻抗 $Z_3=\dfrac{Z_2Z_{i(KB)}}{Z_2+Z_{i(IB)}}$，绘出等电路图 4-1-9(e)

⑥Z_3 与差动发送机的输出阻抗 $Z_{o(KC)}$ 相加得 Z_4，绘出等值电路图 4-1-9(f)。

⑦Z_4 折算到差动发送机的定子方，得 $Z_5=Z_4\times(78/78)^2$，并绘出等值电路图 4-1-9(g)。

⑧Z_5 与差动发送机的输入阻抗 $Z_{i(KC)}$ 并联后的阻抗 $Z_6=\dfrac{Z_5Z_{i(KC)}}{Z_5+Z_{i(KC)}}$，绘出等值电路图 4-1-9(h)

⑨Z_6 与控制式发送机的输出阻抗 $Z_{o(KF)}$ 相加得 Z_7，绘出等值电路图 4-1-9(i)。

⑩Z_7 折算到控制式发送机的转子方，得 $Z_8=Z_7\times(115/78)^2$，绘出等值电路图 4-1-9(j)。

⑪Z_8 与控制发送机的输入阻抗 $Z_{i(KF)}$ 并联后的阻抗 $Z_9 = \dfrac{Z_8 Z_{i(KF)}}{Z_8 + Z_{i(KF)}}$，$Z_9$ 就是系统的等值阻抗，见图 4-1-9(k)。

步骤 2：

根据图 4-1-9 的 11 个等值电路图，可进行系统工作状态的计算：

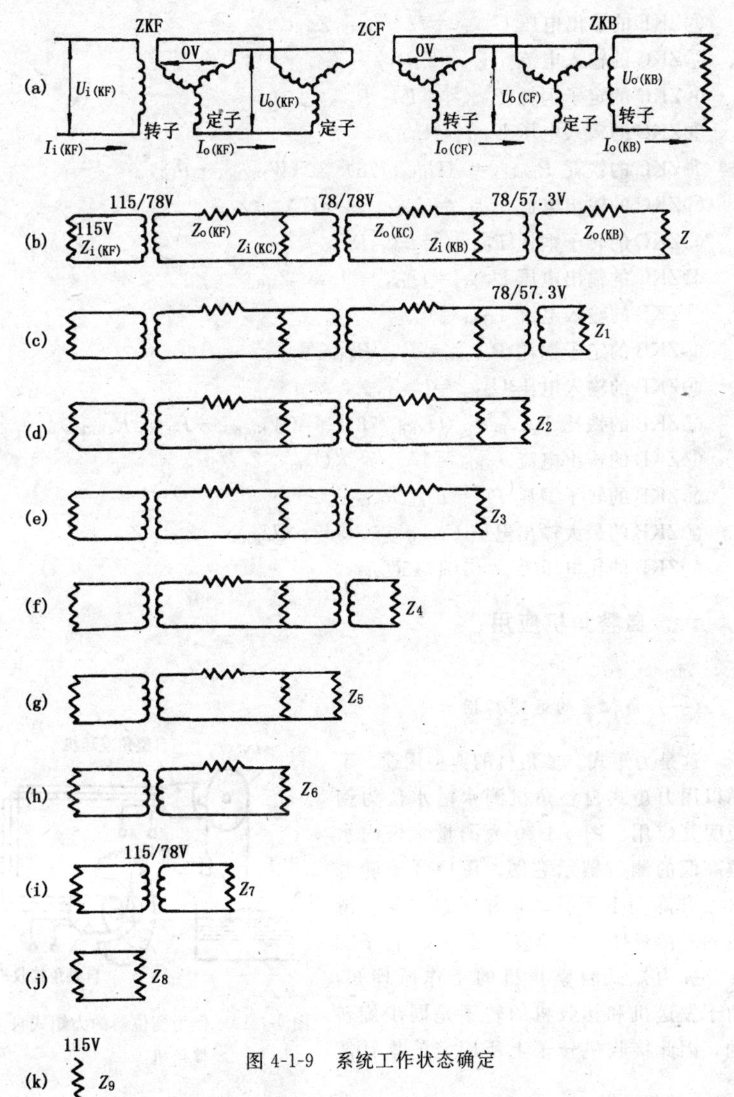

图 4-1-9 系统工作状态确定

①ZKF 的输入电流 $I_{i(KF)}=115/Z_9$。

②ZKF 的转子铜耗 $P_{Cu(KF)}=I_{i(KF)}^2 R_{dc(KF)}$。

③ZKF 的铁耗 $P_{Fe(KF)}=W_{NL(KF)}-I_{NL(KF)}^2 R_{dc(KF)}$。

④ZKF 的输出电流 $I_{o(KF)}=78/Z_7$。

⑤ZKF 的定子铜耗 $P'_{Cu(KF)}=I_{o(KF)}^2 R'_{dc(KF)}$。

⑥ZKF 的输出电压 $U_{o(KF)}=78-I_{o(KF)} Z_{o(KF)}$。

⑦ZKC 的输入电流 $I_{i(KC)}=I_{o(KF)}$。

⑧ZKC 的定子铜耗 $P'_{Cu(KC)}=I_{i(KF)}^2 R_{dc(KF)}$。

⑨ZKC 的输入电压 $U_{i(KC)}=U_{o(KF)}$。

⑩ZKC 的铁耗 $P_{Fe(KC)}=(U_{i(KF)}/78)^2\times(W_{NL(KC)}-P'_{Cu})$。

⑪ZKC 的输出电流 $I_{o(KC)}=U_{o(KC)}/Z_4=U_{i(KC)}/Z_4$。

⑫ZKC 的转子铜耗 $P_{Cu(KC)}=I_{o(KC)}^2 R_{dc(KC)}$。

⑬ZKC 的输出电压 $U_{o(KC)}=U_{i(KC)}-I_{o(KC)}\ Z_{o(KC)}$。

⑭ZKB 的输入电流 $I_{i(KB)}=I_{o(KC)}$。

⑮ZKB 的定子铜耗 $P'_{Cu(KB)}=I_{i(KB)}^2 R'_{dc(KB)}$。

⑯ZKB 的输入电压 $U_{i(KB)}=U_{o(KC)}$。

⑰ZKB 的铁耗 $P_{Fe(KB)}=(U_{i(KB)}/78)^2\times(W_{NL(KB)}-I_{NL(KB)}^2 R'_{dc(KB)})$。

⑱ZKB 的输出电流 $I_{o(KB)}=57.3/78\times U_{i(KB)}/Z_1$。

⑲ZKB 的转子铜耗 $P_{Cu}=I_{o(KB)}^2 R_{dc(KB)}$。

⑳ZKB 的最大输出电压 $U_{o(KB)}=57.3/78\times U_{i(KB)}-I_{o(KB)}\ Z_{o(KB)}$。

㉑ZKB 的比电压 $U_o=0.01745U_{o(KB)}$。

六、自整角机应用

(一) 角位置的远距离指示

这是力矩式自整角机的典型用途。下面以用力矩式自整角机测水塔水位为例说明其应用。图 4-1-10 为测量水塔内水位高低的测位器示意图。图中浮子随着水面升降而上下移动，并通过绳子、滑轮和平衡锤使自整角发送机 ZLF 转子旋转。据力矩式自整角机的工作原理知，由于发送机和接收机的转子是同步旋转的，因此接收机转子上所固定的指针能

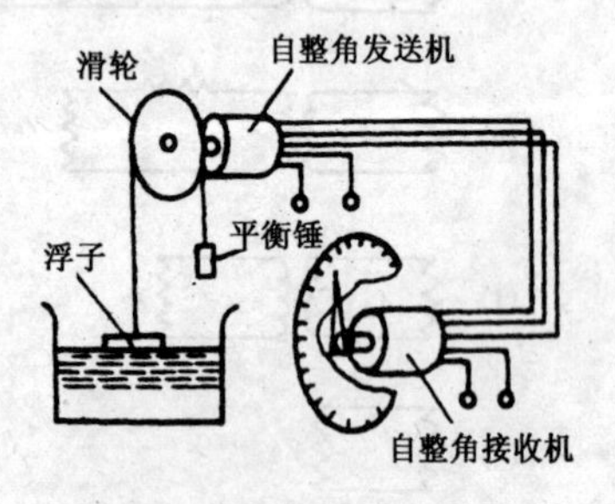

图 4-1-10 作为测位器的力矩式自整角机

准确地指向刻度盘所对应的角度——发送机转子所旋转的角度。若将角位移换算成线位移，就可方便地测出水面的高度，实现远距离测量的目的。这种测位器不仅可以测量水面或液面的位置，也可以用来测量阀门的位置、电梯和矿井提升机的位置、变压器分接开关位置等等。

（二）雷达俯仰角自动显示系统

图 4-1-11 为雷达俯仰角自动显示系统原理示意图。

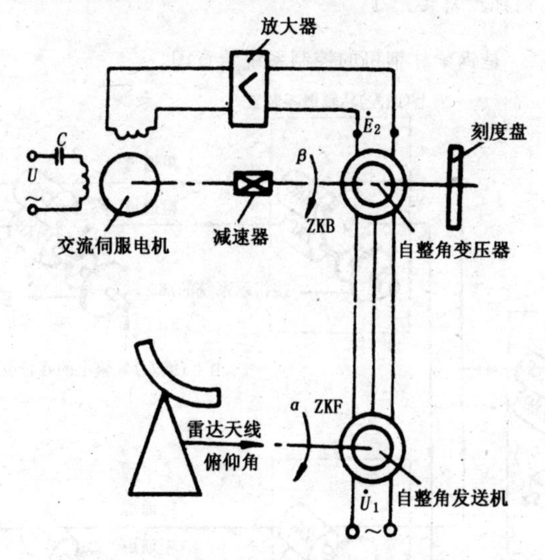

图 4-1-11　雷达俯仰角自动显示系统原理图

图 4-1-11 中，两台自整角机上的三根定子绕组引出线对应连接，转子绕组引出线分别接电源和放大器，通过两个圆心的点划线表示其转轴。

“ZKF”的转轴直接与雷达天线的俯仰角耦合，雷达天线的俯仰角 α 就是“ZKF”轴的转角；“ZKB”转轴与由交流伺服电动机驱动的系统负载（这里是刻度盘）轴相连，所以其转角就是刻度盘的读数，以 β 表示。这样，当“ZKF”转子绕组加励磁电压 U_j 时，“ZKB”转子绕组便输出一个交变电势 E_2，其有效值与两轴的差角 γ（即 $\alpha-\beta$）近似成正比，也就是 $E_2\approx K(\alpha-\beta)=K\gamma$，式中 K 为常数。输出电势的相位也跟着变化 180°。E_2 经放大器放大后送至交流伺服电动机的控制绕组，使电动机机转动。当 $\alpha>\beta$ 即 $\gamma>0$ 时，伺服电动机将驱动刻度盘，使 β 增大，γ 减小，直到 $\gamma=0$，输出电势 $E_2=0$，即伺服电动机无信号电压时，方能停转；而当 $\alpha<\beta$ 即 $\gamma<0$ 时，

E_2 的相位变反了，故伺服电动机将反向转动。此时 β 减小，γ 也减小，直到 $\gamma=0$，$E_2=0$ 时述止转动。由此可见，只要 α 和 β 有差别，即 $\gamma\neq0$，伺服电动机就会转动，趋向于使 γ 减小。若 α 不断变化，系统就坐使 β 跟着 α 变化，以保持 $\gamma=0$，也就是说达到电动机 3 和刻度盘 5 的转轴是自动跟随 "ZKF" 2 的雷达俯仰角旋转的目的，所以刻度盘上所指示的就是雷达俯仰角。

（三）轧钢机控制装置

图 4-1-12，是钢梁轧钢机的控制系统示意图。

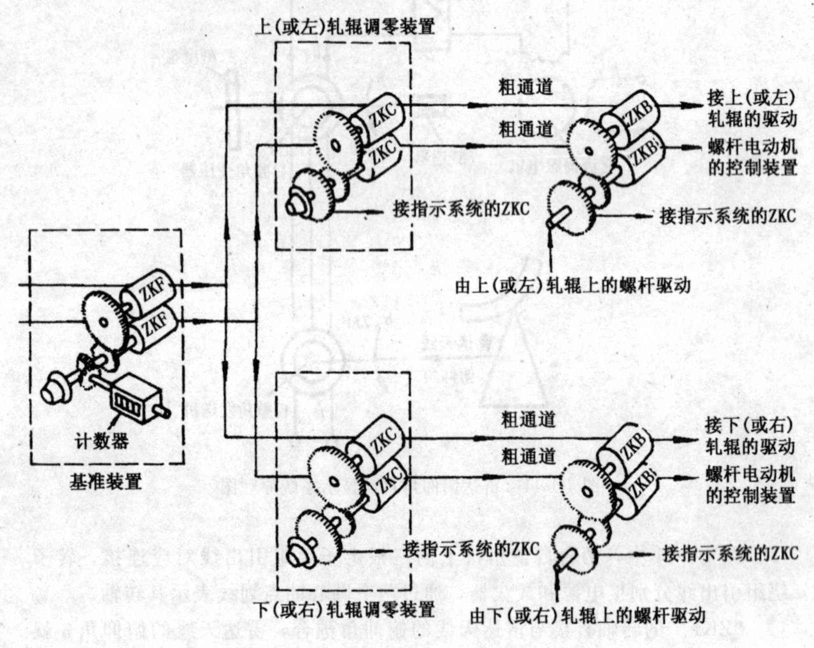

图 4-1-12　轧钢机的控制系统示意图

钢锭先通过反向粗轧机，然后进入一排由两个垂直台和两个水平台组成的粗轧机，接着进入一排类似结构的精轧机，从而完成钢梁的轧制。

每个轧台由一对水平或垂直配置的轧辊组成；每个轧辊分别由一对螺杆来调节其位置，螺杆又啮合到一台驱动电动机上。轧辊之间的距离为螺杆转角的函数。

控制系统包括基准装置、调零装置和控制装置，并采用粗精机双通道系统以满足系统的精度要求。基准装置包括两台控制式发送机及与之相连的计数器。计数器指示两轧辊的间隙。调零装置用控制式差动发送机，用手轮调节控制式差动发送机的转子位置来改变控制式差动发送机的发送角度（即轧辊间隙），从而可不必改变计数器的计数而使不同直径的轧辊可同时使用。例如：当上轧辊因磨损直径变小，则可转动调零手轮使控制式差动发送机的转子逆时针方向转动一个角度 $\Delta\theta_2$，此角度正好对应于轧辊的磨损量，则控制式变压器的输出电压是 $\theta_1+\theta_2-\Delta\theta_2$ 的正弦函数，θ_1、θ_2 分别为控制式发送机及差动发送机的转角。结果，伺服电动机带动螺杆调节轧辊间隙，使缩小一个对应于 $\Delta\theta_2$ 的值。控制装置包括控制式变压器、伺服放大器及伺服电动机。

（四）发射制导雷达伺服系统

发射制导雷达伺服系统框图见图 4-1-13。

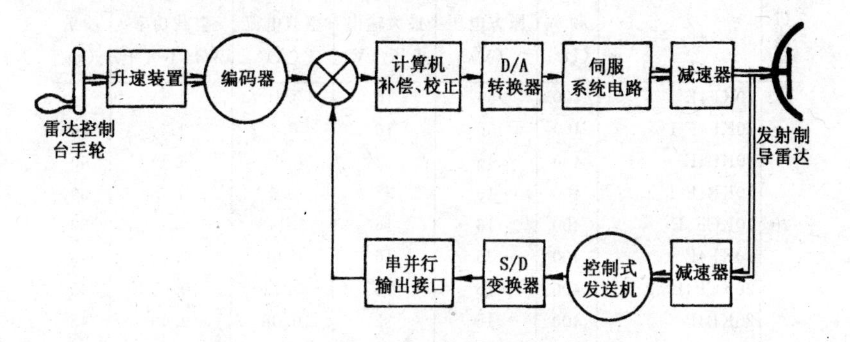

图 4-1-13　发射制导雷达伺服系统框图

由控制式发送机、S/D 变换器及串并行输出接口电路等组成的轴角编码系统输出的数字脉冲与经升速后的编码器的数字脉冲相比较后，输入至计算机进行补偿和校正以提高系统的动态性能。经 D/A 变换转换成模拟量，经放大后控制伺服电动机，再经减速以驱动天线。因编码器通过升速装置带动，故此系统适合对快速目标的截获和跟踪。

七、自整角机产品技术数据

（一）自整角机产品新旧型号对照

表 4-1-7 自整角机产品新旧型号对照

序号	名称	型号	
		新型号	旧型号
1	控制式自整角发送机	ZKF	KF
2	控制式差动自整角发送机	ZKC	KCF
3	自整角变压器	ZKB	KB
4	力矩式自整角发送机	ZLF	LF
5	力矩式差动自整角发送机	ZCF	LCF
6	力矩式自整角接收机	ZLJ	LJ

（二）控制式自整角机技术数据

表 4-1-8 控制式自整角机技术数据

机座号	型号	频率 (Hz)	原方电压 (V)	最大输出电压 (V)	空载电流 (A)	空载功率 (W)(不大于)	质量 (g)
20	20KF4E	400	36	16	0.10	1.5	
	20KF4E-1	400	36	16	0.1	1.5	60
	20KB4E	400	16	32	0.10	1.0	60
	20KB4E-1	400	16	32	0.1	1.0	60
	20KCF4E	400	16	16	0.148		60
	20KF4B	400	36	16	0.09	1.30	45
	20KCF4B	400	16	16	0.12	0.65	45
	20KB4B	400	16	32	0.08	0.43	45
	20KB4	400	16	32	0.054	0.30	
27	27KF4B-1TH	400	115	90	0.027	0.6	
	27KB4B-1TH	400	90	58	0.012	0.3	
	27KF4B-1THA	400	115	90±2	0.027	0.6	
28	28KF4E	400	36	16	0.22	2.0	130
	28KB4E	400	16	32	0.14	1.0	130
	28KF4A	400	115	90	0.025	0.60	120
	28KCF4A	400	90	90	0.025	0.50	120
	28KB4A	400	90	58	0.01	0.30	120
	28KF4B	400	36	16	0.06	0.50	120
	28KCF4B	400	16	16	0.09	0.40	120
	28KB4B	400	16	32	0.05	0.25	120
	28KB4B-1	400	90	58	0.01	0.2	150
	28KB4-4A	400	16	58	0.1	0.5	

续表

机座号	型　号	频率 (Hz)	原方电压 (V)	最大输出电压 (V)	空载电流 (A)	空载功率 (W)(不大于)	质量 (g)
28	28KF4E-1	400	36	16	0.09	0.8	150
	28KCF4E-1	400	16	16	0.188	0.8	150
	28KB4E-2	400	16	32	0.076	0.4	150
	28KF4A	400	36	16	0.271	1.5	
	28KF4B	400	115	90	0.042	1.0	
	28KB4A	400	16	32	0.138	0.4	
	28KB4B	400	90	58	0.025	0.4	150
	28KCF4B	400	90	90	0.039	0.7	150
	28ZKF01-S	400	115	90	0.042	1.0	
	28ZKB01-S	400	90	58	0.011	0.3	
	28ZKB02-S	400	90	58	0.025	0.5	
	28KCF4E	400	16	16	0.252		150
	28KB4E1	400	16	32	0.059		150
36	36KF4B	400	115	90	0.092	2.0	200
	36KB4B	400	90	58	0.04	1.0	200
	36KF4A	400	115	90	0.06	2.0	170
	36KCF4A	400	90	90	0.044	0.80	170
	36KCF4B	400	90	90	0.08	1.5	200
	36KB4A	400	90	58	0.022	0.50	170
	36KF5C	50	36	16	0.038	1.20	170
	36KB5C	50	16	32	0.046	0.50	170
	36KF4B-1	400	115	90	0.06	1.5	200
	36KB4-4A	400	16	58	0.3	1.0	
	36KCF4B-1	400	90	90	0.06	1.0	200
	36KF4-4A	400	115	16	0.1	2.0	
	36KB4B-1	400	90	58	0.024	0.40	200
	36KF4-3B	400	115	80	0.3	6.0	
	36KF4	400	115	90	0.14	2.5	
	36KB4	400	90	58	0.053	0.9	
	36ZB03-S	400	90	58	0.055	1.0	
	36KCF4B	400	90	90	0.078		200
45	45KF4B-2	400	115	90	0.09	2	400
	45KB4B-2	400	90	58	0.03	0.5	400
	45KF4B-1	400	115	90	0.1	1.5	400
	45KF4A	400	115	90	0.058	1.20	335

续表

机座号	型　号	频率(Hz)	原方电压(V)	最大输出电压(V)	空载电流(A)	空载功率(W)(不大于)	质量(g)
45	45KCF4A	400	90	90	0.06	0.55	335
	45KB4A	400	90	58	0.025	0.35	335
	45KF5B	50	110	90	0.032	2.0	350
	45KCF5B	50	90	90	0.053	1.84	350
	45KB5B	50	90	58	0.015	0.60	350
	45KF4B-1	400	115	90	0.27	5.0	400
	45KF4B-1TH	400	115	90	0.07	1	
	45KF4B-2	400	115	90	0.27	5.0	400
	45KF4B-2TH	400	115	90	0.07	1	
	45KB4B	400	90	58	0.078		400
	45KF5C-1 (45KF5A)	50	110	90	0.05	5.0	400
	45KF4	400	115	90	0.185	2.1	
	45KB4	400	90	58	0.078	0.78	
	45KF5	50	110	90	0.038	0.9	
	45KB5	50	90	58	0.028	0.7	
	45ZKE01-S	400	115	90	0.20	2.5	
	45ZF4B	400	115	90	0.20		400
	45KCF4B	400	90	90	0.156		400
	45KB4B	400	90	58	0.078		400
	45KF5C	50	110	90	0.038		400
	45KCF5C	50	90	90	0.035		400
	45KB5C	50	90	58	0.028		400

注：型号中的“S”代表双轴伸。

（三）力矩式自整角机技术数据

表 4-1-9　力矩式自整角机技术数据

机座号	型　号	频率(Hz)	原方电压(V)	最大输出电压(V)	比力矩〔mN·m/(°)〕(不小于)	空载电流(A)	空载功率(W)(不大于)	质量(g)
28	28LF4E	400	36	16	0.059	0.30	2.5	
	28LJ4E	400	36	16	0.059	0.30	2.5	
	28LF4B	400	36	16	0.059	0.3	1.5	120
	28LCF4B	400	16	16	0.029	0.65	2.7	120

续表

机座号	型号	频率(Hz)	原方电压(V)	最大输出电压(V)	比力矩〔mN·m/(°)〕(不小于)	空载电流(A)	空载功率(W)(不大于)	质量(g)
28	28LJ4B	400	36	16	0.059	0.3	1.5	120
	28LF4A	400	115	90	0.059	0.1	2.0	120
	28LCF4A	400	90	90	0.059	0.1	2.0	120
	28LJ4A	400	115	90	0.059	0.1	2.0	120
	28LF4-4A	400	115	16		0.1	2.0	
	28LF4B	400	115	90	0.059	0.1	2.0	
	28ZL01	400	115	90	0.059	0.1	2.0	
	28LJ4-4A	400	115	16		0.1	2.0	
	28LJ4B	400	115	90	0.059	0.1	2.0	
	28ZLF01	400	115	90	0.059	0.1	2.0	
	28LF4A	400	36	16	0.059	0.3	2.0	
	28LJ4A	400	36	16	0.059	0.3	2.0	
	28LCF4E	400	16	16				150
	28LCF4B	400	90	90				
36	36LF4B	400	115	90	0.25	0.25	4.0	200
	36LJ4B	400	115	90	0.25	0.25	4.0	200
	36LF4A	400	115	90	0.25	0.25	3.0	170
	36LCF4A	400	90	90		0.17	2.0	170
	36LJ4A	400	115	90	0.25	0.25	3.0	170
	36LJ4-3A	400	115	16		0.15	4.0	
	36LF5B	400	110	90	0.15	0.08	4.0	170
	36LCF5B	400	90	90				
	36LJ5B	400	110	90	0.15	0.08	4.0	170
	36LF4	400	115	90	0.25	0.3	4.0	
	36LJ4	400	115	90	0.25	0.3	4.0	
	36LCF4B	400	90	90	0.15	0.3	4.0	200
45	45LF4B	400	115	90	0.80	0.55	8.0	
	45LJ4B	400	115	90	0.80	0.55	8.0	
	45LF5C	50	110	90	0.30	0.1	4.0	
	45LJ5C	50	110	90	0.30	0.1	4.0	
	45LF5B	50	110	90	0.50	0.18	6.5	350
	45LJ5B	50	110	90	0.50	0.18	6.5	350
	45LF4A	400	115	90	0.90	0.55	6.0	335
	45LCF4A	400	90	90	—	0.32	2.6	335
	45LJ4A	400	115	90	0.90	0.55	6.0	335

续表

机座号	型　号	频率(Hz)	原方电压(V)	最大输出电压(V)	比力矩〔mN·m/(°)〕(不小于)	空载电流(A)	空载功率(W)(不大于)	质量(g)
45	45LCF5B	50	90	90				350
	45LCF4B	400	90	90	0.40	0.6	6.0	400
	(45LCF4A)							
	45LCF5C	50	90	90		0.2	5.0	400
	(45LCF5A)							
	45LF5C-1	50	110	90	0.30	0.15	3.0	600
	(45LF5A)							
	45LJ5C-1	50	110	90	0.30	0.15	3.0	600
	(45LJ5A)							
	45LF4	400	115	90	0.80	0.6	8.0	
	45LJ4	400	115	90	0.80	0.6	8.0	
	45LCF4	400	90	90	0.40	0.6	8.0	
	45ZLF01-S	400	115	90	0.80	0.6	8.0	
	45ZLJ01-S	400	115	90	0.80	0.6	8.0	
	45LF5	50	110	90	0.30	0.15	3.0	
	45LJ5	50	110	90	0.30	0.15	3.0	
	45ZLF03	50	220	90	0.30	0.06	4.0	
	45ZLJ03	50	220	90	0.30	0.06	4.0	
50	50LF5C	50	100	90	0.50	0.15	4.5	
	50LJ5C	50	100	90	0.50	0.15	4.5	
55	55LF4B-1	400	115	90	1.00	0.55	10	
	55LF5C	50	110	90	1.10	0.25	5.5	
	55LJ5C	50	110	90	1.10	0.25	5.5	
	55LCF5C	50	90	90				
	55ZLF02	50	110	90	1.00	0.25	5.0	
	55ZLJ02	50	110	90	1.00	0.25	5	
	55ZLF03	50	220	90	1.10	0.15	6	
	55ZLJ03	50	220	90	1.10	0.15	6	
	55LF4B	400	115	90	1.50	0.9	12	900
	55LCF4B	400	90	90				
	55LJ4B	400	115	90	1.50	0.9	12	900
70	70ZLF-02	50	110	90	3.00	0.78	11.4	
	70ZLJ-02	50	110	90	3.00	0.5	8	

注：型号中的“S”代表双轴伸。

（四）精确度

控制式发送机、控制式差动发送机和自整角变压器的精确度，按电气误差的大小，分成 3 级。

力矩式发送机及力矩式差动发送机的精确度，按零位误差大小，也分成 3 级。3 级的划分见表 4-1-10。

表 4-1-10　精确度等级划分

精确度等级	0 级	1 级	2 级
电气误差或零位误差（′）（不大于）	5	10	20
静态误差（°）（不大于）	0.5	1.2	2

注：1. 27KF4B-1TH、27KB4B-1TH 的精确度为 3′、10′、15′。

2. 27KF4B-1THA 的精确度为 3′、5′。

3. 45KF4B-12TH 的精确度不大于 4′。

（五）外形及安装尺寸

自整角机的 45 及其以下机座号，为端部止口及凹槽安装，其外形见图 4-1-14，尺寸见表 4-1-11。

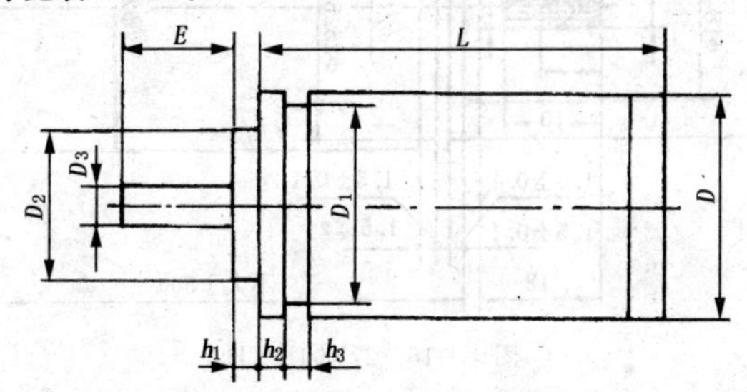

图 4-1-14　（12～45 机座）自整角机外形

表 4-1-11　（12～45 机座）自整角机尺寸

机座号	尺寸和公差								L（不大于）
	D	D_1	D_2	D_3	E	h_1	h_2	h_3	
	h_{10}	h_{11}	h_6	f_7	—	±0.1	±0.1	±0.2	
12	12.5	11	10	2	7	1	1	1	35
20	20	18.5	13	2.5	9	1.2	1.2	1.2	40
28	28	26.5	26	3.0	10	3.0	1.5	1.5	50
36	36	34.0	32	4.0	12	4.0	2.0	2.0	60
45	45	42.0	41	4.0	12	4.0	2.0	2.0	75

55 及以上机座号，为端部外圆及凸缘安装或外圆套筒安装，见图 4-1-15～图 4-1-20，尺寸见表 4-1-12。

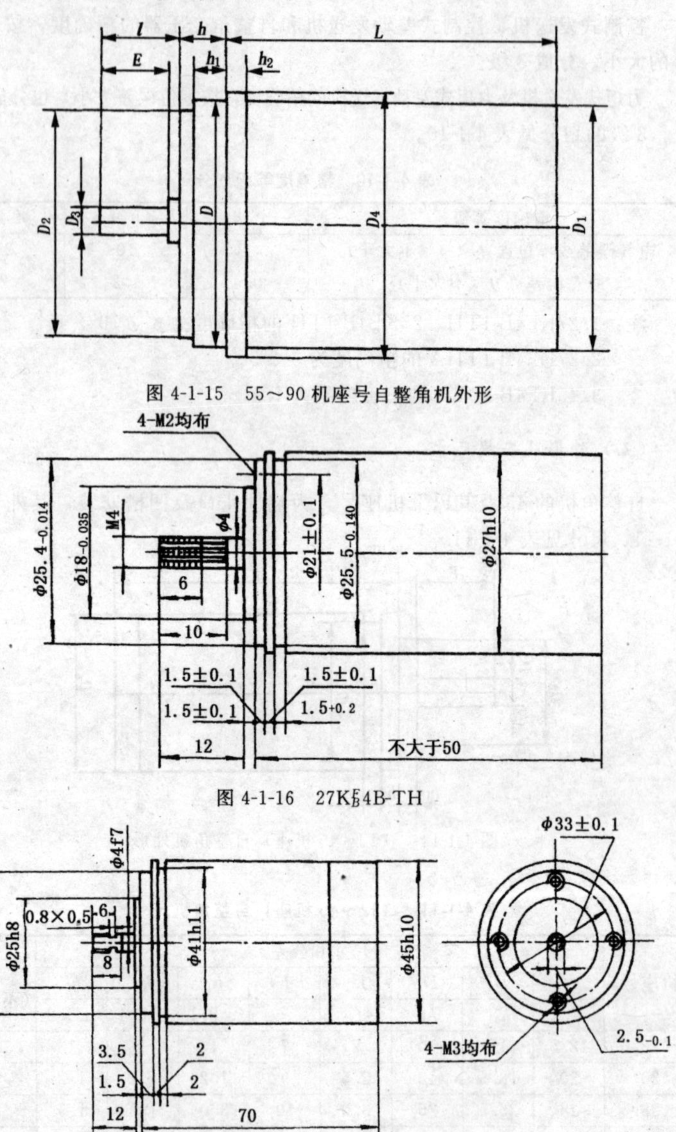

图 4-1-15　55～90 机座号自整角机外形

图 4-1-16　27K$^{F}_{B}$4B-TH

图 4-1-17　45K$^{F}_{B}$4B-2

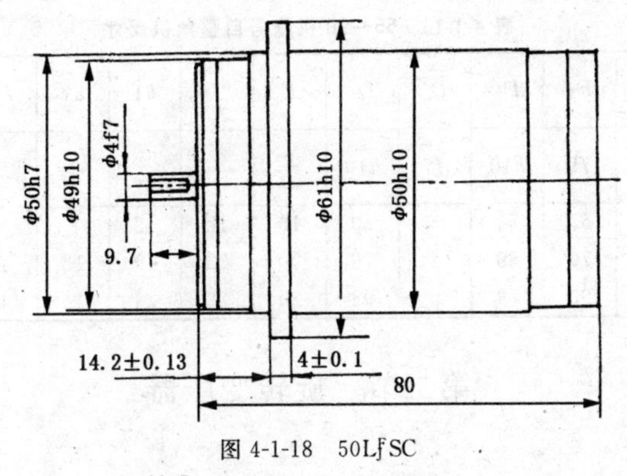

图 4-1-18　50LJSC

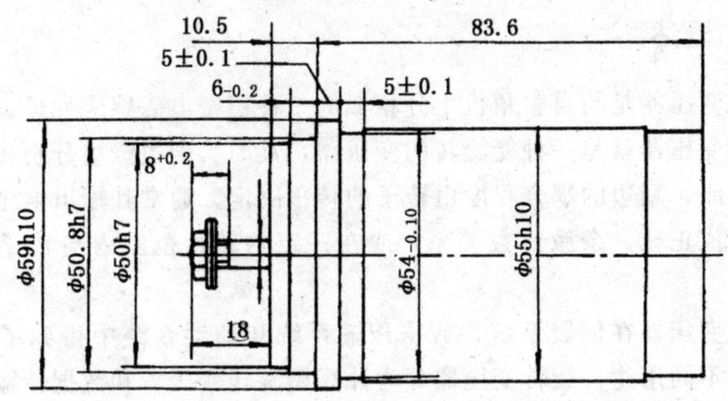

图 4-1-19　55LF4B-1

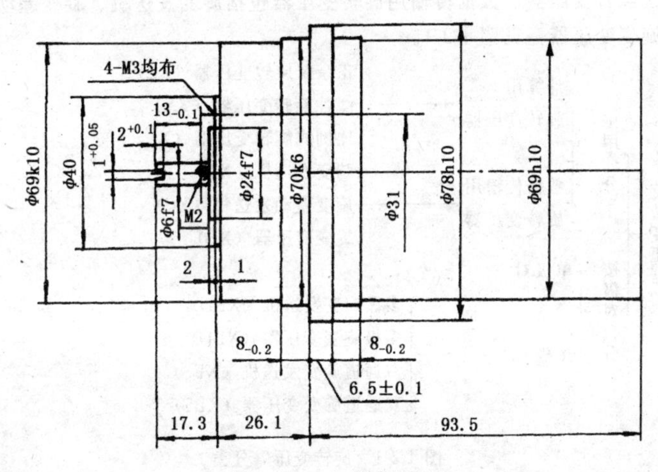

图 4-1-20　70ZLJEJ-02

表 4-1-12　55～90 机座号自整角机尺寸

机座号 \ 公差 \ 尺寸	D	D_1	D_2	D_3	D_4	E	l	$h1$	$h2$	$h3$	L（不大于）
	$h7$	$f9$	$h10$	$f7$	$h10$	—	—	—	$h12$	±0.1	
55	55	55	54	6	60	16	18	12	8	5	100
70	70	70	69	8	76	20	22	19	12	6	120
90	90	90	89	9	98	20	22	24	14	6	130

第二节　旋转变压器

一、概述

旋转变压器是与自整角机十分相似的一种精密电磁感应元件。从原理上看，旋转变压器就是一种能旋转的变压器，其原、副边绕组分别在定、转子上，所以原、副边的耦合程度由转子的转角决定。通常其输出电压的幅值与转子转角成正弦、余弦函数关系，或在一定的转角范围内与转子的转角成正比。

旋转变压器在伺服系统、数据传输系统和随动系统中得到了广泛的应用。按照不同用途，旋转变压器分为计算用旋转变压器和数据传输用旋转变压器两大类。计算用旋转变压器包括正余弦旋转变压器、线性旋转变压器和比例式旋转变压器；数据传输用旋转变压器包括旋变发送机、旋变差动发送机和旋变变压器，见图 4-2-1。

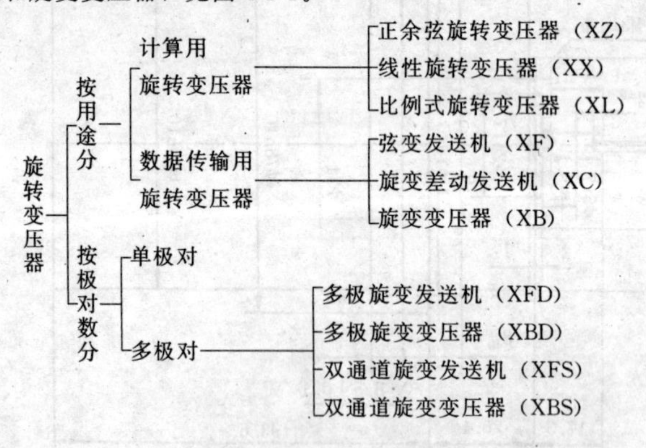

图 4-2-1　旋转变压器分类

若按旋转变压器极对数的多少来分，可将旋转变压器分为单极和多极两种。采用多对极是为了提高输出精度，常用极对数为 4、5、8、15、16、25、30、32、36、40、64，最多可达 128 对极。在多极旋转变压器中，通常也含有一套单极绕组，组成双通道（粗、精通道）多极旋转变压器。其特点是结构简单、体积小（电机为扁平结构）、精度高。

若按有无电刷与滑环间的滑动接触来分，旋转变压器可分为接触式和无接触式（无刷）两种。采用无刷结构，是为了提高可靠性，更能适应恶劣环境条件。

二、旋转变压器基本原理和特性

（一）基本原理

1. 正余弦旋转变压器的工作原理

图 4-2-2 是正余弦旋转变压器的电气原理和电压向量关系图。图中原方为定子的两相绕组 S_1S_3 和 S_2S_4。副方为转子的两相绕组 R_1R_3 和 R_2R_4。图中定、转子各相绕组所处的相对位置称为基准电气零位。若在 S_1S_3 绕组上施加励磁电压 U_{S1}，则转子（副方）两相绕组的输出电压 U_{R1} 和 U_{R2} 分别是：

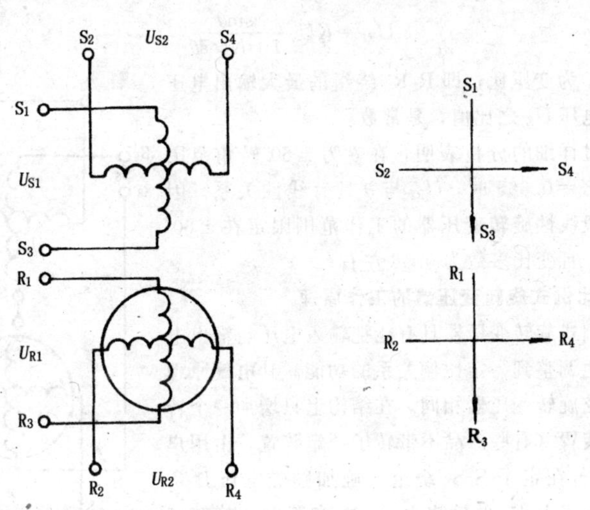

（a）电气原理图　　（b）电压向量图

图 4-2-2　正余弦旋转变压器的电气原理图和电压向量图

$U_{R1}=KU_{S1}\cos\theta \qquad U_{R2}=-KU_{S1}\sin\theta$

式中：K 为变压比，即副方绕组最大输出电压与励磁电压之比，简称变比，是常数；

θ 为转子位置偏离基准电气零位的角度（°）。从轴伸端来看，逆时针方向为正。同理，若在 S_2S_4 绕组上施加励磁电压 U_{S2}，则转子两相绕组的输出电压为：

$U_{R1}=KU_{S2}\sin\theta \qquad U_{R2}=KU_{S2}\cos\theta$

如果 S_1S_3 和 S_2S_4 绕组同时励磁，则转子两绕组的输出电压为前述两种励磁状态下输出电压的叠加：

$U_{R1}=K\ (U_{S1}\cos\theta+U_{S2}\sin\theta)$

$U_{R2}=K\ (U_{S2}\cos\theta-U_{S1}\sin\theta)$

2. 线性旋转变压器的工作原理

线性旋转变压器的功能是：在一定的转角范围内，输出电压与转子转角成线性关系。图 4-2-3 是线性旋转变压器的电气原理图。与图 4-2-2 比较，可以看出线性旋转变压器实质上是将正余弦旋转变压器的定子绕组 S_1S_3 与转子绕组 R_1R_3 串联，成为输入绕组。当在输入绕组上施加激磁电压 U_S 后，转子绕组 R_2R_4 的输出电压 U_{R2} 与转子转角 θ 有如下关系式：

$$U_{R2}=KU_S\frac{\sin\theta}{1+K\cos\theta}$$

式中：K 为变压比，即 R_2R_4 绕组的最大输出电压与励磁电压 U_S 之比值，是常数。

通过详细的分析表明，在 θ 为±60°转角范围内，当 $K=0.565$ 时，U_{R2} 与 θ 具有线性关系。因此，一般线性旋转变压器的工作范围限定在±60°转角内，且变比多数为 0.56 左右。

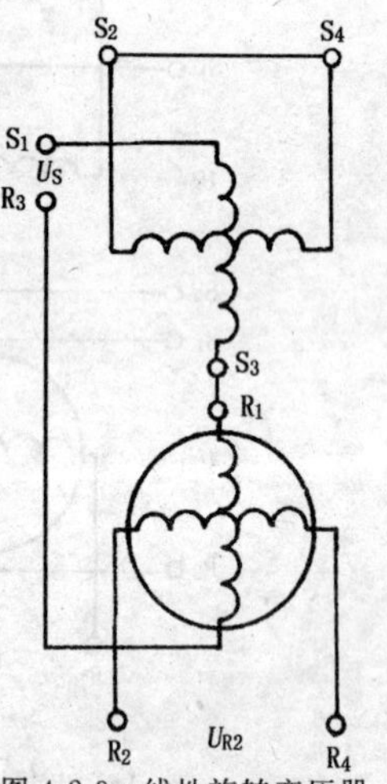

图 4-2-3　线性旋转变压器电气原理图

3. 比例式旋转变压器的工作原理

比例式旋转变压器具有能把输入电压与输出电压精确地调整到一定比例关系的功能。其电气原理与正余弦旋转变压器相同。在结构上只增加一个转子锁定装置（有些产品不带转子锁定装置，由用户自配）。若在定子 S_1S_3 绕组上施加励磁电压 U_{S1}，则转子绕组 R_1R_3 的输出电压 U_{R1} 和正余弦旋转变压器的一样，如下式所示：

$$U_{R1}=KU_{S1}\cos\theta$$

上式可改写成：

$$\frac{U_{R1}}{U_{S1}}=K\cos\theta$$

式中转子转角 θ 可在 0°～360°区间内变化，$\cos\theta$ 则在 $-1\sim+1$ 范围内变化，而变压比 K 为常数，故 U_{R1} 与 U_{S1} 的比值可在 ±K 范围内精确调整。当把转子转到合适位置后锁定，则 U_{R1} 与 U_{S1} 之间即有固定、精确的比例关系。

在系统中，若前级装置的输出电压与后级装置需要的输入电压不匹配，可在前、后级装置之间插入比例式旋转变压器，以前级装置的输出电压作为比例式旋转变压器的输入电压，调整转子转角，即可输出后级装置所需要的输入电压。

4. 无刷旋转变压器的工作原理

无刷旋转变压器也称为无接触式旋转变压器，前面讨论的旋转变压器的均是通过电刷、滑环引出转子绕组信号的，而无刷旋转变压器用环形变压器引出转子绕组信号，取代了传统的电刷、滑环，也消除了因电刷、滑环间的滑动摩擦可能产生的接触不良，故可靠性高，工作寿命长。其结构参见图 4-2-4。

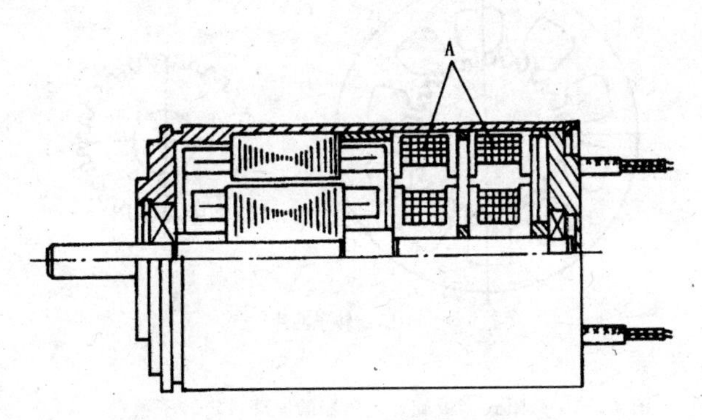

图 4-2-4　无刷旋转变压器结构示意图

磁阻式旋转变压器也是无刷旋转变压器的一种，一般制成多极的，图 4-2-5所示的是磁阻式多极旋转变压器的原理及定、转子铁心冲片图。显然，它是利用磁阻原理感应电势，得到与转子函数相对应的极对数的输出信号。

从图中可以看到，励磁绕组和输出绕组都在定子上，所以与前述的旋转变压器相比，具有尺寸小、体积小、结构简单、成本低、无接触，可靠、使用寿命长等优点，例如 36＃机座电机的电气误差在 2′以下；ϕ100 电机可制成 180 对极，误差小于 3.5″。

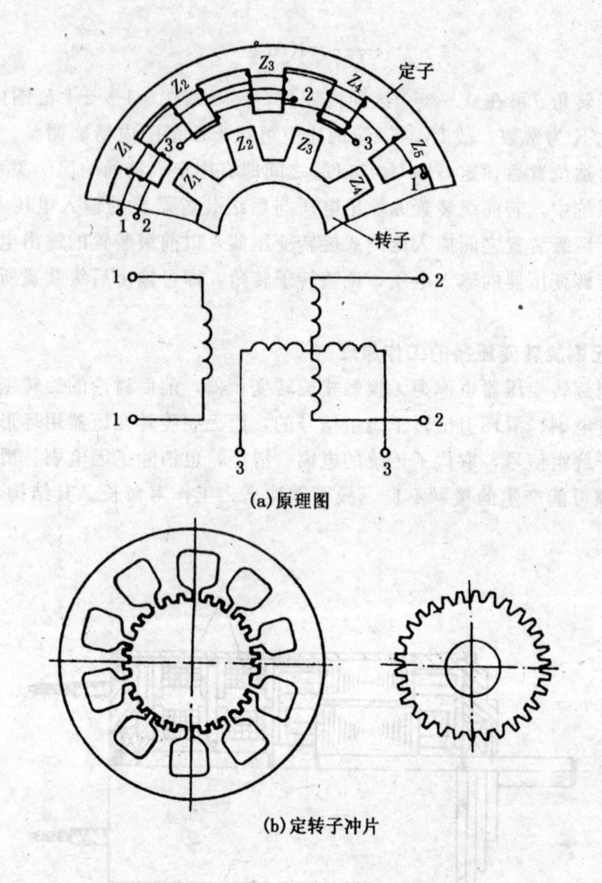

图 4-2-5　磁阻式多极旋转变压器的原理及定转子铁心冲片

（二）特性

1. 函数误差

函数误差（δ_s）是计算用正余弦旋转变压器的最主要的技术指标，它直接影响计算结果的精度。正余弦旋转变压器在任一转子位置的函数误差是指输出电压的实测值与理论值之差与最大输出电压之比，即：

$$\delta_s = \left(\frac{U_\theta}{U_{max}} - \sin\theta\right) \times 100\%$$

式中，U_θ 为转子转角为 θ 时，正弦绕组两端所测得的输出电压（V）；

U_{max}为最大输出电压，即 $\theta=90°$时的输出电压（V）。

严格地说，U_θ 和 U_{max} 均指电压中的基波同相分量，但实际上 U_θ 和 U_{max} 均包含有基波的正交分量（与同相分量在时间相位上差 $\pi/2$）和高次谐波分量。

按照国家标准规定，正余弦旋转变压器的函数误差的精度分级见表4-2-1。

表 4-2-1　正余弦旋转变压器函数误差精度分级

精度等级	0	Ⅰ	Ⅱ
函数误差（%）	±0.05	±0.1	±0.2

2. 交轴误差

在理想情况下，转子的两个绕组的轴线是正交的，定子的两个绕组的轴线也是正交的。若将定子（或转子）的一个绕组激磁，则转子（或定子）的两个绕组的输出电压为零的位置（称作电气零位）应交替相差 90°转角，亦即一个绕组的电气零位为 0°、180°时，另一绕组的电气零位为 90°和 270°。偏离理论电气零位的角度即为交轴误差。在确定旋转变压器的交轴误差分级时，以所有交轴误差中的最大值来确定。产生交轴误差的主要原因是铁心磁路不对称，定子铁心与转子铁心不同轴、不圆，铁心片间短路，绕组分布不对称或匝间短路。交轴误差也是决定正余弦旋转变压器精度等级的技术指标之一。其交轴误差精度分级见表 4-2-2。

表 4-2-2　正余弦旋转变压器交轴误差精度分级

精度等级	0	Ⅰ	Ⅱ
交轴误差（′）	±3	±8	±16

正余弦旋转变压器的精度等级是由函数误差和交轴误差中较低的等级来确定的。

3. 线性误差

线性旋转变压器在±60°工作范围内的线性误差是电压的实际值与对应的理论值之差与最大输出电压（转角 $\theta=60°$时的输出电压）之比，即：

$$\delta_X=\left(\frac{U_\theta-U'_\theta}{U_{60}}\right)\times 100\%$$

式中：U_θ 为输出电压实测值；U'_θ 为输出电压理论值；U_{60} 为转子转角为 60°

时的输出电压。

上述电压均是指它们的基波同相分量。其线性误差精度分级见表 4-2-3。

表 4-2-3 线性旋转变压器线性误差精度分级

精度等级	0	Ⅰ	Ⅱ
线性误差（%）	±0.05	±0.1	±0.2

4. 电气误差

电气误差是数据传输用旋转变压器在不同转角位置下，两个输出绕组电压的比所对应的正切（或余切）角度与实际转角之差，即：

$$\delta_D = \text{arctg}\frac{U'_\theta}{U''_\theta} - \theta$$

或

$$\delta_D = \text{arcctg}\frac{U'_\theta}{U''_\theta} - \theta$$

式中：U'_θ、U''_θ 分别是转角为 θ 时的两个输出绕组的电压（V）；θ 为转子实际转角（°）。

电气误差是数据传输用旋转变压器（包括 XF、XC 和 XB）的交轴误差精度分级依据，见表 4-2-4。

表 4-2-4 数据传输用旋转变压器交轴误差精度分级

精度等级	0	Ⅰ	Ⅱ
交轴误差（′）	±3	±8	±12

5. 相位移

旋转变压器的相位移是指输出电压基波分量的时间相位与输入电压基波分量的时间相位之差。我国生产的旋转变压器的相位移在 2°～12°之间。相位移 φ_c 的计算公式为：

$\varphi_c = 90° - \varphi - \varphi_m$

式中，φ 为功率因数角，$\varphi = \arccos\frac{r_0}{|Z_0|}$；$\varphi_m$ 为损耗角，$\varphi_m = \text{arctg}\frac{r_m}{x_m}$；$r_0$ 为空载输入阻抗的电阻分量；

$|Z_0|$——空载输入阻抗的模；

r_m——T 形等值电路中的串联铁耗电阻；

x_m——T 形等值电路中的互感电抗。

通常 $\varphi \gg \varphi_c$，φ_c 的计算可简化成为：

$$\varphi_c = 90° - \varphi = \arcsin \frac{r_0}{|Z_0|}$$

因 $|Z_0| \approx x_m$，由上式可见，当 r_0 增大或 x_m 减小时，φ_c 将增大；反之，φ_c 将减小。输入电压、频率和绕组温度变化，都会引起相位移的变化。

6. 零位电压

当输出绕组与励磁绕组处于最小耦合位置，亦即输出绕组的轴线与励磁绕组的轴线互相垂直时，理论上认为输出电压为零，但实际上输出绕组端仍有电压，此电压称为零位电压。零位电压由两部分电压组成：

(1) 基波分量。频率与励磁电压的频率相同，但在时间相位上与最大输出电压相差 90°，因此不能采用转动转子来抵消，基波分量占零位电压总值的 50%～70%。

(2) 高次谐波分量。频率为励磁电压频率的奇数倍。高次谐波分量占零位电压总值的 30%～50%。

零位电压产生的原因主要是电机存在磁路不对称、磁性材料的非线性、气隙不均匀、绕组匝间短路、铁心片间短路和绕组分布电容等。

零位电压的总值一般为最大输出电压的 0.1%左右。零位电压对系统的影响主要是使后级放大器饱和。

三、旋转变压器选型和应用

(一) 选型注意事项

(1) 应根据系统要求旋转变压器在系统中的不同功用，在正余弦旋转变压器（XZ)、线性旋转变压器（XX)、比例式旋转变压器（XL)、旋变发送机（XF)、旋转差动发送机和旋变变压器（XB）中选择相应的品种。由于大机座号产品的性能受外界环境变化的影响较小，因此在使用时应尽可能优先选用 28 号以上机座的旋转变压器。

(2) 选用的旋转变压器的额定电压和频率必须与励磁电源相匹配，否则会导致旋转变压器的精度下降，变比和相位移改变，严重时甚至会使旋转变压器损坏。旋转变压器串联使用时，后级的额定输入电压应与前级的最大输出电压相等。

(3) 旋转变压器串联使用时，前、后级旋转变压器的阻抗应匹配，以保证精度。后级旋转变压器的空载阻抗值应为前级旋转变压器输出阻抗值的 20 倍以上。通常在产品样本中只给出空载阻抗值，此时可参考

表 4-2-5 选取。

表 4-2-5 前、后级旋转变压器的阻抗匹配

机座号	20	28	36	45	55
后级空载阻抗/前级空载阻抗	$\geqslant 23K^2$	$\geqslant 8K^2$	$\geqslant 7K^2$	$\geqslant 4K^2$	$\geqslant 3K^2$

注：K 为前级旋转变压器的变压比。

(4) 旋转变压器串联使用时，后级旋转变压器的励磁电压变化范围大，故在后级中应尽可能选用以坡莫合金为铁心的旋转变压器。

(二) 使用注意事项

(1) 在系统中安装好旋转变压器后，要调整电气零位，使得系统在开始运行前，所有旋转变压器都处于基准电气零位。旋转变压器在出厂时，厂方已在轴伸和靠近轴伸的端盖面上用红漆（或其他方法）作好标志，当两个标志点对齐时，旋转变压器即处于近似基准电气零位。精确的基准电气零位可由下述方法确定：

①定子励磁的旋转变压器——将定子绕组 S_1S_3 以额定电压励磁，转子绕组 R_2R_4 接电压表，在近似基准电气零位附近缓慢转动转子，直至电压表的读数为最小，此位置即为精确的基准电气零位，见图 4-2-6 (a)。

②转子励磁的旋转变压器——方法同上，只是将转子绕组 R_1R_3 励磁，定子绕组 S_2S_4 接电压表，参见图 4-2-6 (b)。

(2) 旋转变压器在使用时应采用原方补偿的方法以抵消由负载电流引起的函数误差或线性误差。

①正余弦旋转变压器的原方补偿和副方补偿——正余弦旋转变压器原方两个绕组都需要励磁时，应分别接于两个阻抗相同的电源（电源阻抗应尽可能小）。若原方只需 1 个绕组励磁，则另一个原方绕组应接上 1 个与励磁电源阻抗相同的阻抗，但因旋转变压器的输入阻抗一般远大于励磁电源阻抗，故通常只要将不励磁的绕组短路即产生原方补偿的作用，见图 4-2-7 (a)。旋转变压器副方两个输出绕组所连接的负载应完全相同，若只有 1 个输出绕组连接负载 Z_1，则另一输出绕组要接 1 个同样的负载 Z_2，从而起到副方补偿作用，抵消负载电流所引起的函数误差，见图 4-2-7 (b)。原方补偿的优点是补偿条件与负载无关，可在任意可变负载情况下使用；其缺点是旋转变压器的输入阻抗随转子转角而变，亦即励磁电流随转子转角而变，故要求电源的内阻不随励磁电流的大小变化。副方补偿的优点是励磁电流不随转角变

化，缺点是要求两个输出绕组的负载相等，在负载是变化的情况下调整困难。

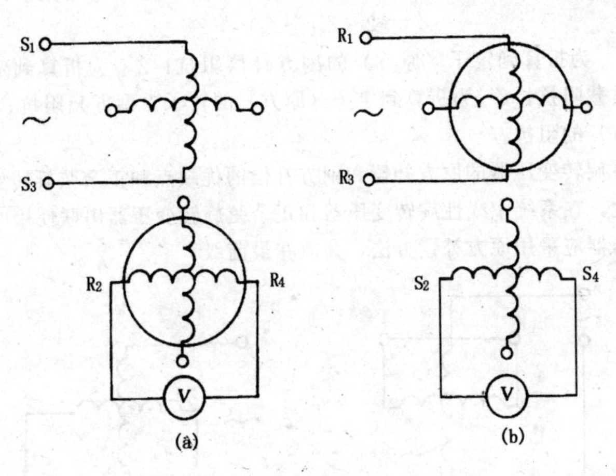

图 4-2-6 精确基准电气零位的确定

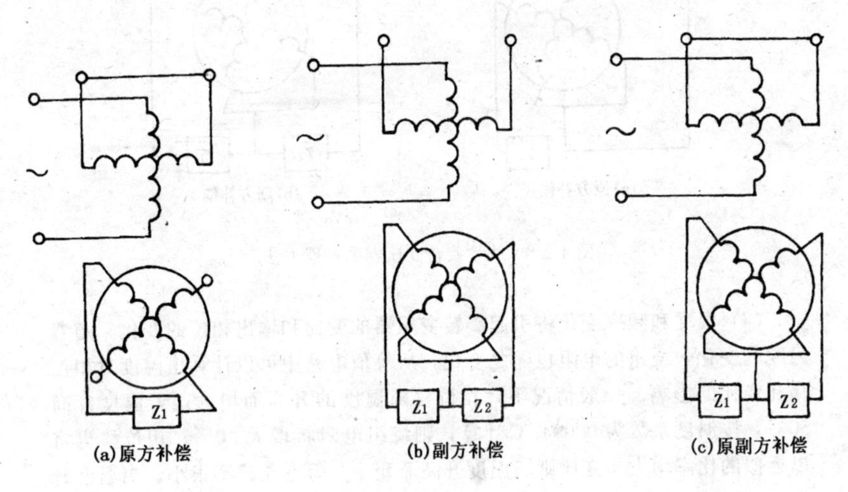

图 4-2-7 正余弦旋转变压器的原方补偿和副方补偿

当正余弦旋转变压器在只有 1 个原方绕组励磁和只有 1 个输出绕组带负载时，应同时采用原方补偿和副方补偿，见图 4-2-7（c）。

②线性旋转变压器的原方补偿和副方补偿。线性旋转变压器的原方补偿

电路与正余弦旋转变压器相似，也是将不励磁的原方绕组短路即可，见图 4-2-8（a）。副方补偿电路见图 4-2-8（b），副方补偿阻抗 Z'_2 可用下式求出：

$$Z'_2 \approx 2\ (Z'_1 + Z_S)\ + Z'_r$$

式中：Z'_2 为折算到定子（原方）的副方补偿阻抗；Z'_1 为折算到定子（原方）的负载阻抗；Z'_r 为折算到定子（原方）的转子（副方）阻抗；Z_S 为定子（原方）的阻抗。

线性旋转变压器的原方补偿和副方补偿的优缺点和正余弦旋转变压器相同，因此，在系统中线性旋转变压器和正余弦旋转变压器串联使用时，线性旋转变压器应采用原方补偿方法，并放在最前级。

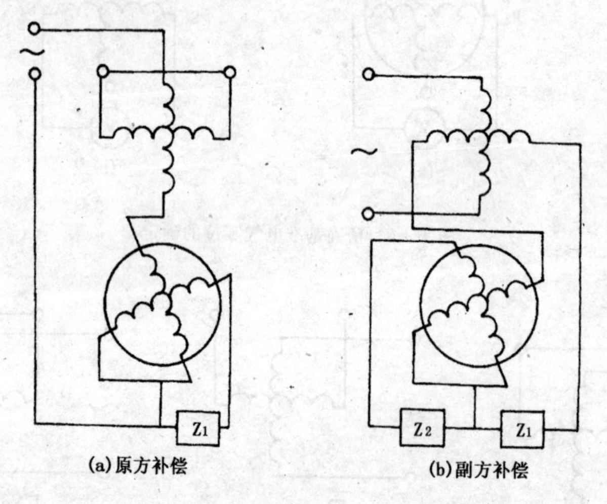

图 4-2-8　线性旋转变压器的补偿方法

（3）温度和频率变化将引起旋转变压器的变比和输出相位的变化。随着温度的变化，绕组的电阻也随之变化，从等值电路中可以计算出温度对相位移和变比的影响。一般情况下，相位移随温度的升高而增大，若温度升高 50℃，按温度系数为 0.004/℃计算，则绕组电阻将增大 20%，相位移也将以近似的比率增大。变比则随温度升高而变小，但变化比率很小，当温度升高 50℃时，变比约减小 0.3%。

频率变化导致旋转变压器中的感抗变化，从而使相位移和变比也发生变化。频率变化对相位移影响较大，而对变比影响较小。计算表明，当频率增大 20%时，相位移约减小 17%，变比增大 0.7%左右。

表 4-2-6 是额定电压为 36V、频率为 400Hz、变比为 0.56、空载阻抗为

4000Ω 的 28XZ40A 正余弦旋转变压器的相位移和变比受温度和频率影响的实例。

表 4-2-6 温度和频率对相位移和变比的影响

项目	相位移	变比
额定值	6.8°	0.56
温度上升 50℃	8.1°	0.558
频率增大 20%	5.7°	0.564

(4) 励磁电压不得超过额定值，否则会使铁心饱和，最终导致精度下降和零位电压增大。若旋转变压器在运行中励磁电压是在额定值范围内变化时，则应选用以坡莫合金作铁心材料的旋转变压器以保证系统的精度。

(5) 正余弦旋转变压器可用作数据传输用旋转变压器（包括 XF、XC 和 XB）。数据传输用旋转变压器的精度指标—电气误差是正余弦旋转变压器的函数误差、交轴误差、变比不对称性等技术指标的综合，可从函数误差、交轴误差和变比不对称性计算出相应的电气误差，见表 4-2-7。

表 4-2-7 电气误差推算公式

项目	电气误差推算公式
函数误差 δ_1	$\sqrt{2}\delta_1\sin\left(\frac{\pi}{4}-\theta\right)$
交轴误差 δ_2	$\delta_2\sin^2\theta$
变比不对称性 k	$\frac{k-1}{2}\sin2\theta$

注：$k=k1/k2$，$k1$ 和 $k2$ 分别是两输出绕组的变比。

从表 4-2-7 可以看到，若函数误差为 0.05% 和 0.1% 且两相输出的误差曲线相同时，则计算出相应的最大电气误差分别为 2.5′ 和 5′。当交轴误差为 5′和 10′时，计算出最大电气误差相应为 5′和 10′。若两输出绕组的变比相差 1%，则引起的电气误差达 17′，由此可见，变比不对称性对电气误差影响最大。故当选用正余弦旋转变压器作数据传输用旋转变压器时，特别要选用变比不对称性尽量小的产品。

四、旋转变压器常见故障及维护

常见故障的现象、原因及处理方法见表 4-2-8。

表 4-2-8 常见故障分析及处理

故障现象	产生原因	判断和处理
原方电流大，机壳发热或噪声大	原方绕组短路	分别测量两个原方绕组的电阻值是否相等并符合技术条件，若电阻值低于技术条件，该绕组即短路，应更换电机
	副方绕组短路	分别测量两个副方绕组的电阻值是否相等并符合技术条件，若电阻值低于技术条件，该绕组即短路，应更换电机
副方输出电压为零	原方绕组开路	测量原方绕组的电阻值，若为无穷大，则该绕组为开路，应更换电机
	副方绕线开路	测量副方绕组的电阻值，若为无穷大，则该绕组为开路，应更换电机
	副方绕组出线端短路	原方电流远超出额定值或有较大噪音，排除短路点后可继续使用
副方输出电压过大	励磁电压过高	检查励磁电压并调整到额定值
	原方绕组匝间短路	励磁电流大于额定值，原方绕组小于技术条件规定值，应更换电机
副方输出电压过小	励磁电压过低	检查励磁电压并调整到额定值
	副方绕组匝间短路	原方一相绕组励磁（有可能时提高励磁频率），副方两相绕组开路，缓慢地转动转子并监测励磁电流，若励磁电流变化的幅度很大时，则可判定副方绕组有匝间短路，应更换电机
精度下降	励磁电压过高	检查励磁电压并调整到正常值
	电刷与滑环接触不良	个别位置精度严重下降，其他位置正常。可小心调整电刷的位置和压力，使其接触电阻变化符合技术条件要求

五、旋转变压器应用

（一）直角坐标-极坐标变换

设点 A 的直角坐标为（A_x，A_y），以相应的电压 U_1 和 U_2 分别输入旋转变压器的两个原方绕组。副方的一个绕组接放大器，输出电压经放大后输入伺服电动机的控制绕组，使电动机转动并通过减速器带动旋转变压器的转子，当转子转到 θ 角度时，输入放大器的电压为 0，伺服电动机停止转动，此时另一副方绕组的输出电压 U 即代表向量 OA 的模，而转角 θ 代表幅角，见图 4-2-9。此法也可作为已知直角三角形两直角边长求斜边长的三角运算，此时 U_1 和 U_2 代表两直角边长，U 即为斜边长。

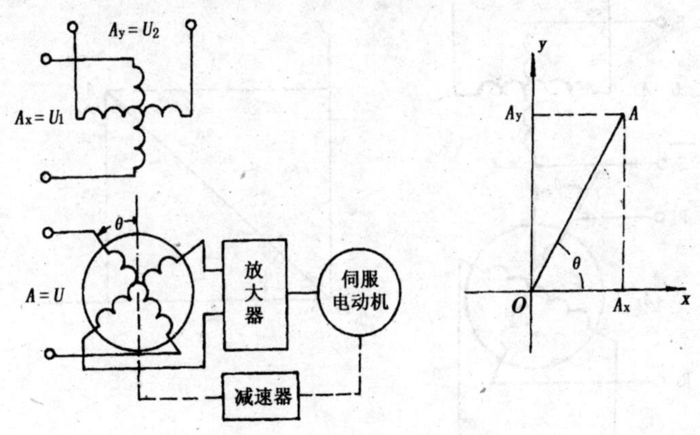

图 4-2-9 直角坐标-极坐标变换

假设 A 点为飞机所在的位置，O 点为雷达所在的位置，若已知飞机与雷达间的地面距离（A_x）和飞机的高度（A_y），则用此法可求得雷达与飞机之间的距离和仰角 θ。

（二）极坐标-直角坐标变换

若已知极坐标的模为 OA，幅角为 θ，见图 4-2-10，将代表 OA 的电压 U 施加于旋转变压器的原方绕组 S_1S_3 上，并把转子转过 θ 角度，则副方绕组 R_1R_3 和 R_2R_4 的输出 U_1 和 U_2 即为直角坐标（A_x，A_y）。

此法也可作为已知直角三角形的斜边长（U）和一锐角（θ），求两直角边长（U_1 和 U_2）的运算。

若已知飞机与地面雷达间的直线距离（OA）和仰角（θ），应用此法即可求出飞机与雷达间的地面距离（A_x）和飞机的高度（A_y）。

（三）直角坐标的旋转

设原直角坐标系 xy 和新直角坐标 $x'y'$ 有公共原点 O，但两坐标系相对转过 θ 角度。若 A 点的原坐标为（A_x，A_y），转换成新坐标系的新坐标为（$A_{x'}$，$A_{y'}$），两者的关系如下式：

$A_{x'}=A_x\cos\theta+A_y\sin\theta$

$A_{y'}=-A_x\sin\theta+A_y\cos\theta$

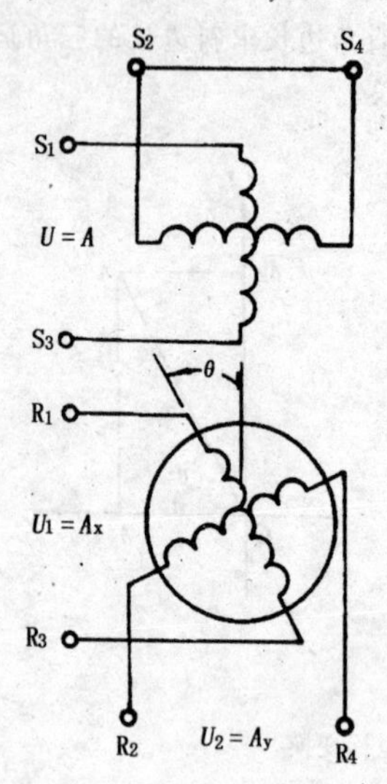

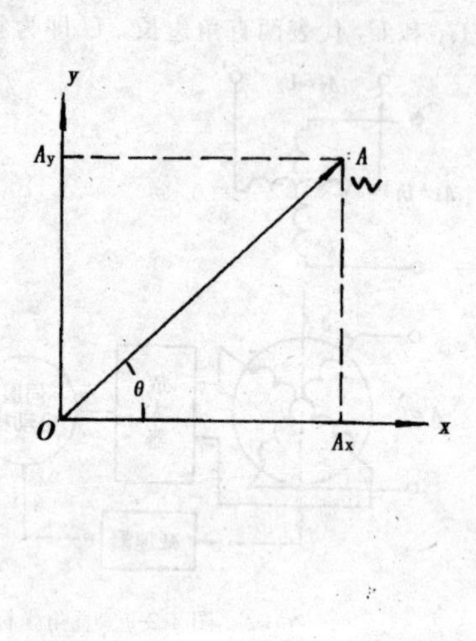

图 4-2-10 极坐标-直角坐标变换

若以与 A_x 和 A_y 成正比的两电压分别接于旋转变压器原方两绕组，并将转子转过 θ 角度，则副方两绕组的输出电压分别与新坐标 A_x' 和 A_y' 成正比。

利用旋转直角坐标的方法，可以将航海中的相对航向坐标转换成以正北为 y 轴，正东为 x 轴的真实航向坐标。

如图 4-2-11 所示，载有雷达的舰船 O 的坐标系 xy 与真实航向坐标系 $x'y'$相差 θ 角。由于雷达测得 A 船的坐标（相对航向坐标）为（A_x，A_y），若以与 A_x 和 A_y 与正比的电压分别作为旋转变压器原方两绕组的激磁电压，将转子转过 θ 角度，则副方两绕组的输出电压分别与新坐标（真实航向坐标）A_x' 和 A_y' 成正比，由此即可求出 $A_{x'}$ 和 $A_{y'}$。

（四）向量相加

利用旋转变压器进行向量相加的线路见图 4-2-12。设有向量 $\overline{A_1}$ 和 $\overline{A_2}$，它们的模和幅角分别为 a、b 和 α、β。将与 a 成正比的电压施加于旋转变压器 XZ_1 的一相原方绕组上，并将转子转过 α 角度，则 XZ_1 的副方正弦绕组的输出电压为 $a\sin\alpha$，余弦绕组的输出电压为 $a\cos\alpha$。同样将与 b 成正比的电

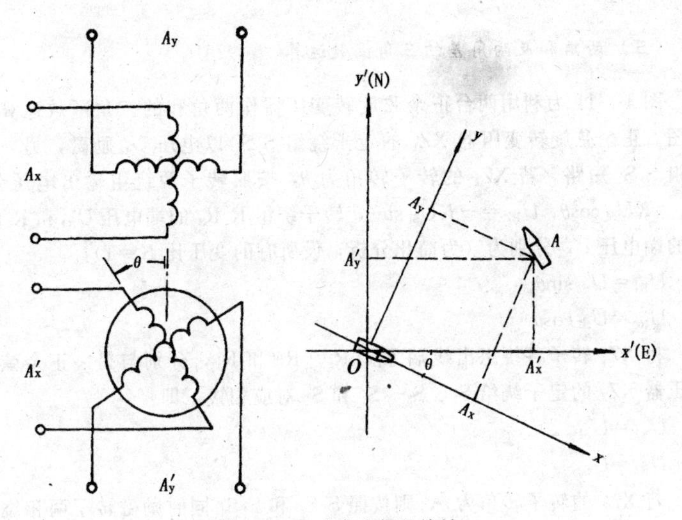

图 4-2-11　直角坐标的旋转

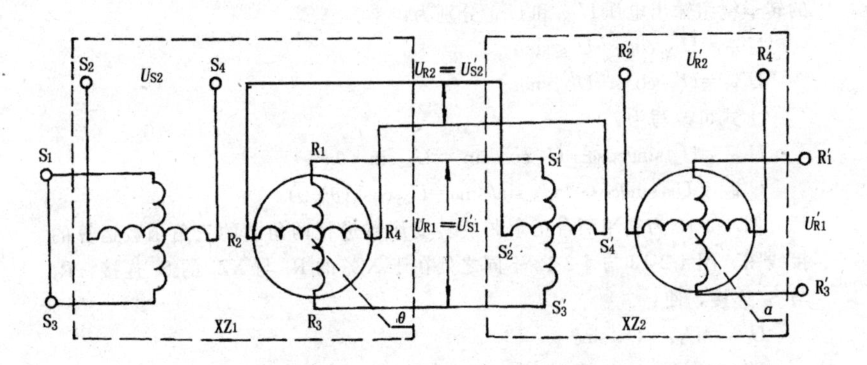

图 4-2-12　两角和的三角函数运算接线图

压施加于 XZ_2 的一相原方绕组上，并将转子转过 β 角，则 XZ_2 副方两绕组的输出电压分别为 $b\sin\beta$ 和 $b\cos\beta$。将 ZX_1 和 XZ_2 的正弦绕组输出电压和余弦绕组的输出电压分别相加，并经过放大后输至 XZ_3 的两个原方绕组上，将 XZ_3 副方的一个绕组的输出电压经放大后输入伺服电动机的控制绕组上，使伺服电动机转动并带动 XZ_3 的转子，直至该绕组的输出电压为零时，伺服电动机停止转动，此时，另一副方绕组的输出电压即代表合成向量 $\overline{A}$ 的模 c，XZ_3 转子转过的角度 θ 即为 $\overline{A}$ 的幅角。

（五）两角和及两角差的三角函数运算

图 4-2-11 为利用两台正余弦旋转变压器作两角和的三角函数运算的接线图。正余弦旋转变压器 XZ_1 的定子绕组 S_2S_4 以电压 U_{s2} 励磁，另一定子绕组 S_1S_3 短路，若 XZ_1 的转子转角为 θ，按照转子两绕组输出电压公式：$U_{R1}=KU_{S1}\cos\theta$，$U_{R2}=-KU_{S1}\sin\theta$，转子绕组 R_1R_3 的端电压 U_{R1} 和 R_2R_4 绕组的端电压 U_{R2} 分别为（为简化分析，设所有的变压比 $K=1$）：

$U_{R1}=U_{S2}\sin\theta$

$U_{R2}=U_{S2}\cos\theta$

将 XZ_1 转子各绕组出线端 R_1、R_2、R_3 和 R_4，分别与另一正余弦旋转变压器 XZ_2 的定子绕给 S_1'、S_2'、S_3' 和 S_4' 对应相接，即：

$U_{R1}=U_{S1}'$

$U_{R2}=U_{S2}'$

若 XZ_2 的转子转角为 α，则按照 S_1S_3 和 S_2S_4 同时励磁转子两相绕组输出电压公式：$U_{R1}=K(U_{S1}\cos\theta+U_{S2}\sin\theta)$,$U_{R2}=K(U_{S2}\cos\theta-U_{S2}\sin\theta)$，$XZ_2$ 的转子绕组输出电压 U'_{R1} 和 U'_{R2} 分别为：

$U'_{R1}=U'_{S1}\cos\alpha+U'_{S2}\sin\alpha$

$U'_{R2}=U'_{S2}\cos\alpha+U'_{S1}\sin\alpha$

上式可改写为：

$U'_{R1}=U_{S2}\sin\theta\cos\alpha+U_{S2}\cos\theta\sin\alpha=U_{S2}\sin（\theta+\alpha）$

$U'_{R21}=U_{S2}\sin\theta\cos\alpha-U_{S2}\sin\theta\sin\alpha=U_{S2}\cos（\theta+\alpha）$

图 4-2-13 为利用两台正余弦旋转变压器进行两角差的三角函数运算的接线图。图 4-2-13 与 4-2-12 不同之处在于 XZ_1 的 R_2 与 XZ_2 的 S_4' 连接，R_4 与 S_2' 连接，使：

$U'_{S1}=U_{R1}=U_{S2}\sin\theta$

$U'_{S2}=-U_{R2}=-U_{S2}\cos\theta$

则 XZ_2 两转子绕组输出电压 U'_{R1} 和 U'_{R2} 分别为：

$$
\begin{aligned}
U_{R1}' &= U_{S1}'\cos\alpha+U_{S2}'\sin\alpha \\
&= U_{S2}\sin\theta\cos\alpha-U_{S2}\cos\theta\sin\alpha \\
&= U_{S2}\sin(\theta-\alpha)
\end{aligned}
$$

$$
\begin{aligned}
U_{R2}' &= U_{S2}'\cos\alpha-U_{S1}'\sin\alpha \\
&= U_{S2}\sin\theta\cos\alpha-U_{S2}\sin\theta\sin\alpha \\
&= -U_{S2}\cos(\theta-\alpha)
\end{aligned}
$$

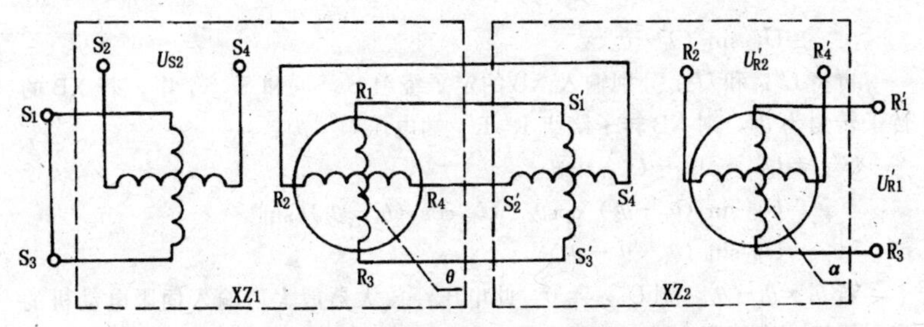

图 4-2-13　两角差的三角函数运算接线图

（六）XF-XC-XB 角数据传输系统

图 4-2-14 是由旋变发送机（XF）、旋转差动发送机（XC）和旋变变压器（XB）组成的 XF-XC-XB 角数据传输系统，它的功能与由控制式自整角发送机、控制式自整角差动发送机和自整角变压器组成的系统相同。当 XF 的转子绕组 R_1R_3 以电压 U_{R1} 励磁（R_2R_4 绕组短路），且转子转过 θ_1 角度时，按照定子两相绕组 S_1S_3 和 S_2S_4 输出电压公式：$U_{S1}=K(U_{R1}\cos\theta+U_{R2}\sin\theta)$，$U_{S2}=K(U_{R2}\cos\theta-U_{R1}\sin\theta)$，XF 的定子绕组 S_1S_3 和 S_2S_4 的端电压 U_{S1} 和 U_{S2} 分别为（以下设 XF、XC 和 XB 的变压比 K 都等于 1）：

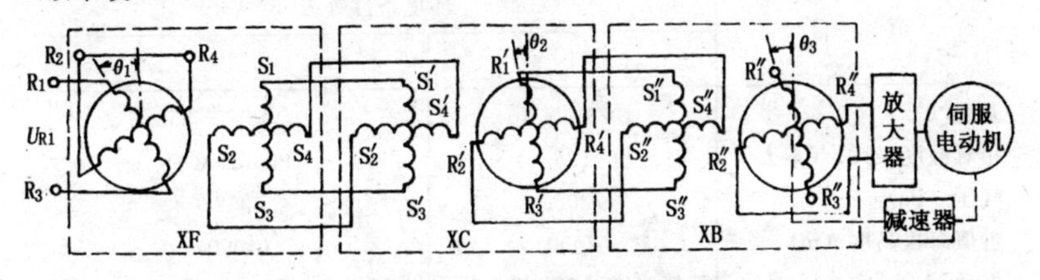

图 4-2-14　XF-XC-XB 角数据传输系统

$$U_{S1}=U_{R1}\cos\theta_1$$

$$U_{S2}=U_{R2}\sin\theta_1$$

将 U_{S1} 和 U_{S2} 分别输入 XC 的定子绕组 $S_1'S_3'$ 和 $S_2'S_4'$ 中，并将 XC 的转子转过 θ_2 角度，则按照上面所述 U_{R1}、U_{R2} 计算公式，XC 的转子绕组 $R_1'R_3'$ 和 $R_2'R_4'$ 端电压 U'_{R1} 和 U'_{R2} 分别为：

$$\begin{aligned}U'_{R1}&=U_{S1}\cos\theta_2+U_{S2}\sin\theta_2\\&=U_{R1}\cos\theta_1\cos\theta_2+U_{R1}\sin\theta_1\sin\theta_2\\&=U_{R1}\cos（\theta_1-\theta_2）\end{aligned}$$

$$\begin{aligned}U'_{R2}&=U_{S2}\cos\theta_2-U_{S1}\sin\theta_2\\&=U_{R1}\sin\theta_1\cos\theta_2-U_{R1}\cos\theta_1\sin\theta_2\end{aligned}$$

$=U_{R1}\sin(\theta_1-\theta_2)$

再将 U'_{R1} 和 U'_{R2} 分别输入 XB 的定子绕组 $S''_1S''_3$ 和 $S''_2S''_4$ 中，若 XB 的转子转角为 θ_3，则 XB 转子绕组 $R''_2R''_4$ 端电压 U''_2 为：

$$U''_{R2}=U'_{R2}\cos\theta_3-U'_{R1}\sin\theta_3$$

$$=U_{R1}\sin(\theta_1-\theta_2)\cos\theta_3-U_{R1}\cos(\theta_1-\theta_2)\sin\theta_3$$

$$=U_{R1}\sin(\theta_1-\theta_2-\theta_3)$$

若 $\theta_3\neq\theta_1-\theta_2$，则 $U''_{R2}\neq 0$，此电压经放大器放大后输入伺服电动机的控制绕组，则伺服电动机的转子立即转动，并通过减速器带动 XB 转子，直至 XB 转子转过的角度 $\theta_3=\theta_1-\theta_2$ 时，则 $U''_{R2}=0$，伺服电动机停止转动，此时 θ_3 即为 θ_1 和 θ_2 差动传输的角度。

六、旋转变压器产品技术数据

（一）XZ 系列正余弦旋转变压器

（1）XZ 系列正余弦旋转变压器使用环境条件见表 4-2-9。

表 4-2-9　XZ 系列正余弦旋转变压器使用环境条件

项　目	环境条件等级	
	1	2
温度（℃）	－25～＋40	－40～＋55
相对湿度（%）（不大于）	90（25℃）	95（25℃）
气压（Pa）	73060	60528
近似海拔高度（m）	（2500）	（4000）
振动	振频 10Hz，双振幅 1.5mm	振频 10～150Hz，加速度 24.5mm/s²
冲击（m/s²）（峰值加速度）	39.2	68.6

（2）XZ 系列正余弦旋转变压器技术数据见表 4-2-10～表 4-2-12。

表 4-2-10　XZ 系列正余弦旋转变压器技术数据（一）

机座号	型　号	电　压（V）	频率（Hz）	空载阻抗（Ω）	变压比	质量（g）
20	20XZ4-5	26	400	400	0.56	60
	20XZ6-4	26	400	600	0.45	60
	20XZ6-5	26	400	600	0.56	60
	20XZ6-10	26	400	600	1	60
	20XZ10-4	26	400	1000	0.45	60

续表

机座号	型　号	电　压 (V)	频率 (Hz)	空载阻抗 (Ω)	变压比	质量 (g)
20	20XZ10-5	26	400	1000	0.56	60
	20XZ10-7	26	400	1000	0.78	60
	20XZ10-10	26	400	1000	1	60
	20XZ20-4	26	400	2000	0.45	60
	20XZ20-7	26	400	2000	0.78	60
	20XZ20-10	26	400	2000	1	60
	20XZ30-10	26	400	3000	1	60
28	28XZ4-1	36	400	400	0.15	130
	28XZ4-4	36	400	400	0.45	130
	28XZ4-5	36	400	400	0.56	130
	28XZ4-10	36	400	400	1	130
	28XZ6-4	36	400	600	0.45	130
	28XZ6-5	36	400	600	0.56	130
	28XZ6-10	36	400	600	1	130
	28XZ10-1	36	400	1000	0.15	130
	28XZ10-4	36	400	1000	0.45	130
	28XZ10-5	36	400	1000	0.56	130
	28XZ10-10	36	400	1000	1	130
	28XZ20-1	36	400	2000	0.15	130
	28XZ20-5	36	400	2000	0.56	130
	28XZ20-10	36	400	2000	1	130
	28XZ30-5	36	400	3000	0.56	130
	28XZ30-7	36	400	3000	0.78	130
	28XZ30-10	36	400	3000	1	130
	28XZ30-20	36	400	3000	2	130
	28XZ40-1	36	400	4000	0.15	130
	28XZ40-5	36	400	4000	0.56	130
	28XZ40-6	36	400	4000	0.65	130
	28XZ40-7	36	400	4000	0.78	130
	28XZ40-10	36	400	4000	1	130
	28XZ60-5	36	400	6000	0.56	130
	28XZ60-10	36	400	6000	1	130
36	36XZ2-4	36	400	200	0.45	180
	36XZ4-5	36	400	400	0.56	180
	36XZ4-10	36	400	400	1	180
	36XZ6-1	36	400	600	0.15	180

续表

机座号	型号	电压 (V)	频率 (Hz)	空载阻抗 (Ω)	变压比	质量 (g)
36	36XZ6-4	36	400	600	0.45	180
	36XZ6-5	36	400	600	0.56	180
	36XZ6-7	36	400	600	0.78	180
	36XZ6-10	36	400	600	1	180
	36XZ10-1	36	400	1000	0.15	180
	36XZ10-4	60	400	1000	0.45	180
	36XZ10-5	60	400	1000	0.56	180
	36XZ10-7	60	400	1000	0.78	180
	36XZ10-10	60	400	1000	1	180
	36XZ20-1	60	400	2000	0.15	180
	36XZ20-4	60	400	2000	0.45	180
	36XZ20-5	60	400	2000	0.56	180
	36XZ20-7	60	400	2000	0.78	180
	36XZ20-10	60	400	2000	1	180
	36XZ20-20	60	400	2000	2	180
	36XZ30-1	60	400	3000	0.15	180
	36XZ30-5	60	400	3000	0.56	180
	36XZ30-10	60	400	3000	1	180
	36XZ40-5	60	400	4000	0.56	180
	36XZ40-9	60	400	4000	0.96	180
	36XZ40-10	60	400	4000	1	180
	36XZ40-20	60	400	4000	2	180
	36XZ60-5	60	400	6000	0.56	180
	36XZ60-10	60	400	6000	1	180
	36XZ100-5	60	400	10000	0.56	180
45	45XZ2.5-5	115	400	250	0.56	400
	45XZ4-1	115	400	400	0.15	400
	45XZ4-5	115	400	400	0.56	400
	45XZ4-9	115	400	400	0.96	400
	45XZ4-10	115	400	400	1	400
	45XZ6-4	115	400	600	0.45	400
	45XZ6-5	115	400	600	0.56	400
	45XZ6-9	115	400	600	0.96	400
	45XZ8-5.8	115	400	800	0.585	400
	45XZ10-1	115	400	1000	0.15	400

续表

机座号	型　号	电　压 (V)	频率 (Hz)	空载阻抗 (Ω)	变压比	质量 (g)
45	45XZ10-4	115	400	1000	0.45	400
	45XZ10-5	115	400	1000	0.56	400
	45XZ10-7	115	400	1000	0.78	400
	45XZ10-9.5	115	400	1000	0.95	400
	45XZ10-10	115	400	1000	1	400
	45XZ20-5	115	400	2000	0.56	400
	45XZ20-5.7	115	400	2000	0.575	400
	45XZ20-7	115	400	2000	0.78	400
	45XZ20-9	115	400	2000	0.96	400
	45XZ20-10	115	400	2000	1	400
	45XZ30-5	115	400	3000	0.56	400
	45XZ30-10	115	400	3000	1	400
	45XZ40-5	115	400	4000	0.56	400
	45XZ40-6	115	400	4000	0.65	400
	45XZ40-9	115	400	4000	0.96	400
	45XZ40-4	115	400	4000	1	400
	45XZ60-5	115	400	6000	0.56	400
	45XZ60-9.7	115	400	6000	0.975	400
	45XZ60-10	115	400	6000	1	400
	45XZ100-5	115	400	10000	0.56	400
	45XZ100-5.8	115	400	10000	0.58	400

生产厂家：西安微电机研究所、上海金陵雷戈勃劳伊特电机有限公司、安徽阜阳青峰机械厂。

表 4-2-11　XZ 系列正余弦旋转变压器技术数据（二）

型号	绕组类别	激磁电压 (V)	频率 (Hz)	开路输入阻抗 (Ω)	变压比	相位移 (°)
20XZ006	2S/2R	12	400	2500	1.000	8.5
20XZ007	2S/2R	12	400	1000	1.000	8.5
20XZ008	2R/2S	12	400	2000	1.000	14
20XZ009	2R/2S	12	2000	1000	1.000	4
28XZ011	2S/2R	26	400	4000	1.000	4
28XZ012	2S/2R	36	400	1000	0.565	4

续表

型号	绕组类别	激磁电压 (V)	频率 (Hz)	开路输入阻抗 (Ω)	变压比	相位移 (°)
28XZ013	2R/2S	10	1000	—	1.000	±1
28XZ014	2R/2S	26	400	400	0.454	6
28XZ015	2R/2S	26	400	2000	0.454	6
28XZ016	2S/2R	12	400	2000	1.000	4
28XZ017	2S/2R	36	400	600	0.565	4
28XZ018	2S/2R	26	400	2000	1.000	4
28XZ019	2S/2R	26	2000	4000	1.000	1
28XZ020	2S/2R	26	2000	4000	0.454	1
36XZ011	2S/2R	60	400	600	0.454	3
36XZ012	2S/2R	60	400	2000	1.000	3
36XZ013	2S/2R	60	400	3000	0.565	3
36XZ014	2S/2R	60	400	4000	1.000	3
36XZ015	2S/2R	26	400	1000	1.000	3
36XZ016	2S/2R	12	400	1000	1.000	3
36XZ017	2S/2R	26	400	1000	0.454	3
36XZ018	2S/2R	60	400	3000	1.000	3
36XZ019	2S/2R	60	400	1000	0.565	3
45XZ010	2S/2R	115	400	1000	0.565	2.5
45XZ011	2S/2R	115	400	1000	0.565	2.5
45XZ012	2S/2R	115	400	4000	0.565	3.0
45XZ013	2S/2R	115	400	600	0.565	3.0
45XZ014	2S/2R	115	400	2000	0.565	2.5
45XZ015	2S/2R	36	400	400	1.000	3.5
45XZ016	2S/2R	26	1000	1500	1.000	1.5
45XZ017	2S/2R	115	400	1000	1.000	2.5
45XZ018	2S/2R	115	400	4000	1.000	—

表 4-2-12　XZ 系列（分装式）正余弦旋转变压器技术数据（三）

型 号	绕组类别	激磁电压 (V)	频率 (Hz)	开路输入阻抗 (Ω)	变压比	零位电压总值 (mA)	外形尺寸 (mm)	
							外径	长度
55XZ001	2S/2R	40	500	600	1.2	50	55	14
55XZ002	2S/2R	36	500	1500	1.2	45	55	14
55XZ003	2S/2R	26	1000	1500	1.0	30	55	14
55XZ004	2S/2R	5	4800	1500	1.0	15	55	14
55XZ007	2S/2R	5	20000	5000	1.0	20	55	14
70XZ007	2S/2R	110	400	1000	0.565	90	70	25
70XZ008	2S/2R	5	20000	3000	1.0	50	66	11
70XZ009	2S/2R	5	20000	3000	1.0	50	65	11
70XZ010	2R/2S	10	16000	>2000	0.50	15	72	24
110XZ001	2R/2S	30	2000	2000	0.56	—	110	30

生产厂家：西安微电机研究所。

（二）XX 系列线性旋转变压器

XX 系列线性旋转变压器技术数据及生产厂家见表 4-2-13、表 4-2-14。

表 4-2-13　XX 系列线性旋转变压器技术数据（一）

机座号	绕组类别	激磁电压 (V)	频率 (Hz)	开路输入阻抗 (Ω)	变压比	相位移 (°)
36XX004	2S/2R	60	400	600	0.565	—
36XX005	2S/2R	60	400	1000	0.565	—
36XX006	2S/2R	60	400	2000	0.565	—
45XX005	2S/2R	115	400	600	0.565	—
45XX006	2S/2R	115	400	2000	0.565	—
45XX017	2S/2R	115	400	1000	0.565	—

注：①用户选用 XX 型线性旋转变压器时，宜选机座号稍大（36 号以上）较合理。

②2S/2R 表示定子两相绕组为原方，转子两相为副方；2R/2S 表示转子两相绕组为原方，定子两相绕组为副方。

表 4-2-14 XX系列线性旋转变压器技术数据（二）

型 号	电压 (V)	频率 (Hz)	空载阻抗 (Ω)	变压比	线性范围 (°)	质量 (g)
20XX6-5	26	400	600	0.56	±60	45
20XX10-5	26	400	1000	0.56	±60	45
20XX4-3①	26	400	400	—	±50	60
20XX6-3①	26	400	600	—	±50	60
20XX10-3①	26	400	1000	—	±50	60
20XX20-3①	26	400	2000	—	±50	60
28XX4-5	36	400	400	0.56	±60	—
28XX6-5	36	400	600	0.56	±60	—
28XX8-5	36	400	800	0.56	±60	—
28XX10-5	36	400	1000	0.56	±60	—
28XX20-5	36	400	2000	0.56	±60	—
28XX30-5	36	400	3000	0.56	±60	—
28XX40-5	36	400	4000	0.56	±60	—
28XX18	36	400	180	—	±60	130
28XX4	36	400	400	—	±60	150
28XX6	36	400	600	—	±60	150
28XX10	36	400	1000	—	±60	150
28XX20	36	400	2000	—	±60	150
28XX30	36	400	3000	—	±60	150
28XX40	36	400	4000	—	±60	150
28XX60	36	400	6000	—	±60	150
36XX4A	36	400	200	—	±60	180
36XX4C	36	400	600	—	±60	180
36XX4D	36	400	1000	—	±60	180
36XX4F	36	400	450	—	±60	180
36XX4G	60	400	1000	—	±60	180
36XX4H	60	400	600	—	±60	180
36XX4	36	400	400	0.56	±60	180
36XX10	60	400	1000	0.56	±60	180
36XX20	60	400	2000	0.56	±60	180
36XX30	60	400	3000	0.56	±60	180
36XX40	60	400	4000	0.56	±60	180
36XX60	60	400	6000	0.56	±60	180
36XX100	60	400	10000	0.56	±60	180
36XX6	36	400	600	0.56	±60	180
36XX4-5	36	400	400	0.56	±60	—
36XX6-5	60	400	600	0.56	±60	—
36XX10-5	60	400	1000	0.56	±60	—

续表

型　号	电压 (V)	频率 (Hz)	空载阻抗 (Ω)	变压比	线性范围 (°)	质量 (g)
36XX20-5	60	400	2000	0.56	±60	—
36XX30-5	60	400	3000	0.56	±60	—
36XX40-5	60	400	4000	0.56	±60	—
36XX60-5	60	400	6000	0.56	±60	—
45XX2.5	115	400	250	—	±60	400
45XX4.5	115	400	450	—	±60	400
45XX4	115	400	400	0.56	±60	400
45XX6	115	400	600	—	±60	400
45XX7.3	115	400	730	—	±60	400
45XX10	115	400	1000	—	±60	400
45XX20	115	400	2000	—	±60	400
45XX30	115	400	3000	—	±60	400
45XX4-3	115	400	400	—	±60	—
45XX4-5	115	400	400	0.56	±60	500
45XX6-5	115	400	600	0.56	±60	500
45XX10-5	115	400	1000	0.56	±60	500
45XX20-5	115	400	2000	0.56	±60	500
45XX30-5	115	400	3000	0.56	±60	500
45XX40-5	115	400	4000	0.56	±60	500
45XX60-5	115	400	6000	0.56	±60	500

注：①单绕组线性旋转变压器。

生产厂家：西安微电机研究所、西安西电微电机有限责任公司、上海金陵雷戈勃劳伊特电机有限公司、安徽阜阳青峰机械厂、天津市微电机公司。

（三）XDX系列单绕组线性旋转变压器

XDX系列单绕组线性旋转变压器技术数据及生产厂家见表4-2-15、表4-2-16。

表4-2-15　XDX系列单绕组线性旋转变压器技术数据（一）

型　号	电压 (V)	频率 (Hz)	空载阻抗 (Ω)	输出斜率 (V/(°))	线性误差 (′)
20XDX6-2	26	400	600	0.2	±6，±9，±15
20XDX20-3	26	400	2000	0.3	±6，±9，±15
20XDX6-2	26	400	600	0.2	±6，±9，±15
20XDX20-3	26	400	2000	0.3	±6，±9，±15

生产厂家：西安微电机研究所。

表 4-2-16　XDX 系列单绕组线性旋转变压器技术数据（二）

机座号	绕组类别	激磁电压 (V)	频率 (Hz)	开路输入阻抗 (Ω)	输出斜率 (V/(°))	线性误差 (%)	工作转角 (°)
20XDX003	1R/1S	26	400	1500	0.3	0.5	±50
20XDX004	1R/1S	26	400	1500	0.2	0.5	±30
20XDX005	1R/1S	26	400	1500	0.2	0.5	±15
28XDX005	1R/1S	26	400	—	0.3	0.3	±15
28XDX006	1S/1R	26	400	—	0.3	0.3	±65
28XDX007	1S/1R	26	400	600	0.3	0.3	±60
28XDX008	1S/1R	26	400	1000	0.3	0.3	±60
28XDX009	1S/1R	26	400	2000	0.3	0.3	±60
28XDX010	1R/1S	26	400	600	0.3	0.3	±15
28XDX011	1R/1S	26	400	600	0.3	0.3	±40

注：①1R/1S 表示转子一相绕组为原方，定子一相绕组为副方；1S/1R 表示定子一相绕组为原方，转子一相绕组为副方。

②用户选用 XDX 型线性旋转变压器时，应选稍小机座号（28 号以下）较合理。

生产厂家：西安微电机研究所。

（四）XB 系列比例式旋转变压器

表 4-2-17　XB① 系列比例式旋转变压器技术数据（一）

机座号	型　号	电压 (V)	频率 (Hz)	空载阻抗 (Ω)	变压比	质量 (g)
20	20XB4-5	26	400	400	0.56	90
	20XB6-4			600	0.45	
	20XB6-40			600	1	
	20XB10-4			1000	0.45	
	20XB10-7			1000	0.78	
	20XB10-10			1000	1	
	20XB20-4			2000	0.45	
28	28XB4-1	36	400	400	0.15	160
	28XB4-4			400	0.45	
	28XB4-5			400	0.56	

续表

机座号	型　号	电压 (V)	频率 (Hz)	空载阻抗 (Ω)	变压比	质量 (g)
28	28XB6-4	36	400	600	0.45	160
	28XB6-5			600	0.56	
	28XB6-10			600	1	
	28XB10-4			1000	0.45	
	28XB10-5			1000	0.56	
	28XB10-10			1000	1	
	28XB20-1			2000	0.15	
	28XB20-5			2000	0.56	
	28XB20-10			2000	1	
	28XB30-5			3000	0.56	
	28XB30-7			3000	0.78	
	28XB30-10			3000	1	
	28XB30-20			3000	2	
	28XB40-1			4000	0.15	
	28XB40-5			4000	0.56	
	28XB40-7			4000	0.78	
	28XB40-10			4000	1	
	28XB60-5			6000	0.56	
	28XB60-10			6000	1	
36	36XB4-5	36	400	400	0.56	—
	36XB4-10			400	1	
	36XB6-1			600	0.15	
	36XB6-4			600	0.45	
	36XB6-5			600	0.56	
	36XB6-10	60		600	1	
	36XB10-1			1000	0.15	
	36XB10-4			1000	0.45	
	36XB10-5			1000	0.56	
	36XB10-7			1000	0.78	
	36XB10-9			1000	0.96	
	36XB10-10			1000	1	
	36XB20-4			2000	0.45	
	36XB20-5			2000	0.56	
	36XB20-7			2000	0.78	
	36XB20-9			2000	0.96	

续表

机座号	型　号	电压（V）	频率（Hz）	空载阻抗（Ω）	变压比	质量（g）
36	36XB20-10	60	400	2000	1	—
	36XB20-20			2000	2	
	36XB30-1			3000	0.15	
	36XB30-5			3000	0.56	
	36XB30-10			3000	1	
	36XB40-5			4000	0.56	
	36XB40-10			4000	1	
	36XB40-20			4000	2	
	36XB60-5			6000	0.56	
	36XB60-9			6000	0.96	
	36XB60-10			6000	1	
	36XB100-5			10000	0.56	
45	45XB2.5-5	115	400	250	0.56	—
	45XB4-1			400	0.15	
	45XB4-5			400	0.56	
	45XB4-9			400	0.96	
	45XB4-10			400	1	
	45XB6-4			600	0.45	
	45XB6-5			600	0.56	
	45XB10-2			1000	0.2	
	45XB10-4			1000	0.45	
	45XB10-5			1000	0.56	
	45XB10-7			1000	0.78	
	45XB10-10			1000	1	
	45XB20-5			2000	0.56	
	45XB20-5.7			2000	0.575	
	45XB20-9			2000	0.96	
	45XB20-10			2000	1	
	45XB30-5			3000	0.56	
	45XB40-5			4000	0.56	
	45XB40-5.9			4000	0.59	
	45XB40-6			4000	0.65	
	45XB40-10			4000	1	
	45XB60-9			6000	0.96	
	45XB60-9.7			6000	0.975	

续表

机座号	型　号	电压（V）	频率（Hz）	空载阻抗（Ω）	变压比	质量（g）
45	45XB60-10	115	400	6000	1	—
	45XB100-5			10000	0.56	
	45XL10-5①			1000	0.56	
	45XL10-10①			1000	1	

注：①国标型号为“XL”。

生产厂家：西安微电机研究所、上海金陵雷戈勃劳伊特电机有限公司、天津市微电机公司、成都微精电机股份公司、青岛青微电器有限责任公司。

表 4-3-18　XL 系列比例式旋转变压器技术数据（二）

型　号	绕组类别	激磁电压（V）	频率（Hz）	开路输入阻抗（Ω）	变压比	相位移（°）
36XL001	2S/2R	60	400	600	0.565	3
36XL002	2S/2R	60	400	2000	0.565	3
45XL006	2S/2R	115	400	600	0.565	3.0
45XL007	2S/2R	115	400	1000	0.565	2.5
45XL008	2S/2R	115	400	4000	0.565	3.0

（五）XZ、XX、XDX、XB 旋转变压器外形及尺寸

20 号机座旋转变压器外形见图 4-2-15，其尺寸见表 4-2-19。

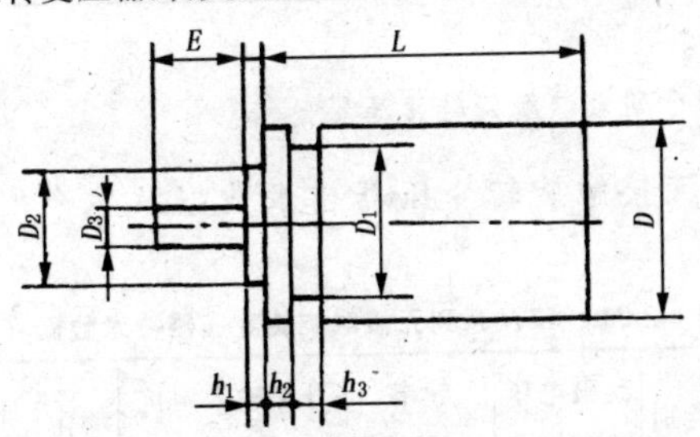

图 4-2-15　20 号机座旋转变压器外形

表 4-2-19　20 号机座旋转变压器尺寸

机座号	尺寸和公差（mm）								
	D	D_2	D_1	E	h_1	h_2	h_3	D_3	L
	h10	h6	h11	—	±0.1	±0.1	±0.2	f7	（不大于）
20	20	13	18.5	9	1.2	1.2	1.2	2.5	40

28、36、45号机座旋转变压器外形见图 4-2-16，其尺寸见表 4-2-20。

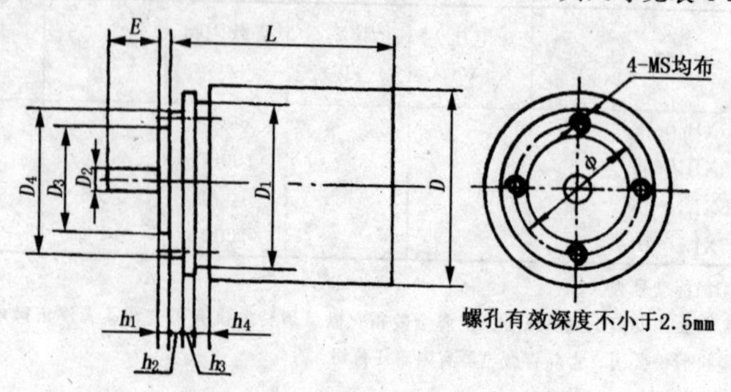

图 4-2-16　28、36、45号旋转变压器机座外形及尺寸

表 4-2-20　28、36、45号机座旋转变压器尺寸

机座号	尺寸和公差（mm）												
	D	D_4	D_2	D_1	E	h_1	h_2	h_3	h_4	Φ	S	D_3	L
	$h10$	$h6$	$h8$	$h10$	—	±0.1	±0.1	±0.1	±0.2	±0.1		$f7$	（不大于）
28	28	26	18	26.5	10	1.5	1.5	1.5	1.5	22	$M2.5$	3	50
36	36	32	22	34	12	1.5	2.5	2	2	27	$M3$	4	60
45	45	41	25	42	12	1.5	2.5	2	2	33	$M3$	4	70

（六）XZW 系列无接触旋转变压器

XZW 系列无接触旋转变压器技术数据及生产厂家见表 4-2-21、表4-2-22。

表 4-2-21　XZW 系列无接触旋转变压器技术数据（一）

型　号	绕组类别	激磁电压（V）	频率（Hz）	开路输入阻抗（Ω）	变压比	引线方式	零位电压（mV）
28XZW003	1R/2S	10	5000	400	0.500	接线片	8
28XZW007	2S/1R	12	2000	6000	0.500	引出线	10
28XZW008	2S/1R	12	2000	6000	0.500	引出线	10
28XZW009	1S/2R	2	2000	800	1.000	接线片	2
36XZW010	1R/2S	26	400	1300	1.000	接线片	13，26
45XZW011	1R/2S	36	400	300	0.900	接线片	32

生产厂家：上海微电机研究所。

表 4-2-22　XZW 系列无接触旋转变压器技术数据（二）

型号	额定电压（V）	频率（Hz）	开路输入阻抗（Ω）	变压比	线性误差（′）	函数误差（%）
20XZW-01	12	400	600	0.56	3,8,12,18	—
28XZW-01	3.5	3000	3000	0.6	3,8,12,18	—
28XZW-02	12	400	1000	0.56	3,8,12,18	—
28XZW-02A	12	400	1000	0.56	3,8,12	—
28XZW-03	3.5	3000	4000	0.60	3,8,12	—
28XZW-04	26	400	1000	0.454	3,8,12	—
28XFW-01	36	400	600	0.45	3,8,12	—
28XFW-02	7.5	4000	2000	0.56	3,8,12	—
28XFW-03	15	400	1000	0.45	3,8,12	—
28XZW-03/1	3.5	3000	4000	0.60	3,12	—
45XZW-02	15	2000	900	0.56	3,8,12	—
70XZW5	50	50	83	1.00	—	<±0.5
70XZW5S	50	50	83	1.00	—	<±0.5

生产厂家：上海微电机研究所。

XZW 系列无接触旋转变压器电气原理见图 4-2-17～图 4-2-19，其外形及安装尺寸见图 4-2-20、图 4-3-21。

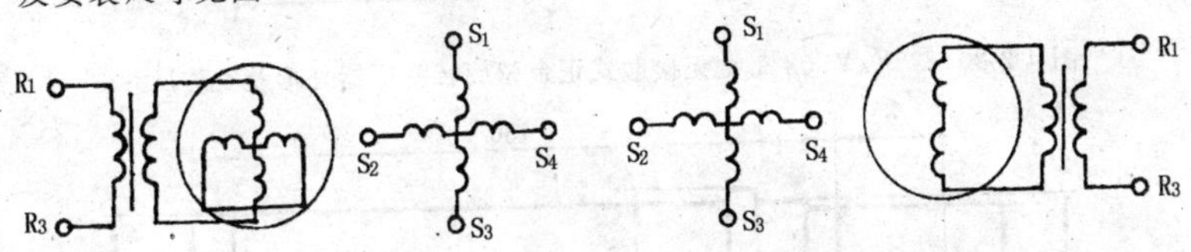

图 4-2-17　XZW 型无接触式正余弦旋转变压器电气原理图

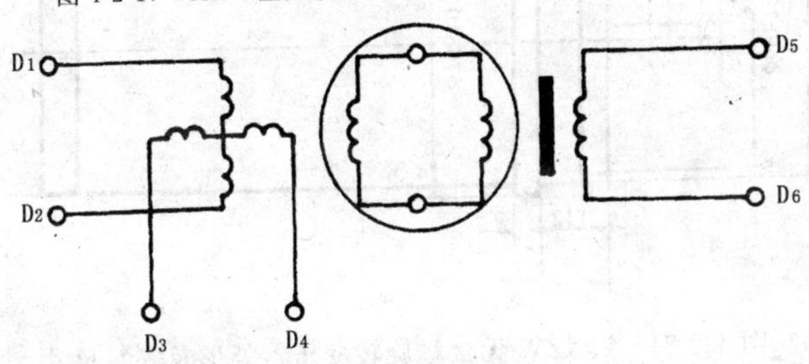

图 4-2-18　20XZW、28XZW、45XZW 型无接触式正余弦旋转变压器电气原理图

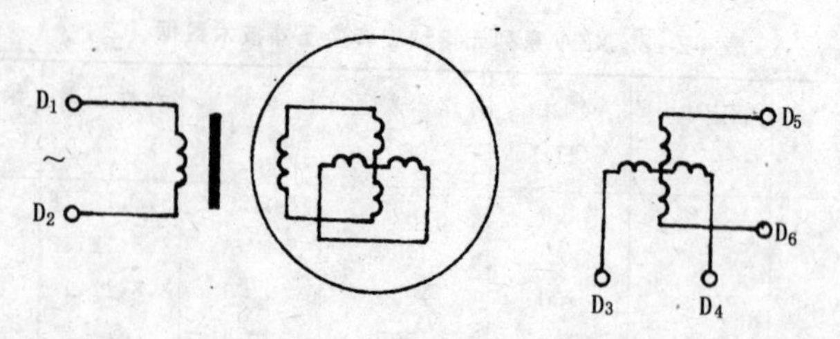

图 4-2-19　70XZW 型无接触式正余弦旋转变压器电气原理图

20XZW、28XZW-01～04、45XZW 无接触式正余弦旋转变压器的外形及安装尺寸分别与 XZ 旋转变压器的 $\phi20$、$\phi28$、$\phi45$ 机座相同。

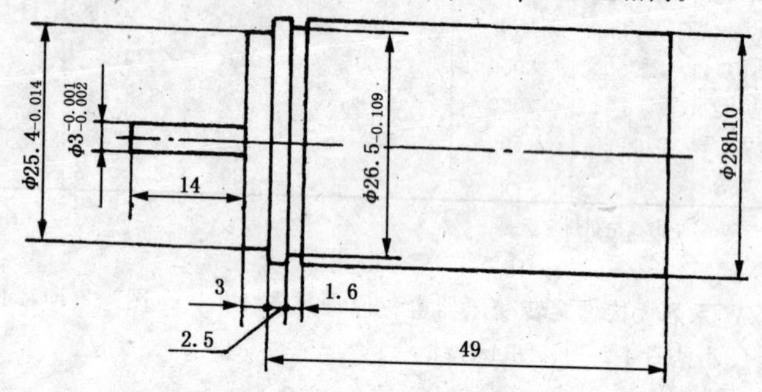

图 4-2-20　28XZW-03/1 型无接触式正余弦旋转变压器外形及安装尺寸

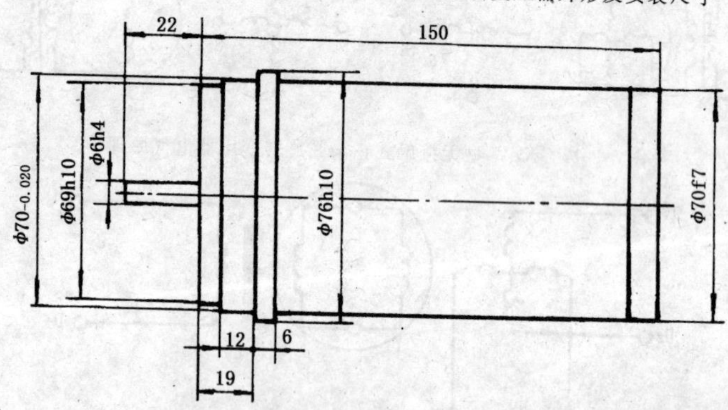

图 4-2-21　70XZW 无接触旋转变压器外形及安装尺寸

注：70XZW5S 为双轴伸，右轴伸为 $\phi6h_6\times24$。

（七）XFW 系列无接触旋转变压器

XFW 系列无接触旋转变压器技术数据见表 4-2-23。28XFW 电气原理同 70XZW。28XFW 外形及安装尺寸见图 4-2-22。

表 4-2-23　XFW 系列无接触旋转变压器技术数据

型　号	额定电压 (V)	频率 (Hz)	开路输入阻抗 (Ω)	变压比	线性误差 (′)	函数误差 (%)
28XFW-01	36	400	600	0.45	3，8，12	—
28XFW-02	7.5	4000	2000	0.56	3，8，12	—
28XFW-03	15	400	1000	0.45	3，8，12	—

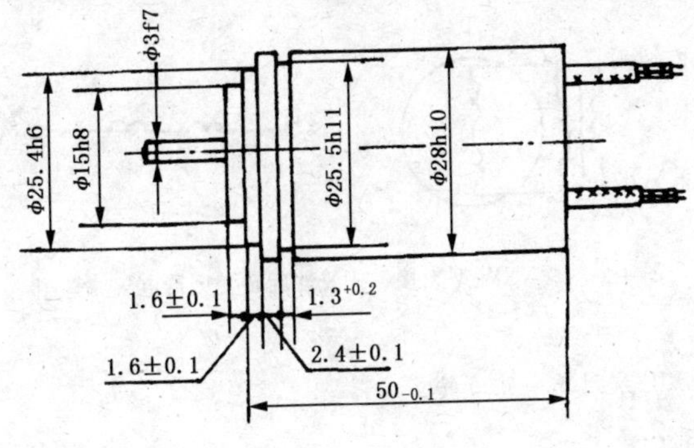

图 4-2-22　28XFW 外形及安装尺寸

（八）XXW 系列无接触旋转变压器

XXW 系列无接触旋转变压器技术数据见表 4-2-24，其外形及安装尺寸见图 4-2-23，其电气原理见图 4-2-24。

表 4-2-24　XXW 系列无接触式旋转变压器技术数据

机座号	绕组类别	激磁电压 (V)	频率 (Hz)	开路输入阻抗 (Ω)	输出斜率 (V/(°))	线性误差 (%)	工作转角 (°)
28XXW001	1R/1S	6（方波）	2000	—	0.025	0.5	±45
36XXW001	1S/1R	15	1000	1700	0.13	0.3，0.5	±15
36XXW002	1R/1S	15	400	800	0.13	0.3，0.5	±30
45XXW001	—	36	400	700	0.35	0.5	±60

生产厂家：上海微电机研究所。

XXW 型无接触式正余弦旋转变压器电气原理见图 4-2-24。

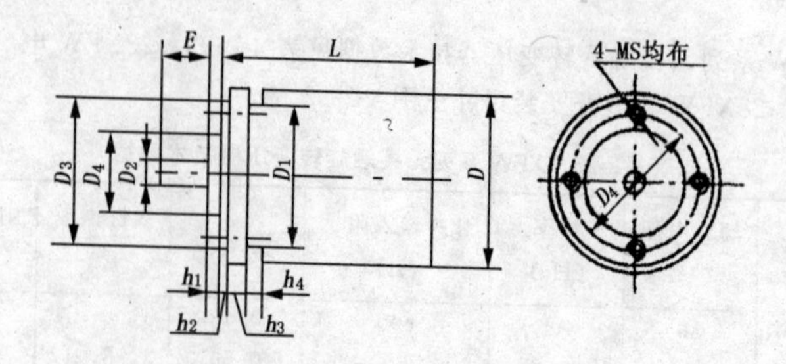

图 4-2-23　XXW 系列无接触式旋转变压器外形及安装尺寸

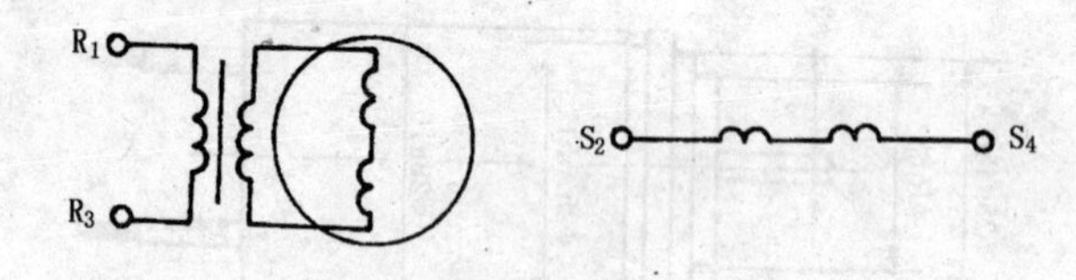

图 4-2-24　XXW 型无接触式线性旋转变压器电气原理图

（九）SVT 系列正余弦旋转变压器

1. 使用条件

（1）环境温度：－40～＋60℃。

（2）相对湿度：不大于 60％～70％或环境温度为 20±5℃时相对湿度为 90％±3％。

（3）振动：振频为 10Hz，振幅 1.4mm。

（4）冲击：80/min，冲击加速度 $70m/s^2$。

2. SVT 系列正余弦旋转变压器精确度等级

表 4-2-25　SVT 系列正余弦旋转变压器精确度等级

精度等级 / 允许误差(′) / 机座号	0 级	1 级	2 级	3 级
Ⅰ，Ⅱ	3	8	16	—
Ⅲ	—	—	16	22

3. SVT 系列正余弦旋转变压器技术数据

表 4-2-26　SVT 系列正余弦旋转变压器技术数据

机座号	型号	电压 (V)	频率 (Hz)	空载阻抗 (Ω)	变压比	转角
Ⅰ	SVT009	110 或 220	427～500	700	0.565	无限
	SVT010	110	427～500	270	0.565	无限
	SVT011	110	427～500	270	0.75	无限
	SVT016	110 或 220	427～500	700	0.565	有限
	SVT020	130	427～500	270	0.565	有限
	SVT048	110	427～500	700	0.96	无限
Ⅱ	SVT017	110 或 220	427～500	950	0.565	无限
	SVT018	110 或 220	427～500	1000	0.565	无限
	SVT030	110 或 220	427～500	4100	0.54	无限
	SVT031	110 或 220	427～500	4100	0.96	无限
	SVT031A	110 或 220	427～500	4100	0.96	无限
	SVT033	110 或 220	427～500	1000	0.565	有限
	SVT034	110 或 220	427～500	4100	0.54	有限
	SVT035	110 或 220	427～500	4100	0.96	有限
	SVT049	110 或 220	427～500	950	0.95	无限
	SVT050	110 或 220	427～500	950	0.565	无限
	SVT204	110	427～500	480	0.565	无限
	SVT205	110 或 220	427～500	1000	0.95	无限
Ⅲ	SVT229	110	427～500	440	0.565	无限
	SVT229A	110	427～500	440	0.565	无限
	SVT557	110	427～500	800	0.575	无限
	SVT558	60	427～500	850	0.104	无限
	SVT559	60	427～500	850	0.575	无限
	SVT597	110	427～500	800	0.575	有限

4. 电气原理

SVT 系列正余弦旋转变压器电气原理见图 4-2-25。

5. 外形及安装尺寸

SVT 系列正余弦旋转变压器外形见图 4-2-26。

SVT 系列正余弦旋转变压器安装尺寸见表 4-2-27。

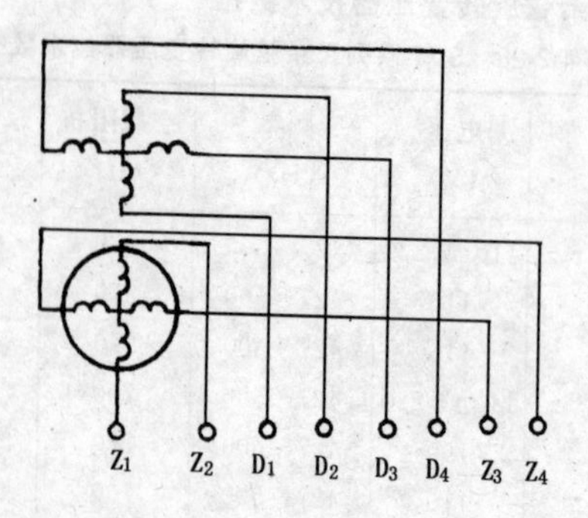

图 4-2-25　SVT 系列正余弦旋转变压器电气原理图

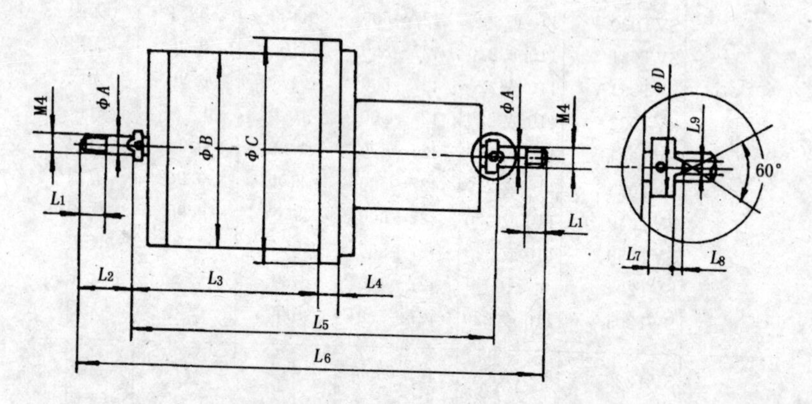

图 4-2-26　SVT 系列正余弦旋转变压器外形

表 4-2-27　SVT 系列正余弦旋转变压器安装尺寸

机座号	ϕA	ϕB	ϕC	ϕD	L_1	L_2	L_3	L_4	L_5	L_6	L_7	L_8	L_9
	h_6	f_7	d_{11}	—	—	—	—	−0.1	—	—	−0.1	—	—
Ⅰ	5	90	100	10	6.5	14	81.4	6.1	141	$169_{-0.26}^{0}$	4	2.6	1.6
Ⅱ	4	70	80	8	6	14	69	4.1	117	$145_{0.53}^{0}$	3.5	1	1.7
Ⅲ	4	45	50	8	6	13	48.5	4.1	98	$124_{-0.26}^{0}$	3.5	1	1.7

生产厂家：天津市微电机公司、成都微精电机股份公司。

（十）LVT 系列线性旋转变压器

1. LVT 系列线性旋转变压器技术数据

表 4-2-28 LVT 系列线性旋转变压器技术数据

机座号	型　号	电压 (V)	频率 (Hz)	空载阻抗 (Ω)	变压比	转角
Ⅰ	LVT013	110 或 220	427～500	600	0.557	有限
	LVT014 (042)	110	427～500	230 (950)	0.565	有限
Ⅱ	LVT032	110 或 220	427～500	950	0.565	有限
	LVT277	110	427～500	440	0.565	有限

生产厂家：天津市微电机公司、成都微精电机股份公司。

2. LVT 系列线性旋转变压器精度等级

表 4-2-29 LVT 系列线性旋转变压器精度等级

精度等级	Ⅰ级	Ⅱ级
允许误差（′）	±4	±8

3. LVT 系列线性旋转变压器电气原理

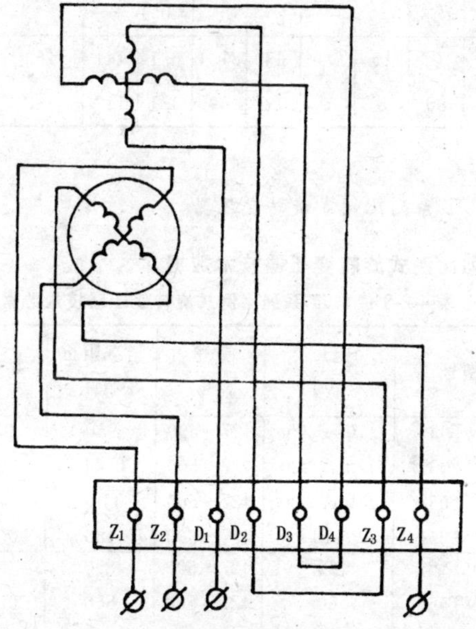

图 4-2-27 LVT 系列线性旋转变压器电气原理图

4. 外形及安装尺寸

LVT系列线性旋转变压器外形见图4-2-28。LVT系列线性旋转变压器安装尺寸见表4-2-30。

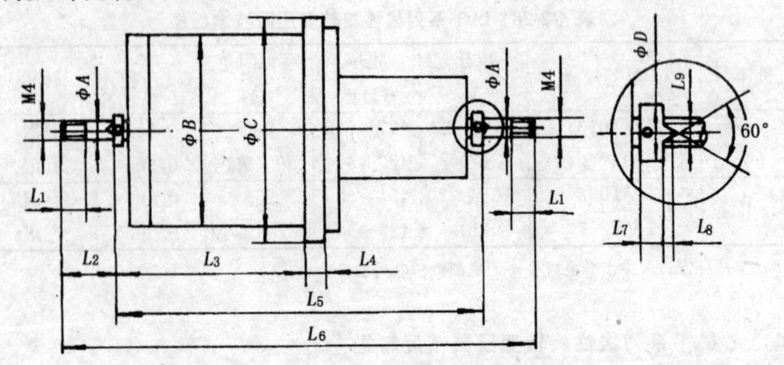

图4-2-28　LVT系列线性旋转变压器外形

表4-2-30　LVT系列线性旋转变压器安装尺寸

机座号	ϕA	ϕB	ϕC	ϕD	L_1	L_2	L_3	L_4	L_5	L_6	L_7	L_8	L_9
	h_6	f_7	d_{11}	—	—	—	—	−0.1	—	—	−0.1	—	—
Ⅰ	5	90	100	10	6.5	14	81.4	6.1	141	169	4	1.6	2.6
Ⅱ	4	70	80	8	6	14	69	4.1	117	145	3.5	1	1.7

（十一）MVT系列比例式旋转变压器

1. MVT系列比例式旋转变压器技术数据

表4-2-31　MVT系列比例式旋转变压器技术数据

机座号	型号	电压（V）	频率（Hz）	空载阻抗（Ω）	变压比	转角
Ⅱ	MVT036	110或220	427～500	950	0.59	有限
	MVT037	110或220	427～500	1000	0.59	有限
	MVT038	110或220	427～500	4100	0.54	有限
	MVT354	110	427～500	480	0.565	有限
Ⅲ	MVT567	60	427～500	850	0.1	有限
	MVT568	60	427～500	850	0.575	有限
	MVT569	110	427～500	950	0.14	有限

生产厂家：天津市微电机公司、成都微精电机股份公司。

2. MVT 系列比例式旋转变压器电气原理

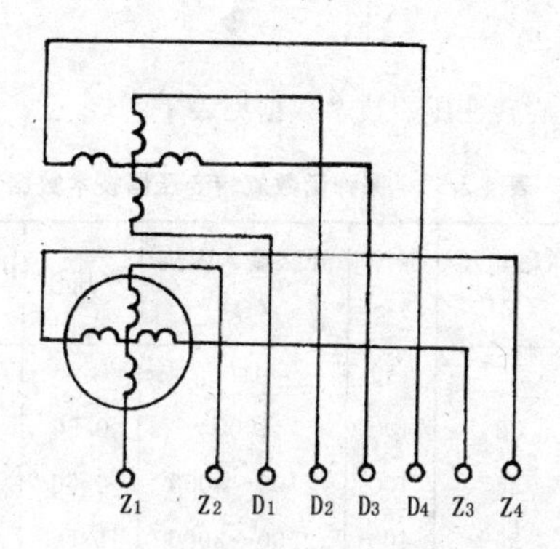

图 4-2-29 MVT 系列比例式旋转变压器电气原理图

3. 外形及安装尺寸

MVT 系列比例式旋转变压器外形见图 4-2-30。其安装尺寸见表 4-3-32。

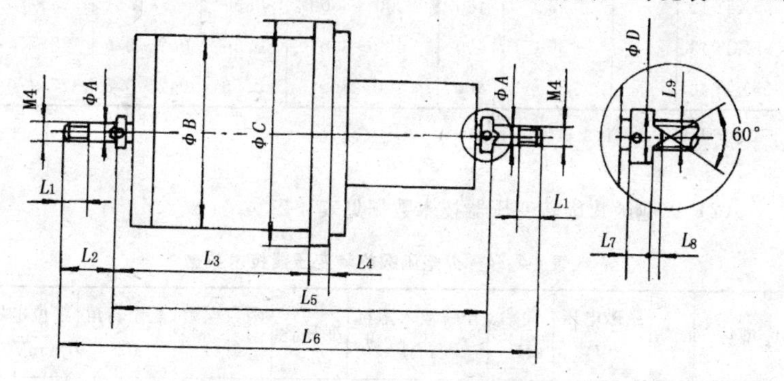

图 4-2-30 MVT 系列比例式旋转变压器外形

表 4-2-32 MVT 系列比例式旋转变压器安装尺寸

机座号	ϕA	ϕB	ϕC	ϕD	L_1	L_2	L_3	L_4	L_5	L_6	L_7	L_8	L_9
	h_6	f_7	d_{11}	—	—	—	—	−0.1	—	—	−0.1	—	—
Ⅱ	4	70	80	8	6	14	69	4.1	117	$145_{0.53}^{0}$	3.5	1	1.7
Ⅲ	4	45	50	8	6	13	48.5	4.1	98	$124_{-0.26}^{0}$	3.5	1	1.7

（十二）XT 系列特种函数旋转变压器

1. 技术数据

（1）深弹函数旋转变压器技术数据见表 4-2-33。

表 4-2-33　深弹函数旋转变压器技术数据

型号	函数	激磁电压（V）	频率（Hz）	开路输入阻抗（Ω）	变压比	函数误差（%）	工作转角（°）
55XT035	f_1	36	400	400	0.56	0.2～0.5	25～70
55XT036	f_2	36	400	1000	0.56	1～1.5	25～70
55XT037	f_3	36	400	2500～3000	0.56	1	25～70
55XT038	f_4	36	400	2500～3000	0.56	1	25～70
55XT039	f_5	36	400	2500～3000	0.56	1～1.5	25～70
55XT040	f_6	36	400	2500～3000	0.28	1～1.5	25～70
55XT041	f_7	36	400	2500～3000	0.28	1～1.5	25～70
55XT042	f_8	36	400	2500～3000	0.56	1～1.5	25～70
55XT043	f_9	36	400	400～800	0.56	0.2～0.5	25～70
55XT044	f_{10}	36	400	400～800	0.56	0.2～0.5	25～70

生产厂家：上海微电机研究所。

（2）火炮函数旋转变压器技术数据见表 4-2-34。

表 4-2-34　火炮函数旋转变压器技术数据

型号	函数	激磁电压（V）	频率（Hz）	开路输入阻抗（Ω）	变压比	函数误差（%）	工作转角（°）	零位电压（mV）
70XT012	f_1	30	400	600～1000	0.78	0.2～0.5	72	6～10
55XT045	f_2	30	400	600～1000	0.56	0.5～1	72	20
55XT046	f_3	30	400	600～1000	0.56	0.5～1	72	20
55XT047	f_4	30	400	600～1000	0.56	0.5～1	72	20
55XT048	f_5	30	400	600～1000	0.56	0.5～1	72	20
55XT049	f_6	30	400	600～1000	0.56	0.5～1	72	20

生产厂家：上海微电机研究所。

2. XT 系列特种函数旋转变压器电气原理

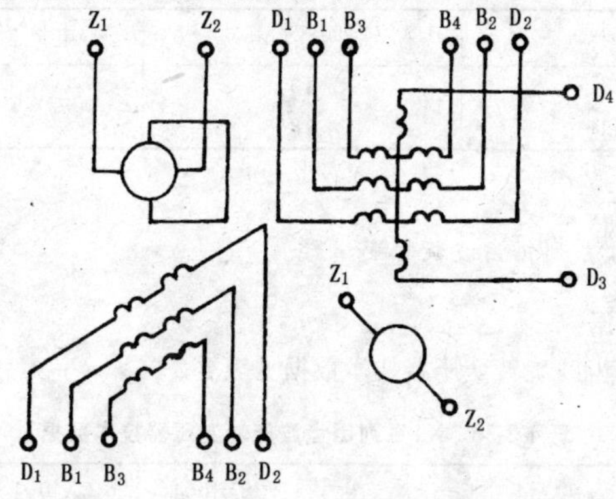

图 4-2-31　XT 系列特种函数旋转变压器电气原理图

3. 外形及安装尺寸

XT 系列特种函数旋转变压器外形见图 4-2-32 及图 4-2-33。

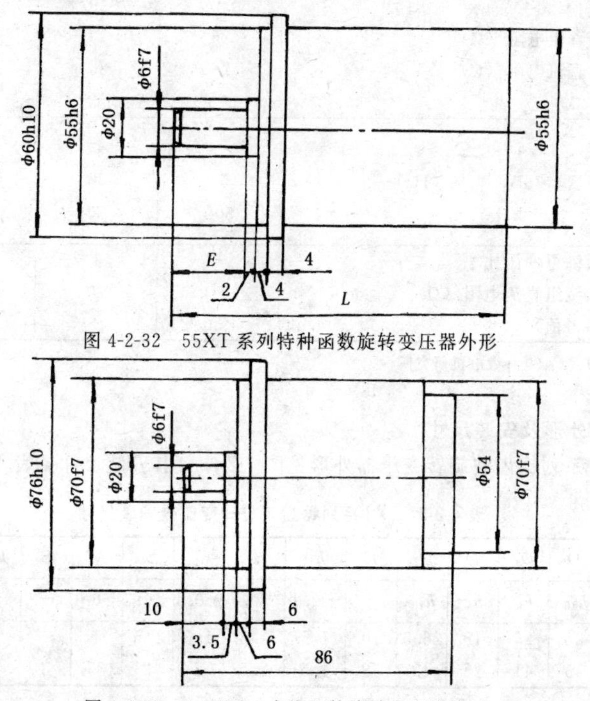

图 4-2-32　55XT 系列特种函数旋转变压器外形

图 4-2-33　70XT012 火炮函数旋转变压器尺寸

表 4-2-35　XT 系列特种函数旋转变压器安装尺寸

型　号	轴伸长（mm）	电机总长（mm）
$55XT^{035}_{044}$	10	88
$55XT^{045}_{049}$	18	96

（十三）XJ 系列锯齿波旋转变压器

1. 技术数据

XJ 系列锯齿波旋转变压器技术数据见表 4-2-36。

表 4-2-36　XJ 系列锯齿波旋转变压器技术数据

型号	28XJ001	45XJ001	45XJ002
激磁电压　(V)	12	20	20
激磁频率　(Hz)	400	400	400
空载输入阻抗（Ω）	400	500	500
变压比	0.25	0.97	0.97
定子绕组直流电阻（Ω）	26	20	15
转子绕组直流电阻（Ω）	26	26	26
输入端	定子	定子	定子
频率响应			
下限频率（−3dB）　(Hz)	50	20	15
峰值频率　(kHz)	500	80	80
定子补偿绕组变压比	—	1	—
定子补偿绕组直流电阻（Ω）	—	20	—
相移（参考值）	4°30′	—	1°40′

生产厂家：上海微电机研究所。

2. 外形及安装尺寸

XJ 系列锯齿波旋转变压器外形见图 4-2-34。其安装尺寸见表 4-2-37。

表 4-2-37　XJ 系列锯齿波旋转变压器安装尺寸

机座号	D	D_4	D	D_1	E	h_1	h_2	h_3	h_4	M	S	D_3	L_1
	h_{10}	h_6	h_8	h_{10}	—	±0.1	±0.1	±0.1	±0.2	±0.1	—	f_7	不大于
28	28	26	18	26.5	10	1.5	1.5	1.5	1.5	—	—	3	51
45	45	41	25	42	12	1.5	2.5	2	2	33	3	4	77

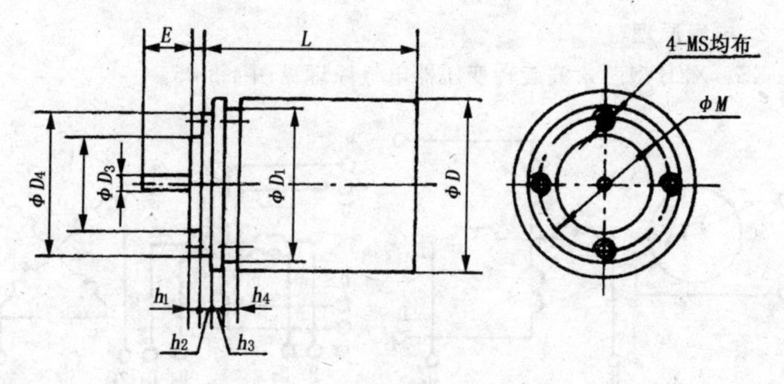

图 4-2-34 XJ 系列锯齿波旋转变压器外形

（十四）XS、XZB 型三角波旋转变压器

1. **技术数据**

XS、XZB 型三角波旋转变压器技术数据见表 4-2-38。

表 4-2-38 XS、XZB 型三角波旋转变压器技术数据

型号		45XS-01	36XZB01
电压（V）		36	10
频率(Hz)		400	400
开路输入阻抗(Ω)		1000	1000
剩余电压(mV)		15	15
零位误差(′)		—	≤3，8，16
电压梯度(V/（°）)		0.145	—
函数误差(%)		—	±0.05，±0.1，±0.2
线性范围(°)		$\frac{n\pi}{2}\pm46°$	—
线性误差(′)		±7′	—
变压比	转子/定子	—	1.0
	补偿/定子	—	0.58
输出阻抗(Ω)		≤70	—
补偿形式		—	双补偿
相位移(°)		≤2	—
交轴误差(′)		≤5	—

生产厂家：西安微电机研究所。

2. 电气原理

XS、XZB 型三角波旋转变压器电气原理见图 4-3-35。

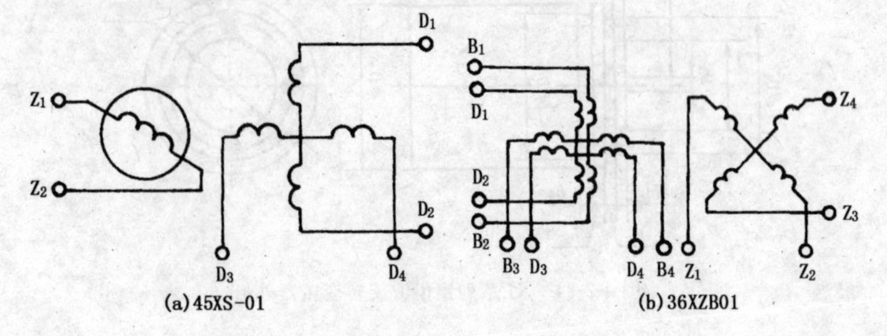

图 4-2-35　XS、XZB 型三角波旋转变压器电气原理图

3. 外形

XS、XZB 型三角波旋转变压器外形见图 4-2-36 及图 4-3-37。

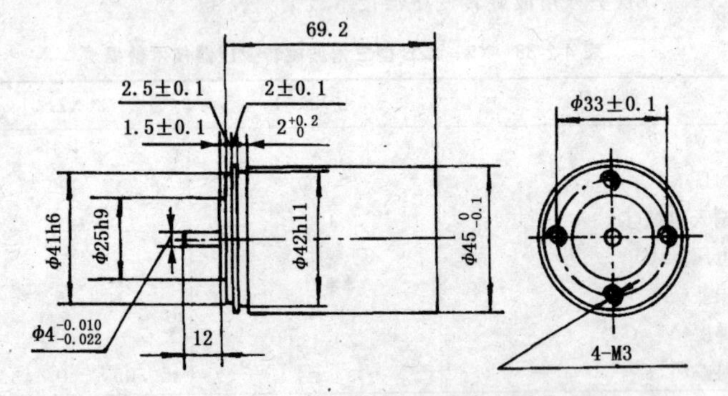

图 4-2-36　45XS-01 三角波旋转变压器外形

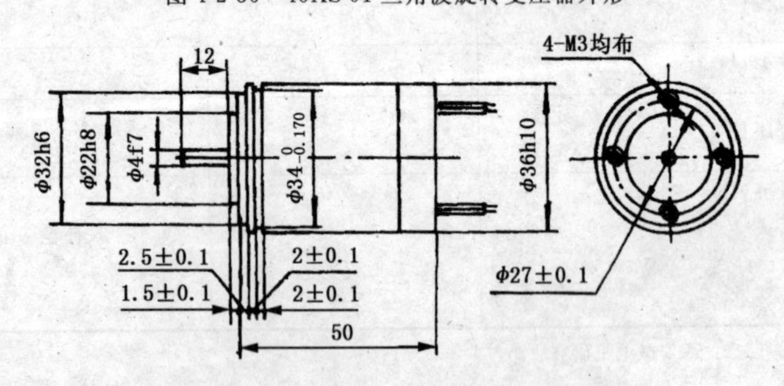

图 4-2-37　36XZB01 三角波旋转变压器外形

（十五）XZH 环形正余弦旋转变压器

1. XZH 环形正余弦旋转变压器技术数据

表 4-2-39　XZH 环形正余弦旋转变压器技术数据

型　　号	55XZH5-10A	55XZH15-10A	55XZH15-10B
额定电压（V）	40	36	5
频率(Hz)	500	500	4800
空载输入阻抗(Ω)	500	1600	1600
变压比	1.06	1.0	1.02
零位误差(′)	10	10	10
剩余电压(mV)	40/10①	30	10
函数误差(%)	±0.1，±0.2	±0.1，±0.2	±0.1，±0.2

①分子为总值，分母为基波值。

生产厂家：西安微电机研究所。

2. XZH 环形正余弦旋转变压器电气原理

3. XZH 环形正余弦旋转变压器外形

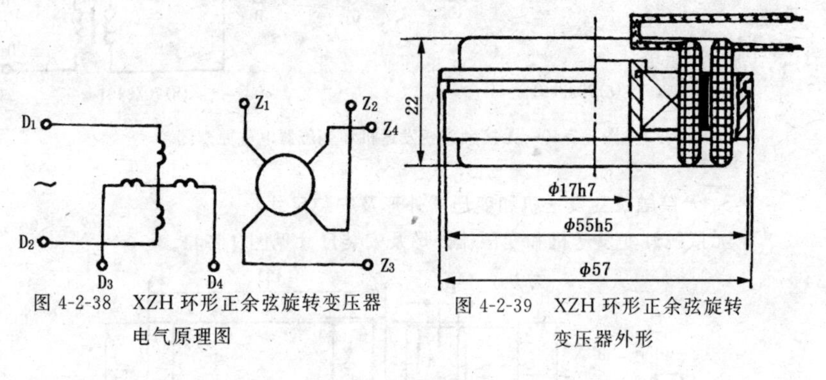

图 4-2-38　XZH 环形正余弦旋转变压器电气原理图

图 4-2-39　XZH 环形正余弦旋转变压器外形

（十六）无接触旋变发送机和变压器

1. 技术数据

无接触旋变发送机和变压器技术数据见表 4-2-40。

表 4-2-40　无接触旋变发送机和变压器技术数据

型号	70XFW01 旋变发送机	70XBW01 旋变变压器
额定电压(V)	36	36
频率(Hz)	50	50
空载电流(A)	≤0.85	0.08

续表

型号	70XFW01 旋变发送机	70XBW01 旋变变压器
空载功率(W)	≤15.0	≤1.0
电气误差(′)	3，8，12	3，8，12
输出电压(V)	36±3	20
零位电压(mV)	≤54	40

生产厂家：西安微电机研究所。

2. 电气原理

无接触旋变发送机和变压器电气原理见图 4-2-40。

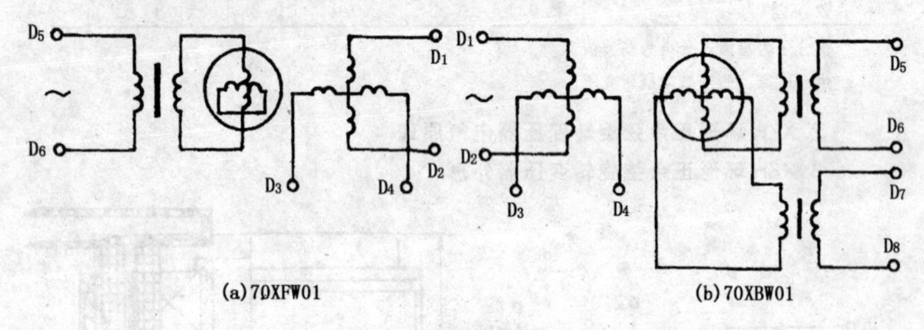

图 4-2-40　无接触旋变发送机和变压器电气原理图

3. 无接触旋变发送机和变压器外形及安装尺寸

无接触旋变发送机和变压器外形及安装尺寸见图 4-2-41。

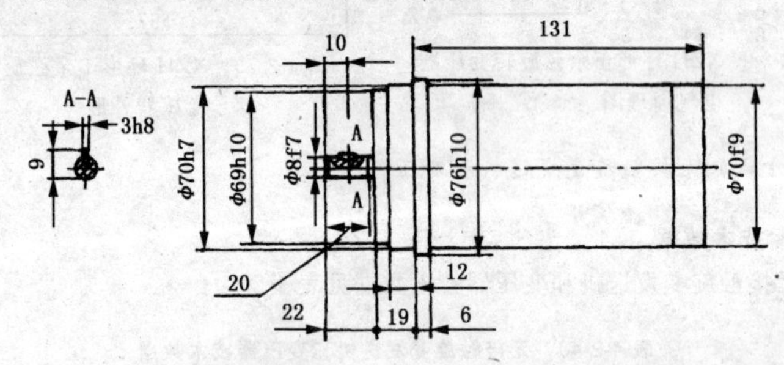

图 4-2-41　无接触旋变发送机和变压器外形及安装尺寸

第三节　测速发电机

一、概述

测速发电机是一种将机械转速转换为电信号的机电元件。从原理上来讲，几乎各种工作原理的电机（例如交流同步电机、交流异步电机、直流电机等）都可设计成测速发电机。测速发电机的特点是输出电信号（电压的幅值或者频率）与它们自身运动部分的速度（直线运动或旋转运动）成正比。测速发电机的功能使之在自动控制系统中常作为速度敏感元件，从它的输出电信号的变化来反映系统速度的微小变化，达到检测或自动调节电动机转速的目的，或用它产生反馈信号以提高系统的跟随稳定性和精度。在计算解答装置中，它可作为微分和积分元件，在很多场合中，它还被直接用作测速计，测量运动机械的速度。

测速发电机按其工作原理或励磁方式可以分为直流测速发电机和交流测速发电机两大类。直流测速发电机又可分为他励和永磁及无刷等几种，其结构和工作原理与普通小型直流发电机相同。交流测速发电机可分为同步和异步两种型式，同步型包括永磁式、感应子式和脉冲式。其特点是除输出电压的幅值与转速成正比外，频率也随转速变化。

二、测速发电机结构、原理和特性

（一）交流同步测速发电机

1. 结构

通常，同步测速发电机都设计为永磁式。其结构见图 4-3-1。

2. 基本原理

永磁同步测速发电机是基于同步发电机工作原理的交流测速发电机。它的定子铁心槽内嵌置了单相或三相对称输出绕组，转子由多对磁极（一般为 2 对磁极）的永久磁钢构成。当测速发电机的转子被原动机械驱动旋转时，永久磁钢在发电机气隙中建立的磁场随转子以同样的速度旋转，并切割定子绕组而在其中感应出电势。定子绕组感应电势的有效值为：

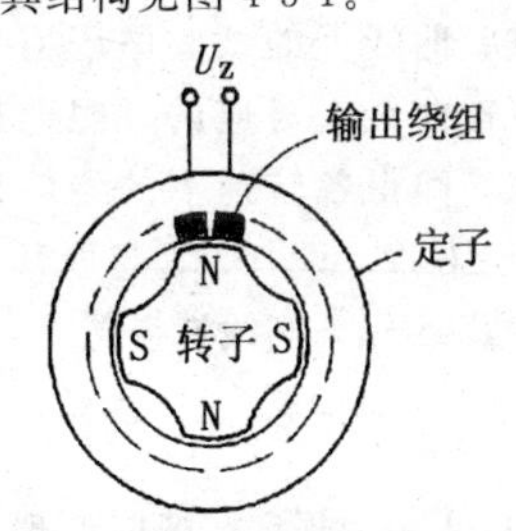

图 4-3-1　同步测速发电机结构图

$$E=4.44fK_{w}W\Phi=4.44K_{w}\frac{pn}{60}W\Phi=cn$$

由上式可见，定子绕组输出电势与发电机转速 n 成正比，输出电势的频率与转速 n 成正比（即同步）。这是它与交流异步测速发电机的一个根本差别。正因为它有这样的特点，若将它的输出电势接负载（阻抗）时，随着测速发电机转速的变化（也同时导致输出电势频率的变化），负载阻抗的感抗、容抗以及测速发电机输出绕组本身的电抗，都将随测速发电机的转速变化而变化。所以，永磁同步测速发电机空载时，其输出电势与转速成正比。当接有负载时，由于上述原因，这种严格的线性关系已不能保持，永磁同步测速发电机不适宜用于精密的自动控制系统和解算装置。

3. 特性

永磁同步测速发电机有两种使用方式：一种是作为速度指示用，与转速表配套；另一种是附加全波整流装置，将测速发电机三相交流输出电压经全波整流后输出直流电压，测速发电机与整流装置配合构成一种无接触直流测速发电机。

（1）输出电压。作速度指示用的永磁同步测速发电机的输出电压系指交流线电压，以规定转速的输出电压标定；作直流测速发电机用时输出电压系指全波整流后的直流电压，也是以规定转速的输出电压标定。

（2）功率、电流或负载电阻。它们是用来表示永磁同步测速发电机在规定转速时承受负载的能力。有的品种用输出功率和电流来表示，有的品种则是用负载电阻来限制，使用时应注意不超过规定，否则在规定转速时的输出电压将降低，使线性误差增加。

（3）转速。它指确保线性误差规定的转速范围。

（4）线性误差。用图 4-3-2 来说明线性误差的定义：将图 4-3-2 中试验曲线上的试验电压值与理想特性曲线上对应的理想电压值相减，即得各转速下的绝对误差电压 ΔU_{1}，$\Delta U_{2}\cdots\Delta U_{n}$，取其中的最大值 ΔU_{m}，则线性误差为：

$$E_{L}=\frac{\Delta U_{m}}{U_{H}}\times100\ (\%)$$

式中，U_{H} 为规定转速时的理想输出电压（V）。

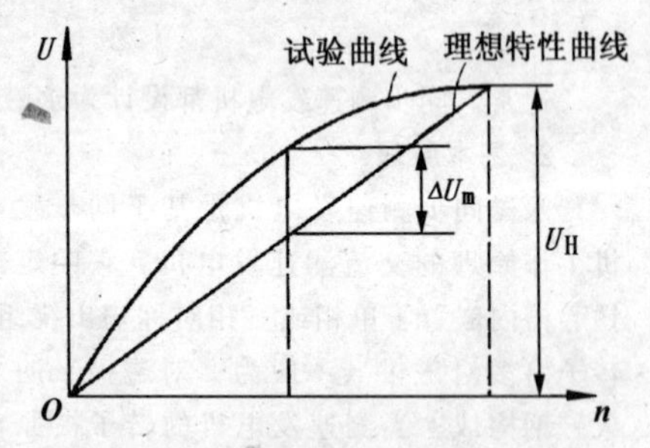

图 4-3-2　永磁同步测速发电机线性误差

（二）感应子测速发电机

1. 结构

图 4-3-3 所示的是感应子测速发电机的结构。它的定子铁心有均匀分布的大槽和小槽，在大槽中布置有励磁绕组，小槽中布置有单相或三相对称输出绕组。转子上有均匀分布的开口槽（定、转子铁心的齿槽数应满足规定的对称条件），槽中没有任何绕组。

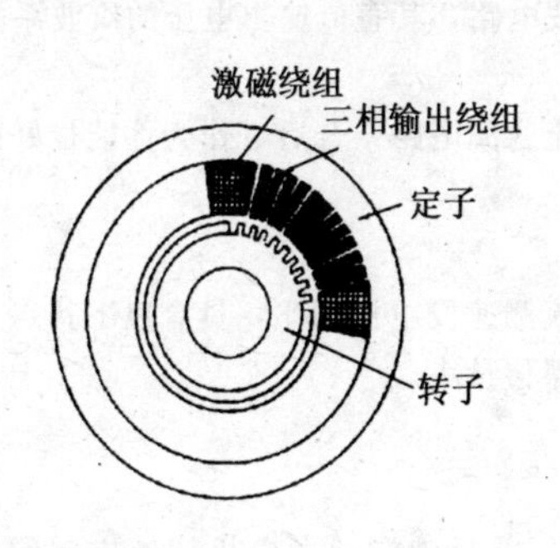

图 4-3-3　感应子测速发电机结构

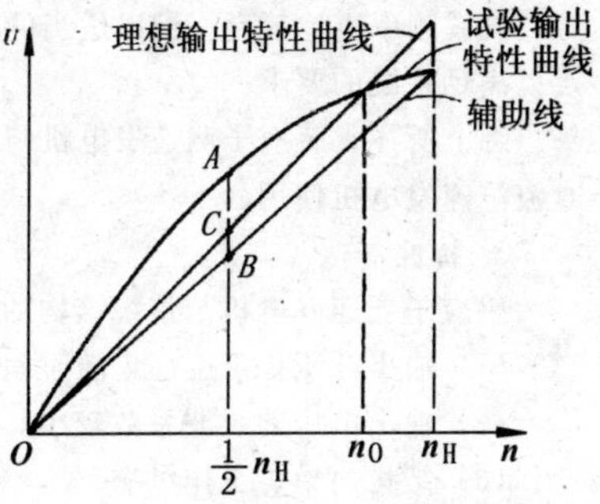

图 4-3-4　感应子测速发电机线性误差

2. 基本原理

当在定子励磁绕组上施加一定的直流电压，而转子又静止不转时，由于励磁磁势在电机气隙中产生的磁通恒定不变（其大小和方向都不随时间而变化），因此此时定子输出绕组中不产生感应电势。但是当转子以一定速度旋转时，由于定、转子铁心上齿之间的相对位置发生周期性变化，例如：当转子上一个齿的轴线与定子上某一齿的轴线一致时，该定子齿所对应的气隙磁导为最大，而当转子转过去 1/2 齿距而使转子上槽的轴线与上述定子齿的轴线一致时，该定子齿此时对应的气隙磁导为最小。在上述过程中，匝链跨接于该定子齿上的线圈的磁通的数值发生了周期性的变化，由此在定子输出绕组中将产生感应电势。也可以这样来理解，当转子旋转时，就相当于转子表面上有 Z_2 对小磁极（转子 Z_2 个齿和电机气隙恒定磁通的联合作用），这样的转子旋转时，就像永磁同步测速发电机那样切割定子绕组，在其中感应电势。当然，该电势的幅值是与转速成正比的。感应电势的频率为：

$$f=\frac{Z_2 n}{60}\ (\mathrm{Hz})$$

频率 f 也与转速 n 成正比。

和永磁同步测速发电机一样，感应子测速发电机接有负载（阻抗）时，其输出电势与转速不能保持严格的线性关系，所以它用于自动控制系统不适宜的。但是，设计这种测速发电机的真正目的是为了将它的三相输出电压经全波桥式整流后，取其直流输出电压作为速度响应信号用于速度控制系统。实践表明，这样的设计考虑是可以达到预期设想的。因为感应子测速发电机本身设计为三相且电机转子上没有布置绕组，故转子槽数设计得比较多（转子槽数实际上就是电机的极对数），因而感应子测速发电机输出电压的频率比较高。这样的三相中频电压经全波桥式整流后的直流输出电压其直流性很好，纹波频率也比较高，配以适当的滤波电路，其直流输出电压的纹波系数足以满足系统的要求。

综上所述，感应子测速发电机与整流滤波电路结合后可作为性能良好的直流测速发电机使用。

3. 特性

感应子测速发电机与传统结构的直流测速发电机相比，具有以下特点：

（1）输出电压稳定度高，随时间的漂移量小。

（2）输出电压的纹波系数较小。

（3）结构简单、工作可靠。

（4）它的不足之处是输出直流电压不能反映测速发电机旋转方向的变化，即旋转方向改变时，测速发电机输出电压的极性不随着变化。不过，当在它的定子上再布置一套信号绕组，控制一套逻辑电路，可以使整流后的直流输出电压的极性随电机旋转方向改变而改变。

感应子测速发电机主要技术指标如下：

（1）线性误差。可用图 4-3-4 来说明感应子测速发电机的线性误差。

理想输出特性曲线是按下面方法确定的：

$$U_C=U_A-\frac{2}{3}(U_A-U_B)$$

由 U_C 及 $\frac{1}{2}n_H$（n_H 为最大线性工作转速，r/min）确定 C 点，将坐标原点 O 与 C 点连一直线即得理想输出特性曲线。

将各转速下的电压值与理想输出特性曲线上的对应理想电压值相减即得各转速下的绝对误差电压 ΔU_1，$\Delta U_2 \cdots \Delta U_n$，取其中最大的 ΔU_m，则线性误差为：

$$\varepsilon_L=\frac{\Delta U_m}{U_H}\times 100\ (\%)$$

式中，U_H 为额定转速时的理想输出电压（V）。

（2）反转误差。正反转误差是指顺时针旋转与逆时针旋转时输出电压幅值之间的差别，定义为：

$$E_{zf}=\frac{U_Z-U_F}{\frac{1}{2}(U_Z+U_F)}\times 100\ (\%)$$

式中，U_Z 为顺时针旋转时的输出电压（V）；U_F 为逆时针旋转时的输出电压（V）。

（三）非磁性空心杯转子异步测速发电机

交流异步测速发电机按照其转子结构型式的不同可分为 3 种型式：非磁性空心杯转子异步测速发电机、铁磁性空心杯转子异步测速发电机和笼型转子异步测速发电机。

1. 结构

非磁性空心杯转子异步测速发电机的典型结构见图 4-3-5。

这种测速发电机具有两个定子铁心，即外定子和内定子，内、外定子之间气隙内的转子是一种薄壁型的空心杯结构。它是由非磁性金属材料（铝合金、青铜合金等）制成。测速发电机的励磁绕组一般布置在外定子上，输出绕组则布置在内定子上（小 28 号机座及以下机座通常将励磁绕组和输出绕组都布置在内定子上）。该两绕组的轴线在空间是正交的（即两绕组轴线在空间呈 90 度电角度）。

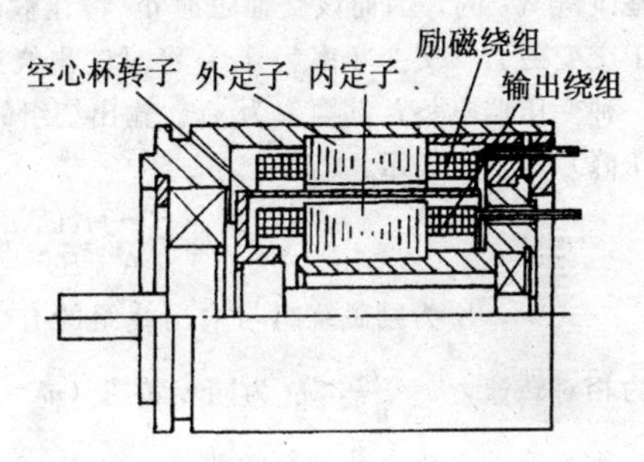

图 4-3-5 空心杯转子异步测速发电机结构

2. 基本原理

如图 4-3-6 所示，当在励磁绕组 W_L 上施加恒定频率（f_L）的恒定电压 U_L，并且转子静止不旋转时，绕组 W_L 的磁势产生的交变磁通沿绕组 W_L 轴线方向（直轴方向）穿过转子，因而在转子上与 W_L 绕组轴线一致的直轴线圈中产生感应电势。该线圈经电刷

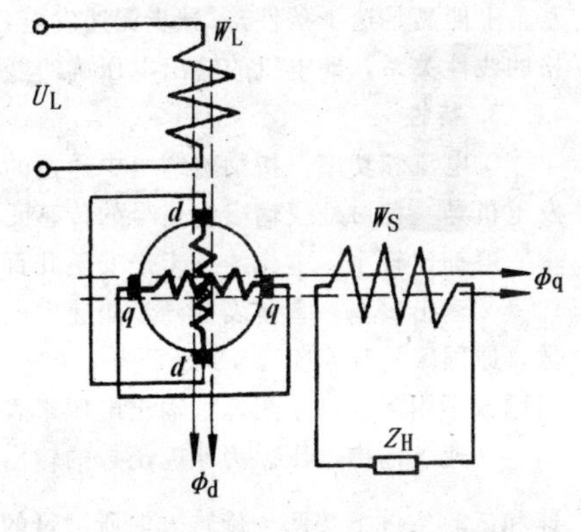

图 4-3-6 空心杯转子异步测速发电机电气原理图

dd 短接（这时转子杯等效为1个直轴线圈和1个交轴线圈）。该电势称为变压器电势，经电刷短接后，在其中产生电流并建立磁通。该磁通的方向与 W_L 励磁产生的磁通方向相反。W_L 绕组和转子直轴等效绕组的磁势将在测速发电机气隙中建立直轴磁通 Φ_d，其脉振频率为 f_L。该磁通不与输出绕组 W_S 匝链，所以不在其中感应电势。此时测速发电机的输出电压为零（实际上并非绝对如此，由于磁路和电路不可能完全对称，多少总会有些输出——剩余电压）。当测速发电机的转子以一定速度旋转时，除仍产生上述转子等效直轴线圈的电磁过程外，还由于转子旋转，其交轴等效线圈将切割直轴磁通 Φ_d 而感应电势。因为交轴线圈是经电刷 qq 短接的，所以其中同时产生电流。该电流产生的磁通是沿交轴方向的，显然它的大小是由转子转速 n 决定的，而其频率则由直轴磁通 Φ_d 的脉振频率，即励磁电源频率 f_L 决定的，与转速 n 无关。该交轴磁通 Φ_d 与输出绕组 W_S 的轴线在空间是一致的，即 Φ_d 是匝链 W_S 的。因而该交轴磁通 Φ_d 将在输出绕组中感应电势。因为它是由于交变磁通（交变频率为 f_L）穿过输出绕组而感生的电势，故该电势也是一种变压器电势，其频率为 f_L。输出绕组的输出电压（即负载阻抗 Z_H 上的压降）以下式表示：

$$U_S=\frac{-JKU_L}{A-Bv^2}v\ (\mathrm{V})$$

式中，K 为励磁绕组与输出绕组的有效匝比；U_L 为励磁电压（V）；v 为相对转速，$v=\frac{n}{n_C}$，n_C 为同步转速（$n_C=\frac{60f_L}{p}$，p 为极对数）；A、B 为取决于测速发电机参数的复常数。

由上式可知，当 $Bv^2\approx0$ 时（高精度非磁性空心杯转子异步测速发电机基本上能满足这个条件），异步测速发电机的输出电压和它的转子转速呈严格的线性关系，即电机的输出电压确实能够精确地反映它自身的转速。

3. 特性

①电流和功率。指励磁绕组中通过的电流和消耗的功率。因为异步测速发电机是一种对外仅输出电信号的传感元件，因而它从电源吸收的电流和功率一般都比较小，电流约几十毫安至几百毫安，功率仅几瓦。

②输出斜率。它是表征异步测速发电机反应被测转速变化灵敏程度的参数。原国家标准 GB_n58-78 规定为 1000r/min 时的输出电压（V/(kr/min)），但国家军用标准则采用速敏输出电压来表征。

③速敏输出电压。为速度函数的输出电压分量，它在数值上等于相同转速和试验条件下按两个旋转方向所测量的基波输出电压有效值之和的$\frac{1}{2}$。

④同相速敏变压比。在校准转速下同相速敏输出电压与基波励磁电压

之比。

⑤最大线性工作转速。在允许线性误差范围内的最高工作转速。

⑥相位移。输出电压相对于它的励磁电压的相位移。根据异步测速发电机的不同功用，对相位移的大小有不同程度的要求。原国家标准 GB_n58-78 是这样规定的：作阻尼用的异步测速发电机的相位移限制在 30 度以内；作速度反馈用的异步测速发电机的相位移限制在 10 度以内；作积分用的异步测速发电机则要求小于 5 度。

⑦剩余电压。从原理来说，当转子静止不动时，输出绕组端应该是没有电压输出的，实际上总存在十几、几十甚至几百毫伏的输出电压，通常称这种电压为剩余电压。它主要是由制造工艺水平和材料质量因素造成的电和磁不对称所引起的。剩余电压对系统造成的危害很大（例如：增大系统误差和导致系统误动作以及引起放大器的饱和等等）。所以从系统的角度来讲，希望剩余电压尽可能小。

⑧线性误差。线性误差是输出电压与理想输出电压之差同最大理想输出电压之比，如下式：

$$\Delta L=\frac{U-U_{OC}}{U_{maz}}\times 100\ (\%)$$

式中 ΔL 为线性误差；U 为在转速范围内任意转速时的实际输出电压（V）；U_{OC}为在转速范围内任意转速时的理论输出电压（V），$U_{DC}=nU_C/n_C$（V）。式中，U_C 为在校准转速 n_C（n_C 通常为转速范围内最大转速的$\frac{5}{6}$）时实际输出电压（V）；U_{max} 为在转速范围内最大转速 n_{max} 时的理论输出电压（V），$U_{max}=n_{max}U_C/n_C$。

⑨相位误差。原国家标准 GB_n58-78 规定，最大线性工作转速范围内，输出电压相位移的最大值与最小值之差为它的相位误差。

（四）直流测速发电机

1. 结构和基本原理

从工作原理来说，直流测速发电机与一般小型直流发电机相似，所不同的是直流测速发电机通常不对外输出功率或者输出功率比较小。它的电气原理图见图 4-3-7。

下面以永磁式直流测速发电机为例来说明其工作原理。

测速发电机定子上的永久磁钢在发电机气隙中建立一个恒定的磁场，当电枢被外力驱动旋转时，位于电枢槽中的导体便切割气隙磁通，在其中感应电势，但导体在不同极性下感应电势的方向是不同的。通过电极上整流子的换向作用，在不同极性的电刷间就可获得下式所表达的电势：

$$E=\frac{p\Phi N}{60a}n=K_{E}\ (\mathrm{V})$$

式中，p 为极对数；Φ 为永久磁钢在气隙中产生的每极磁通（Wb）；N 为总导体数；a 为并联支路数；n 为转速（kr/min）。

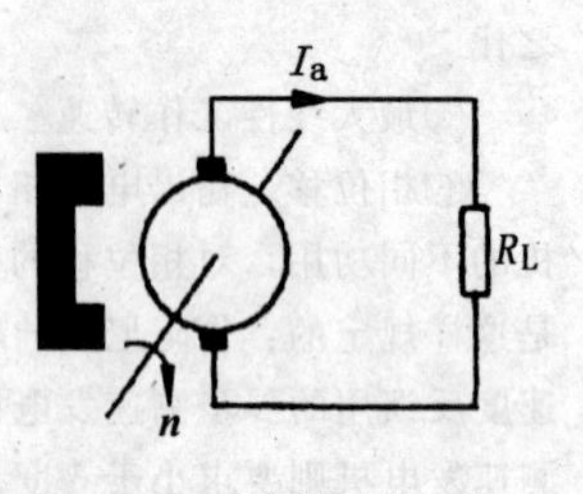

图 4-3-7　直流测速发电机电气原理图

直流测速发电机空载时的输出电压与其输出电势相等，即：

$$U=E=K_{E}n\quad (\mathrm{V})$$

由上式可知，这时测速发电机的输出电压 U 与电枢转速成严格的正比关系。此时输出电压就间接地表示了它的电枢转速，也如实地反映了驱动测速发电机的旋转机械的转速。带负载时，输出电压为：

$$U=E-I_{a}R_{a}\quad (\mathrm{V})$$

式中，I_a 为电枢电流，即负载电流（A）；R_a 为电枢回路的总电阻（Ω）。

2. 特性

（1）输出斜率。输出斜率以规定负载下在 1000r/min 时的输出电压表示，单位为 V/kr/min。

（2）输出电压不对称度。指在相同转速下，正、反转输出电压绝对值之差与两者平均值之比，以下式表示：

$$\frac{|U_1|-|U_2|}{|U_1|+|U_2|}\times 200\ (\%)$$

式中，U_1、U_2 分别为顺时针和逆时针方向的输出电压（V）。

（3）线性误差。在规定的转速范围内和负载条件下，输出电压与理想输出电压之差对该转速时理想输出电压之比称为线性误差。测量转速范围内线性误差绝对值的最大值为测速发电机的线性误差。任意转速时的线性误差以下式表示：

$$\Delta L=\frac{U_{K}-N_{K}U_{a}}{N_{K}U_{a}}\times 100\ (\%)$$

式中，U_K 为转速为 N_K（kr/min）时的输出电压（V）；U_a 为转数 kr/min 时的加权电压（V）；

$$U_{a}=\frac{U_1+U_2+\cdots+U_K}{N_1+N_2+\cdots+N_K}$$

式中，U_1、U_2，…，U_K 分别为转速在 N_1、N_2，…，N_K 时的输出电压（V）。

适用于正、反转运行的直流测速发电机的线性误差是以正、反两个方向的线性误差的最大值来度量的。

(4) 波纹系数。直流测速发电机的电压波形见图 4-3-8。其输出电压由一个直流分量（平均值）以及叠加在其上的脉动分量（交变值）两部分构成。纹波系数就是衡量输出电压脉动分量大小的参数。

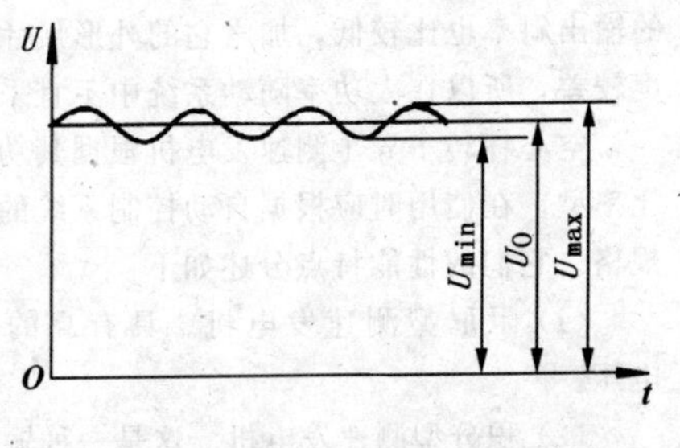

图 4-3-8 直流测速发电机输出电压波形

三、测速发电机选型和使用

(一) 交流同步测速发电机

由于交流同步测速发电机输出电势的频率与转速成正比关系，若将它输出电势接向某一负载时，负载阻抗中的感抗（或容抗）分量以及该测速发电机自身绕组的电抗都随转速变化而变化。所以，虽然空载时输出电势与转速成正比，但当负载时，这种关系已不复存在。因此，永磁同步测速发电机不能用在自动控制系统和解算装置中，它只能与特殊刻度的交流电压表相配用作转速表，直接指示原动机的转速。

(二) 感应子测速发电机

从原理上来说，感应子测速发电机也是一种同步测速发电机，所以将这种测速发电机的输出电势直接接向负载阻抗时，也会产生如永磁同步测速发电机那样的结果，因此就电机本身来说，也是不适用于自动控制系统的。但是，设计这种测速发电机的目的往往是为了将它的三相中频输出电压经桥式全波整流后，取其直流输出电压作为速度信号用于自动控制系统，也就是说，它实际上是作为一种无接触式直流测速发电机在使用的。由于三相中频输出电压经桥式全波整流后的直流输出电压的直流性相当好，纹波频率高，配以适当的滤波电路后，其直流输出电压的纹波系数足以满足自动控制系统的要求，目前这种测速发电机已在轻纺系统中被广泛作直流测速发电机使用。

(三) 空心杯转子异步测速发电机的选型

由于空心杯转子异步测速发电机线性误差、消耗功率和惯性转矩低，且输出电压的频率不随转速而变化，所以它适用于小功率随动系统和解算装置。但这类测速发电机一般都不能输出功率，且与直流测速发电机相比，它的输出斜率也比较低，加之它的外形尺寸一般都比较小、轴伸较细、结构强度较差，所以在大功率随动系统中不宜采用。

空心杯转子异步测速发电机根据其功能特点可以分为阻尼型、积分型和比率型。在使用时应根据自动控制系统的功能特点来选择合适型式的品种和规格。它们的性能特点分述如下：

(1) 阻尼型测速发电机。具有高的堵转理论加速度和低的零速输出电压。

(2) 积分型测速发电机。这是一种输出电压随温度变化的偏差小（即变温误差小）和加热时间短的测速发电机。这类测速发电机通常具有温度控制和补偿网络。

(3) 比率型测速发电机。具有高的速率输出电压对零速输出电压的比值、低的转子转动惯量和小的线性误差。

原国家标准 GBn58-78 中对于空心杯转子异步测速发电机的品种未作明确分类，但在型谱中根据 3 种型式测速发电机的功能特点安排了相应的品种，在选用标准系列产品时应根据以上功能特点来选择合适的品种规格。国家军用标准已明确将空心杯转子异步测速发电机按其功能分为阻尼型、积分型和比率型，并分别给出产品代号如下：

比率型测速发电机　CKB

积分型测速发电机　CKJ

阻尼型测速发电机　CKZ

使用时可根据需要按产品代号选型。

（四）直流测速发电机的选型

直流测速发电机的结构型式和品种规格比较多，在使用时：

(1) 应特别注意控制系统的工作速度范围和与电机联接的负载的大小，并根据系统工作转速选择合适的机型。例如：低速系统特别注意低速的平稳性，应选取高灵敏度（或低速）电机；对于速度控制单元消耗功率比较大的场合，应选择功率型发电机（几十瓦到几百瓦）；对于小功率直流随动系统应选取以信号输出为主的产品（几瓦以下）。

(2) 应注意控制系统和电机工作局部的环境温度变化情况。如果控制系统适用的工作温度范围比较宽，可以考虑选用他励电磁式电机，因为在其励磁系统采取适当的稳流措施，可使电机气隙磁通具有高于 0.1%～0.01%稳定度。当选用永磁式直流测速发电机时应注意选取带在温度补偿措施的，它同样也可以保持气隙磁通有较高的稳定度。

(3) 在现有众多的系列和单个的直流测速发电机中，实际上存在着主要技术指标定义上的差别。这是历史原因所造成的，因而在选型时应特别注意比较线性误差和纹波系数定义上的差别。这种差别在产品样本中通常是无法判别的，选型时应注意向制造厂咨询。

四、测速发电机常见故障和维护

(一) 永磁同步测速发电机

永磁同步测速发电机的结构比较简单，使用比较可靠。通常的故障是由于使用不当造成永磁体失磁，导致输出电势降低。这种测速发电机的永磁体多为铝镍钴系磁钢，矫顽力较小，加之设计时并未考虑过载能力，一旦过载就会失磁。出现这种情况，测速发电机就需要重新充磁。

使用维护要求：

(1) 使用场合应避免有外加强磁场存在，以避免失磁或工作性能变坏。

(2) 严禁自行拆卸，特别是不允许将转子从定子腔内抽出，以免失磁(因为一般是不标明电机充磁状态的)。

(3) 应按照发电机规定的环境条件等级使用并保持使用环境的清洁。长期未使用的电机重新使用时至少应检查其绝缘电阻是否符合规定。

(二) 感应子测速发电机

(1) 在选型和使用中应注意输出电压的极性是不随电机转向的变化而变化。

(2) 由于该测速发电机输出特征（线性误差和稳定度）的好坏在相当程度上取决于其气隙磁场的稳定性，因此在使用时应注意保持其励磁电流的高稳定性（0.05%以上）。

(三) 空心杯转子异步测速发电机

(1) 由于装配中紧固螺钉紧固不牢，造成发电机在运输和使用过程中紧固螺钉松动，导致内外定子间相对位置变化，使剩余电压或零速输出电压增加。

(2) 由于装配时接线混乱或使用中接线错误，导致输出电压相位倒相和剩余电压（零速输出电压）与出厂要求不符，需改变接线。

(3) 由于空心杯转子异步测速发电机是一种无接触式交流电机，通常不需特殊维护。对于因内、外定子相对位置改变而引起剩余电压的增加，需送制造厂调整。

(4) 使用时应根据系统的要求来选择合适的测速发电机品种，提出切合实际的技术要求。一项技术指标的合理降低可以使另一项指标得到明显改善。

(5) 异步测速发电机的输出特性一般都是在空载条件下给出的（一般要求负载阻抗≥50～100kΩ)，使用时应注意到这一点，还应注意到输出特性还与负载性质（阻抗、容性或感性）有关。

(6) 应正确处理异步测速发电机的输出斜率与其短路输出阻抗间的关系。一般说来，在一定几何尺寸下，满足一定线性误差要求的异步测速发电机，随着其输出斜率的提高，它的短路输出阻抗将急剧增加，结果是在相同的负载阻抗下，要求输出斜率的提高并不能达到提高系统灵敏度的目的，所以应将输出斜率和短路输出阻抗结合在一起提出合适的要求。

(7) 异步测速发电机在出厂前都经过严格调试，以使其剩余电压（即零速输出电压）达到要求，调试后已用红色磁漆将紧固螺钉点封，使用中严禁拆卸，否则剩余电压将急剧增加以至无法使用（使用者是不易调整的)。

(8) 空心杯转子异步测速发电机是一种精密控制元件，使用中应注意保证它和驱动它的伺服电动机之间连接的高同心度和无间隙传动，否则会使该测速发电机损坏或导致系统误差增加。此外应按照各品种规定的安装方式安装测速发电机，安装中应使电机各部分受力均匀，以免导致剩余电压增加。

(9) 异步测速发电机可以在超过它的最大线性工作转速1倍左右的转速下工作，但应注意：随着工作转速范围的扩大，其线性误差、相位误差都将增大。例如：工作转速范围扩大1倍，线性误差将是原来的4倍左右。

(10) 使用中应严格按照规定的接线标志接线，低电位端应与机壳共同接地。

(11) 应按照规定的使用环境使用。

(四) 直流测速发电机的故障及维护

由于直流测速发电机具有电刷——换向器接触环节，因而应注意对这一环节的维护和保养。

1. 常见故障简述

(1) 由于电刷系统弹簧压力不合适或不一致造成电刷与换向器之间的接触状态不佳，导致输出电压的不稳定和纹波增大。

(2) 电刷与换向器之间的接触面积未达到75%以上，造成输出电压不稳定和纹波增大。

(3) 由于各种外来因素造成永磁体失磁，导致输出电压降低。

(4) 使用期过长造成电刷磨损超过允许限度（一般不能超过1/4～1/3)，由于电刷压力减小造成电刷与换向器之间的接触不好。

(5) 由于换向器片间出现局部短路，造成纹波系数提高。

2. 故障维护措施

(1) 长期库存未使用的发电机，在使用前应检查发电机的绝缘电阻是否符合规定，并应检查发电机各项技术参数是否符合要求。

(2) 产生上述故障 (1)、(3) 时，应将发电机送制造单位进行维修。

(3) 使用中发现故障 (2)、(4) 所出现的问题时，应及时更换电刷并应注意让重新更换的电刷空转几小时（定时变更转向），以使电刷与换向器的接触面积达 75%以上。

(4) 当产生故障 (2) 时，应如更换新电刷那样处理。

(5) 对于外形尺寸比较大的测速发电机，可以定期对电刷和换向器系统进行处理，除去磨损的炭粉。

3. 使用具体要求

(1) 直流测速发电机在出厂前已经将电刷调整到合适位置以保证输出电压的不对称度符合要求，使用中不允许松动刷架系统的紧固螺钉。

(2) 永磁直流测速发电机不允许将电枢从电机定子中抽出，以免失磁。

(3) 使用场合下不允许有强的外磁场的存在，以免影响测速发电机输出特性的稳定。

(4) 选型时应充分注意该测速发电机的负载状况，不允许超出测速发电机的最大允许负载电流使用，以免引起输出特性变坏或失磁。

(5) 应注意由于电机自身发热或环境温度的变化会导致输出斜率的降低或升高。

(6) 应使测速发电机工作环境条件符合规定。

五、测速发电机应用

(一) 感应子测速发电机的应用

目前感应子测速发电机应用最广的是在不可逆调速和稳速系统中取代直流测速发电机，它与可控硅调速装置配套，已广泛应用于冶金、造纸、化工和纺织印染等行业中。

下面介绍它在大型造纸机中的应用。图 4-3-9 是造纸机部分传动系统的原理框图。该系统是由一个电流小闭环和速度大闭环所构成的闭环调速系统。主电动机的转速是由速度给定电压 u_g 决定，与主电动机同轴的 GGT-250 型感应子测速发电机产生的速度反馈电压 u_n 与 u_g 相比较，差值信号输入速度调节器，经速度调节器放大后的输出电压成为电流小闭环的电流指令值。电流小闭环的反馈电压 u_1 则来自交流互感器。它经整流后与电流指令值相比较，差值信号输入电流调节器。经电流调节器放大后的输出电压用以控制触发器和可控硅，使主电动机的速度与速度给定值相一致，实现了速度的自动调节。例如：在某一给定速度下，电动机的速度因故降低（如因负载变化造成），则速度偏差增大，速度调节器的输出也跟着增加，即电流指令值增加，由于电流小闭环的功能，使主回路的电流增加，因而电动机的输出转矩增加，使其加速并力图使速度回升到与速度指令值相一致。

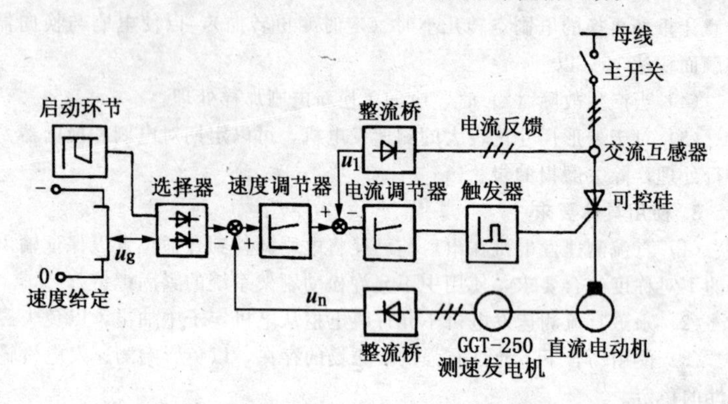

图 4-3-9　造纸机部分传动系统原理框图

采用了 GGT-250 型感应子测速发电机的中、低速造纸机的调速和稳速精度可达 0.3%～0.01%，运行可靠性比采用一般直流测速发电机的系统提高。

（二）空心杯转子测速发电机的应用

1. 用作阻尼

当系统发生振荡时，它能够向系统提供一个加速或减速信号，产生阻尼作用，促使系统振荡加速衰减，从而提高系统的稳定性和准确度。图 4-3-10 是采用异步测速发电机增加系统黏滞阻尼的简单交流远距离定位伺服系统的原理框图。

在这个系统中，异步测速发电机的输出信号和来自自整角变压器的控制信号同时输入加法网络进行代数相加，当系统接近协调位置时，它的相位是和控制信号反相的，而当系统调整出现超调时，异步测速发电机输出信号的相位仍和原来相同，但此时控制信号的相位已与原来相反，这样两个信号的相位是一致的，因而两信号相加。该合成信号经放大器放大后将促使伺服电动机产生一个很大的制动转矩，以使系统的振荡衰减下来。

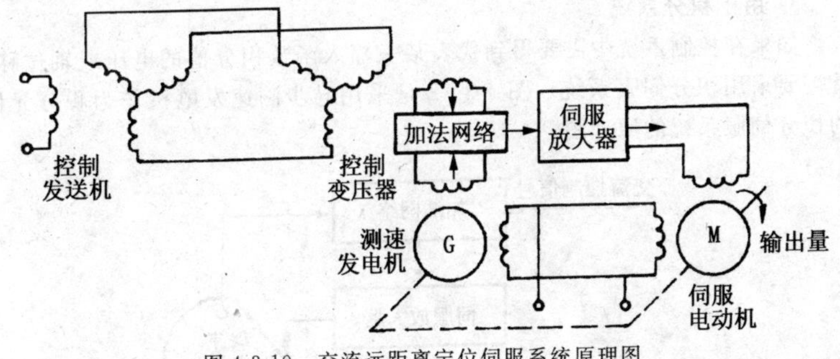

图 4-3-10　交流远距离定位伺服系统原理图

2. **用作速度伺服**

在某些仪器和实验设备中，往往要求驱动设备主轴的伺服电动机的速度与某一输入电压成正比。为了实现这个要求，就需要采用速度伺服系统，这种系统的原理见图 4-3-11。

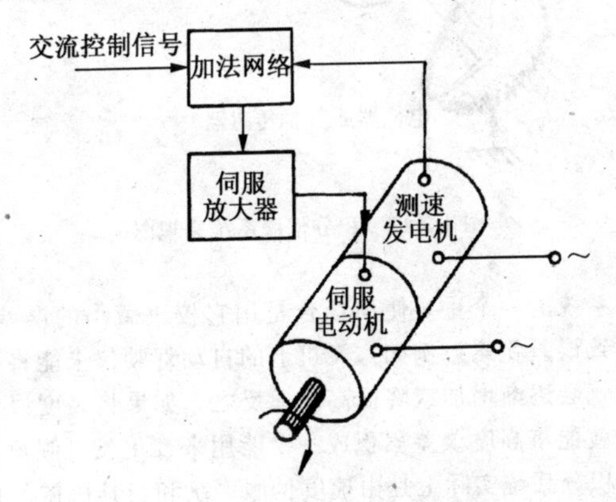

图 4-3-11　速度伺服系统原理图

在该系统中，异步测速发电机的输出电压反映了伺服电动机的转速，交流控制信号减去这个电压后的差值信号经放大器适当放大后，加于伺服电动机的控制组，驱动伺服电动机。这里应该注意的是，伺服电动机追随控制信号的精度与异步测速发电机的线性误差和温度误差直接相关（当然也和放大器的增益有关），而异步测速发电机剩余电压的存在则影响伺服电动机的低速运转和产生无控制信号输入时的空转。对这种系统来说，应选用比率型异步测速发电机。

3. 用于积分系统

如果在控制系统中需要得到代表某一输入函数积分值的电压或轴位移，就需要采用积分伺服系统。图 4-3-12 是采用异步测速发电机作为积分元件的积分伺服系统的原理图。

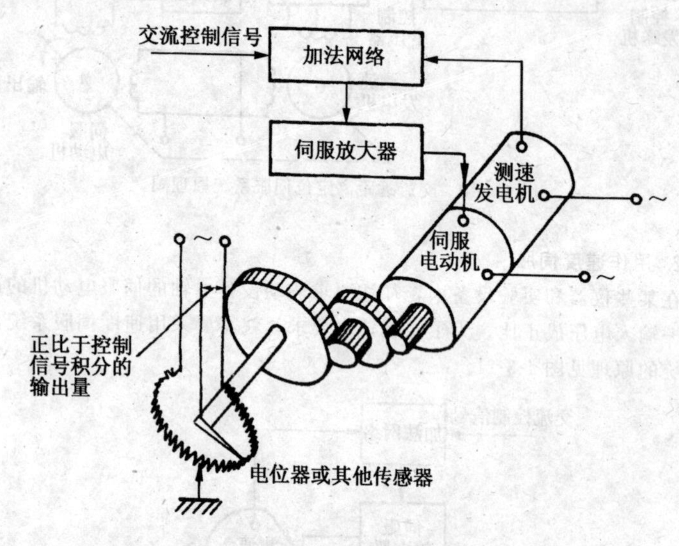

图 4-3-12　积分伺服系统原理图

积分伺服系统的一个重要使用场合是用它校正微小的误差，如不校正，该误差将会导致误差积累。例如：飞机上的自动驾驶仪未能将飞机调整到准确姿态，飞机就会逐渐增加或降低高度。反之，如果将高度误差通过积分系统加以积分，就能将高度误差累积成一个能用来校正飞机倾角的信号。由图 4-3-12 看出，积分系统实际上是由速度伺服系统和与其机械角相连接的传感器构成，积分量由传感器输出。在理想状态下，一定时间内的转轴转数即代表输入控制电压的积分。如输入控制电压为 $f(t)$，则转轴的转角 θ 为：

$$\theta = k\int_0^t f(t)\mathrm{d}t$$

通过传感器将正比于输入控制电压积分量的转数转换为电信号输出。

用于积分伺服系统的异步测速发电机要求有更高的线性精度，更小的剩余电压，尤其是要求有更小的温度误差，积分型异步测速发电机适用于该系统。

（三）直流测速发电机的应用

直流测速发电机在民用工业中的应用是十分广泛的，下面介绍几个应用实例。

1. 在大型轧钢机中的应用

直流测速发电机在大型轧钢机中主要用作速度伺服系统的检测元件。图4-3-13是某钢厂一米七热轧机组轧机主机 R_2 机架三环控制系统的框图。

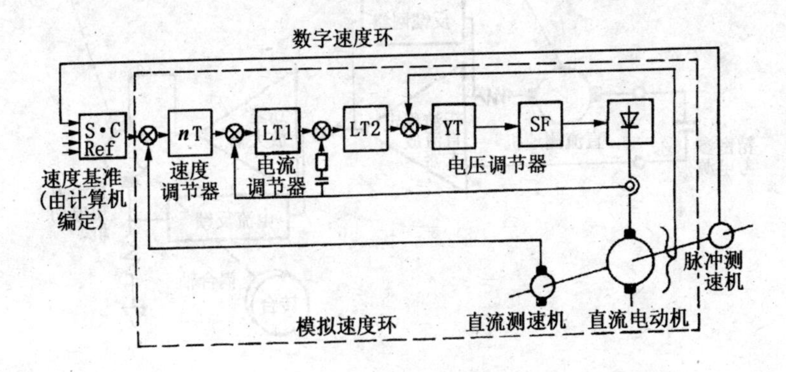

图 4-3-13 热连轧机组轧机主机 R_2 机架三环控制系统框图

该系统除包含速度调节环外，还设计有电压调节环和电流调节环，后两部分是为了改善系统的动态特性，并在动态过程中起保护主电动机和整个装置的作用。直流测速发电机在速度调节环中的功能是保证比较高的调速精度，它随时间向系统提供增速或减速信号。该系统的调速精度可达0.5%～0.1%。

在热轧精轧机和冷轧机中，为了保证更高的精度，除采用直流测速发电机构成模拟速度环外，还增加了采用脉冲测速发电机构成的数字速度环，作为速度的精调环节。采用这种措施的调速系统的精度可达0.03%。

2. 在高精度数控机床上的应用

由直流测速发电机和直流宽调速伺服电动机构成的宽调速直流伺服-测速机组已广泛用于数控机床的主轴系统和进给系统。

专门设计的直流宽调速伺服电动机的调速范围就比一般直流伺服电动机的调速范围大好几倍，而采用永磁直流宽调速伺服-测速机组的伺服系统的调速比可达1∶10000以上。

3. 在精密低速转台中的应用

低速转台是一种应用十分广泛的设备，如在实验室、雷达装置、医疗设备中都有应用。它作为一种低速、宽调速范围的稳速源，可用作低速测速发电机试验的稳速驱动装置。图 4-3-14 是由直流放大器、精密直流力矩电动机和精密低速直流测速发电机构成的低速伺服系统。

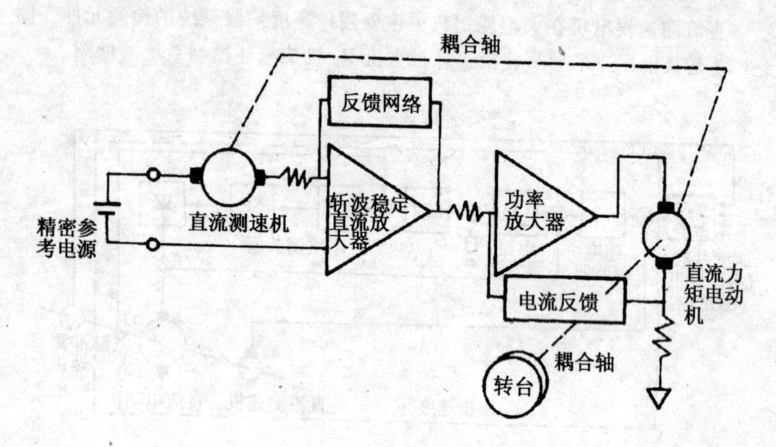

图 4-3-14 低速直流伺服系统

该系统的功能是：直流测速发电机的输出直流电压与精密参考电压相加，该信号输入斩波放大器，斩波放大器具有适当的反馈，以确保伺服系统回路稳定性和精确度。斩波放大器的输出驱动功率放大器，后者去驱动力矩电动机。系统中为消除力矩电动机电枢电阻随温度变化而发生的变化所产生的影响，附加了从力矩电动机电枢回路返回功率放大器输入端的电流反馈。显然，在这个系统中，测速发电机构成了它的主反馈回路，它对保证系统精度是十分重要的。对于任意转速，测速发电机输出电压自身的任何变化都会产生速度误差。例如：当测速发电机因本身发热或者周围环境温度变化引起输出电压的变化或者输出电压恒定分量上叠加的交变分量都将导致产生系统误差。

设计良好的这种系统，可在 0.01/s～600/s 的速度范围内可靠工作，静态精度可达 0.1%，抖动和脉动干扰小于 0.1%平均峰值。

六、测速发电机产品技术数据

（一）JCY 系列永磁式三相同步测速发电机

1. JCY 系列永磁式三相同步测速发电机技术数据

表 4-3-1　JCY 系列永磁式三相同步测速发电机技术数据

型 号	线电压(V)(不小于)	电流(A)	功率(W)	频率(Hz)	转速(r/min)	线性误差(%)(不大于)	负载	质量(kg)(不大于)
JCY264	44	0.2	15	100	3000	1	纯电阻	1.2
JCY264T	44	0.2	15	120	3600	1	纯电阻	1.3

生产厂家：博山电机厂集团有限公司。

2. JCY 系列永磁式三相同步测速发电机电气原理

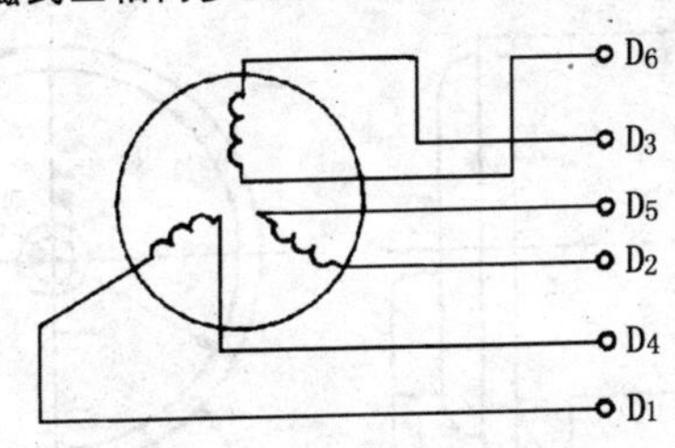

图 4-3-15　JCY 系列永磁式三相同步测速发电机电气原理

3. JCY 系列永磁式三相同步测速发电机安装尺寸

表 4-3-2　JCY 系列永磁式三相同步测速发电机安装尺寸

型　号	D	F	G	d	e	D_2	D_3
JCY264	$5h_{10}$	$2h_8$	$3.6h_{11}$	$7h_{11}$	4.5	$5D_{11}$	30
JCY264T	$8h_6$		$5.2h_{11}$	$10h_{11}$	6	$9D_{11}$	—

（二）GGT-250 和 GG130 型感应子式测速发电机

1. 技术数据

GGT-250 和 GG130 型感应子式测速发电机技术数据见表 4-3-3 及表 4-3-4。

表 4-3-3　GGT-250 型感应子式测速发电机技术数据

型　号	直流励磁电压(V)	额定转速(r/min)	额定频率(Hz)	三相额定线电压(V)	三相整流后直流输出电压(V)	线性误差(%)	正反转误差(%)	稳定度(%)
GGT-250 GGT-250s	60	1500	1000	380	510	≤0.45	≤0.3	≤0.2

生产厂家：西安微电机研究所、天津安全电机有限公司。

表 4-3-4 GG130 型感应子式测速发电机技术数据

型　号	直流励磁电压（V）	励磁电流（A）（不大于）	额定输出电压（V）	额定转速（r/min）	频率（Hz）	稳电压不对称度（%不大于）	线性误差（%）	质量（kg）
GG130-11-5	40	0.35	110	1500	900	0.8	0.45	7

生产厂家：西安微电机研究所、天津安全电机有限公司。

2. 外形及安装尺寸

GGT-250 型感应子式测速发电机外形及安装尺寸见图 4-3-16。

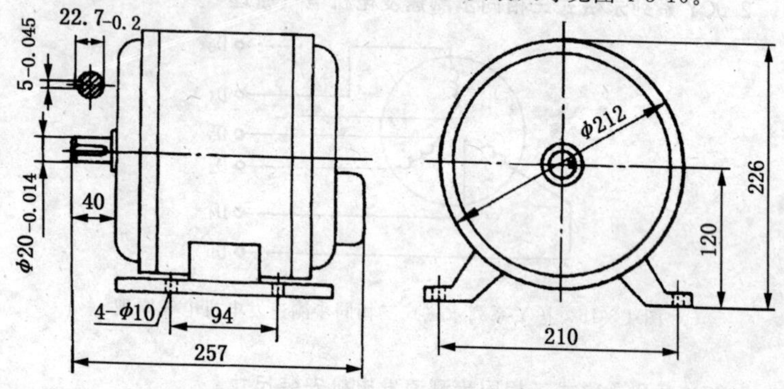

注：GGT-250S 为双轴伸派生产品

图 4-3-16　GGT-250 型感应子式测速发电机外形

（三）CK 系列空心杯转子异步测速发电机

（1）20、28～45 号机座空心杯转子异步测速发电机外形及安装尺寸见图 4-3-17～图 4-3-19。28～45、55 号机座的安装尺寸见表 4-3-5、表 4-3-6。

（2）技术数据见表 4-3-7。

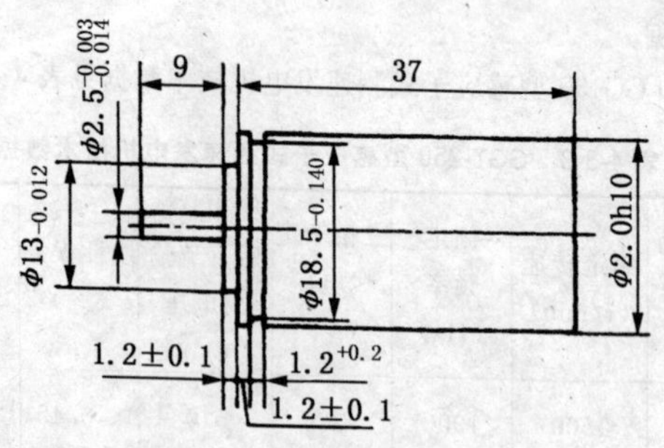

图 4-3-17　20 号机座外形及安装尺寸

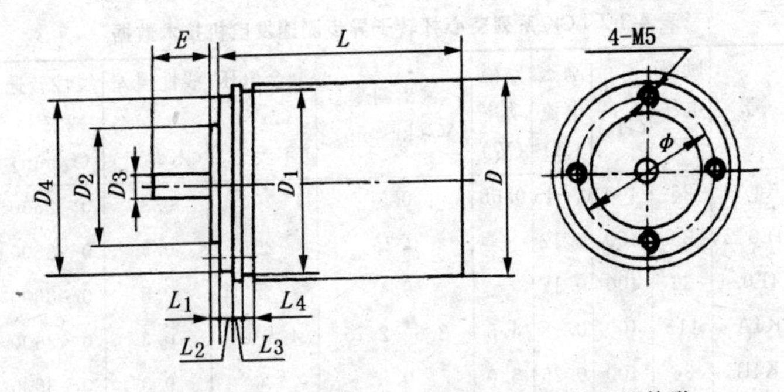

图 4-3-18　28～45 机座空心杯转子异步测速发电机外形

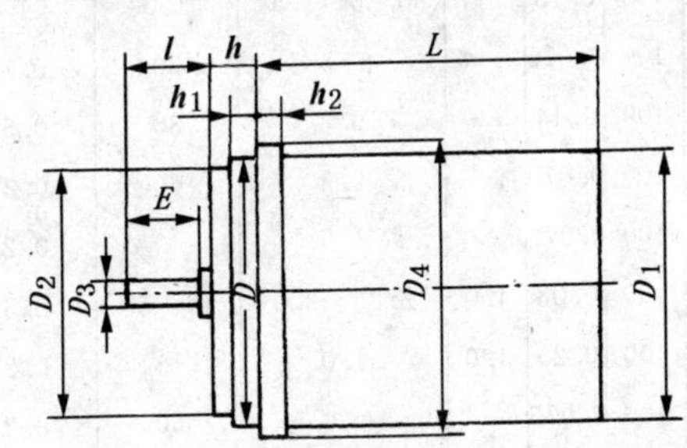

图 4-3-19　55 机座外形

表 4-3-5　28～45 号机座安装尺寸　　单位：mm

机座号	尺寸和公差												
	D	D_1	D_2	D_3	D_4	E	L_1	L_2	L_3	L_4	ϕ	S	L
	h_{10}	h_{11}	h_8	f_7	h_6	—	±0.1	±0.1	±0.1	±0.2	±0.1	—	（不大于）
28	28	26.5	18	3	26	10	1.5	1.5	1.5	1.5	22	M2.5	50.5
36	36	34.0	22	4	32	12	1.5	2.5	2.0	2.0	27	M3	60.0
45	45	42.0	25	4	41	12	1.5	2.5	2.0	2.0	33	M3	70.0

表 4-3-6　55 号机座空心杯转子异步测速发电机安装尺寸及公差

机座号	尺寸和公差										
	D	D_1	D_2	D_3	D_4	E	l	h	h_1	h_2	L
	h_7	f_9	h_{10}	f_7	h_{10}	—	—	—	h_{12}	±0.1	（不大于）
55	55	55	54	6	60	16	18	12	8	5	70

表 4-3-7　CK 系列空心杯转子异步测速发电机技术数据

型　号	励磁电压(V)	频率(Hz)	励磁电流(A)	励磁功率(W)	输出斜率[V/(kr/min)]	剩余电压(mV)(不大于)	线性误差(%)(不大于)	线性转速范围(r/min)
20CK4A	26	400	0.045	0.65	0.5	20	0.3	0～3600
20CK4E0.25	36	400	0.12	—	0.25	20	0.5	0～3600
20CK4E0.4	36	400	0.12	—	0.4	25	0.5	0～3600
28CK4A	115	400	0.08	4.5	2.6～2.75	40、60	0.3	0～3600
28CK4B	36	400	0.25	5.0	0.8	20	0.5	0～3600
36CK4A	36	400	0.13	—	0.35～3.5	100	1	
28CK4B0.8	115	400	0.075	—	0.8	30	0.1	0～3600
28CK4E0.8	36	400	0.14	—	0.8	30	0.5	0～3600
28CK4B2.5	115	400	0.075	—	2.5	60	0.3	0～3600
28CK4B1.5	115	400	0.075	—	1.5	40	0.2	0～3600
36CK4A	115	400	0.08	4.0	2.85～3.0	40、60	0.3	0～3600
36CK4B	36	400	0.25	4.0	1.0	15	0.2	0～3600
36CK4B2	115	400	0.075	—	2	60	0.2	0～3600
36CK4E1	36	400	0.24	—	1	25	0.2	0～3600
36CK4B3	115	400	0.075	—	3	70	0.3	0～3600
36CK4B2	115	400	0.075	—	2	60	0.2	0～3600
45CK5A	110	50	0.11	7.5	3.0	25	0.5	0～1800
45CK4A	115	400	0.23	6.0	3.0	40、60	0.1—0.2	0～3600
45CK4B	36	400	0.29	—	1	40	0.2	—
45CK4B4	115	400	0.1	—	4	8	0.5	0～3600
45CK5C4	110	50	0.045	—	4	50	1	0～1800
45CK5C3	110	50	0.045	—	3	50	0.5	0～1800
45CK4B3	115	50	0.1	—	3	70	0.2	0～3600
45CK5C2	115	400	0.045	—	2	50	0.5	0～1800
55CK5B	110	50	0.1	—	6	60	1	—
55CK5C5	110	50	0.05	—	5	70	1	0～1800
55CK5A	110	50	0.05	2.5	5.0	50	1.0	0～1800

生产厂家：西安微电机研究所、中国电子科技集团第 21 研究所、天津安全电机有限公司、安徽阜阳青峰机械厂、上海金陵雷戈勃劳伊特电机有限公司、北京敬业电工集团北微微电机厂。

（四）直流测速发电机

1. ZCF 系列直流测速发电机

（1）ZCF 系列直流测速发电机技术数据见表 4-3-8。

表 4-3-8　ZCF 系列直流测速发电机技术数据

型号		激磁		电枢电压（V）	负载电阻（Ω）	转速（r/min）	输出电压不对称度（%）（不大于）	输出电压线性误差（%）	质量（kg）（不大于）
新	旧	电流（A）	电压（V）						
ZCF121	ZCF5	0.09	—	50±2.5	2000	3000	1	±1	±0.44
ZCF121A	ZCF5A	0.09	—	50±2.5	2000	3000	1	±1	±0.44
ZCF221	ZCF16J	0.3	—	51±2.5	2000	2400	1	±1	±0.9
ZCF221A	ZCF16	0.3	—	51±2.5	2000	2400	1	±1	±0.9
ZCF221C	—	0.3	—	51±2.5	2000	2400	1	±1	±0.9
ZCF221AD		0.3	—	≥16	2000	2400	1	±1	±0.9
ZCF222	S221F	0.06	—	74±3.7	2500	3500	2	±3	±0.9
ZCF321	—	—	110	100^{+10}_{-5}	1000	1500	3	±3	1.7
ZCF361	ZCF33	0.3	—	106±5	1000	1100	1	±1	2.0
ZCF361C	—	0.3	—	174±8.7	9000	1100	1	±1	2.0

生产厂家：山东山博电机集团有限公司微电机厂、本溪微电机公司。

（2）ZCF 系列直流测速发电机外形见图 4-3-20，其安装尺寸见表 4-3-9。

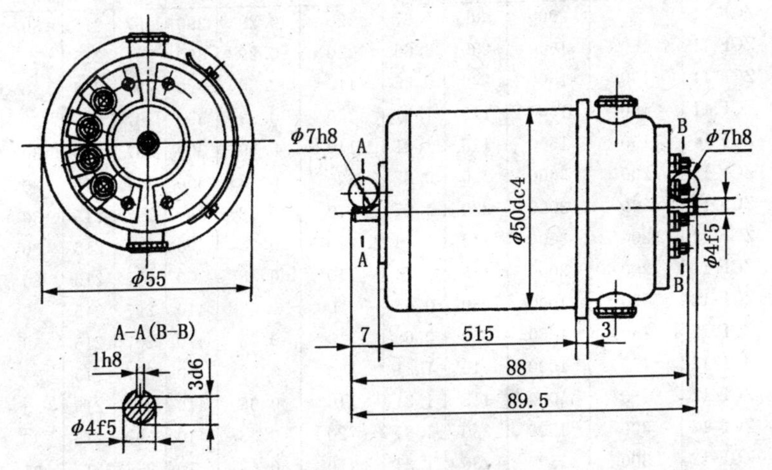

图 4-3-20　ZCF221-361 外形

表 4-3-9　ZCF221-361 直流测速发电机安装尺寸　　单位：mm

<table>
<tr><td rowspan="2">型　号</td><td>L_1</td><td>L_2</td><td>L_3</td><td>D_1</td><td>D_C</td><td>L_4</td><td>h_2</td><td>D</td><td>d</td><td>D_2</td><td>F</td><td>G</td></tr>
<tr><td>—</td><td>—</td><td>—</td><td>—</td><td>f_9</td><td>—</td><td>—</td><td>h_6</td><td>H_{11}</td><td>f_5</td><td>H_8</td><td>h_{11}</td></tr>
<tr><td>ZCF221</td><td rowspan="5">107</td><td rowspan="5">59</td><td>——</td><td rowspan="5">74</td><td rowspan="5">70</td><td rowspan="5">9.5</td><td rowspan="5">4</td><td rowspan="5">6</td><td>7</td><td>—</td><td>2</td><td>4.6</td></tr>
<tr><td>ZCF221A</td><td rowspan="3">113.5</td><td rowspan="3">—</td><td rowspan="4">6</td><td rowspan="3">—</td><td rowspan="3">—</td></tr>
<tr><td>ZCF221AD</td></tr>
<tr><td>ZCF221C</td></tr>
<tr><td>ZCF222</td><td rowspan="4">—</td><td>7</td><td>2</td><td>4.6</td></tr>
<tr><td>ZCF321</td><td>124</td><td>66.5</td><td rowspan="3">89</td><td rowspan="3">85</td><td rowspan="3">13</td><td rowspan="3">5</td><td rowspan="3">8</td><td rowspan="3">10</td><td rowspan="3">—</td><td rowspan="3">2</td><td rowspan="3">5.1</td></tr>
<tr><td>ZCF361</td><td rowspan="2">134</td><td rowspan="2">76.5</td></tr>
<tr><td>ZCF361C</td></tr>
</table>

2. ZCF 系列大功率直流测速发电机

ZCF 系列大功率直流测速发电机技术数据见表 4-3-10。

表 4-3-10　ZCF 系列大功率直流测速发电机技术数据

型号	额定功率（W）	额定转速（r/min）	额定电压（V）	额定电流（A）	额定励磁电压（V）	额定励磁电流（A）	外形尺寸（mm）			质量（kg）
							长	宽	高	
ZCF-11	50	2000	30	1.67	220	0.29	390	297	215	30
ZCF-11	150	1500	230	0.65	220	0.29	390	297	215	30
ZCF-11	150	1500	230	0.65	110	0.50	390	297	215	30
ZCF-11	150	1500	115	1.31	220	0.29	390	297	215	30
ZCF-11	150	1500	115	1.31	110	0.50	390	297	215	30
ZCF-11	200	3000	230	0.87	220	0.23	390	297	215	30
ZCF-11	200	3000	230	0.87	110	0.38	390	297	215	30
ZCF-11	200	3000	115	1.74	220	0.28	390	297	215	30
ZCF-11	200	3000	115	1.74	110	0.38	300	297	215	30
ZCF-12	150	1000	230	0.65	220	0.33	410	297	215	35
ZCF-12	150	1000	230	0.65	110	0.65	410	297	215	35
ZCF-12	150	1000	115	1.31	220	0.33	410	297	215	35
ZCF-12	150	1000	115	1.31	110	0.65	410	297	215	35
ZCF-12	300	1500	230	1.31	220	0.33	410	297	215	35
ZCF-12	300	1500	230	1.31	110	0.65	410	297	215	35

续表

型号	额定功率(W)	额定转速(r/min)	额定电压(V)	额定电流(A)	额定励磁电压(V)	额定励磁电流(A)	外形尺寸(mm)			质量(kg)
							长	宽	高	
ZCF-12	300	1500	115	2.61	220	0.33	410	297	215	35
ZCF-12	300	1500	115	2.61	110	0.65	410	297	215	35
ZCF-21	150	750	230	0.65	220	0.4	425	370	305	50
ZCF-21	150	750	230	0.65	110	0.65	425	370	305	50
ZCF-21	150	750	115	1.31	220	0.4	425	370	305	50
ZCF-21	150	750	115	1.31	110	0.65	425	370	305	50
ZCF-21	300	1000	230	1.31	220	0.4	425	370	305	50
ZCF-21	300	1000	230	1.31	110	0.65	425	370	305	50
ZCF-21	300	1000	115	2.61	220	0.35	425	370	305	50
ZCF-21	300	1000	115	2.61	110	0.65	425	370	305	50
ZCF-21	500	1500	230	2.18	220	0.4	425	370	305	50
ZCF-21	500	1500	230	2.18	110	0.7	425	370	305	50
ZCF-21	500	1500	115	4.35	220	0.38	425	370	305	50
ZCF-21	500	1500	115	4.35	110	0.7	425	370	305	50
ZCF-22	150	600	230	0.65	220	0.4	450	370	305	55
ZCF-22	150	600	230	0.65	110	0.7	450	370	305	55
ZCF-22	150	600	115	1.31	220	0.4	450	370	305	55
ZCF-22	150	600	115	1.31	110	0.7	450	370	305	55
ZCF-22	300	750	230	1.31	220	0.4	450	370	305	55
ZCF-22	300	750	230	1.31	110	0.8	450	370	305	55
ZCF-22	300	750	115	2.61	220	0.4	450	370	305	55
ZCF-22	300	750	115	2.61	110	0.76	450	370	305	55
ZCF-22	500	1000	230	2.18	220	0.44	450	370	305	55
ZCF-22	500	1000	230	2.18	110	0.85	450	370	305	55
ZCF-22	500	1000	115	4.35	220	0.44	450	370	305	55
ZCF-22	500	1000	115	4.35	110	0.85	450	370	305	55
ZCF-22	700	1500	230	3.05	220	0.4	450	370	305	55
ZCF-22	700	1500	230	3.05	110	0.8	450	370	305	55
ZCF-22	700	1500	115	6.1	220	0.4	450	370	305	55
ZCF-22	700	1500	115	6.1	110	0.8	450	370	305	55
ZCF-31	300	600	115	2.61	220	0.35	490	370	305	55
ZCF-31	300	600	115	2.61	110	0.70	490	390	335	67
ZCF-31	500	750	115	4.35	220	0.665	490	390	335	67
ZCF-31	500	750	115	4.35	110	1.28	490	390	335	67

续表

型号	额定功率(W)	额定转速(r/min)	额定电压(V)	额定电流(A)	额定励磁电压(V)	额定励磁电流(A)	外形尺寸（mm）			质量(kg)
							长	宽	高	
ZCF-31	1000	1500	115	8.7	110	1.0	490	390	335	67
ZCF-31	1000	1500	115	8.7	220	0.5	490	390	335	67
ZCF-31	1000	1500	115	8.7	15	6.57	490	390	335	67
ZCF-31	300	600	230	1.80	220	0.35	490	390	335	67
ZCF-31	500	750	230	2.18	220	0.638	490	390	335	67
ZCF-31	1000	1500	230	4.35	220	0.548	490	390	335	67
ZCF-32	130	400	115	1.15	110	1.57	525	390	335	67
ZCF-32	170	750	115	1.53	110	1.57	525	390	335	79
ZCF-32	500	600	115	4.35	220	0.60	525	390	335	79
ZCF-32	500	600	115	4.35	110	1.20	525	390	335	79
ZCF-32	150	350	230	0.65	50	0.70	525	390	335	79
ZCF-32	250	2850	230	1.09	220	0.88	525	390	335	79
ZCF-32	500	600	230	2.18	220	0.60	525	390	335	79
ZCF-32	500	600	230	2.18	220	1.07	525	390	335	79
ZCF-32	500	1000	230	2.18	110	3.65	525	390	335	79
ZCF-32	1000	1450	230	4.35	220	0.498	525	390	335	79
ZCF-32	1000	1500	230	4.35	110	0.57	525	390	335	79
ZCF-32	1400	1500	115	12.2	220	0.525	525	390	335	79
ZCF-32	1400	1500	115	12.2	110	0.926	525	390	335	79
ZCF-32	1400	1500	230	6.1	220	0.47	525	390	335	79
ZCF-32	1400	1500	230	6.1	110	0.926	525	390	335	79
ZCF-32	2500	2850	230	10.9	220	0.88	525	390	335	79
ZCF-41	1000	1000	230	4.35	220	0.495	520	415	360	82
ZCF-42	270	1500	115	2.3	110	0.5	550	415	360	96
ZCF-42	800	750	230	3.48	50	1.44	550	415	360	96
ZCF-42	500	1000	230	2.18	220	1.04	550	415	360	96
ZCF-42	500	850	230	2.18	220	1.07	550	415	360	96
ZCF-51	500	650	230	2.18	220	1.09	620	505	420	144
ZCF-52	1000	500	230	4.35	220	0.705	660	505	420	156
ZCF-52	500	400	230	2.18	110	1.24	660	505	420	156
ZCF-52	200	600	115	1.74	24	9.8	660	505	420	156
ZCF-52	200	1500	115	1.74	24	9.8	660	505	420	156
ZCF-52	200	1500	115	1.74	220	0.90	660	505	420	156

注：外形及安装尺寸见生产厂样本。

生产厂家：上海南洋电机有限公司。

3. CY 系列永磁式直流测速发电机（Ⅰ）

(1) CY 系列永磁式直流测速发电机（Ⅰ）技术数据见表 4-3-11。

表 4-3-11　CY 系列永磁式直流测速发电机（Ⅰ）技术数据

型　号	输出斜率 $\times 10^{-3}$ V/(r/min)	纹波系数 (%)	最大线性工作转速 (r/min)	线性误差 (%)	电枢电阻 (Ω) (±12.5%)
20CY002	3	1	0～3500	1.2～3	120
28CY001	7	3(在 100r/min 下)	0～12000	0.1	580
36CY001	10	1	0～6000	0.5～0.1	160
45CY002	15	3	0～3600	0.1	50
45CY003	15	3	0～3600	0.1	50
45CY004	15	3	0～3600	0.1	50
75CY001	120	⩽1	0～2500	⩽1	190
96CY001	60	5	0～4000	0.5	150

生产厂家：上海微电机研究所。

（2）20CY002、28CY001、36CY001、45CY002 型永磁式直流测速发电机（Ⅰ）外形见图 4-3-21～图 4-3-26，其安装尺寸见表 4-3-12。

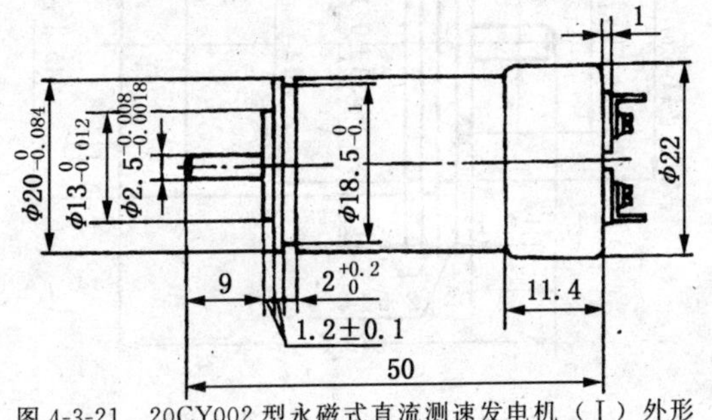

图 4-3-21　20CY002 型永磁式直流测速发电机（Ⅰ）外形

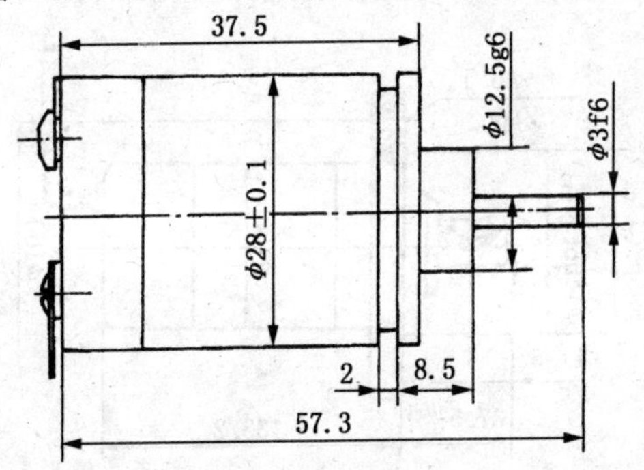

图 4-3-22　28CY001 型永磁式直流测速发电机（Ⅰ）外形

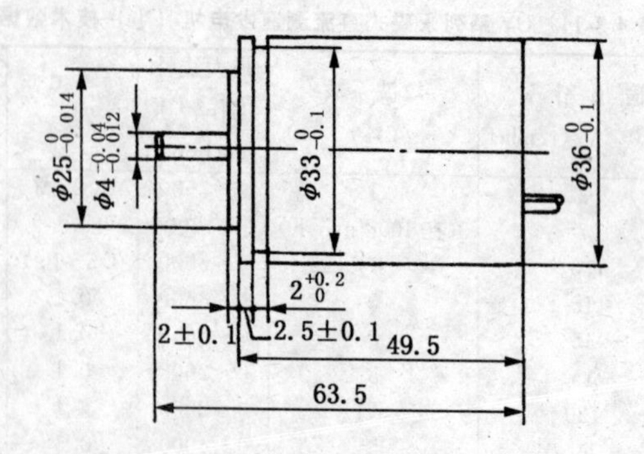

图 4-3-23　36CY001 型永磁式直流测速发电机（Ⅰ）外形

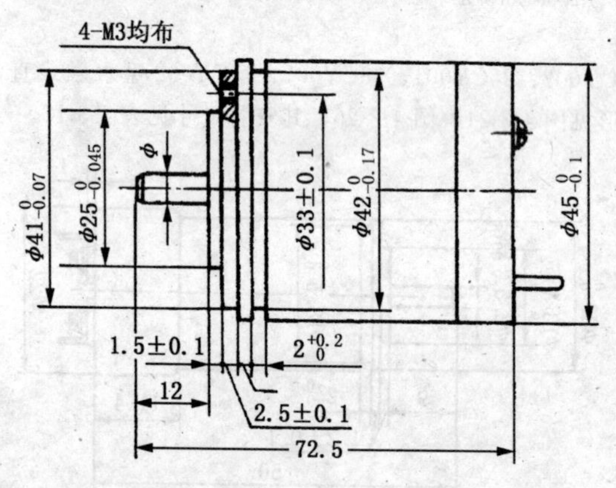

图 4-3-24　45CY002 型永磁式直流测速发电机（Ⅰ）外形

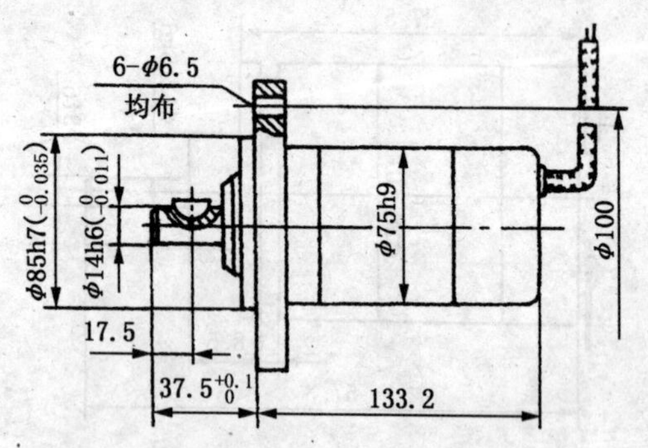

图 4-3-25　75CY001 型永磁式直流测速发电机（Ⅰ）外形

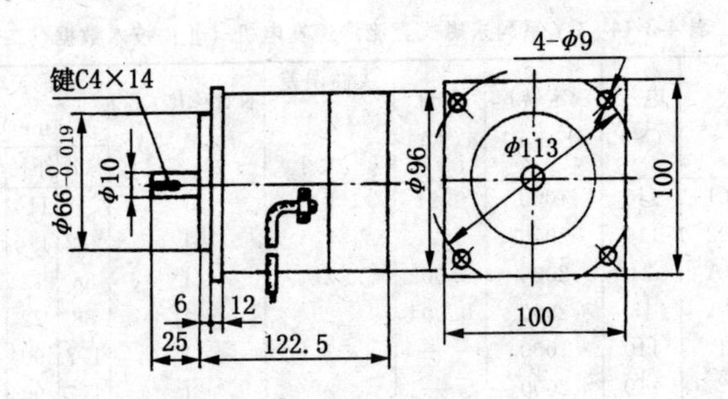

图 4-3-26　96CY001 型永磁式直流测速发电机（Ⅰ）外形

表 4-3-12　45CY002 型永磁式直流测速发电机（Ⅰ）安装尺寸

<table>
<tr><th rowspan="2">型　号</th><th colspan="2">轴　伸　直　径</th></tr>
<tr><th colspan="2">Φ</th></tr>
<tr><td>45CY002</td><td>ϕ4f7</td><td>ϕ5f7</td></tr>
<tr><td>45CY003</td><td>ϕ4f7</td><td>—</td></tr>
<tr><td>45CY004</td><td>ϕ6f7</td><td>—</td></tr>
</table>

4. CY 系列永磁式直流测速发电机（Ⅱ）

(1) CY 系列永磁式直流测速发电机（Ⅱ）技术数据见表 4-3-13、表 4-3-14、表 4-3-15。

表 4-3-13　CY 系列永磁式直流测速发电机（Ⅱ）技术数据（一）

型　号	输出斜率〔V/(kr/min)〕	线性误差（%）	最大工作转速（r/min）	纹波系数（%）	输出电压不对称度（%）	最小负载电阻（kΩ）
28CY01	5	±1	3000	≤5	±1	10
32CY01	3	4	5000	≤5	1	13
75CY02	60	0.5	3000	0.5	0.5	2.25
75CY03	70	0.5	2200	0.5	0.5	8.6
130CY01A	40	≤0.5	4500	≤0.5	≤0.5	10
130CY01B	20	≤0.5	4500	≤0.5	≤0.5	10
180CY01	333	≤0.5	300	≤0.5	≤0.5	0.5
180CY02	100	≤0.5	1000	≤0.5	≤0.5	0.5

生产厂家：西安微电机研究所。

表 4-3-14　CY 系列永磁式直流测速发电机（Ⅱ）技术数据（二）

型　号	电压(V)	额定转速(r/min)	电流(A)	线性误差(%)(不大于)	不对称度(%)(不大于)	外形尺寸(mm)			质量(kg)
						总长	外径	轴径	
110CY-01	110	1000	0.21	2	1	242	110	14	
110CY-02	110	2000	0.21	2	1	242	110	14	
72CY01A	24	2000	0.002	2	1	88	72	6	7.9
72CY02A	48	2000	0.004	2	1	88	72	6	7.9
90CY01	110	1000	——	2	1	177	90	9	
90CY02	110	2000	——	2	1	177	90	9	
90CY03	120	2000	——	2	1	177	90	9	

生产厂家：天津安全电机有限公司。

表 4-3-15　CY 系列永磁式直流测速发电机（Ⅱ）技术数据（三）

型　号	输出电压(V)	转速(r/min)	负载电阻(Ω)	线性误差(%)(不大于)	不对称度(%)(不大于)	外形尺寸(mm)			质量(g)
						总长	外径	轴径	
20CY51	24	8000	10000	1	1	66.5	20	2.5	
28CY51	54	6000	10000	1	1	99	36	4	
36CY51	100	4000	10000	1	1	99	36	4	
36CY52	48	4000	10000	1	1	99	36	4	
45CY51	97.5	1500	3000	1	1	97.5	45	4	
55CY61	40±4	2000	2000	1	1	119	55	5	
CY361	158	2200	86000	1	1	141	85	10	
CY362T1	180	3000	2700	1	1	161	85	7	950
CY362T2	180	3000	2700	1	1	161	85	11	

生产厂家：山东山博电机集团有限公司微电机厂、本溪微电机公司。

（2）CY 系列永磁式直流测速发电机（Ⅱ）外形及安装尺寸见图 4-3-27～

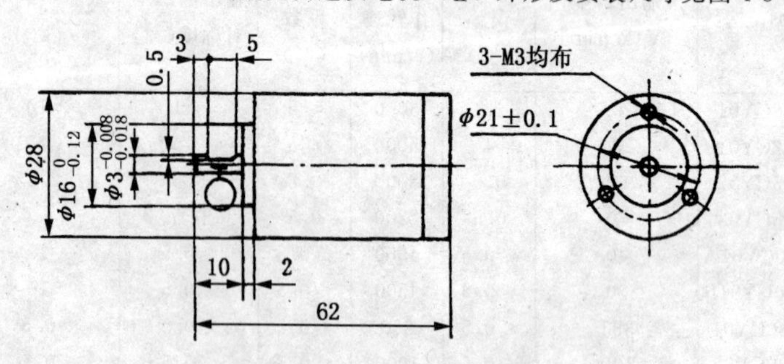

图 4-3-27　28CY01 型永磁式直流测速发电机外形及安装尺寸

图 4-3-31，图中外形及安装尺寸为西安微电机研究所产品的数据。天津安全电机有限公司和博山电机厂的产品尺寸数据可参见该厂产品样本。

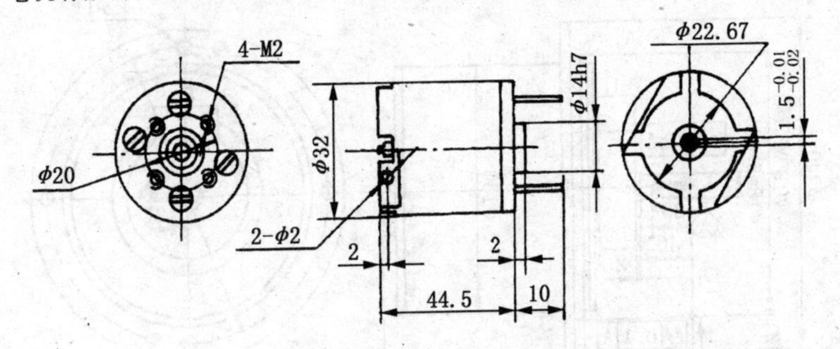

图 4-3-28　32CY01 型永磁式直流测速发电机外形及安装尺寸

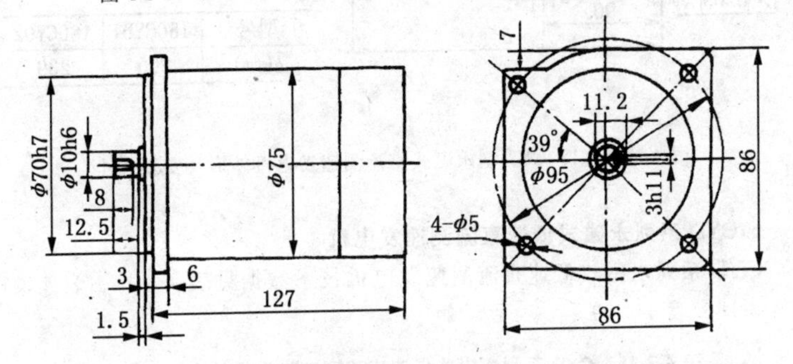

图 4-3-29　75CY$^{02}_{03}$ 型永磁式直流测速发电机外形及安装尺寸

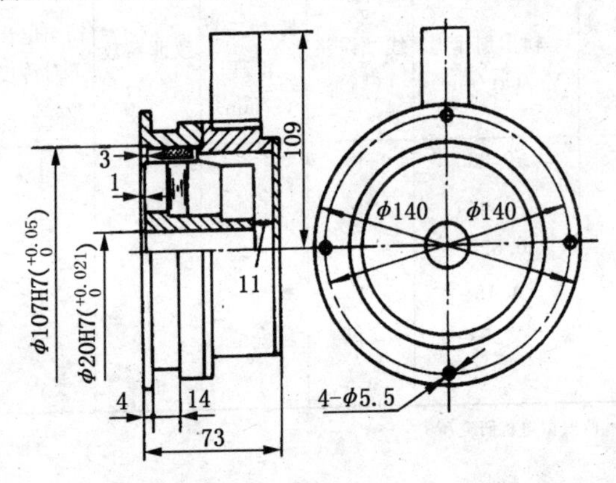

图 4-3-30　130CY01$^{A}_{B}$ 型永磁式直流测速发电机外形及安装尺寸

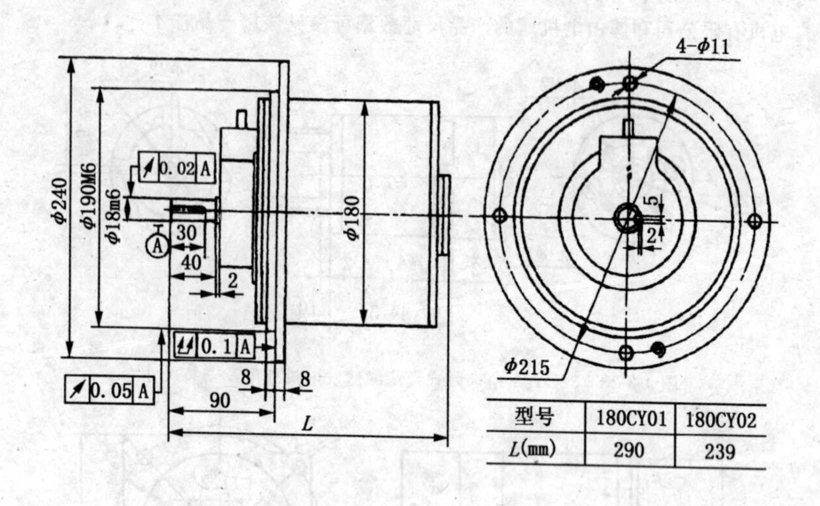

图 4-3-31 180CY$^{01}_{02}$型永磁式直流测速发电机外形及安装尺寸

5. CYD 系列永磁式低速直流测速发电机

CYD 系列永磁式低速直流测速发电机技术数据见表 4-3-16、表 4-3-17、表 4-3-18、表 4-3-19。

表 4-3-16 CYD 系列永磁式低速直流测速发电机技术数据（一）

型 号	输出斜率 [V/（kr/min）]	线性误差 （%）	最大工作转速 （r/min）	纹波系数 （%）	输出电压不对称度 （%）	最小负载电阻 （kΩ）
130CYD-27	≥0.283	1	100	1	1	12
130CYD-60	≥0.623	1	100	1	1	50
130CYD-602	0.628	1	100	1	1	50
130CYD-110	1.15	1	30	1	1	200
130CYD-272	0.283	1	300	1	1	—
200CYD01	2	0.5	10	0.8	1	—

生产厂家：西安微电机研究所。

表 4-3-17　CYD 系列永磁式低速直流测速发电机技术数据(二)

型　号	输出斜率		最大工作转速(r/min)	最大转速时的电压(V)	纹波系数(%)			输出电压不对称度(%)	线性误差(%)	每转纹波频率(T/r)	最小负载电阻(kΩ)	电枢转动惯量(kg·m² ×10⁻⁵)	励磁静摩擦力矩(N·m)	质量(组装式)(kg)
	v/(rad/g)	v/(r/min)			最高工作转速的1%	最高工作转速的10%	2(r/min)							
450YD01		0.01	5000	50	4			1	1	31	2	1.5	0.016	0.36
45CYDX02		0.02	2800	56	4			1	1	31	7	1.5	0.016	0.36
55CYD-0.025		0.02	2000	50	4			1	1	33	3	4.41	0.029	0.5
55CYD-0.05		0.05	1000	50	4			1	1	33	13	4.41	0.029	0.5
70CYD-0.25	0.25		1600	41			1	1	1	33	2.5	9.81	0.029	0.87
70CYD-0.5	0.5		800	41			1	1	1	33	6.6	9.81	0.029	0.87
70CYD-1	1		400	41			1	1	1	33	23	9.81	0.029	0.87
130CYD-2.7	2.7		300	84			1	1	1	79	9	196	0.098	2.5
130CYD-6	6		100	62			1	1	1	79	42	196	0.098	2.5
130CYD-11	11		30	34			1	1	1	79	170	196	0.098	2.5
130CYD01		0.2	400	80	2			1	1	79	15	127	0.098	2.6
130CYD02		0.4	200	80	2			1	1	79	54	127	0.098	2.6
130CYD03		0.6	130	78	2.5			1	1	79	34	225	0.147	3.5
130CYD04		0.8	100	80				1	1	79	66	225	0.147	3.5
160CYD-10	10		60	62			1	1	1	85	35	588	0.157	5
160CYD-20	20		30	62			1	1	1	85	150	588	0.157	5
160CYD-30	30		20	62			1	1	1	85	420	588	0.157	5
200CYD01		2.5	40	100		0.85		1	0.75	97	116	1274	0.294	7
200CYD02		3	30	90		0.85		1	0.75	97	165	1274	0.294	7
200CYD03		4	20	80		1.5		1	0.75	97	89	1862	0.343	11
200CYD04		6	15	90		1.5		1	0.75	97	220	1862	0.343	11
250CYD-10	10		75	78			1	1	1	149	7	3528	0.760	15
250CYD-50	50		15	78			1	1	1	149	220	3528	0.760	15
300CYD-100	100		8	84			1	1	1	171	—	—	—	—

生产厂家:北京敬业电工集团北微微电机厂。

表 4-3-18　CYD 系列永磁式低速直流测速发电机技术数据（三）

型　号	输出斜率 [V/（r/min）]	纹波系数（%）	最大线性工作转速（r/min）	电枢电阻（Ω）（±12.5%）	输出电压不对称度（%）
70CYD001	0.25	<5	150	1200	—
133CYD001	1.57	≤2	30	2500	≤1
140CYD001	1.047	4	50	2000	—
160CYD001	2.6	1	55	1150	<1
160CYD002	0.9	1	20	280	1
160CYD004	3	1.5	50	1500	1
170CYD002	2.0	1.5	50	2100	1
170CYD003	≥0.6	<1.5	160	500	1
170CYD004	>3	<1.5	30	2300	1
220CYD001	8.0	0.5	19	4200	0.5

生产厂家：上海微电机研究所。

表 4-3-19　CYD 系列永磁式低速直流测速发电机技术数据（四）

型　号	输出斜率 [V/(r/min)]	最大工作转速 (r/min)	纹波系数 (%)	线性度 (%)	对称度 (%)	质量 (kg)	外形尺寸 (mm)	结构类型
J70CYD01	0.25	400	4	0.8	0.8	0.4	ϕ70×ϕ16×26	分装式
J80CYD01	0.35	310	3.5	0.8	0.8	0.65	ϕ80×ϕ22×31	分装式
80CYD03	0.25	180	4	2	2	0.7	ϕ80×ϕ25×40	分装式
J80CYD03	0.25	180	4	1	1	0.7	ϕ80×ϕ25×40	分装式
130CYD01G	0.6	100	2.5	1	1	1.5	ϕ130×ϕ56×36.5	分装式
130CYD02G	0.85	150	2.5	1	1	1.5	ϕ130×ϕ56×36.5	分装式
225CYD02	1.675	52	1.0	1	1	4.2	ϕ225×ϕ135×45	分装式
225CYD03	3.78	26	1.0	1	1	6.8	ϕ225×ϕ135×60	分装式
320CYD01	5.24	20	0.8	0.5	0.5	12	ϕ320×ϕ225×70	分装式
320CYD04	6	25	0.8	0.8	0.8	12	ϕ320×ϕ225×70	分装式
360CYD01	1.05	500	0.1	0.1	0.1	13	ϕ360×ϕ136×80	分装式
360CYD04	17	24	0.5	0.5	0.5	23.5	ϕ360×ϕ145×120	分装式
586CYD02	23	33	0.2	0.2	0.3	70	ϕ568×ϕ280×131	分装式

生产厂家：成都微精电机股份公司。

6. CYB 系列带温度补偿永磁式直流测速发电机

（1）CYB 系列带温度补偿永磁式直流测速发电机技术数据见表 4-3-20。

表 4-3-20　CYB 系列带温度补偿永磁式直流测速发电机技术数据

型　号	最大输出功率（W）	输出斜率［V/（kr/min）］	额定电流（A）	直流电阻（Ω）	线性误差（%）	输出电压不对称度（%）	纹波系数（有效值）（%）	最大线性工作转速（r/min）
75CYB01		60	0.08	110	≤0.5	≤0.5	≤0.5	3000
130CYB	25	100	0.250	39.5	≤0.5	≤0.5	≤0.5	2000
170CYB01	50	100	0.5	5.7	≤0.5	≤0.5	≤0.5	2500
170CYB02S	20	100	0.2	50.1	≤0.5	≤1.0	≤0.5	1000
170CYB02	20	100	0.2	50.1	≤0.5	≤1.0	≤0.5	1000
170CYB03	40	150	0.333	10.4	≤0.5	≤0.5	≤0.5	800
192CYB	30	100	0.15	5.4	≤0.5	≤1.0	≤0.5	2000

生产厂家：西安微电机研究所。

（2）CYB 系列带温度补偿永磁式直流测速发电机外形尺寸见图 4-3-32～图 4-3-38。

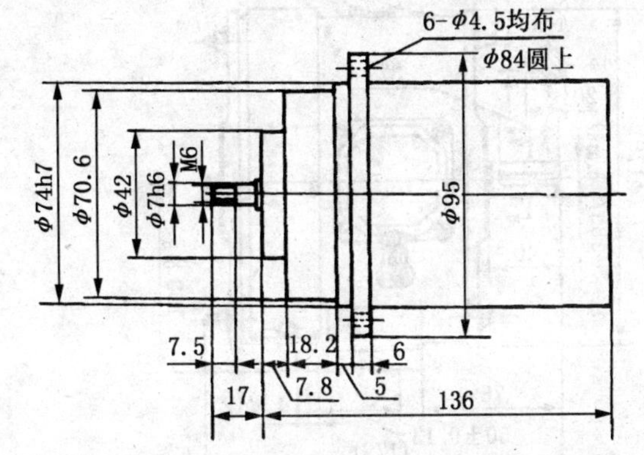

图 4-3-32　75CYB01 带温度补偿永磁式直流测速发电机外形尺寸

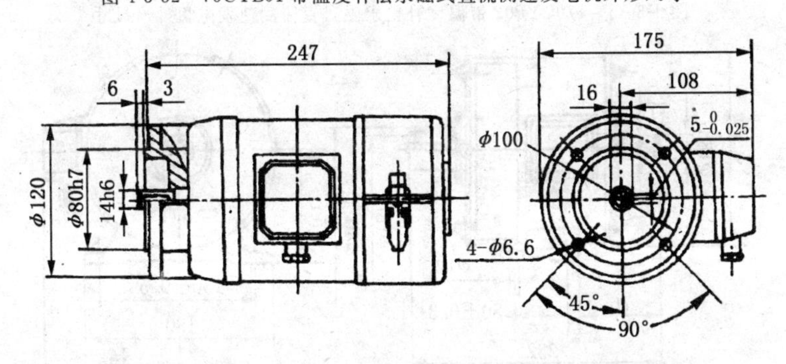

图 4-3-33　130CYB 带温度补偿永磁式直流测速发电机外形尺寸

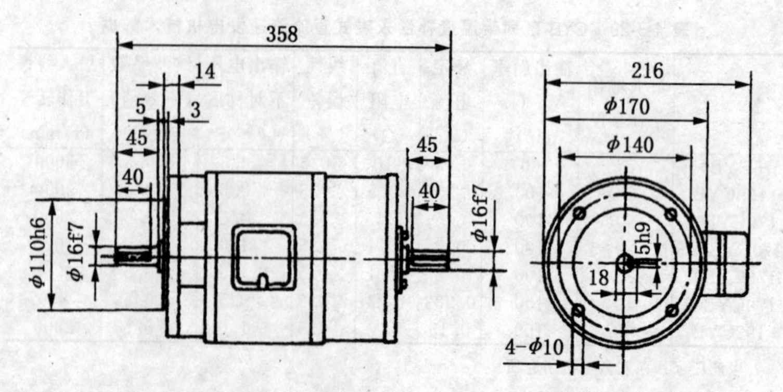

图 4-3-34　170CYB01 带温度补偿永磁式直流测速发电机外形尺寸

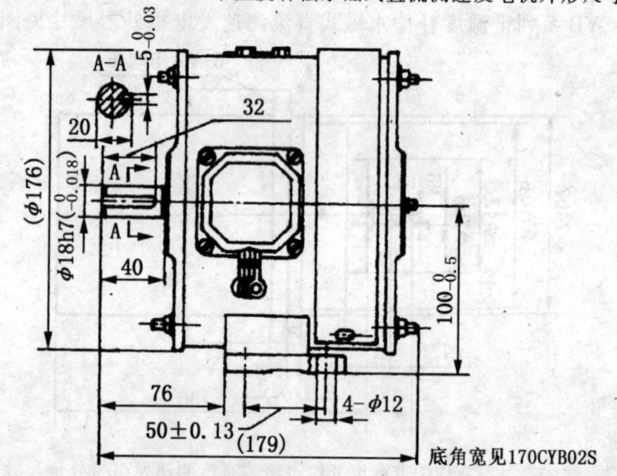

图 4-3-35　170CYB02 带温度补偿永磁式直流测速发电机外形尺寸

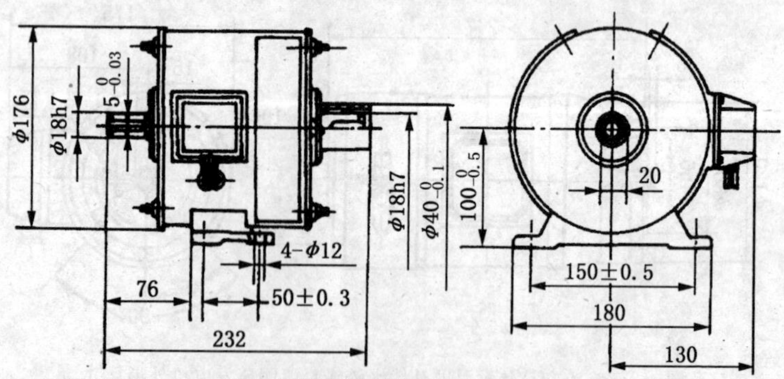

图 4-3-36　170CYB02S 带温度补偿永磁式直流测速发电机外形尺寸

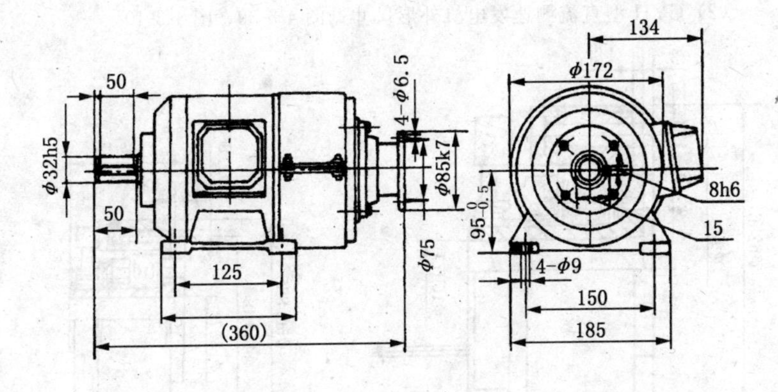

图 4-3-37　170CYB03 带温度补偿永磁式直流测速发电机外形尺寸

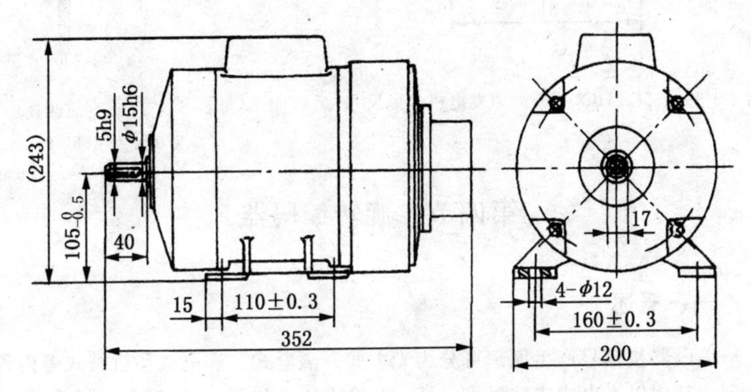

图 4-3-38　192CYB 带温度补偿永磁式直流测速发电机外形尺寸

7. CYH 型直流测速发电机

（1）CYH 型直流测速发电机技术数据见表 4-3-21。

表 4-3-21　CYH 型直流测速发电机技术数据

型号	输出斜率 [V/(r/min)]	线性误差 (%)		最大工作转速 (r/min)	纹波系数 (%)	输出电压不对称度 (%)	最小负载电阻 (kΩ)
		1 级	0 级				
55CYH02	≥6	≤0.5	≤0.1	2000	≤1	≤1	10
55CYH03	≥6	≤1	—	2000	≤1	≤1	10
55CYH04	≥9	≤1	—	2000	≤1	≤1	20

生产厂家：西安微电机研究所。

(2) CYH 型直流测速发电机外形尺寸见图 4-3-39、图 4-3-40。

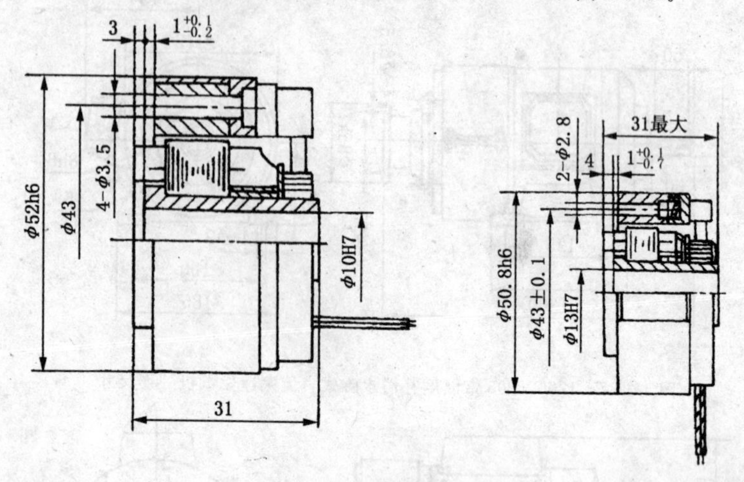

图 4-3-39　55CYH02 直流测速发电机外形尺寸

图 4-3-40　55CYH$^{03}_{04}$直流测速发电机外形尺寸

第四节　旋转编码器

一、概述

编码器按信号产生原理可分为光电式、磁电式、容电式和机械式等四种类型。其中以光电式应用最为广泛。其基本原理如图 4-4-1 所示。在圆盘周

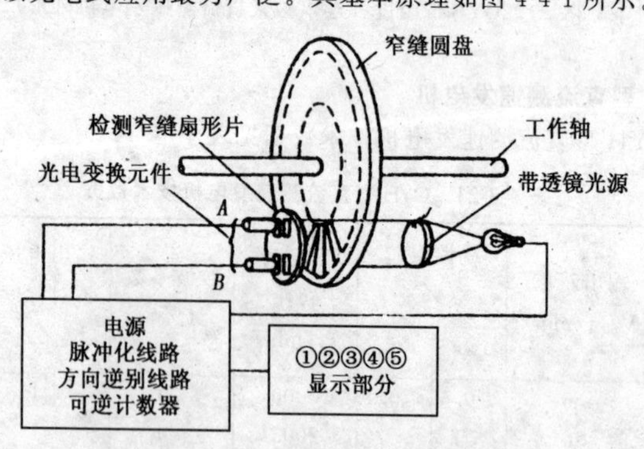

图 4-4-1　光电式编码器工作原理

围上分成相等的透明和不透明的窄缝，圆盘与工作轴一起旋转。对应地在固定不动的扇形片上还有两组检测窄缝。两组检测窄缝与圆盘上窄缝的对应位置为1/4节距，以使A、B两个光电变换元件的输出信号在相位上差90°。通过计量脉冲的数目、频率、相位可以测出工作轴的转角、转向和转速。高精度编码器要求提高圆盘狭窄的密度，一般采用圆光栅线纹来实现，这种编码器称为光栅编码器。

二、光电式编码器

光电式编码器按编码方式分为增量式和绝对式两种。增量式编码器亦称相对编码器，它对应于回转轴的旋转角以累计的输出脉冲数为依据，应用比较方便；而绝对式编码器是根据旋转角或位置检测其绝对角度或绝对位移量，并以二进制或十进制信号输出。

两种光电式编码器一般根据使用需要而选择。例如机床上大多采用增量式编码器，而航空航天的位置检测装置选用绝对值编码器较多。两种编码器内可做成角度或位移的检测方式。

（一）增量式编码器

1. 结构

增量式光电编码器的结构如图4-4-2所示。它属于透射式光栅。图4-4-3表示反射镜式光栅的光栅结构。

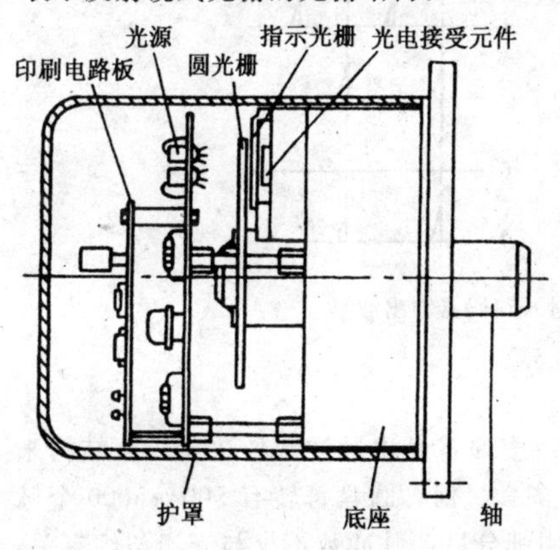

图4-4-2　增量式编码器结构

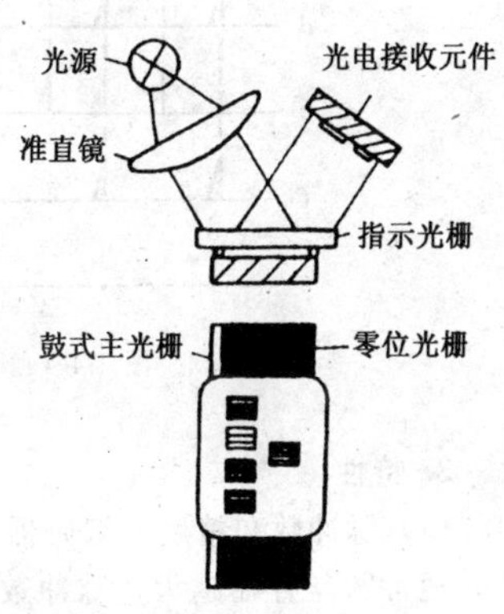

图4-4-3　反射镜式光栅示意图

2. 基本原理

当光源 2 的光线通过圆光栅 3 和指示光栅 4 的光栅线纹，在光电接收元件 5 上形成交替变化的条纹，产生两组近似于正弦波的电流信号 A 与 B，两者相位差 90°，该信号经放大、整形后变成方波脉冲 4-4-4。若 A 相超前 B 相，对应编码器作正转；若 B 相超前 A 相，对应编码器作反转。若以该方波的前沿或后沿产生计数脉冲，可形成代表正向位移或反向位移的脉冲序列。增量式编码器通常给出下列信号：A、$\overline{A}$、B、$\overline{B}$、Z、$\overline{Z}$ 6 个信号。$\overline{A}$、$\overline{B}$ 分别为 A、B 的反相信号。Z、$\overline{Z}$ 也互为反相。它们是每转输出 1 个脉冲的零位参考信号。

利用给出 A、$\overline{A}$、B、$\overline{B}$ 信号很容易获得 4 倍频细分信号。上述电子细分可使光电编码器的分辨率加大，改善其动态性能。

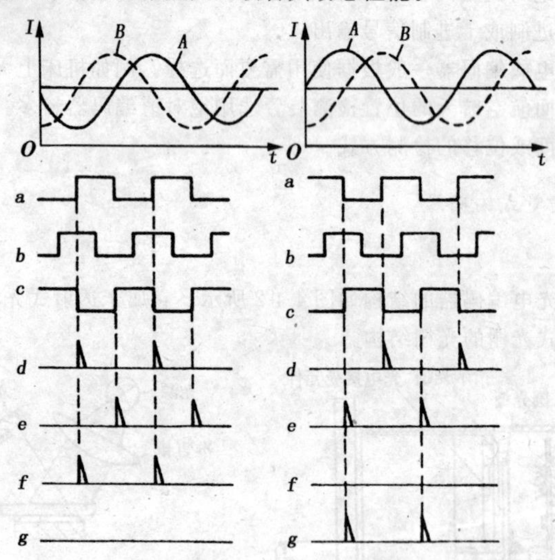

图 4-4-4　增量式编码器输出波形

3. 特性

(1) 脉冲数和精度。编码器分辨率通常是由脉冲数所决定，从结构来看，通常圆盘直径越大，脉冲数愈多。目前，圆盘每转有 500～5000 个脉冲，最高可达几万个脉冲。但是采用细分后，脉冲数不仅与光栅条纹有关，且随细分数而成倍增大。

编码器的精度主要是取决于圆盘光栅条纹等分精度。此外，编码器的精度还与本身制造精度以及使用安装附加误差有关。通常编码器制成图 4-4-4

所示整体结构，使用方便。只要正确使用，附加误差可以避免；其精度根据光栅精度确定可以达微米级，若采用细分技术其精度将更高，如图 4-4-5 所示。

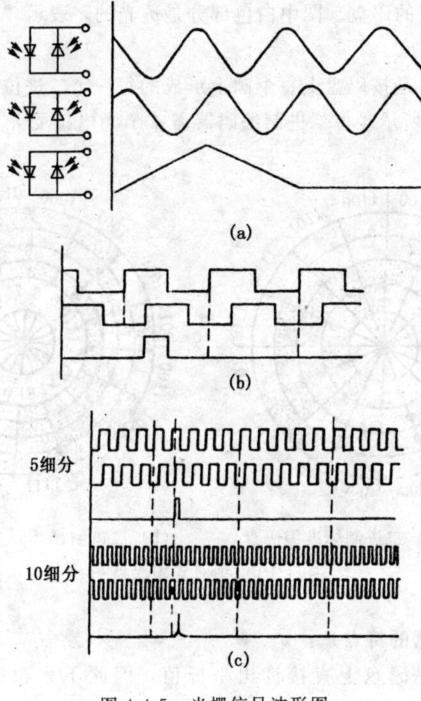

图 4-4-5　光栅信号波形图

(2) 频率响应特性。增量式编码器的输出信号是与频率有关的。编码器中光电接收元件频率特性对其输出影响甚大。对圆光栅的编码器，电路能够正常工作的最大转速由下式决定：

$$n_{\max}=\frac{60f_{\max}}{N}\times10^{3}$$

式中：$f_{\max}$为编码器最高响应频率（Hz）；N为光栅栅线条数。

由于光电接收元件工作频率低至几千赫，故最大转速较低。

(二) 绝对式编码器

绝对式编码器是直接输出的位置传感器。绝对式编码器是用特殊图案的圆盘（称码盘）来代替等窄缝的圆盘，实现绝对值的输出信号。

码盘的图案根据编码形式而定，编码形式有二进制标准码、二进制循环码（格雷码）、二-十进制码等等。码盘的读取方式有光电式、电磁式、接触式等几种。最常用的编码器为光电式二进制循环码编码器。图 4-4-6 为二进制的两种编码方式的码盘。图中白色部分是透光的，表示“1”，黑色部分是不透光的，表示“0”。

光电接受元件是按码盘上每个圆上形成的每一个二进位用黑点表示的位置配置。图 4-4-6 所示 4 位二进制编码器需 4 个光电接受元件，即接受元件与位数相等。

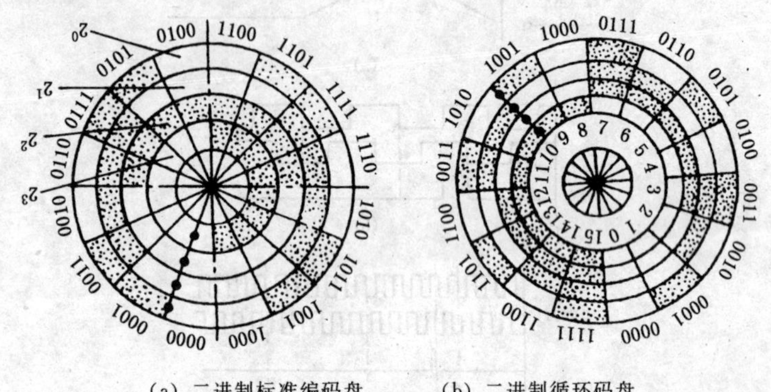

(a) 二进制标准编码盘　　(b) 二进制循环码盘

图 4-4-6　绝对式编码器

绝对式编码器的特点是：

(1) 由于它是码盘上直接读出坐标值，因此不累积检测过程中计数误差。

(2) 不需要考虑接受元件和电路的频率特性，允许在高转速下运行。

(3) 不会因停电及其他原因导致读出坐标值的清除，具有机械式存贮功能。

(4) 为了提高分辨率和精度，必须提高二进制的位数，故结构复杂，成本高。

目前，光电式绝对值编码盘的分辨率较高，一般达 15 位二进制，即 39″，最高可达 21 位。但这种编码器的成本很高。

三、磁性编码器

磁性编码器是利用磁效应的另外一种数字式位置传感器。磁性编码器的应用与光电式编码器相似，可以根据不同的使用要求，将它制成增量式或绝对值式、角度或位移等形式。磁性编码器有突出优点，深受用户欢迎，下面列出其主要特点：

（1）环境适应性强，可靠性高。磁性编码器不怕灰尘、油水，具有耐温、抗冲击、抗振动等优良性能。

（2）频响特性好，适用于高速运行。

（3）耐用性好，维护简便。

根据磁效应不同，磁性编码器可分为多种类型。目前，磁性编码器主要有磁敏电阻式和励磁拾磁式两种，后者又称磁栅式。磁敏电阻式编码器有强磁金属磁敏电阻编码器和半导体磁敏电阻磁性编码器，其中强磁金属电阻发展很快，故以这种材料制成的编码器用得较多。

（一）磁敏电阻式编码器

1. 强磁金属磁敏电阻编码器

（1）强磁金属磁敏电阻磁性编码器结构及原理。

强磁金属是指电导率很高的铁磁金属。利用强磁金属制成的磁敏电阻，在外磁场作用下，其电阻值随磁场磁化方向与电阻电流方向两者之间的夹角θ变化而变化。

图 4-4-7 为三端磁敏电阻元件结构，它是由两个阻值相同、电流方向互相垂直的磁敏电阻组成。

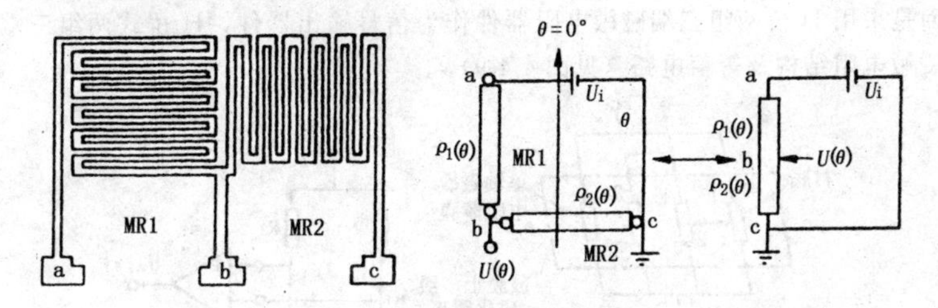

图 4-4-7　三端磁敏电阻元件结构

当三端磁敏电阻元件通电后并处于同一运动磁场下，则三端磁敏电阻元件的中点b输出的信号将随转角而变。若磁场磁化与电流两方向的夹角为θ，则输出信号为

$$U=\frac{U_1}{2}-\frac{(\Delta\rho U_{\mathrm{i}}\cos2\theta)}{4\rho_0}$$

式中，U_{i} 为输入电压；$\Delta\rho$、ρ_0 为阻值。

强磁金属磁敏电阻编码器有增量和绝对值两种，原理是相同的，但结构有些差别。由于绝对式编码器结构目前很难满足实用要求，故这里只介绍增量式编码器的原理和结构。

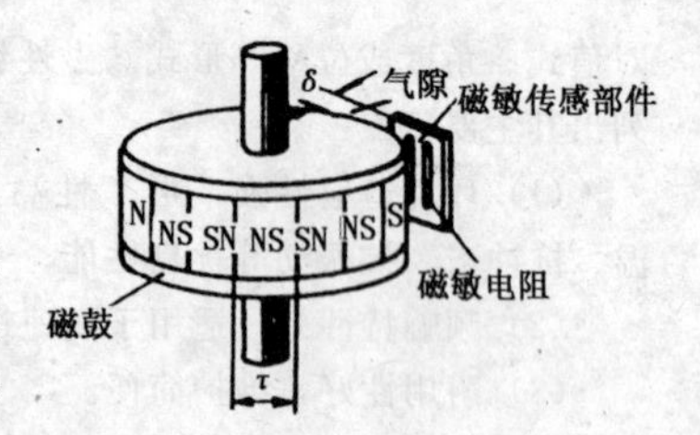

图 4-4-8　强磁金属磁敏电阻增量编码器结构

强磁金属磁敏电阻增量编码器的基本结构如图 4-4-8 所示。在图示旋转型结构中，其主要两部分是磁鼓和磁敏传感部件。磁鼓的基材是非磁性材料，外表面包一层永磁体，永磁体的极性是严格地等距分布，以便在磁敏电阻元件上产生对称的均匀分布的磁场。磁敏传感部件是由几组磁敏电阻元件组成。在增量式编码器中，磁敏传感部件应能产生与光电编码器一样的三组信号（即 A、B 和 Z）。

为了让输出信号随磁场磁化和电阻电流两个方向的夹角 θ 变化而变化，当两个相同磁敏电阻 MR1、MR2 置于不同磁场下，两者电气角相差 90°，要求两个磁敏电阻的电流方向完全一致，且两个电阻的间距为磁鼓永磁磁场的极距的一半。磁性编码器就利用上述磁敏电阻与永磁磁场配置，传感出角度变化的信号。

由于磁敏电阻温度较敏感会导致阻值的变化，从而影响输出的性能，因此，实用中磁性编码器不是采用上述三端磁敏电阻元件作为信号输出顺件，而是采用 H 桥两组三端磁敏电阻器件作为信号输出器件，H 桥式两组三端磁敏电阻结构及等值电路（见图 4-4-9）。

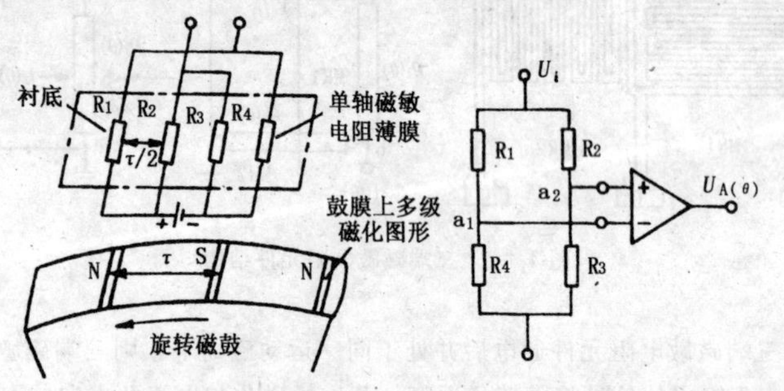

图 4-4-9　H 桥式两组三端磁敏电阻结构及等值电路

图 4-5-9 中输出经差分放大后信号为

$$U_{\mathrm{A}}=\frac{k_{\mathrm{P}}U_{\mathrm{i}}\cos 2\theta}{2\rho_{0}}$$

通常，磁鼓表面气隙磁密一般为0.003～0.005T，可采用永磁薄膜材料组成多极磁场。为了得到高分辨率的性能，永磁磁极宽度很窄，一般在0.25mm，最窄的可以到0.07mm。对应的强磁金属磁敏电阻也采用薄膜金属制成，磁敏电阻线条宽为20～30μm，长为1mm，磁敏电阻采用特殊工艺制造。

(2) 特性

从使用要求来说，磁敏电阻磁性编码器的性能应与光电式编码器的性能相一致。但是，由于两者的原理和结构不同，使两者性能的数据有所差别。现就其不同之处分述如下：

精度和分辨率：光电式编码器的精度和分辨率高，磁性编码器的精度和分辨率低，前者最高分辨率为21位，后者最高分辨率为16位。

频率响应特性：光电式编码器的频响低，一般在300kHz以下。磁性编码器的频响高，达500～700kHz以上；

温度特性：光电式编码器的性能指标受使用温度的影响较大，而磁敏电阻磁性编码器的耐温性能较好，后者的强磁金属和永磁薄膜可以在较高温度下保持性能不变。

2. 半导体磁敏电阻磁性编码器

半导体磁敏电阻是由半导体材料制成的电阻。要利用半导体磁敏电阻组成磁性编码器不像用强磁金属磁敏电阻组成磁性编码器那么简单，所以前者应用不多。但是，由于半导体磁敏电阻具有阻值大、相对变化率大等特点，因此半导体磁敏电阻磁性编码器在某些场合下是不可取代的。

半导体磁敏电阻磁性编码器也只能制成增量式。它的结构和输出波形如图4-4-10所示。齿形转子是两个软磁铁心组成，多齿槽铁心对应于传感器中

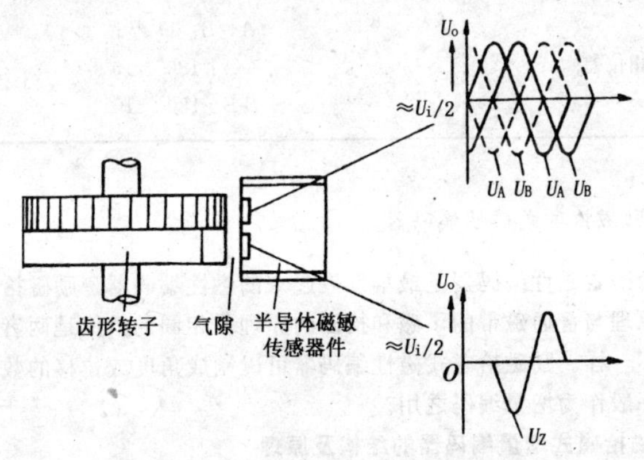

图4-4-10　磁敏电阻磁性编码器结构和输出波形

A、B 相的半导体磁敏电阻，单齿槽铁心对应于传感器中 Z 相的半导体磁敏电阻。永磁体是放在半导体磁敏传感器件里面。由于齿形转子转动时，永磁磁通交替通过齿和槽，半导体磁敏电阻的输出将按图 4-4-11 所示关系变化。上述输出将经三端 H 桥电路及温度补偿电路组成信号输出器件。

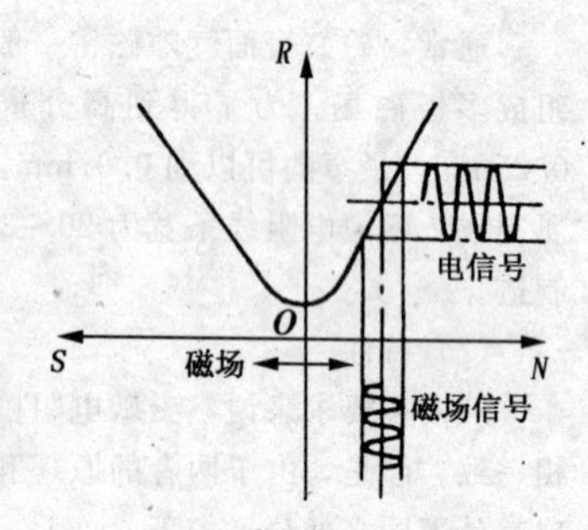

图 4-4-11　磁场和半导体磁敏电阻间电气信号变化关系

表 4-4-1 列出一个典型的半导体磁敏电阻传感器的技术数据。由表可知，该类编码器不仅输出信号较大，且输出阻抗也较大，能满足某些特殊的使用要求。

表 4-4-1　半导体磁敏电阻传感器的技术数据

项目	数值
电源电压	5V
输出电压（峰-峰值）	A 相和 B 相 0.5V（min）（25℃ 气隙 0.15mm）
	Z 相 0.6V（min）（25℃ 气隙 0.15mm）
频率响应	0～100kHz
输出端电阻	0.1～1kΩ
相位差	A～B：90°±5° A-A：180°±10° B-B：180°±10°

（二）励磁拾磁式磁性编码器

励磁拾磁式磁性编码器是最早发展起来的磁性编码器。励磁拾磁式磁性编码器的原理与普通磁带的录磁和拾磁的原理是相同的。但是两者的结构及组成完全不一样。励磁拾磁式磁性编码器可以制成角度或位移的数字式位置传感器，一般作为增量编码之用。

1. 励磁拾磁式增量编码器的结构及原理

励磁拾磁式增量编码器是由磁信号拾磁装置和检测编码电路组成。磁信号拾磁装置包括磁性标尺和拾磁头两部分，磁性标尺和拾磁头组成拾磁装置用于测量位移量，磁码盘和拾磁头组成拾磁装置用于测量角度。为了提高拾磁质量和辨别磁头与磁盘（磁尺）相对移动方向，通常采用两组磁头的配置。磁信号检测、编码电路包括磁头励磁、读取信号的处理（放大、滤波和辨别）、编码细分、显示及控制等部分。按检测方式分有幅值测量和相位测量两种电路，通常采用相位测量较多。图 4-4-12 所示的是励磁拾磁式磁性增量编码器组成系统。

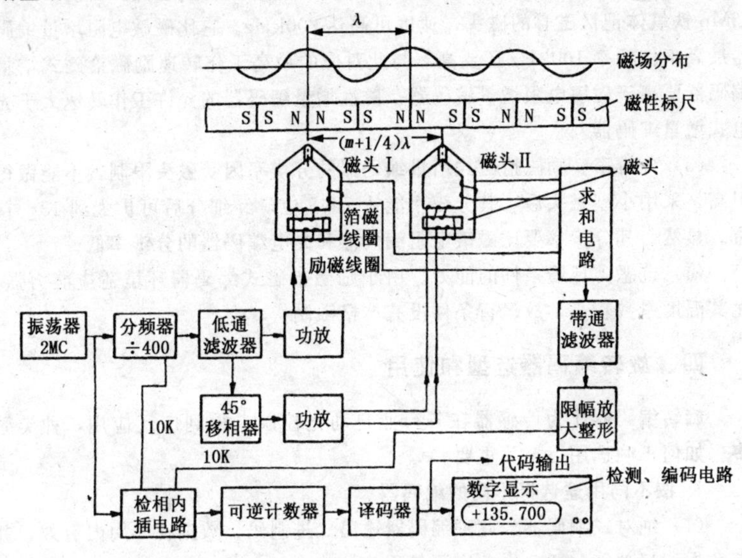

图 4-4-12 励磁拾磁式磁性增量编码器组成系统

励磁拾磁式磁性编码器采用磁通响应型磁头来读取磁盘（或磁尺）上的磁信号，其磁头是利用可饱和铁心的磁性调制原理构成。在励磁线圈的可饱和铁心上加以 5～200kHz 的励磁电流，产生周期性正、反向饱和磁场。当磁头靠近磁盘时，磁盘上永磁磁通由磁头气隙处进入铁心闭合后在拾磁绕组上感应出二次调制波电信号。两组磁头读出的信号由求和电路读出相位随角度变化的合成信号。

图 4-4-12 直线磁尺的相位检测系统采用 10kHz 的基准相位频率。当磁尺的磁化信号节距 $\lambda=200\mu m$ 时，经相位检测系统处理后可以得到分辨率为 $5\mu m$ 的位移测量脉冲。

2. **励磁拾磁式增量编码器的特性**

励磁拾磁式增量编码器与磁敏电阻增量编码器虽均是由永磁磁场作用于

敏感元件，性能有相似的地方，但仍有较大差别的。现就两者性能和特点作些比较。

(1) 电源。两类编码器均用低压 5V 直流电压，可与 TTL 电路兼容，但励磁拾磁式增量编码器还需用高频交流电励磁，耗电较大，一般为 200～500mA。

(2) 工作频率和最高转速。励磁拾磁式增量编码器的工作频率取决于拾磁头的磁密与电源之间转换速度。磁头材料不同速度差别较大。目前，采用 LiMn 铁氧体记忆磁心的磁头，速度可高达 200kHz。它比磁敏电阻增量编码器最高工作频率 100kHz 还要高。与此对应的最高工作转速励磁拾磁式增量编码器要高于磁敏电阻增量编码器。磁性增量编码器的允许工作转速大于光电式增量编码器。

(3) 分辨率。励磁拾磁式增量编码器的分辨率因受磁头限制，不能做得很高。采用小型磁头后，其分辨率能达 7～8 位，经细分后可扩大到 13～14 位。显然，其分辨率要比磁敏电阻编码器和光电编码器的分辨率低。

(4) 抗恶劣环境条件的能力。由于励磁拾磁式编码器环境适应能力强，尤其温度系数较小，故运行条件没有严格限制。

四、旋转编码器选型和使用

旋转编码器作为传感器在各行业自动化控制上得到广泛应用，种类繁多。如何正确选用，至关重要。

1. 按不同用途选择不同的编码器

(1) 绝对式编码器。此种编码器输出二进制码，数据在 1 周内有效，并有数据记忆功能，适合做角度测量用。

(2) 增量式编码器。可以进行多周数据递增或递减记数，适合对速度、加速度、线位移量、角度量进行测量。

(3) 混合式编码器。这种编码器是增量式并附有电机电极位置信号（如 U、V、W 信号），最适合与永磁交流伺服电机配套。

2. 适当选择分辨率

编码器分辨率（如增量式从 10P/r 至 25000P/r）有高有低，选择的原则是在满足测量精度的前提下，分辨率应就低不就高，不可盲目追求高分辨率。比如：测量速度时应选择 60P/r（每转脉冲数）或 600P/r，根据调速范围来确定。线位移测量，选择十进制数如 100P/r、1000P/r。在数据处理时可避免出现非整除、差补现象。

3. 机械接口

编码器的主轴有 3 种：实心轴、空心轴、无轴。空心轴适合与电机轴直接联连，便于安装；无轴式适合与轴向窜动量小的电机相配；一般情况下选择空心轴（采用联轴节联接）即可。

机械接口还应注意选择有配合尺寸的法兰盘（方形、圆形两种）、止口。正确选择机械接口可使整机性能得到保障，延长使用寿命。

4. 电气接口的选择

编码器电气指标指：电源电压、响应频率、消耗电流、脉冲上升下降时间和输出型式等。这里主要谈输出型式的选择。

编码器输出型式分为：电压输出、集电极开路输出、互补输出和长线驱动器输出等。一般在传输距离较近、电气干扰少的场合，选择电压输出、集电极开路输出（电源电压 5～30V_{DC}）。传输距离相对较远或电气干扰较严重的场合下，应选择互补输出（电源电压 12～30V_{DC}）以及长线驱动器输出。应注意的是：长线驱动器是计算机行业通用线性驱动器件，一般配对使用。例如：75113 是驱动器（在编码器内），与之相配合使用的是 75115（接收器，在用户端）。驱动器种类不少，所以使用时一定要确认自己接收器的型号，正确选择编码器的驱动器。一般情况下不能互换。

因为应用不同，选择中应注意的事项也较多。如冲击振动较强的场合，应向厂家说明，厂家会提供抗振性能优越的元件（如金属码盘）组装的编码器。只要把确切的期望提出来，厂家会准备更多种类的编码器来满足使用的要求。

五、旋转编码器产品技术数据

1. BJ 型接触式轴角编码器

BJ 型接触式轴角编码器技术数据见表 4-4-2。

表 4-4-2 BJ 型接触式轴角编码器技术数据

型号	分辨率	精度 (bit)	回路电压 (V)	回路电流 (mA)	工作转速 (r/min)	最高转速 (r/min)	外形尺寸（mm）		
							总长	外径	轴径
27BJ01	2^7	±1/2	10～30	5	200	1000	35.8	27	3.17
45BJ	2^9	±1/2	10～30	5	200	400	46	45	4.76

生产厂家：西安微电机研究所。

2. 小型光电编码器

小型光电编码器目前有 6 种产品型号，现对其产品型号及编号说明、电气及机械技术数据分述如下。

(1) LEC 型光电编码器。其产品型号说明如下所示，编号说明及技术数据见表 4-4-3～表 4-4-5。

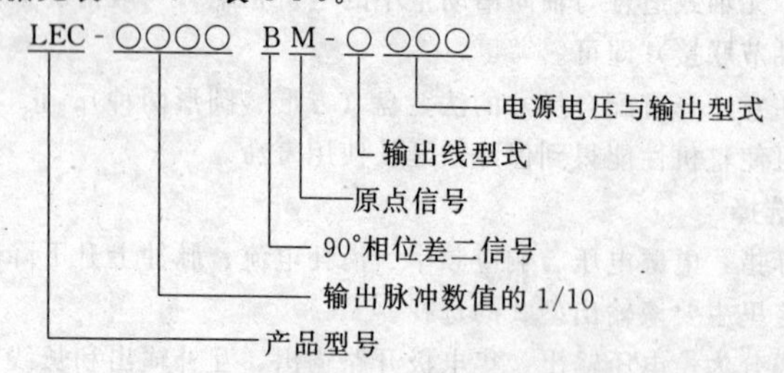

表 4-4-3　LEC 型光电编码器型号的编号说明

每转输出脉冲数				输出线形式	电源电压、输出形式及形式记号		
					电源电压(DC)	输出形式	形式记号
20	240	800	2048				
25	250	900	2160	电缆横出 G			
30	256	1000	2400		5V	电压	05E
40	300	1024	2500			集电极开路	05C
50	320	1080	3000	电缆后出 E		长线驱动器 (75183)	05P
60	360	1200	3125			长线驱动器 (75113)	05D
90	384	1250	3600		12V	电压	12E
100	400	1270	4000	插座输出 C		集电极开路	12C
120	500	1500	4096			互补输出	12F
125	512	1600	5000		15V	电压	15E
150	600	1800				集电极开路	15C
200	720	2000				互补输出	15F

举例：1024P/R、DC5V，电压输出，电缆线横出。其产品型号记为：LEC-102.4BM-G05E。

表 4-4-4　使用 LEC 型光电编码器机械技术数据

输出轴直径	机械最大允许转数 (r/min)	启动力矩 N·m(25℃)	允许轴负载 N		惯性力矩 (N·m·s^2)	允许角加速度 (rad/s^2)
			径向	轴向		
5	5000	3×10^{-3}	20	10	3.5×10^{-6}	10^4
8		10×10^{-3}	40	30	4×10^{-6}	
10					4.2×10^{-6}	

表 4-4-5　LEC 型光电编码器电气技术数据

形式记号	电源电压	消耗电流 (mA)	输出电压 V		注入电流 (mA)	最小负荷阻抗 (Ω)	上升、下降时间 (μs)	响应频率 (kHz)
			V_H	V_L				
05E	5±0.25	150	3.5	0.5	—	—	1	100
05C	5±0.25	150	—	—	40	—	1	100
05P	5±0.25	150	2.5	0.5	—	—	1	100
05D	5±0.25	250	2.5	0.5	—	—	1	100
12E	12±1.2	150	8.0	0.5	—	—	1	100
12C	12±1.2	150	—	—	40	—	1	100
12F	12±1.2	150	8.0	1.0	—	500	1	100
15E	15±1.5	150	10.0	0.5	—	—	1	100
15C	15±1.5	150	—	—	40	—	1	100
15F	15±1.5	150	10.0	1.0	—	500	1	100

(2) LMA 型光电编码器。其产品型号的组成如下所示，编号说明及技术数据见表 4-4-6、表 4-4-7。

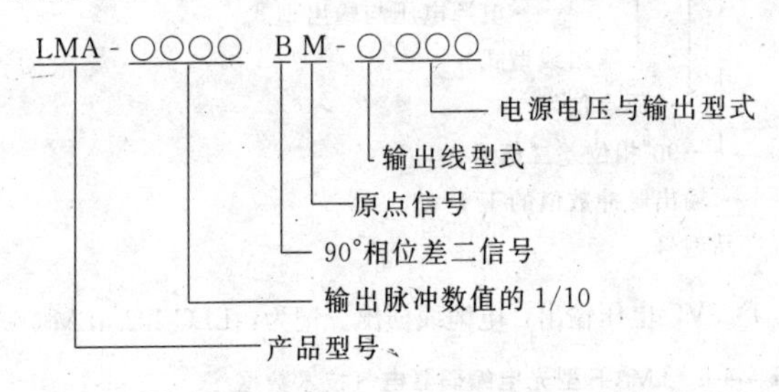

举例：1024P/R、DC5V，电压输出，电缆线横出。其产品型号记为：LMA-102.4BM-G05E。

表 4-4-6　使用 LMA 型的机械技术数据

机械最大允许转数 (r/min)	启动力矩 N·m (25℃)	允许轴负载 N		惯性力矩 (N·m·s²)	允许角加速度 (rad/s)
		径向	轴向		
5000	3×10^{-4}	30	10	3.5×10^{-6}	104

表 4-4-7 LMA 型光电编码器电气技术数据

型式记号	电源电压（V）	消耗电流（mA）	输出电压 V		注入电流（mA）	最小负荷阻抗（Ω）	上升、下降时间（μs）	响应频率（kHz）
			V_H	V_L				
05E	5±0.25	150	3.5	0.5	—	—	1	100
05C	5±0.25	150	—	—	40	—	1	100
05P	5±0.25	150	2.5	0.5	—	—	1	100
05D	5±0.25	250	2.5	0.5	—	—	1	100
12E	12±1.2	150	8.0	0.5	—	—	1	100
12C	12±1.2	150	—	—	40	—	1	100
12F	12±1.2	150	8.0	1.0	—	500	1	100
15E	15±1.5	150	10.0	0.5	—	—	1	100
15C	15±1.5	150	—	—	40	—	1	100
15F	15±1.5	150	10.0	1.0	—	500	1	100

（3）LMA-F 型光电编码器。其产品型号的组成如下所示，编号说明及技术数据见表 4-4-8、表 4-4-9。

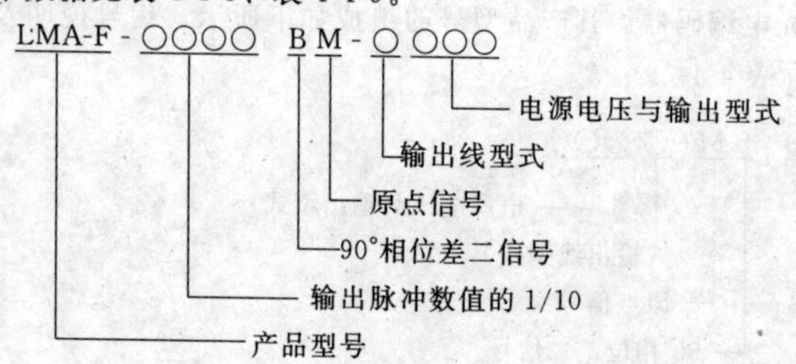

举例：1024P/R、DC5V，电压输出，电缆线横出。记为：LEC-102.4BM-G05E。

表 4-4-8 LMA-F 型光电编码器电气技术数据

型式记号	电源电压	消耗电流（mA）	输出电压 V		注入电流（mA）	最小负荷阻抗（Ω）	上升、下降时间（μs）	响应频率（kHz）
			V_H	V_L				
05E	5±0.25	150	3.5	0.5	—	—	1	100
05C	5±0.25	150	—	—	40	—	1	100
05P	5±0.25	150	2.5	0.5	—	—	1	100
05D	5±0.25	250	2.5	0.5	—	—	1	100
12E	12±1.2	150	8.0	0.5	—	—	1	100

续表

型式记号	电源电压	消耗电流 (mA)	输出电压 V		注入电流 (mA)	最小负荷阻抗 (Ω)	上升、下降时间 (μs)	响应频率 (kHz)
			V_H	V_L				
12C	12±1.2	150	—	—	40	—	1	100
12F	12±1.2	150	8.0	1.0	—	500	1	100
15E	15±1.5	150	10.0	0.5	—	—	1	100
15C	15±1.5	150	—	—	40	—	1	100
15F	15±1.5	150	10.0	1.0	—	500	1	100

表 4-4-9 使用 LMA-F 型的机械技术数据

机械最大允许转数 (r/min)	启动力矩 N·m (25℃)	允许轴负载 N		惯性力矩 (N·m·s²)	允许角加速度 (rad/s)
		径向	轴向		
6000	5×10^{-2}	100	50	1.5×10^{-6}	10^4

(4) LFA-F 型光电编码器。其产品型号的组成如下所示，编号说明及技术数据见表 4-4-10～表 4-4-12。

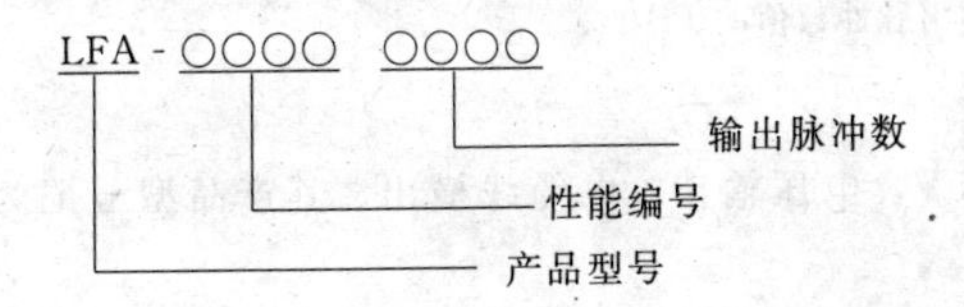

表 4-4-10 LFA 型光电编码器型号的编号说明表

每转输出脉冲数			电源电压、输出型式及型式记号			
6000	12500	20000	电源电压	输出型式	法兰盘	型式记号
9000	15000	25000	5V	驱动器输出	无	500A
10000	18000					

举例：无法兰盘，输出脉冲数为 10000 的光电编码器表示为：LFA-500A-10000。

表 4-4-11 LFA-F 型光电编码器电气技术数据

性能编号	供给电压 (V_{DC})	消耗电流 (mA)	输出电压 V		注入电流 (mA)	最小负荷阻抗 (Ω)	上升、下降时间 (μs)	响应频率 (kHz)
			V_H	V_L				
500A	5±0.25	250	2.5	0.5	—	—	100	750

表 4-4-12 LFA 型光电编码器电气技术数据

机械最大允许转数 (r/min)	启动力矩 N·m (25℃)	允许轴负载 N		惯性力矩 (N·m·s^2)	允许角加速度 (rad/s^2)
		径向	轴向		
5000	2×10^{-2}	50	30	2.8×10^{-6}	10^4

(5) LF 型光电编码器。其产品型号的组成如下所示，编号说明见表 4-4-3，技术数据见表 4-4-13～表 4-4-14。

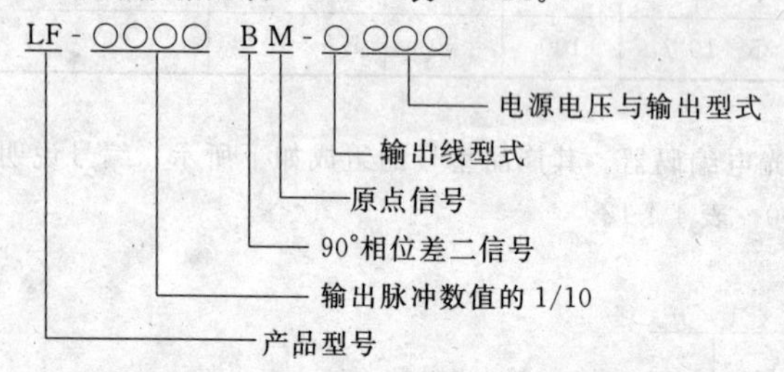

举例：1024P/R、DC5V，电压输出，电缆线横出。其产品型号记为：LF-102.4BM-C05E。

表 4-4-13 LF 型光电编码器电气技术数据

型式记号	电源电压	消耗电流 (mA)	输出电压 V		注入电流 (mA)	最小负荷阻抗 (Ω)	上升、下降时间 (μs)	响应频率 (kHz)
			V_H	V_L				
05E	5±0.25	150	3.5	0.5	—	—	1	100
05C	5±0.25	150	—	—	40	—	1	100
05P	5±0.25	150	2.5	0.5	—	—	1	100
05D	5±0.25	250	2.5	0.5	—	—	1	100
12E	12±1.2	150	8.0	0.5	—	—	1	100
12C	12±1.2	150	—	—	40	—	1	100
12F	12±1.2	150	8.0	1.0	—	500	1	100
15E	15±1.5	150	10.0	0.5	—	—	1	100
15C	15±1.5	150	—	—	40	—	1	100
15F	15±1.5	150	10.0	1.0	—	500	1	100

表 4-4-14　使用 LF 型光电编码器的机械技术数据

机械最大允许转数 (r/min)	启动力矩 N·m（25℃）	允许轴负载 N		惯性力矩 ($N\cdot m\cdot s^2$)	允许角加速度 (rad/s)
		径向	轴向		
6000	5×10^{-2}	50	50	1.3×10^{-5}	10^4

（6）LBJ 型光电编码器。其产品型号的组成如下所示，编号说明及技术数据见表 4-4-15～表 4-4-17。

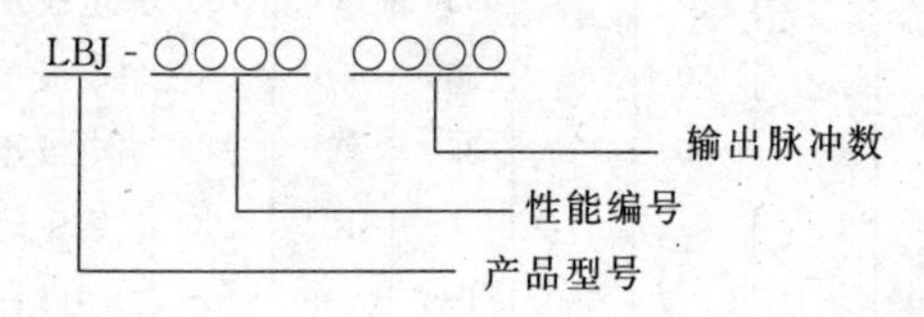

举例：300P/R、DC5V，电压输出，记为：LBJ-001-300。

表 4-4-15　LBJ 型光电编码器型号的编号说明

每转输出脉冲数				电源电压、输出型式及型式记号		
15	500	1000	1800	电源电压	输出型式	型式记号
25	512	1024	2000	5V	电压	001
50	600	1200	2048		集电极开路	004
100	625	1250			长线驱动器	007
200	635	1500		12V	电　压	002
250	720	1536			集电极开路	005
300	900				互补输出	084
360				15V	电　压	003
400					集电极开路	006
					互补输出	085

表 4-4-16　使用 LBJ 型空心轴光电编码器的机械技术数据

机械最大允许转数 (r/min)	启动力矩 N·m（25℃）	允许轴负载 N		惯性力矩 ($N\cdot m\cdot s^2$)	允许角加速度 (rad/s)
		轴向	轻向		
5000	1.5×10^{-3}	20	10	4×10^{-7}	10^4

表 4-4-17 LBJ 型空心轴光电编码器电气技术数据

性能代号	电源电压	消耗电流(mA)	输出电压 V		注入电流(mA)	最小负荷阻抗(Ω)	上升时间(μs)	下降时间(μs)	响应频率(kHz)	输出型式
			V_H	V_L						
001	5±0.5	80	4.0	0.5	—	—	350	30	100	电压
002	12±1.2	120	10.0	0.5	—	—	350	30	100	电压
003	15±1.5	120	12.0	0.5	—	—	350	30	100	电压
004	5±0.5	80	—	—	40	—	350	50	100	集电极开路
005	12±1.2	80	—	—	60	—	350	50	100	集电极开路
006	15±1.5	80	—	—	60	—	350	50	100	集电极开路
007	5±0.25	160	2.5	0.5	—	—	100	100	100	长线驱动器
084	12±1.2	120	8.0	1.0	—	500	100	200	100	互补输出
085	15±1.5	120	10.0	1.0	—	500	100	200	100	互补输出

3. 空心轴光电编码器

(1) LHB 型空心轴光电编码器。产品型号的组成如下所示。编号说明及技术数据 4-4-18～表 4-4-20。

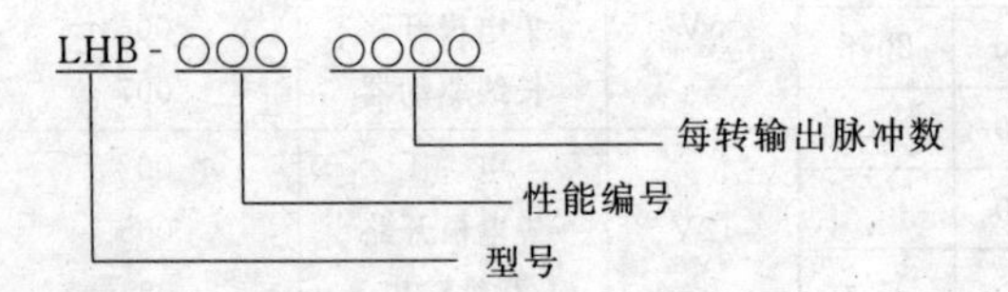

举例：每转输出 2500P/R，安装轴径为 $\phi8$ 的 LHB 型光电编码器表示为：LHB-001-2500。

表 4-4-18 LHB 型空心轴光电编码器型号的编号说明表

每转输出脉冲数			电源电压、输出方式及性能编号			
			电源电压(DC)	输出型式	性能编号	
					$\phi8$①	$\phi6$①
500	1000	1024				
1200	1250	1600				
2000	2400	2500	5V	驱动器输出	001	008

①安装轴径。

表 4-4-19 LHB 型空心轴光电编码器电气技术数据

性能编号	电源电压（V）	消耗电流（mA）	输出型式	输出电压 V		上升时间（μs）	下降时间（μs）	响应频率（kHz）
				V_H	V_L			
001	5±0.25	250	长线驱动器	2.5	0.5	100	100	200
008	5±0.25	250	长线驱动器	2.5	0.5	100	100	200

表 4-4-20 使用 LHB 型空心轴光电编码器的机械技术数据

允许转数（r/min）	启动力矩 N・m（25℃）	允许轴负载 N		惯性力矩（N・m・s^2）	允许角加速度（rad/s）
		径向	轴向		
5000	2×10^{-3}	10	10	4×10^{-6}	104

（2）LHJ 型空心轴光电编码器。产品型号及其编号说明如图 4-4-20 所示。其技术数据见表 4-4-21～表 4-4-23。

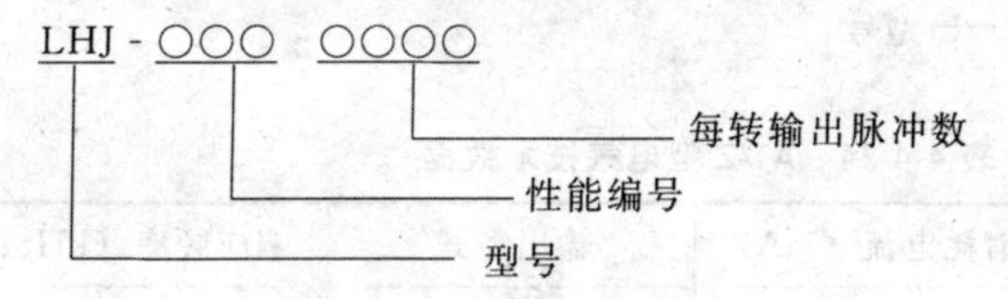

举例：每转输出 2500P/R，安装轴径为 $\phi8$ 的 LHJ 型光电编码器表示为：LHJ-001-2500。

表 4-4-21 LHJ 型空心轴光电编码器型号的编号说明表

每转输出脉冲数	电源电压、输出型式及性能编号			
2000 2500 5000	电源电压（DC）	输出型式	性能编号	
			$\phi8$①	$\phi10$①
	5V	驱动器输出	001	003

①表示安装轴径。

表 4-4-22 LHJ 型空心轴光电编码器电气技术数据

性能编号	电源电压（V）	消耗电流（mA）	输出型式	输出电压 V		上升时间（μs）	下降时间（μs）	响应频率（kHz）
				V_H	V_L			
001	5±0.25	250	长线驱动器	2.5	0.5	100	100	200
003	5±0.25	250	长线驱动器	2.5	0.5	100	100	200

表 4-4-23 使用 LHJ 型空心轴光电编码器的机械技术数据

允许转数 (r/min)	启动力矩 N·m (25℃)	允许轴负载 N		惯性力矩 (N·m·s^2)	允许角加速度 (rad/s)
		轴向	径向		
5000	4×10^{-3}	20	10	8×10^{-6}	10^4

4. 绝对式光电编码器

产品型号及其编号说明如下所示。技术数据见表 4-4-24～表 4-4-25。

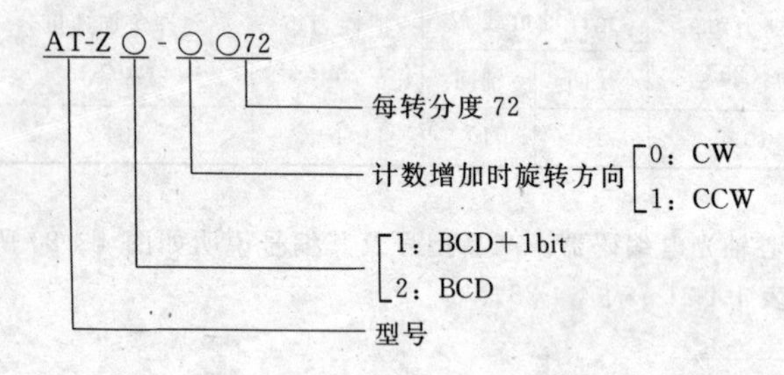

表 4-4-24 AT-Z 型电气技术数据

电源电压（V）	消耗电流（mA）	输出型式	响应频率（kHz）
DC5±0.25	300	集电极开路	10

表 4-4-25 AT-Z 型机械技术数据

允许转速 (r/min)	启动力矩 N·m (25℃)	允许轴负载 N		惯性力矩 (N·m·s^2)	允许角加速度 (rad/s)
		轴向	径向		
5000	2.5×10^{-4}	49	49	7×10^{-6}	10^4

5. QDB9 型光电编码器

（1）QDB9 型光电编码器电气技术数据见表 4-4-26。

表 4-4-26 QDB9 型光电编码器电气技术数据

型　号	电源电压（V）	高电平（V）	低电平（V）	输出波形
QDB9-B	＋5	≥＋4.5	≤＋0.5	矩形波
	＋12	≥＋10		
QDB9-C	＋12	≥＋10	≤＋0.5	矩形波

测量范围：0～360°，角分辨率：约 42′11.3″，测角误差（均方根误差）：±20′，输出信号：输出为自然二进制码。

（2）机械技术数据。

最大转速：400r/min。

使用温度：－20℃～＋50℃

耐冲击：294.3m/s^2（x、y 方向各 3 次）。

耐振动：29.43m/s^2（10～200Hz）x、y 方向各 1h。

启动力矩：≤2×10^{-3}N·m

外形尺寸：ϕ110mm×75mm

轴头尺寸：ϕ5mm×15mm

质量：1kg。

6. GSB$_{14}$-C 型光电编码器

技术数据如下：

测量范围：0～360°。

角分辨率：360°/2^{14}＝79.1″

精度：±60″（均方根误差）。

码型：二进制循环码（格雷码）。

启动力矩：4×10^{-3}N·m

最大转速：50r/min。

灯丝电源：＋4V。

元件偏压：＋12V。

灯泡寿命：1000h。

讯号输出：光电流：≥50μA

暗电流：≥5μA

输出波形：近似梯形波。

工作温度：－30℃～＋50℃

耐振动：29.43m/s^2（10～200Hz）x、y 方向各 1h。

耐冲击：294.3m/s^2（x、y 方向各 3 次）。

质量：约 2kg。

生产厂家：以上均为长春第一光学仪器厂。

7. 日本增量式编码器的技术数据

增量式编码器部分产品的技术数据见表 4-4-27。

8. 德国海德汉增量角度编码器的技术数据

德国海德汉（Heidenhain）增量角度编码器的技术数据见表 4-4-28～表 4-4-30。

表 4-4-27　日本增量式编码器的技术数据

型　号	分辨率	电源电压 (V)	最大响应频率 (kHz)	最大容许转速 (r/min)	外形尺寸 (mm)	质量 (g)	生产厂家
E3030-1	100(2.3ch)	5	20		ϕ30×30L	30	旭日兴产
E3030-2	100(2.3ch)	5	20		ϕ30×30L	30	旭日兴产
RS	360～2500P/R	5/12	100	1200	ϕ50×50L	250	石川岛播磨重工业
RK	1000～6000P/R	5/12	200	1200	ϕ50×50L	250	石川岛播磨重工业
RE-X1	254P/R(单相)	任意	25.4	6000	ϕ24×13L	12	ユス・ナール・ラー
RE-X2	91P/R(单相)	任意	9.1	6000	ϕ12×13L	12	ユス・ナール・ラー
RE-X3	254P/R(2相)90°±45°	任意	25.4	6000	ϕ12×13L	12	ユス・ナール・ラー
RE-X4	91P/R(2相)90°±45°	任意	9.1	6000	ϕ12×13L	12	ユス・ナール・ラー
RP-112	60～9000P/R	AC到100	10～100	5000	H175×171L	3200	小野测器
RP-212	60～3600P/R	AC到100	50～100	8000	H204×322L	17000	小野测器
RP-254	60～9000P/R	AC到100	50～100	4000	H175×171L	27000	小野测器
RP-322	60～3600P/R	AC到100	50～100	4000	H247×200L	14000	小野测器
RP-412	60～6000P/R	12	50～100	5000	H101×100L	900	小野测器
RP-432Z	60～1024P/R	5/12	50～100	5000	H70×88L	240	小野测器
RP-442Z	100～2500P/R	5	50～100	5000	H108×62L	230	小野测器
RP-452Z	1000～1800P/R	12	20～100	5000	H36×63L	190	小野测器
RP-512	60～3600P/R	12	50～100	5000	H80×161L	1200	小野测器
RP-532Z	100～2500P/R	5	100	5000	H85.5×131L	800	小野测器
RP-862Z	100～1024P/R	5	60～100	3500	H62×32.5L	170	小野测器
RP-402Z	100～600P/R	5	20～100	3500	H40×53L	100	小野测器
PA	60～1000P/R	5	50	3000	ϕ40	150	黑田精工

续表

型　号	分辨率	电源电压 (V)	最大响应频率 (kHz)	最大容许转速 (r/min)	外形尺寸 (mm)	质量 (g)	生产厂家
PE	100～2750P/R	5	60	5000	φ68	400	黑田精工
PS	100～2750P/R	5	100	5000	φ68	700	黑田精工
PF	100～2750P/R	5	100	5000	φ68	1500	黑田精工
TRD-J1000	240～1000P/R	5～16	50	3000	φ50×55L	220	光洋电子工业
TRD-G2000R	10～2000P/R	10～30	50	3000	φ80×72L	700	光洋电子工业
TRD-G4000BZ	100～4000P/R	10～30	50	3000	φ80×72L	700	光洋电子工业
TRD-H2000BZ	600～2000P/R	10～30	50	3000	φ80×72L	700	光洋电子工业
OSS	100～500P/R	4.5～16.5	30	6000	φ30×30L	50	三成电气
OES	100～600P/R	4.5～16.5	30	6000	φ40×40L	100	三成电气
OEL	100～1200P/R	4.5～16.5	50		φ64×52L	130	三成电气
OPE	100～1800P/R	4.5～16.5	60	9000	φ80×80L	600	三成电气
F68	200～2500P/R	5	100	6000	φ68×65L	1300	山洋电气
F68	200～2500P/R	5	100	6000	φ68×43.5L	400	山洋电气
E68	200～2500P/R	5	100	6000	φ68×39L	300	山洋电气
E50	180～1000P/R	5	100	6000	φ52×42L	100	山洋电气
DTRE-1000	1000	5(200mA)	50	3000	φ60×73L	600	大东制作所
DTRE-500	500	5(200mA)	20	5000	φ60×73L	600	大东制作所
DTRE-300	300	5(200mA)	20	5000	φ60×73L	600	大东制作所
DTRE-100	100	5(200mA)	20	5000	φ60×73L	600	大东制作所

表 4-2-28　德国海德汉增量角度编码器的技术数据(一)

型号 项目	RON 905	RON 806	RON 705D(C) RON 706B(C)	RON 225 RON 225(C) RON 275(C) RON 285	ROP 881	ROD 800(C)	ROD 700(C)	ROD 250(C) ROD 260 ROD 271(C) ROD 280
精度/线数	±0.4″/36000 ±0.2″/3600 (带 AWE1024)	±1″/3600 ±0.5″/3600 (带 AWE1024)	±2.5″/18000	±7″/9000 ±6″/10000 ±5″/18000 RON285： ±5″/18000	±1″/45000	±1″/18000 ±1″/36000	±2.5″/18000 ±2″/36000	±7″/9000 ±6″/10000 ±5″/18000 RON280： ±5″/18000
推荐测量间距	大约 0.00001° (带 AWE1024)	0.00005° (带有 AWE1024 时大约 0.00001)	0.0005°	0.001° RON225：0.005°	0.00001°	0.0001°/0.00005° (带有 AWE1024 时大约 0.00001)	0.0005° 0.0001	0.001° RON260：0.005°
输出信号	～11μApp			RON225：TTL RON255：～11μApp RON275：TTL RON285：～1Vpp	～1Vpp	～11μApp		RON225：TTL RON255：～11μApp RON275：TTL RON285：～1Vpp
－3dB 极限频率	＞40kHz	＞90kHz		ROD225： ＞90kHz RON285： ＞180kHz	＞300kHz	＞90kHz		ROD225： ＞90kHz RON285： ＞180kHz

续表

型号 / 项目	RON 905	RON 806	RON 705D(C) RON 706B(C)	RON 225 RON 225(C) RON 275(C) RON 285	ROP 881	ROD 800(C)	ROD 700(C)	ROD 250(C) ROD 260 ROD 271(C) ROD 280
扫描频率	取决于后续电路			RON225:1MHz RON275:25kHz	取决于后续电路			RON225:>1MHz RON275:>25kHz
传动速度	至 100r/min	至 300r/min		至 3000r/min	至 100r/min	至 1000r/min		至 10000r/min
说明	高精度内装联轴器 测量间距可达:0.00001° 精度可达:±0.2″	内装联轴器测量间距可达 0.00001° 精度可达:±0.2″		内装中空通轴联轴器 坚固的设计一般用于转台、回转台。定位和同步主轴测量间距 0.001°	坚固的结构 高精度测量间距可达:0.0001°或更精,典型用于测量仪器和设备	测量间距:0.00001°和 0.0001°对应的精度:±0.5″/±2″ 特别适用于精密转台、分度装置,测量机和天线的角度测量		带有管轴 坚固结构 用于转台、定位和同步主轴 测量间距至 0.001°

表 4-4-29　德国海德汉增量角度编码器的技术数据（二）

项目＼型号	带有同步凸缘的旋转编码器					
	ROD454M	ROD436	ROD46	ROD476	ROD486	ROD523 ROD529
输出信号	～11μApp	HTL	～11μApp	TTL	～1Vpp	TTL
最大扫描频率	取决于后续电路	300kHz	取决于后续电路	50kHz	取决于后续电路	300kHz
线数	10～3600	48～10000	48～5000	2000～5000	625～5000	48～10000
允许的机械传动速度	10000r/min	12000r/min				6000r/min
说　明	微型编码器适用于小型装置或有限的安装空间	对于ROD400系列的编码器，HEIDENHAIN建立了一套关于尺寸和输出信号的工业标准，重负载型配备卡紧凸缘（ROD420，ROD430，ROD450），带有同步凸缘的编码器，传动速度可达到12000r/min 特殊型可用于以下不同的场合：工作温度高达100℃，较高的保护等级，高扫描频率，低传动扭矩				ROD500系列坚固的结构，配备方形或同心凸缘，防护等级：IP66

表 4-4-30　德国海德汉增量角度编码器的技术数据（三）

型号	带有卡紧凸缘的旋转编码器			带有同步凸缘的旋转编码器		
	ROD420	ROD430	ROD450	ROD426 ROD428D带故障探测信号	ROD424M	ROD434M
输出信号	TTL	HTL	～11μApp	TTL	TTL	HTL
最大扫描频率	160kHz	300kHz	取决于后续电路	300kHz ROD426：160kHz	160kHz	50kHz
线数	48～10000		48～5000	48～10000 ROD426：48～3600	10～3600	
允许的机械传动速度	6000r/min			12000r/min	10000r/min	
说　明	对于ROD400系列的编码器，HEIDENHAIN建立了一套关于尺寸和输出信号的工业标准，重负载型配备卡紧凸缘（ROD420，ROD430，ROD450），带有同步凸缘的编码器，传动速度可达到12000r/min特殊型可用于以下不同的场合： 工作温度高达100℃，较高的保护等级，高扫描频率，低传动扭矩				微型编码器适用于小型装置或有限的安装空间	

第五节 电机扩大机

一、概述

在控制系统或伺服机构中，经常需要利用小功率信号来控制大功率输出的放大装置，例如由晶体管、晶闸管等电子器件组成的电子放大器、磁放大器和电机扩大机等。电机扩大机（英文名称为 rotating amplifier）是指对各控制绕组输入的电信号在电机内进行励磁合成并经放大后以一定功率输出的特殊结构的直流发电机。

电机扩大机具有以下特点：

(1) 过载能力大。电机扩大机的瞬时过功率可达到额定值的 2 倍，瞬时过电压和过电流可分别达到额定值的 1.5 倍和 2.5 倍。

(2) 放大系数大。功率放大系数可达 50000。由于放大系数大，故要求输入的控制信号小，一般要求控制绕组的输入功率为 0.5～1W。

(3) 多参量控制。电机扩大机一般设有 2～4 个控制绕组，每个控制绕组都能独立地对输出功率起控制作用，故能进行多参量控制。

(4) 输出功率的极性容易变换。改变输入控制绕组电信号的极性即可改变输出功率的极性。

此外，电机扩大机的输出功率是由驱动它的机械功率转变而来的，故只需有原动机即可得到可控的电功率输出，因此适用于野外、舰船、战车等，还可作为功率放大装置和电压可调的直流发电机使用。

电机扩大机根据其工作原理可分为交轴磁场电机扩大机（或称交磁电机扩大机）、直轴磁场电机扩大机（或称纵磁电机扩大机）和自差式电机扩大机 3 种类型。目前国内外生产和使用最广的是交轴磁场电机扩大机。如我国生产的 ZKK 系列电机扩大机即属于交轴磁场电机扩大机。

二、电机扩大机结构、原理和特性

（一）结构

电机扩大机有两种基本结构形式：一种是单轴式，具有单轴伸或双轴伸，不带驱动电动机；另一种是共轴式，是指电机扩大机与驱动电动机共轴。驱动电动机可用三相交流异步电动机或直流电动机。

电机扩大机的结构与直流电动机相似，但定子铁心由于要将放大绕组、补偿绕组、换向绕组、交轴助磁绕组和交流去磁绕组安放在适当的位置上，故定子冲片具有不同形状的大、中、小槽，与一般直流电动机不一样，见图 4-5-1。此外，电机扩大机的刷杆对数比直流电动机多 1 倍，直轴电刷与交轴电刷互成 90°电角度。

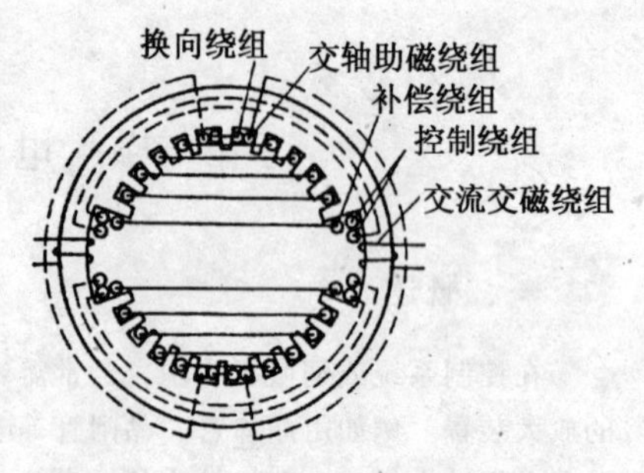

图 4-5-1 定子冲片形状及各绕组布置图

电机扩大机根据其输出功率的大小，磁极对数为 1 或 2。输出功率小于 25kW 的采用 1 对磁极；输出功率为 25kW 以上的采用 2 对磁极。

（二）基本原理

电机扩大机是以交轴反应磁通作为主磁通的具有共磁系统和两级放大的他激式直流发电机。工作时电机扩大机的转子由电动机或其他原动机拖动。其工作原理见图 4-5-2。

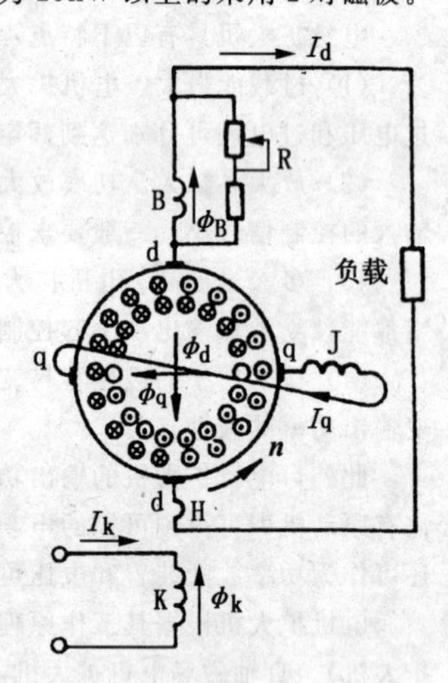

图 4-5-2 交轴磁场电机扩大机工作原理图

当控制绕组通以控制电流 I_k 时即产生直轴磁通 Φ_k，当电枢转动后，电枢绕组中产生感应电动势，在电刷 qq 两端产生电动势 E_q，接上负载即可输出功率。此时发电机的输出功率与控制绕组输入功率之比（即功率扩大系数）为 20～100，完成第一级放大。当电刷 qq 端接上负载后，电枢绕组即有电流通过，产生电枢反应磁通 ϕ_q，电枢绕组切割 ϕ_q，在电刷 dd 间产生感应电势 E_d，E_d 的大小与 ϕ_q 成正比，同时与电刷 qq 的负载电流成正比。将电刷 qq 短路，由于电枢绕组的电阻很小，因此 ϕ_q 很大，导致电刷 dd 间输出功率很大，完成第二级放大，使电机扩大机的扩大系数达到 500～50000。此时发电机成为无补偿的交轴磁场电机扩大机。

发电机接上负载后，负载电流产生的纵轴电枢反应磁通 ϕ_{ad} 与控制磁通 ϕ_k 方向相反，削弱了控制磁通 ϕ_k，随着负载电流的增大，ϕ_{ad} 增大，导致 E_q、ϕ_k 和 E_d 建立不起来。为了消除 ϕ_{ad} 的影响，可在发电机的定子上装设一套补偿绕组 B，该绕组与负载串联，产生的磁通 ϕ_B 与 ϕ_k 方向一致，随着

I_d 增大，ϕ_B 也增大，故能有效地消除 ϕ_{ad} 的影响。补偿绕组与补偿调节电阻（由固定电阻和可调电阻串联而成）并联，调整补偿调节电阻的值即可改变补偿绕组的补偿程度。因电枢绕组是沿转子圆周分布的，为了更好地抵消 ϕ_{ad}，补偿绕组采用不均匀分布绕组，安放在定子铁心的小槽和中槽中。

为了改善电机扩大机的换向，在定子的直轴上设有换向极，极上安放换向绕组并与直轴电路串联。因电机交轴方向的大槽中绕组较多，不便装设换向极和换向绕组，故在直轴的大槽中设置交轴助磁绕组与两交轴电刷串接，使其产生的磁通与 ϕ_q 方向相同，这样即可保持在 ϕ_q 不变的情况下减小交轴电流 I_q 以改善交轴换向。

为了削弱由磁滞效应引起的剩磁电压对电机特性的影响，通常在定子铁心的轭部绕有交流去磁绕组。当发电机运行时，去磁绕组与低压（2～5V）交流电相接。

（三）特性

1. **空载特性**

空载特性是指电机扩大机在额定转速下，空载电动势 E_{do} 与控制磁动势 F_k 之间的关系。在理想情况下，它是一条过坐标原点的直线。但实际上，由于磁性材料的磁饱和及磁滞的影响，因而会产生畸变，见图 4-5-3。

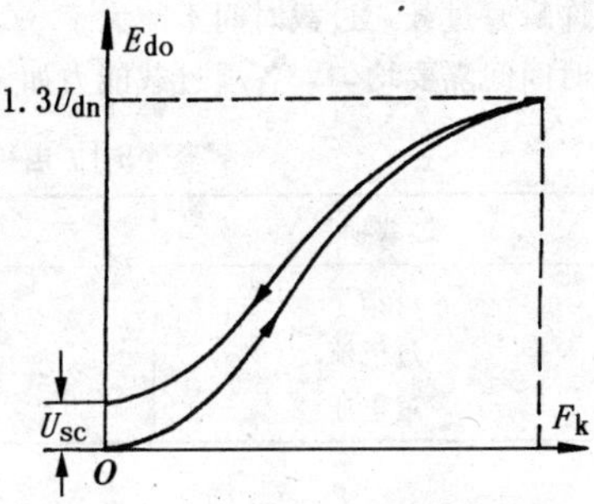

图 4-5-3　空载特性与剩磁电压关系

2. **剩磁电压**

剩磁电压是指电机在额定转速下运行，控制电流逐渐减小到零时的输出电压。剩磁电压是按下列方法测定的：电机扩大机在额定转速下空载运转，将控制电流从零开始逐渐增加，使空载输出电压从零升至额定值的 1.3 倍，然后将控制电流逐渐减小，当控制电流减到零时的输出电压 U_{sc} 即为剩磁电压。

3. **外特性**

电机扩大机的外特性是指控制电流 I_k 为常数时，输出电压 U_d 与负载电流 I_d 的关系。对外特性的基本要求是：在额定电压变化率为 30%时，控制电流自零到额定值范围内，所有外特性曲线都是呈倾斜下降的直线，见图 4-5-4。

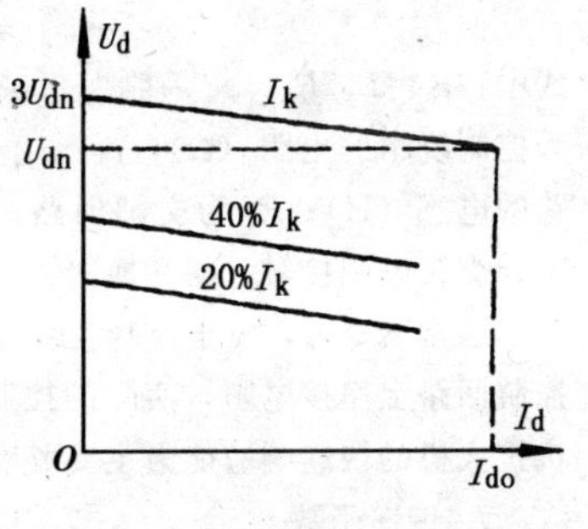

图 4-5-4　外特性曲线

4. **功率扩大系数**

功率扩大系数是指当电机扩大机的额定电压变化率为30%，额定负载的输出功率 P_H 与控制绕组额定输入功率 P_{KH} 之比，即：

$$K_P = P_H / P_{KH}$$

功率扩大系数 K_P 是电机扩大机的主要技术指标。功率扩大系数大就意味着能以较小的控制绕组输入功率来控制较大的输出功率，故要求功率扩大系数尽可能大。我国生产的电机扩大机的功率扩大系数一般在500～50000范围内。

5. **过载能力**

电机扩大机在运行过程中，会受到前极控制回路或负载的干扰而出现瞬时过载现象。瞬时过载包括功率过载、电压过载和电流过载。过载能力是指允许的实际输出值与额定值之比，以额定值的倍数来表示。电机扩大机只允许瞬时过载，过载时间不能大于3s，而且每小时的过载次数不得超过6次，时间间隔要均匀，各项过载能力如表4-5-1。

表4-5-1　电机扩大机过载能力表

过载项目	过载倍数	允许过载时间
过功率	2	≤3s
过电流	3.5	≤3s
过电压	1.5	≤3s

6. **时间常数**

时间常数代表电机扩大机对控制信号的响应能力，时间常数越小表示电机扩大机的响应性越快。电机扩大机的时间常数 τ 由控制绕组的时间常数 τ_k 和交轴回路的时间常数 τ_q 组成，即：

$$\tau = \tau_k + \tau_q$$

式中，$\tau_k = L_k / R_k$，τ_k 一般为0.03～0.06s；L_k 为控制绕组的电感（H）；R_k 为控制绕组的电阻（Ω）；$\tau_q = L_q / R_q$，τ_q 一般为0.05～0.1s；L_q 为交轴回路的电感（H）；R_q 为交轴回路总电阻，包括电枢电阻、交轴励磁绕组电阻、交轴电刷接触电阻和换向去磁及铁耗去磁的等效电阻（Ω）。

通常 $\tau_q > \tau_k$，由于控制绕组所接的前级放大器有较大的电阻，或者可在控制回路上串接电阻，实际的控制回路时间常数要比上述的 τ_k 小，因此电机扩大机的快速响应能力主要取决于 τ_q。

7. **传递函数**

电机扩大机的传递函数可用下式表示：

$$\frac{e_d}{U_k}=\frac{k_u}{(\tau_k s+1)\ (\tau_q s+1)}$$

式中，e_d 为瞬态输出电动势（V）；U_k 为控制电压（V）；k_u 为空载时电压放大系数；s 为拉普拉斯算符。

三、电机扩大机选型和应用

（一）选型

(1) 根据系统使用要求选择电机扩大机的额定功率、额定电压和额定电流，并需留有10％～20％的裕量。若负载是周期性变化的，应从负载图计算出其功率、电压和电流的等效值。选用电机扩大机组时应注意拖动电动机的电压、频率是否与使用现场的电源相符。

(2) 电机扩大机一般具有2～4个控制绕组且绕组的匝数、电阻、额定电流和长期允许电流各有不同，应根据实际使用情况选择绕组的个数和参数。当前级为推挽放大或差动放大时，选用的两个控制绕组参数要相同。控制绕组的参数应与前级放大器的输出参数匹配，当前级为晶体管放大器时，选用低电阻值的控制绕组；当前级为电子管放大器时，应选用高电阻值的控制绕组。作为电压反馈绕组使用时，选用高电阻值的控制绕组；作为电流反馈绕组使用时，应选用低电阻值的控制绕组。

(3) 若系统对电机扩大机有过载要求时，其功率、电压、电流的过载范围应不超过过载倍数及允许过载时间并应留有裕量。

(4) 电机扩大机在控制系统使用时，常选用时间常数小的电机以提高系统的快速响应能力。但电机扩大机的时间常数与放大系数是相互制约的，即降低时间常数的同时会降低放大系数，故应综合权衡，一般以电机扩大机的品质因数Q来评价，Q值为：

$$Q=K_p/\tau$$

Q值超高，表示电机扩大机的综合特性越好，故选用时应优先选用Q值高的电机。

(5) 剩磁电压对系统的灵敏度影响很大，系统要求剩磁电压应小于最低控制电压并且还要有一定裕量，否则需采用交流去磁或负反馈等措施以削弱剩磁电压。

(6) 若选用单轴式电机扩大机需要自配拖动电动机时，应注意其转速和功率是否符合电机扩大机的要求。

（二）应用

1. 在位置伺服系统中的应用

图 4-5-5 是包含有电机扩大机的位置伺服系统。在此系统中，电机扩大机作为放大元件使用。当控制式自整角发送机 CX 和控制式自整角变压器 CT 处于协调位置时，CT 转子没有信号输出。若 CX 转子转过 θ 角度，则 CT 转子绕组端产生与 θ 角成正弦关系的电压 $U\sin\theta$，此电压作为位置误差信号输入相敏检波器，并经过放大输入到电机扩大机的控制绕组产生控制磁通，由于电机扩大机是以恒定速度转动的，因此电机扩大机的直轴有大功率输出并输入到他激直流电动机的电枢（他激直流电动机的激磁绕组由恒定电压激磁），电动机即转动，经过齿轮减速带动负载和 CT 的转子，直至 CT 的转子转过 θ 角度后，CX 与 CT 进入新的协调位置，CT 转子绕组的端电压为零，导致电机扩大机控制电压为零，电机扩大机没有功率输出，直流电动机立即停止转动。火炮控制系统就是采用这种原理，其中 CX 与雷达转轴联接，负载为火炮的旋转轴并与 CT 联接。当雷达捕捉到飞行目标后，跟踪飞行目标，进行射击。

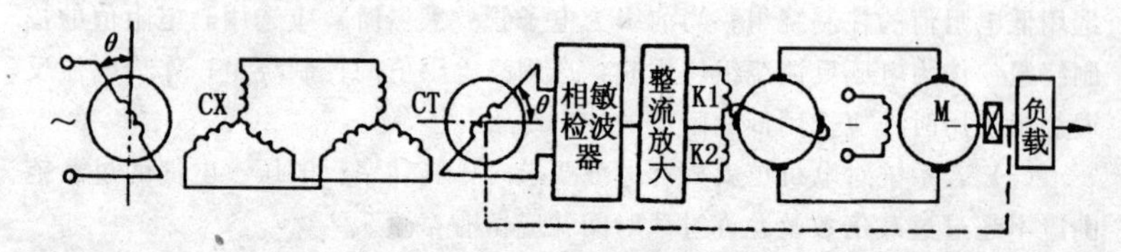

图 4-5-5 位置伺服系统

2. 在自动调速系统中的应用

图 4-5-6 是电机扩大机在自动调速系统中应用的原理图。图中，他激直流电动机 ZD 的电枢由电机扩大机供电，激磁绕组由恒定电压激磁。直流电动机除带动负载外还带动直流测速发电机 ZC（由另一恒定直流电压激磁）。ZC 的输出电压与转速成正比，经调节后输到电机扩大机的控制绕组 K_2，产生磁动势 F_2 与控制绕组 K_1 所产生的磁动势 F_1 的极性相反，F_1 和 F_2 的合成磁动势 F 成为电机扩

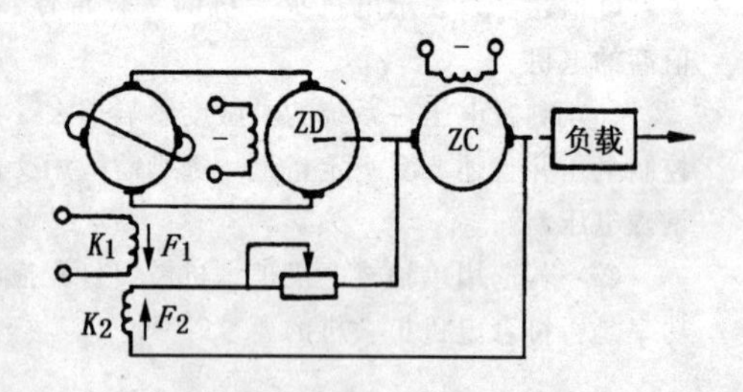

图 4-5-6 自动调速系统原理图

大机的控制磁动势，电机扩大机电枢即产生与控制磁动势成比例的电功率并输入 ZD，使 ZD 以恒定速度旋转。当由于负载变化等原因使 ZD 的转速下降（或上升）时，则 ZC 的输出电压相应地下降（或上升），使合成磁动势 F 增大（或减小），结果使电机扩大机的输出功率上升（或下降），最终使 ZD 的转速上升（或下降），自动调整到原先的转速。

3. 在调压系统中的应用

图 4-5-7 为直流发电机自动调压系统原理图。直流发电机 ZF 的激磁绕组由电机扩大机供电，ZF 的输出端通过分压电阻 R_1 和调节电阻 R_2 向电机扩大机的控制绕组 K_2 供电且产生磁动势 F_2。控制绕组 K_1 由直流电压 U_K 激磁，产生磁势 F_1。F_1 与 F_2 的极性相反，它们的合成磁动势 F 即为电机扩大机的控制磁动势，控制电机扩大机的输出功率从而控制 ZF 的输出电压 U_F。若由于负载变化等原因使 ZF 的输出电压 U_F 下降（或上升），则 F_2 随之下降（或上升），使合成磁动势 F 上升（或下降），导致电机扩大机的输出功率增大（或减小），ZF 激磁绕组磁动势增大（或减小），最终使 ZF 输出电压上升（或下降），恢复到原先的水平。调节 U_K 的大小即可改变 ZF 的输出电压 U_F。

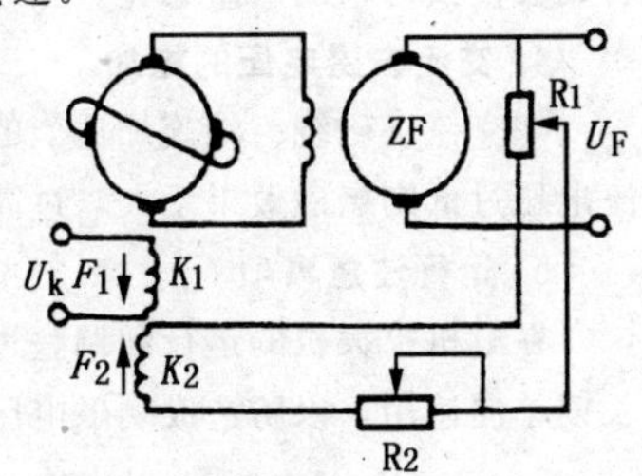

图 4-5-7 直流发电机自动调压系统原理图

四、电机扩大机常见故障及维护

（一）调整与维护

1. 电刷位置的调整

电刷是否处于物理中性线位置对电机扩大机的性能有明显的影响。电机出厂前，生产厂已将电刷位置调整好并作了明显的标记。在运行中如发现电刷位置偏移，可用下述方法调整：在补偿绕组两端加上 1.5～3V 直流电压，用引线将两个交轴电刷接于毫伏表上，频频接通与断开直流电压，缓慢转动刷杆座，使毫伏表的指针摆动幅度最小时电刷即处于中性位置。操作时应同时缓慢地转动转子。

2. 外特性的调整

电机出厂时，制造厂已将外特性调整到额定电压变化率为 30％时，全部外特性不上翘，并在补偿调节电阻的触头位置作了标志。用户如因系统需要必须调整电机扩大机外特性的硬度时，可改变补偿调整电阻的触头位置进行调节。但必须注意，外特性过硬，容易引起负载自激，需有保护措施。

3. 电刷的更换

当电刷磨损了1/3高度后，应更换新电刷。新电刷的牌号应与原电刷的牌号一致，新电刷在使用前应研磨好与换向器的接触面，使吻合面不少于电刷工作面的80%。电刷从刷握取出后再次放入时，需按照原研磨方向放置，否则会使换向情况严重恶化。

4. 交流去磁电压的施加

在交流去磁绕组端施加适当的交流电压可降低剩磁电压，但要适度，交流电压过低则剩磁效果不大，过高会使输出电压波动，一般以3～5V为宜。

5. 运行注意事项

在电机扩大机的运行和调整过程中应注意避免短路、自激、过分强激和长期单向使用，以防造成剩磁电压过高难以矫正。

(二) 常见故障及处理

电机扩大机常见故障及处理如表4-5-2。

表4-5-2 电机扩大机常见故障及处理

故障现象	产生原因	处理
空载电压低或为零	①控制绕组开路或短路 ②换向器片间短路或电枢绕组短路 ③电刷朝旋转方向偏移过多 ④半节距交轴助磁绕组短路	①测量控制绕组电阻值 ②测量换向器片间电压，此时片间电压不等 ③校正电刷位置 ④在补偿绕组瞬时加上3～6V直流电压，交轴绕组会产生感应电动势
空载电压高或出现自激	①电刷沿逆旋转方向偏移过多 ②半节距交轴助磁绕组短路	①校正电刷位置 ②同上栏第④项判断方法
空载时电压正常，加负载后电压过低	①补偿绕线短路 ②补偿调节电阻短路	①测量补偿绕组电阻 ②检查调节电阻的值
空载时电压正常，加负载后电压过高或自激	补偿调节电阻过大或开路	检查补偿调节电阻的电阻值并进行调整
剩磁电压高	①长期单向过载使用 ②运行中突然短路 ③极端强激磁，致使铁心过度饱和	降低剩磁电压

续表

故障现象	产生原因	处理
输出电压不稳定	①电刷与换向器吻合面过小	①研磨电刷接触面，使吻合面超过电刷工作面的80%
	②电刷与刷握配合不当	②更换电刷
	③换向器不圆或换向片片间的云母片凸出	③精车换向器表面，清理换向片的片间沟槽
	④电刷压力不当	④调整电刷压力，如电刷已磨损1/3高度以上时，应更换电刷
	⑤输出脉动电压过高	⑤调整交流去磁电压（在2～5V范围内）
火花大	同“输出电压不稳定”之①②③④	同“输出电压不稳定”之①②③④

五、电机扩大机产品技术数据

（一）ZKK系列电机扩大机

1. 特点及用途

ZKK系列电机扩大机为一般工业用电机扩大机，它是一个2级励磁放大的发电机，有很高的放大系数和灵敏度，而且控制绕组的功率很小，具有几个控制绕组，能广泛地应用于反馈控制。

在直流电动机电力系统中起自动调节与控制作用，可用来控制电压、电流、速度等参数，可作为自动控制系统中的放大元件。

2. 型号说明

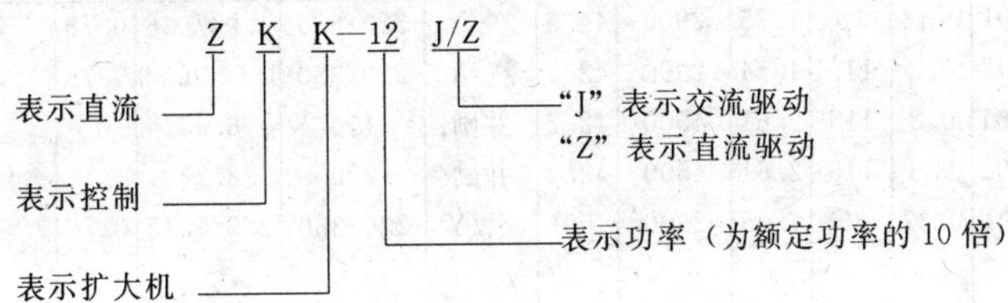

3. 控制绕组编号

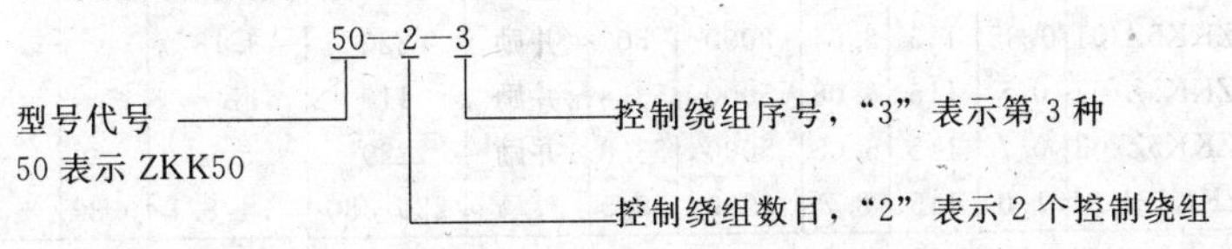

4. 分类

ZKK3J-12J 电机扩大机为共轴式（电机扩大机与驱动三相异步电动机共轴）；ZKK25-500 电机扩大机为单独式（具有单轴伸或双轴伸）。

5. 结构

ZKK 系列电机扩大机结构类型为防护式，卧式安装，自扇通风冷却，采用 E 级绝缘结构。

电机扩大机装设工频交流去磁绕组，共轴式电机扩大机的去磁电源由承制方在机组内部接好；单独式电机扩大机去磁电源由订购方自配，承制方应在接线标牌上标明去磁电压、电流。

为了降低电机扩大机的剩磁电压，在结构中采用交流去磁绕组。共轴式其驱动电动机为三相异步电动机的交流去磁绕组电源，由本身异步电动机定子线圈抽头供给。单独式的电机扩大机都装有交流去磁绕组，两个端头置于扩大机的出线盒中，使用时必须由用户自行供给电源，其电源频率为 50Hz，电源电压：ZKK25-160 约为 3V，ZKK200 以上约为 7V。为了调节补偿程度，电机扩大机的出线盒内装有补偿调节变阻器，变阻器分为固定电阻及可调电阻 2 部分，互相串联，并与补偿绕组端相并联。

（二）技术数据

1. ZKK 系列电机扩大机主要技术数据见表 4-5-3

表 4-5-3 ZKK 系列电机扩大机主要技术数据

型号	额定功率 (kW)	额定电压 (V)	额定电流 (A)	额定转速 (r/min)	机组效率 (%)	电机绕组联接方式	电机额定电压 (V)	电机额定电流 (A)	电机功率因数	启动电流/额定电流
ZKK3J/01	0.14	80	1.75	2900	44.5	△/Y	220/380	1.04/0.6	0.78	7
ZKK3J/02	0.2	115	1.74	2900	42.5	△/Y	220/380	1.54/0.89	0.78	7
ZKK3Z/01	0.3	115	2.61	4500	42.2	并励	110	6.45		
ZKK3Z/02	0.3	115	2.61	4500	42.2	并励	220	3.23		
ZKK5J/01	0.37	85	4.35	2900	50	△/Y	220/380	2.5/1.45	0.78	7
ZKK5J/02						△/Y				
ZKK5J/03	0.5	115	4.35	2900	53.8	△/Y	220/380	3.1/1.79	0.80	7
ZKK5J/04	0.5	60	8.3	2850	53.8	△/Y		3.1/1.70	0.79	
ZKK5Z/01	0.35	115	3.04	3000	50	并励	220	3.18		
ZKK5Z/02	0.7	115	6.08	5000	53.8	并励	110	11.8		
ZKK5Z/03	0.7	115	6.08	5000	53.8	并励	220	5.9		
ZKK12J/01	1.0	115	8.7	2900	59.5	△/Y	220/380	5.4/8.1	0.82	7

续表

型号	额定功率(kW)	额定电压(V)	额定电流(A)	额定转速(r/min)	机组效率(%)	电机绕组联接方式	电机额定电压(V)	电机额定电流(A)	电机功率因数	启动电流/额定电流
ZKK12J/02	1.0	115	8.7	2900	59.5	△/Y	220/380	5.4/8.1	0.82	7
ZKK12J/03	1.2	115	10.4	2900	63	△/Y	220/380	6.03/3.5	0.83	7
ZKK12J/04	1.0	60	16.7	2900	59.5	△/Y	220/380	5.4/3.1	0.82	
ZKK12Z/01	1.0	115	8.7	4000	55.5	并励	220	8.2		
ZKK12Z/02	1.3	115	11.3	4000	59	并励	110	20		
ZKK12Z/03	1.3	115	11.3	4000	59	并励	220	10		
ZKK12Z/04	1.5	230	6.52	4000	58.3	并励	220	11.7		
ZKK25/01	1.0	115	8.7	1450	68					
ZKK25/02	1.0	230	4.35	1450	68					
ZKK25/03	1.2	115	10.4	1450	68					
ZKK25/04	1.2	230	5.2	1450	68					
ZKK25/05	2.0	115	17.4	2900	74					
ZKK25/06	2.0	230	8.7	2900	74					
ZKK25/07	2.5	115	21.7	2900	74					
ZKK25/08	2.5	230	10.9	2900	74					
ZKK50/01	2.0	115	17.4	1450	78					
ZKK50/02	2.0	230	8.7	1450	78					
ZKK50/03	2.2	115	19.1	1450	78					
ZKK50/04	2.2	230	9.6	1450	78					
ZKK50/05	4.0	115	17.4	2900	80					
ZKK50/06	4.5	230	19.6	2900	80					
ZKK70/01	3.0	115	26.1	1450	78					
ZKK70/02	3.0	230	13.0	1450	78					
ZKK70/03	3.5	115	30.4	1450	78					
ZKK70/04	3.5	230	15.2	1450	78					
ZKK70/05	6.0	115	26.1	2900	80					
ZKK70/06	7.0	230	30.4	2900	80					
ZKK100/01	4.2	115	36.1	1450	81					
ZKK100/02	4.2	230	18.3	1450	81					
ZKK100/03	5.0	115	43.5	1450	81					
ZKK100/04	5.0	230	21.7	1450	81					
ZKK100/05	8.5	230	37	2900	84					
ZKK100/06	10	230	43.5	2900	84					
ZKK110/01	9	230	39	1450	82					
ZKK110/02	11	230	47.8	1450	82					
ZKK200/01	16	400	40	1450	83					
ZKK200/02	16	230	69.6	1450	83					
ZKK200/03	20	230	87	1450	83					

续表

型号	额定功率(kW)	额定电压(V)	额定电流(A)	额定转速(r/min)	机组效率(%)	电机绕组联接方式	电机额定电压(V)	电机额定电流(A)	电机功率因数	启动电流/额定电流
ZKK250/01	20	230	87	1450	85					
ZKK250/02	25	230	109	1450	85					
ZKK330	33	330	109	1450	87					
ZKK500	50	460	109	1450	88					
ZKK2000Z	2000	110	18.2	5200						

2. ZKK 系列电机扩大机控制绕组技术数据见表 4-5-4

表 4-5-4 ZKK 系列电机扩大机控制绕组技术数据

型号	控制绕组编号	控制绕组个数	KⅠ			KⅡ			KⅢ			KⅣ		
			20℃时电阻(Ω)	额定控制电流(mA)	长期允许电流(mA)	20℃时电阻(Ω)	额定控制电流(mA)	长期允许电流(mA)	20℃时电阻(Ω)	额定控制电流(mA)	长期允许电流(mA)	20℃时电阻(Ω)	额定控制电流(mA)	长期允许电流(mA)
ZKK3J	3-2-1	2	1000	20	120	1000	20	120						
	3-2-2	2	3500	12	58	3500	12	58						
	3-3-3	3	1950	24	58	1950	24	58	3350	12	58			
ZKK5J	5-2-1	2	1000	20	120	1000	20	120						
	5-2-2	2	3000	12	70	3000	12	70						
	5-2-3	2	3100	19	45	3100	19	45						
	5-2-4	2	45.4	94	560	45.4	94	560						
	5-2-5	2	1000	20	120	40	94	560						
ZKK12J	12-2-1	2	1030	22	190	1030	22	190						
	12-2-2	2	2200	14	130	2200	14	130						
	12-2-3	2	2600	13	120	2600	13	120						
	12-3-4	3	1550	22	145	1550	22	145	1345	22	145			
	12-3-5	3	1340	28	125	1340	28	125	34.2	140	820			
	12-3-6	3	161	130	190	84	175	270	72	88	600			
	12-3-7	3	155	72	360	155	72	360	367	48	240			
	12-4-8	4	184	96	240	155	72	360	184	96	240	155	72	360
	12-2-9	2	166	50	500	166	50	500						
	12-2-10	2	1500	19	160	1500	19	160						
	12-2-11	2	4100	11	100	4100	11	100						
	12-4-12	4	100	100	430	21	260	870	100	100	430	21	260	870

续表

型号	控制绕组编号	控制绕组个数	KⅠ			KⅡ			KⅢ			KⅣ		
			20℃时电阻(Ω)	额定控制电流(mA)	长期允许电流(mA)	20℃时电阻(Ω)	额定控制电流(mA)	长期允许电流(mA)	20℃时电阻(Ω)	额定控制电流(mA)	长期允许电流(mA)	20℃时电阻(Ω)	额定控制电流(mA)	长期允许电流(mA)
	25-2-1	2	985	23	200	985	23	200						
	25-2-2	2	1500	18	160	1500	18	160						
	25-2-3	2	3310	12	110	3310	12	110						
	25-2-4	2	5000	10	90	5000	10	90						
	25-3-5	3	1065	29	150	1065	29	150	950	29	200			
	25-4-6	4	37.2	150	720	18.5	230	1150	15.6	230	1150	18.5	230	1150
ZKK25	25-4-7	4	340	58	230	18.5	230	1150	340	58	230	402	58	230
	25-4-8	4	1820	24	105	18.5	230	1150	1820	24	105	792	63	110
	25-4-9	4	21.7	190	950	1500	27	120	21.7	190	950	1500	27	120
	25-4-10	4	2920	15	85	131	150	250	2920	15	85	1000	50	100
	25-4-11	4	340	58	225	18.5	230	1150	15.6	230	1150	18.5	230	1150
	25-4-12	4	1835	22	100	2165	22	100	1835	22	100	2165	22	100
	25-4-13	4	0.04	4200	21000	44.1	150	720	0.04	4200	21000	44.1	150	720
	50-2-1	2	1000	22	200	1000	22	200						
	50-2-2	2	1500	21	180	1500	21	180						
	50-2-3	2	3920	12	110	3920	12	110						
	50-4-4	4	24.8	195	975	9.15	340	1700	7.95	340	1700	9.15	340	1700
	50-4-5	4	2200	24	100	9.15	340	1700	2200	24	100	930	63	100
	50-4-6	4	3540	15	85	3540	15	85	4.16	750	2000	44.7	150	720
	50-4-7	4	1540	27	120	1770	27	120	1540	27	120	1770	27	120
	50-4-8	4	465	44	220	535	44	220	465	44	220	535	44	220
ZKK50	50-4-9	4	1500	27	120	1000	33	165	1500	27	120	1000	33	165
	50-4-10	4	1500	27	120	300	60	300	1500	27	120	30	190	950
	50-4-11	4	410	58	210	21.6	230	1150	410	58	210	470	58	210
	50-4-12	4	24.8	200	950	0.04	5000	25000	0.04	5000	25000	0.04	5000	25000
	50-4-13	4	18.2	170	850	23	215	1100	48	215	460	55.5	215	460
	50-4-14	4	56.2	100	500	16.4	300	1100	18.8	300	800	18.8	300	1000
	50-4-15	4	1800	23	115	2080	23	115	1800	23	115	2080	23	115
	50-4-16	4	500	44	220	500	44	220	500	44	220	500	44	220
	50-4-17	4	23.2	157	800	365	75	200	23.2	157	800	365	75	200

续表

型号	控制绕组编号	控制绕组个数	KⅠ			KⅡ			KⅢ			KⅣ		
			20℃时电阻(Ω)	额定控制电流(mA)	长期允许电流(mA)	20℃时电阻(Ω)	额定控制电流(mA)	长期允许电流(mA)	20℃时电阻(Ω)	额定控制电流(mA)	长期允许电流(mA)	20℃时电阻(Ω)	额定控制电流(mA)	长期允许电流(mA)
	70-2-1	2	1000	22	220	1000	22	220						
	70-2-2	2	1500	19	190	1500	19	190						
	70-2-3	4	1950	22	120	800	38	180	1950	22	120	24	240	960
ZKK70	70-2-4	2	5100	10	100	5100	10	100						
	70-3-5	3	200	61	370	200	61	370	110	61	370			
	70-3-6	3	200	61	370	200	61	370	91	120	480			
	100-2-1	2	1000	25	210	1000	25	210						
	100-4-2	4	8.16	350	1600	37.2	175	800	8.16	350	1600	37.2	175	800
	100-4-3	4	8.16	350	1600	2100	27	100	8.16	350	1600	2100	27	100
	100-4-4	4	8.16	350	1600	37.2	175	800	32.6	175	800	37.2	175	800
	100-2-5	2	1415	20	200	1415	20	200						
	100-2-6	2	4750	11	110	4750	11	110						
ZKK100	100-4-7	4	24	200	1000	9.5	350	1600	8.16	350	1600	9.5	350	1600
	100-4-8	4	26.6	230	850	73	110	550	0.102	2850	14000	13.6	400	1000
	100-4-9	4	2190	27	90	2100	27	100	8.16	350	1600	2100	27	100
	100-4-10	4	38.5	160	740	2090	30	90	38.5	160	740	2090	30	90
	100-3-11	3	39.5	98	500	1050	32	160	1050	32	160			
	100-4-12	4	500	52	210	500	50	220	500	52	210	500	50	220
	100-3-13	3	500	52	210	500	52	210	1000	27	135			
	110-4-1	4	4.9	400	2000	22.4	200	1000	19.6	200	1000	22.4	200	1000
	110-4-2	4	317	54	270	362	54	270	317	54	270	362	54	270
	110-4-3	4	4.9	400	2000	5.6	400	2000	4.9	400	2000	22.4	200	1000
ZKK110	110-4-4	4	4.9	400	2000	2200	24	120	4.9	400	2000	2200	24	120
	110-4-5	4	4.9	400	2000	5.6	400	2000	317	54	270	5.6	400	2000
	110-2-6	2	150	58	580	150	58	580						
	110-4-7	4	165	70	350	3.9	460	2300	165	70	350	150	92	460
	200-4-1	4	8.16	400	2000	2000	28	140	8.16	400	2000	2000	28	140
	200-4-2	4	8.16	400	2000	25	200	1000	8.16	400	2000	25	200	1000
ZKK200	200-2-3	2	825	25	150	825	25	150						
	200-2-4	2	1000	25	150	1000	25	150						
	200-3-5	3	500	50	250	500	50	250	1000	29	150			

续表

型号	控制绕组编号	控制绕组个数	KⅠ			KⅡ			KⅢ			KⅣ		
			20℃时电阻(Ω)	额定控制电流(mA)	长期允许电流(mA)	20℃时电阻(Ω)	额定控制电流(mA)	长期允许电流(mA)	20℃时电阻(Ω)	额定控制电流(mA)	长期允许电流(mA)	20℃时电阻(Ω)	额定控制电流(mA)	长期允许电流(mA)
ZKK250	250-3-1	3	43	121	846	1070	27	188	1050	20	140			
	250-3-2	3	400	34	238	400	34	238	1000	34	238			
ZKK500	500-4-1	4	10.3	326	1630	10.3	326	1630	2.9	652	3260	2.9	652	3260

注：1. 控制绕组20℃时电阻值的容差为±10%。

2. 额定控制电流的容差为±10%。

生产厂家：湘潭电机集团有限公司、上海南洋电机有限公司、包头市电机厂。

附录一 微电机国家标准目录

序号	标准号	标准名称
1	GB/T2658	小型交流风机通用技术条件
2	GB/T2900.26	电工术语 控制电机
3	GB/T4997	永磁低速直流测速发电机
4	GB/T7344	交流伺服电动机通用技术条件
5	GB/T7345	控制微电机基本技术要求
6	GB/T7346	控制电机基本外形结构型式
7	GB/T10241	旋转变压器通用技术条件
8	GB/T10242	录音机用永磁直流电动机通用技术条件
9	GB/T10401	永磁式直流力矩电动机通用技术条件
10	GB/T10402	磁阻式步进电动机通用技术条件
11	GB/T10403	多极和双通道感应移相器通用技术条件
12	GB/T10404	多极和双通道旋转变压器通用技术条件
13	GB/T11281	控制微电机用齿轮减速器系列
14	GB/T13138	自整角机通用技术条件
15	GB/T13139	磁滞同步电动机通用技术条件
16	GB/T13537	电子类家用电器用电动机通用技术条件
17	GB/T13633	永磁式直流测速发电机通用技术条件
18	GB/T14817	永磁式直流伺服电动机通用技术条件
19	GB 18211	微电机安全通用要求

附录二　微电机国家军用标准目录

序号	标准号	标准名称
1	GJB271A	控制电机包装规范
2	GJB361A	控制电机通用规范
3	GJB777A	交流测速发电机通用规范
4	GJB777/1	J36CK 系列交流测速发电机规范
5	GJB783A-99	驱动微电机规范
6	GJB787A	交流伺服电动机通用规范
7	GJB788A	自整角机通用规范
8	GJB788/1	J36ZK 系列自整角机规范
9	GJB789A	磁滞同步电动机通用规范
10	GJB929A	旋转变压器通用规范
11	GJB930	感应移相器通用规范
12	GJB971A	永磁式直流力矩电动机通用规范
13	GJB971A/1	J320LYX 系列永磁式直流力矩电动机规范
14	GJB1402A	交流伺服测速机组通用规范
15	GJB1421	无接触旋转变压器通用规范
16	GJB1421/1	J28XFW、J28XBW、J28XZW、J28XCW 系列无刷旋转变压器规范
17	GJB1423	小型交流风机通用规范
18	GJB1423/1	FZY 型中频圆筒式轴流风机规范
19	GJB1456	单绕组线性旋转变压器通用规范
20	GJB1457	永磁式直流测速发电机通用规范
21	GJB1641	装甲车辆用直流电动机通用规范
22	GJB1642	自整角伺服力矩机通用规范
23	GJB1652	特种函数旋转变压器通用规范
24	GJB1684	减速直流电动机通用规范
25	GJB1685	航空直流电动机通用规范
26	GJB1780	印制绕组直流伺服电动机通用规范
27	GJB1781	电机扩大机通用规范
28	GJB1786	无槽电枢直流伺服电动机通用规范
29	GJB1842	手摇发电机通用规范
30	GJB1863	无刷直流电动机通用规范
31	GJB1911	接触式轴角—数字编码器通用规范

续表

序号	标准号	标准名称
32	GJB1937	摆动电动机通用规范
33	GJB1938	直流力矩测速机组通用规范
34	GJB1939	无刷自整角机通用规范
35	GJB2143	多极和双通道旋转变压器通用规范
36	GJB2143/1	J110XFS系列双通道旋变发送机规范
37	GJB2144	多极和双通道感应移相器通用规范
38	GJB2147	低速同步电动机通用规范
39	GJB2431	装甲车辆用起动电动机通用规范
40	GJB2441	步进电动机通用规范
41	GJB2549	永磁交流伺服电动机通用规范
42	GJB2550	无刷感应移相器通用规范
43	GJB2554	无刷直流测速发电机通用规范
44	GJB2595	基准电压发电机组通用规范
45	GJB2821	直流伺服电动机通用规范
46	GJB2822	有限转角力矩电动机通用规范
47	GJB3145	直流伺服测速机组通用规范
48	GJB3146	稳速直流电动机通用规范
49	GJB3162	电感式轴角编码器通用规范
50	GJB3163	微型异步电动机通用规范
51	GJB3513	无刷稳速直流电动机通用规范
52	GJB3513/1	J36ZWSC、J36ZWGC型无刷稳速直流电动机规范
53	GJB4155	J90LWX系列无刷直流力矩电动机规范
54	GJB4156	控制电机装置通用规范

参考文献

1. 西安微电机研究所．实用微电机手册〔M〕．沈阳：辽宁科学技术出版社，2000
2. 王季秩，贡俊，顾鸿祥．微特电机应用技术手册〔M〕．上海：上海科学技术出版社，2003
3. 杨渝钦．控制电机〔M〕．北京：机械工作出版社，2003
4. 叶云岳．直线电机原理与应用〔M〕．北京：机械工业出版社，2000
5. 机械工业部．电机工程手册〔M〕．北京：机械工业出版社，1996
6. 吴建华．开关磁阻电机设计与应用〔M〕．北京：机械工业出版社，2000
7. 詹琼华．开关磁阻电机〔M〕．武汉：华中科技大学出版社，1992
8. 正田英介（日）．电机电器〔M〕．北京：科学出版社，2001
9. 周希章，周全．如何正确选用电动机〔M〕．北京：机械工业出版社，2004

图书在版编目（CIP）数据

微特电机应用手册/中国电器工业协会微电机分会，西安微电机研究所编著．—福州：福建科学技术出版社，2007.11

ISBN 978-7-5335-2957-4

Ⅰ．微…　Ⅱ．①中…②西…　Ⅲ．电机-技术手册
Ⅳ．TM3-62

中国版本图书馆 CIP 数据核字（2007）第 089367 号

书　　名	**微特电机应用手册**
编　　著	中国电器工业协会微电机分会、西安微电机研究所
出版发行	福建科学技术出版社（福州市东水路 76 号，邮编 350001）
网　　址	www.fjstp.com
经　　销	各地新华书店
排　　版	福建科学技术出版社排版室
印　　刷	福建省地质印刷厂
开　　本	850 毫米×1168 毫米　1/32
印　　张	20.5
插　　页	4
字　　数	743 千字
版　　次	2007 年 11 月第 1 版
印　　次	2007 年 11 月第 1 次印刷
印　　数	1—4 000
书　　号	ISBN 978-7-5335-2957-4
定　　价	46.00 元